SYNOPSIS ANALYTIQUE

DE LA

FLORE DES ENVIRONS DE PARIS

DESTINÉ AUX HERBORISATIONS

Paris. — Imprimerie de L. MARTINET, rue Mignon, 2.

SYNOPSIS ANALYTIQUE

DE LA

FLORE DES ENVIRONS DE PARIS

DESTINÉ AUX HERBORISATIONS

CONTENANT

LA DESCRIPTION DES FAMILLES ET DES GENRES
CELLE DES ESPÈCES ET DES VARIÉTÉS SOUS LA FORME ANALYTIQUE
AVEC LEUR SYNONYMIE ET LEURS NOMS FRANÇAIS

l'indication des propriétés des plantes
employées en médecine, dans l'industrie ou dans l'économie domestique
et une table des noms vulgaires

PAR

E. COSSON et GERMAIN DE SAINT-PIERRE
Docteurs en médecine

—

DEUXIÈME ÉDITION

PARIS
LIBRAIRIE DE VICTOR MASSON
PLACE DE L'ÉCOLE-DE-MÉDECINE

M DCCC LIX

Droit de traduction réservé.

OBSERVATIONS PRÉLIMINAIRES.

Une Flore synoptique doit conduire au nom des plantes avec facilité, et surtout avec certitude ; aussi eussions-nous pu restreindre ce *Synopsis* à nos tableaux analytiques, si la détermination des espèces était le seul but à atteindre. Mais la connaissance du nom d'une plante ne doit être qu'un moyen d'en étudier l'organisation, les caractères et les affinités. Nous avons donc, dans cette deuxième édition, comme dans la première, donné une étendue suffisante aux descriptions des familles et des genres, qui, en groupant et complétant les caractères exposés dans les tableaux, les présentent dans leur ordre régulier de subordination et fournissent un utile moyen de vérification. Ces descriptions, qui constituent l'une des parties les plus importantes d'un *Manuel d'herborisation*, permettront d'étudier, sur la plante vivante, et souvent même sur le terrain, les organes dont la dessiccation peut altérer les formes ou rendre l'examen difficile.

Dans ce *Synopsis*, de même que dans notre *Flore des environs de Paris*, nous avons mis en relief, par l'impression en lettres italiques, les phrases dont l'ensemble suffit pour caractériser chaque famille dans chaque groupe et chaque genre dans chaque famille.

Les espèces se distinguant entre elles par des caractères d'une observation plus facile que les familles et les

a

genres, nous avons pu dans nos tableaux exposer l'ensemble de leurs différences essentielles, tout en tenant compte de leurs affinités. Pour que toutes les espèces soient décrites au même titre, nous donnons une phrase diagnostique même pour celles qui, représentant seules, aux environs de Paris, les genres auxquels elles appartiennent, seraient déterminées par la description générique elle-même. De plus, nous avons compris dans nos tableaux toutes les variétés importantes, en leur attribuant, comme aux espèces, le nom que son antériorité doit faire admettre dans la science (1).

Nous avons fait suivre le nom de chaque espèce du nom de son auteur, un nom spécifique n'ayant souvent aucune valeur sans cette addition, puisqu'il n'est malheureusement pas rare que le même nom ait été appliqué par divers auteurs à diverses espèces. Nous avons en outre ajouté tous les synonymes utiles pour faire concorder notre nomenclature avec celles qui sont admises dans les ouvrages les plus répandus.

Pour faciliter les recherches, nous avons donné une table alphabétique des familles et des noms latins des genres et de leurs synonymes; une autre table spéciale des noms

(1) Pour faciliter l'étude des variétés, nous avons donné au même titre, toutes les fois que cela était nécessaire, les phrases diagnostiques du type de la plante et de ses variétés ; nous avons, dans ce cas, désigné le type par l'épithète *vulgaris* ou *genuinus* ou plus généralement par la répétition du nom spécifique lui-même. Ainsi, quand (page 25, au tableau analytique des espèces du genre *Cerastium*), nous lisons : *Cerastium pumilum* Curt. var. *vulgare*, les mots var. *vulgare* indiquent que la phrase diagnostique qui les précède s'applique au type de la plante ; on n'a donc, en étiquetant la plante, qu'à inscrire le nom de *Cerastium pumilum* Curt., sans le faire suivre de l'indication de variété. Si, au contraire, la plante appartient à la var. *campanulatum*, il est indispensable de faire suivre le nom spécifique de celui de la variété.

français scientifiques ou vulgaires des genres et des espèces, accompagnés chacun du nom latin correspondant, permet de remonter soit aux descriptions, soit aux articles des tableaux analytiques ; de plus, une troisième table, contenant les noms des espèces médicinales ou usuelles, renvoie à la page où leurs propriétés sont exposées.

La flore des environs de Paris comprend pour nous une région circonscrite dans un cercle de 94 kilomètres de rayon (vingt-trois lieues et demie) dont Paris est le centre ; nous avons néanmoins admis quelques localités situées un peu en dehors de cette circonscription, mais dont la végétation se rattache à celle des stations voisines qui y sont comprises.

En adoptant ces limites, nous avons trouvé l'avantage de donner le tableau d'une végétation composée d'éléments homogènes ; tandis qu'en étendant le rayon de notre Flore même jusqu'à trente lieues seulement (1), d'un côté nous serions arrivés au bassin de la Loire, et, de l'autre, nous aurions touché à la végétation maritime. De plus, nous avons considéré comme un devoir de ne pas empiéter sur ces deux flores, qui ont été l'objet de travaux consciencieux.

On peut déterminer à l'aide du *Synopsis* toutes les plantes phanérogames et les cryptogames d'un ordre élevé (désignées habituellement sous le nom de *Cryptogames vasculaires*), qui croissent naturellement dans la région

(1) Une publication toute récente sur les herborisations parisiennes porte sur son titre qu'elle peut conduire au nom des espèces se rencontrant dans un rayon de trente lieues autour de Paris ; mais ce livre ne remplit pas cette condition : le catalogue des plantes qui y figurent, incomplet même pour les environs de Paris, ne comprend pas les plantes spéciales des environs de Montargis, d'Orléans, de Rouen, etc., localités qui se trouvent toutes dans un rayon de trente lieues autour de Paris.

dont nous venons d'indiquer l'étendue. Les plantes cultivées en grand de temps immémorial et les espèces naturalisées qui persistent depuis longtemps dans les localités où elles ont été introduites, y sont également décrites ; mais, pour les distinguer des plantes réellement indigènes, elles sont précédées d'un signe particulier †.

Nous avons dû nous borner à mentionner les plantes d'ornement le plus fréquemment cultivées dans les jardins, la description de ces plantes ne pouvant trouver place dans un ouvrage essentiellement destiné à faire connaître la végétation spontanée du pays. — Pour donner une idée de l'importance des espèces relativement à l'ensemble de la végétation des environs de Paris, nous avons indiqué par des signes particuliers leur rareté relative. Les plantes généralement répandues dans la flore et celles qui existent en abondance à un assez grand nombre de localités ne sont accompagnées d'aucune indication; le nom de celles qui sont peu répandues ou localisées dans quelques stations seulement est précédé du signe * ; enfin le nom de celles qui n'existent qu'à une ou deux stations où elles sont peu abondantes, ou bien qui sont menacées de disparaître par les progrès du défrichement est précédé du signe **. — La statistique de nos espèces est le résultat de longues années d'herborisations assidues, et a été complétée par les nombreux renseignements que nous devons au bienveillant concours de tous les botanistes de Paris et des environs. Pour le très petit nombre de plantes que nous n'avons pas recueillies nous-mêmes, nous n'avons admis que les indications dont l'exactitude avait été constatée par la communication d'échantillons authentiques.

La description de chaque famille est suivie de l'exposé des propriétés médicales et des usages économiques ou industriels des plantes indigènes qui s'y rapportent, et de l'indication de la plupart des autres plantes utiles de la famille. Cette partie de notre travail a été empruntée aux meilleures sources (1) ou à notre pratique médicale personnelle, et renferme des notions indispensables aux étudiants en médecine et en pharmacie, et même aux gens du monde.

La série de nos tableaux analytiques des familles, des genres et des espèces constitue un travail entièrement original. D'une part, tous les caractères mentionnés ont été étudiés par nous sur les plantes mêmes; d'autre part, le cadre que nous avons conservé dans cette édition diffère essentiellement de celui qui était admis dans les ouvrages antérieurs. En effet, nous avons d'abord traité séparément l'analyse des familles, puis celle des genres dans chaque famille, et enfin celle des espèces dans chaque genre; dans les autres clefs dichotomiques, au contraire, les analyses des familles et des genres se trouvaient confondues. Nos tableaux, par leur distribution en trois catégories distinctes, ont l'avantage de présenter, pour les genres et pour les espèces, des

(1) Les principaux ouvrages consultés par nous, indépendamment des traités spéciaux de matière médicale et de thérapeutique, sont :

De Candolle, Essai sur les propriétés médicales des plantes.

Loiseleur, Manuel des plantes usuelles indigènes.

A. Richard, Éléments d'histoire naturelle médicale.

Lindley, Natural system of Botany.

— Flora medica.

Endlicher, Enchiridion botanicum.

Adr. de Jussieu, Cours élémentaire d'histoire naturelle (partie botanique).

Germain de Saint-Pierre, Des propriétés médicales et usages économiques des plantes indigènes, *publié dans le* Guide du botaniste.

groupes naturels bien limités, et de conduire pas à pas
au nom de la plante qu'on a sous les yeux, en faisant
successivement découvrir les traits les plus saillants de
son organisation ; ils permettent, en outre, au botaniste
de recourir directement aux tableaux des genres ou à
ceux des espèces, sans avoir à subir l'énumération des
caractères qui lui sont connus. — Lorsque les caractères
essentiels sont d'une observation difficile, et surtout lorsqu'ils ne se rencontrent qu'à une période limitée de
la vie de la plante, nous les avons généralement com-
binés avec des caractères d'une moindre valeur, mais
plus faciles à saisir ; nous avons même pris comme point
de départ ces caractères secondaires, toutes les fois qu'il
nous eût fallu baser essentiellement nos analyses sur la
forme et la position de l'embryon, du périsperme, etc.,
ou d'organes dont l'étude exige une observation trop
minutieuse pour pouvoir être faite pendant une prome-
nade. — Nos tableaux analytiques sont spécialement fon-
dés sur l'organisation des plantes qui se rencontrent
dans le rayon de la flore ; ils ne sauraient donc conduire
à la détermination des espèces étrangères à cette région.
— Pour pouvoir déterminer une plante au moyen des
tableaux analytiques, on doit autant que possible se la
procurer à l'époque où elle présente le plus grand nombre
d'organes ; la fleur et souvent même le fruit sont indispensables.

La méthode analytique connue sous le nom de *méthode
dichotomique* consiste dans le mécanisme suivant : un
certain nombre d'objets étant donnés, il s'agit de conduire successivement au nom de chacun d'eux. Pour y
parvenir, on les divise en deux groupes limités par des

caractères bien tranchés, puis on subdivise chacun des deux groupes en deux groupes secondaires, et ainsi de suite, jusqu'à ce que l'on arrive à l'unité, soit collective, soit individuelle, dont on cherche le nom. Il peut arriver que les deux groupes soient fort inégaux sous le rapport du nombre d'unités qu'ils renferment, l'un des deux peut même consister en une seule unité, qui dès lors se trouve nommée, l'autre groupe restant seul à subdiviser.

Afin de faire comprendre la manière de se servir de nos tableaux analytiques, pour résoudre le triple problème de la détermination de la famille, du genre et de l'espèce, nous supposerons que l'on a à nommer le *Stellaria media* Sm. (vulg. *Mouron-des-oiseaux*), plante que l'on trouve partout, en fleurs et en fruits, pendant presque toute l'année.

La *première opération* consiste à déterminer la *famille* à laquelle appartient la plante.

Consultant le tableau analytique des familles, nous lisons les deux phrases diagnostiques du paragraphe n° 1.

1 Plantes présentant de véritables fleurs, etc. (1). 2
   Plantes ne présentant pas de véritables fleurs, etc.

La plante présentant de véritables fleurs, c'est-à-dire présentant des étamines et un ovaire, nous passons au

(1) Pour plus de brièveté, nous avons supprimé dans les tableaux que nous citons ici les parties de phrases qui ne se rapportent pas à la plante que nous avons prise pour exemple ou qui ne sont pas la négation des caractères qu'elle présente; ces lacunes sont indiquées par des points . . . . . ou le signe etc. — Il ne faut pas néanmoins en conclure que l'on puisse arriver à la détermination en ne lisant les phrases diagnostiques qu'en partie; car, dans un grand nombre de cas, on ne saurait se décider pour l'une des deux phrases d'un même paragraphe qu'en embrassant l'ensemble des divers caractères que chacune d'elles peut renfermer.

n° 2 , auquel nous sommes renvoyés par la première phrase diagnostique.

La fleur étant munie d'un calice et d'une corolle, nous passons au n° 3.

Les fleurs étant hermaphrodites, c'est-à-dire présentant à la fois des étamines et un ovaire, nous passons au n° 4.

La fleur présentant 10 étamines ou moins, nous passons au n° 5.

Une coupe longitudinale de la fleur nous montrant que l'ovaire est libre, nous passons au n° 18.

Les pétales étant libres entre eux, nous passons au n° 19.

La corolle étant régulière, nous passons au n° 27.

Les fleurs étant portées par des tiges munies de feuilles, nous passons au n° 28.

28 Plusieurs carpelles libres ou soudés seulement dans leur
    partie inférieure.
    Carpelles soudés entre eux en un ovaire à 1-2 ou plusieurs
    loges, etc. 32

L'examen extérieur de l'ovaire nous montre qu'il forme un tout continu et qu'il est surmonté de 3 styles libres ; nous en concluons que l'ovaire est constitué par des carpelles intimement soudés entre eux, et nous passons au n° 32.

32 Styles ... soudés avec un prolongement de l'axe en forme
    de bec.
    ... Styles jamais soudés avec un prolongement de l'axe. 33

Voyant que les styles ne sont pas soudés avec un prolongement de l'axe, nous passons au n° 33.

33 Arbres ou arbrisseaux.
    Plantes herbacées, etc. 40

La plante étant herbacée, nous passons au n° 40.

40 Plante décolorée-blanchâtre dans toutes ses parties, à feuilles
    réduites à des écailles.
    Plantes ... munies de feuilles 41

La plante étant munie de feuilles, nous passons au n° 41.

41 Fleurs munies d'un calice à 4 sépales et d'une corolle à
    4 pétales, à étamines au nombre de 6 dont 4 plus longues
    opposées par paires aux sépales intérieurs (étamines té-
    tradynames) ; fruit étant une silique ou une silicule.
    Fleurs munies d'un calice et d'une corolle à 3-5 parties,
    rarement plus ; ... étamines jamais tétradynames ; fruit
    n'étant ni une silique ni une silicule 42

Le calice et la corolle étant composés chacun de cinq pièces, et les étamines, au nombre de 10 ou moins, n'étant pas tétradynames, nous passons au n° 42.

Le fruit présentant une seule loge et un placenta central libre, nous passons au n° 43.

Les feuilles étant opposées, nous passons au n° 44.

Les fleurs n'étant pas disposées en glomérules portés par des pédoncules radicaux, et les étamines étant au nombre de 10, ou en nombre moindre, mais alors alternes avec les pétales, nous passons au n° 45.

Le calice étant à 5 sépales, nous passons au n° 46.

Le fruit étant polysperme et déhiscent, et les étamines n'étant pas insérées sur le calice (on entend par l'insertion d'un organe le point où cet organe devient libre), nous nous arrêtons au nom de CARYOPHYLLÉES. — L'indication (p. 14) qui suit le nom de la famille nous renvoie à la page où cette famille est décrite.

Pour vérifier l'exactitude de la détermination, nous lisons la description de la famille, ou au moins les phrases constituées par les mots imprimés en lettres italiques.

La *deuxième opération* consiste à déterminer le nom du *genre*.

Nous trouvons l'analyse des genres de la famille à la suite de sa description, et nous lisons les deux phrases diagnostiques comprises sous le n° 1.

1   Calice à sépales soudés en tube, etc.
     Calice à sépales libres, etc. 11

La seconde phrase diagnostique nous renvoie au n° 11.

11   Feuilles munies de stipules scarieuses.
     Feuilles dépourvues de stipules .   . . . . . .14.

Nous passons au n° 14.

14   Pétales bifides ou bipartits. 15
     Pétales entiers, etc.

Nous passons au n° 15.

15   Styles 3. . . . .   STELLARIA. (16).
     Styles 5, etc.

Les pétales étant bipartits, nous nous arrêtons au nom de STELLARIA. — Le numéro d'ordre 16 nous renvoie à la description de ce genre.

Pour vérifier l'exactitude de la détermination, nous lisons la description du genre ou au moins les phrases constituées par les mots imprimés en lettres italiques.

La *troisième opération* consiste à déterminer le nom de l'*espèce*.

Nous trouvons le tableau analytique des espèces du

genre *Stellaria* à la suite de sa description, et nous lisons les deux phrases diagnostiques comprises sous le n° 1.

1 Feuilles ovales ou ovales-acuminées, pétiolées au moins
   les inférieures. 2
   Feuilles linéaires-lancéolées ou oblongues-lancéolées, sessiles.

Les feuilles étant ovales, et les inférieures étant pétio-lées, nous passons au n° 2.

2 Plante annuelle; tiges présentant sur l'une de leurs faces
   une ligne longitudinale de poils. . . *S. media* Sm.
                                          (*Alsine media* L.).
   Souche vivace traçante; tiges pubescentes dans leur partie
   supérieure.

La racine de la plante étant pivotante et grêle et les tiges présentant dans chaque entre-nœud une ligne de poils, nous nous arrêtons au nom de *Stellaria media* Sm.

Lorsqu'on ne peut observer, sur la plante soumise à l'étude, les caractères qui font l'objet d'une phrase dia-gnostique, on doit passer outre, en essayant successive-ment les deux séries de paragraphes auxquelles on est renvoyé par le numéro que porte chacune des phrases diagnostiques du paragraphe auquel on a été arrêté; il va sans dire que l'on doit renoncer à poursuivre les re-cherches dans l'une des deux séries, dès l'instant que l'on a été conduit à un résultat manifestement absurde, et qu'alors en recourant à l'autre série, on doit arriver à une détermination exacte, à moins toutefois qu'on ne soit égaré par une erreur d'observation.

Nous croyons devoir conseiller aux personnes encore peu familiarisées avec le langage botanique de s'es-

sayer pendant quelque temps à déterminer avec nos
tableaux et nos descriptions les plantes dont le nom leur
est déjà connu. — Si, en faisant cette épreuve, on ne
pouvait saisir le sens des phrases de quelques-uns des
paragraphes de l'analyse, on devrait, procédant en sens
inverse, remonter de l'espèce au genre et du genre à la
famille, en parcourant la série des numéros des tableaux
analytiques.

Par ces procédés, on arrivera en peu de temps à se fami-
liariser avec les termes techniques du langage botanique,
tout en acquérant l'habitude de l'observation (1), et l'on
pourra parvenir aisément à la détermination de toutes
les espèces, même de celles dont l'étude est généralement
regardée comme difficile.

Mais, comme nous l'avons déjà dit, le nom de l'objet,
loin d'être le seul but que se propose le naturaliste, n'est
pour lui qu'un moyen d'étudier les merveilles de l'organisation des productions de la nature. Aussi, pour com-
pléter les notions puisées dans les ouvrages synoptiques,
est-il bon de recourir aux ouvrages descriptifs, dont les
descriptions détaillées peuvent seules comprendre toutes
les particularités de structure dont l'étude constitue l'un
des plus puissants attraits de la botanique.

(1) Consulter, pour la recherche et la récolte des plantes, pour les moyens
d'étude, les procédés de dissection, les instruments nécessaires aux obser-
vations botaniques, etc., et pour l'explication des termes techniques du langage descriptif, le *Guide du botaniste*, ou Conseils pratiques sur l'étude de la
botanique, suivis d'un *Dictionnaire raisonné des mots techniques* français
et latins employés dans les ouvrages d'organographie végétale et de botanique
descriptive, par Germain de Saint-Pierre (Paris, 1851).

EXPLICATION DES SIGNES ET DES ABRÉVIATIONS.

Un numéro d'ordre, en chiffres romains, imprimé en capitales égyptiennes (exemple : **XV**), suivi d'un nom imprimé en mêmes caractères, indique que ce nom désigne une famille.

Un numéro d'ordre, en chiffres arabes (exemple : 15), accompagné d'un nom imprimé en capitales, indique que ce nom désigne un genre.

Les noms d'espèces sont imprimés en lettres italiques, les noms d'auteurs et les synonymes français en romain.

* précédant un nom d'espèce ou de variété indique que cette espèce ou cette variété est assez rare ou rare aux environs de Paris.

** précédant un nom d'espèce ou de variété indique que cette espèce ou cette variété n'existe qu'à une ou deux stations où elle est peu abondante, ou bien qu'elle est menacée de disparaître par les progrès du défrichement.

† précédant un nom de famille ou de genre indique que cette famille ou ce genre ne comprend dans l'ouvrage que des espèces cultivées ou naturalisées; dans ce cas les descriptions sont imprimées en petit texte. — Précédant un nom d'espèce, indique que cette espèce est cultivée en grand ou naturalisée aux environs de Paris.

var., *var* . . . . . . variété.

s.-v. . . . . sous-variété.

ord. . . . . ordinairement.

sub. . . . . presque, diminutif qui précède certains mots (exemple : subglobuleux).

4-fide, 3-denté, etc. quadrifide, tridenté.

4-8, 5-10, etc . . . de 4 à 8, de 5 à 10.

auct. . . . . auctorum (des auteurs, d'après les auteurs).

part. . . . . partim, ex parte (en partie).

emend. . . . . emendatus (corrigé, modifié).

Fl. . . . , ... Flore.

Fl. Par. éd. 1. . . . Flore des environs de Paris par E. Cosson et Germain de Saint-Pierre, 1ʳᵉ édition.

LISTE DES NOMS DES AUTEURS CITÉS.

Adans.	Adanson.	G. de St-P.	Germain de Saint-Pierre.
Ait.	Aiton.		
A. Br.	A. Braun.	Gmel.	Gmelin.
All.	Allioni.	Godr.	Godron.
Balb.	Balbis.	Good.	Goodenough.
Bast.	Bastard.	Gouan	Gouan.
Benth.	G. Bentham.	Gren.	Grenier.
Bess.	Besser.	Gren. et Godr.	Grenier et Godron.
Boiss.	Boissier.	Griseb.	Grisebach.
Bor.	Boreau.	Hall.	Haller.
Brébiss.	de Brébisson.	Hoffm.	Hoffmann.
Brongn.	Ad. Brongniart.	Hoppe	Hoppe.
Cass.	Cassini.	Hornem.	Hornemann.
Chevall.	Chevallier.	Host.	Host.
Coss.	E. Cosson.	Huds.	Hudson.
Coss. et G. de St-P.	E. Cosson et Germain de St-Pierre.	Jacq.	Jacquin.
		Juss.	A. L. de Jussieu.
Cr.	Crantz.	Adr. Juss.	Adrien de Jussieu.
Curt.	Curtis.	Koch	J. Koch.
DC.	De Candolle.	Kœl.	Kœler.
Alph. DC.	Alph. De Candolle.	Kunth	Kunth.
Dcne.	Decaisne.	L.	Linné.
Desf.	Desfontaines.	L. f.	Linné fils.
Desp.	Desportes.	Lap.	Picot de Lapeyrouse.
Desv.	Desvaux.		
E. Desv.	Émile Desvaux.	Ledeb.	Ledebour.
Dietr.	Dietrich.	Leers	Leers.
Duby	Duby.	Lehm.	Lehmann.
Dum.	Dumortier.	Lej.	Lejeune.
Ehrh.	Ehrhart.	Le Maout.	Le Maout.
Endl.	Steph. Endlicher.	Le Maout et Dcne.	Le Maout et Decaisne.
Fries	Fries.		
Gærtn.	Gærtner.	Leyss.	Leysser.
Gaud.	Gaudin.	L'Hérit.	L'Héritier.
J. Gay	J. Gay.	Lindl.	Lindley.

Link	Link.	Schleich.	Schleicher.
Lloyd	Lloyd.	Schrad.	Schrader.
Lmk	de Lamarck.	Schrank	Schrank.
Lois.	Loiseleur.	Schreb.	Schreber.
Loud.	Loudon.	Schult.	Schultes.
M.-B.	M. de Bieberstein.	Schultz Bip.	C. H. Schultz.
Mart.	Martius.	Fr. G. Schultz	F. G. Schultz.
Mérat	Mérat.	Scop.	Scopoli.
Mert.	Mertens.	Seringe	Seringe.
Mert. et Koch	Mertens et Koch.	Sibth.	Sibthorp.
Mey.	Meyer.	Sm.	Smith.
Mill.	Miller.	Soy.-Willm.	Soyer-Willemet.
Mœnch	Mœnch.	Spach	Spach.
Moq.-Tand.	Moquin-Tandon.	Spreng.	Sprengel.
Murr.	Murray.	A. St-Hil.	Auguste de Saint-Hilaire.
Nees jun.	Nees ab Esenbeck junior.	Sutt.	Sutton.
Nestl.	Nestler.	Sw.	Swartz.
Nutt.	Nuttal.	Ten.	Tenore.
Parlat.	Parlatore.	Thuill.	Thuillier.
P. B.	Palisot de Beauvois	Tourn.	Tournefort.
Pers.	Persoon.	Trin.	Trinius.
Poir.	Poiret.	Vahl	Vahl.
Poll.	Pollich.	Vaill.	Vaillant.
Presl	Presl.	Vent.	Ventenat.
R. Br.	R. Brown.	Vill.	Villars.
Rchb.	Reichenbach.	Waldst. et Kit.	Waldstein et Kitaibel.
Rchb. f.	Reichenbach fils.		
Reich.	Reichard.	Wallr.	Wallroth.
Retz.	Retzius.	Wedd.	Weddell.
Rich.	L. C. Richard.	Weig.	Weigel.
A. Rich.	A. Richard.	Whlbg	Wahlberg.
Rœm. et Schult.	Rœmer et Schultes.	Whlnbg	Wahlenberg.
Roth	Roth.	Wib.	Wibel.
Salisb.	Salisbury.	Wigg.	Wiggers.
Savi	Savi.	Willd.	Willdenow.
Schkuhr	Schkuhr.	Wimm.	Wimmer.
Schlecht.	Schlechtendal.	With.	Withering.

TABLEAU ANALYTIQUE DES FAMILLES.

---

(1) Pour déterminer avec ce tableau les plantes polygames, il va sans dire que l'on ne doit s'occuper que de leurs fleurs hermaphrodites; pour les plantes monoïques on doit étudier les caractères fournis par les fleurs mâles et par les fleurs femelles : aussi est-il indispensable de recueillir les unes et les autres.

(1) Toutes les fois que l'examen extérieur de la fleur ne suffit pas pour démontrer si l'ovaire est libre ou s'il est soudé avec les enveloppes florales, on doit pratiquer, avec un scalpel ou un rasoir, une coupe longitudinale de la fleur suivant un plan parallèle à son axe, à partir de son insertion sur le pédicelle ; cette coupe ne peut jamais laisser d'incertitude, montrant d'une manière évidente l'insertion des diverses parties de la fleur. — La coupe horizontale de l'ovaire doit encore moins être négligée, cette coupe pouvant seule démontrer la structure de l'ovaire, le nombre des loges, l'insertion des ovules, etc.

Dans les genres *Rosa*, *Agrimonia*, *Poterium*, etc., le tube du calice, qui donne insertion aux carpelles, pourrait, même après la coupe longitudinale, être pris pour un ovaire adhérent, mais cette confusion deviendra impossible si l'on remarque que les organes qui s'insèrent sur le tube du calice présentent chacun un style, et que par conséquent ce sont des carpelles et non des ovules.

Le capitule des *Composées* pourrait être pris pour une fleur unique par les personnes encore peu versées dans l'étude de la botanique ; cette erreur sera facilement évitée au moyen d'une coupe longitudinale passant par l'axe du capitule : cette coupe montrera l'insertion, sur le réceptacle, des petites fleurs sessiles dont la réunion constitue le capitule.

8 Corolle à 6-20 pétales ; carpelles polyspermes ; feuilles charnues-succulentes. . CRASSULACÉES *part.*, p. 109.

Corolle à 5 plus rarement 4 pétales ; carpelles monospermes, très rarement polyspermes ; feuilles jamais charnues-succulentes. 9

9 Ovaire libre, composé de carpelles libres entre eux, nombreux plus rarement 1-5, disposés en capitule ou en verticille, ou renfermés dans le tube du calice ; plantes herbacées, ou arbrisseaux ord. munis d'aiguillons ; feuilles pinnatiséquées ou palmatiséquées, plus rarement indivises-dentées ; stipules ord. foliacées, ord. plus ou moins longuement soudées au pétiole. . . . . ROSACÉES, p. 116.

Ovaire libre, composé d'un seul carpelle ; arbres ou arbrisseaux quelquefois épineux, jamais munis d'aiguillons ; feuilles indivises-dentées ; stipules libres, caduques. . . . . AMYGDALÉES, p. 112.

Ovaire soudé avec le calice, composé de 2-5 carpelles soudés entre eux, plus rarement d'un seul carpelle par avortement ; arbres ou arbrisseaux quelquefois épineux, jamais munis d'aiguillons ; feuilles indivises-dentées, lobées ou pinnatiséquées ; stipules libres, caduques plus rarement persistantes. . . . . POMACÉES, p. 125.

10 Corolle à 4-7 pétales très inégaux, munis à la face interne d'une écaille glanduleuse, les supérieurs palmatipartits. . . . . RÉSÉDACÉES, p. 50.

Corolle à pétales jamais palmatipartits et munis à la face interne d'une écaille glanduleuse. 11

11 Carpelles 2 ou plus, libres ou soudés seulement dans leur partie inférieure. 12

Ovaire uniloculaire ou pluriloculaire, composé de carpelles soudés ou d'un seul carpelle 13

12 Fleurs hermaphrodites ; pétales 5-15 ou nuls ; plante dicotylée. . . . . . . RENONCULACÉES, p. 2.

Fleurs unisexuelles ; périanthe à 6 divisions les 3 intérieures pétaloïdes ; plante monocotylée . . . . ALISMACÉES *part.*, p. 399.

20 Calice à 2 sépales libres ; étamines 6, à filets soudés en
    deux faisceaux égaux.   .   .   .   FUMARIACÉES, p. 56.
    Calice à 4-7 sépales libres ou soudés en tube ; étamines
    5-10 rarement plus, libres ou soudées en un ou deux
    faisceaux.   21

21 Calice à 5 sépales dont 2 intérieurs très amples pétaloïdes
    en forme d'ailes ; étamines 8, à anthères unilobées dis-
    posées en deux faisceaux égaux ; capsule membraneuse
    à 2 loges monospermes.   .   .   .   POLYGALÉES, p. 37.
    Calice gamosépale, ou à sépales libres les intérieurs ja-
    mais en forme d'ailes ; étamines 4-10, à anthères bilo-
    bées   22

22 Fleurs présentant un éperon.   23
    Fleurs dépourvues d'éperon.   24

23 Étamines 5, libres, à anthères terminées supérieurement
    par un appendice membraneux ; capsule à 3 valves.   .
    .   .   .   .   VIOLARIÉES, p. 79.
    Étamines 5, cohérentes ; capsule se partageant avec
    élasticité en 5 valves qui s'enroulent sur elles-mêmes.
    .   .   .   .   BALSAMINÉES, p. 30.

24 Pétales 4-7, les supérieurs palmatipartits, munis à la face
    interne d'une écaille glanduleuse ; stigmates 3-6, sub-
    sessiles.   .   .   .   .   RÉSÉDACÉES, p. 50.
    Pétales 4-5, jamais palmatipartits ; un style indivis ou
    1-2 stigmates.   25

25 Calice à 4 sépales libres ; étamines 6, tétradynames ; fruit
    étant une silique ou une silicule   .   .   .   .
    .   .   .   .   CRUCIFÈRES *part.*, p. 58.
    Calice gamosépale à 5 lobes ou à 5 divisions ; étamines
    5-10 ; fruit n'étant ni une silique ni une silicule   .   . 26

26 Corolle papilionacée ; étamines à filets soudés en tube ;
    fruit (légume) composé d'un seul carpelle   .   .   .   .
    .   .   .   .   PAPILIONACÉES, p. 83.
    Corolle à pétales étalés ; étamines à filets libres ; fruit à
    3 loges ou à 1-2 loges monospermes par avortement,
    à déhiscence loculicide ; arbre élevé   .   .   .   .   .   .
    .   .   .   .   HIPPOCASTANÉES, p. 41.

50 Styles 2 ; fruit composé de 2 carpelles qui s'écartent plus
ou moins à la maturité en s'ouvrant par la suture interne.
. . . . SAXIFRAGÉES *part.*, p. 167.
Styles 3-5, plus rarement style indivis filiforme ; fruit
composé de carpelles qui ne s'ouvrent pas par la suture
interne en s'écartant 51

51 Graines renfermées chacune dans une enveloppe succulente ; feuilles trifoliolées, roulées en crosse dans la
jeunesse. . . . . OXALIDÉES, p. 28.
Graines non renfermées dans une enveloppe succulente ;
feuilles simples, indivises 52

52 Étamines 4-5 fertiles soudées à la base, alternant avec les
rudiments dentiformes d'un second rang d'étamines ;
fruit se séparant en 5 plus rarement 3-4 carpelles qui
se partagent eux-mêmes en deux segments monospermes. . . . . LINÉES, p. 26.
Étamines libres, n'alternant pas avec des rudiments d'étamines ; fruit uniloculaire, ou pluriloculaire à loges ne
se partageant pas en deux segments monospermes. . 53

53 Feuilles toutes radicales ou alternes ; graines ord. à testa
très lâche débordant l'amande en forme d'aile. . . 54
Feuilles opposées, plus rarement verticillées ; graines à
testa appliqué sur l'amande 55

54 Styles 3-5 libres bifides, ou 4 stigmates subsessiles ; fruit
uniloculaire à placentas pariétaux ; feuilles souvent munies de longs appendices glanduleux rouges en forme
de poils . . . . DROSÉRACÉES, p. 47.
Style indivis ; fruit à 5 loges ; feuilles coriaces jamais munies de longs appendices glanduleux rouges en forme
de poils . . . . PYROLACÉES, p. 49.

55 Pétales 3-4 ; stigmates capités ; graines cylindriques plus
ou moins arquées ; plantes aquatiques ou croissant dans
les lieux marécageux . . . . ÉLATINÉES, p. 25.
Pétales 5, rarement 4 ; styles filiformes stigmatifères à
la face interne ; graines ord. réniformes, jamais cylindriques plus ou moins arquées ; plantes terrestres, croissant rarement dans les lieux marécageux . . . .
. . . . CARYOPHYLLÉES *part.*, p. 14.

56 Étamines opposées aux pièces de la corolle et en même
   nombre; fleurs régulières. 57
   Étamines alternes avec les pièces de la corolle et alors
   en nombre égal ou moindre, ou en nombre plus grand,
   très rarement en nombre moindre et opposées aux
   pièces de la corolle; fleurs régulières ou irrégulières. 59

57 Calice à 2-3 sépales presque libres. . . . . . .
   . . . . PORTULACÉES *part.*, p. 105.
   Calice à 4-5 sépales souvent soudés en tube. . . . 58

58 Style et stigmate indivis; fruit polysperme, à placenta
   central libre . . . . PRIMULACÉES, p. 172.
   Stigmates 5, libres; fruit monosperme . . . . .
   . . . . PLOMBAGINÉES, p. 176.

59 Ovaire composé de 4 nucules monospermes, distinctes,
   entre lesquelles sort un style filiforme 60
   Ovaire non composé de 4 nucules monospermes, distinctes 61

60 Corolle bilabiée, plus rarement unilabiée ou à 4 lobes
   presque égaux; étamines 4, plus rarement 2; feuilles
   opposées. . . . . LABIÉES, p. 230.
   Corolle à 5 lobes, régulière, plus rarement irrégulière;
   étamines 5; feuilles alternes. BORRAGINÉES, p. 195.

61 Étamines à filets soudés entre eux en un ou deux faisceaux, et au nombre de 6-10. 62
   Étamines non soudées en faisceaux, rarement soudées
   entre elles en colonne et alors au nombre de 5. . . 64

62 Calice à 2 sépales libres; étamines 6. . . . . . .
   . . . . FUMARIACÉES *part.*, p. 56.
   Calice à 5 sépales libres ou soudés en tube; étamines
   8-10 63

63 Sépales libres, les 2 intérieurs très amples pétaloïdes en
   forme d'ailes; étamines 8, à anthères unilobées; corolle
   à 3 pétales l'inférieur lacinié. . POLYGALÉES, p. 37.
   Sépales soudés en un tube souvent bilabié; étamines 10,
   à anthères bilobées; corolle papilionacée, à 5 pétales.
   . . . . PAPILIONACÉES *part.*, p. 83.

71 Fruit composé de deux carpelles distincts, capsulaires,
polyspermes, déhiscents par la suture ventrale (follicules), ou réduit à un seul carpelle par avortement;
graines souvent munies d'une aigrette soyeuse. . . 72
Carpelles soudés en un fruit capsulaire ou bacciforme,
à 1-2 loges rarement plus; graines jamais munies d'une
aigrette soyeuse. 73

72 Étamines à filets cohérents; pollen réuni en masses solides
fixées au stigmate par des appendices filiformes; graines
munies d'une aigrette soyeuse. ASCLÉPIADÉES, p. 184.
Étamines à filets non cohérents; pollen pulvérulent; graines ord. dépourvues d'aigrette. . APOCYNÉES, p. 183.

73 Capsule uniloculaire ou incomplétement biloculaire; corolle persistante-marcescente, plus rarement caduque;
plantes glabres, terrestres à feuilles opposées, plus rarement aquatiques à feuilles alternes. GENTIANÉES, p. 187.
Fruit bacciforme, ou capsulaire à 2 loges quelquefois subdivisées chacune en deux loges secondaires; corolle
caduque; plantes souvent velues, terrestres, à feuilles
alternes les supérieures quelquefois géminées . . . 74

74 Fruit bacciforme ou capsulaire; filets des étamines égaux;
anthères bilobées, à lobes s'ouvrant par une fente longitudinale plus rarement par un pore terminal . . .
. . . . SOLANÉES, p. 204.
Fruit capsulaire; filets des étamines plus ou moins inégaux; anthères unilobées, à lobe soudé au moins en
partie avec le filet et s'ouvrant par une fente longitudinale, ou à lobe réniforme s'ouvrant par une fente semi-
circulaire . . . . . . VERBASCÉES, p. 210.

75 Arbres ou arbrisseaux; corolle régulière; étamines 2.
. . . . OLÉINÉES, p. 181.
Plantes herbacées; corolle souvent bilabiée ou en gueule,
rarement presque régulière; étamines 4, plus rarement
2-3. 76

76 Fleurs en tête, sessiles sur un réceptacle commun chargé
de paillettes; fruit monosperme, indéhiscent. . . .
. . . . GLOBULARIÉES, p. 255.
Fleurs jamais sessiles sur un réceptacle commun; fruit
contenant plus d'une graine 77

92 Plantes munies de vrilles ; anthères unilobées, à lobe
flexueux ou replié plusieurs fois sur lui-même soudé
dans toute sa longueur avec un connectif épais ; ovules
insérés sur les parois des loges. CUCURBITACÉES, p. 264.
Plantes jamais munies de vrilles ; anthères jamais à lobe
flexueux soudé dans toute sa longueur avec un connectif épais ; ovules non insérés sur les parois des loges. 93

93 Étamines non insérées sur le tube de la corolle. . . 94
Étamines insérées sur le tube de la corolle. 95

94 Plantes ligneuses ; anthères à lobes prolongés chacun en
un tube ouvert au sommet ; fruit bacciforme. . . .
. . . . VACCINIÉES, p. 257.
Plantes herbacées ; anthères s'ouvrant par deux fentes
longitudinales ; fruit capsulaire. . . . . . .
. . . . CAMPANULACÉES, p. 258.

95 Étamines 1-3 ; fruit sec, monosperme, indéhiscent. .
. . . . VALÉRIANÉES, p. 275.
Étamines 4-5 ou plus ; fruit sec ou bacciforme à plusieurs graines, ou composé de 2 carpelles monospermes
rarement d'un seul par avortement 96

96 Étamines opposées aux lobes de la corolle ; ovaire uniloculaire, à placenta central libre.
. . . . PRIMULACÉES part., p. 172.
Étamines alternes avec les lobes de la corolle ; ovaire à
3-5 loges, ou composé de 2 carpelles uniovulés rarement d'un seul par avortement. 97

97 Arbrisseaux ou plantes herbacées, à feuilles opposées ;
ovaire à 3-5 loges ; fruit bacciforme ou drupacé. . .
. . . . CAPRIFOLIACÉES, p. 267.
Plantes herbacées, à feuilles verticillées ; ovaire didyme,
composé de 2 carpelles uniovulés rarement d'un seul
par avortement ; fruit sec, rarement charnu. . . .
. . . . RUBIACÉES, p. 271.

98 Corolle à 2 pétales ; étamines 2. CIRCÉACÉES, p. 134.
Corolle à 4-5 pétales rarement plus ; étamines 4-12. . 99

99 Fruit sec ; plantes herbacées 100
Fruit charnu, succulent ou pulpeux ; plantes ligneuses .104

c

124 Feuilles composées - imparipinnées; fleurs en têtes
oblongues terminales; étamines insérées à la gorge du
calice . . . . . SANGUISORBÉES *part.*, p. 356.
Feuilles simples entières ou lobées, plus rarement composées-digitées; fleurs jamais en têtes terminales. .125

125 Feuilles présentant à la base une gaîne membraneuse
qui entoure la tige; calice à 6 sépales. . . . .
. . . . POLYGONÉES *part.*, p. 341.
Feuilles ne présentant jamais de gaîne membraneuse;
calice à 1-5 très rarement 6 sépales 126

126 Étamines 8-12 ou plus; fruit composé de 2-3 coques
monospermes qui se séparent à la maturité . . .
. . . . EUPHORBIACÉES *part.*, p. 365.
Étamines 4-5; fruit uniloculaire monosperme . . .127

127 Feuilles alternes plus rarement opposées, dépourvues de
stipules; fruit placé entre deux bractées en forme de
valves ou renfermé dans le calice induré en forme
de capsule indéhiscente. SALSOLACÉES *part.*, p. 334.
Feuilles toutes ou la plupart opposées, munies de stipules au moins dans leur jeunesse 128

128 Calice de la fleur mâle à 5 sépales presque égaux, celui
de la fleur femelle réduit à un seul sépale; plantes à
feuilles composées-digitées ou à tiges volubiles . .
. . . . CANNABINÉES, p. 350.
Calice à 4 sépales presque égaux, ou très inégaux les
extérieurs très petits; plantes à feuilles jamais composées-digitées, à tiges jamais volubiles . . . .
. . . . URTICÉES *part.*, p. 353.

129 Arbres ou arbrisseaux 130
Plantes herbacées 140

130 Feuilles composées-imparipinnées. 131
Feuilles simples, entières, dentées ou lobées . . .132

131 Feuilles opposées; fleurs mâles en grappes pendantes;
fruit membraneux, comprimé presque foliacé en forme
d'aile dans sa partie supérieure . . . . . .
. . . . OLÉINÉES *part.*, p. 181.
Feuilles alternes; fleurs mâles en chatons cylindriques;
fruit (noix) à deux valves ligneuses, renfermé dans
une enveloppe charnue. . . . JUGLANDÉES, p. 374.

132 Fleurs hermaphrodites 133
    Fleurs monoïques 134

133 Étamines insérées à la gorge du calice; style 1; fruit
    drupacé; stipules nulles . . . .
    . . . . . . THYMÉLÉACÉES *part.*, p. 359.

    Étamines insérées à la base du calice; styles 2; fruit
    sec, comprimé, largement membraneux dans toute sa
    circonférence; feuilles munies de stipules au moins
    dans leur jeunesse. . . . . ULMACÉES, p. 352.

134 Fleurs mâles dépourvues d'enveloppes florales et
    d'écailles bractéales, constituées par des lobes d'an-
    thère portés à la face inférieure d'un connectif élargi
    en forme d'écaille, et disposées en chatons nus; stig-
    mates nuls; feuilles aciculées, ord. persistantes . .135

    Fleurs mâles munies d'enveloppes florales ou d'écailles
    bractéales; étamines à anthère portée sur un filet plus
    ou moins long non élargi en forme d'écaille; stigmates
    distincts; feuilles jamais aciculées, caduques, très
    rarement persistantes 136

135 Connectifs portant chacun 2 lobes d'anthère; chatons
    fructifères (cônes) à écailles ligneuses, libres entre
    elles; graines à testa prolongé en aile. . . . .
    . . . . ABIÉTINÉES, p. 392.

    Connectifs portant 3-8 lobes d'anthère; chatons fruc-
    tifères (cônes) ord. subglobuleux, ligneux, ou charnus
    à écailles souvent soudées entre elles, ou fruits com-
    posés d'une écaille cupuliforme succulente qui entoure
    la graine; graines à testa non ailé . . . . . .
    . . . . CUPRESSINÉES, p. 396.

136 Feuilles opposées, persistantes; capsule à 3 loges di-
    spermes, à 3 valves terminées chacune par 2 cornes.
    . . . . EUPHORBIACÉES *part.*, p. 365.

    Feuilles alternes, caduques ou marcescentes; fruit in-
    déhiscent sec ou charnu, 1-2-sperme 137

137 Fleurs femelles jamais disposées en chatons; calice
soudé avec l'ovaire; fruits renfermés ord. par 1-3 complétement ou incomplétement dans un involucre foliacé, ligneux ou coriace . . CUPULIFÈRES, p. 375.
Fleurs mâles et fleurs femelles disposées en chatons,
rarement renfermées dans un réceptacle charnu;
calice non soudé avec l'ovaire, ou nul; fruit nu, ou
renfermé dans le calice qui devient quelquefois charnu
à la maturité. 138

138 Fleurs femelles munies d'un calice ; chatons fructifères
charnus-succulents, ou fruits renfermés dans un réceptacle charnu. . . . . . MORÉES, p. 348.
Fleurs femelles dépourvues de calice, accompagnées
d'écailles bractéales; chatons fructifères jamais charnus, souvent presque ligneux 139

139 Fleurs en chatons cylindriques ou ovoïdes ; chatons
mâles à écailles accompagnées chacune en dedans de
deux autres écailles latérales et recouvrant 3 fleurs.
. . . . BÉTULINÉES, p. 385.
Fleurs en chatons globuleux; chatons mâles composés
d'étamines en nombre indéfini serrées les unes contre
les autres et entremêlées d'écailles subclaviformes. .
. . . . PLATANÉES, p. 389.

140 Fleurs unisexuelles, dépourvues de périanthe, sessiles
autour d'un axe charnu simple (spadice) qui est entouré d'une spathe monophylle membraneuse en forme
de cornet. . . . . AROÏDÉES, p. 443.
Fleurs hermaphrodites ou unisexuelles, munies ou non
de calice ou de périanthe, jamais sessiles autour d'un
axe charnu entouré d'une spathe en forme de cornet .141

141 Fleurs monoïques, les femelles renfermées par 2 dans
un involucre à folioles soudées en une enveloppe capsulaire 2-loculaire hérissée d'épines. . . . . .
. . . . AMBROSIACÉES, p. 330.
Fleurs hermaphrodites , ou unisexuelles les femelles
n'étant jamais renfermées par 2 dans un involucre à
folioles soudées en une enveloppe capsulaire 2-locu-
laire hérissée d'épines. 142

142 Périanthe à 8 divisions libres jusqu'à la base ; feuilles
disposées par 4-5 en un seul verticille au-dessous d'une
fleur terminale solitaire. ASPARAGINÉES *part.*, p. 411.
Calice gamosépale à 8-12 lobes ou involucre caliciforme à 8-10 lobes disposés sur deux rangs . . .143
Calice à 2-6 divisions ou moins, ou à limbe unilatéral
ou peu distinct; quelquefois remplacé par un involucre
multipartit, des bractées ou des soies, ou nul . . .145

143 Involucre caliciforme à 8-10 lobes, 4-5 lobes glanduleux alternant avec les autres lobes membraneux ; capsule pédicellée au centre de l'involucre composée de
3 coques monospermes ; étamines 10-20 ou plus. .
. . . . EUPHORBIACÉES *part.*, p. 365.
Calice à 8-12 lobes jamais glanduleux ; fruit jamais
composé de 3 coques monospermes ; étamines 1-6. .144

144 Feuilles opposées, dépourvues de stipules ; étamines 6 ;
capsule à 2 loges polyspermes . . . .
. . . . LYTHRARIÉES *part.*, p. 103.
Feuilles alternes, munies de stipules ; étamines 1-4 ;
fruit composé de 1-2 akènes libres . . . . . .
. . . . SANGUISORBÉES *part.*, p. 356.

145 Feuilles composées-imparipinnées. . . . . . .
. . . . SANGUISORBÉES *part.*, p. 356.
Feuilles jamais composées-imparipinnées, indivises ou
quelquefois découpées en segments capillaires. . .146

146 Feuilles verticillées; plantes aquatiques. 147
Feuilles alternes ou opposées rarement ternées ; plantes
aquatiques ou terrestres 149

147 Fleurs hermaphrodites à une seule étamine ; feuilles
linéaires entières . . . . HIPPURIDÉES, p. 361.
Fleurs monoïques, les mâles à plusieurs étamines ;
feuilles découpées en segments capillaires. . .148

148 Fleurs entourées d'un involucre multipartit, les mâles
à 10-25 étamines, les femelles constituées par un
ovaire uniloculaire uniovulé. CÉRATOPHYLLÉES, p. 373.
Fleurs non entourées d'un involucre, les mâles à
4-8 étamines, les femelles à ovaire composé de 4 carpelles uniovulés. . . . . . HALORAGÉES, p. 135.

149 Calice ou périanthe à 6 divisions 150
   Calice ou périanthe à 4-5 divisions ou moins, ou réduit
   à des bractées ou à des soies, ou nul 153

150 Fruit monosperme ; feuilles à nervures ramifiées, à limbe
   élargi, à pétiole muni d'une gaîne membraneuse complète qui entoure la tige ; plante dicotylée. . . .
   . . . . POLYGONÉES *part.*, p. 341.
   Fruit contenant 3 ou plusieurs graines, très rarement
   une seule graine ; feuilles à nervures parallèles, linéaires, souvent cylindriques, rarement ensiformes ;
   plante monocotylée 151

151 Fleurs sessiles sur un axe épais (spadice) qu'elles recouvrent entièrement . . . AROÏDÉES *part.*, p. 443.
   Fleurs jamais sessiles sur un axe qu'elles recouvrent
   entièrement. 152

152 Périanthe à divisions scarieuses ; fruit à 3 loges polyspermes, ou uniloculaire à 3 graines . . . . .
   . . . . JONCÉES, p. 448.
   Périanthe à divisions herbacées ; fruit composé de 3 ou
   6 carpelles 1-2-spermes qui se séparent entre eux à
   la maturité et s'ouvrent par l'angle interne. . . .
   . . . . JONCAGINÉES, p. 436.

153 Plante submergée, à feuilles ondulées-dentées ; fleurs
   mâles constituées chacune par une anthère renfermée
   dans une enveloppe celluleuse . . . .
   . . . . NAÏADÉES *part.*, p. 440.
   Plantes terrestres, ou aquatiques quelquefois nageantes
   rarement submergées ; fleurs hermaphrodites ou
   unisexuelles, à plusieurs étamines, très rarement à
   une seule étamine qui alors n'est jamais renfermée
   dans une enveloppe celluleuse 154

154 Fleurs munies d'un calice ou d'un périanthe , très rarement nues et alors renfermées dans un involucre
   caliciforme et simulant par leur ensemble une fleur
   hermaphrodite. 155
   Fleurs à enveloppes florales réduites à des bractées ou
   à des soies (Glumacées) 172

180 Fructifications d'une seule sorte, naissant sur les feuilles,
    nues ou recouvertes par un repli de l'épiderme . . .
    . . . . FOUGÈRES, p. 514.
    Fructifications de deux sortes, renfermées ensemble
    dans des involucres coriaces subglobuleux qui nais-
    sent sur le rhizome . . . MARSILÉACÉES, p. 521.

181 (1) . . . . *Mousses.*
    . . . . *Hépatiques.*

182 . . . . *Lichénées.*
    . . . . *Champignons.*
    . . . . *Algues*

(1) Les familles des *Mousses* et des *Hépatiques*, ainsi que les classes des *Lichénées*, des *Champignons* et des *Algues*, qui constituent le groupe des *Végétaux cryptogames cellulaires*, ne sont pas traitées dans cet ouvrage.

DESCRIPTION

DES FAMILLES ET DES GENRES

ET

TABLEAUX ANALYTIQUES

DES GENRES ET DES ESPÈCES.

EMBRANCHEMENT I.
PLANTES PHANÉROGAMES OU COTYLÉDONÉES,

Plantes portant des fleurs, c'est-à-dire à organes reproducteurs constitués par des étamines et des ovules. — Graines composées d'un embryon renfermé dans des tuniques. Embryon présentant des parties distinctes, à un, deux, ou rarement plusieurs cotylédons.

Division I. DICOTYLÉES.

Tige herbacée ou ligneuse, séparable en deux zones, l'une extérieure corticale (écorce), l'autre intérieure ligneuse (bois) ; la zone ligneuse composée de faisceaux qui sont constitués essentiellement par des fibres ligneuses et des vaisseaux, et qui forment par leur réunion un cylindre creux (canal médullaire) rempli par du tissu cellulaire (moelle) ; cette tige s'accroît annuellement chez les végétaux ligneux par l'addition, entre les deux zones, d'une couche dont la partie extérieure se rattache à l'écorce et l'intérieure au bois. — Feuilles à nervures ord. divergentes très ramifiées, pourvues de stomates (excepté dans les plantes submergées), opposées, verticillées, alternes ou en spirale, entières, dentées ou plus ou moins profondément

1

divisées, quelquefois composées de plusieurs folioles, rare‑
ment réduites à des écailles ou nulles. — Enveloppes de la
fleur à parties ord. au nombre de cinq, constituées par un
calice et une corolle, ou réduites au calice, rarement nulles.
— Embryon à deux cotylédons opposés, rarement à plu‑
sieurs cotylédons verticillés.

Subdivision I. DIALYPÉTALES.

Enveloppes florales constituées par un calice et une
corolle. — Corolle à *pétales libres entre eux.*

Classe I. DIALYPÉTALES HYPOGYNES.

Pétales et étamines indépendants du calice, insérés sur
le réceptacle ou sur un disque libre ou soudé avec la base
de l'ovaire. — Ovaire libre.

I. RENONCULACÉES (Juss.).

Fleurs hermaphrodites, régulières ou irrégulières, à
préfloraison imbriquée, rarement valvaire. — Calice à 5
plus rarement 3-15 sépales. — Corolle à 5 plus rarement
3-15 pétales hypogynes, libres, très rarement soudés; ca‑
ducs, réguliers, ou irréguliers souvent en cornet ou en tube,
plus rarement nulle. — *Étamines* ord. *en nombre indéfini*;
hypogynes, libres. — Styles libres, souvent très courts,
ord. persistants; stigmates entiers. — *Fruit* libre, *composé
de carpelles* en nombre indéfini ou défini (1-10), secs mono‑
spermes indéhiscents (akènes) libres entre eux, ou secs
polyspermes *libres ou soudés inférieurement* s'ouvrant par
la suture placentaire ventrale (follicules), très rarement com‑
posé d'un seul carpelle bacciforme indéhiscent. — Graines
ascendantes ou pendantes, à raphé souvent très saillant.
Embryon droit, très petit, placé dans un *périsperme épais*
corné. Radicule dirigée vers le hile.

Plantes herbacées, rarement sous-frutescentes ou ligneuses.

Feuilles alternes, très rarement opposées ou ternées, simples, entières ou plus ou moins divisées, pétiolées ; pétiole ord. dilaté en gaîne à la base, plus rarement muni de stipules adnées. Fleurs solitaires terminales, ou disposées en cymes plus ou moins irré- gulières, en grappes ou en panicules.

La plupart des *Renonculacées* renferment un principe très àcre volatil, aussi leurs propriétés diminuent-elles d'intensité par la dessiccation ou la coction dans l'eau. Pilées et appliquées sur la peau, ces plantes produisent la rubéfaction et même la vésication et l'ulcération. Administrées à l'intérieur à très faible dose, elles peuvent être seulement émétiques et drastiques ou vermi- fuges, mais à haute dose elles produisent l'inflammation et l'ulcé- ration de la membrane muqueuse et peuvent déterminer la mort. Les espèces indigènes dont les propriétés âcres, rubéfiantes et vésicantes sont les plus prononcées, sont les *Clematis Vitalba* (Clématite), *Anemone nemorosa* (Sylvie), *A. Pulsatilla* (Pulsa- tille), *Ranunculus acris* (Clair-bassin), *R. bulbosus*, *R. arvensis*, *R. Lingua* (Grande-Douve), *R. Flammula* (Petite-Douve), *R. sce- leratus* ; ces plantes sont maintenant presque inusitées en théra- peutique. L'*Aconitum Napellus* (Aconit) possède des propriétés énergiques ; les parties usitées sont les racines et les feuilles réduites en poudre, et l'on prépare également un extrait du suc ; ces médicaments sont surtout administrés dans les affections névralgiques ou goutteuses, à haute dose ils agissent comme poi- sons narcotico-âcres. On a employé jadis comme purgatifs dras- tiques la racine du *Thalictrum flavum* (Rhubarbe-des-pauvres), de l'*Helleborus fœtidus* (Hellébore fétide, Pied-de-griffon), et de l'*Eranthis hyemalis*, ainsi que les feuilles et les fruits de l'*Actæa spicata*, etc. Les fleurs de l'*Anemone Hepatica* (Hépatique), du *Delphinium Consolida* (Pied-d'alouette), et du *Pæonia officinalis* (Pivoine) sont astringentes, mais elles sont d'un usage suspect. La racine de l'*Aquilegia vulgaris* (Ancolie) est amère. On a attribué des propriétés diurétiques à la fleur des *Adonis*. Le suc de l'*Ane- mone Pulsatilla* a été regardé comme stimulant du nerf optique et employé dans le traitement de l'amaurose ; la même plante a été employée aussi comme antidartreuse. — La famille des Renon- culacées fournit à nos parterres un grand nombre de plantes d'ornement : les Clématites, les Renoncules, les Anémones, les Pieds-d'alouette (*Delphinium*), les Aconits, les Ancolies (*Aquile- gia*), les Nigelles ou Cheveux-de-Vénus (*Nigella*), les Pivoines, etc.

1 Carpelles nombreux, rarement 4-10, monospermes, indéhiscents 2
   Carpelles 1-12, polyspermes, déhiscents, très rarement
   bacciformes indéhiscents. 8

2 Fleurs munies d'un calice et d'une corolle 3
   Fleurs ne présentant qu'une seule enveloppe florale . . 6

3 Étamines 5-10; pétales à onglet tubuleux plus long que
   le limbe; réceptacle filiforme . . . MYOSURUS. (5).
   Étamines en nombre indéfini; pétales à onglet très court;
   réceptacle jamais filiforme 4

4 Pétales dépourvus de fossette nectarifère; fleurs ord. rouges ou rougeâtres. . . . . . . ADONIS. (4).
   Pétales munis à la base d'une fossette nectarifère nue ou
   cachée par une écaille; fleurs jaunes ou blanches . . . 5

5 Calice à 5 sépales; fleurs jaunes ou blanches . . . .
   . . . . RANUNCULUS. (6).
   Calice à 3 sépales; fleurs jaunes. . . . FICARIA. (7).

6 Feuilles opposées, à pétiole ord. tortile; préfloraison valvaire . . . . CLEMATIS. (1).
   Feuilles caulinaires alternes ou ternées, à pétiole jamais
   tortile; préfloraison imbriquée 7

7 Fleurs munies d'un involucre foliacé; sépales 5-15, dépassant longuement les étamines . . ANEMONE. (3).
   Fleurs dépourvues d'involucre; sépales ord. 4, plus courts
   que les étamines . . . . THALICTRUM. (2).

8 Carpelle solitaire, bacciforme indéhiscent; anthères introrses. . . . . ACTÆA. (16).
   Carpelles 2-12, très rarement solitaires, secs déhiscents;
   anthères extrorses. 9

9 Fleurs munies d'un ou plusieurs éperons très saillants . .10
   Fleurs dépourvues d'éperon 11

10 Fleurs à 5 éperons. . . . . . . AQUILEGIA. (13).
   Fleurs à un seul éperon . . . . DELPHINIUM. (14).

11 Calice à sépales très inégaux, le supérieur en forme de
    casque. . . . . ACONITUM. (15).
    Calice à sépales égaux ou presque égaux 12

12 Pétales nuls; feuilles crénelées ou dentées. CALTHA. (8).
Pétales nectarifères plus courts que le calice; feuilles palmatiséquées ou pinnatiséquées 13

13 Pétales onguiculés, à limbe bifide; follicules soudés dans
leur moitié inférieure ou dans toute leur longueur . .
. . . . NIGELLA. (12).
Pétales plus ou moins tubuleux ou bilabiés, à limbe non bifide; follicules libres ou un peu soudés à la base . .14

14 Calice persistant; feuilles palmatiséquées-pédalées. . .
. . . . HELLEBORUS. (9).
Calice pétaloïde caduc; feuilles jamais palmatiséquées-
pédalées 15

15 Feuilles supérieures formant un involucre qui entoure la
fleur; sépales jaunes; follicules 5-8, stipités . . . .
. . . . ERANTHIS. (10).
Fleurs dépourvues d'involucre foliacé; sépales blancs; follicules 1-3, très comprimés, subsessiles. ISOPYRUM. (11).

TRIBU I. **Clematideæ.** — *Préfloraison valvaire.* Corolle nulle. Anthères extrorses. *Carpelles en nombre indéfini, monospermes, indéhiscents.* Graine suspendue. —
Plantes vivaces, à tiges ligneuses sarmenteuses, plus
rarement herbacées. *Feuilles opposées.*

1. CLEMATIS L. — (CLÉMATITE).

Calice à 4-5 sépales pétaloïdes. Corolle nulle. Carpelles
terminés par le style ord. accru après la floraison en forme
de queue plumeuse.

Tige ligneuse; fleurs blanches. *C. Vitalba* L. (C. des haies).

TRIBU II. **Anemoneæ.** — *Préfloraison imbriquée.* Co-
rolle nulle ou composée de *pétales réguliers.* Anthères
extrorses. *Carpelles* en nombre indéfini ou défini, *monospermes, indéhiscents. Graine suspendue.* — Plantes
annuelles ou vivaces. Feuilles alternes ou toutes radicales, les caulinaires quelquefois ternées et formant un
involucre.

2. THALICTRUM L. — (Pigamon, Thalictre).

Calice ord. à *4 sépales* colorés, caducs, dépassés par les
étamines. Corolle nulle. Carpelles 3-12, marqués de côtes
longitudinales, à style court. — *Fleurs disposées en une
panicule terminale.*

1 Fleurs et fruits groupés en bouquets compacts au sommet
   des rameaux . . . . . .*T. flavum* L. (P. jaunâtre).
   Fleurs et fruits distants même au sommet des rameaux . 2

2 Fleurs et étamines dressées. * *T. lucidum* L. (P. luisant).
   Fleurs penchées sur leurs pédicelles; étamines pendantes 3

3 Feuilles à segments petits ord. très glauques en dessous.
   . . . . * *T. minus* L. (P. mineur).
   Feuilles à segments ord. très larges, à peine glauques en
   dessous . . . . . * var. *majus* (var. majeure).
                                  (*T. majus* Jacq.).

3. ANEMONE L. — (Anémone).

Calice à *5-15 sépales* colorés, pétaloïdes. Corolle nulle.
Carpelles nombreux. — Fleurs solitaires terminales.
Feuilles caulinaires ternées formant un involucre éloigné ou
rapproché de la fleur.

1 Feuilles de l'involucre petites, entières, rapprochées de la
   fleur et simulant un calice; feuilles trilobées à lobes entiers.
   . . . . . . * *A. Hepatica* L. (A. Hépatique).
   Feuilles caulinaires palmatiséquées ou divisées en segments linéaires, formant un involucre éloigné de la fleur;
   feuilles palmatiséquées ou pinnatiséquées. 2

2 Feuilles de l'involucre divisées en segments linéaires; carpelles à style longuement accru plumeux . . . . .
   . . . .*A. Pulsatilla* L. (A. Pulsatille).
   Feuilles de l'involucre jamais divisées en segments linéaires; carpelles à style court jamais plumeux . . . 3

3 Feuilles de l'involucre subsessiles; fleurs jaunes . . .
   . . . * *A. ranunculoides* L. (A. Fausse-Renoncule).
   Feuilles de l'involucre pétiolées; fleurs blanches ou rosées. 4

4 Fleurs glabres ; carpelles pubescents. . . . . .
. . . .*A. nemorosa* L. (A. Sylvie).
Fleurs velues en dehors ; carpelles tomenteux . . . .
. . . . * *A. sylvestris* L. (A. sauvage).

4. ADONIS L. — (ADONIDE).

Calice à 5 sépales. Corolle à 3-15 *pétales* ord. rouges ou rougeâtres, *brièvement onguiculés*, dépourvus de fossette nectarifère. Carpelles nombreux, disposés en épi.

1 Carpelles à bord supérieur dépourvu de dent, à bec continuant presque la direction du bord supérieur ; pétales obovales, concaves connivents . . . .
. . . . * *A. autumnalis* L. (A. d'automne).
Carpelles à bord supérieur présentant une dent saillante, à bec plus ou moins oblique par rapport au bord supérieur ; pétales oblongs, plans étalés. 2

2 Carpelles à bord supérieur présentant une dent éloignée du bec, à bec concolore . . *A. œstivalis* L. (A. d'été).
Carpelles à bord supérieur présentant une dent très rapprochée du bec, à bec ord. noirâtre sphacélé . . . . .
. . . . . * *A. flammea* Jacq. (A. couleur de feu).

5. MYOSURUS L. — (RATONCULE).

Calice à 5 *sépales prolongés en éperon*. Corolle à 5 *pétales* jaunâtres, *à onglet* tubuleux *plus long que le limbe*. *Étamines 5-10*. Carpelles nombreux, disposés en épi allongé très compacte.

Feuilles linéaires très étroites, en rosette radicale . . .
. . . . *M. minimus* L. (R. naine).

TRIBU III. Ranunculeæ. — *Préfloraison imbriquée.*

Corolle composée de *pétales réguliers.* Anthères extrorses. *Carpelles* ord. en nombre indéfini, *monospermes, indéhiscents. Graine dressée.* — Plantes annuelles ou vivaces. Feuilles alternes ou toutes radicales.

6. RANUNCULUS Hall. — (RENONCULE).

Calice à 5 *sépales. Pétales* jaunes ou blancs, *munis au-*

dessus de l'onglet *d'une fossette nectarifère* nue ou couverte par une écaille. Étamines en nombre indéfini, plus rarement 12-20. Carpelles nombreux, disposés en capitule globuleux plus rarement oblong.

1 Fleurs blanches ; carpelles ridés transversalement . . . 2
  Fleurs jaunes ; carpelles lisses ou tuberculeux, très rarement ridés. 8

2 Feuilles toutes réniformes à 3-5 lobes obtus entiers . .
  . . . . * *R. hederaceus* L. (R. à feuilles de Lierre).
  Feuilles, au moins les inférieures, multiséquées à lanières capillaires 3

— 3 Feuilles toutes à lanières très allongées rapprochées presque parallèles . . . *R. fluitans* Lmk (R. flottante).
  Feuilles, au moins les inférieures, à lanières divergentes . 4

4 Feuilles toutes à lanières disposées en cercle sur un même plan . . . *R. divaricatus* Schrank (R. divariquée).
  (*R. circinatus* Sibth.).
  Feuilles, au moins les inférieures, à lanières divergentes et étalées dans toutes les directions 5

5 Stipules des feuilles supérieures soudées au pétiole dans leurs deux tiers inférieurs 6
  Stipules des feuilles supérieures soudées au pétiole seulement dans leur tiers inférieur 7

6 . . . . *R. aquatilis* L. (R. aquatique).
  Feuilles ord. de deux formes, les inférieures submergées divisées en lanières capillaires, les supérieures nageantes plus ou moins profondément 3-5-lobées ; fleurs assez grandes . . . var. *heterophyllus* (var. hétérophylle).
  Feuilles ord. toutes de même forme, submergées divisées en lanières capillaires ; fleurs assez petites ; étamines ord. 12-15. . .var. *trichophyllus* (var. à feuilles capillaires).
  (*R. trichophyllus* Chaix).

7 Pétales entièrement blancs, dépassant longuement le calice ; carpelles terminés en pointe . . . . .
  . . . . . * *R. hololeucos* Lloyd (R. toute blanche).
  (*R. Petiveri* Fl. Par. éd. 1 ex parte).
  Pétales à onglet jaune, très petits, dépassant à peine le calice ; carpelles obtus, mutiques ou à peine mucronés.
  . . . . * *R. tripartitus* DC. (R. tripartite).

8 Feuilles entières ou dentées 9
Feuilles profondément lobées ou incisées. 12

9 Fleurs sessiles, opposées aux feuilles ou occupant l'angle
de bifurcation des dichotomies de la tige.; carpelles chargés de tubercules. . * R. *nodiflorus* L. (R. nodiflore).
Fleurs plus ou moins longuement pédonculées ; fruits lisses
ou réticulés 10

10 Carpelles irrégulièrement réticulés ; plante des lieux secs.
. . . . * R. *gramineus* L. (R. graminée).
Carpelles lisses ; plante des lieux marécageux 11

11 Feuilles toutes longuement lancéolées, les inférieures atténuées à la base . . . * R. *Lingua* L. (R. Langue).
Feuilles radicales et inférieures oblongues ou ovales, très
longuement pétiolées. R. *Flammula* L. (R. Flammette).

12 Fibres radicales les unes renflées-ovoïdes, les autres filiformes. . . . * R. *Chœrophyllos* L. (R. Cerfeuil).
Fibres radicales toutes filiformes 13

13 Carpelles très nombreux, disposés en un capitule oblong-
spiciforme ; capitule des carpelles saillant hors de la corolle . . . . R. *sceleratus* L. (R. scélérate).
Carpelles disposés en un capitule globuleux ou presque
globuleux ; capitule des carpelles non saillant hors de la
corolle 14

14 Carpelles présentant des tubercules ou des pointes épineuses
au moins vers le bord. 15
Carpelles lisses ou presque lisses. 17

15 Carpelles 4-8, très grands, chargés de pointes épineuses,
à bec plus long que la moitié de leur longueur . . .
. . . . R. *arvensis* L. (R. des champs).
Carpelles 10-15 ou nombreux, assez petits, munis de tubercules, à bec court. 16

16 Pétales de moitié plus longs que les sépales ; pédoncules
sillonnés ; carpelles présentant vers le bord une ou plusieurs lignes de tubercules . . . .
. . . . . . R. *Philonotis* Ehrh. (R. des mares).
Pétales environ de la longueur des sépales ; pédoncules
courts, lisses; carpelles tuberculeux sur toute leur surface
à tubercules surmontés d'un poil crochu . . . . .
. . . . . . * R. *parviflorus* L. (R. à petites fleurs).

1.

17 Feuilles radicales réniformes-suborbiculaires, crénelées ou
    incisées-lobées ; carpelles pubescents . . . .
    . . . . R. *auricomus* L. (R. Tête-d'or).
    Feuilles radicales palmatipartites, palmatiséquées ou pin-
    natiséquées, jamais réniformes-suborbiculaires ; carpelles
    glabres. 18

18 Calice réfléchi ; tige renflée en bulbe à la base. . . .
    . . . . R. *bulbosus* L. (R. bulbeuse).
    Calice dressé ou étalé ; tige jamais renflée en bulbe à la
    base. 19

19 Feuilles radicales pinnatiséquées, à segment moyen ord.
    longuement pétiolulé ; plante émettant souvent des re-
    jets radicants . . . . .R. *repens* L. (R. rampante).
    Feuilles radicales palmatipartites à lobes plus ou moins pro-
    fonds ; plante n'émettant jamais de rejets radicants . .20

20 Réceptacle glabre ; pédoncule non sillonné ; souche non
    couronnée par les nervures persistantes des feuilles dé-
    truites. . . . . R. *acris* L. (R. âcre).
    Réceptacle hérissé ; pédoncule sillonné ; souche couron-
    née par les nervures persistantes des feuilles détruites.
    . . . . * R. *sylvaticus* Thuill. (R. des bois).
                      (R. *nemorosus* DC.).

7. FICARIA Dill. — (FICAIRE).

Calice à *3 sépales*. *Pétales* jaunes, *munis* au-dessus de
l'onglet *d'une fossette nectarifère* couverte par une écaille.
Carpelles nombreux, disposés en capitule globuleux.

Feuilles cordées ; pétales oblongs. . . . .
. . * F. *ranunculoides* Mœnch (F. Fausse-Renoncule).

TRIBU IV. Helleboreæ. — Préfloraison imbriquée.

Corolle ord. *composée de pétales irréguliers nectarifères,
plus rarement nulle.* Anthères extrorses. *Carpelles* en
nombre défini, très rarement solitaires, *polyspermes, déhiscents* (follicules). — Plantes annuelles ou vivaces.
Feuilles alternes ou toutes radicales, les supérieures
quelquefois opposées ou verticillées et formant un involucre.

8. CALTHA L. — (POPULAGE).

Calice à 5-7 sépales pétaloïdes, caducs. *Corolle nulle.* Follicules 5-12, libres. — Feuilles suborbiculaires-réniformes.

Fleurs jaunes. . . . *C. palustris* L. (P. des marais).

9. HELLEBORUS L. — (HELLÉBORE).

Calice à 5 *sépales* herbacés, *persistants.* Corolle à 5-10 *pétales tubuleux.* Follicules 2-10, un peu soudés inférieurement. — *Feuilles palmatiséquées-pédalées*, au moins les inférieures.

Tige multiflore, feuillée inférieurement et présentant à sa base des cicatrices de feuilles, munie supérieurement de bractées ovales entières. . *H. fœtidus* L. (H. fétide).
Tige 2-5-flore, nue jusqu'aux rameaux, munie supérieurement de feuilles palmatiséquées. . . . . . .
. . . . * *H. viridis* L. (H. vert).

10. ERANTHIS Salisb. — (ÉRANTHIE).

Calice à 5-8 *sépales* pétaloïdes, *caducs.* Corolle à 5-8 *pétales tubuleux bilabiés. Follicules* 5-8, libres, *stipités.* — *Feuilles* radicales orbiculaires palmatiséquées, les deux *supérieures* opposées *formant un involucre qui entoure la fleur.*

Fleurs jaunes. . . * *E. hyemalis* Salisb. (É. d'hiver).
(*Helleborus hyemalis* L.).

11. ISOPYRUM L. — (ISOPYRE).

Calice à 5 sépales pétaloïdes, caducs. Corolle à 5 *pétales tubuleux* seulement à la base. *Follicules* 1-3, membraneux, *très comprimés*, 2-3-spermes, libres, *subsessiles.* — Feuilles palmatiséquées à 3 segments pétiolulés triséqués ou tripartits.

Fleurs blanches. * *I. thalictroides* L. (I. Faux-Pigamon).

12. NIGELLA L. — (NIGELLE).

Calice à 5 sépales pétaloïdes, caducs. Corolle à 5-10 pé-

tales onguiculés, munis au-dessus de l'onglet d'une fossette nectarifère, *à limbe bifide. Follicules* 5-10, *soudés dans leur moitié inférieure ou dans toute leur longueur.*— Feuilles bi-tripinnatiséquées, à segments linéaires très étroits.

Fleurs d'un blanc bleuâtre . . . .
. . . . *N. arvensis* L. (N. des champs).

13. AQUILEGIA L. — (ANCOLIE).

Calice à 5 sépales pétaloïdes, caducs. Corolle à *5 pétales* longuement *prolongés* au-dessous de leur insertion *en cornet* qui se termine inférieurement en éperon. — Feuilles deux fois triséquées.

Fleurs bleues, violettes, purpurines, roses ou blanches; éperons courbés . . . . *A. vulgaris* L. (A. commune).

14. DELPHINIUM L.— (DAUPHINELLE, PIED-D'ALOUETTE).

Calice à 5 *sépales* pétaloïdes, bleus, violets, roses ou blancs, caducs, *inégaux, le supérieur prolongé en éperon.* Corolle à 4 pétales libres ou soudés, les deux supérieurs au moins prolongés en un éperon reçu dans la cavité de l'éperon du sépale supérieur. Follicules souvent solitaires par avortement, plus rarement 2-5, libres.

Pétales soudés . . . *D. Consolida* L. (D. Consoude).

15. ACONITUM L. — (ACONIT).

Calice à 5 *sépales* pétaloïdes, ord. caducs, *inégaux, le supérieur en forme de capuchon.* Corolle à 2-5 pétales; les supérieurs filiformes dans la plus grande partie de leur longueur, dilatés au sommet en un cornet renversé recourbé en éperon; les inférieurs très petits ou convertis en étamines. Follicules 3-5, libres.

Fleurs bleues. . . . . * *A. Napellus* L. (A. Napel).

TRIBU V. **Pæonieæ.**—Préfloraison imbriquée. Corolle composée de *pétales réguliers,* rudimentaires, ou nulle. Anthères introrses. *Carpelles* en nombre défini (2-5) ou

solitaires, *polyspermes, déhiscents* (follicules), ou *bacciformes indéhiscents*. — Plantes vivaces. Feuilles alternes
ou toutes radicales.

16. ACTÆA L. — (ACTÉE).

Calice à *4 sépales pétaloïdes*, blancs, caducs. *Corolle*
ord. *rudimentaire*, composée de pétales spatulés différant
peu des étamines par leur forme. *Carpelle* solitaire, *bacciforme indéhiscent*. — Feuilles deux à trois fois pinnatiséquées.

Fleurs blanches. . . . . ✳ *A. spicata* L. (A. en épi).

II. BERBÉRIDÉES (Vent.).

Fleurs hermaphrodites, régulières, à préfloraison imbriquée. — Calice à 4-6 sépales ord. disposés sur deux
rangs, libres, pétaloïdes, caducs, muni de 2 ou plusieurs
bractées. — Corolle à 6-8 *pétales disposés sur deux rangs*,
hypogynes, libres, ord. munis de deux glandes à leur base.
— *Étamines* 6-8, *opposées aux pétales*, hypogynes, libres,
irritables. *Anthères à lobes s'ouvrant* chacun *par une valvule*.
— Ovaire libre, à un seul carpelle, à une seule loge bi-pluri-
ovulée. Stigmate subsessile, suborbiculaire-pelté. — Fruit
bacciforme ord. disperme. — Graines ascendantes. *Embryon* droit, *niché à l'extrémité d'un gros périsperme* charnu
ou corné. Radicule dirigée vers le hile.

Arbrisseau épineux. Feuilles alternes ou fasciculées, simples,
dentées-épineuses ; stipules très petites, caduques. Fleurs jaunes,
disposées en grappes simples pendantes.

Les fruits du *Berberis vulgaris* (Épine-vinette) ont une saveur
acidule ; on peut en préparer une boisson rafraîchissante et des
conserves d'une saveur agréable. Le liber de la tige et de la racine fournit une matière colorante jaune employée pour la teinture.

1. BERBERIS L. — (VINETIER).

Fruits rouges . . . . *B. vulgaris* L. (V. commun).

III. CARYOPHYLLÉES (Juss.).

Fleurs hermaphrodites, rarement unisexuelles par avortement, régulières. — Calice à 5 plus rarement 4 sépales libres ou soudés en tube inférieurement, ord. persistants, à préfloraison imbriquée. — Corolle à 5 plus rarement 4 pétales, insérés sous l'ovaire ou sur un disque qui entoure la base de l'ovaire, libres, à préfloraison imbriquée ou imbriquée-contournée, très rarement nulle par avortement. — *Étamines* insérées avec les pétales, *en nombre égal à celui des pétales ou en nombre double*, libres entre elles, les intérieures à filets souvent soudés à la base avec les pétales. — *Styles* 2-5 filiformes, *libres*, à face interne stigmatifère. — *Fruit* libre, à 2-5 carpelles, souvent exhaussé sur un prolongement de l'axe (podogyne), *capsulaire*, *polysperme*, très rarement oligosperme, *uniloculaire* par l'oblitération des cloisons, *plus rarement à 2-5 loges plus ou moins incomplètes*, s'ouvrant par des valves ou des dents en nombre égal à celui des carpelles ou en nombre double, très rarement bacciforme indéhiscent. — *Graines insérées sur un placenta central ou à l'angle interne des loges*, ascendantes ou horizontales. Périsperme farineux, ord. central. *Embryon annulaire* ou *semi-annulaire*, *entourant le périsperme*, rarement plié ou droit, enveloppé par le périsperme ou appliqué sur l'une de ses faces. Radicule ord. rapprochée du hile.

Plantes annuelles ou vivaces, herbacées, rarement sous-frutescentes à la base. Tiges ord. dichotomes, à articulations ord. renflées. Feuilles opposées, entières, souvent sessiles ou connées à la base, dépourvues de stipules, plus rarement munies de stipules scarieuses. Fleurs en cyme terminale dichotome, quelquefois unilatérales par avortement, en glomérules, terminales solitaires ou en panicule.

Les plantes de la famille des *Caryophyllées* ne possèdent aucune propriété active ni par conséquent malfaisante ; le suc de quelques-unes est plus ou moins mucilagineux et rarement doué de quelque amertume ; les fleurs de plusieurs espèces exhalent une odeur suave. Le *Saponaria officinalis* (Saponaire) renferme un suc mucilagineux qui mousse dans l'eau comme le savon ; l'infusion de la plante, légèrement amère et stimulante, constitue un sudorifique léger, employé comme dépuratif dans le traitement des maladies de la peau et des affections rhumatismales. Le *Stellaria media* (Mouron-des-oiseaux) dont on a l'habitude de garnir les volières, renferme quelques sels de potasse, et a des qualités faiblement diurétiques. Le *Cucubalus baccifer* et le *Silene Otites* ont été employés autrefois comme amers et astringents. Les *Stellaria Holostea*, *Cerastium arvense* et *Holosteum umbellatum*, aujourd'hui inusités, étaient classés parmi les médicaments dits réfrigérants. On prépare pour la parfumerie une eau distillée avec les fleurs du *Dianthus Caryophyllus* (Œillet-des-jardins). — Un grand nombre d'espèces de la famille des *Caryophyllées* à fleurs souvent doublées par la culture, font l'ornement de nos parterres ; nous citerons l'Œillet (*Dianthus Caryophyllus*), la Mignardise (*D. plumarius*), l'Œillet-de-poëte (*D. barbatus*), l'Œillet-de-Chine (*D. Sinensis*), la Coquelourde (*Lychnis coronaria*), la Croix-de-Jérusalem (*L. Chalcedonica*), les *Lychnis Flos-Cuculi* et *Viscaria*, le *Silene Armeria* (Pattes-de-mouche), etc.

1 Calice à sépales soudés en tube au moins dans leur moitié inférieure ; pétales à onglet ord. très allongé ; étamines insérées avec les pétales au sommet du pied plus ou moins développé qui supporte l'ovaire. 2

Calice à sépales libres ou soudés seulement à la base ; pétales à onglet court, rarement nuls par avortement ; étamines insérées sur un disque plus ou moins développé qui entoure la base de l'ovaire 11

2 Fleurs dioïques 3

Fleurs hermaphrodites, rarement polygames par avortement 5

3 Pétales linéaires entiers, dépourvus d'écailles au-dessus de l'onglet ; styles 3 ; capsule à 6 dents . . *Silene Otites*.

Pétales bifides, munis d'écailles au-dessus de l'onglet ; styles 5 ; capsule à 10 dents. 4

4 Fleurs blanches ; capsule à dents dressées ou un peu étalées. . . . . *Melandrium dioicum*.

Fleurs purpurines ; capsule à dents roulées en dehors après la dissémination des graines . . *Melandrium sylvestre*.

5 Calice entouré d'un calicule à sa base . DIANTHUS. (2).
  Calice dépourvu de calicule 6

6 Styles 2 7
  Styles 3–5 8

7 Pétales à onglet très court; calice campanulé . . . . :
  . . . . GYPSOPHILA. (1).
  Pétales longuement onguiculés; calice tubuleux . . . .
  . . . . SAPONARIA. (3).

8 Styles 3. 9
  Styles 5. 10

9 Fruit bacciforme indéhiscent . . . . . CUCUBALUS. (4).
  Capsule s'ouvrant au sommet par 6 dents . SILENE. (5).

10 Capsule s'ouvrant au sommet par 10 dents . . . . .
   . . . . MELANDRIUM. (6).
   Capsule s'ouvrant au sommet par 5 dents . LYCHNIS. (7).

11 Feuilles munies de stipules scarieuses 12
   Feuilles dépourvues de stipules 14

12 Feuilles obovales-oblongues; styles 3; embryon à peine
   arqué, appliqué sur la face dorsale du périsperme. . .
   . . . . POLYCARPON. (8).
   Feuilles linéaires ou subulées; styles 3 ou 5; embryon
   annulaire-périphérique 13

13 Styles 5; feuilles paraissant verticillées . SPERGULA. (10).
   Styles 3; feuilles souvent munies de fascicules de feuilles
   à leur aisselle, mais ne paraissant pas verticillées . .
   . . . . .SPERGULARIA. (9).

14 Pétales bifides ou bipartits 15
   Pétales entiers ou à peine émarginés, quelquefois irrégulièrement denticulés, rarement nuls par avortement . .17

15 Styles 3 . . . . .STELLARIA. (16).
   Styles 5, plus rarement 4 16

16 Capsule cylindrique ord. arquée; styles opposés aux sé-
   pales. . . . . CERASTIUM. (17).
   Capsule ovoïde; styles alternes avec les sépales. . . .
   . . . . .MALACHIUM. (18).

17 Capsule s'ouvrant par des dents ou des valves en nombre
    égal à celui des styles 18
    Capsule s'ouvrant par des dents ou des valves en nombre
    double de celui des styles 19

18 Styles 4-5; capsule s'ouvrant en 4-5 valves . SAGINA. (11).
    Styles 3 ; capsule s'ouvrant en 3 valves . . ALSINE. (12).

19 Pétales irrégulièrement denticulés ; embryon plié . . .
    . . . . HOLOSTEUM. (13).
    Pétales entiers ; embryon annulaire périphérique. . .20

20 Graines luisantes, munies d'une strophiole au niveau du hile.
    . . . . MŒHRINGIA. (14).
    Graines plus ou moins ternes, dépourvues de strophiole .21

21 Styles 4 ; capsule à 8 dents . . . Cerastium erectum.
    Styles 3 ; capsule à 6 valves plus ou moins profondes. .
    . . . . ARENARIA. (15).

TRIBU I. **Silenenæ**. — Calice à *sépales soudés en tube*
au moins *dans leur moitié inférieure*, libres supérieurement. Pétales roses, plus rarement blancs jaunâtres ou
verdâtres, à onglet ord. très allongé et égalant le tube
du calice. Étamines insérées avec les pétales au sommet
du pied plus ou moins développé qui supporte l'ovaire.

1. GYPSOPHILA L. — (GYPSOPHILE).

Calice campanulé, à 5 dents, dépourvu de calicule. *Pétales* cunéiformes, *à onglet court. Styles 2*. Capsule à 4 dents.
    Rameaux très grêles ; fleurs petites, roses . . . . .
    . . . . G. *muralis* L. (G. des murs).

2. DIANTHUS L. — (ŒILLET).

Calice tubuleux cylindrique, à 5 dents, *muni à sa base
d'un calicule* composé de 2-6 bractées scarieuses imbriquées. Pétales longuement onguiculés. *Styles 2*. Capsule à
4 dents. Graine déprimée, lenticulaire, peltée. Embryon
droit, appliqué sur la face dorsale du périsperme. — Fleurs
purpurines, roses ou blanches.

1 Fleurs solitaires ou en cymes pauciflores, munies de bractées squamiformes n'atteignant pas le quart de la longueur du tube du calice. 2
Fleurs rapprochées en glomérules, rarement solitaires par
avortement, munies de bractées atteignant au moins la
moitié de la longueur du calice. 4

2 Pétales profondément divisés en lanières multifides . .
. . . . * D. superbus L. (Œ. superbe).
Pétales dentés ou brièvement incisés 3

3 Tiges scabres-pubérulentes; feuilles des fascicules stériles
linéaires-elliptiques, longues de 1-2 centimètres. . .
. . . . * D. deltoides L. (Œ. deltoïde).
Tiges glabres glauques; feuilles des fascicules stériles li-
néaires, longues de 6-12 centimètres . . . . . .
. . . . * D. Caryophyllus L. (Œ. Gérofle).

4 Involucre et calicule à écailles ovales ou oblongues, la plupart mutiques dépassant le calice . . . .
. . . . D. prolifer L. (Œ. prolifère).
Involucre et calicule à écailles la plupart longuement aristées ou linéaires 5

5 Involucre à bractées velues; plante, bisannuelle à racine
pivotante . . . . . D. Armeria L. (Œ. Arméria).
Involucre à bractées glabres ou ciliées-scabres; plante
vivace à souche rameuse 6

6 Bractées de l'involucre oblongues scarieuses, brusquement
acuminées en une longue pointe aristée herbacée;
feuilles linéaires . . . .
. . . . D. Carthusianorum L. (Œ. des Chartreux).
Bractées de l'involucre presque herbacées, linéaires-subulées, courbées en dehors; feuilles lancéolées-acuminées.
. . . . † D. barbatus L. (Œ. barbu).

3. SAPONARIA L. — (Saponaire).

Calice tubuleux, cylindrique ou anguleux, à 4-5 dents,
dépourvu de calicule. Pétales longuement onguiculés.
Styles 2. Capsule à 4 dents. — Fleurs ord. roses.

Calice cylindrique; souche très rameuse, traçante. . .
. . . . *S. officinalis* L. (S. officinale).
Calice à 5 angles presque ailés ; racine annuelle, pivotante.
. . . . * *S. Vaccaria* L. (S. des vaches).

4. CUCUBALUS Gærtn. — (CUCUBALE).

Calice campanulé, à 5 lobes, dépourvu de calicule. *Styles 3. Fruit bacciforme indéhiscent.* — Tige presque grimpante. Fleurs d'un blanc verdâtre. Baie noire.
. . . . * *C. baccifer* L. (C. à baies).

5. SILENE L. — (SILÉNÉ).

Calice tubuleux ou plus ou moins renflé, à 5 dents, dépourvu de calicule. Pétales longuement onguiculés. *Styles 3. Capsule à 6 dents.* — Fleurs hermaphrodites, très rarement dioïques, roses, blanches ou jaunâtres.

1 Calice très renflé à 20 nervures anastomosées en réseau.
. . . . *S. inflata* Sm. (S. renflé).
Calice renflé, ombiliqué à la base, à 30 nervures . . .
. . . . *S. conica* L. (S. conique).
Calice non renflé, à 10 nervures plus ou moins saillantes. 2

2 Fleurs en cyme dichotome pauciflore ou solitaires terminales; calice à dents très longues subulées; plante annuelle . . . . . * *S. noctiflora* L. (S. noctiflore).
Fleurs en fausses grappes terminales, ord. unilatérales; plante annuelle . . * *S. Gallica* L. (S. de France).
Fleurs en cymes disposées en panicule; plante vivace . . 3

3 Fleurs dioïques ; pétales linéaires entiers; capsule sessile.
. . . . *S. Otites* Sm. (S. Otités).
Fleurs hermaphrodites ; pétales profondément bifides ou bipartits; capsule stipitée. 4

4 Fleurs disposées en une panicule étroite; feuilles caulinaires lancéolées ou linéaires; calice fructifère fendu presque jusqu'à la base, égalant environ la capsule. . . .
. . . . *S. nutans* L. (S. penché).
Fleurs disposées en une panicule lâche; feuilles caulinaires ovales-lancéolées; calice à tube non déchiré, ne dépassant pas le pied de la capsule . . . .
. . . . . . † *S. catholica* Otth (S. catholique).

6. MELANDRIUM Rœhl. — (MÉLANDRE).

Calice tubuleux plus ou moins renflé, à 5 dents, dépourvu de calicule. Pétales longuement onguiculés. *Styles 5. Capsule à 10 dents.* — Fleurs dioïques, en cyme dichotome, blanches, roses ou purpurines.

Fleurs blanches ; capsule à dents dressées . . . . .
:   . . .*M. dioicum* Coss. et G. de St-P. (M. dioïque).
(*Lychnis dioica* L.).
Fleurs roses ou purpurines ; dents de la capsule desséchée roulées en dehors.   ⊛ *M. sylvestre* Rœhl. (M. des bois).
(*Lychnis sylvestris* Hoppe).

7. LYCHNIS Tourn. — (LYCHNIDE).

Calice tubuleux, cylindrique ou plus ou moins renflé, à 5 dents plus ou moins longues, dépourvu de calicule. Pétales longuement onguiculés. *Styles 5. Capsule à 5 dents.* — Fleurs hermaphrodites, purpurines ou d'un rouge violet.

1 Calice à divisions linéaires dépassant les pétales ; pétales dépourvus d'écailles au-dessus de l'onglet. . . . .
. . . . *L. Githago* Lmk (L. Nielle).
(*Agrostemma Githago* L.).
Calice à divisions triangulaires longuement dépassées par les pétales ; pétales munis d'écailles au-dessus de l'onglet. 2
2 Pétales profondément divisés en 4 lanières linéaires ; capsule sessile.   . *L. Flos-Cuculi* L. (L. Fleur-de-Coucou).
Pétales presque entiers ; capsule longuement stipitée . .
. . . . ⊛ *L. Viscaria* L. (L. Viscaire).

TRIBU II. Alsineæ. — Calice à *sépales libres ou un peu soudés à la base.* Pétales blancs, rarement roses, à onglet court, rarement nuls par avortement. Étamines insérées sur un disque plus ou moins développé entourant la base de l'ovaire.

Sous-tribu I. **Sabulineæ.** — Valves ou dents de la capsule en nombre égal à celui des styles.

8. POLYCARPON L. — (POLYCARPE).

Sépales un peu soudés à la base. Pétales entiers ou émarginés, plus courts que le calice. *Styles 3, très courts. Capsule s'ouvrant* jusqu'à la base *en 3 valves. Embryon à peine arqué, appliqué sur la face dorsale du périsperme. — Feuilles munies de stipules scarieuses, obovales-oblongues, les inférieures au moins verticillées.* Fleurs presque herbacées.

Plante annuelle : * *P. tetraphyllum* L. (P. à quatre feuilles).

9. SPERGULARIA Pers. — (SPARGULAIRE).

Pétales entiers, blancs ou roses. *Styles 3.* Embryon entourant le périsperme. *Capsule s'ouvrant* jusqu'à la base *en 3 valves. — Feuilles munies de stipules scarieuses, linéaires ou subulées,* opposées, présentant souvent à leur aisselle des fascicules de feuilles. Fleurs blanches ou purpurines.

Fleurs roses-purpurines ; sépales herbacés scarieux seulement aux bords .   .   .   .   .   *S. rubra* Pers. (S. rouge).
        (*Arenaria rubra* L.; *Lepigonum rubrum* Wahlberg).
Fleurs à pétales blancs plus courts que le calice ; sépales scarieux à nervure dorsale verte .   .   .   .
    .   .   .   .   .   * *S. segetalis* Fenzl (S. des moissons).
        (*Alsine segetalis* L.; *L. segetale* Koch).

10. SPERGULA L. — (SPARGOUTE).

Pétales entiers. *Styles 5. Capsule s'ouvrant en 5 valves. — Feuilles munies de stipules scarieuses, linéaires-subulées,* paraissant verticillées. Fleurs blanches.

1 Feuilles présentant un sillon longitudinal à la face inférieure ; graines entourées d'un rebord très étroit. .   .
   .   .   .   .*S. arvensis* L. (S. des champs).
Feuilles dépourvues de sillon à la face inférieure ; graines entourées d'une aile scarieuse très large   2

2 Graines lisses sur leurs deux faces, excepté à leur pourtour
   chargé de papilles blanchâtres, à aile devenant rousse.
   . . . . . . * S. *Morisonii* Boreau (S. de Morison).
   Graines très finement granuleuses sur toute leur surface, à
   aile d'un blanc argenté . . . .
   . . . . . . * S. *pentandra* L. (S. à cinq étamines).

11. SAGINA L. — (Sagine).

Pétales entiers, quelquefois rudimentaires ou nuls par
avortement. *Styles 4-5. Capsule s'ouvrant par 4-5 valves.*
— *Feuilles dépourvues de stipules, linéaires ou subulées.*
Fleurs blanches.

1 Calice à 5 sépales ; pétales égalant ou dépassant le calice. 2
   Calice à 4 sépales ; pétales 1-4 fois plus courts que le calice 3
2 Pétales une fois plus longs que le calice ; pédicelles 1-5 fois
   plus longs que le calice. * S. *nodosa* E. Mey. (S. noueuse).
                              (*Spergula nodosa* L.).
   Pétales égalant le calice ; pédicelles 10-15 fois plus longs
   que le calice . . * S. *subulata* Wimm. (S. subulée).
3 Feuilles non ciliées ; pédicelles se recourbant en crochet au
   sommet après la floraison . . . .
   . . . . S. *procumbens* L. (S. couchée).
   Feuilles ciliées surtout à la base ; pédicelles droits ou se
   recourbant à peine après la floraison . . . . . .
   . . . . S. *apetala* L. (S. apétale).

12. ALSINE Whlbg. — (Alsine).

Pétales entiers. *Styles 3. Capsule s'ouvrant jusqu'à la base
en 3 valves.* — *Feuilles dépourvues de stipules, linéaires-
subulées ou sétacées.* Fleurs blanches.

1 Pétales plus longs que le calice ; plante vivace, à souche
   rameuse . . * A. *setacea* Mert. et Koch (A. sétacée).
                              (*Arenaria setacea* Thuill.).
   Pétales plus courts que le calice ; plante annuelle . . . 2
2 . . . . . . A. *tenuifolia* Whlbg (A. à feuilles menues).
                              (*Ar. tenuifolia* L.).
   Plante ord. grêle, couverte de poils glanduleux courts ;
   fleurs plus petites . . var. *viscidula* (var. visqueuse).
                              (*Ar. viscidula* Thuill.).

Sous-tribu ii. **Stellarinée**. — Valves ou dents de la capsule en nombre double de celui des styles.

13. HOLOSTEUM L. — (Holostée).

Pétales irrégulièrement denticulés, rarement entiers. *Styles 3. Capsule s'ouvrant* d'abord par 6 dents, se partageant plus tard *en 6 valves. Embryon plié, plongé dans le périsperme.* — Fleurs disposées en *cyme* terminale *ombelliforme.* Fleurs blanches.

Entre-nœuds supérieurs pubescents-visqueux . . . .
. . . . . . *H. umbellatum* L. (H. en ombelle).

14. MOEHRINGIA L. — (Moehringie).

Pétales entiers ou à peine émarginés. Styles 2-3. Capsule s'ouvrant par 4-6 valves. Graines luisantes, *munies d'une strophiole* au niveau du hile. — Fleurs blanches.

Feuilles ovales, à 3-5 nervures ; fleurs à 5 parties . . .
. . . . *M. trinervia* Clairv. (M. à trois nervures).
(*Arenaria trinervia* L.).
Feuilles linéaires-filiformes, à nervures indistinctes ; fleurs
à 4 parties. . . . . † *M. muscosa* L. (M. Mousse).

15. ARENARIA L. — (Sabline).

Pétales entiers ou à peine émarginés. Styles 3. Capsule s'ouvrant d'abord *par 6 dents*, puis se partageant en 3 valves bidentées ou fendues. Graines dépourvues de strophiole. *Embryon entourant le périsperme.* — Fleurs blanches.

Feuilles ovales-acuminées ; pétales plus courts que le calice.
. . . . .*A. serpyllifolia* L. (S. à feuilles de Serpolet).
Feuilles linéaires-subulées ; pétales une fois plus longs que
le calice . . . . . * *A. grandiflora* L. var. *triflora.*
(S. à grandes fleurs. *var.* triflore).

16. STELLARIA L. — (Stellaire).

Pétales bifides ou bipartits. Styles 3. Capsule s'ouvrant par 6 valves profondes. — Fleurs blanches.

1 Feuilles ovales ou ovales-acuminées, pétiolées au moins
les inférieures 2
Feuilles linéaires-lancéolées ou oblongues-lancéolées, sessiles. 3

2 Plante annuelle ; tiges présentant sur l'une de leurs faces
une ligne longitudinale de poils. . . . . . .
. . . . S. *media* Sm. (S. intermédiaire).
(*Alsine media* L.).
Souche vivace traçante ; tiges pubescentes dans leur partie
supérieure. . . . * S. *nemorum* L. (S. des forêts).

3 Pétales 1-2 fois plus longs que le calice 4
Pétales plus courts que le calice ou le dépassant peu. . 5

4 Bractées herbacées ; feuilles vertes, scabres aux bords. .
. . . . S. *Holostea* L. (S. Holostée).
Bractées scarieuses ; feuilles ord. glauques, lisses . . .
. . . . * S. *glauca* With. (S. glauque).

5 Bractées ciliées ; feuilles roides, linéaires ; pétales à lobes
contigus . . . . . S. *graminea* L. (S. graminée).
Bractées non ciliées ; feuilles molles, oblongues-lancéo-
lées ; pétales à lobes divergents. . . . .
. . . . . S. *uliginosa* Murr. (S. des marécages).
(*Stellaria aquatica* Poll.; *Larbræa aquatica* St-Hil.).

17. CERASTIUM L. — (CÉRAISTE).

*Pétales bifides, rarement entiers. Styles 5, plus rare-
ment 4, opposés aux sépales. Capsule cylindrique ou conique-
cylindrique,* s'ouvrant par 10, plus rarement 8 dents. —
Fleurs blanches.

1 Pétales entiers ou à peine émarginés ; plante glabre glaucescente . C. *erectum* Coss. et G. de St-P. (C. dressé).
(*Sagina erecta* L.).
Pétales bifides ; plante pubescente ou velue, souvent glanduleuse. 2

2 Feuilles linéaires ou linéaires-lancéolées ; pétales 1-2 fois
plus longs que le calice . C. *arvense* L. (C. des champs).
Feuilles ovales, oblongues ou obovales ; pétales souvent
plus courts, rarement une fois plus longs que le calice. 3

3 Pédicelles plus courts que les bractées ou les dépassant à
   peine . . ... *C. glomeratum* Thuill. (C. aggloméré).
   Pédicelles dépassant longuement les bractées 4
4 Poils dépassant longuement le sommet des sépales. . .
   . . . . * *C. brachypetalum* Desp. (C. à pétales courts).
   Poils ne dépassant pas le sommet des sépales 5
5 Sépales obtus, à poils ord. non glanduleux. . . . .
   . . . . *C. triviale* Link (C. commun).
   Sépales aigus, à poils ord. glanduleux 6
6 Bractées toutes scarieuses dans leur tiers ou leur moitié
   supérieure, à partie scarieuse ord. denticulée ou lacérée.
   . . . . . *C. semidecandrum* L. (C. à cinq étamines).
   (*C. pellucidum* Chaub.; *C. varians* var. *pellucidum* Fl. Par. éd. 1).
   Bractées toutes herbacées ou les supérieures étroitement
   scarieuses aux bords 7
7 . . . . *C. pumilum* Curt. (C. nain).
   (*C. obscurum* Chaub.; *C. alsinoides* Gren.; *C. varians* var. *obscurum*
   Fl. Par. éd. 1).
   Pétales plus courts que le calice ou le dépassant peu ;
   étamines fertiles ord. au nombre de 5-8 . . . . .
   . . . . var. *vulgare* (var. commune).
   (*C. varians* var. *obscurum* s.-v. *parviflorum* Fl. Par. éd. 1).
   Pétales une fois plus longs que le calice ; étamines fer-
   tiles ord. au nombre de 10 . . . .
   . . . . . var. *campanulatum* (var. campanulée).
   (*C. campanulatum* Viv.; *C. præcox* Tenore ; *C. litigiosum* de Lens ;
   C. varians var. *obscurum* s.-v. *grandiflorum* Fl. Par. éd. 1).

18. MALACHIUM Fries. — (MALAQUIE).

*Pétales bipartits. Styles 5, alternes avec les sépales.
Capsule ovoïde,* s'ouvrant *par 5 valves bidentées.*

   Fleurs blanches. . *M. aquaticum* Fries (M. aquatique).
                    (*C. aquaticum* L.).

IV. ÉLATINÉES (Cambess.).

Fleurs hermaphrodites, régulières, à préfloraison imbriquée. — Calice à 3-4 sépales soudés inférieurement, persistants. — Corolle à 3-4 pétales hypogynes, libres, ca-

2

ducs. — *Étamines en nombre égal à celui des pétales ou en nombre double*, hypogynes, *libres.* — Styles 3-4, courts ; stigmates capités. — *Fruit* libre, à 3-4 carpelles, *capsulaire, polysperme, à 3-4 loges*, surmonté par les styles persistants, *à déhiscence septifrage.* — *Graines* insérées à l'angle interne des loges, cylindriques, plus ou moins arquées, *dépourvues de périsperme.* Embryon cylindrique, plus ou moins arqué. Radicule dirigée vers le hile.

Plantes annuelles ou vivaces, herbacées, radicantes. *Feuilles opposées ou verticillées*, sessiles ou atténuées en pétiole, entières ; stipules très petites, scarieuses. Fleurs petites, axillaires solitaires.

1. ELATINE L. — (ÉLATINE).

1 Feuilles verticillées. *E. Alsinastrum* L.(É. Fausse-Alsine).
  Feuilles opposées 2

2 . . . . . . * *E. hexandra* DC. (É. à six étamines).
  Fleurs à 3 pétales, à 6 étamines . . . . . .
  . . . . var. *vulgaris* (var. commune).
  Fleurs à 4 pétales, à 8 étamines. . . . . . .
  . . . . var. *major* (var. majeure).
  (*E. major* A. Braun; *E. hexandra* var. *octandra* Fl. Par. éd. 1).

V. LINÉES (DC.).

Fleurs hermaphrodites, régulières. — Calice à 5 plus rarement 4 sépales libres, plus rarement soudés à la base, persistants, à préfloraison imbriquée. — Corolle à 5 plus rarement 4 pétales hypogynes, libres, très caducs, à préfloraison imbriquée-contournée. — *Étamines* hypogynes, *4-5 fertiles* ord. un peu soudées à la base, étamines avortées en même nombre, opposées aux pétales, dentiformes ou nulles. — Styles 5 plus rarement 3-4, libres ou soudés à la base ; stigmates subcapités, claviformes ou linéaires.— *Fruit* libre, à 5 plus rarement 3-4 carpelles, *capsulaire, à* 5 plus rarement 3-4 *loges* 2-spermes *subdivisées chacune en deux loges secondaires 1-spermes par une fausse cloison* dorsale incomplète ou complète, à déhiscence septicide se séparant en 5 plus rarement 3-4 carpelles qui se partagent eux-mêmes en deux segments monospermes. — *Graines insérées à l'angle interne des loges*, suspendues, comprimées, *dépourvues de périsperme*, à testa luisant devenant mucilagineux par l'humidité. Embryon droit ou presque droit. Radicule dirigée vers le hile.

Plantes annuelles ou vivaces, herbacées, quelquefois sous-frutescentes à la base. Tiges irrégulièrement rameuses ou dichotomes. Feuilles éparses, plus rarement opposées, sessiles, entières, dépourvues de stipules. Fleurs terminales ou latérales, en cyme irrégulière ou en panicule, plus rarement en corymbe rameux.

Le *Linum usitatissimum* (Lin), cultivé dès la plus haute antiquité comme plante textile, est originaire d'Orient. On connaît assez les propriétés émollientes de la farine de graine de Lin, si usitée sous forme de cataplasme ; l'infusion et la décoction de graine de Lin sont employées en boisson dans le traitement des affections des voies pulmonaires et digestives, des reins et de la vessie, et à l'extérieur sous forme de lotions ou d'injections. L'amande de la graine fournit une huile laxative d'une saveur désagréable ; cette huile, grasse et siccative, est très employée pour la peinture. Le suc de quelques plantes de la famille des *Linées* est un peu amer et paraît doué de qualités légèrement purgatives. Le *L. catharticum* (Lin purgatif), petite plante actuellement inusitée, doit son nom à cette propriété. — Le *L. Sibiricum* est cultivé dans les jardins sous le nom de Lin vivace.

Calice à 5 sépales entiers, libres ; pétales plus longs que le calice. . . . . LINUM. (1).
Calice à 4 divisions bi-trifides ; pétales ne dépassant pas le calice . . . . RADIOLA. (2).

1. LINUM L. — (LIN.).

Calice à 5 *sépales libres, entiers*. Étamines fertiles 5. Styles 5, très rarement 3. Capsule subglobuleuse, à 5 très rarement 3 loges dispermes divisées chacune en 2 loges monospermes par une cloison incomplète ou complète. — Fleurs bleues, roses, blanches ou jaunes.

1 Fleurs jaunes . . . . * *L. Gallicum* L. (L. de France).
  Fleurs bleues, roses ou blanches 2

2 Feuilles opposées ; fleurs blanches . . . .
  . . . . *L. catharticum* L. (L. purgatif).
  Feuilles éparses ; fleurs bleues ou roses. 3

3 Sépales ciliés-glanduleux ; fleurs roses . . . . . .
  . . . . . * *L. tenuifolium* L. (L. à feuilles menues).
  Sépales à bords non ciliés ; fleurs bleues 4

4 Plante annuelle, à tige solitaire ; calice égalant à peu près
  la capsule ; stigmates subclaviformes . . . . . .
  . . . . † *L. usitatissimum* L. (L. cultivé).
  Plante vivace, à tiges nombreuses ; calice au moins une
  fois plus court que la capsule ; stigmates capités . . .
  . . . . * *L. alpinum* Jacq. var. *Leonii*.
                            (L. des Alpes *var.* de Léo).
           (*L. montanum* Schleich.; *L. Leonii* F. Schultz).

2. RADIOLA Gmel. — (RADIOLE).

Calice à 4 divisions 2-4-fides. Étamines fertiles 4.
Styles 4. Capsule subglobuleuse, à 4 loges dispermes divisées chacune en 2 loges monospermes par une cloison incomplète. — Fleurs très petites, à pétales blancs.

Tiges grêles ; feuilles opposées . . . .
. . . . *R. linoides* Gmel. (R. Faux-Lin).
                            (*Linum Radiola* L.).

VI. OXALIDÉES (DC.).

Fleurs hermaphrodites, régulières. — Calice à 5 sépales
plus ou moins soudés à la base, persistants, à préfloraison
imbriquée. — Corolle à 5 pétales hypogynes, libres ou un
peu soudés à la base, caducs, à préfloraison imbriquée-
contournée. — *Étamines 10*, hypogynes, *soudées inférieurement.* — *Styles 5, libres ou soudés à la base;* stigmates
terminaux entiers, bifides ou laciniés. — *Fruit* libre, à
5 carpelles, capsulaire membraneux, à 5 angles, à 5 *loges*
polyspermes plus rarement monospermes, à *déhiscence locu-*

licide, à valves restant adhérentes à l'axe. —*Graines* insérées à l'angle interne des loges, pendantes, *renfermées dans une enveloppe succulente* qui à la maturité se fend et se rétracte avec élasticité pour les projeter. *Périsperme épais*, charnu-cartilagineux. Embryon droit ou légèrement courbé, placé dans le périsperme. Radicule dirigée vers le hile.

Plantes annuelles ou vivaces, herbacées. *Feuilles* roulées en crosse avant leur développement, éparses ou radicales, pétiolées, composées-*trifoliolées*; stipules membraneuses, libres ou soudées au pétiole, quelquefois nulles. Fleurs en cymes axillaires, souvent radicales, pluriflores ou uniflores.

Les plantes de la famille des *Oxalidées* contiennent un suc plus ou moins acide, riche en acide oxalique. Le suc de l'*Oxalis Acetosella* (Alleluia) est d'une saveur acide très prononcée ; on s'en sert pour préparer l'acide oxalique, l'un des meilleurs réactifs pour reconnaître la présence de la chaux, et le sel d'oseille (oxalate de potasse) qu'on emploie habituellement pour enlever les taches d'encre. — On a cherché à acclimater l'*O. crenata* dont les tubercules farineux sont alimentaires.

Une famille voisine, les *Rutacées*, fournit à nos jardins le *Ruta graveolens* (Rue). Cette plante, spontanée dans la région méditerranéenne, et dont on connaît l'odeur pénétrante et nauséeuse, était employée comme condiment chez les Romains ; elle est usitée comme emménagogue, antihystérique et vermifuge, soit en infusion, soit en poudre et sous forme de pilules, mais ce médicament ne doit être prescrit qu'avec beaucoup de circonspection à cause de ses propriétés énergiques.

Nous ne devons parler que pour mémoire des propriétés tempérantes et rafraîchissantes des fruits de la famille des *Aurantiacées*, les Orangers ne pouvant passer l'hiver en plein air sous le climat de Paris ; l'infusion amère et aromatique des feuilles d'Oranger est fréquemment employée comme stimulant du système nerveux ; l'eau distillée de fleurs d'Oranger est la préparation antispasmodique et stomachique la plus usitée.

1. OXALIS L. — (OXALIDE).

Capsule membraneuse herbacée, oblongue ou ovoïde, à 5 angles saillants. Graines comprimées, striées.

2.

1 Plante acaule ; fleurs blanches, solitaires . . . . .
      . . . . O. *Acetosella* L. (O. Petite-Oseille).
Plante caulescente ; fleurs jaunes, en cymes ord. pluriflores 2

2 Plante presque glabre ou un peu pubescente-poilue ; tiges
dressées ; feuilles dépourvues de stipules . . . . .
      . . . . .O. *stricta* L. (O. droite).
Plante couverte d'une pubescence grisâtre ; tiges couchées-
radicantes à la base ; pétioles munis à la base de stipules très petites adnées en forme d'oreillettes . . .
      . . . . † O. *corniculata* L. (O. cornue).

VII. BALSAMINÉES (A. Rich.).

Fleurs pendantes, renversées, *irrégulières*. — *Calice à
4 sépales* caducs, très *inégaux :* les 2 extérieurs (latéraux)
membraneux, plus petits, conformes, à préfloraison valvaire ; *les 2 intérieurs* colorés, *pétaloïdes,* de forme et de
grandeur différentes, *l'un* dirigé en dehors, *en forme de
casque, l'autre* dirigé en dedans, *en forme de cornet prolongé* inférieurement *en éperon* et embrassant par ses bords
avant la floraison le sépale en forme de casque. — Corolle à
4 pétales hypogynes, plus ou moins inégaux, *soudés par
paires* dans leur partie inférieure, à préfloraison chiffonnée.
— *Étamines* 5, hypogynes, recouvrant l'ovaire. Filets arqués-connivents, plus ou moins agglutinés, se détachant
simultanément. *Anthères* conniventes au-dessus du stigmate et *cohérentes entre elles,* à lobes confluents après la
déhiscence. — Stigmates subsessiles, soudés en un seul
stigmate plus ou moins évidemment 5-lobé. — *Fruit* libre,
capsulaire, membraneux-charnu, à endocarpe un peu coriace, à *5 carpelles,* à 5 loges contenant ord. plusieurs
graines, à cloisons membraneuses très minces, *se partageant* par une déhiscence septifrage *en 5 valves qui se détachent* des cloisons *avec élasticité* et se subdivisent souvent
en deux valves secondaires. — *Graines insérées à l'angle*

interne des loges, suspendues. Périsperme nul. Embryon droit. Radicule dirigée vers le hile.

Plantes annuelles, succulentes, à tiges plus ou moins renflées aux articulations. Feuilles alternes, plus rarement opposées, plus ou moins pétiolées, simples, dentées ou presque entières, dépourvues de stipules, quelquefois munies de deux glandes à la base des pétioles. Pédoncules axillaires, ord. pluriflores. Fleurs en cyme.

La tige des *Balsaminées* est gorgée d'un suc aqueux doué d'une certaine âcreté. L'eau distillée de l'*Impatiens Noli-tangere* passe pour diurétique et a été jadis employée dans le traitement du diabète. — La Balsamine (*Balsamina hortensis*) qui fait l'ornement de nos parterres est originaire de l'Inde.

La famille des *Tropéolées* à laquelle appartient la Capucine (*Tropæolum majus*), cultivée dans tous les jardins, est voisine de celle des Balsaminées. Le suc de la Capucine est doué de propriétés antiscorbutiques énergiques ; ses fleurs et ses fruits servent d'assaisonnement.

1. IMPATIENS L. — (IMPATIENTE).

Fleurs jaunes. * *I. Noli-tangere* L. (I. n'y-touchez-pas).

VIII. GÉRANIACÉES (Juss.).

Fleurs hermaphrodites, presque régulières, plus rarement irrégulières.—Calice à 5 sépales libres, herbacés, persistants, à préfloraison imbriquée.—Corolle à 5 pétales hypogynes, égaux ou inégaux, à préfloraison imbriquée ou imbriquée-contournée. — Glandes hypogynes 5, alternes avec les pétales. — *Étamines* 10, hypogynes, disposées sur deux rangs, les *extérieures* plus courtes *opposées aux pétales* quelquefois dépourvues d'anthère. — Styles 5, soudés avec un prolongement de l'axe ; stigmates 5, filiformes, libres. — *Fruit* sec, libre, *à 5 carpelles* monospermes par l'avortement d'un ovule (coques), libres entre eux, *verticillés à la base d'un prolongement de l'axe de la fleur en forme de bec* auquel ils sont soudés par leurs bords internes et dont

ils se détachent ensuite, *à nervure dorsale prolongée au-
dessus du carpelle en un long appendice linéaire également
soudé avec le prolongement de l'axe*, et s'en détachant avec
élasticité de la base au sommet ou du sommet à la base.—
Graine dressée, insérée à l'angle interne du carpelle. Périsperme nul. Embryon plié , à *cotylédons condupliqués-
flexueux*. Radicule rapprochée du hile.

Plantes annuelles ou vivaces, herbacées, souvent odorantes.
Tiges ord. dichotomes, plus ou moins renflées et fragiles aux articulations. Feuilles opposées ou les supérieures alternes, pétiolées
ou les supérieures subsessiles, palmatilobées ou palmatiséquées,
plus rarement pinnatiséquées, munies de stipules ord. membraneuses. Pédoncules biflores, plus rarement uniflores ou pluriflores, occupant les angles de bifurcation de la tige ou opposés
aux feuilles, paraissant souvent axillaires par l'avortement de
l'un des rameaux, à pédicelles munis à la base de deux fausses
bractées (stipules).

Le suc des plantes de la famille des *Géraniacées* renferme du
tannin et de l'acide gallique, plus une résine, une huile volatile,
et quelquefois un acide libre. Ces plantes sont douées de propriétés
légèrement astringentes et stimulantes. La médecine populaire
emploie encore quelquefois le *Geranium Robertianum* (Herbe-à-
Robert), le *G. sanguineum* et l'*Erodium cicutarium*. — Ces propriétés sont encore plus prononcées chez les nombreuses espèces
de *Pelargonium*, originaires du Cap, et cultivées dans les serres
et les parterres sous le nom vulgaire de Géranium.

> Dix étamines toutes fertiles ; prolongements des coques
> se détachant de l'axe de la base au sommet en s'enrou-
> lant en dehors . . . . .GERANIUM. (1).
> Cinq des étamines dépourvues d'anthère ; prolongements
> des coques se détachant de l'axe du sommet à la base et
> se tordant en tire-bouchon. . . . . . ERODIUM. (2).

1. GERANIUM L'Hérit. — (GÉRANIUM).

Étamines toutes fertiles. Coques subglobuleuses ou oblongues-subglobuleuses ; *prolongements des coques* glabres à
leur face interne, *se détachant* de l'axe à la maturité *de la
base au sommet et s'enroulant en dehors sur eux-mêmes*,

1 Pétales entiers arrondis au sommet, glabres au-dessus de
    l'onglet. 2
  Pétales émarginés, échancrés ou bifides, rarement entiers
    à sommet tronqué, plus ou moins barbus au-dessus de
    l'onglet. 4

2 Feuilles palmatiséquées à segment moyen longuement pé-
    tiolulé . . . . *G. Robertianum* L. (G. Herbe-à-Robert).
  Feuilles à divisions n'atteignant pas ou dépassant à peine la
    moitié du limbe 3

3 Calice glabre, ridé transversalement . . . .
    . . . . * *G. lucidum* L. (G. luisant).
  Calice pubescent à poils étalés, non ridé. . . . . .
    . . . . *G. rotundifolium* L. (G. à feuilles rondes).

4 Feuilles divisées presque jusqu'au pétiole 5
  Feuilles à divisions n'atteignant pas ou dépassant à peine
    la moitié du limbe. 7

5 Pétales deux fois plus longs que le calice ; pédoncules tous
    ou la plupart uniflores. * *G. sanguineum* L. (G. sanguin).
  Pétales égalant environ la longueur du calice ; pédoncules
    tous biflores 6

6 Coques glabres ; pédoncules dépassant longuement les
    feuilles . . . . . *G. columbinum* L. (G. colombin).
  Coques velues ; pédoncules plus courts que les feuilles ou
    les dépassant à peine . *G. dissectum* L. (G. disséqué).

7 Coques ridées transversalement, glabres. . . . . .
    . . . . *G. molle* L. (G. à feuilles molles).
  Coques lisses, pubescentes à poils apprimés 8

8 Pétales dépassant à peine le calice ; plante annuelle . .
    . . . . *G. pusillum* L. (G. à tiges grêles).
  Pétales deux fois plus longs que le calice ; plante vivace.
    . . . . . . * *G. Pyrenaicum* L. (G. des Pyrénées).

2. ERODIUM L'Hérit. — (ÉRODIUM).

Étamines 5 extérieures opposées aux pétales *dépourvues
d'anthère.* Coques linéaires-obovales atténuées inférieurement ; *prolongements des coques* barbus à leur face interne,
se détachant de l'axe *du sommet à la base et se tordant en
spirale dans leur moitié inférieure.*

Étamines fertiles à filets entiers ; feuilles à segments pinnatipartits ou pinnatiséqués . . . .
. . . *E. cicutarium* L'Hérit. (É. à feuilles de Ciguë).
Étamines fertiles à filets bidentés ; feuilles à segments incisés-dentés . . . .* *E. moschatum* Willd. (É. musqué).

IX. MALVACÉES (Juss.).

Fleurs hermaphrodites, régulières. — *Calice à 5 rarement 3-4 sépales soudés inférieurement*, persistant, *à préfloraison valvaire*, muni à la base *d'un calicule* à plusieurs folioles. — Corolle à *5 pétales* hypogynes, *soudés* entre eux *par
les onglets* et avec la base du tube staminal, *à préfloraison
imbriquée-contournée*. — *Étamines en nombre indéfini*,
hypogynes, à filets soudés en un tube qui recouvre l'ovaire,
libres seulement dans leur partie supérieure. *Anthères unilobées.* — Styles soudés en colonne avec le prolongement
de l'axe, libres seulement dans leur partie supérieure;
stigmates indivis. — *Fruit* libre, *composé de carpelles
secs, nombreux, monospermes, disposés en verticille* autour
d'un prolongement persistant de l'axe, s'en séparant à la
maturité et ouverts au côté interne ; *ou composé de carpelles* peu nombreux, *soudés en une capsule à plusieurs loges
polyspermes à déhiscence loculicide*. — *Graines insérées à
l'angle interne des carpelles*, ord. ascendantes, réniformes.
Périsperme mince mucilagineux, quelquefois presque nul.
Embryon plié, à cotylédons foliacés. Radicule rapprochée
du hile.

Plantes bisannuelles ou vivaces, herbacées, quelquefois sous-
frutescentes à la base, plus ou moins velues à poils souvent étoilés.
Feuilles alternes, pétiolées, palmatilobées ou palmatiséquées,
munies de stipules. Fleurs solitaires ou fasciculées, axillaires ou
terminales.

Toutes les espèces de cette famille renferment un suc mucilagineux et sont employées pour leurs propriétés émollientes et
adoucissantes. L'*Althæa officinalis* (la Guimauve) et les *Malva*

sylvestris et *rotundifolia* (Mauves) renferment un mucilage abondant; leurs feuilles bouillies s'emploient en cataplasmes; l'infusion de leurs fleurs constitue l'une des tisanes pectorales les plus usitées ; la décoction de la racine de Guimauve s'emploie en lotions ou en injections et entre souvent dans la préparation des cataplasmes. — Le liber de la tige de plusieurs Malvacées est très résistant et peut servir à faire des cordages. — Les plantes qui fournissent le coton (espèces du genre *Gossypium*) appartiennent à cette famille. Le Cacao (*Theobroma Cacao*) et le Baobab (*Adansonia Baobab*), le géant des végétaux ligneux, se rapportent à deux familles voisines, les *Byttnériacées* et les *Sterculiacées*. — Plusieurs espèces font l'ornement de nos jardins par la beauté de leurs fleurs : nous citerons, entre autres, la Rose-trémière ou Rose-d'outre-mer (*Althœa rosea*), la Mauve royale (*Lavatera rosea*), la Ketmie (*Hibiscus Trionum*), l'Althéa (*H. Syriacus*), etc.

Calice muni d'un calicule à 3 folioles libres.   .MALVA. (1).
Calice muni d'un calicule à 6-9 folioles soudées inféri ·
   rement . . . . .ALTHÆA. (2).

1. MALVA L. — (MAUVE).

Calice muni d'un *calicule à 3-folioles libres*. Fruit d .. primé, orbiculaire, composé de carpelles nombreux, monospermes, verticillés autour du prolongement de l'axe.

1 Fleurs disposées en fascicules axillaires; calice n'enveloppant pas complétement le fruit 2
  Fleurs solitaires à l'aisselle des feuilles, souvent rapprochées au sommet des rameaux; calice lâche très ample, enveloppant complétement le fruit 3

2 Carpelles non réticulés; corolle d'un blanc rosé ou d'un rose lilas, environ 2 fois plus longue que le calice. . .
  . . . . . *M. rotundifolia* L. (M. à feuilles rondes).
  Carpelles fortement réticulés; corolle purpurine, au moins 3 fois plus longue que le calice . . . .
  . . . . *M. sylvestris* L. (M. sauvage).

3 Carpelles glabres; calicule à folioles oblongues aiguës. .
  . . . . *M. Alcea* L. (M. Alcée).
  Carpelles velus-hérissés; calicule à folioles linéaires . .
  . . . . *M. moschata* L. (M. musquée).

2. ALTHÆA L. — (GUIMAUVE).

Calice muni d'un *calicule à 6-9 folioles soudées* dans leur tiers inférieur. Fruit déprimé, orbiculaire, composé de carpelles nombreux, monospermes, verticillés autour du prolongement de l'axe.

1 Plante annuelle ; feuilles parsemées de poils roides . . . . ✳ *A. hirsuta* L. (G. hérissée).
Plante vivace ; feuilles pubescentes-étoilées ou mollement tomenteuses-blanchâtres. 2

2 Feuilles 3-5-lobées, mollement pubescentes-tomenteuses ; fleurs fasciculées à l'aisselle des feuilles ; carpelles tomenteux . . . . . . † *A. officinalis* L. (G. officinale).
Feuilles pubescentes-étoilées, les supérieures palmatiséquées à segments lancéolés ; fleurs solitaires ou géminées ; carpelles glabres . . . . † *A. cannabina* L. (G. à feuilles de Chanvre).

X. TILIACÉES (Juss.).

Fleurs hermaphrodites, régulières. — Calice à 5 *sépales* libres, *à préfloraison valvaire.* — Corolle à 5 *pétales* hypogynes, libres, *à préfloraison imbriquée.* — *Étamines en nombre indéfini*, hypogynes, à filets libres, plus rarement soudés par faisceaux à la base. — Ovaire ord. à 5 loges biovulées. *Ovules insérés à l'angle interne des loges.* Styles soudés en un style indivis; stigmates 5, plus ou moins distincts. — *Fruit* libre, ord. à 5 carpelles, *presque ligneux, indéhiscent*, à 5 angles, *uniloculaire par la disparition des cloisons*, 1-2-sperme par avortement. — Graines ascendantes. Embryon presque droit, placé dans un *périsperme charnu.* Radicule dirigée vers le hile.

Arbres ord. élevés. Feuilles alternes, pétiolées, simples, munies de stipules très caduques. Fleurs en cymes axillaires ; pédicelles munis de bractées caduques.

La famille des *Tiliacées* se rapproche de celle des Malvacées par ses propriétés médicales ; la séve de ces arbres est aqueuse et mucilagineuse ; leur liber, à fibres tenaces, sert à faire des cordages ; leur bois est blanc, léger, d'un grain fin et serré. Les fleurs de Tilleul (*Tilia sylvestris* et *T. platyphyllos*) exhalent une odeur suave ; elles renferment une huile volatile aromatique unie à un mucilage sucré et à une petite quantité de tannin ; on en prépare une eau distillée assez active, mais c'est surtout l'infusion théiforme qui est usitée ; cette infusion, d'une saveur agréable, est une des tisanes calmantes, antispasmodiques et sudorifiques le plus fréquemment employées.

1. TILIA L. — (Tilleul).

Sépales colorés. Ovaire à 5 loges biovulées. Style indivis ; stigmate à 5 lobes. Fruit ord. subglobuleux, à 5-10 côtes plus ou moins prononcées, presque ligneux, velu, uniloculaire par la disparition des cloisons, 1-2-sperme par avortement. — *Feuilles des rameaux florifères présentant à leur aisselle un pédoncule* commun *soudé* dans une grande partie de sa longueur *avec une bractée membraneuse* blanchâtre *réticulée.*

Bourgeons velus ; feuilles adultes pubescentes dans toute l'étendue de leur face inférieure ; fruit à parois épaisses résistantes, à côtes saillantes . . . .
. . . . . *T. platyphyllos* Scop. (T. à grandes feuilles).
Bourgeons glabres ; feuilles adultes à face inférieure glabre ne présentant de poils que dans l'angle de ramification des principales nervures ; fruit à parois minces, fragiles, à côtes à peine saillantes. . . . .
. . . . *T. sylvestris* Desf. (T. sylvestre).
(*T. microphylla* Willd.; Fl. Par. éd. 1).

XI. POLYGALÉES (Juss.).

Fleurs hermaphrodites, *irrégulières*, à préfloraison imbriquée. — Calice persistant, à 5 *sépales* libres, très inégaux, les 3 extérieurs plus petits herbacés, les *2 intérieurs* ou latéraux (ailes) *très amples pétaloïdes*. — Corolle à

3

3 pétales hypogynes, longuement soudés par l'intermédiaire des filets des étamines en un tube fendu supérieurement dans toute sa longueur ; les supérieurs connivents, entiers ; *l'inférieur d'une autre forme*, concave, renfermant les étamines et le pistil, *à limbe profondément lacinié* plus rarement trilobé. — Étamines 8, à filets soudés aux pétales. *Anthères unilobées, disposées par 4 en deux faisceaux* opposés. — Styles soudés en un style indivis, caduc, pétaloïde, tubuleux, divisé au sommet en deux lèvres. — *Fruit* libre, à 2 carpelles, capsulaire membraneux, *biloculaire*, comprimé perpendiculairement à la cloison, *à loges monospermes*, à déhiscence loculicide. — Graines insérées à la cloison un peu au-dessous de son sommet, suspendues, couronnées d'une caroncule lobée. Périsperme charnu, mince. Embryon droit ou légèrement arqué, placé dans le périsperme. Radicule dirigée vers le hile.

Plantes ord. vivaces, herbacées souvent sous-frutescentes à la base. Feuilles alternes, plus rarement opposées, sessiles, entières ; stipules nulles. Fleurs en grappes spiciformes terminales.

Les plantes de cette famille contiennent un suc plus ou moins amer, et quelquefois un peu âcre, auquel elles doivent leurs propriétés toniques et stimulantes et même purgatives lorsqu'elles sont administrées à haute dose ; elles sont surtout employées dans le traitement des affections catarrhales des organes respiratoires qui demandent des toniques et des stimulants. Le Polygala (*P. vulgaris*), désigné en pharmacie sous le nom de *P. amara*, est la plus usitée de nos espèces indigènes ; le *P. Austriaca* jouit de propriétés analogues à celles du *P. vulgaris*. — La racine du *Kraméria triandra* (Ratanhia), arbuste originaire du Pérou, est un des astringents les plus énergiques.

1. POLYGALA L. — (POLYGALA, LAITIER).

Calice à 5 sépales très inégaux, les 2 intérieurs (ailes) beaucoup plus grands, pétaloïdes devenant membraneux-herbacés à la maturité. Pétale inférieur à limbe profondément lacinié sous forme de crête (dans nos espèces), plus rarement trilobé. Capsule oblongue ou obovale, plus ou moins échancrée au sommet, entourée d'un rebord mince plus ou moins large. Graines couronnées d'une caroncule trilobée.

1 Ailes à nervure moyenne simple ne s'anastomosant pas avec les latérales; caroncule à lobes latéraux obtus, environ quatre fois plus courte que la graine . . . .
. . . . . * *P. Austriaca* Crantz (P. d'Autriche).
Ailes à nervure moyenne ramifiée s'anastomosant avec les latérales; caroncule à lobes latéraux plus ou moins aigus, atteignant ou dépassant le tiers de la longueur de la graine 2

2 Feuilles inférieures la plupart opposées; fleurs en grappes courtes 3-10-flores, la grappe terminale dépassée à sa maturité par des grappes latérales . . . . . .
. . . . . . *P. depressa* Wenderoth (P. déprimé).
Feuilles toutes alternes ou rapprochées en rosettes au sommet des tiges; fleurs en grappe multiflore très rarement dépassée par des grappes latérales 3

3 Rameaux florifères partant 1-6 du centre des rosettes de feuilles qui terminent les tiges . . . .
. . * *P. calcarea* F. Schultz (P. des terrains calcaires).
(P. amarella Fl. Par. éd. 1 non Crantz).
Rameaux florifères naissant à diverses hauteurs; feuilles toutes éparses. 4

4 . . . . *P. vulgaris* L. (P. commun).
Bractées ne dépassant pas les boutons et les jeunes fleurs; ailes présentant des anastomoses nombreuses très distinctes . . . . var. *genuina* (var. ordinaire).
Bractées dépassant les boutons et les jeunes fleurs . .
. . . . var. *comosa* (var. chevelue).
(P. comosa Schk.).
Bractées ne dépassant pas les boutons et les jeunes fleurs; fleurs très petites; ailes à anastomoses des nervures peu distinctes . . . var. *parviflora* (var. à petites fleurs).

XII. ACÉRINÉES (Juss.).

Fleurs hermaphrodites, ou unisexuelles par avortement, régulières, à préfloraison imbriquée ou valvaire. — Calice à 5 plus rarement 4-9 sépales soudés à la base, souvent colorés, caducs. — *Disque hypogyne* annulaire, *très épais*, soudé inférieurement avec la base du calice. — Corolle à pétales en nombre égal à celui des sépales, insérés au bord du disque, libres, plus rarement nuls. — *Étamines* 5-12, *ord. 8*, insérées sur le disque. — Styles soudés inférieurement, libres dans leur partie supérieure et stigmatifères à leur face interne (vulg. stigmates). — *Fruit* libre, à 2 carpelles, *sec*, *à 2 coques monospermes* par avortement, très rarement dispermes, *indéhiscentes*, *prolongées* chacune *en une aile dorsale membraneuse*, et à la maturité se séparant d'une columelle indivise ou bifide et persistante. — *Graines* insérées à l'angle interne des coques, ascendantes, *dépourvues de périsperme*, à tégument un peu charnu à sa face interne. *Embryon plié*, *à cotylédons* verts *subfoliacés pliés-enroulés*. Radicule rapprochée du hile.

Arbres à feuilles opposées, pétiolées, palmatilobées ou palmatipartites, rarement pinnatiséquées ; stipules nulles. Fleurs en corymbes composés dressés ou en panicules racémiformes pendantes.

Les arbres de la famille des *Acérinées* ont une séve plus ou moins sucrée ; celle de plusieurs espèces exotiques est recueillie par des incisions pratiquées à l'écorce ; on en extrait du sucre ; on peut aussi la faire fermenter pour en obtenir une liqueur spiritueuse. L'écorce est astringente ; le bois est compacte et d'un grain très fin. — Plusieurs espèces du genre Érable (*Acer*), *A. platanoides*, *A. Pseudo-Platanus* (le Sycomore), sont plantées dans les parcs et sur les promenades, ainsi que le *Negundo fraxinifolium* (Négondo).

1. ACER L. — (ÉRABLE).

Fleurs polygames. Calice à 5 plus rarement 4-9 divisions ouvent colorées. Corolle à pétales en nombre égal à celui des divisions du calice et ord. de même couleur. Étamines 5-12, ord. 8. Coques présentant à leur face interne un duvet laineux.

1 Fleurs en panicules racémiformes allongées pendantes; feuilles blanches en dessous . . . .
. . . . . ✝ *A. Pseudo-Platanus* L. (É. Faux-Platane).
Fleurs en corymbes dressés; feuilles vertes sur les deux faces 2

2 Feuilles à lobes obtus entiers . . . .
. . . . *A. campestre* L. (É. champêtre).
Feuilles à lobes dentés, à dents longuement acuminées. . .
. . . . ✝ *A. platanoides* L. (É. Plane).

✝ HIPPOCASTANÉES (DC.).

Fleurs hermaphrodites, ou unisexuelles par avortement, irrégulières. — Calice à 5 *sépales* inégaux *soudés* inférieurement *en un tube* campanulé, caduc, à préfloraison imbriquée. — Corolle à 5 pétales, plus rarement 4 par avortement, hypogynes, inégaux, libres, à préfloraison imbriquée. — *Étamines* 5-10, ord. 7, hypogynes, insérées sur un disque annulaire ou unilatéral, *à filets libres*, réfléchis-arqués. — *Ovaire à 3 loges biovulées. Ovules insérés à l'angle interne des loges, le supérieur suspendu, l'inférieur dressé.* Styles soudés en un style indivis, un peu arqué-réfléchi; stigmate terminal, très petit ponctiforme. — *Fruit* libre, à 3 carpelles, *capsulaire* charnu-coriace, ord. parsemé d'épines, 3-loculaire ou 1-2-loculaire par avortement, à loges ord. monospermes par avortement, *à déhiscence loculicide*, s'ouvrant en 2-3 valves. — *Graines* très grosses, à hile très large, à testa ligneux luisant, *dépourvues de périsperme. Embryon plié*, à cotylédons très volumineux. Radicule rapprochée du hile.

Arbres ord. élevés. *Feuilles opposées*, pétiolées, *composées-digitées*, à 5-9 folioles dentées; stipules nulles. Fleurs en panicules.

Le Marronnier-d'Inde (*Æsculus Hippocastanum*), originaire de l'Asie, n'a été introduit en Europe qu'en 1576; son écorce est astringente; sa graine volumineuse contient une fécule abondante unie à une substance âcre et amère dont elle peut être isolée.

† ÆSCULUS L. — (Marronnier-d'Inde).

Calice campanulé, à 5 lobes inégaux. Pétales étalés, ondulés-plissés. Étamines à filets réfléchis-arqués. Fruit parsemé d'épines.

Feuilles digitées. † *Æ. Hippocastanum* L. (M. commun).

XIII. CÉLASTRINÉES (R. Br.).

Fleurs hermaphrodites, ou unisexuelles par avortement, *régulières*, à préfloraison imbriquée. — Calice à 4-5 sépales soudés à la base, persistants. — Corolle à 4-5 pétales insérés au bord d'un *disque hypogyne* annulaire *épais*. — Étamines 4-5, insérées avec les pétales au bord du disque, à filets libres. — Styles soudés en un style indivis, très court ; stigmate 3-5-lobé ou presque entier. — *Fruit* libre, *à 3-5 carpelles* ; capsulaire cartilagineux, *à 3-5 loges dispermes ou monospermes par avortement, à déhiscence loculicide.* — *Graines insérées à l'angle interne des loges,* ascendantes, *munies d'un faux arille charnu* coloré. *Embryon droit,* placé dans un périsperme charnu. Radicule dirigée vers le hile.

Arbrisseaux ou arbres peu élevés. Feuilles ord. opposées, pétiolées, dentées ou presque entières ; stipules presque nulles. Fleurs en cymes axillaires.

Les arbrisseaux de la famille des *Célastrinées* contiennent des substances amères, astringentes et âcres. L'écorce, les feuilles et les fruits du Fusain ou Bonnet-carré (*Evonymus Europæus*) ont une saveur nauséeuse désagréable ; à faible dose, ils agissent comme purgatifs et émétiques ; le bois carbonisé fournit un charbon employé par les dessinateurs sous le nom de *fusain*, et qui est aussi très estimé pour la fabrication de la poudre à canon.

1. EVONYMUS L. — (Fusain).

Capsule rose. . . . *E. Europæus* L. (F. d'Europe).

✝ **AMPÉLIDÉES** (Kunth).

Fleurs hermaphrodites ou polygames, régulières. — Calice gamosépale, très petit, obscurément 4-5-denté ou presque entier. — Disque glanduleux hypogyne. — Corolle à 5, plus rarement *4 pétales* insérés sur le disque, libres ou plus *ord. soudés supérieurement* et se détachant en une seule pièce, à préfloraison valvaire. — Glandes hypogynes 5-4, alternes avec les pétales. — *Étamines* 5, plus rarement 4, insérées sur le disque, *opposées aux pétales*, à filets libres. — Stigmate sessile ou subsessile, indivis. — *Fruit* libre, à 2, plus rarement 3-6 carpelles, *bacciforme*, à 2 plus rarement 3-6 *loges*, à cloison quelquefois indistincte à la maturité; à loges *dispermes ou monospermes* par avortement. — Graines insérées à la base de la cloison ou de l'angle interne des loges, ascendantes, à testa osseux. Embryon très petit, droit, placé dans un *périsperme* charnu *épais*. Radicule dirigée vers le hile.

Arbrisseaux sarmenteux grimpants, à séve aqueuse abondante. Feuilles alternes, pétiolées, palmatilobées ou palmatiséquées, plus rarement composées-digitées; stipules ord. membraneuses, submarcescentes. Fleurs en panicules très multiflores compactes, plus rarement en cymes corymbiformes; pédoncules communs opposés aux feuilles, souvent stériles et convertis en vrille rameuse.

La Vigne (*Vitis vinifera*) paraît originaire de l'Asie, les individus subspontanés en Europe proviennent par conséquent de la Vigne cultivée. Le raisin, dont tout le monde connaît les nombreuses variétés, contient en diverses proportions les acides tartrique, malique, citrique et racémique, unis, à la maturité, à du sucre d'une nature particulière (sucre de raisin), à du mucilage et à des substances colorantes et astringentes. Ce fruit, l'un des plus agréables, possède des propriétés rafraîchissantes et légèrement laxatives; les raisins secs sont nourrissants, très adoucissants, et on les fait entrer dans la composition des tisanes pectorales; le verjus ou raisin encore vert est astringent, le suc qu'on en exprime est fort acide, on l'emploie souvent comme assaisonnement. Le vin, produit de la fermentation du suc exprimé du fruit, donne par la distillation l'eau-de-vie, laquelle, distillée à son tour, produit l'alcool ou esprit-de-vin. Le vin rouge est tonique, le vin blanc est diurétique et excitant. Le

vin rouge, appliqué sur les plaies et les ulcères, en facilite la
cicatrisation. L'eau-de-vie, prise en petite quantité, est stimulante ; le vin, l'eau-de-vie et l'alcool sont des excipients des plus
usités en médecine. Le vinaigre est obtenu avec du vin auquel on
fait subir la fermentation acide. On extrait de la lie de vin l'acide
tartrique. — La Vigne-Vierge (*Cissus quinquefolia*), originaire de
l'Amérique septentrionale, est fréquemment plantée dans les jardins pour couvrir les murs et les tonnelles.

† VITIS L. — (Vigne).

Calice obscurément 5-denté. *Pétales 5, soudés supérieuremen*
en une coiffe qui se détache d'une seule pièce. Stigmate sessile.
Baie succulente, globuleuse, à 2 loges dispermes ou monospermes par avortement. Graines obovoïdes, subbilobées. —
Feuilles palmatilobées, plus rarement palmatiséquées. Fleurs
petites, verdâtres, en panicules très multiflores.

Baies noires, rougeâtres ou blanches. . . . .
. . . . † *V. vinifera* L. (V. vinifère).

XIV. MONOTROPÉES (Nutt.).

Fleurs hermaphrodites, presque régulières. — Calice à
5 sépales ou moins par avortement, plus ou moins inégaux,
libres, caducs ou marcescents, à préfloraison valvaire. —
Corolle à 4-5 *pétales* hypogynes, libres, *prolongés* au-dessous de leur insertion *en éperons courts nectarifères*, caducs
ou marcescents, à préfloraison imbriquée contournée. —
Glandes hypogynes 4-5. — *Étamines 8-10,* hypogynes,
libres. *Anthères unilobées.* — Styles soudés en un style
indivis ; stigmate indivis crénelé. — *Fruit* libre, à 4-5 carpelles, capsulaire, *à 4-5 loges, contenant un très grand*
nombre de graines, à déhiscence loculicide, à valves restant
adhérentes à l'axe. — *Graines* très petites, *à testa très*
lâche, débordant largement l'amande en forme d'aile. Embryon ne présentant pas de cotylédons distincts.

Plante vivace, parasite sur la racine des arbres, charnue,
décolorée blanchâtre dans toutes ses parties (devenant noire par

la dessiccation), présentant l'aspect des Orobanches. *Feuilles réduites à des écailles* éparses sur la tige ; stipules nulles. Fleurs disposées en une grappe terminale unilatérale, d'abord courbée en crosse, se redressant après la fécondation ; les fleurs latérales à 4 pétales et à 8 étamines, la terminale à 5 pétales et à 10 étamines.

1. MONOTROPA L. — (MONOTROPE).

Plante décolorée blanchâtre. *M. Hypopitys* L. (M. Sucepin).

XV. HYPÉRICINÉES (Juss.).

Fleurs hermaphrodites, *régulières* ou presque régulières. — *Calice* à 5 rarement 4 sépales libres ou soudés inférieurement, persistants, *à préfloraison imbriquée.* — *Corolle* à 5 rarement 4 pétales hypogynes, libres, submarcescents, *à préfloraison imbriquée-contournée.* — *Étamines en nombre indéfini,* hypogynes, à *filets ord.* réunis à la base *en 3-5 faisceaux* opposés aux pétales. — *Styles 3-5, libres ;* stigmates capités. — *Fruit* libre, à *3-5 carpelles,* capsulaire, *polysperme,* à 3-5 loges, plus rarement à une seule loge, *à déhiscence septicide, plus rarement bacciforme indéhiscent.* — Graines très petites, insérées à l'angle interne des loges ou sur des placentas pariétaux, ord. horizontales, à testa lâche. *Périsperme nul.* Embryon droit. Radicule dirigée vers le hile.

Plantes vivaces, herbacées ou sous-frutescentes. Tiges présentant quelquefois des lignes saillantes. *Feuilles opposées,* sessiles ou brièvement pétiolées, entières, souvent marquées de points résinifères transparents ; stipules nulles. Fleurs jaunes, à pétales souvent bordés de points résinifères noirs, disposées en panicules ou en corymbes, plus ordinairement en cymes.

Le Millepertuis (*Hypericum perforatum*), ainsi que la plupart des autres espèces appartenant au même genre, contient, dans les glandes des feuilles et des fleurs, une huile résineuse qui colore en rouge l'huile et l'alcool ; l'écorce renferme en outre une matière extractive amère. L'huile de Millepertuis,

3.

obtenue par la macération dans l'huile d'olive des sommités fleuries de Millepertuis, a une vieille renommée dans la médecine
populaire pour la cicatrisation des blessures. La Toute-saine
(*Androsœmum officinale*), autrefois préconisée contre les maladies les plus diverses, est maintenant inusitée.

1 Fruit bacciforme indéhiscent. . . ANDROSÆMUM. (1).
  Fruit capsulaire déhiscent. 2

2 Fleurs dépourvues de glandes pétaloïdes *entre les faisceaux
  d'étamines*; calice à 5 sépales libres ou à 5 divisions
  profondes . . . . HYPÉRICUM. (2).
  Glandes hypogynes pétaloïdes bifides alternant avec les
  faisceaux d'étamines; calice à 5 lobes peu profonds . .
  . . . . HELODES. (3).

1. ANDROSÆMUM All. — (ANDROSÈME).

Calice à *sépales très inégaux*. Glandes hypogynes nulles.
Fruit bacciforme indéhiscent.

Baies noires. . . . . * *A. officinale* All. (A. officinal).

2. HYPÉRICUM L. — (MILLEPERTUIS).

Calice à *sépales presque égaux*, libres ou soudés à la
base. Glandes hypogynes nulles. *Fruit capsulaire déhiscent,
à 3-5 loges.*

1 Sépales à bords ciliés-glanduleux; tiges dépourvues de
  lignes saillantes 2
  Sépales dépourvus de cils glanduleux; tiges présentant
  deux ou quatre lignes saillantes. 4

2 Tige velue presque tomenteuse. *H. hirsutum* L. (M. velu).
  Tige glabre 3

3 Sépales lancéolés-linéaires, bordés de glandes stipitées .
  . . . . *H. montanum* L. (M. des montagnes).
  Sépales obovales-suborbiculaires, bordés de glandes sessiles.
  . . . . *H. pulchrum* L. (M. élégant).

4 Fleurs subsolitaires terminales ou en cyme pauciflore;
  tiges couchées, presque filiformes . . . .
  . . . . *H. humifusum* L. (M. couché).
  Fleurs en panicule multiflore; tiges dressées ou ascendantes,
  plus ou moins robustes 5

5 Tige à deux lignes peu saillantes . . . .
. . . . *H. perforatum* L. (M. perforé).
Tige à quatre lignes plus ou moins saillantes quelquefois
ailées presque membraneuses 6

6 Lignes de décurrence plus ou moins saillantes ; sépales
elliptiques . . . *H. quadrangulum* L. (M. tétragone).
(*H. dubium* Leers ; Fl. Par. éd. 1).
Lignes de décurrence très saillantes quelquefois ailées
presque membraneuses ; sépales lancéolés-acuminés . .
. . . . . . *H. tetrapterum* Fries (M. à quatre ailes).

3. HELODES Spach. — (HÉLODE).

Calice à sépales presque égaux, soudés inférieurement.
Glandes hypogynes, pétaloïdes, bifides, alternant avec les
faisceaux des étamines. *Fruit* capsulaire déhiscent, *à une
seule loge.* — Plante aquatique, couchée radicante.

Plante tomenteuse-blanchâtre. . . . .
. . . . * *H. palustris* Spach (H. des marais).
(*Hypericum Helodes* L.).

XVI. DROSÉRACÉES (Salisb.).

Fleurs hermaphrodites, *régulières.* — Calice à *5 sépales*
libres ou soudés seulement à la base, à préfloraison imbriquée. — Corolle à 5 pétales égaux, hypogynes, libres,
marcescents, plus rarement caducs, à préfloraison imbriquée ou imbriquée-contournée. — *Étamines en nombre égal
à celui des pétales ou en nombre double*, hypogynes, libres.
Anthères extrorses, paraissant ord. introrses après l'émission du pollen par leur réflexion sur le filet. — *Styles*
3-5, *libres*, entiers ou bifides, quelquefois presque nuls ;
stigmates entiers ou échancrés. — *Fruit* libre, *à 3-5 carpelles, capsulaire, polysperme, uniloculaire*, à déhiscence
loculicide, à 3-5 valves. — *Graines* très petites, *insérées sur
des placentas pariétaux*, horizontales ou ascendantes, *à
testa lâche réticulé* débordant largement l'amande en forme

d'alle, *rarement à testa tuberculeux* appliqué sur l'amande.
Périsperme charnu. Embryon droit, complétement ou
incomplétement entouré par le périsperme. Radicule dirigée vers le hile.

Plantes vivaces, herbacées. Feuilles toutes ou la plupart radicales disposées en rosette, pétiolées, entières, coriaces glabres,
ou molles munies de longs appendices glanduleux rouges en
forme de poils renfermant des vaisseaux ; stipules nulles ou
consistant en des écailles laciniées soudées avec la base des
pétioles. Fleurs en fausses grappes spiciformes terminales d'abord
enroulées en crosse, quelquefois solitaires terminales.

Le suc des *Drosera* est acide, amer, et doué d'une certaine
âcreté, il a été employé autrefois dans le traitement de l'hydropisie et des ophthalmies ; ces plantes, d'ailleurs assez rares,
sont aujourd'hui sans usage. Le *Parnassia palustris* est amer et
astringent ; on lui a attribué des propriétés toniques, diurétiques,
et ophthalmiques.

Fleurs présentant 5 écailles nectarifères laciniées opposées
aux pétales ; feuilles coriaces glabres . .PARNASSIA.(2).
Fleurs dépourvues d'écailles nectarifères ; feuilles molles
chargées de poils glanduleux rouges. . .DROSERA.(1).

1. DROSERA L. — (ROSSOLIS).

Sépales 5, un peu soudés à la base. Pétales 5, marcescents. Écailles nectarifères nulles. Étamines 5. *Styles* 3,
plus rarement 4-5, *profondément bifides* ; stigmates entiers
ou émarginés. Capsule à 3 rarement 4-5 valves. Graines
à testa réticulé lâche débordant largement l'amande, plus
rarement tuberculeux appliqué sur l'amande. — Tiges
nues. *Feuilles* à face supérieure et *à bords chargés de poils
glanduleux rouges*. Fleurs en fausses grappes unilatérales
roulées en crosse avant la floraison.

1 Tiges coudées à la base ; graines à testa fortement granuleux appliqué sur l'amande . . . .
. . . . . * D. *intermedia* Hayne (R. intermédiaire).
Tiges dressées ; graines à testa lâche réticulé débordant
largement l'amande 2

2 Feuilles à limbe linéaire-oblong, très rarement obovale ou
  obovale-cunéiforme, insensiblement atténué en pétiole .
  . . . . . * *D. longifolia* L. (R. à feuilles longues).
  Feuilles à limbe orbiculaire, brusquement rétréci en pétiole.
  . . . . . * *D. rotundifolia* L. (R. à feuilles rondes).

2. PARNASSIA Tourn. — (PARNASSIE).

Sépales 5, un peu soudés à la base. Pétales 5, caducs.
Étamines 5. *Écailles nectarifères 5*, opposées aux pétales,
profondément divisées en lanières filiformes nombreuses qui
se terminent par un épaississement glanduleux. *Stigmates 4,
subsessiles*, entiers. Capsule à 4 valves. Graines à testa
réticulé lâche débordant largement l'amande. — Tiges
ne portant qu'une seule feuille. *Feuilles glabres*, coriaces,
ovales-cordées. Fleurs assez grandes, solitaires terminales.

Fleurs blanches. . . . P. *palustris* L. (P. des marais).

XVII. PYROLACÉES (Lindl.).

Fleurs hermaphrodites, à calice et à corolle réguliers. —
Calice à 5 sépales soudés à la base, à préfloraison valvaire.
— Corolle à 5 pétales égaux, hypogynes, libres, caducs, à
préfloraison imbriquée. — *Étamines en nombre double de
celui des pétales*, hypogynes, libres. *Anthères* extrorses, *à
lobes s'ouvrant* chacun *par un pore* basilaire, paraissant
ord. introrses lors de la floraison par leur réflexion sur le
filet.—Styles soudés en un *style indivis;* stigmate indivis ou
5-lobé. — *Fruit libre, à 5 carpelles*, capsulaire, *à 5 loges*
polyspermes , à déhiscence loculicide , à 5 valves. —
Graines très petites, insérées à l'angle interne des loges
sur des placentas épais, pendantes, à *testa* réticulé *lâche*
débordant largement l'amande. Périsperme charnu. Embryon droit. Radicule dirigée vers le hile.

Plantes vivaces, herbacées ou un peu sous-frutescentes. Feuilles
vertes même pendant l'hiver, ord. en rosette radicale, ord. pétiolées,
coriaces, glabres, entières ou crénelées ; stipules nulles. Fleurs
en grappes terminales, plus rarement en corymbe ou solitaires.

Les *Pyrola* renferment un principe amer et résineux; le *P. rotundifolia* était autrefois rangé parmi les espèces dites vulnéraires.

1. PYROLA Tourn. — (PYROLE).

Sépales 5, largement soudés à la base. Pétales 5, caducs. Étamines 10. Anthères s'ouvrant par deux pores basilaires et paraissant terminaux par l'inflexion de l'anthère sur le filet. Style filiforme, droit ou réfléchi-arqué, fistuleux. Capsule subglobuleuse, à 5 angles, à 5 loges, à placentas épais-spongieux. — Fleurs blanches.

Style plus long que les pétales, réfléchi arqué-ascendant au sommet. * *P. rotundifolia* L. (P. à feuilles rondes).
Style plus court que les pétales, droit . . . . . .
. . . . * *P. minor* L. (P. mineure).

XVIII. RÉSÉDACÉES (DC.).

Fleurs hermaphrodites, *irrégulières*. — Calice à *4-7 sépales* plus ou moins inégaux, soudés inférieurement, persistants. — Corolle à *4-7 pétales* hypogynes, très inégaux, *les supérieurs palmatipartits*, les latéraux ord. bi-tripartits, les inférieurs très petits entiers, libres, caducs, étalés pendant la préfloraison, munis à leur face interne d'une écaille glanduleuse concave entière embrassant le disque. — *Étamines 10-30*, hypogynes, insérées sur un disque charnu oblique presque unilatéral, à filets ord. libres réfléchis-arqués. — Stigmates 3-6, subsessiles. — *Fruit* libre, composé de 3-5 carpelles, capsulaire, *uniloculaire*, polysperme, ouvert au sommet, rarement composé de 4-6 carpelles folliculaires monospermes verticillés libres entre eux déhiscents par leur bord interne. — *Graines* insérées sur des placentas pariétaux ou à l'angle interne des carpelles, réniformes, *dépourvues de périsperme*. *Embryon* cylindrique, *plié*. Radicule rapprochée du hile.

Plantes annuelles, bisannuelles ou vivaces, herbacées. Feuilles

alternes, sessiles ou rétrécies en pétiole, entières, irrégulièrement trifides ou pinnatipartites ; stipules très petites, glanduliformes. Fleurs en grappes spiciformes terminales.

Le nom de *Reseda*, qui vient de *resedare*, calmer, semblerait
indiquer des qualités que ne justifient pas les propriétés des plantes
de la famille des Résédacées ; leur saveur est âcre et piquante et
présente une grande analogie avec celle des Crucifères. On a
attribué aux *R. lutea* et *Luteola* des propriétés diurétiques et
sudorifiques ; le *R. Luteola* (Gaude) renferme dans toutes ses
parties une matière colorante jaune très employée dans l'art de
la teinture ; cette plante est cultivée en grand pour cet usage.
— Le *R. odorata* (Réséda) est cultivé pour l'odeur suave de
ses fleurs.

Carpelles soudés en une capsule polysperme ouverte au
    sommet. . . . . RESEDA. (1).
Carpelles monospermes, folliculaires, libres entre eux,
    disposés en étoile. . . . . . . ASTROCARPUS. (2).

1. RESEDA L. — (RÉSÉDA).

Carpelles 3-5, *soudés en une capsule uniloculaire* polysperme, ouverte au sommet.

1 Calice à 4 divisions ; capsule 3-4-lobée supérieurement à
    lobes connivents. . . . *R. Luteola* L. (R. Gaude).
  Calice à 6 divisions ; capsule tronquée au sommet ou à
    dents courtes 2

2 Feuilles caulinaires pinnatipartites ; fleurs d'un blanc jau-
    nâtre ; graines lisses . . . . . *R. lutea* L. (R. jaune).
  Feuilles entières, rarement trifides ; fleurs blanches ;
    graines réticulées-rugueuses. . . . .
    . . . . * *R. Phyteuma* L. (R. Raiponce).

2. ASTROCARPUS Neck. — (ASTROCARPE).

Carpelles 4-6, *libres entre eux*, verticillés, monospermes,
déhiscents par leur bord interne.

Carpelles à dos prolongé en une saillie qui dépasse le style.
    . . . . * *A. Clusii* J. Gay (A. de L'Écluse).

XIX. NYMPHÉACÉES (Salisb.).

Fleurs hermaphrodites, *régulières*.— Calice à 4-5 sépales libres, herbacés ou plus ou moins colorés, marcescents se détruisant avant la maturité du fruit, ou persistants, à préfloraison imbriquée. — Corolle à *pétales* hypogynes ou soudés à leur base avec l'ovaire, nombreux, *disposés sur deux ou plusieurs rangs*. — *Étamines en nombre indéfini*, hypogynes ou paraissant s'insérer sur l'ovaire par la soudure de leur partie inférieure avec sa surface, libres entre elles, conformes ou les extérieures à filets élargis pétaloïdes. Anthères à lobes linéaires adnés à la face interne du filet. — Stigmates nombreux, en nombre égal à celui des loges, linéaires, étalés-rayonnants, libres au sommet ou entièrement soudés en un plateau persistant. — *Fruit* libre, soudé ou non avec la base des pétales et des étamines, à carpelles nombreux, charnu-herbacé, indéhiscent, présentant ou non des cicatrices qui résultent de la chute des pétales et des étamines détruits, *à loges nombreuses* et en nombre variable, polyspermes, contenant un suc mucilagineux abondant dans lequel sont plongées les graines. — *Graines insérées aux parois des cloisons*, ord. horizontales, *renfermées dans une enveloppe succulente*. Périsperme double, l'extérieur farineux très épais (nucelle), l'intérieur charnu formant un sac qui renferme l'embryon (sac embryonnaire). Embryon droit, à cotylédons très courts épais. Radicule dirigée vers le hile.

Plantes aquatiques, vivaces herbacées, à rhizome gros charnu et présentant les cicatrices des pétioles détruits. Feuilles toutes radicales, longuement pétiolées, à limbe coriace, s'étalant à la surface de l'eau, entier cordé à la base, à préfoliaison convolutive, à face supérieure luisante munie de stomates nombreux, à face inférieure terne dépourvue de stomates. Fleurs ord. très grandes, flottantes, solitaires à l'extrémité de pédoncules axillaires.

Le suc des *Nymphéacées* est légèrement astringent; les jeunes rhizomes contiennent une fécule abondante et sont comestibles. Le *Nymphœa alba* était regardé jadis comme doué de propriétés réfrigérantes et calmantes.

Calice à 4 sépales lancéolés ; fleurs blanches. NYMPHÆA. (1).

Calice à 5 sépales obovales-suborbiculaires ; fleurs jaunes. . . . . NUPHAR. (2).

1. NYMPHÆA Sibth. et Sm. — (NÉNUPHAR).

Calice à *4 sépales* lancéolés, marcescents, *se détruisant avant la maturité du fruit.* Corolle à 16-18 *pétales,* soudés avec la partie inférieure de l'ovaire, lancéolés, *disposés sur plusieurs rangs.* Étamines soudées à la base avec l'ovaire et paraissant s'insérer à sa surface, les extérieures à filets pétaloïdes. *Fruit portant des cicatrices* qui résultent de la chute des étamines et des pétales détruits. Stigmates soudés inférieurement en un plateau concave, libres au sommet et infléchis.

Fleurs blanches. . . . . . *N. alba* L. (N. blanc).

2. NUPHAR Sibth. et Sm. — (NUPHAR).

Calice à *5 sépales obovales-suborbiculaires,* colorés, *persistants.* Corolle à 10-20 *pétales* obovales, beaucoup plus courts que le calice, épais-charnus, *disposés sur deux rangs,* insérés avec les étamines au-dessous de l'ovaire avec lequel ils ne contractent pas d'adhérence. *Fruit ne portant pas de cicatrices.* Stigmates entièrement soudés en un plateau ombiliqué.

Fleurs jaunes. . *N. luteum* Sibth. et Sm. (N. jaune).
(*Nymphœa lutea* L.).

XX. PAPAVÉRACÉES (Juss.).

Fleurs hermaphrodites, régulières ou presque régulières. — Calice à *2 sépales* libres, concaves, caducs, à préfloraison valvaire. — Corolle à *4 pétales* hypogynes, caducs.

à préfloraison imbriquée-chiffonnée. — *Étamines* ord. *en nombre indéfini*, hypogynes, libres. — Stigmates sessiles, persistants, au nombre de deux et plus ou moins soudés, ou plus ou moins nombreux disposés en rayons et soudés sur un plateau qui surmonte l'ovaire. — Fruit libre, sec, polysperme : globuleux ou oblong, à plusieurs carpelles, uniloculaire, offrant des fausses cloisons incomplètes prolongements des placentas pariétaux, s'ouvrant par une série de pores au-dessous du plateau stigmatifère ; plus rarement linéaire, à 2 carpelles, uniloculaire, ou divisé en deux loges par une fausse cloison, déhiscent bivalve, quelquefois indéhiscent partagé transversalement en articles monospermes. — Graines souvent très petites, quelquefois munies d'une strophiole vers le hile. Périsperme charnu-huileux. Embryon droit, très petit, placé dans le périsperme. Radicule dirigée vers le hile.

Plantes annuelles, bisannuelles ou vivaces, herbacées. Feuilles alternes, sinuées, pinnatifides ou pinnatiséquées ; stipules nulles. Fleurs en ombelles pauciflores, ou subsolitaires terminales.

Le suc laiteux blanc ou jaunâtre des *Papavéracées* et l'odeur vireuse de la plupart des plantes de cette famille indiquent leurs propriétés actives, et même souvent délétères. Les pétales du *Papaver Rhœas* (Coquelicot) contiennent un principe narcotique peu développé, et leur infusion est employée comme tisane pectorale calmante. Personne n'ignore que l'opium est le suc laiteux concrété extrait par des incisions superficielles faites aux capsules du Pavot (*Papaver somniferum*) avant leur maturité. L'opium doit ses propriétés narcotiques si puissantes à plusieurs alcaloïdes, la morphine, la narcotine, la codéine, etc. On cultive en grand une variété de cette espèce à grosses capsules qui sont employées sèches sous le nom de *têtes de pavot* pour préparer une décoction calmante pour l'usage externe, les injections et les gargarismes. Les graines de Pavot renferment une huile grasse qui ne contient aucun principe narcotique ; cette huile, connue dans le commerce sous le nom d'*huile d'œillette*, est employée par les peintres. Le *Chelidonium majus* (Chélidoine, Grande-Éclaire) renferme un suc jaune devenant rougeâtre au contact de l'air, et à odeur nauséeuse ; on se sert de ce suc légèrement caustique

pour détruire les verrues; pris à l'intérieur, il peut occasionner
la mort; la racine est un purgatif drastique violent, d'un usage
dangereux.

1 Fruit globuleux ou oblong, s'ouvrant par des pores au-
  dessous du plateau stigmatifère; stigmates 4-20, rayonnants . . . . PAPAVER. (1).
  Fruit linéaire siliquiforme, bivalve; stigmates 2 . . . 2

2 Fruit dépourvu de fausse cloison; fleurs en ombelles pauciflores . . . . CHELIDONIUM. (2).
  Fruit divisé en deux loges par une fausse cloison celluleuse; fleurs subsolitaires terminales. . . . . .
  . . . . † GLAUCIUM. (2 bis).

1. PAPAVER Tourn. — (PAVOT).

Stigmates 4-20, disposés en rayons et soudés sur un
plateau qui déborde le sommet de l'ovaire. *Capsule globuleuse ou oblongue,* uniloculaire, offrant des fausses cloisons
incomplètes prolongements des placentas, s'ouvrant par
des pores au-dessous du plateau stigmatifère. Graines dépourvues de strophiole. — Fleurs rouges, quelquefois blanches violettes ou panachées.

1 Capsule subglobuleuse ou obovale-subglobuleuse . . . 2
  Capsule oblongue-claviforme 4

2 Capsule hérissée de soies roides. . . . .
  . . . . *P. hybridum* L. (P. hybride).
  Capsule glabre 3

3 Feuilles pinnatipartites, pétiolées ou subsessiles; plante
  couverte de poils roides étalés . . . .
  . . . . *P. Rhœas* L. (P. Coquelicot).
  Feuilles sinuées ou dentées, les caulinaires amplexi-
  caules; plante très glabre glauque . . . . . .
  . . . . . . † *P. somniferum* L. (P. somnifère).

4 Capsule hérissée de soies roides au moins au sommet. .
  . . . . *P. Argemone* L. (P. Argémone).
  Capsule glabre . . . . . *P. dubium* L. (P. douteux).

2. CHELIDONIUM Tourn. — (CHÉLIDOINE).

Stigmates 2, soudés inférieurement. *Capsule* linéaire si-

liquiforme, uniloculaire, *ne présentant pas de fausse cloison*, s'ouvrant en deux valves qui se détachent du châssis formé par les placentas persistants. *Graines munies d'une stro-phiole*. — Fleurs jaunes, en ombelles pauciflores.

Fleurs assez petites.   . *C. majus* L. (Grande-Chélidoine).
Feuilles à segments pinnatifides ; pétales incisés .   .   .
.   .   .   . * var. *laciniatum* (var. laciniée).
(*C. quercifolium* Thuill.).

† GLAUCIUM Tourn. — (GLAUCIÈRE).

Stigmates 2, soudés inférieurement. *Capsule* linéaire *siliqui-forme, divisée en deux loges par une fausse cloison* celluleuse, s'ouvrant en deux valves qui se détachent du châssis persistant formé par les placentas et la cloison. *Graines dépourvues de strophiole.* — *Fleurs jaunes*, terminales subsolitaires.

Fleurs grandes.   .   .   . † *G. flavum* Crantz (G. jaune).

XXI. FUMARIACÉES (DC.).

Fleurs hermaphrodites, *irrégulières.*—Calice *à 2 sépales* ord. dentés, libres, pétaloïdes, caducs, à préfloraison val-vaire. — Corolle à *4 pétales* hypogynes, à préfloraison im-briquée, connivents, caducs, libres ou plus ou moins sou-dés à la base, les deux latéraux intérieurs ord. cohérents au sommet, le supérieur plus grand ord. prolongé en épe-ron. — *Étamines 6*, hypogynes, *à filets soudés* presque jusqu'au sommet *en deux faisceaux* opposés. Anthères extrorses, les deux latérales de chaque faisceau unilobées, la moyenne bilobée. — Styles soudés en un style filiforme, souvent arqué-réfléchi, caduc ou persistant; stigmate bilobé, à lobes comprimés ord. crénelés. — Fruit libre, à 2 car-pelles, sec, uniloculaire, monosperme indéhiscent, ou poly-sperme s'ouvrant en deux valves. — Graines insérées sur des placentas pariétaux, horizontales, réniformes, quel-quefois munies d'une strophiole. Périsperme charnu, très épais. Embryon très petit, ou ne devenant distinct que par

la germination, logé dans le périsperme près du micropyle.
Radicule rapprochée du hile.

Plantes annuelles ou vivaces, herbacées, succulentes, souvent
glauques. Feuilles alternes, pétiolées, bi-tripinnatiséquées. Fleurs
en grappes terminales ou en grappes opposées aux feuilles.

Le suc aqueux des plantes de la famille des *Fumariacées*
renferme une substance amère unie à un acide particulier ; il agit
comme tonique et stimulant. La Fumeterre (*Fumaria officinalis*)
est usitée dans le traitement des maladies chroniques de la peau
et des affections scrofuleuses et scorbutiques, et est administrée
pendant la convalescence des fièvres intermittentes ; les formes
sous lesquelles on l'emploie surtout sont le suc, l'infusion, l'eau
distillée, l'extrait et le sirop. Les autres espèces du genre *Fumaria* et celles du genre *Corydalis* peuvent remplacer le *F. officinalis* dans la pratique médicale.

Fruit polysperme, déhiscent   .   .   .   .CORYDALIS.(1).
Fruit monosperme, indéhiscent .   .   .   . FUMARIA.(2).

1. CORYDALIS DC. — (CORYDALE).

Fruit siliquiforme, comprimé, *polysperme*, *déhiscent*.
Graines munies d'une strophiole en forme de crête.

1 Souche cespiteuse ; tiges rameuses ; fleurs jaunes .   .   .
.   .   .   . †*C. lutea* DC. (C. jaune).
Souche bulbiforme ; tiges simples ; fleurs purpurines ou
blanches 2
2 Souche ne donnant naissance à des fibres radicales qu'à
sa base ; tige portant inférieurement une écaille rudiment d'une feuille avortée ; pédicelles égalant environ la
longueur de la capsule.   . * *C. solida* Sm. (C. pleine).
Souche devenant creuse, et donnant naissance à des fibres
radicales disséminées sur toute sa surface ; tige dépourvue inférieurement de feuille rudimentaire en forme
d'écaille ; pédicelles trois fois plus courts que la capsule.
.   .   .   .   . †*C. cava* Schweigg. et Kœrt. (C. creuse).

2. FUMARIA L. — (FUMETERRE).

Fruit subglobuleux, *monosperme*, *indéhiscent*. Graine

dépourvue de strophiole. — Fleurs purpurines ou blanches,
à sommet ord. d'un pourpre noirâtre.

1 Sépales suborbiculaires, débordant largement la base de
   la corolle. . . . *F. densiflora* DC. (F. densiflore).
           (*F. micrantha* Lagasca; Fl. Par. éd. 1).
   Sépales ovales-lancéolés ou linéaires, plus étroits que la
   corolle ou la débordant peu 2

2 Sépales n'atteignant pas le tiers de la longueur de la corolle. 3
   Sépales atteignant ou dépassant le tiers de la longueur de
   la corolle 4

3 Fruit terminé en pointe au sommet; sépales plus larges
   que le pédicelle; fleurs ord. blanches. . . . . .
   . . . . . . *F. parviflora* Lmk (F. à petites fleurs).
   Fruit non terminé en pointe à la maturité; sépales plus
   étroits que le pédicelle; fleurs ord. purpurines . . .
   . . . . . . *F. Vaillantii* Lois. (F. de Vaillant).

4 Fruit plus large que long, un peu émarginé au sommet .
   . . . . . *F. officinalis* L. (F. officinale).
   Fruit subglobuleux. 5

5 . . . . *F. capreolata* L. (F. grimpante).
   Fleurs blanches, plus rarement purpurines, à sommet
   d'un pourpre noirâtre; pédicelles fructifères ord. recourbés; fruit lisse . . . . var. *vulgaris* (var. commune).
   Fleurs ord. purpurines, à sommet d'un rouge foncé;
   pédicelles fructifères dressés ou étalés; fruit ruguleux. .
   . . . . var. *Bastardi* (var. de Bastard).
   (*F. Bastardi* Boreau; *F. capreolata* var. *patula* Fl. Par. éd. 1).

XXII. CRUCIFÈRES (Juss.).

Fleurs hermaphrodites, régulières ou presque régulières.
— Calice à *4 sépales* libres, caducs, très rarement persistants, à préfloraison imbriquée, très rarement valvaire; les
2 extérieurs (latéraux) opposés aux valves du fruit, souvent
plus larges que les intérieurs et un peu bossus à la base,
les intérieurs antérieur et postérieur. — Corolle à 4 pé-

tales hypogynes, libres, caducs, à préfloraison imbriquée,
ord. égaux, rétrécis en onglet, à limbe entier émarginé ou
bifide, très rarement nuls par avortement. — Réceptacle
muni de 2-4 glandes placées en dedans ou en dehors des
étamines. — *Étamines* 6, hypogynes, ord. libres, inégales;
les 2 extérieures (latérales) plus courtes, opposées aux sépales extérieurs, quelquefois avortées ; *les 4 intérieures
plus longues*, égales entre elles, *opposées par paires aux
sépales intérieurs* en même temps qu'elles correspondent
une à une aux pétales. — Styles soudés en un style indivis,
quelquefois presque nul ; stigmate indivis ou bilobé. —
Fruit libre, *à 2 carpelles, à placentas pariétaux*, partagé en
deux loges par le prolongement celluleux des placentas, sec,
allongé (silique), ou court (silicule) ; déhiscent biloculaire,
à loges polyspermes ou monospermes, s'ouvrant en 2 valves
qui se détachent de la base au sommet d'un châssis persistant constitué par les placentas et la fausse cloison ; ou
indéhiscent, quelquefois uniloculaire monosperme; quelquefois se partageant en articles transversaux monospermes. — *Graines* suspendues, plus rarement horizontales, *dépourvues de périsperme. Embryon plié*, très rarement enroulé en spirale. Radicule rapprochée du hile,
répondant tantôt à la commissure des cotylédons plans
radicule commissurale (o=); tantôt appliquée sur la face
dorsale de l'un des cotylédons, les cotylédons alors étant
plans : *radicule dorsale* (o‖), ou les cotylédons étant pliés
longitudinalement (*cotylédons condupliqués*) de manière à
embrasser la radicule : *radicule incluse* (o≫).

Plantes annuelles, bisannuelles ou vivaces, herbacées, rarement sous-frutescentes. Feuilles alternes, sessiles ou pétiolées,
entières, dentées, pinnatifides, pinnatipartites ou pinnatiséquées ;
stipules nulles. Fleurs généralement dépourvues de feuilles
bractéales par avortement, plus rarement naissant à l'aisselle de
feuilles ou de bractées, disposées en grappes simples souvent
corymbiformes s'allongeant ord. beaucoup après la floraison.

Cette importante famille, si naturelle par la structure des

plantes dont elle se compose, ne l'est pas moins par les propriétés
de ses nombreuses espèces. Les *Crucifères* doivent leur saveur
âcre et piquante et leur action stimulante à une huile volatile
répandue dans tous leurs organes et souvent unie à du soufre ;
elles contiennent en outre un principe amer et différents sels ;
leurs graines renferment une huile grasse associée quelquefois à
une huile volatile. Le suc de ces plantes fait la base des médicaments dits antiscorbutiques : les espèces qui sont surtout usitées
sous ce dernier rapport sont les *Cochlearia officinalis* (Cochléaria)
et *C. Armoracia* (Raifort sauvage), le *Raphanus sativus* var. (Radis
noir) et le *Nasturtium officinale* (Cresson-de-fontaine). On n'emploie plus que rarement, pour leurs propriétés stimulantes, les
Cardamine pratensis, *Senebiera Coronopus*, *Barbarea vulgaris*,
Sisymbrium Alliaria (Alliaire), *S. Sophia* (Sagesse-des-chirur-
giens), *Eruca sativa* (Roquette), *Lepidium sativum* (Cresson-
Alénois), *L. latifolium*, etc. L'infusion du *Sisymbrium officinale*
(Herbe-aux-chantres) est tonique ; on fait entrer son suc dans un
sirop encore employé contre l'enrouement qui résulte d'une
angine ou d'une bronchite légère. La graine du *Brassica nigra*
(Moutarde noire) renferme une huile volatile douée de propriétés
âcres irritantes et rubéfiantes ; par la trituration elle donne la
farine de moutarde avec laquelle on prépare le révulsif si usité
sous le nom de sinapisme ; cette farine associée au vinaigre constitue la moutarde qui sert de condiment. La graine de Moutarde
blanche (*Sinapis alba*) a été préconisée comme stimulant des
organes digestifs, mais son emploi n'est pas toujours inoffensif.
— Nous devons rappeler l'importance de plusieurs espèces au
point de vue de la consommation alimentaire et de la nourriture
des bestiaux, et nous devons citer notamment les *Brassica oleracea* (le Chou, qui a produit de si nombreuses variétés), *B. Rapa*
(Rave), et *B. Napus* (Navet), le *Raphanus sativus* (Radis), et le
Nasturtium officinale (Cresson-de-fontaine). — Les espèces cultivées pour leurs graines oléifères sont le *Camelina sativa* (Came-
line), et les variétés oléifères du *Brassica Napus* et du *B. Rapa*,
désignées vulgairement sous les noms de Colza et de Navette.
— L'*Isatis tinctoria* (Pastel) est cultivé en grand pour la matière
colorante bleue que l'on en retire. — Enfin nous devons mentionner les *Cheiranthus*, les *Matthiola* (Giroflées), l'*Hesperis
matronalis* (Julienne), l'*Alyssum saxatile* (Corbeille-d'or), etc.,
qui font l'ornement de tous les jardins.

1 Fruit linéaire ou lancéolé (*silique*) 2
  Fruit court presque aussi large que long, ovale, oblong ou
  suborbiculaire (*silicule*) 24

2 Graines disposées sur deux rangs dans chaque loge . . 3
  Graines disposées sur un seul rang dans chaque loge . . 7

3 Silique très fortement comprimée, à valves planes; feuilles
  caulinaires entières, sagittées-amplexicaules. TURRITIS.(7).
  Silique comprimée, cylindrique ou tétragone, à valves convexes; feuilles caulinaires dentées ou plus ou moins divisées, jamais sagittées-amplexicaules 4

4 Silique terminée par un bec comprimé-tranchant qui égale
  presque la longueur des valves; pétales veinés de brun
  ou de violet . . . . ERUCA. (13).
  Silique à bec nul ou très court; pétales jaunes ou blancs,
  non veinés de brun ou de violet 5

5 Fleurs disposées en grappes feuillées; radicule dorsale. .
  . . . . BRAYA. (9).
  Fleurs disposées en grappes nues; radicule incluse ou
  commissurale. 6

6 Silique cylindrique ou renflée; radicule commissurale;
  fleurs jaunes ou blanches . . . . NASTURTIUM. (6).
  Silique comprimée; radicule incluse; fleurs jaunes. .
  . . . . DIPLOTAXIS. (12).

7 Stigmate formé de deux lames dressées; fleurs lilas ou
  blanches . . . . HESPERIS.(11).
  Stigmate presque entier, ou à lobes épais obtus plus ou moins
  étalés; fleurs jaunes, roses ou blanches 8

8 Silique indéhiscente, partagée en articles transversaux,
  ou renflée spongieuse . . . . . . RAPHANUS.(17).
  Silique s'ouvrant en deux valves longitudinales. . . . 9

9 Fleurs blanches, blanchâtres ou roses 10
  Fleurs jaunes 15

10 Feuilles caulinaires entières ou à peine sinuées, glauques
   glabres. 11
   Feuilles caulinaires dentées, pinnatifides ou pinnatiséquées,
   rarement entières, glabres ou velues, jamais glauques .12

4

11 Silique cylindrique ; graines globuleuses ; feuilles caulinaires sessiles ou à peine embrassantes.   BRASSICA. (15).
Silique tétragone ; graines oblongues ; feuilles caulinaires
profondément cordées-amplexicaules . ERYSIMUM. (10).

12 Souche horizontale, charnue-écailleuse ; feuilles souvent
munies de bulbilles à leur aisselle . .   DENTARIA. (4).
Souche jamais charnue-écailleuse ; feuilles jamais munies
de bulbilles à leur aisselle 13

13 Silique à valves dépourvues de nervures ; feuilles même les
supérieures pinnatiséquées . . . . .CARDAMINE. (5).
Silique à valves nerviées ; feuilles supérieures entières ou
dentées. 14

14 Silique comprimée ; feuilles souvent sagittées-amplexicaules ; fleurs blanches ou roses. . . . ARABIS. (3).
Silique presque cylindrique ; feuilles jamais amplexicaules ;
fleurs blanches . . . . SISYMBRIUM. (8).

15 Feuilles, au moins les supérieures, sessiles-amplexicaules.16
Feuilles supérieures sessiles non amplexicaules , ou
pétiolées rarement auriculées à la base 17

16 Graines oblongues inégalement comprimées ; radicule
commissurale ; feuilles supérieures obovales élargies,
dentées-anguleuses ou pinnatifides. . BARBAREA. (2).
Graines globuleuses ; radicule incluse ; feuilles supérieures
ovales ou lancéolées, sinuées ou à peine dentées. . .
. . . . BRASSICA. (15).

17 Silique à valves plurinerviées , à nervures égales droites
et parallèles 18
Silique à valves uninerviées, ou à nervures inégales, ou
dépourvues de nervures. 19

18 Silique terminée par un bec très long, comprimé ; cotylé-
dons condupliqués . . . . . SINAPIS. (16).
Silique à bec nul ou très court ; cotylédons plans. . .
. . . . SISYMBRIUM. (8).

19 Feuilles, au moins les supérieures, entières ou à peine
dentées ou sinuées 20
Feuilles profondément pinnatipartites 22

20 Silique présentant un bec assez long conique ou cylindrique ; graines globuleuses ; plante plus ou moins
glauque. . . . . BRASSICA. (15).
Silique à bec nul ou très court ; graines comprimées ou
oblongues ; plante rarement glauque 21

21 Graines comprimées ; plante presque glabre. . . . .
. . . . .CHEIRANTHUS. (1).
Graines non comprimées ; plante couverte de poils étoilés.
. . . . ERYSIMUM. (10).

22 Graines disposées en série irrégulière ; valves dépourvues
de nervures ; plante glabre . . . . NASTURTIUM. (6).
Graines disposées en série régulière ; valves présentant
une nervure saillante ; plante glabre ou velue. . . .23

23 Calice à sépales non bossus à la base ; cotylédons plans ;
valves de la silique ord. à 3 nervures. SISYMBRIUM. (8).
Calice à sépales latéraux un peu bossus à la base ; cotylédons condupliqués ; valves de la silique à une seule
nervure. . . . . ERUCASTRUM. (14).

24 Silicule indéhiscente, se séparant rarement en valves qui
retiennent la graine 25
Silicule déhiscente, à valves ne retenant pas les graines.30

25 Fleurs blanches. 26
Fleurs jaunes 27

26 Silicule biloculaire, disperme ; fleurs en grappes opposées
aux feuilles . . . . SENEBIERA. (28).
Silicule uniloculaire, monosperme ; fleurs en grappes terminales . . . . CALEPINA. (31).

27 Silicule ovoïde ou subglobuleuse, rarement tétragone. .28
Silicule fortement comprimée presque plane 29

28 Cotylédons plans ; feuilles caulinaires sagittées. . . .
. . . . NESLIA. (30).
Cotylédons enroulés en spirale ; feuilles caulinaires atté-
nuées à la base . . . . . . † BUNIAS. (31 bis).

29 Silicule oblongue-obovale, uniloculaire-monosperme. .
. . . . ISATIS. (29).
Silicule échancrée au sommet et à la base, biloculaire,
disperme . . . . BISCUTELLA. (27).

SOUS-FAMILLE I. **Siliquosæ**. — Fruit linéaire ou
lancéolé (silique) déhiscent, très rarement indéhiscent,
polysperme.

TRIBU I. — Cotylédons plans ; radicule répondant à leur commissure : radicule commissurale (o==).

1. CHEIRANTHUS R. Br. — (GIROFLÉE).

Stigmate bilobé, *à lobes courbés en dehors. Silique sub-tétragone ;* valves offrant une nervure saillante. *Graines unisériées.* — Fleurs jaunes. Feuilles entières.

Tiges sous-frutescentes à la base. . . . .
. . . . C. *Cheiri* L. (G. Violier).

2. BARBAREA R. Br. — (BARBARÉE).

Stigmate entier ou légèrement échancré. *Silique subcylin-drique ;* valves offrant une nervure saillante. *Graines uni-sériées.* — Fleurs jaunes. *Feuilles lyrées-pinnatipartites au moins les inférieures,* les caulinaires embrassantes.

Feuilles supérieures obovales dentées . . . . . .
. . . . . . B. *vulgaris* R. Br. (B. commune).
Feuilles supérieures pinnatipartites, à lobe terminal étroit oblong-cunéiforme. † B. *præcox* R. Br. (B. précoce).

3. ARABIS L. — (ARABETTE).

Stigmate entier ou à peine échancré. *Silique compri-mée ; valves* presque planes, *présentant une nervure* longitu-dinale *ou plusieurs nervures très fines. Graines unisériées, comprimées,* ord. bordées. — Fleurs blanches, plus rare-ment roses.

Feuilles denticulées ; les caulinaires sagittées-embrassantes.
. . . . .A. *sagittata* DC. (A. sagittée).
Feuilles inférieures lyrées-pinnatifides ; les caulinaires at-ténuées à la base. ✳ A. *arenosa* Scop. (A. des sables).
(*Sisymbrium arenosum*. L.).

4. DENTARIA Tourn. — (DENTAIRE).

Stigmate presque entier. *Silique lancéolée, comprimée ; valves* presque planes, *dépourvues de nervure,* se roulant avec élasticité. Graines unisériées, comprimées, à *funicule*

4.

dilaté. — Fleurs roses ou blanches. *Rhizome* écailleux à *écailles épaisses charnues.*

Feuilles pinnatiséquées, la plupart munies d'une bulbille à leur aisselle. . . . . ∗ *D. bulbifera* L. (D. bulbifère).

5. CARDAMINE L. — (CARDAMINE).

Stigmate entier. *Silique linéaire, comprimée; valves* presque planes, *dépourvues de nervure,* se roulant quelquefois avec élasticité. Graines unisériées, comprimées, à *funicule non dilaté.* — Fleurs blanches ou roses. Feuilles pinnatiséquées.

1 Pétales 2-3 fois au moins plus longs que le calice . . 2
  Pétales à peine une fois plus longs que le calice ou le dépassant peu 3

2 Feuilles supérieures à segments linéaires , entiers ; silique à pointe obtuse ; fleurs ord. lilas
  . . . . *C. pratensis* L. (C. des prés).
  Feuilles toutes à segments larges, anguleux-dentés ; silique à pointe aiguë ; fleurs blanches. . . . .
  . . . . ∗ *C. amara* L. (C. amère).

3 Feuilles caulinaires à pétiole auriculé-embrassant ; plante glabre. . . . . ∗ *C. impatiens* L. (C. impatiente).
  Feuilles caulinaires à pétiole non embrassant , dépourvu d'oreillettes ; plante plus ou moins velue 4

4 . . . . ∗ *C. hirsuta* L. (C. velue).
  Feuilles caulinaires plus petites que les radicales, à segments ord. entiers ; fleurs ord. dépassées par les siliques supérieures ; siliques continuant ord. la direction des pédicelles. . . . . . var. *vulgaris* (var. commune).
  Feuilles caulinaires plus nombreuses, plus grandes que les radicales, à segments plus larges ord. sinués-dentés ; fleurs ord. non dépassées par les siliques supérieures ; siliques ord. ascendantes sur les pédicelles. . . . . . .
  . . . . var. *sylvatica* (var. des bois).
  (C. sylvatica Link).

6. NASTURTIUM R. Br. — (CRESSON).

Stigmate subbilobé. *Silique cylindrique* linéaire, ou silicule oblongue ou oblongue-subglobuleuse; valves convexes. *Graines irrégulièrement 2-4-sériées.* — Fleurs jaunes ou blanches.

1 Fleurs blanches. . . *N. officinale* R. Br. (C. officinal).
(*Sisymbrium officinale* L.).
Fleurs jaunes 2

2 Siliques tuberculeuses-scabres, à pédicelle épais très court
. . . . *N. asperum* Coss. (C. rude).
(*Sisymbrium asperum* L.).
Siliques ou silicules jamais tuberculeuses-scabres, égalant environ le pédicelle ou plus courtes que lui. . . . 3

3 Pétales environ de la longueur du calice; plante bisannuelle. . . . . . *N. palustre* DC. (C. des marais).
Pétales plus longs que le calice; plante vivace. . . . 4

4 Feuilles caulinaires pinnatiséquées, à segments linéaires très entiers. *N. Pyrenaicum* R. Br. (C. des Pyrénées).
Feuilles caulinaires entières, dentées, ou plus ou moins profondément divisées à segments incisés-dentés. . . 5

5 Silicules oblongues-subglobuleuses, 3-4 fois plus courtes que le pédicelle . *N. amphibium* R. Br. (C. amphibie).
(*Sisymbrium amphibium* L.).
Siliques linéaires ou oblongues, égalant environ la longueur du pédicelle, rarement plus courtes de moitié. . 6

6 . . . . *N. sylvestre* R. Br. (C. sauvage).
(*Sisymbrium sylvestre* L.).
Feuilles radicales à segment terminal à peine plus grand que les latéraux; siliques égalant environ la longueur du pédicelle. . . . . . var. *vulgare* (var. commune).
Feuilles radicales lyrées, à segment terminal très ample; siliques égalant environ la moitié de la longueur du pédicelle. . . . . . * var. *anceps* (var. comprimée).
(*N. anceps* Rchb.).

7. TURRITIS Dill. — (TOURETTE).

Stigmate presque entier. *Silique comprimée;* valves presque planes, présentant une nervure saillante. *Graines bisériées.* — Fleurs d'un blanc jaunâtre.

Feuilles caulinaires entières, amplexicaules-sagittées, glabres ou glabrescentes. . . *T. glabra* L. (T. glabre).

TRIBU II. — Cotylédons plans ; radicule reposant sur le dos de l'un d'eux : radicule dorsale (o ‖).

8. SISYMBRIUM L. — (SISYMBRE).

Stigmate entier ou émarginé. *Silique cylindrique ; valves convexes, présentant 3 nervures longitudinales. Graines unisériées.* Radicule dorsale, plus rarement commissurale. — Fleurs jaunes ou blanches, en grappes nues.

1 Fleurs blanches 2
  Fleurs jaunes. 3

2 Feuilles radicales réniformes-cordées ; graines striées longitudinalement. . . *S. Alliaria* Scop. (S. Alliaire).
                     (*Erysimum Alliaria* L.).
  Feuilles radicales oblongues-obovales , atténuées en pétiole ; graines non striées . . . .
  . . . . . . *S. Thalianum* J. Gay (S. de Thalius).
               (*Arabis Thaliana* L.).

3 Feuilles indivises dentées , oblongues-lancéolées ; graines linéaires. . . . . † *S. strictissimum* L. (S. roide).
  Feuilles hastées, pinnatipartites, ou bi-tripinnatiséquées ; graines ovales ou oblongues. 4

4 Feuilles bi-tripinnatiséquées à segments linéaires étroits.
  . . . . *S. Sophia* L. (S. Sagesse).
  Feuilles pinnatipartites ou hastées 5

5 Siliques linéaires grêles, à pointe très-courte, étalées-ascendantes . . . . . . *S. Irio* L. (S. Irio).
  Siliques oblongues-coniques, atténuées en une pointe grêle, étroitement appliquées sur la tige . . . . . .
  . . . . *S. officinale* Scop. (S. officinal).
            (*Erysimum officinale* L.).

9. BRAYA Sternb. et Hoppe. — (BRAYE).

Stigmate entier. *Silique cylindrique un peu comprimée ; valves convexes, ne présentant qu'une nervure longitudinale. Graines bisériées.* — Fleurs blanches, en grappes feuillées.
  . . . . * *B. supina* Koch (B. couchée).
           Sisymbrium supinum L.).

10. ERYSIMUM L. — (VÉLAR).

Stigmate entier, ou bilobé à lobes obtus. Silique tétragone, ou tétragone un peu comprimée; *valves carénées par la saillie de la nervure dorsale.* Graines unisériées. — Fleurs jaunes. Feuilles entières, sinuées ou dentées.

1 Fleurs d'un blanc jaunâtre; feuilles caulinaires cordées-amplexicaules . . ✳ *E. Orientale* R. Br. (V. d'Orient).
                      (*Brassica Orientalis* L.).
  Fleurs jaunes; feuilles caulinaires subsessiles, atténuées à la base. . . . . , ... 2
2 Pédicelles égalant environ la moitié de la longueur des siliques; stigmate entier . . . .
  . . . . ✳ *E. cheiranthoides* L. (V. Fausse-Giroflée).
  Pédicelles 6-7 fois plus courts que les siliques; stigmate bilobé. ✳ *E. cheiriflorum* Wallr. (V. à fleurs de Violier).

11. HESPERIS L. — (JULIENNE).

Stigmate à deux lobes lamelleux dressés-connivents. Silique subcylindrique; valves convexes, à 3 nervures peu marquées. Graines unisériées. — Fleurs lilas ou blanches.

  Feuilles oblongues ou ovales-lancéolées, dentées . . .
  . . . . ✳ *H. matronalis* L. (J. des dames).

TRIBU III. — Cotylédons condupliqués embrassant la radicule dorsale : radicule incluse (o≫).

Sous-tribu i. — Silique déhiscente.

12. DIPLOTAXIS DC. — (DIPLOTAXE).

Silique comprimée; valves un peu convexes, uninerviées, *Graines bisériées,* ovales ou oblongues, *comprimées.* — Fleurs jaunes.

1 Pétales à limbe oblong , insensiblement atténués en onglet, dépassant à peine le calice . . . .
  . . . . *D. viminea* DC. (D. des vignes).
  Pétales à limbe suborbiculaire, brusquement contractés en onglet, dépassant longuement le calice. 2

2 Calice hérissé de poils roides ; pédicelles égalant environ
la longueur des fleurs épanouies.   .   .   .   .   .
        .   .   .   .   .   . *D. muralis* DC. (D. des murs).
Calice glabre ou hérissé seulement au sommet ; pédicelles
1-3 fois plus longs que les fleurs épanouies.   .   .   .
        .   .   .   .   . *D. tenuifolia* DC. (D. à feuilles menues).

13. ERUCA Tourn. — (ROQUETTE).

Silique subcylindrique, oblongue ; valves convexes, carénées par la saillie de la nervure dorsale ; bec comprimé
ensiforme. *Graines bisériées*, globuleuses. — Fleurs jaunâtres à pétales veinés de brun.

Feuilles pinnatipartites-lyrées.   .   .   .   .   .
        .   .   .   .   .   . * *E. sativa* Lmk (R. cultivée).

14. ERUCASTRUM Presl. — (ÉRUCASTRE).

Silique cylindrique ; valves convexes, *uninerviées. Graines
unisériées, ovales ou oblongues*, un peu comprimées. — Fleurs
jaunes ou jaunâtres.

Sépales très étalés ; fleurs jaunes , en grappes nues ou
feuillées seulement à la base .   .   .   .   .   .
        .   .   . * *E. obtusangulum* Rchb. (É. à angles obtus).
                (*Sisymbrium obtusangulum* DC.).
Sépales presque dressés ; fleurs jaunâtres , en grappes
feuillées au moins inférieurement .   .   .   .   .
        .   .   . * *E. Pollichii* Schimp. et Spenn. (É. de Pollich).

15. BRASSICA L. — (CHOU).

Silique subcylindrique ; valves convexes, *ne présentant
qu'une* seule *nervure* longitudinale *droite. Graines unisériées, globuleuses*. — Fleurs jaunes ou blanchâtres, souvent
veinées.

1 Siliques serrées contre la tige ; feuilles toutes pétiolées. .
        .   .   .   . *B. nigra* Koch (C. noir).
                (*Sinapis nigra* L.).
Siliques étalées ou ascendantes ; feuilles supérieures ses-
siles ou amplexicaules   2

2 Sépales appliqués sur les pétales ; feuilles supérieures sessiles non amplexicaules.   † *B. oleracea* L. (C. potager).
Sépales étalés ; feuilles supérieures largement cordées-
amplexicaules 3
3 Feuilles radicales et inférieures vertes, hérissées-ciliées ;
fleurs rapprochées au sommet de la grappe lors de
l'épanouissement . . . . † *B. Rapa* L. (C. Rave).
Feuilles, même les inférieures, plus ou moins glauques,
glabres ; fleurs espacées dès l'épanouissement . . .
. . . . † *B. Napus* L. (C. Navet).

16. SINAPIS L. — (MOUTARDE).

Silique subcylindrique ; valves convexes, *à 3-5 nervures*
longitudinales *droites saillantes. Graines unisériées, globuleuses.* — Fleurs jaunes.

1 Feuilles supérieures inégalement sinuées-dentées . . .
. . . . *S. arvensis* L. (M. des champs).
Feuilles toutes profondément pinnatipartites. 2
2 Sépales étalés ; valves de la silique plus courtes que le bec.
. . . . *S. alba* L. (M. blanche).
Sépales appliqués sur les pétales ; valves de la silique
6-7 fois plus longues que le bec. . . . .
. . . . . . *S. Cheiranthus* Koch (M. Giroflée).
(*Brassica Cheiranthus* Vill.).

SOUS-TRIBU II. — Silique indéhiscente, renflée spongieuse,
ou se partageant à la maturité en plusieurs articles
transversaux.

17. RAPHANUS L. — (RADIS).

Silique renflée spongieuse, ou moniliforme se partageant
à la maturité en plusieurs articles transversaux monospermes. Graines unisériées, globuleuses. — Fleurs jaunes,
blanches ou violettes, veinées.

Silique linéaire-oblongue, à la fin moniliforme et se par-
tageant en articles monospermes . . . .
. . . . . : *R. Raphanistrum* L. (R. Ravenelle).
Silique oblongue-lancéolée, renflée-spongieuse, ne se par-
tageant pas en articles transversaux . : . . .
. . . . . : : : † *R. sativus* L. (R. cultivé).

SOUS-FAMILLE II. Siliculosæ. — Fruit à peine plus long que large (silicule), oblong, ovale ou suborbiculaire, déhiscent, plus rarement indéhiscent, 1-4-sperme ou polysperme.

TRIBU I. — *Silicule déhiscente,* à valves ne retenant pas les graines.

Sous - tribu 1. — *Silicule comprimée parallèlement à la cloison;* cloison aussi large que le plus grand diamètre transversal de la silicule ; valves presque planes ou convexes, jamais pliées-naviculaires.

18. ALYSSUM L. — (Alysson).

Étamines, au moins les latérales, à filets souvent dilatés en appendices membraneux. Silicule ord. suborbiculaire ou ovale-suborbiculaire, surmontée par le *style persistant; valves* ord. *convexes* au centre, planes au bord ; *loges 1-2-spermes.* Graines comprimées, souvent bordées. Radicule commissurale. — Plantes couvertes d'une pubescence étoilée.

Calice persistant; pétales jaunâtres ou blanchâtres, rétrécis en onglet seulement à la base . . . .
. . . . *A. calycinum* L. (A. calicinal).
Calice caduc ; pétales d'un beau jaune, longuement onguiculés . . . * *A. montanum* L. (A. de montagne).

19. DRABA L. — (Drave).

Silicule oblongue , surmontée par le stigmate subsessile persistant ; *valves planes* ou à peine convexes; *loges polyspermes.* Graines comprimées. Radicule commissurale.

Pétales blancs, profondément bifides. . . . .
. . . . *D. verna* L. (D. printanière).

† COCHLEARIA L. — (Cochléaria).

Silicule subglobuleuse ou oblongue subglobuleuse, surmontée par le style persistant ; valves très convexes ; *loges poly-spermes. Graines bisériées*, comprimées. Radicule commis-surale. — *Fleurs blanches.*

Feuilles supérieures non amplexicaules ; graines lisses ; souche renflée charnue . . . .
. . . . . . † *C. Armoracia* L. (C. de Bretagne).
Feuilles supérieures amplexicaules-sagittées ; graines tu-berculeuses-papilleuses ; plante bisannuelle à racine grêle.
. . . . † *C. glastifolia* L. (C. à feuilles de Pastel).

20. CAMELINA Crantz. — (CAMÉLINE).

Silicule obovale-pyriforme, un peu comprimée, surmontée par le style persistant ; valves très convexes : *loges poly-spermes.* Graines à peine comprimées. Radicule dorsale.—Fleurs jaunâtres ou d'un blanc jaunâtre.

1 Feuilles caulinaires lancéolées-linéaires, les inférieures ord. sinuées-dentées ou pinnatifides ; silicules tronquées au sommet, se laissant dans la jeunesse déprimer assez facilement par la pression. † *C. dentata* Pers. (C. dentée).
Feuilles caulinaires lancéolées, les inférieures entières ou denticulées ; silicules arrondies au sommet, à valves coriaces ne se laissant pas déprimer par la pression . . 2

2 . . . .* *C. sativa* Crantz (C. cultivée).
(*Myagrum sativum* L.).
Plante ord. très velue. . var. *sylvestris* (var. sauvage).
(*C. sylvestris* Wallr.; *C. microcarpa* Andrz.).

SOUS-TRIBU II. — *Silicule comprimée perpendiculairement à la cloison ;* cloison étroite, souvent linéaire ; valves pliées-naviculaires, à carène souvent ailée.

21. TEESDALIA R. Br. — (TÉESDALIE).

Pétales extérieurs ord. plus grands. *Étamines à filets mu-nis d'appendices membraneux.* Silicule ovale-suborbiculaire, émarginée au sommet, terminée par le stigmate subsessile ; valves à carène un peu ailée ; *loges dispermes. Radicule commissurale.* — Fleurs blanches.

Tiges presque nues. *T. nudicaulis* R. Br. (T. à tige nue).
(*Iberis nudicaulis* L.).

5

22. THLASPI Dill. — (TABOURET, THLASPI).

Pétales presque égaux. Silicule suborbiculaire ou obovale, profondément échancrée au sommet, terminée par le style court ou par le stigmate subsessile ; valves à carène ailée-membraneuse, surtout supérieurement ; *loges 4-polyspermes*, très *rarement 2-spermes. Radicule commissurale.* — Fleurs blanches.

1 Souche donnant naissance à des rosettes de feuilles les unes stériles, les autres florifères ; silicule à loges dispermes souvent monospermes par avortement . . .
. . . . . . * *T. montanum* L. (T. de montagne).
Racine grêle annuelle ; silicule à loges 4-8-spermes . . 2

2 Graines fortement striées, à stries arquées ; silicules presque planes, bordées jusqu'à la base d'une aile membraneuse très large . . *T. arvense* L. (T. des champs).
Graines lisses ; silicules un peu renflées, bordées d'une aile membraneuse qui disparaît presque vers la base. .
. . . . *T. perfoliatum* L. (T. perfolié).

23. IBERIS L. — (IBÉRIDE).

Pétales extérieurs beaucoup *plus grands.* Silicule ovale ou obovale-suborbiculaire, profondément échancrée au sommet, terminée par le style persistant ; valves à carène étroitement ailée ; *loges monospermes. Radicule commissurale.* — Fleurs blanches ou rosées.

Feuilles offrant de chaque côté 2-3 dents obtuses . . .
. . . . *I. amara* L. (I. amère).

24. HUTCHINSIA R. Br. — (HUTCHINSIE).

Silicule oblongue ou suborbiculaire, *entière au sommet*, terminée par le stigmate subsessile ; valves à carène non ailée ; *loges* ord. *dispermes.* Radicule dorsale ou obliquement commissurale. — Fleurs blanches.

Tiges très grêles ; feuilles pinnatipartites . . . . .
. . . . . * *H. petræa* R. Br. (H. des rocailles).
(*Lepidium petræum* L.).

25. CAPSELLA Vent. — (CAPSELLE).

Silicule triangulaire-obcordée, terminée par le style court ; valves non ailées ; *loges polyspermes. Radicule dorsale.* — Fleurs blanches.

Feuilles supérieures sagittées-amplexicaules. . . . .
. . C. *Bursa-pastoris* Mœnch (C. Bourse-à-pasteur).
(*Thlaspi Bursa-pastoris* L.).

26. LÉPIDIUM L. — (PASSERAGE).

Silicule suborbiculaire, ovale ou oblongue, émarginée au sommet, terminée par le style persistant ou le stigmate subsessile ; valves à carène quelquefois un peu ailée ; *loges monospermes. Radicule dorsale.* — Fleurs blanches.

1 Feuilles caulinaires sagittées-amplexicaules. 2
Feuilles caulinaires non sagittées-amplexicaules . . . 3

2 Silicules triangulaires-cordées subdidymes, non échancrées
au sommet . . . . . * L. *Draba* L. (P. Drave).
Silicules ovales-oblongues, échancrées au sommet . . .
. . . . . . L. *campestre* R. Br. (P. champêtre).
(*Thlaspi campestre* L.).

3 Feuilles caulinaires ovales-lancéolées, entières ou dentées.
. . . . . * L. *latifolium* L. (P. à larges feuilles).
Feuilles caulinaires linéaires, ou pinnatipartites à lobes
linéaires 4

4 Silicules non échancrées au sommet, terminées en pointe.
. . . . . . L. *graminifolium* L. (P. graminé).
Silicules échancrées au sommet . . . : . . . 5

5 Silicules serrées contre la tige ; pétales dépassant longuement le calice. . . . : † L. *sativum* L. (P. cultivé).
Silicules plus ou moins étalées ; pétales très courts, quelquefois nuls . .* L. *ruderale* L. (P. des décombres).

TRIBU II. — *Silicule indéhiscente*, se partageant rarement
en valves qui retiennent la graine.

27. BISCUTELLA L. — (LUNETIÈRE).

Silicule à 2 loges monospermes, comprimée perpendicu-

lairement à la cloison, *presque plane*, ord. *échancrée au
sommet et à la base*, terminée par le style persistant très
long; *valves orbiculaires*, se détachant de l'axe et *retenant
la graine*. — Fleurs jaunes.

Plante vivace; silicules échancrées au sommet et à la base.
. . . . * B. *lævigata* L. (L. lisse).

28. SENEBIERA Poir. — (SENEBIÈRE).

Silicule indéhiscente, *à 2 loges* monospermes, *comprimée* perpendiculairement à la cloison, *échancrée à la base*,
ou échancrée au sommet et à la base; *valves épaisses* ne se
détachant ord. pas de l'axe et retenant la graine. *Cotylédons repliés;* radicule dorsale. — Fleurs blanches, en
grappes courtes opposées aux feuilles.

Silicule terminée en pointe; plante glabre . . . . .
. . . . . . S. *Coronopus* Poir. (S. Corne-de-cerf).
(*Cochlearia Coronopus* L.).
Silicule échancrée au sommet; plante velue-hérissée.
. . . . † S. *pinnatifida* DC. (S. pinnatifide).

29. ISATIS L. — (PASTEL).

Silicule indéhiscente, à une seule loge *monosperme*, comprimée perpendiculairement à la direction de la cloison,
oblongue ou oblongue-obovale, aplanie en forme d'aile; valves
naviculaires soudées. Radicule dorsale. — Fleurs jaunes.

Silicules presque pendantes . . . .
. . . . I. *tinctoria* L. (P. des teinturiers).

30. NESLIA Desv. — (NESLIE).

Silicule indéhiscente, ord. monosperme, *subglobuleuse*,
un peu comprimée parallèlement à la cloison, surmontée
par le style persistant filiforme. *Radicule dorsale.* — Fleurs
jaunes.

Silicule réticulée-rugueuse, presque ligneuse . . . .
. . . . * N. *paniculata* Desv. (N. paniculée).
(*Myagrum paniculatum* L.).

31. CALEPINA Desv. — (CALÉPINE).

Silicule indéhiscente, monosperme, *ovoïde-subglobuleuse, terminée en une pointe épaisse conique* surmontée du stigmate sessile. *Radicule incluse.* — Fleurs blanches.

Silicule réticulée-rugueuse, presque ligneuse . . . .
. . . . * *C. Corvini* Desv. (C. de Corvin).

† BUNIAS R. Br. — (BUNIAS).

Silicule indéhiscente, à *2 loges* monospermes ou dispermes, souvent partagées transversalement en deux loges secondaires par une fausse cloison qui sépare les graines, *ovoïde ou tétragone. Cotylédons linéaires enroulés en spirale.* — Fleurs jaunes.

Silicule ovoïde, dépourvue d'angles saillants \ . . . . .
. . . . † *B. Orientalis* L. (B. d'Orient).

XXIII. CISTINÉES (Juss.).

Fleurs hermaphrodites, presque régulières. — Calice à 5 *sépales* libres, persistants, les 2 extérieurs ord. plus petits quelquefois nuls, les 3 *intérieurs à préfloraison contournée.* — Corolle à 5 *pétales* hypogynes, libres, caducs, *à préfloraison contournée* en sens inverse de celle des sépales. — *Étamines en nombre indéfini,* hypogynes, *libres.* — Styles soudés en un style filiforme; stigmate entier ou à peine lobé. — *Fruit* libre, *à 3-5 plus rarement 6-10 carpelles,* capsulaire, polysperme, *uniloculaire, ou à 3-5 plus rarement 6-10 loges incomplètes,* à déhiscence loculicide. — Graines insérées sur des *placentas pariétaux* ou à l'angle interne des cloisons, à *périsperme mince,* farineux. Embryon courbé, plié, replié ou en spirale, plus rarement presque droit. Radicule dirigée vers le point diamétralement opposé au hile, plus rarement dirigée vers le hile.

Plantes vivaces, sous-frutescentes ou ligneuses, contenant souvent un suc résineux, plus rarement annuelles. Feuilles

opposées, plus rarement éparses, entières, souvent munies de
stipules persistantes. Fleurs en fausses grappes terminales, plus
rarement en cymes ombelliformes ou subsolitaires.

L'*Helianthemum vulgare* est légèrement astringent et était
classé parmi les espèces dites vulnéraires. — Plusieurs espèces
du genre *Cistus*, propre à la région méditerranéenne, et particulièrement le *C. ladaniferus*, laissent exsuder une substance
résineuse-visqueuse aromatique qui est connue en pharmacie
sous le nom de *ladanum*.

> Feuilles ord. munies de stipules, toutes ou au moins les
> inférieures opposées; étamines toutes fertiles; graines
> dépourvues de raphé. . . . . HELIANTHEMUM.(1).
> Feuilles dépourvues de stipules, éparses; étamines ex-
> térieures stériles à filets courts très grêles moniliformes;
> graines munies d'un raphé . . . . . FUMANA.(2).

1. HÉLIANTHEMUM Tourn. — (HÉLIANTHÈME).

Étamines nombreuses, *toutes fertiles*. — Capsule subuniloculaire, à 3 valves. *Graines dépourvues de raphé*. Embryon plié, à radicule regardant le point diamétralement
opposé au hile. — Feuilles toutes ou au moins les inférieures
opposées, ord. munies de stipules. Fleurs jaunes ou blanches.

1 Feuilles dépourvues de stipules 2
  Feuilles munies de stipules au moins les supérieures . . 3

2 Fleurs blanches, la plupart en ombelles terminales . . .
  . . . . . . * H. *umbellatum* Mill. (H. en ombelle).
  Fleurs jaunes, disposées en grappes. . . . .
  * H. *OElandicum* var. *incanum*. (H. d'OEland var. blanche).
              (H. *canum* Dun.; H. *marifolium* DC.).

3 Plante annuelle herbacée; stipules des feuilles supérieures
  foliacées très longues. . H. *guttatum* Mill. (H. taché).
  Plante vivace sous-frutescente; stipules dépassant peu le
  pétiole 4

4 Fleurs jaunes; tiges pubescentes ou velues. . . . . .
  . . . . H. *vulgare* Gærtn. (H. commun).
  Fleurs blanches; tiges ord. tomenteuses-blanchâtres . . 5

5 . . . . . .❀ *H. pulverulentum* DC. (H. pulvérulent).
Feuilles à bords enroulés en dessous, tomenteuses-blanchâtres sur les deux faces. var. *vulgare* (var. commune).
Feuilles presque planes, vertes en dessus . . . . .
. . . . var. *Apenninum* (var. de l'Apennin).
                              (*H. Apenninum* DC.).

2. FUMANA Spach. — (FUMANE).

Étamines 20-40, les *extérieures stériles à filets courts
très grêles moniliformes.* Capsule à 3 loges incomplètes,
à 3 valves. *Graines munies d'un raphé.* Embryon plié, à
radicule dirigée vers le hile. — Feuilles éparses, dépourvues
de stipules. Fleurs jaunes.

Feuilles linéaires très étroites. . . . .
. . . . ❀ *F. vulgaris* Spach (F. commune).
                              (*Helianthemum Fumana* Mill.).

XXIV. VIOLARIÉES (DC.).

Fleurs hermaphrodites, *irrégulières*, penchées, renversées. — Calice à 5 sépales libres ou un peu soudés entre
eux inférieurement, prolongés au-dessous de leur insertion, herbacés, persistants, à préfloraison imbriquée. —
Corolle à 5 *pétales* hypogynes, *inégaux*, libres, marcescents, à préfloraison imbriquée-contournée, *l'inférieur prolongé en éperon* au-dessous de son insertion. — *Étamines*
5, hypogynes, à filets très courts élargis, libres. Anthères
aplanies, connivantes en cône embrassant l'ovaire, terminées supérieurement par un appendice membraneux ; les
deux inférieures à connectif prolongé inférieurement en un
appendice charnu qui est reçu dans la cavité de l'éperon. —
Styles soudés en un style indivis ; stigmate indivis, ou sub-
trilobé. — *Fruit* libre, à 3 carpelles, capsulaire, *uniloculaire*, polysperme, *à déhiscence loculicide, à 3 valves.* —
Graines insérées sur des placentas pariétaux, horizontales
ou presque pendantes, munies d'une strophiole plus ou
moins développée. Embryon droit, placé dans un *périsperme
charnu, épais.* Radicule dirigée vers le hile.

Plantes annuelles ou vivaces, herbacées. Feuilles alternes ou toutes radicales, pétiolées, entières, dentées ou crénelées; stipules persistantes, souvent foliacées, libres ou soudées au pétiole à la base, dentées ou incisées. Fleurs solitaires, penchées, portées à l'extrémité des pédoncules; pédoncules axillaires ou radicaux, munis de deux bractées persistantes presque opposées.

Les tiges souterraines et les racines des *Violariées* renferment un principe actif âcre et doué de propriétés émétiques; la souche du *Viola odorata* (Violette) possède cette propriété à un faible degré. L'infusion des fleurs de Violette est émolliente et sudorifique; le sirop de Violette, d'une belle couleur bleue-violette, est adoucissant et légèrement laxatif: son usage le plus habituel est de servir de réactif pour reconnaître la présence des substances alcalines qui le font passer à la couleur verte. L'infusion de Pensée sauvage (*Viola tricolor*) est excitante, et employée fréquemment dans le traitement des maladies de la peau. — On cultive dans les parterres, sous le nom de Pensées, de nombreuses variétés des *V. tricolor* et *Altaica*.

1. VIOLA. Tourn. — (VIOLETTE).

1 Pétales supérieurs et latéraux dirigés en haut, l'inférieur seul dirigé en bas (*Pensée*) 2
Pétales supérieurs dirigés en haut, les latéraux et l'inférieur dirigés en bas (*Violette*). 3

2 Plante annuelle, glabre ou légèrement pubescente; stipules à lobe moyen crénelé. . *V. tricolor* L. (V. tricolore).
Plante vivace, velue-hérissée grisâtre; stipules à lobe moyen entier. ⁕ *V. Rothomagensis* Desf. (V. de Rouen).

3 Capsule ovale-oblongue, glabre 4
Capsule subglobuleuse, velue 6

4 Plante acaule; stigmate dilaté en un plateau oblique . .
. . . . ⁕ *V. palustris* L. (V. des marais).
Tiges florifères rameuses; stigmate aigu en bec plus ou moins courbé 5

5 Souche à ramifications terminées par les tiges florifères.
. . . . *V. canina* L. (V. canine).
Tiges florifères naissant au-dessous d'une rosette centrale de feuilles. . . . . *V. sylvestris* Lmk (V. des bois).

6 Souche non stolonifère ; fleurs inodores . . . . . .
. . . . *. . . *V. hirta* L. (V. hérissée).
Souche donnant naissance à des stolons très allongés ;
fleurs à odeur suave. . *V. odorata* L. (V. odorante).

CLASSE II. DIALYPÉTALES PÉRIGYNES.

Pétales et étamines soudés à leur base avec le calice sur
lequel ils paraissent s'insérer.—Ovaire libre ou soudé avec
le calice.

† TÉRÉBINTHACÉES (Juss.).

Fleurs hermaphrodites, polygames ou dioïques, *régulières*. —
Calice libre, très rarement à tube soudé avec l'ovaire, à 3-5
sépales plus ou moins soudés à la base, ord. persistants, à
préfloraison imbriquée. — Corolle à 3-5 pétales insérés au fond
du calice ou sur un disque calicinal, plus rarement sur un disque
qui entoure l'ovaire, caducs ou persistants, quelquefois nuls, à
préfloraison imbriquée ou valvaire. — *Étamines 3-5 ou 6-10*,
rarement plus, insérées avec les pétales, libres ou soudées à la
base. — Ovaire constitué par un seul carpelle, ou par 5-6 carpelles qui avortent tous moins un et sont réduits à leurs styles
qui restent libres ou se soudent avec le carpelle fertile. Style
quelquefois accompagné de styles supplémentaires indiquant le
nombre des carpelles avortés ; stigmate indivis. — *Fruit libre*,
rarement soudé avec le calice, *indéhiscent, monosperme*, sec ou
plus ou moins drupacé. — Graine suspendue à l'extrémité d'un
funicule partant du fond de la loge, dépourvue de périsperme.
Embryon droit, arqué ou plié.

Arbres ou arbrisseaux, à suc résineux odorant, gommeux ou
lactescent, quelquefois caustique. Feuilles alternes, simples
entières, ou imparipinnées quelquefois trifoliolées ; *stipules
nulles*. Fleurs ord. très petites, ord. disposées en panicules.

Le *Rhus Cotinus* (Fustet), arbrisseau du midi de la France,
fréquemment cultivé comme plante d'ornement, s'est naturalisé
dans le parc de Malesherbes ; son écorce et ses feuilles sont astringentes ; son bois fournit une couleur jaune en usage pour la
teinture. — Les arbres de la famille des *Térébinthacées* produisent

5.

pour la plupart des substances résineuses douées de propriétés stimulantes : le *Pistacia Lentiscus* (Lentisque) et le *P. Terebinthus* (Térébinthe), généralement répandus dans la région méditerranéenne, fournissent le *mastic* et la *térébenthine de Chio;* le *baume de la Mecque* est extrait de l'*Amyris Opobalsamum ;* l'*A. elemifera* fournit la *gomme Élémi.* Plusieurs espèces sont riches en tannin et sont employées pour la préparation des cuirs; nous citerons particulièrement le *Rhus Coriaria* qui croît dans le midi de la France. — L'amande des graines est souvent douce et agréable au goût comme chez le Pistachier (*Pistacia vera*). Quelques espèces originaires de l'Amérique du Nord, et spécialement le *Rhus Toxicodendron*, ont des propriétés vénéneuses des plus intenses, dues à la présence d'un suc propre laiteux. — L'Acajou (*Anacardium occidentale*) appartient à la famille des Térébinthacées, qui fournit à nos parcs plusieurs arbres ou arbustes d'ornement, parmi lesquels nous citerons les *Rhus Coriaria* , *typhina* et *glabra* , l'*Ailantus glandulosa* (Vernis-du-Japon) et le *Ptelea trifoliata* (Orme-de-Samarie).

† RHUS L. — (Sumac).

Arbrisseau à feuilles entières . . . .
. . . . †*R. Cotinus* L. (S. des teinturiers).

XXV. RHAMNÉES (R. Br.).

Fleurs hermaphrodites, ou unisexuelles par avortement, régulières. — Calice à 4-5 sépales soudés inférieurement en tube , à tube persistant , à préfloraison valvaire. — Corolle à 4-5 pétales, ord. très petits, insérés au bord supérieur du disque glanduleux qui revêt le tube du calice , quelquefois nulle par avortement. — *Étamines* 4-5 , insérées au bord du disque avec les pétales, *opposées aux pétales*, à filets libres entre eux. — Styles 2-4 , soudés dans leur partie inférieure ou dans toute leur longueur; stigmates libres ou plus ou moins soudés. — *Fruit libre*, à 2-4 carpelles, *drupacé*, globuleux, à *2-4 noyaux* coriaces-cartilagineux, *monospermes*, indéhiscents s'ouvrant rarement par une fente longitudinale. — Graines dressées, présentant ord. un sillon dorsal profond. Embryon droit, placé dans un périsperme mince charnu. Radicule dirigée vers le hile.

Arbrisseaux ou arbres peu élevés. Feuilles alternes ou fasciculées, plus ou moins pétiolées, simples, entières ou dentées, plus ou moins coriaces, rarement persistantes ; *stipules souvent caduques.* Fleurs axillaires, disposées en fascicules, ou subsolitaires rapprochées à la partie supérieure des rameaux.

Les baies du Nerprun (*Rhamnus catharticus*) renferment une pulpe d'une saveur amère et nauséeuse, elles constituent un purgatif drastique et étaient regardées autrefois comme fébrifuges ; on les administre sous forme de décoction et surtout de sirop, mais ce médicament, en raison de son action énergique, est surtout usité dans la médecine vétérinaire ; avant leur maturité elles fournissent une matière colorante verte. Les baies du *Rhamnus Frangula* (Bourdaine), dont les propriétés sont analogues, sont surtout employées pour la teinture. Le bois de Bourdaine donne par la carbonisation un charbon léger, très estimé pour la fabrication de la poudre à canon. — Le *Zizyphus vulgaris* (Jujubier), naturalisé dans le midi de la France, fournit les *jujubes* qui sont la base des *tablettes de jujube* si fréquemment employées contre les rhumes.

1. RHAMNUS Lmk — (NERPRUN).

Feuilles dentées ; fleurs polygames ou dioïques. . . .
. . . . , *R. catharticus* L. (N. purgatif).
Feuilles entières ; fleurs hermaphrodites. . . . . .
. . . . *R. Frangula* L. (N. Bourdaine).

XXVI. PAPILIONACÉES (L.).

Fleurs hermaphrodites , *irrégulières.* — Calice à sépales soudés en tube inférieurement, à tube non soudé avec l'ovaire , à limbe souvent bilabié, 5-partit plus rarement 4-partit par la soudure complète de deux des sépales, persistant, marcescent ou caduc , à préfloraison imbriquée ou valvaire. — *Corolle* irrégulière , *papilionacée*, à 5 pétales insérés à la base du calice par l'intermédiaire du disque ,

libres , plus rarement soudés en une corolle gamopétale ,
quelquefois adhérents aux étamines par la base, pétale supérieur (*étendard*) plié longitudinalement pendant la préfloraison et embrassant les pétales latéraux ; pétales latéraux (*ailes*) appliqués sur les inférieurs ; les inférieurs
rapprochés simulant un seul pétale (*carène*), ord. adhérents
par le bord intérieur de leur limbe. — *Étamines 10*, insérées avec les pétales à la base du calice , *à filets* tous *soudés
en un tube* entier ou fendu (étamines monadelphes), ou l'é-
tamine supérieure libre les autres étant soudées entre elles
(étamines diadelphes). — Style filiforme ; stigmate terminal
ou sublatéral. — *Fruit (légume, gousse) libre, à un seul carpelle*, sessile ou stipité , sec, polysperme ou oligosperme ,
plus rarement monosperme, s'ouvrant longitudinalement en
deux valves suivant la nervure dorsale et la suture placentaire, à valves quelquefois tordues sur elles-mêmes après la
déhiscence , uniloculaire , rarement divisé en deux fausses
loges par l'introflexion de la nervure dorsale, présentant
quelquefois des épaississements celluleux entre les graines ;
quelquefois indéhiscent, partagé par des étranglements en
articles transversaux monospermes qui se séparent à la
maturité, ou réduit à un seul article monosperme. — Graines insérées à l'angle interne de la loge, à funicule souvent
dilaté au niveau du hile. Périsperme nul, ou réduit à une
couche mince peu distincte du tégument interne. Embryon
courbé , très rarement droit, à cotylédons épais, herbacés
ou charnus et féculents. Radicule rapprochée du hile ,
ord. courbée, répondant à la commissure des cotylédons.

Plantes quelquefois volubiles ou sarmenteuses, herbacées annuelles bisannuelles ou vivaces, arbrisseaux ou arbres. *Feuilles*
alternes, *composées*, paripinnées, imparipinnées, digitées ou trifoliolées , quelquefois unifoliolées par l'avortement des folioles
latérales, très rarement réduites au rachis par l'avortement de
toutes les folioles ; rachis prolongé en vrille ou en arête dans les
feuilles paripinnées ; *stipules* persistantes ou caduques, rarement
spinescentes , très rarement nulles. Fleurs disposées en grappes
dressées ou pendantes, en têtes ou en ombelles simples, quelque-

fois solitaires, plus rarement en panicules, munies ou non de bractées.

Cette famille renferme un grand nombre d'espèces alimentaires ou médicinales ; leurs propriétés sont assez variées, mais aucune n'est vénéneuse. Parmi les espèces cultivées en grand pour leurs graines féculentes alimentaires, il suffit de citer le Haricot (*Phaseolus vulgaris*), le Pois (*Pisum sativum*), la Lentille (*Vicia Lens*), et la Fève (*Faba vulgaris*). Parmi les espèces cultivées comme fourrage ou formant des prairies artificielles, les plus importantes sont les Trèfles (*Trifolium pratense, repens* et *incarnatum*), la Luzerne (*Medicago sativa*) et le Sainfoin (*Onobrychis sativa*). Le *Vicia sativa* (Vesce), le *Pisum arvense* (Pisaille) sont semés pour la nourriture de la volaille ou comme plantes fourragères. Parmi nos *Papilionacées* indigènes douées de quelques propriétés médicales ou économiques, nous citerons l'*Astragalus glycyphyllos*, dont l'infusion était employée contre la dysurie ; l'*Anthyllis Vulneraria*, doué de propriétés astringentes et qui était classé autrefois au nombre des espèces vulnéraires. Plusieurs *Genista*, *G. sagittalis* et *tinctoria*, le *Spartium junceum* (Genêt-d'Espagne), le *Sarothamnus scoparius* (Genêt-à-balais), le *Cytisus Laburnum* (Faux-Ébénier), le *Colutea arborescens* (Baguenaudier), le *Coronilla varia*, etc., renferment un principe âcre et amer et sont doués de propriétés émétiques et purgatives. Le *Genista tinctoria* offre en outre un principe colorant jaune ou vert employé pour la teinture. Les *Ononis repens* et *spinosa* contiennent dans leurs racines un principe stimulant diurétique. Le Mélilot (*Melilotus officinalis*) est doué d'une légère odeur aromatique, et d'une saveur amère ; on emploie son infusion en lotions comme médicament résolutif, et en collyre. — La racine du *Glycyrhiza glabra*, plante de la région méditerranéenne, connue sous le nom de *racine de Réglisse*, entre fréquemment dans les tisanes pour leur communiquer une saveur légèrement sucrée, et l'on en prépare un extrait et des pâtes pectorales. — Le Caroubier (*Ceratonia Siliqua*), arbre de la région méditerranéenne, porte des fruits charnus-coriaces, d'une saveur sucrée, qui servent à la nourriture des bestiaux. — On cultive dans les provinces méridionales, pour leurs graines alimentaires le Pois chiche (*Cicer arietinum*), et le Lupin (*Lupinus albus*), pour ses graines oléagineuses l'Arachide (*Arachis hypogœa*), et pour la nourriture des volailles

les *Vicia monanthos* et *Ervilia*, qui sont quelquefois aussi sémés comme fourrage, de même que le Fenu-grec (*Trigonella Fœnum-Græcum*). — Si l'usage médical des Papilionacées indigènes est très limité, il n'en est pas ainsi d'un assez grand nombre d'espèces exotiques dont l'importance à ce point de vue est considérable. La *gomme adragante* est produite par plusieurs espèces d'*Astragalus* de la section des *Tragacanthœ*, le *sang-dragon* par le *Pterocarpus Draco*, la *résine de copahu* par le *Copaifera officinalis*, les *baumes du Pérou et de Tolu* par le *Myrospermum toluiferum*, la *casse* et le *séné* par plusieurs espèces du genre *Cassia*, etc. — L'indigo (plusieurs espèces d'*Indigofera*), le Bois-de-Campêche (*Hœmatoxylon Campechianum*), et le Bois-du-Brésil (*Cœsalpinia echinata*), etc., doivent être cités entre les diverses espèces exotiques qui fournissent des substances tinctoriales le plus employées dans les arts. — La *gomme arabique* est produite par les *Acacia Nilotica* et *Verek*, le *cachou* par l'*A. Catechu* : le genre *Acacia* appartient à une famille voisine, les *Mimosées*. — A la famille des Papilionacées ont été empruntées un grand nombre de plantes d'ornement ou d'espèces forestières, parmi lesquelles nous nous bornerons à citer le Genêt-d'Espagne (*Spartium junceum*), le Faux-Ébénier (*Cytisus Laburnum*), l'Acacia (*Robinia Pseudo-Acacia*), les Baguenaudiers (*Colutea arborescens* et *cruenta*), l'Arbre-de-Judée (*Cercis Siliquastrum*), etc.

1 Calice divisé jusqu'à la base en deux lèvres ; feuilles linéaires terminées en épine. . . . . . . ULEX. (4).
   Calice jamais fendu jusqu'à la base en deux lèvres ; feuilles jamais terminées en épine 2

2 Feuilles imparipinnées ou trifoliolées, plus rarement unifoliolées. · 3
   Feuilles paripinnées, à pétiole prolongé en vrille ou en arête, rarement réduites au rachis (vrille ou phyllode). 22

3 Légume divisé en articles transversaux, monospermes. . 4
   Légume à une seule loge, très rarement divisé en deux loges longitudinales, quelquefois contourné en spirale . . 7

4 Légume monosperme, à un seul article, fortement réticulé ; fleurs purpurines, rarement blanches. ONOBRYCHIS. (20).
   Légume polysperme, à plusieurs articles ; fleurs jaunes plus rarement d'un blanc rosé. 5

5 Légume sinué, composé d'articles semi-lunaires . . .
. . . . HIPPOCREPIS. (19).
Légume droit ou arqué, composé d'articles oblongs . . 6

6 Légume à articles renflés ; calice à dents supérieures presque soudées . . . . CORONILLA. (17).
Légume à articles comprimés ; calice à dents presque
égales . . . . .ORNITHOPUS. (18).

7 Carène contournée en spirale avec le style et les étamines ;
tige ord. volubile. . . . . . †PHASEOLUS. (13 bis).
Carène non contournée en spirale ; tige non volubile . . 8

8 Style filiforme très allongé, roulé en spirale pendant la floraison . . . . SAROTHAMNUS. (1).
Style droit ou arqué, jamais roulé en spirale. 9

9 Étamines toutes soudées ensemble (étamines monadelphes).10
Étamines soudées à l'exception d'une seule qui reste libre
(étamines diadelphes). 14

10 Calice campanulé à 5 divisions linéaires ; feuilles à folioles
dentées. . . . . ONONIS. (5).
Calice à une ou deux lèvres, ou à 5 dents ; feuilles à folioles entières 11

11 Légume monosperme ou disperme, renfermé au fond du
calice très ample presque vésiculeux . ANTHYLLIS. (6).
Légume ord. polysperme, dépassant longuement le calice.12

12 Calice fendu supérieurement jusqu'à la base . . . .
. . . . †SPARTIUM. (1 bis).
Calice à deux lèvres 13

13 Feuilles unifoliolées, calice à lèvre supérieure bipartite. .
. . . . GENISTA. (3).
Feuilles trifoliolées, calice à lèvre supérieure bidentée. .
. . . . CYTISUS. (2).

14 Légume divisé en deux loges longitudinales presque com-
plètes par l'introflexion de la nervure dorsale. . . .
. . . . ASTRAGALUS. (10).
Légume à une seule loge 15

15 Légume renflé-vésiculeux, à valves minces membraneuses.
. . . . † COLUTEA. (9 ter).
Légume jamais renflé-vésiculeux. 16

16 Légume présentant une bordure au côté interne ; arbre ;
   feuilles à folioles nombreuses . . . †ROBINIA. (9 bis).
   Légume ne présentant pas de bordure au côté interne ;
   plante herbacée ; feuilles trifoliolées 17

17 Légume contourné en spirale, plus rarement falciforme ou
   réniforme . . . . MÉDICAGO.(12).
   Légume droit ou presque droit 18

18 Légume suborbiculaire ou oblong, monosperme, plus rarement 2-4-sperme, renfermé dans le calice ou le dépassant peu 19
   Légume polysperme, allongé-linéaire, dépassant longuement
   le calice . . . : 20

19 Fleurs disposées en têtes ou en épis denses . . . .
   . . . . TRIFOLIUM.(13).
   Fleurs disposées en grappes allongées-effilées . . .
   . . . . MELILOTUS.(11).

20 Carène obtuse ; légume arqué, comprimé.TRIGONELLA. (9).
   Carène prolongée en un bec ascendant ; légume droit, cylindrique 21

21 Légume présentant 4 ailes longitudinales . . . . .
   . . . . TETRAGONOLOBUS.(8).
   Légume dépourvu d'ailes. . . . . . . .LOTUS. (7).

22 Style comprimé, canaliculé inférieurement.†PISUM. (14 ter).
   Style filiforme ou aplani 23

23 Style filiforme 24
   Style aplani. 25

24 Graines globuleuses, anguleuses ou comprimées-lenticulaires ; étamines diadelphes ou submonadelphes . .
   . . . . VICIA.(14).
   Graines oblongues tronquées, comprimées ; étamines
   monadelphes . . . . †FABA. (14 bis).

25 Feuilles à rachis terminé en vrille rameuse, très rarement
   aplani foliacé dépourvu de vrille. . . LATHYRUS. (15).
   Feuilles à rachis terminé en une arête courte, jamais
   aplani foliacé . . . . OROBUS.(16).

TRIBU I. **Lotex.** — *Légume à une seule loge*, très

rarement divisé en deux loges longitudinales par l'introflexion de la nervure dorsale, quelquefois contourné en
spirale. Étamines monadelphes ou diadelphes. Cotylédons
devenant aériens et foliacés après la germination, restant
rarement épais-charnus. — *Feuilles imparipinnées ou trifoliolées*, plus rarement unifoliolées ou réduites au rachis.

Sous-tribu i. **Genisteæ**. — Étamines monadelphes.

1. SAROTHAMNUS Wimmer. — (SAROTHAMNE).

Calice scarieux, à deux lèvres courtes, la supérieure bidentée, l'inférieure tridentée. Corolle à *étendard ascendant*,
suborbiculaire cordé à la base. *Style* filiforme, très allongé,
roulé en spirale pendant la floraison. Légume comprimé,
polysperme. — Arbuste non épineux. Feuilles inférieures
trifoliolées. Fleurs jaunes.

Rameaux anguleux. . *S. scoparius* Koch (S. à balais).
(*Spartium scoparium* L.).

† SPARTIUM L. — (SPARTIUM).

Calice scarieux, *fendu supérieurement jusqu'à la base*, à
5 dents. Corolle à étendard ascendant, très ample suborbiculaire.
Style très long, ascendant courbé au sommet. *Légume* comprimé,
polysperme.—Sous-arbrisseau non épineux. Feuilles unifoliolées.
Fleurs jaunes.

Rameaux effilés, cylindriques. † *S. junceum* L. (S. joncé).

2. CYTISUS L. — (CYTISE).

Calice subherbacé, *à deux lèvres, la supérieure bidentée*,
l'inférieure tridentée. Corolle à *étendard ascendant*. Étamines monadelphes. *Style ascendant ;* stigmate oblique sur la
face externe du style. *Légume* comprimé, *polysperme.* —
Sous-arbrisseaux ou arbres non épineux. *Feuilles trifoliolées.*

Fleurs axillaires réunies en têtes 2-5-flores au sommet
des rameaux . . . . . * *C. supinus* L. (C. couché).
Fleurs disposées en grappes axillaires multiflores pendantes.
. . . . . . † *C. Laburnum* L. (C. Faux-Ébénier).

3. GENISTA L. — (Genêt).

Calice herbacé ou subherbacé, *à deux lèvres*, *la supérieure bipartite*, l'inférieure tridentée. Corolle à *étendard
non ascendant*, ovale. Style presque droit ou un peu ascendant. *Légume* comprimé ou renflé, *polysperme*, plus rarement oligosperme. — Sous-arbrisseaux non épineux, plus
rarement épineux. *Feuilles unifoliolées*. Fleurs jaunes.

1 Sous-arbrisseau à rameaux latéraux terminés en épine. . 2
  Sous-arbrisseau non épineux. 3
2 Jeunes rameaux glabres; légumes renflés, glabres. . .
  . . . . * G. *Anglica* L. (G. d'Angleterre).
  Jeunes rameaux très velus; légumes comprimés, poilus.
  . . . . . * G. *Germanica* L. (G. d'Allemagne).
3 Rameaux comprimés-ailés, à ailes foliacées. . . . .
  . . . . . . G. *sagittalis* L. (G. à tige ailée).
  Rameaux jamais comprimés-ailés. 4
4 Pédicelles environ trois fois plus longs que le calice. .
  . . . . * G. *prostrata* Lmk (G. couché).
  Pédicelles environ de la longueur du calice ou plus courts
  que lui. 5
5 Corolle pubescente-soyeuse; feuilles florales pliées, dis-
  posées par fascicules. . . . * G. *pilosa* L. (G. velu).
  Corolle à étendard glabre; feuilles florales planes, éparses.
  . . . . G. *tinctoria* L. (G. des teinturiers).

4. ULEX L. — (Ajonc).

Calice coloré, *divisé jusqu'à la base en deux lèvres*, la supérieure bidentée, l'inférieure tridentée. Corolle à étendard
ascendant, oblong-émarginé, dépassant à peine le calice.
Style à peine ascendant. Légume renflé, oligosperme, à
peine plus long que le calice. — Sous-arbrisseaux très épineux. *Feuilles linéaires, terminées en épine*. Fleurs jaunes.

  Bractées calicinales plus larges que le pédicelle; calice
  très velu . . . . U. *Europœus* L. (A. d'Europe).
  Bractées calicinales plus étroites que le pédicelle; calice
  légèrement pubescent à pubescence apprimée. . . .
  . . . . U. *nanus* Sm. (A. nain).

5. ONONIS L. — (BUGRANE).

Calice herbacé, campanulé, *à 5 divisions linéaires.* Corolle à étendard très ample strié ; *carène prolongée en bec.* Style ascendant dans sa moitié supérieure. *Légume renflé,* court, *oligosperme.* — Plantes vivaces sous-frutescentes, épineuses ou non épineuses. Feuilles pinnées-trifoliolées, ou les supérieures unifoliolées. Fleurs roses ou jaunes.

1 Fleurs roses. 2
　Fleurs jaunes 3
2 Légume dépassant les divisions du calice . . . . .
　. . . . . *O. spinosa* L. (B. épineuse).
　Légume dépassé par les divisions du calice. . . . .
　. . . . . *O. repens* L. (B. rampante).
3 Fleurs sessiles ; corolle dépassant à peine les divisions du calice, souvent presque avortée. . . . .
　. . . . . . * *O. Columnæ* All. (B. de Columna).
　Fleurs longuement pédonculées, à pédoncule aristé ; corolle dépassant longuement les divisions du calice. . . .
　. . . . . * *O. Natrix* L. (B. Natrix).

6. ANTHYLLIS L. — (ANTHYLLIDE).

Calice plus ou moins coloré, tubuleux-renflé, subbilabié, à lèvre supérieure bidentée, à lèvre inférieure trifide, le *fructifère vésiculeux* à dents conniventes. Corolle à étendard égalant les ailes et la carène ; ailes adhérentes à la carène par leur limbe ; carène obtuse ou à peine prolongée en bec. Style courbé-ascendant supérieurement. *Légume* comprimé, suborbiculaire, monosperme ou disperme, *renfermé dans le tube du calice.* — *Feuilles imparipinnées.* Fleurs jaunes ou rougeâtres, en glomérules munis de bractées palmées.

Plante vivace, herbacée. *A. Vulneraria* L. (A. Vulnéraire).

Sous-TRIBU II. **Trifolieæ**. — Étamines diadelphes.

7. LOTUS L. — (LOTIER).

Calice à 5 divisions. Corolle à *carène prolongée en bec,*

Légume droit, *linéaire*, *cylindrique*, *polysperme*, s'ouvrant en deux valves qui se tordent sur elles-mêmes après la déhiscence, présentant des fausses cloisons celluleuses transversales. — Feuilles trifoliolées ; *stipules libres*, *foliacées*. Fleurs jaunes.

Jeunes boutons à divisions du calice dressées ; glomérules 2-6-flores. . . . . *L. corniculatus* L. (L. corniculé).
Jeunes boutons à divisions du calice étalées horizontalement ; glomérules 8-12-flores . . . .
. . . . *L. major* Scop. (L. majeur).

8. TETRAGONOLOBUS Scop. — (TÉTRAGONOLOBE).

Calice à 5 divisions. Corolle à *carène prolongée en bec*. *Légume droit, muni de 4 ailes* longitudinales *foliacées*, *polysperme*, présentant des fausses cloisons celluleuses transversales. — Feuilles trifoliolées ; stipules libres, foliacées. Fleurs jaunes.

Plante vivace, herbacée. *T. siliquosus* Scop. (T. siliqueux).
(*Lotus siliquosus* L.).

9. TRIGONELLA L. — (TRIGONELLE).

Calice à 5 divisions. Corolle à *carène obtuse*. *Légume arqué, comprimé, linéaire, polysperme*. — Plante annuelle. Feuilles pinnées-trifoliolées. *Fleurs jaunes, très petites, disposées en capitules ombelliformes*.

Légumes réfléchis. * *T. Monspeliaca* L. (T. de Montpellier).

† ROBINIA L. — (ROBINIER).

Calice subbilabié, à 5 dents. Corolle à carène non prolongée en bec. *Légume* comprimé, oblong, *polysperme, présentant une bordure au bord interne. — Arbre élevé, à rameaux munis d'épines.* Feuilles imparipinnées. Fleurs blanches ou roses, disposées en grappes axillaires.

Fleurs blanches. † *R. Pseudo-Acacia* L. (R. Faux-Acacia).

† COLUTEA L. — (BAGUENAUDIER).

Calice à 5 dents. Corolle à carène non prolongée en bec.

Légume polysperme, renflé-vésiculeux, à valves minces-membraneuses. — Arbrisseau. Feuilles imparipinnées, stipules libres, submembraneuses.

Fleurs jaunes ord. veinées. . . . .
. . . . . . †*C. arborescens* L. (B. arborescent).

10. ASTRAGALUS L. — (Astragale).

Calice à 5 dents. Corolle à carène obtuse. *Légume* de forme variable, ord. allongé polysperme arqué, *divisé en deux loges longitudinales plus ou moins complètes par l'introflexion de la nervure dorsale.* — Plantes ord. vivaces. Feuilles imparipinnées ou irrégulièrement paripinnées. Fleurs d'un jaune verdâtre ou purpurines.

Fleurs d'un jaune verdâtre; plante caulescente. . . . .
. . . . *A. glycyphyllos* L. (A. Réglisse).
Fleurs purpurines; plante subacaule. . . . . . .
. . . . . *A. Monspessulanus* L. (A. de Montpellier).

11. MELILOTUS Tourn. — (Mélilot).

Calice campanulé, à 5 dents. Corolle caduque, à étendard égalant ou dépassant les ailes; carène obtuse, adhérente aux ailes au-dessus de l'onglet. Étamines diadelphes. *Légume* dépassant le calice, *droit,* oblong, *1-4-sperme, indéhiscent.* — *Fleurs* petites, jaunes, plus rarement blanches, *disposées en grappes spiciformes effilées.*

1 Fleurs blanches. . . . . *M. alba* Lmk (M. blanc).
　　　　　　　(M. *leucantha* Koch; Fl. Par. éd. 1).
Fleurs jaunes 2
2 Fleurs très petites, en grappes courtes compactes avant l'épanouissement de toutes les fleurs; étendard dépassant longuement les ailes. *M. Indica* L. (M. de l'Inde).
　　　　　　　(M. *parviflora* Desf.; Illustr. fl. Par.).
Fleurs en grappes allongées; étendard ne dépassant pas les ailes 3
3 Légume glabre, presque obtus mucroné par le style. .
. . . . . . *M. arvensis* Wallr. (M. des champs).
Légume pubescent, atténué au sommet. . . . . .
. . . . . . *M. officinalis* Willd. (M. officinal).

12. MEDICAGO L. — (LUZERNE).

Calice à 5 divisions. *Corolle caduque*, à carène obtuse. *Légume dépassant ord. longuement le calice, réniforme, falciforme ou contourné en* une *spirale* à plusieurs tours, souvent muni d'épines sur le bord extérieur, polysperme, très rarement monosperme. — Plantes herbacées. *Feuilles pinnées-trifoliolées.* Fleurs jaunes, plus rarement jaunâtres ou violacées, subsolitaires, en grappes ou en capitules.

1 Légume non épineux. 2
 Légume chargé d'épines. 5

2 Légume monosperme, réniforme. . . . .
 . . . . *M. Lupulina* L. (L. Lupuline).
 Légume polysperme, falciforme ou contourné en spirale. 3

3 Légume contourné en une hélice déprimée en forme de disque, ne présentant pas d'ouverture au centre. . .
 . . . . * *M. orbicularis* All. (L. orbiculaire).
 Légume falciforme, ou décrivant deux à trois tours de spire qui circonscrivent un espace annulaire. 4

4 Légume falciforme ; pédicelles 3-4 fois plus longs que les bractées . . . . . *M. falcata* L. (L. en faucille).
 Légume décrivant 2-3 tours de spire ; pédicelles plus courts que les bractées. . . † *M. sativa* L. (L. cultivée).

5 Légume tomenteux, à épines espacées courtes presque coniques. . . . * *M. Gerardi* Willd. (L. de Gérard).
 Légume glabre ou presque glabre, à épines nombreuses subulées 6

6 Légume en hélice subglobuleuse ; plante très pubescente à poils courts. . . *M. minima* Lmk (L. minime).
 Légume en hélice subglobuleuse déprimée ; plante glabre ne présentant que quelques longs poils. 7

7 Stipules dentées, à dents courtes ne dépassant pas le milieu du limbe ; pédoncules 1-4-flores. . . . . . .
 . . . . *M. maculata* Willd. (L. tachée).
 Stipules découpées, à divisions sétacées dépassant de beaucoup le milieu du limbe ; pédoncules 5-10-flores. . .
 . . . . *M. apiculata* Willd. (L. apiculée).

13. TRIFOLIUM Tourn. — (Trèfle).

Calice subbilabié, à 5 dents ou à 5 divisions. *Corolle* souvent gamopétale, ord. *marcescente ou persistante*, devenant quelquefois scarieuse après la floraison, très rarement caduque, carène plus ou moins obtuse. Étamines diadelphes. *Légume* très petit, *renfermé dans le calice ou le dépassant peu*, suborbiculaire ou oblong, *droit*, *monosperme*, *plus rarement 2-4-sperme*, à peine déhiscent. — Plantes herbacées. *Feuilles trifoliolées*, rarement pinnées-trifoliolées. Fleurs purpurines, blanches, jaunes ou jaunâtres.

1 Fleurs jaunes ; légume stipité. 2
   Fleurs purpurines, roses, blanches ou d'un blanc jaunâtre ;
      légume sessile au fond du calice 6

2 Stipules lancéolées ou linéaires ; feuilles à folioles toutes
      sessiles. . . * *T. agrarium* L. (T. des campagnes).
                     (*T. aureum* Poll.; Soy.-Will. et Godr.).
   Stipules ovales ou ovales-oblongues, aiguës ou acuminées ;
      feuilles à folioles toutes sessiles ou la moyenne pétiolulée. 3

3 Style environ de la longueur du légume ; feuilles à folioles
      subsessiles ou la moyenne pétiolulée ; fleurs d'un jaune
      d'or . . . .* *T. patens* Schreb. (T. étalé).
             (*T. aureum* Thuill. non Poll.; *T. Parisiense* DC.).
   Style au moins trois fois plus court que le légume ;
      feuilles à foliole moyenne ord. pétiolulée ; fleurs d'un
      jaune plus ou moins intense 4

4 Fleurs fructifères à étendard fortement strié, étalé, dépassant largement les ailes. *T. procumbens* L. (T. couché).
   Fleurs fructifères à étendard lisse ou à peine strié, plié en
      carène, étroitement appliqué sur le légume, dépassant à
      peine les ailes. 5

5 Fleurs rapprochées en capitules ord. plurifiores portés par
      des pédoncules filiformes droits ; pédicelles plus courts
      que le tube du calice. . *T. filiforme* L. (T. filiforme).
   (*T. minus* Relhan in Sm.; *T. procumbens* Gren. et Godr. non L.).
   Fleurs très petites, 2-6, en capitules lâches portés par des
      pédoncules capillaires flexueux ; pédicelles très fins,
      plus longs que le tube du calice. . . . . . .
      . . . . . * *T. micranthum* Viv. (T. à petites fleurs).
         (*T. filiforme* Moris ; Soy.-Will. et Godr. non L. ex parte).

6 Capitules pauciflores, entourés d'appendices crochus, s'enfonçant dans le sol après la floraison. . . . . .
. . . . * *T. subterraneum* L. (T. enterreur).
Capitules multiflores, non entourés d'appendices crochus,
ne s'enfonçant jamais dans le sol après la floraison. . 7

7 Calice fructifère vésiculeux-réticulé; capitules entourés à
la base d'un involucre à plusieurs divisions. . . .
. . . . *T. fragiferum* L. (T. Fraisier).
Calice fructifère jamais vésiculeux; capitules nus ou munis
de feuilles florales à leur base. 8

8 Calice à tube et à dents glabres ou presque glabres. . 9
Calice à tube et à dents plus ou moins velues. 12

9 Fleurs pédicellées réfléchies après la floraison. . . .10
Fleurs sessiles non réfléchies après la floraison. . . .11

10 Tiges couchées radicantes; stipules ovales-oblongues brus-
quement aristées; calice à divisions lancéolées. . .
. . . . *T. repens* L. (T. rampant).
Tiges non radicantes; stipules longues, lancéolées-acu-
minées; calice à divisions subulées. . . . . .
. . . .* *T. elegans* Savi (T. élégant).

11 Stipules denticulées, ovales-arrondies; légume dépassant
le tube du calice. . . . * *T. strictum* L. (T. roide).
Stipules entières, ovales-aiguës aristées; légume entièrement renfermé dans le tube du calice. . . . .
. . . . . . * *T. glomeratum* L. (T. aggloméré).

12 Fleurs blanches, réfléchies après la floraison, en capitules
subglobuleux; calice à dents presque glabres. . . .
. . . . . . * *T. montanum* L. (T. des montagnes).
Fleurs purpurines ou d'un blanc rosé, rarement jaunâtres,
jamais réfléchies, en capitules subglobuleux ou en épis
plus ou moins allongés; calice à dents velues ciliées. .13

13 Fleurs jaunâtres, en capitules subglobuleux. . . . .
. . . . . . * *T. ochroleucum* L. (T. jaunâtre).
Fleurs purpurines ou d'un blanc rosé en capitules subglobuleux ou en épis, rarement d'un blanc jaunâtre en
épis allongés. 14

14 Fleurs roses-purpurines, en capitules subglobuleux ; calice
   à divisions ne dépassant pas la moitié de la longueur de
   la corolle . . . . -.15
   Fleurs blanches, rosées ou purpurines, en capitules ovoïdes
   ou oblongs ou en épis allongés ; calice à divisions, au
   moins l'inférieure, dépassant la moitié de la longueur de
   la corolle 16

15 Stipules à partie libre triangulaire aristée ; souche cespiteuse. . . . . T. pratense L. (T. des prés).
   Stipules à partie libre lancéolée ou linéaire longuement
   atténuée au sommet ; souche traçante. . . . . .
   . . . .* T. medium L. (T. intermédiaire).

16 Tige et feuilles glabres ; calice à division inférieure environ
   deux fois plus longue que les supérieures. . . . .
   . . . . * T. rubens L. (T. rouge):
   Tige et feuilles pubescentes ou velues ; calice à division
   inférieure égalant les supérieures ou les dépassant à
   peine 17

17 Épis solitaires, longuement pédonculés, dépourvus de
   feuilles florales à leur base. 18
   Épis souvent géminés, sessiles ou brièvement pédonculés,
   pourvus ou dépourvus de feuilles florales à leur base. .19

18 Calice à divisions linéaires-subulées, plus courtes que la
   corolle ; fleurs ord. d'un pourpre vif. . . . . .
   . . . .† T. incarnatum L. (T. incarnat).
   Calice à divisions subulées-sétacées, plus longues que la
   corolle ; fleurs blanchâtres ou rosées. . . . . .
   . . . . T. arvense L. (T. des champs).

19 Calice fructifère à tube urcéolé-subglobuleux, à divisions
   linéaires-subulées dressées ou étalées. . . . . .
   . . . . T. striatum L. (T. strié).
   Calice fructifère à tube cylindrique-campanulé, à divisions
   lancéolées divergentes presque épineuses. . . . .
   . . . . T. scabrum L. (T. scabre).

† PHASEOLUS L. — (HARICOT).

Calice bilabié, la lèvre supérieure à 2 dents, l'inférieure à
3 divisions. Corolle à *carène contournée en spirale avec le style
et les étamines*. Légume comprimé ou subcylindrique, très
allongé, droit ou légèrement arqué, polysperme. Cotylédons de-

6

venant aériens après la germination, restant épais-charnus. — Plantes annuelles, ord. volubiles. Feuilles pinnées-trifoliolées. Fleurs blanches, jaunâtres, violacées ou écarlates.

Graines oblongues-subréniformes. . . . .
. . . .† *P. vulgaris* L. (H. commun).

TRIBU II. Vicieæ. — *Légume à une seule loge* longitudinale, présentant rarement des épaississements celluleux transversaux. Étamines diadelphes ou monadelphes. Cotylédons farineux-épais, restant souterrains après la germination. — *Feuilles paripinnées* à rachis prolongé en vrille ou en arête, rarement réduites au rachis (vrille ou phyllode).

14. VICIA Tourn. — (VESCE).

Calice à 5 divisions ou à 5 dents presque égales ou les supérieures plus courtes, n'atteignant pas la longueur de la corolle ou l'égalant environ. *Style filiforme.* Légume allongé polysperme, ou court oligosperme. Graines globuleuses, anguleuses, ou comprimées lenticulaires, à hile oblong ou linéaire. — Plantes herbacées, ord. grimpantes. *Feuilles paripinnées, à rachis terminé en* une *vrille* ord. rameuse. Fleurs purpurines, roses ou bleues, plus rarement blanches ou jaunes.

1 Calice à divisions atteignant environ la longueur de la corolle 2
 Calice à divisions longuement dépassées par la corolle. . 3
2 Légumes velus; graines globuleuses un peu comprimées.
 . . . . *V. hirsuta* Koch (V. hérissée).
 (*Ervum hirsutum* L.).
 Légumes glabres; graines comprimées-lenticulaires. .
 . . . . † *V. Lens* Coss. et G. de Sᵗ-P. (V. Lentille).
 (*Ervum Lens* L.).
3 Fleurs en grappes multiflores ou pauciflores, rarement solitaires, à pédoncule commun beaucoup plus long que l'une des fleurs 4
 Fleurs solitaires ou géminées, plus rarement en grappes courtes 3-6-flores portées sur un pédoncule commun plus court que l'une des fleurs 8

4 Fleurs disposées 1-4 au sommet des pédoncules. . . . 5
  Fleurs disposées en grappes pluriflores ou multiflores. . 6

5 . . . *V. tetrasperma* Mœnch (V. à quatre graines),
  (Ervum tetraspermum L.).
  Pédoncules plus courts que les feuilles ; légumes 3-4-
  spermes . . . . . var. *vulgaris (var.* commune).
  Pédoncules dépassant longuement les feuilles ; légumes
  ord. 5-6-spermes. . . . * var. *gracilis (var.* grêle).
  (V. *gracilis* Lois.).

6 Étendard présentant un rétrécissement environ vers son
  quart supérieur (onglet oblong, deux fois plus long que
  le limbe) ; légumes larges, de forme presque rhomboïdale.
  . . . . . . * *V. villosa* Roth var. *glabrescens* Koch.
  (V. velue *var.* glabre).
  Étendard présentant un rétrécissement à sa partie moyenne
  ou au-dessous de sa partie moyenne (onglet oblong ou
  suborbiculaire, égalant le limbe ou plus court que lui) ;
  légumes oblongs 7

7 Étendard présentant un rétrécissement à sa partie moyenne
  (limbe égalant l'onglet) . . *V. Cracca* L. (V. en épi).
  Étendard présentant un rétrécissement environ vers son
  quart inférieur (limbe environ deux fois plus long que
  l'onglet). . .*V. tenuifolia* Roth (V. à feuilles menues).

8 Fleurs solitaires ou géminées. 9
  Fleurs disposées en grappes courtes portées sur un pédoncule commun très court 11

9 Légumes fortement hérissés ; fleurs jaunes. . . . .
  . . . .* *V. lutea* L. (V. jaune).
  Légumes glabres ou pubescents ; fleurs purpurines ou
  blanchâtres 10

10 Graines presque cubiques, tuberculeuses-ponctuées ; stipules semi-sagittées, très entières. . . . . . .
   . . . . . . *V. lathyroides* L. (V. Fausse-Gesse).
   Graines subglobuleuses, lisses ; stipules semi-sagittées,
   à lobe inférieur incisé ou denté. *V. sativa* L. (V. cultivée).

11 Légumes à bords ciliés-épineux ; feuilles à 2-3 paires de
   folioles. . . * *V. Narbonensis* L. (V. de Narbonne).
   (V. *serratifolia* Jacq.; Fl. Par. éd. 1).
   Légumes à bords lisses ; feuilles à 4-10 paires de folioles.12

12 Étendard glabre ; plante vivace. . . . .
. . . . *V. sepium* L. (V. des haies).
Étendard velu-soyeux ; plante annuelle. . . . . .
. . . . * *V. Pannonica* Jacq. (V. de Pannonie).

† FABA Tourn. — (Fève).

Calice à 5 divisions. *Étamines monadelphes. Style filiforme légèrement aplani.* Légume oblong, oligosperme, à valves un peu charnues présentant des épaississements celluleux transversaux. *Graines* très grosses, *oblongues-tronquées*, comprimées ; hile linéaire, occupant presque toute la longueur du côté supérieur de la graine. — Plante herbacée. *Feuilles* paripinnées, *à rachis terminé en arête.* Fleurs blanches ou rosées, à ailes marquées d'une tache noire.

Plante annuelle, à tige anguleuse non grimpante . . .
. . . . . . † *F. vulgaris* Mœnch (F. commune).

† PISUM Tourn. — (Pois).

Calice à 5 divisions foliacées presque égales. *Style comprimé canaliculé inférieurement.* Légume oblong, polysperme. Graines globuleuses ou globuleuses-déformées, à hile suborbiculaire. — Plantes herbacées, grimpantes. Feuilles paripinnées à rachis terminé en vrille rameuse ; stipules foliacées, très amples. Fleurs blanches ou rougeâtres.

Fleurs blanches. . . . † *P. sativum* L. (P. cultivé).
Fleurs à étendard et à ailes d'un rouge violet. . . . .
. . . . † *P. arvense* L. (P. des champs).

13. LATHYRUS L. — (Gesse).

Calice à 5 divisions ou à 5 dents. *Style plan, linéaire ou élargi au sommet.* Légume oblong ou linéaire-oblong, polysperme. Graines globuleuses ou globuleuses-comprimées, à hile oblong ou linéaire. — Plantes herbacées, à tiges anguleuses ou ailées. *Feuilles à rachis terminé en vrille rameuse, rarement aplani foliacé* dépourvu de vrille, paripinnées, plus rarement dépourvues de folioles. Fleurs rouges, bleuâtres, blanchâtres ou jaunes.

1 Feuilles à rachis dépourvu de folioles. 2
Feuilles à 1-4 paires de folioles. 3

2 Fleurs jaunes; stipules très amples, foliacées; rachis terminé par une vrille. . . *L. Aphaca* L. (G. Aphaca).
Fleurs roses; stipules très petites, subulées; rachis aplani
foliacé, dépourvu de vrille. ✴ *L. Nissolia* L. (G. de Nissole).

3 Pédoncules 1-3-flores; plante annuelle ou bisannuelle. 4
Pédoncules pluriflores; plante vivace. 7

4 Pédoncules 1-3-flores; légume velu-hérissé . . .
. . . . ✴ *L. hirsutus* L. (G. hérissée).
Pédoncules uniflores; légume glabre. 5

5 Légume linéaire, à bord supérieur droit non canaliculé;
graines rugueuses-tuberculeuses . . . . .
. . . . . ✴ *L. angulatus* L. (G. anguleuse).
Légume oblong ou presque obovale, à bord supérieur canaliculé ou bordé de deux ailes membraneuses; graines
lisses. 6

6 Légume à bord supérieur droit canaliculé étroitement
bordé . . . . . . † *L. Cicera* L. (G. chiche).
Légume à bord supérieur courbé offrant deux ailes membraneuses . . . . † *L. sativus* L. (G. cultivée).

7 Fleurs jaunes. . . . *L. pratensis* L. (G. des prés).
Fleurs roses ou bleuâtres. 8

8 Feuilles à 2-4 paires de folioles. . . . .
. . . . ✴ *L. palustris* L. (G. des marais).
Feuilles à une seule paire de folioles. 9

9 Tiges ailées, à ailes membraneuses; feuilles à folioles
oblongues-lancéolées aiguës. *L. sylvestris* L. (G. des bois).
Tiges anguleuses non ailées; feuilles oblongues obtuses.
. . . . ✴ *L. tuberosus* L. (G. tubéreuse).

16. OROBUS L. — (Orobe).

Calice à 5 divisions ou à cinq dents. *Style plan, linéaire
ou élargi au sommet.* Légume oblong ou linéaire-oblong,
polysperme. Graines globuleuses ou globuleuses-comprimées, à hile oblong ou linéaire. — Plantes herbacées, à
tiges anguleuses ou ailées. *Feuilles* paripinnées, *à rachis
terminé en une arête* courte. Fleurs rouges ou bleuâtres.

6.

Feuilles à 1-3 paires de folioles; tiges presque simples, ascendantes-diffuses.   . *O. tuberosus* L. (O. tubéreux).
Feuilles à 3-6 paires de folioles; tige très rameuse, dressée.
. . . . ✳ *O. niger* L. (O. noir).

TRIBU III. **Hedysareæ**. — *Légume divisé transversalement en articles monospermes* qui se séparent souvent à la maturité. Étamines diadelphes. Cotylédons convertis après la germination en feuilles aériennes. — *Feuilles imparipinnées.*

17. CORONILLA L. — (CORONILLE).

Calice subbilabié, à 5 dents, les 2 supérieures presque soudées. Corolle à carène terminée en bec. *Légume* linéaire, droit ou arqué, anguleux ou subcylindrique, *à articles oblongs renflés.* — Plantes sous-frutescentes ou herbacées. Feuilles imparipinnées. Fleurs jaunes ou d'un blanc rosé, réfléchies, en ombelles pluriflores ou multiflores.

Fleurs d'un blanc rosé, à carène violette; feuilles à 8-12 paires de folioles. . . . *C. varia* L. (C. bigarrée).
Fleurs jaunes; feuilles à 2-4 paires de folioles . . . . ✳ *C. minima* DC. (C. minime).

18. ORNITHOPUS L. — (ORNITHOPE).

Calice à 5 dents presque égales. Corolle à *carène obtuse. Légume linéaire*, arqué, *à articles oblongs-comprimés.* — Plante annuelle. Feuilles imparipinnées. Fleurs petites, blanchâtres ou d'un rose mêlé de jaune, en ombelles très pauciflores ou subsolitaires.

Légume à bec court. . *O. perpusillus* L. (O. délicat).

19. HIPPOCREPIS L. — (HIPPOCRÉPIDE).

Calice à 5 dents presque égales. Corolle à *carène atténuée en bec. Légume* linéaire, *sinué, composé d'articles semi-lunaires comprimés.* — Plante herbacée ou sous-frutescente à la base. Feuilles imparipinnées. Fleurs jaunes.

Plante vivace ; fleurs réfléchies, en ombelles pluriflores .
. . . . *H. comosa* L. (H. en ombelle).

20. ONOBRYCHIS Tourn. — (SAINFOIN).

Calice à 5 divisions subulées. Corolle à *carène large obliquement tronquée. Légume à un seul article*, comprimé, monosperme, fortement réticulé, marqué de fossettes , à bord supérieur épais , à bord inférieur courbé denté-épineux ou créuclé. — Plante herbacée. Feuilles imparipinnées. Fleurs purpurines striées, plus rarement blanches.

Fleurs en épis multiflores. . *O. sativa* Lmk. (S. cultivé).
(*Hedysarum Onobrychis* L.).

XXVII. LYTHRARIÉES (Juss.).

Fleurs hermaphrodites, régulières ou presque régulières, quelquefois incomplètes. — *Calice* gamosépale, libre, persistant, *à 8-12 divisions* rarement plus, *disposées sur deux rangs* et alternes, les intérieures (divisions calicinales proprement dites) à préfloraison valvaire. — Corolle à 4-6 rarement 7 pétales insérés au sommet du tube du calice, alternes avec les divisions intérieures du calice, égaux ou légèrement inégaux, à préfloraison imbriquée-chiffonnée, plus rarement nuls. — *Étamines 6-12*, rarement plus, ou moins par avortement, insérées sur le tube du calice au-dessous des pétales. — Styles soudés en un style indivis, filiforme ou presque nul ; stigmate indivis capité, rarement subbilobé. — *Fruit* libre, *à 2 rarement 4-5 carpelles, capsulaire* membraneux, *biloculaire, rarement pluriloculaire, à loges polyspermes*, se déchirant irrégulièrement, ou à déhiscence loculicide à 2 valves rarement plus. — *Graines insérées à l'angle interne des loges*, horizontales ou ascendantes. *Périsperme nul.* Embryon droit. Radicule dirigée vers le hile.

Plantes annuelles ou vivaces, à tiges herbacées ou sous-frutescentes inférieurement. Feuilles opposées ou alternes, simples,

entières ; stipules nulles. Fleurs axillaires solitaires, ou en glomérules axillaires disposés en panicules terminales.

Le *Lythrum Salicaria* (Salicaire), auquel on a attribué des
propriétés astringentes et rafraîchissantes, est maintenant inusité.

Calice tubuleux cylindrique ; style filiforme ; pétales dépassant longuement le calice. . . . Lythrum. (1).
Calice à tube court campanulé ; stigmate subsessile ; pétales
très petits, très caducs, souvent nuls. . . Peplis. (2).

1. LYTHRUM L. — (Salicaire).

Calice tubuleux cylindrique, à dents extérieures plus longues, les intérieures courtes souvent très petites. Pétales 4-
6. Étamines 8-12, ou moins par avortement, insérées à la
base ou vers le milieu du tube du calice. *Style filiforme*,
stigmate capité. Capsule renfermée dans le tube du calice,
oblongue, biloculaire, à déhiscence loculicide, se déchirant
souvent en lambeaux irréguliers. — Feuilles alternes ou
opposées. Fleurs d'un rose purpurin.

Calice pubescent ; fleurs ord. disposées en glomérules axill-
laires. . . . . . . *L. Salicaria* L. (S. commune).
Calice glabre ; fleurs solitaires à l'aisselle des feuilles. .
. . . . * *L. Hyssopifolia* L. (S. à feuilles d'Hysope).

2. PEPLIS L. — (Péplide).

Calice à tube campanulé court, à divisions extérieures
étalées, les intérieures plus longues et plus larges dressées.
Pétales 6 , très petits , caducs , souvent nuls. Étamines 6 ,
insérées au sommet du tube du calice. *Stigmate subsessile*,
capité. Capsule entourée dans sa moitié inférieure par le
tube du calice, subglobuleuse, biloculaire , polysperme, se
déchirant irrégulièrement. — Feuilles opposées. Fleurs
apétales, ou à corolle d'un rose pâle.

Plante couchée-radicante. *P. Portula* L. (P. Pourpier).

XXVIII. PORTULACÉES (Juss.).

Fleurs hermaphrodites, presque régulières. — Calice à 2
rarement 3-5 *sépales* libres ou soudés à la base, soudés
ou non avec la base de l'ovaire, persistants ou à partie
supérieure caduque, à préfloraison imbriquée. — Corolle
à 5 rarement 4-6 pétales, insérés à la base du calice,
soudés entre eux à la base ou dans une grande partie de
leur longueur, plus rarement libres, ord. inégaux, à préfloraison imbriquée.—Étamines ord. soudées avec les pétales
à la base ou dans leur partie inférieure, en nombre égal à
celui des pétales, ou en nombre plus grand, ou en nombre
moindre et alors opposées aux pétales. — Styles soudés en
un style filiforme, 3-5-fide, à lobes stigmatifères à leur face
interne. — *Fruit* libre, ou soudé à la base avec le calice,
à *3-5 carpelles, capsulaire* membraneux, *uniloculaire, polysperme* à déhiscence circulaire (pyxide), *ou 3-sperme* 3-valve
à déhiscence loculicide. — *Graines insérées sur un placenta
central*, à périsperme farineux central. *Embryon annulaire
périphérique.* Radicule rapprochée du hile.

Plantes annuelles, plus ou moins charnues-succulentes. Tiges
plus ou moins irrégulièrement dichotomes. Feuilles opposées, ou
les supérieures éparses, simples, entières, quelquefois munies
au-dessus de leur insertion de poils courts ; stipules nulles. Fleurs
assez petites, terminales et latérales, solitaires ou groupées au
sommet des rameaux.

Les feuilles charnues du Pourpier (*Portulaca oleracea*) contiennent un suc mucilagineux d'une saveur légèrement salée ;
cette plante était considérée comme antiscorbutique, vermifuge
et diurétique, mais elle est aujourd'hui entièrement inusitée en
thérapeutique et ne sert que comme aliment.

Capsule polysperme, à déhiscence circulaire ; corolle jaune.
. . . . PORTULACA. (1).
Capsule 3-sperme, trivalve ; corolle blanche. MONTIA. (2).

1. PORTULACA Tourn. — (POURPIER).

Calice soudé inférieurement avec l'ovaire, bipartit, *à*

partie supérieure se détachant en même temps que le sommet de la capsule. Pétales 5, rarement 4-6, libres ou soudés à la base, souvent inégaux, fugaces déliquescents. Étamines 8-12, rarement plus. Style ord. profondément 5-fide. *Capsule ovoïde-trigone, polysperme, s'ouvrant circulairement* par la chute de sa moitié supérieure. — *Fleurs jaunes.*

Feuilles épaisses, succulentes. . . . .
. . . . *P. oleracea* L. (P. des potagers).

2. MONTIA L. — (MONTIE).

Calice libre, persistant, à 2 rarement 3 sépales. Pétales 5, inégaux, les deux inférieurs plus grands, soudés inférieurement en une corolle gamopétale à tube fendu d'un côté, caducs. Étamines 3, plus rarement 4 ou 5, opposées aux pétales et soudées avec eux inférieurement. Style trifide. *Capsule* subglobuleuse-trigone, uniloculaire, *3-sperme, s'ouvrant en 3 valves.* — *Fleurs blanches.*

. . . . * *M. fontana* L. (M. des fontaines).
Plante naine ; tiges roides dressées ou ascendantes ; feuilles ord. d'un vert très pâle ; graines fortement tuberculeuses, ternes . . . . var. *minor* (var. mineure).
. (*M. minor* Gmel.).
Tiges grêles, allongées, tombantes ou nageantes ; feuilles ord. d'un vert assez intense ; graines finement tuberculeuses, un peu luisantes . . . .
. . . . .var. *rivularis* (var. des ruisseaux).
(*M. rivularis* Gmel.; *M. fontana* var. *elongata* Fl. Par. éd. 1).

XXIX. PARONYCHIÉES (A. St-Hil.).

Fleurs hermaphrodites, régulières. — Calice à 5 rarement 4 sépales, libres presque jusqu'à la base ou soudés en tube inférieurement dans une étendue variable, non soudés avec l'ovaire, persistants, à préfloraison imbriquée ou subvalvaire. — Corolle à *pétales* en nombre égal à celui des

sépales *souvent filiformes rudimentaires*, insérés à la base
des divisions ou à la gorge du tube du calice, libres, souvent persistants. — *Étamines 5 rarement 4*, insérées à la
base des divisions ou à la gorge du tube du calice sur un
disque plus ou moins développé. — Styles 2-3, très courts
et souvent soudés, ou filiformes distincts ; stigmates 2-3.—
Fruit libre, à 2-3 carpelles, capsulaire, mince membraneux,
plus rarement crustacé, enveloppé par le calice persistant,
uniloculaire par avortement, *monosperme, indéhiscent*. —
*Graine suspendue au sommet d'un funicule qui naît du fond
de la loge,* quelquefois dressée lorsque ce funicule est court,
à périsperme farineux ord. central. *Embryon annulaire
périphérique,* rarement à peine courbé appliqué latéralement sur le périsperme. Radicule rapprochée du hile.

Plantes annuelles ou bisannuelles. Tiges ord. nombreuses,
grêles, souvent étalées sur la terre, irrégulièrement rameuses
ou dichotomes. Feuilles opposées ou éparses, simples, entières, munies de stipules scarieuses libres ou soudées deux à
deux, plus rarement les feuilles opposées dépourvues de stipules
et à base connée scarieuse. Fleurs souvent très petites, disposées
en cymes ou en glomérules terminaux ou latéraux plus rarement
axillaires.

Les *Paronychiées* ne présentent pas de propriétés médicales
bien prononcées. Les *Herniaria glabra* et *hirsuta* (Turquette,
Herbe-aux-hernies) étaient considérés jadis comme vulnéraires,
résolutifs et diurétiques. — En Algérie, l'infusion des sommités
florifères du *Paronychia argentea* et d'autres espèces appartenant au même genre est fréquemment employée comme succédanée du thé.

1 Corolle à pétales dépassant un peu le calice ; 3 stigmates.
. . . . CORRIGIOLA. (1).
Corolle rudimentaire à pétales filiformes ; 2 stigmates. . 2

2 Calice à tube presque aussi long que ses divisions ; feuilles
dépourvues de stipules et à base connée scarieuse. . .
. . . . SCLERANTHUS. (4).
Calice divisé presque jusqu'à la base ; feuilles munies de
stipules scarieuses. 3

3 Calice blanc, à divisions concaves terminées en un capuchon aristé. . . . . .ILLECEBRUM. (3).
Calice herbacé à la face externe, à divisions à peine concaves . . . . HERNIARIA. (2).

1. CORRIGIOLA L. — (CORRIGIOLE).

Calice 5-partit, à divisions concaves. *Pétales* 5, persistants, *oblongs*, *dépassant un peu le calice*. Étamines 5,
Stigmates 3, très courts, subsessiles. Capsule crustacée,
ovoïde-trigone, indéhiscente, enveloppée par le calice. —
Feuilles éparses, *munies de stipules scarieuses*. Fleurs très
petites, blanches ou d'un blanc rosé.

Calice à divisions scarieuses-blanchâtres aux bords ; plante
annuelle . . . . . * C. *littoralis* L. (C. des grèves).

2. HERNIARIA Tourn. — (HERNIAIRE).

Calice 5-partit, à divisions un peu concaves. Pétales 5,
filiformes. Étamines 5, insérées sur le disque charnu qui
revêt la gorge du calice. *Stigmates 2*, très courts, distincts
ou soudés inférieurement, *subsessiles*. *Capsule* membraneuse, oblongue, *indéhiscente*, enveloppée par le calice. —
Feuilles opposées, ou alternes à l'extrémité des tiges,
munies de stipules scarieuses. Fleurs très petites, herbacées.

Plante ord. bisannuelle ou vivace, glabre ; calice glabre.
. . . . H. *glabra* L. (H. glabre).
Plante ord. annuelle ou bisannuelle, velue ; calice hérissé.
. . . . .H. *hirsuta* L. (H. hérissée).

3. ILLECEBRUM L. — (ILLÉCÈBRE).

Calice 5-partit presque jusqu'à la base, *à divisions* épais-
ses-spongieuses, *blanches*, concaves *terminées en un capuchon surmonté d'une pointe* subulée. Pétales 5, filiformes,
très courts. Étamines 5, à filets très courts. Stigmates 2,
très courts, sessiles, soudés inférieurement. *Capsule* membraneuse, oblongue, *se partageant à la maturité en plusieurs
lambeaux*, enveloppée par le calice. Embryon à peine

courbé, appliqué latéralement sur le périsperme. — *Feuilles* opposées, *munies de stipules scarieuses*. Fleurs petites, disposées en glomérules axillaires.

Fleurs d'un blanc de lait. * *I. verticillatum* L. (I. verticillé).

4. SCLERANTHUS L. — (SCLÉRANTHE, GNAVELLE).

Calice gamosépale, à *tube campanulé* ou urcéolé, rétréci à la gorge par le disque saillant, à limbe 5-fide, à divisions lancéolées. Pétales 5, ou moins par avortement, filiformes, plus courts que le calice. Étamines 5. *Styles 2, filiformes, distincts jusqu'à la base*, stigmatifères au sommet et à leur face interne. Capsule membraneuse, oblongue, indéhiscente, renfermée dans le tube du calice induré-osseux. — *Feuilles* opposées, *dépourvues de stipules*, *à base connée scarieuse*. Fleurs petites, verdâtres ou blanchâtres.

Calice à divisions aiguës, très étroitement scarieuses-blanchâtres aux bords. . *S. annuus* L. (S. annuel).
Calice à divisions presque obtuses, largement scarieuses-blanchâtres aux bords. . * *S. perennis* L. (S. vivace).

___

XXX. CRASSULACÉES (DC.).

Fleurs ord. hermaphrodites, régulières. — Calice à 5 plus rarement 3-20 sépales, plus ou moins soudés à la base, non soudés avec l'ovaire, persistants ord. charnus, à préfloraison imbriquée ou subvalvaire. — *Corolle à 5 plus rarement 3-20 pétales* insérés à la base des sépales, libres, quelquefois soudés entre eux à la base, rarement réunis en une corolle gamopétale, caducs ou marcescents, à préfloraison imbriquée. — Étamines en nombre égal à celui des pétales, plus ord. en nombre double, insérées avec les pétales à la base des sépales, quelquefois soudées à la base avec les pétales. — *Écailles hypogynes* glanduliformes ou lamelliformes, *placées à la base des carpelles* et en même nombre qu'eux. — Styles 5, plus rarement 3-20, terminaux, courts, persistants, stigmatifères latéralement au

7

sommet. — *Fruit libre, à 5, plus rarement 3-20 carpelles distincts jusqu'à la base* (dans nos espèces), secs, *poly-spermes*, rarement 2-spermes, s'ouvrant par la suture interne (follicules). — Graines très petites, insérées à l'angle interne des carpelles, horizontales ou pendantes, à *périsperme très mince*. Embryon cylindrique, droit. Radicule dirigée vers le hile.

Plantes annuelles, bisannuelles ou vivaces, herbacées. Feuilles éparses, plus rarement opposées ou rapprochées par 3-4, épaisses, charnues-succulentes, souvent cylindriques, simples, entières, rarement dentées; stipules nulles. Fleurs disposées en épis sub-unilatéraux souvent scorpioïdes ord. rapprochés en corymbe terminal, quelquefois disposées en corymbe dichotome, plus rarement groupées en cymes ou en glomérules latéraux et terminaux, très rarement axillaires solitaires.

Le suc des *Crassulacées* est aqueux, à saveur souvent âpre, ou même âcre et brûlante comme dans le *Sedum acre*. Le *Sempervivum tectorum* (Joubarbe), les *Sedum reflexum, album* et *Cepœa* étaient considérés comme diurétiques, antiscorbutiques, sédatifs et vulnéraires, et sont encore usités dans la médecine populaire. Les feuilles pilées du *Sedum Telephium* (Reprise, Herbe-à-la-coupure) ou de la Joubarbe étaient autrefois fréquemment appliquées sur les plaies récentes pour en arrêter le sang et en faciliter la cicatrisation, mais tous les praticiens proscrivent l'emploi de ce moyen, qui est plutôt nuisible qu'avantageux.

1 Étamines 3-4; feuilles connées. 2
  Étamines 5-40; feuilles jamais connées. 3
2 Carpelles 3-4, dispermes, étranglés entre les deux graines;
  écailles hypogynes nulles ou très petites . TILLÆA. (1).
  Carpelles 4, polyspermes; écailles hypogynes linéaires.
  . . . . BULLIARDA. (2).
3 Pétales 5; écailles hypogynes entières ou à peine émar-
  ginées . . . . SEDUM. (3).
  Pétales 6-20; écailles hypogynes dentées ou lacérées.
  . . . . SEMPERVIVUM. (4).

1. TILLÆA Micheli. — (TILLÉE).

Calice à 3-4 divisions. Corolle à 3-4 pétales. *Étamines*

3-4. Écailles hypogynes nulles ou très petites. Carpelles 3-4, *dispermes*, étranglés entre les deux graines. — Plante très petite, à tiges filiformes très grêles florifères dès la base. Feuilles concaves, opposées, connées. Fleurs axillaires, solitaires, sessiles.

Fleurs très petites, à pétales blanchâtres. . . . . .
. . . . *T. muscosa* L. (T. Mousse).

2. BULLIARDA DC. — (BULLIARDE).

Calice à 4 divisions. Corolle à 4 pétales. *Étamines 4. Écailles hypogynes linéaires. Carpelles 4, polyspermes.* — Plante très petite, à tiges grêles. Feuilles presque planes, opposées, connées. Fleurs pédonculées, en cymes irrégulières.

Fleurs très petites, à pétales d'un blanc rosé . . . . .
. . . . * *B. Vaillantii* DC. (B. de Vaillant).

3. SEDUM L. — (ORPIN).

Calice à 5 divisions. Corolle à *5 pétales. Étamines ord. 10, plus rarement 5. Écailles hypogynes* ovales, très courtes, *entières ou légèrement émarginées.* Carpelles ord. 5, polyspermes. — Feuilles éparses, quelquefois rapprochées au sommet des rejets. Fleurs purpurines, roses, blanches ou jaunes.

1 Fleurs jaunes 2
  Fleurs blanches, rosées ou purpurines. 5
2 Feuilles non prolongées au-dessous de leur insertion. .
  . . . . *S. acre* L. (O. âcre).
  Feuilles prolongées en éperon au-dessous de leur insertion. 3
3 Feuilles obtuses. * *S. Boloniense* Lois. (O. de Boulogne).
  (*S. sexangulare* DC.; Fl. Par. éd. 1).
  Feuilles aiguës, mucronées ou cuspidées. 4
4 Feuilles des rejets stériles éparses . . . . . .
  . . . . *S. reflexum* L. (O. réfléchi).
  Feuilles des rejets stériles rapprochées en rosettes terminales courtes compactes. . . . .
  . . . . * *S. elegans* Lej. (S. élégant).

5 Feuilles planes. 6
  Feuilles presque cylindriques ou ovoïdes. 7

6 Feuilles très entières ; plante annuelle. . . . . . .
  . . . . *S. Cepœa* L. (O. Faux-Pourpier).
  Feuilles lâchement dentées ; souche vivace, à fibres
  renflées-charnues. . . *S. Telephium* L. (O. Reprise).

7 Étamines 5 . . . . . *S. rubens* L. (O. rougeâtre).
  (*Crassula rubens* L.; Fl. Par. éd. 1).
  Étamines ord. 10. 8

8 Feuilles glabres. 9
  Feuilles pubescentes ou velues 10

9 Feuilles oblongues-linéaires ; tiges glabres. . . . .
  . . . . *S. album* L. (O. blanc).
  Feuilles ovoïdes ; tiges pubescentes-glanduleuses supérieu-
  rement. . * *S. dasyphyllum* L. (O. à feuilles épaisses).

10 Pétales non aristés ; plante annuelle, n'émettant pas de
   rejets stériles . . . . . * *S. villosum* L. (O. velu).
   Pétales aristés ; plante vivace, à rejets stériles nombreux.
   . . . . * *S. hirsutum* All. (O. hérissé).

4. SEMPERVIVUM L. — (JOUBARBE).

Calice à 6-20 divisions. Corolle à *6-20 pétales* marcescents, libres ou soudés à la base par l'intermédiaire des
filets des étamines. *Étamines 12-40.* Écailles *hypogynes*
courtes, *dentées ou lacérées.* Carpelles 6-20, polyspermes.
— Feuilles planes, éparses sur les tiges florifères, rapprochées en rosette au sommet des rejets.

Fleurs roses-purpurines . *S. tectorum* L. (J. des toits).

XXXI. AMYGDALÉES (Juss.).

Fleurs hermaphrodites, régulières. — Calice marcescent
caduc, à 5 sépales soudés en tube, à tube campanulé non
soudé avec l'ovaire, à limbe 5-partit, à préfloraison imbriquée. — Corolle à 5 pétales insérés au bord supérieur

d'un disque mince qui tapisse le tube du calice, libres, caducs , à préfloraison imbriquée. — *Étamines 15-30*, insérées avec les pétales, libres. — Style 1 ; stigmate capité. — *Fruit* (drupe) *libre, à un seul carpelle, charnu*, à sarcocarpe ord. succulent, marqué d'un sillon latéral correspondant aux bords de la feuille carpellaire, *à un seul noyau* (endocarpe ligneux) monosperme par avortement, rarement disperme. — Graine suspendue, dépourvue de périsperme. Embryon droit. Radicule dirigée vers le hile.

Arbres ou arbrisseaux, à ramuscules quelquefois spinescents, à bourgeons écailleux. Feuilles éparses, souvent rapprochées en fascicules, simples, dentées ; *stipules* libres, *caduques*. Fleurs solitaires ou géminées, disposées en fascicules ombelliformes, en corymbes simples ou en grappes, s'épanouissant souvent avant le développement des feuilles.

La famille des *Amygdalées* et celles des *Pomacées* et des *Rosacées* forment un groupe très naturel, par les caractères généraux des plantes qui le composent et par la nature de leurs propriétés. Les substances qui sont communes aux trois familles sont le tannin, une gomme, du sucre, et une huile grasse ; mais dans la famille des *Amygdalées* existe souvent en outre un principe narcotique stupéfiant, très vénéneux, l'acide cyanhydrique ou prussique. Une gomme, de qualité inférieure à celle de la gomme arabique, s'écoule des crevasses et des blessures de l'écorce de plusieurs arbres de cette famille, et particulièrement des Cerisiers, des Pruniers et surtout de l'Amandier. Le *Cerasus avium* (Griottier, Merisier) fournit par la culture de nombreuses variétés de cerises douces et à chair ferme ; le *kirschwasser* est le produit de la distillation des fruits de la variété sauvage. Le *Cerasus vulgaris* (Cerisier) est originaire de l'Orient; les deux variétés principales de cette espèce sont la Cerise-de-Montmorency et la Cerise-anglaise. La tisane de *queues de cerises* est un diurétique d'un usage assez vulgaire. Le *Prunus spinosa* (Prunellier, Épine-noire) a une écorce amère et astringente qui a été employée quelquefois comme fébrifuge ; ses fleurs renferment un principe amer et purgatif; son fruit est très acerbe et n'est comestible qu'après avoir subi l'action des premières gelées : on en retire quelquefois par la fermentation dans l'eau une boisson de très médiocre qualité. Les *Prunus domestica* et *insititia* (Pruniers) ont, par la culture, donné naissance à de nombreuses variétés, parmi lesquelles les plus estimées sont la Prune-de-Damas, la Prune-Sainte-Catherine et la Prune Reine-Claude. Le *Prunus Armeniaca* (Abricotier) nous vient de l'Orient; le type est à amande amère, il en existe une variété à amande douce. L'*Amygdalus Persica* (Pêcher) fournit à nos tables un des fruits les plus succulents, et sa culture donne lieu, aux environs de Paris, à un commerce important; ses feuilles, qui contiennent de l'acide cyanhydrique, servent souvent à aromatiser le lait et les mets sucrés; l'infusion et le sirop de fleurs de Pêcher agissent comme laxatifs légers et sont fréquemment employés chez les enfants en bas âge. L'*Amygdalus communis* (Amandier), qui ne prospère que dans les provinces méridionales, présente deux variétés : l'une à amande amère renfermant de l'acide cyanhydrique en assez grande proportion, et l'autre à amande douce et comestible. On extrait des amandes douces une huile grasse, d'une saveur agréable, qui entre dans diverses préparations officinales et qui constitue un médicament adoucissant et laxatif. L'émulsion d'amandes douces est très usitée sous forme de looch. — Le *Cerasus Lauro-Cerasus*, originaire de l'Asie-Mineure, est fréquemment cultivé; l'arome particulier de ses feuilles est dû à la présence de l'acide cyanhydrique qu'elles contiennent en assez grande proportion; aussi leur eau distillée et surtout leur huile essentielle ont-elles des propriétés actives et peuvent-elles même agir comme poison. — On plante dans les jardins et les parcs comme arbres d'ornement une variété à fleurs doubles du Merisier et du Pêcher et les *Cerasus Mahaleb* (Bois-de-Sainte-Lucie) et *Padus* (Merisier-à-grappes), etc.

1 Drupe glabre, jamais couverte d'une efflorescence glauque ; fleurs disposées en fascicules ombelliformes ord. pluriflores, en corymbes simples ou en grappes. CERASUS. (1).

  Drupe glabre couverte d'une efflorescence glauque , ou pubescente-veloutée ; fleurs solitaires ou géminées . . 2

2 Noyau lisse ou à peine rugueux, jamais sillonné ; feuilles roulées longitudinalement avant leur complet développement. . . . . PRUNUS. (2).

  Noyau marqué de sillons irréguliers ou de fissures étroites; feuilles pliées longitudinalement avant leur complet développement. . . . . AMYGDALUS. (2 *bis*).

1. CÉRASUS Juss. — (Cerisier).

Drupe globuleuse ou oblongue-globuleuse, succulente, ord. colorée, *glabre*, *jamais couverte d'une efflorescence glauque*. Noyau presque globuleux, *très lisse*. — *Feuilles pliées longitudinalement avant leur complet développement. Fleurs* blanches, *disposées en fascicules ombelliformes, en corymbes simples ou en grappes*.

1 Fleurs assez grandes, disposées en fascicules ombelliformes. 2
Fleurs petites, disposées en corymbes simples ou en grappes. 3

2 Arbre à rameaux jamais pendants; fruit d'une saveur douce . . . . *C. avium* Mœnch (C. des oiseaux).
(*Prunus avium* L.).

Arbre à rameaux étalés, ord. pendants; fruit d'une saveur acide ou acidule. . † *C. vulgaris* Mill. (C. commun).
(*Prunus Cerasus* L.).

3 Fleurs en corymbes simples. *C. Mahaleb* Mill. (C. Mahaleb).
(*Prunus Mahaleb* L.).

Fleurs en longues grappes cylindriques. . . . . .
. . . . † *C. Padus* DC. (C. à grappes).
(*Prunus Padus* L.).

2. PRUNUS Tourn. — (Prunier).

Drupe globuleuse ou oblongue, succulente, ord. colorée, glabre *couverte d'une efflorescence glauque, plus rarement pubescente-veloutée*. Noyau oblong, plus rarement oblong-suborbiculaire, plus ou moins comprimé, *lisse ou à peine rugueux*, jamais sillonné. — *Feuilles roulées longitudinalement avant leur complet développement. Fleurs* blanches, *solitaires ou géminées*.

1 Fruit couvert d'une pubescence veloutée; pédicelle fructifère très court. † P. *Armeniaca* L. (P. Abricotier).
(*Armeniaca vulgaris* Lmk).

Fruit glabre, couvert d'une efflorescence glauque; pédicelle fructifère égalant ord. au moins la moitié de la longueur du fruit. 2

2 Arbrisseau très épineux; fruit dressé; bourgeons florifères
ord. uniflores. . . . *P. spinosa* L. (P. épineux).
Arbre ou arbrisseau non épineux ou à peine épineux;
fruit ord. penché; bourgeons florifères biflores, plus rarement uniflores 3

3 Jeunes rameaux pubescents-veloutés. . . . . . .
. . . . † *P. insititia* L. (P. enté).
Jeunes rameaux glabres 4

4 Pédicelles fructifères plus courts que le fruit; bourgeons
florifères ord. biflores. † *P. domestica* L. (P. domestique).
Pédicelles fructifères égalant environ la longueur du fruit;
bourgeons florifères ord. uniflores. . . . . . .
. . . . † *P. cerasifera*. Ehrh. (P. Cerise).

† 3. AMYGDALUS L. — (AMANDIER).

Drupe globuleuse ou oblongue-comprimée, succulente ou
charnue-coriace, colorée ou verte à la maturité, *ord. pubescente-
veloutée*. *Noyau* oblong ou ovoïde, plus ou moins comprimé,
marqué de sillons irréguliers ou de fissures étroites. — Fleurs
blanches ou roses, solitaires ou géminées.

Fruit charnu-coriace; noyau oblong, marqué de fissures
étroites . . . . † *A. communis* L. (A. commun).
Fruit très succulent; noyau ovoïde, creusé d'anfractuosités
profondes . . . . † *A.' Persica* L. (A. Pêcher).
(*Persica vulgaris* Mill.).

XXXII. ROSACÉES (Juss.).

Fleurs hermaphrodites, *régulières*. — Calice non soudé
avec l'ovaire, persistant, très rarement marcescent, à 5
rarement 4 sépales soudés seulement dans leur partie inférieure ou soudés en tube dans une étendue variable, à préfloraison valvaire; sépales souvent munis de stipules qui
se soudent deux à deux et forment par leur réunion un
calicule dont les divisions alternent avec celles du calice.—
Corolle à 5 rarement 4 pétales libres, caducs, insérés sur un
disque plus ou moins épais au niveau de la base des divisions

du calice, à préfloraison imbriquée. — *Étamines* ord. *en nombre indéfini*, libres, insérées avec les pétales. — Styles en nombre égal à celui des carpelles, latéraux, plus rarement terminaux, libres, rarement agglutinés en colonne; stigmates ord. indivis. — *Fruit libre, composé de carpelles libres entre eux*, en nombre indéfini, plus rarement peu nombreux ou réduits au nombre de 1-2; carpelles secs ou drupacés, monospermes indéhiscents, très rarement polyspermes déhiscents, ord. disposés en capitule sur un réceptacle hémisphérique ou conique, plus rarement disposés en un seul verticille, ou renfermés dans le tube du calice charnu ou ligneux. — Graines suspendues ou dressées, dépourvues de périsperme. Embryon droit. Radicule dirigée vers le hile.

Plantes annuelles ou vivaces, ou arbrisseaux souvent munis d'aiguillons. Feuilles alternes, pinnatiséquées ou palmatiséquées, plus rarement indivises-dentées; *stipules* ord. *plus ou moins longuement soudées au pétiole*, ord. foliacées. Inflorescence très variable, fleurs quelquefois disposées en cymes plus ou moins régulières ou en corymbes.

La plupart des plantes de la famille des *Rosacées* renferment un principe astringent, auquel se joint chez quelques espèces un principe résineux et une huile volatile. La racine du *Spiræa Ulmaria* (Reine-des-prés, Ulmaire) a été recommandée comme vermifuge, celle du *S. Filipendula* est amère et aromatique. L'infusion dè feuilles de Ronce (*Rubus fruticosus*) constitue un gargarisme légèrement astringent; les fruits de Ronce (Mûres), d'abord acidules, sont d'une saveur douceâtre sucrée à la maturité. La racine du *Geum urbanum* (Benoîte) était autrefois très usitée comme médicament astringent, tonique et fébrifuge; la racine du *G. rivale* présente les mêmes propriétés. La racine du *Potentilla Tormentilla* (Tormentille) et celle du *Fragaria Vesca* (Fraisier) sont riches en acide tannique. Les *Potentilla Anserina* (Argentine) et *reptans* (Quintefeuille), et le *Comarum palustre* ont une action moins prononcée et sont aujourd'hui peu usités. L'*Agrimonia Eupatoria* (Aigremoine) est amère-astringente et légèrement aromatique. Les pétales du *Rosa Gallica* (Rose-de-Provins), infusés dans l'eau ou dans le

7.

vin rouge, servent à préparer des injections astringentes ; infusés dans le vinaigre, ils fournissent le *vinaigre rosat*, employé en gargarisme dans les cas d'angines chroniques ; les infusions de pétales dans le vin ou l'eau-de-vie, sont employées à faire des lotions excitantes pour favoriser la cicatrisation des ulcères. Avec les calices fructifères des Rosiers on prépare la conserve de *cynorrhodon* dont on fait usage dans la diarrhée chronique et les affections qui réclament l'emploi de la médication astringente. — Le Framboisier (*Rubus Idæus*) et les Fraisiers sont cultivés pour l'excellence de leurs fruits, et les nombreuses variétés de Rosiers font l'ornement de tous les jardins.

1 Carpelles renfermés dans le tube du calice. 2
　Carpelles ord. disposés sur un réceptacle conique ou hémi-
　　sphérique, jamais renfermés dans le tube du calice. . 3

2 Carpelles 1-2 ; tube du calice presque ligneux, chargé
　　d'épines crochues. . . . . . . AGRIMONIA. (8).
　Carpelles nombreux ; tube du calice charnu à la maturité.
　　. . . . . ROSA. (7).

3 Carpelles peu nombreux, déhiscents par le bord interne,
　　disposés en un seul verticille . . . . SPIRÆA. (1).
　Carpelles nombreux, indéhiscents, disposés sur un ré-
　　ceptacle conique ou hémisphérique. 4

4 Calice dépourvu de calicule ; carpelles succulents. . .
　　. . . . . RUBUS. (2).
　Calice muni d'un calicule ; carpelles secs 5

5 Style terminal, genouillé, s'accroissant après la floraison.
　　. . . . . GEUM. (3).
　Style latéral ou presque basilaire, marcescent. . . . 6

6 Réceptacle charnu-succulent, caduc à la maturité ; fleurs
　　blanches. . . . . FRAGARIA. (4).
　Réceptacle sec ou spongieux, persistant ; fleurs jaunes,
　　plus rarement blanches ou pourpres 7

7 Réceptacle spongieux ; pétales aigus, pourpres. . . .
　　. . . . . .COMARUM. (5).
　Réceptacle sec ; pétales arrondis ou échancrés au som-
　　met, jaunes, plus rarement blancs. . POTENTILLA. (6).

TRIBU I. **Spirææ.** — Étamines en nombre indéfini. *Carpelles* peu nombreux, *disposés en un seul verticille,* *secs, déhiscents* par le bord interne, *2-6-spermes.*

1. SPIRÆA L. — (SPIRÉE).

Calice à 5 divisions, dépourvu de calicule. Styles terminaux marcescents. — Plantes herbacées ou ligneuses. Feuilles entières, dentées, lobées, pinnatipartites ou pinnatiséquées. Fleurs blanches ou rosées, disposées en corymbes multiflores, quelquefois en panicules spiciformes.

1 Plante ligneuse ; feuilles entières, crénelées ou lobées .
. . † S. *hypericifolia* L. (S. à feuilles de Millepertuis).
Plante herbacée ; feuilles pinnatiséquées. 2

2 Carpelles pubescents, non contournés en spirale ; feuilles à segment terminal de même grandeur que les segments latéraux. . . . . S. *Filipendula* L. (S. Filipendule).
Carpelles glabres, contournés en spirale ; feuilles à segment terminal très grand 3-5-lobé. . . . . . .
. . . . S. *Ulmaria* L. (S. Ulmaire).

TRIBU II. **Potentilleæ.** — Étamines en nombre indéfini. *Carpelles* nombreux, *monospermes,* indéhiscents, secs ou drupacés, *disposés sur un réceptacle hémisphérique ou conique,* sec ou charnu.

2. RUBUS L. — (RONCE).

Calice à 5 divisions, *dépourvu de calicule. Carpelles drupacés succulents,* groupés en un fruit bacciforme sur un réceptacle conique, charnu, persistant. — *Tiges* ligneuses sarmenteuses, très rarement herbacées, *munies d'aiguillons.* Feuilles palmatiséquées, plus rarement pinnatiséquées, à 5 plus rarement 3-7 folioles. Fleurs blanches ou rosées, disposées en panicules axillaires ou terminales pauciflores ou multiflores.

1 Feuilles pinnatiséquées ; fruit pubescent. . . . . .
. . . . *R. Idœus* L. (R. Framboisier).
Feuilles palmatiséquées ; fruit glabre 2

2 Tiges herbacées ; stipules naissant de la tige ; fruit rouge
luisant. . . . . * *R. saxatilis* L. (R. des rochers).
Tiges frutescentes ; stipules naissant des pétioles ; fruit
noir à la maturité, quelquefois couvert d'une efflorescence
glauque. 3

3 Calice dressé après la floraison ; fruit ord. couvert d'une
efflorescence glauque. 4
Calice étalé après la floraison ; fruit luisant. 5

4 . . . . *R. cœsius* L. (R. bleue).
Fruit couvert d'une efflorescence glauque, à carpelles peu
nombreux inégalement développés
. . . . var. *vulgaris* (var. commune).
Fruit luisant, à carpelles assez nombreux presque égaux.
. . . . * var. *dumetorum* (var. des buissons).
(*R. dumetorum* Wcihe et Nees).

5 . . . . *R. fruticosus* L. (R. frutescente).
Folioles à face inférieure couverte d'une pubescence apprimée, blanche ou cendrée. var. *discolor* (var. discolore).
Folioles tomenteuses-cendrées sur les deux faces. . .
. . . . * var. *tomentosus* (var. tomenteuse).
Folioles vertes sur les deux faces ; rameaux pubescents
ou tomenteux. var. *corylifolius* (var. à feuilles de Coudrier).
Folioles vertes sur les deux faces ; rameaux couverts de
poils glanduleux rougeâtres
. . . . var. *glandulosus* (var. glanduleuse).

3. GEUM L. — (BENOÎTE).

Calice à 5 divisions , *muni d'un calicule à 5 divisions.
Styles s'accroissant longuement après la floraison, genouillés
dans leur partie supérieure*, à article terminal caduc. *Carpelles secs*, poilus, groupés en une tête globuleuse sur un
réceptacle cylindrique, sec, hérissé , persistant. — Plantes
herbacées. Feuilles radicales pinnatiséquées ; les caulinaires triséquées ou trilobées. Fleurs jaunes ou d'un jaune
rougeâtre.

1 Capitule des carpelles longuement stipité au-dessus du
    fond du calice ; pétales tronqués au sommet . . . . .
    . . . . * *G. rivale* L. (B. des ruisseaux).
    Capitule des carpelles sessile au fond du calice ; pétales
    arrondis au sommet. 2

2 Calice coloré, à divisions étalées après la floraison ; article
    terminal du style hérissé de longs poils à sa partie in-
    férieure. . * *G. intermedium* Ehrh. (B. intermédiaire).
    Calice herbacé, à divisions réfractées après la floraison ;
    article terminal du style glabre ou glabrescent . . .
    . . . . *G. urbanum* L. (B. commune).

4. FRAGARIA L. — (FRAISIER).

' *Calice* à 5 divisions, *muni d'un calicule* à 5 divisions.
Styles marcescents. *Carpelles secs*, espacés sur un *réceptacle* ovoïde, *très développé, charnu-succulent,* glabre, *caduc*
à la maturité. — Plantes herbacées, émettant des stolons
aériens filiformes radicants. Feuilles la plupart radicales, à
trois folioles. Fleurs blanches. Fruits rouges, plus rarement
blancs.

1 Calice étalé à la maturité du fruit 2
    Calice appliqué sur le fruit 3

2 Pédicelles couverts de poils dressés ou apprimés ; étamines
    égalant l'ovaire. . . . *F. Vesca* L. (F. de table).
    Pédicelles couverts de poils étalés ; fleurs souvent stériles
    par avortement et alors à étamines environ une fois plus
    longues que l'ovaire . . * *F. elatior* Ehrh. (F. élevé).
        (*F. magna* Thuill.; *F. Vesca* var. *elatior* Fl. Par. éd. 1).

3 Feuilles à foliole moyenne subsessile ; fleurs quelquefois
    stériles par avortement et alors à étamines environ une
    fois plus longues que l'ovaire. . . . .
    . . . . . . * *F. collina* Ehrh. (F. des collines).
    Feuilles à foliole moyenne assez longuement pétiolulée ;
    étamines égalant l'ovaire. . . . .
    . * *F. Hagenbachiana* Lang in Koch (F. de Hagenbach).

5. COMARUM L. — (COMARET).

Calice à 5 divisions, *muni d'un calicule* à 5 divisions.

Pétales oblongs, aigus. Styles marcescents. Carpelles secs,
disposés sur un *réceptacle* hémisphérique, *spongieux,* velu,
persistant. — Plante herbacée, à partie inférieure presque
ligneuse. Feuilles pinnatiséquées.
  Fleurs d'un pourpre foncé. * *C. palustre* L. (C. des marais).

6. POTENTILLA L. — (POTENTILLE).

Calice à 5 plus rarement 4 divisions, *muni d'un calicule*
à 5 plus rarement 4 divisions. *Pétales* obovales, *arrondis
ou émarginés.* Styles caducs. *Carpelles secs,* disposés sur
un *réceptacle* convexe, *sec,* pubescent ou hérissé, *persistant.* — Plantes herbacées, quelquefois sous-frutescentes à
la base. Feuilles pinnatiséquées ou palmatiséquées. Fleurs
jaunes, plus rarement blanches.

1 Fleurs blanches. 2
  Fleurs jaunes 3

2 Folioles dentées dans leur moitié supérieure, à dents nom-
    breuses ; pétales dépassant à peine le calice . . . .
    . . . . *P. Fragaria* Poir. (P. Fraisier).
                      (*Fragaria sterilis* L.).
  Folioles dentées seulement au sommet, à 5-7 dents ; pétales
    environ une fois plus longs que le calice. . . . .
    . . . . . .* *P. Vaillantii* Nestl. (P. de Vaillant).

3 Feuilles pinnatiséquées 4
  Feuilles palmatiséquées 6

4 Pétales beaucoup plus longs que le calice ; tiges grêles
    presque filiformes, couchées, radicantes au niveau des
    nœuds dans toute leur longueur . . . . . .
    . . . . *P. Anserina* L. (P. Ansérine).
  Pétales plus courts que le calice ou l'égalant environ ;
    tiges jamais radicantes 5

5 Plante vivace ; tiges robustes dressées ; folioles presque
    tomenteuses à la face inférieure. . . . . . .
    . . . . . † *P. Pensylvanica* L. (P. de Pensylvanie).
  Plante annuelle ; tiges étalées ou ascendantes diffuses ;
    folioles légèrement pubescentes. . . . . . .
    . . . . * *P. supina* L. (P. couchée).

6 Tiges grêles presque filiformes, couchées, radicantes au
   niveau des nœuds dans toute leur longueur . . . .
   . . . . *P. reptans* L. (P. rampante).
   Tiges dressées ou ascendantes au moins au sommet, jamais
   radicantes dans toute leur longueur 7

7 Folioles blanches-tomenteuses à la face inférieure. . .
   . . . . *P. argentea* L. (P. argentée).
   Folioles vertes sur les deux faces, pubescentes surtout à
   la face inférieure. 8

8 Tige robuste, dressée, terminant la souche ou les ramifications de la souche . . † *P. recta* L. (P. droite).
   Tiges étalées, diffuses ou ascendantes, naissant à l'aisselle
   des feuilles inférieures d'une rosette stérile qui termine
   la souche ou ses ramifications 9

9 Souche très rameuse ; tiges flexueuses couchées, ascendantes seulement au sommet ; feuilles à 5-7 plus rarement 3 folioles ; calice et calicule à 5 divisions . . .
   . . . . *P. verna* L. (P. printanière).
   Souche épaisse, assez courte, presque ligneuse, ord.
   simple ; tiges étalées-diffuses ou ascendantes ; feuilles à
   3 plus rarement 5 folioles ; calice et calicule à 4 rarement 5 divisions 10

10 . . . . . *P. Tormentilla* Sibth. (P. Tormentille).
   Feuilles caulinaires sessiles ou subsessiles ; carpelles
   presque lisses . . . . . var. *vulgaris* (var. commune).
   Feuilles caulinaires toutes ou la plupart pétiolées ; carpelles ruguleux. . . . . * var. *mixta* (var. mixte).
     (*P. mixta* Nolte ; *P. Tormentilla* var. *umbrosa* Fl. Par. éd. 1).

TRIBU III. **Roseæ.** — Étamines en nombre indéfini.
Carpelles nombreux, monospermes, secs, indéhiscents,
renfermés dans le tube du calice qui s'accroît beaucoup
après la floraison et *devient charnu à la maturité*.

7. ROSA L. — (Rosier).

Calice dépourvu de calicule, *à tube* urcéolé étranglé au
sommet *s'accroissant beaucoup après la floraison devenant
charnu à la maturité*, à limbe à 5 divisions pinnatipartites

plus rarement entières. Corolle à préfloraison imbriquée-
contournée. Styles libres ou soudés en colonne dans leur
partie supérieure. Carpelles nombreux, osseux, de forme
irrégulière, couverts de poils roides, insérés sur les parois
du tube du calice. — Arbrisseaux munis d'aiguillons.
Feuilles pinnatiséquées, à stipules soudées au pétiole. Fleurs
grandes, roses ou blanches, rarement pourpres ou jaunes.

1 Styles soudés en une colonne cylindrique qui atteint la
   hauteur des étamines. *R. arvensis* L. (R. des champs).
   Styles libres, rarement agglutinés, plus courts que les
   étamines 2

2 Fleurs d'un beau jaune.   † *R. Eglanteria* L. (R. jaune).
   Fleurs blanches, roses ou purpurines 3

3 Fleurs très grandes, d'un rouge pourpre; aiguillons des
   tiges entremêlés de soies glanduleuses ou spinescentes.
   . . . . † *R. Gallica* L. (R. de France).
   Fleurs blanches ou roses; aiguillons des tiges jamais
   entremêlés de soies glanduleuses ou spinescentes. . . 4

4 Aiguillons des tiges la plupart robustes, comprimés, élargis
   à la base, arqués, plus rarement droits. 5
   Aiguillons des tiges grêles, subulés ou sétacés, droits.   8

5 Aiguillons des tiges la plupart presque droits; feuilles tomenteuses-cendrées sur les deux faces . . . . .
   . . . . . . * *R. tomentosa* Sm. (R. tomenteux).
   Aiguillons des tiges la plupart fortement arqués; feuilles
   glabres ou glanduleuses, quelquefois pubescentes, jamais tomenteuses-cendrées sur les deux faces. . . 6

6 Aiguillons des tiges inégaux; folioles à dents supérieures
   non conniventes. . . . *R. rubiginosa* L. (R. rouillé).
   Aiguillons des tiges presque égaux; folioles à dents supérieures conniventes 7

7 . . . . *R. canina* L. (R. canin).
   Feuilles glabres; pédicelles glabres. . . . . . .
   . . . . var. *vulgaris* (var. commune).
   Feuilles glabres; pédicelles hérissés de soies glanduleuses. . . . . var. *Andegavensis* (var. d'Angers).
                    (*R. Andegavensis* Bast.).

Feuilles à pétiole velu ou pubescent, à folioles pubescentes en dessous. var. *dumetorum* (*var.* des buissons).
(*R. dumetorum* Thuill.).

Feuilles à pétiole et à folioles glanduleuses . . . .
. . . . var. *sepium* (*var.* des haies).
(*R. sepium* Thuill.).

8 Fleurs blanches ou blanchâtres ; fruits d'un rouge brun .
. . *R. pimpinellifolia* L. (R. à feuilles de l'Pimprenelle).
Fleurs roses ; fruits d'un rouge orangé . . . . . .
. . . . . . † *R. cinnamomea* L. (R. Cannelle).

TRIBU IV. Agrimonieæ. — Étamines 12-20. *Carpelles 1-2, monospermes, secs, indéhiscents, renfermés
dans le tube du calice qui devient presque ligneux à la
maturité.*

8 AGRIMONIA L. — (AIGREMOINE).

Calice dépourvu de calicule, turbiné, *à tube* herbacé *devenant presque ligneux à la maturité*, offrant 10 cannelures
saillantes, *hérissé au sommet d'épines subulées crochues*, à
5 divisions conniventes après la floraison. Carpelles 1-2,
renfermés dans le tube du calice. — Plante herbacée.
Feuilles pinnatiséquées. Fleurs assez petites, jaunes, disposées en grappes terminales.

. . . . *A. Eupatoria* L. (A. Eupatoire).
Calice fructifère à tube obconique ord. profondément
sillonné jusqu'à la base, ne renfermant ord. qu'un akène.
. . . . var. *vulgaris* (*var.* commune).
Plante ord. plus vigoureuse. Calice fructifère plus gros,
à tube ord. campanulé-hémisphérique, ord. obscurément
sillonné ou sillonné seulement vers sa partie moyenne,
renfermant ord. 2 akènes. * var. *odorata* (*var.* odorante).
(*A. odorata* Mill.; Thuill.).

XXXIII. POMACÉES (Juss.).

Fleurs hermaphrodites, *régulières*. — Calice à 5 sépales
soudés en tube, à tube soudé avec l'ovaire, à limbe 5-par-

tit, à divisions persistantes, marcescentes ou caduques, à préfloraison valvaire. — Corolle à 5 pétales insérés sur un disque mince à la gorge du calice, libres, caducs, à préfloraison imbriquée. — *Étamines 15-30*, insérées avec les pétales à la gorge du calice, libres. — Styles 5, ou 1-4 par avortement, libres ou plus ou moins soudés à la base ; stigmates indivis. — *Fruit soudé avec le calice, à 5 carpelles, ou moins par avortement*, couronné par le limbe du calice ou par la cicatrice ombiliquée qui résulte de sa destruction, charnu ou pulpeux, à partie charnue constituée extérieurement par le tube du calice très développé, à 5 loges, ou à 1-4 oges par avortement ; loges dispermes, ou monospermes par avortement, rarement polyspermes ; endocarpe membraneux ou cartilagineux entr'ouvert au côté interne des loges, ou osseux partagé en loges indéhiscentes libres entre elles à la maturité (noyaux, nucules). — Graines insérées à l'angle interne des loges, ascendantes, rarement presque horizontales, dépourvues de périsperme. Embryon droit. Radicule dirigée vers le hile.

Arbres ou arbrisseaux, à ramuscules quelquefois spinescents, à bourgeons écailleux. Feuilles éparses souvent rapprochées en fascicules, simples, dentées, lobées ou pinnatiséquées ; *stipules libres*, caduques, rarement persistantes. Fleurs solitaires, disposées en fascicules ombelliformes, en grappes pauciflores, ou en corymbes composés, s'épanouissant souvent avant le développement des feuilles.

Les fruits de plusieurs espèces de *Pomacées*, d'une saveur âpre à l'état sauvage, sont devenus, par une culture qui date de la plus haute antiquité, des plus utiles et des meilleurs de nos vergers ; ils contiennent tous de l'acide malique, de la pectine, du sucre de raisin, etc. Nous nous bornerons à mentionner la Nèfle, la Sorbe ou Corme (fruit du *Sorbus domestica*), l'Alise (fruit du *Sorbus torminalis*), le Coing, et surtout la Poire et la Pomme dont les nombreuses variétés et les divers usages alimentaires sont connus de tout le monde. La Poire ne passe à la fermentation acide qu'après avoir subi un premier degré de fermentation qui la rend molle ou blette ; il en est de même

de la Nèfle, de la Sorbe et de l'Alise que l'on ne mange qu'à
cet état ; la Pomme et le Coing passent au contraire sans tran-
sition à la fermentation acide. Le cidre est produit par la fermentation du suc exprimé des pommes ou des poires ; on peut
également préparer une boisson fermentée avec les sorbes. Le
Coing, dont la saveur est âpre, même à la maturité, n'est pas ordinairement mangé cru, mais on en prépare des marmelades, des
gelées et des pâtes très recherchées ; le sirop de coing est fréquemment employé en médecine pour édulcorer les boissons
administrées dans les diarrhées chroniques ; par la décoction des
graines de coing dans l'eau on obtient un mucilage qui entre dans
la composition de collyres adoucissants et qui sert souvent dans
la toilette des dames pour lisser les cheveux. — Le bois du Poi-
rier et de plusieurs autres espèces de la famille des Pomacées
est fréquemment employé dans l'ébénisterie ou pour la gravure sur
bois en raison de sa dureté et de la finesse de son grain. — Les
jardins et les parcs empruntent à la famille des Pomacées plusieurs
arbres ou arbrisseaux d'ornement, parmi lesquels nous nous bornerons à citer le Buisson-ardent (*Cratægus Pyracantha*), le
Sorbier-des-oiseleurs (*Sorbus aucuparia*), le *S. hybrida*, et surtout l'Aubépine (*Cratægus oxyacantha*) à fleurs blanches ou
roses, etc.

1 Fruit à endocarpe osseux (fruit à noyaux). 2
   Fruit à endocarpe mince, quelquefois cartilagineux, jamais
   osseux (fruit à pepins) 3
2 Calice à divisions presque foliacées ; fruit à 5 noyaux. .
   . . . . MESPILUS. (1).
   Calice à lobes courts, marcescents ; fruit à 1 rarement 2-3
   noyaux. . . . . CRATÆGUS. (2).
3 Pétales lancéolés ; loges partagées chacune en deux loges
   secondaires incomplètes. . . . AMELANCHIER. (3).
   Pétales suborbiculaires; loges non subdivisées. . . . 4
4 Fruit pubescent-cotonneux, à loges contenant 10-15
   graines. . . . . CYDONIA. (3 *bis*).
   Fruit glabre au moins à la maturité, à loges dispermes ou
   monospermes par avortement 5
5 Fleurs disposées en corymbes rameux multiflores. . .
   . . . . SORBUS. (6).
   Fleurs disposées en fascicules ombelliformes 6

6 Fruit non ombiliqué à la base, à endocarpe membraneux.
. . . . .PYRUS. (4).
Fruit profondément ombiliqué à l'insertion du pédicelle, à
endocarpe parcheminé-cartilagineux . . MALUS. (5).

TRIBU I. — Fruit à endocarpe osseux (fruit à noyaux).

1. MESPILUS L. — (NÉFLIER).

Calice à limbe 5-partit, à divisions presque foliacées.
Fruit subglobuleux-turbiné, *couronné par les divisions très
développées du calice, à partie supérieure* non soudée avec
le calice *formant une large surface disciforme* qui présente
5 saillies correspondant aux loges, à 5 noyaux osseux
monospermes par avortement. — Arbre ou arbrisseau
épineux. Feuilles à peine dentées ; stipules caduques.
Fleurs blanches, subsessiles, ord. *solitaires.*

Fruit d'un brun rougeâtre. . . . .
. . . . *M. Germanica* L. (N. d'Allemagne).

2. CRATÆGUS L. — (AUBÉPINE).

Calice à limbe 5-lobé, à lobes courts. *Fruit subglobuleux
ou oblong-subglobuleux, couronné par les lobes marcescents
du calice, à partie supérieure* libre très étroite *rétrécie en
ombilic,* à 1 plus rarement 2-5 noyaux osseux monospermes
par avortement. — Arbrisseau épineux. Feuilles plus ou
moins profondément lobées ou incisées ; stipules foliacées,
ord. persistantes. *Fleurs* odorantes, blanches ou roses, pédicellées, disposées *en corymbe rameux.*

Fruit petit, rouge. . *C. oxyacantha* L. (A. commune).
Feuilles ord. profondément pinnatipartites ; calice florifère
pubescent ou velu ; fruit ord. oblong subglobuleux à un seul
noyau . . . . var. *monogyna* (*var.* à un seul carpelle).
(*C. monogyna* Jacq.; *C. oxyacantha* var. *vulgaris* Fl. Par. éd. 1).
Feuilles lobées à lobes assez larges; calice glabre ; fruit
subglobuleux ord. plus gros, à 1-2 rarement 3 noyaux . .
. . . . var. *oxyacanthoides* (*var.* Fausse-Aubépine).
(*C. oxyacantha* L.; *C. oxyacanthoides* Thuill.; *C. oxyacantha*
var. *oxyacanthoides* Fl. Par. éd. 1).

TRIBU II. — Fruit à endocarpe mince, quelquefois cartilagineux, jamais osseux (fruit à pepins).

3. AMELANCHIER Mœnch. — (AMÉLANCHIER).

Calice à limbe 5-lobé. *Pétales lancéolés. Fruit* subglobuleux, couronné par les lobes persistants du calice, à endocarpe cartilagineux , *à 5 loges* dispermes *partagées chacune
en deux loges incomplètes* par la saillie de la nervure
moyenne du carpelle. — Arbrisseau non épineux. Feuilles
oblongues–suborbiculaires , dentées. Fleurs blanches , disposées en grappes pauciflores.

Fruit petit, d'un noir bleuâtre. . . . .
. . . . *A. vulgaris* Mœnch (A. commun).
(*Mespilus Amelanchier* L.).

† CYDONIA Tourn. — (COGNASSIER).

Calice à limbe 5-partit, à divisions presque foliacées. Pétales
suborbiculaires. *Fruit* pubescent-cotonneux, pyriforme, ombiliqué au sommet et surmonté par le limbe persistant du calice, à
endocarpe membraneux, *à 5 loges contenant chacune 10-15
graines* presque horizontales *à testa entouré de mucilage.* —
Arbre non épineux. Feuilles entières. Fleurs blanches ou d'un
blanc rosé, solitaires.

Fruit très gros, jaune. † *C. vulgaris* Pers. (C. commun).
(*Pyrus Cydonia* L.).

4. PYRUS Tourn. — (POIRIER).

Calice à limbe 5-fide. Pétales suborbiculaires. *Fruit*
obovoïde ou turbiné, plus rarement subglobuleux, *non
ombiliqué à la base* , ombiliqué au sommet et surmonté par
le limbe marcescent du calice , *à endocarpe membraneux*
jamais cartilagineux, *à 5 loges dispermes* plus rarement
monospermes par avortement. — Arbre à ramuscules stériles spinescents à l'état spontané. Feuilles indivises, dentées. *Fleurs* blanches, *disposées en fascicules ombelliformes.*

Feuilles à pétioles égalant environ la longueur du limbe,
à limbe glabre et luisant à l'état adulte . . . . . .
. . . . *P. communis* L. (P. commun).

5. MALUS Tourn. — (POMMIER).

Calice à limbe 5-fide. Pétales suborbiculaires. *Fruit* sub-globuleux plus ou moins déprimé, *profondément ombiliqué à l'insertion du pédicelle*, ombiliqué au sommet et surmonté par le limbe persistant ou marcescent du calice, à *endocarpe parcheminé-cartilagineux*, à *5 loges dispermes* plus rarement monospermes par avortement. — Arbres à ramuscules stériles spinescents à l'état spontané. Feuilles indivises dentées. *Fleurs* d'un blanc rosé, *disposées en fascicules ombelliformes.*

Fleurs assez grandes, à pédicelle court. . . . .
. . . .*M. communis* Lmk (P. commun).
(*Pyrus Malus* L.).
Feuilles vertes en dessous, d'abord pubescentes, puis glabres ; bourgeons velus non tomenteux ; pédicelles glabres ou pubescents ainsi que le tube du calice ; fruit très acerbe.
. . . . var. *acerba* (*var.* à fruit acerbe).
(*M. acerba* Mérat ; *M. communis* var. *glabra* Fl. Par. éd. 1).
Feuilles blanches-tomenteuses en dessous même à l'état adulte ; bourgeons cotonneux ; pédicelles pubescents-tomenteux ainsi que le calice ; fruit à saveur douce . . . .
. . . . † var. *mitis* (*var.* à fruit doux).
(*Pyrus Malus mitis* Wallr.; *M. communis* var. *tomentosa*
Fl. Par. éd. 1).

6. SORBUS L. — (SORBIER).

Calice à limbe 5-fide. Pétales suborbiculaires. *Fruit* globuleux ou turbiné, *non ombiliqué à la base*, ombiliqué au sommet et surmonté par le limbe marcescent ou persistant du calice, à endocarpe membraneux ou parcheminé, *à 2-4 loges* ord. très inégalement développées, *ord. monospermes par avortement, plus rarement à 5 loges* régulières.— Arbres non épineux. *Feuilles lobées ou pinnatiséquées*, plus rarement sublobées-dentées. *Fleurs* blanches, assez petites, *disposées en corymbes rameux multiflores.*

1 Feuilles pinnatiséquées. 2
 Feuilles lobées ou dentées. 3

2 Bourgeons glabres glutineux ; fruit turbiné, verdâtre ou
  rougeâtre devenant brun. . . . .
  . . . . *S. domestica L. (S. domestique).
  Bourgeons tomenteux-blanchâtres ; fruit globuleux, d'un
  rouge écarlate. . *S. aucuparia L. (S. des oiseleurs).
3 Feuilles glabres luisantes à l'état adulte . . . . .
  . . . . S. torminalis Crantz (S. Alisier).
                        (Cratægus torminalis L.).
  Feuilles tomenteuses en dessous même à l'état adulte. . 4
4 Lobes décroissant de la base de la feuille vers son sommet.
  . . . . . * S. latifolia Pers. (S. à larges feuilles).
                        (Cratægus latifolia Lmk).
  Lobes souvent très peu marqués décroissant du sommet de
  la feuille vers sa base. * S. Aria Crantz (S. Alouchier).
                        (Cratægus Aria L.).

XXXIV. ONAGRARIÉES (Juss.).

Fleurs hermaphrodites, régulières ou un peu irrégulières.
— *Calice* gamosépale, à tube soudé avec l'ovaire et souvent
prolongé au-dessus de lui, à limbe 4-partit ou 4-denté
caduc ou persistant, *à préfloraison valvaire.* — Corolle à
4 pétales insérés sur un disque plus ou moins distinct au
sommet du tube du calice, à préfloraison imbriquée-contournée, rarement nulle. — *Étamines 8, rarement 4,* insérées avec les pétales au sommet du tube du calice. —
Styles soudés en un style filiforme ; stigmates 4, étalés, ou
rapprochés en massue. — *Fruit soudé avec le tube du
calice,* à 4 carpelles, *capsulaire, 4-loculaire, à loges polyspermes, à déhiscence loculicide,* à 4 valves. — Graines
insérées à l'angle interne des loges, ascendantes ou pendantes, à testa souvent divisé en aigrette au niveau de la
chalaze. Périsperme nul. Embryon droit. Radicule dirigée
vers le hile.

Plantes vivaces, herbacées ou sous-frutescentes à la base.
Feuilles opposées ou alternes, simples, entières ou dentées ; sti-

pules nulles. Fleurs axillaires solitaires, quelquefois disposées en grappes terminales nues ou feuillées.

Les *Onagrariées* indigènes en Europe ne sont douées d'aucune propriété active. Le suc des *Epilobium* est légèrement astringent. — Les racines des diverses espèces du genre *Œnothera* (Onagre) sont, dit-on, comestibles, mais on n'en fait pas usage en France. — Plusieurs jolies espèces d'Onagres embellissent nos parterres. Le genre *Fuchsia*, dont les nombreuses espèces font l'ornement de nos serres tempérées, appartient à la famille des Onagrariées.

1 Pétales nuls ; étamines 4 . . . . .ISNARDIA. (3).
   Pétales 4 ; étamines 8. 2

2 Graines nues ; corolle jaune . . . . . ŒNOTHERA. (2).
   Graines terminées par une aigrette soyeuse ; corolle jamais
   jaune . . . . EPILOBIUM. (1).

1. EPILOBIUM L. — (ÉPILOBE).

Calice à limbe 4-partit *caduc* après la floraison, à tube très long tétragone soudé avec l'ovaire qu'il dépasse un peu. *Pétales 4.* Étamines 8, dressées ou réfléchies. Style filiforme ; stigmates 4, étalés en croix ou rapprochés en massue. Capsule linéaire-siliquiforme, s'ouvrant du sommet à la base en 4 valves. *Graines* ord. chagrinées tuberculeuses, *terminées par une aigrette soyeuse.* — Fleurs roses ou purpurines.

1 Étamines et style réfléchis-arqués ; souche épaisse, n'émettant pas de stolons. . * *E. spicatum* Lmk (É. en épi).
   Étamines et style dressés ; souche grêle ou peu épaisse, émettant souvent dans les lieux humides des stolons grêles plus ou moins allongés 2

2 Stigmates étalés en croix. 3
   Stigmates rapprochés en massue. 6

3 Fleurs grandes ; calice à divisions fortement mucronées, à mucrons réunis en une pointe qui surmonte le bouton.
   . . . .*E. hirsutum* L. (É. hérissé).
   Fleurs assez petites ; calice à divisions mutiques ou à peine mucronulées ; boutons obtus. 4

4 Tige velue ; feuilles oblongues-lancéolées, lâchement denticulées. . . . *E. molle* Lmk (É. à feuilles molles).
   Tige glabrescente ; feuilles ord. ovales-aiguës , fortement
   dentées. 5

5 . . . . . *E. montanum* L. (É. des montagnes).
   Feuilles assez amples, la plupart subsessiles. . . .
   . . . . var. *vulgare* (var. commune).
   Plante plus grêle, souvent très rameuse ; feuilles petites,
   oblongues, la plupart pétiolées . . . .
   . . . . var. *collinum* (var. des collines).

6 Tiges dépourvues de lignes saillantes ; graines à aigrette
   stipitée par un prolongement du testa. . . . . .
   . . . . * *E. palustre* L. (É. des marais).
   Tiges offrant 2-4 lignes saillantes ; graines à aigrette sessile 7

7 Feuilles toutes pétiolées, atténuées aux deux extrémités.
   . . . . * *E. roseum* Schreb. (É. rose).
   Feuilles sessiles ou subsessiles, à peine atténuées à la base. 8

8 . . . . *E. tetragonum* L. (É. tétragone).
   Souche émettant souvent au-dessous du collet des bouquets de feuilles presque sessiles, dépourvue de stolons
   filiformes ; tiges présentant 4 plus rarement 2 lignes sail·
   lantes ; feuilles lancéolées étroites, à dents rapprochées.
   . . . . var. *vulgare* (var. commune).
   (*E. obscurum* Rchb. non Schreb.; *E. Lamyi* F. Schultz).
   Souche émettant au-dessous du collet des stolons filiformes quelquefois très allongés ; tiges présentant 2 très
   rarement 4 lignes saillantes ; feuilles oblongues, lâchement denticulées. . * var. *obscurum* (var. douteuse).
   (*E. obscurum* Schreb.; *E. virgatum* Fries; *E. tetragonum*
           var. *virgatum* Fl. Par. éd. 1).

2. OENOTHERA L. — (ONAGRE).

Calice à limbe 4-partit , à divisions réfléchies , souvent
soudées entre elles plus ou moins irrégulièrement ; *à tube*
très long, presque cylindrique, *soudé avec l'ovaire qu'il dé-*
passe longuement, articulé au niveau du sommet de l'ovaire,
à article supérieur caduc après la floraison. *Pétales* 4. Étamines 8. Style filiforme ; stigmates 4, étalés en croix.

                                        8

Capsule coriace ou subligneuse, oblongue, subtétragone, s'ouvrant supérieurement par l'écartement des 4 valves. *Graines dépourvues d'aigrette.* — Fleurs jaunes.

Fleurs grandes, à pétales émarginés dépassant les étamines.
. . . . *OE. biennis* L. (O. bisannuelle).

3. ISNARDIA L. — (ISNARDIE).

Calice à limbe 4-denté, *persistant*, à tube campanulé, court, soudé avec l'ovaire qu'il ne dépasse pas. *Pétales nuls. Étamines 4*, opposées aux lobes du calice. Style filiforme; stigmate capité. Capsule courte, subtétragone, à 4 loges polyspermes, à déhiscence loculicide, à 4 valves. Graines dépouvues d'aigrette. — Plante aquatique, radicante, souvent nageante. Feuilles opposées. Fleurs herbacées.

Fleurs sessiles à l'aisselle des feuilles . . . . .
. . . . * *I. palustris* L. (I. des marais).

XXXV. CIRCÉACÉES (Lindl.).

Fleurs hermaphrodites, régulières. — Calice à tube soudé avec l'ovaire, à limbe 2-partit. — Corolle à *2 pétales*, insérés au sommet du tube du calice sur un disque assez développé, à préfloraison imbriquée. — *Étamines 2*, insérées avec les pétales au sommet du tube du calice. — Styles soudés en un style filiforme; stigmate subbilobé. — *Fruit soudé avec le tube du calice, à 2 carpelles*, sec, coriace, *indéhiscent, 2-loculaire à loges monospermes.* — Graines suspendues. Périsperme nul. Embryon droit.

Plantes vivaces, herbacées. Feuilles opposées, simples, plus ou moins dentées; stipules nulles. Fleurs disposées en grappes terminales.

Le *C. Lutetiana* (Herbe-aux-Sorcières) est doué de propriétés légèrement astringentes. La Circée des anciens paraît être une plante différente de notre *Circœa.*

1. CIRCÆA Tourn. — (CIRCÉE).

Fleurs blanches, souvent striées de rose, dépourvues de
bractées. . . . . *C. Lutetiana* L. (C. de Paris).

XXXVI. HALORAGÉES (R. Br.).

Fleurs régulières, souvent incomplètes, hermaphrodites,
ou unisexuelles monoïques. — Calice à tube soudé avec
l'ovaire, à limbe 4-partit ou presque nul. — Corolle à 4 pétales insérés sur un disque au sommet du tube du calice,
quelquefois nulle. — *Étamines en nombre égal à celui des
divisions du calice ou en nombre double*, insérées au sommet
du tube du calice. — *Style filiforme ou 4 stigmates sessiles.*
— *Fruit soudé avec le tube du calice, à 2-4 carpelles, sec*,
souvent presque ligneux, couronné ou entouré par le limbe
persistant du calice, 4-loculaire, ou uniloculaire par avortement, *à loges monospermes* indéhiscentes. — Graines insérées à l'angle interne des loges, suspendues. *Périsperme
mince* charnu, *ou nul.* Embryon cylindrique à cotylédons
égaux peu développés, ou subglobuleux à cotylédons très
inégaux, l'un d'eux constituant presque toute la masse de la
graine. Radicule dirigée vers le hile.

Plantes aquatiques, *submergées ou nageantes,* annuelles ou
vivaces, herbacées. Feuilles verticillées, plus rarement opposées,
toutes pinnatiséquées à segments capillaires (feuilles pectinées),
ou les supérieures indivises, quelquefois pétiolées nageantes rapprochées en rosette ; stipules nulles. Fleurs peu apparentes, axillaires solitaires, sessiles, plus rarement pédicellées, ord. disposées
en verticilles nus ou feuillés dans la partie supérieure de la tige
et des rameaux.

Le suc des *Myriophyllum* est aqueux et ne paraît doué d'aucune propriété. — Le *Trapa natans* (Cornuelle, Châtaigne d'eau,
Macre) a des fruits submergés dont la graine volumineuse
est douée de propriétés légèrement astringentes ; cette graine est
comestible, sa saveur se rapproche de celle de la châtaigne.

Stigmates 4, feuilles toutes pinnatiséquées ou les florales
squamiformes. . . . . . . MYRIOPHYLLUM. (1).
Style filiforme ; feuilles supérieures rhomboïdales dentées.
. . . . † TRAPA. (1 bis).

TRIBU I. **Myriophylleæ**. — Fleurs monoïques.
Étamines 8, plus rarement 4.Ovaire 4-loculaire. Stigmates 4, sessiles.

1. MYRIOPHYLLUM Vaill. — (MYRIOPHYLLE).

Calice à tube très court soudé avec l'ovaire ou dans les
fleurs mâles avec le rudiment de l'ovaire, à limbe quadri-
partit caduc. Pétales 4, ord. nuls dans les fleurs femelles.
Étamines 8, plus rarement 4. *Stigmates 4, sessiles*, très
gros, à papilles très saillantes. *Fruit composé de 4 coques
monospermes*, indéhiscentes, surmonté par les stigmates
persistants. *Embryon* cylindrique, *placé dans un périsperme
mince*. — Feuilles pinnatiséquées à segments capillaires,
les supérieures quelquefois à segments plus courts, les florales souvent squamiformes.

1 Fleurs toutes disposées en verticilles, naissant à l'aisselle
de feuilles florales pectinées qui dépassent plus ou moins
longuement les fleurs. *M. verticillatum* L. (M. verticillé).
Fleurs verticillées ou alternes, naissant, au moins les supérieures, à l'aisselle de feuilles florales réduites à l'état de
bractées indivises. 2

2 Fleurs femelles naissant à l'aisselle de feuilles semblables
aux feuilles caulinaires; fleurs mâles alternes, formant
un épi court courbé en hameçon avant l'épanouissement ;
fruit conique-tronqué. . . . .
. . . ⁂ *M. alterniflorum* DC. (M. à fleurs alternes).
Fleurs naissant toutes à l'aisselle de bractées indivises, et
disposées en verticilles espacés qui forment un épi effilé ;
fruit subglobuleux. . . *M. spicatum* L. (M. en épi).

TRIBU II. **Trapeæ**. — Fleurs hermaphrodites. Étamines 4. Ovaire biloculaire, devenant ensuite uniloculaire
par avortement. Style filiforme ; stigmate capité.

† TRAPA L. — (Macre, Cornuelle).

Calice à tube court soudé avec la base de l'ovaire ; à limbe 4-partit persistant, à divisions spinescentes s'accroissant après la floraison. Pétales 4. Étamines 4. *Style filiforme* ; stigmate capité. *Fruit* ligneux-subcorné, *offrant latéralement 4 épines* résultant du développement des divisions du calice, enveloppé supérieurement par le disque et terminé par la base développée du style, *uniloculaire* par la destruction de la cloison, *monosperme par avortement*. Graine à testa membraneux, dépourvue de périsperme. Cotylédons farineux, l'un formant presque toute la masse de la graine, l'autre rudimentaire, très petit, squamiforme, recouvrant la plumule.

Feuilles supérieures rhomboïdales, disposées en rosette nageante à pétioles dilatés en un renflement creux ; fleurs pédicellées. . . . † *T. natans* L. (M. nageante).

XXXVII. OMBELLIFÈRES (Juss.).

Fleurs hermaphrodites ou polygames, rarement dioïques par avortement, régulières ou à pétales inégaux. — Calice à 5 sépales soudés en tube, à tube soudé avec l'ovaire, à partie libre 5-dentée, 5-lobée, ou presque nulle. — Corolle insérée au sommet du tube du calice, à 5 pétales libres, caducs, à préfloraison imbriquée ou valvaire, entiers plans ou roulés en dedans, plus ord. émarginés ou obcordés par la réflexion en dedans d'un lobe moyen ou de la pointe du pétale, quelquefois bifides ou bipartits, les extérieurs souvent plus grands. — *Étamines 5*, insérées avec les pétales au sommet du tube du calice, libres. — *Styles 2*, ord. persistants, soudés à la base avec un disque bilobé qui couronne l'ovaire. Disque déprimé ou se prolongeant sur la partie inférieure des styles qui semblent alors s'élargir en une base conique (stylopode). Stigmates terminaux. — *Fruit* (diakène, polakène, crémocarpe) *soudé avec le calice*, sec, quelquefois surmonté des dents persistantes du calice, *composé de deux carpelles monospermes indéhiscents* (akènes, méricarpes) se séparant ord. à la maturité, suspendus au

8.

sommet d'une colonne centrale (columelle, carpophore)
constituée par deux prolongements de l'axe soudés entre
eux ou libres quelquefois adhérents aux carpelles. Carpelles à face commissurale plane, infléchie ou enroulée en
dedans, présentant chacun 5-9 côtes plus ou moins saillantes, quelquefois développées en ailes membraneuses ou
découpées en épines, plus rarement indistinctes ; les 5 côtes
principales (çôtes primaires) résultant du développement
des nervures moyennes des sépales et de la soudure de
leurs bords, et séparées par des intervalles (vallécules) ; les
4 autres côtes (côtes secondaires) placées entre les côtes
primaires, résultant du développement des nervures latérales des sépales, souvent indistinctes. Canaux résinifères
ord. colorés (bandelettes), développés dans l'épaisseur du
péricarpe, dirigés du sommet à la base des carpelles,
placés un ou plusieurs au niveau de chaque vallécule
et à la face commissurale des carpelles, correspondant
aux côtes secondaires lorsqu'elles se développent, très
rarement placés sous les côtes primaires, rarement indistincts ou nuls. — Graine insérée au côté interne de la
loge, suspendue, entièrement soudée avec le péricarpe
(akène), rarement libre, à face commissurale plane, ou à
bords infléchis ou enroulés en dedans. Embryon droit, très
petit, placé au voisinage du hile dans un *périsperme corné*
très *épais*. Radicule dirigée vers le hile.

Plantes annuelles, bisannuelles ou vivaces, herbacées, à tiges
ord. striées, cannelées ou sillonnées, fistuleuses ou remplies d'une
moelle abondante. Feuilles alternes, rarement entières, ord. pinnatiséquées ou bi-quadripinnatiséquées, quelquefois réduites à la
partie pétiolaire ; à pétiole plus ou moins dilaté en une base
engaînante ; stipules nulles. Fleurs disposées en ombelles, plus
rarement disposées en capitules ou en verticilles ; ombelles ord.
pourvues d'un verticille de bractées (*involucre*) et composées de
plusieurs ombelles simples (*ombellules*) qui sont ord. pourvues
chacune d'un verticille de bractées (*involucelle*).

La famille des *Ombellifères* est une des plus importantes du
règne végétal par le nombre des espèces qui la composent et

leurs propriétés actives ; la plupart habitent les régions tempérées
de l'hémisphère boréal, elles sont abondantes en Europe. Il existe
dans le suc de quelques-unes un alcaloïde narcotico-âcre qui
leur donne des qualités délétères ; des substances résineuses
amères sont particulièrement contenues dans la racine ; les canaux résinifères du fruit renferment une huile volatile, tantôt
pure, tantôt mêlée à une matière résineuse : cette huile volatile,
analogue à celle des Composées et des Labiées, est douée de propriétés stimulantes. — Les fruits de plusieurs espèces cultivées
de temps immémorial sont doués d'une saveur chaude et aromatique : nous citerons le Fenouil (*Fœniculum officinale*), l'Aneth
(*Anethum graveolens*), la Coriandre (*Coriandrum sativum*), le
Sison Amomum, l'Anis (*Pimpinella Anisum*), etc. Le Carvi
(*Carum Carvi*) est aussi quelquefois cultivé dans nos environs.
L'*Angelica sylvestris* a des propriétés analogues mais inférieures à
celles de l'*Archangelica officinalis* (Angélique), plante du Nord cultivée pour ses tiges aromatiques. Les jeunes tiges de l'*Heracleum
Sphondylium*, dépouillées de leur écorce, sont comestibles, mais
elles ne sont pas employées en Europe. Il suffit de mentionner
la Carotte (*Daucus Carota*) et le Panais (*Pastinaca sativa*), dont
les racines sont devenues charnues-succulentes et alimentaires
par la culture, le Céleri (*Apium graveolens*), le Persil (*Petroselinum sativum*) et le Cerfeuil (*Anthriscus Cerefolium*). Le petit
tubercule du *Carum Bulbocastanum* est comestible, ainsi que
celui du *Conopodium denudatum*, mais leur petit volume les fait
négliger comme substance alimentaire. On a fait dans ces derniers temps quelques essais de culture en grand du *Chærophyllum
bulbosum*, qui croît spontanément dans l'est de la France, et dont
la racine renflée napiforme charnue est comestible. — Parmi les
Ombellifères douées de propriétés actives, officinales ou toxiques,
nous mentionnerons la Ciguë officinale ou Grande-Ciguë (*Conium
maculatum*), plante dont le suc, introduit dans l'estomac ou dans
le système sanguin, peut causer la mort ; cette plante est administrée à très faible dose à l'intérieur contre les affections nerveuses, la coqueluche, les scrofules et les engorgements des vis-
cères abdominaux ; à l'extérieur on emploie l'emplâtre de Ciguë
pour la résolution des tumeurs lymphatiques et des organes glanduleux. Le *Cicuta virosa* (Ciguë vireuse) est un poison narcotico-âcre des plus violents. La Petite-Ciguë (*Æthusa Cynapium*)
qui présente une certaine ressemblance avec le Persil, est une

plante vénéneuse qui donne lieu quelquefois à de fâcheuses mé-
prises. Les espèces du genre *OEnanthe* sont toxiques ; le *Sium
latifolium*, le *Chærophyllum temulum*, l'*Anthriscus sylvestris*,
sont également regardés comme vénéneux. Le Phellandre (*Phel-
landrium aquaticum*) sert à la préparation d'un sirop employé
comme calmant et assez usité dans dans les affections du poumon ;
la plante a une saveur chaude, âcre et aromatique, à haute dose
elle agit comme narcotique. On employait jadis l'*Hydrocotyle
vulgaris*, le *Sanicula Europæa*, le *Bupleurum perfoliatum*,
l'*Helosciadium nodiflorum*, les *Pimpinella magna* et *saxifraga*,
le *Silaus pratensis* et le *Tordylium maximum*, qui étaient considérés comme stimulants et résolutifs. — Plusieurs gommes-
résines sécrétées par certaines Ombellifères, appartenant la plupart
à l'Asie, sont des médicaments précieux et fréquemment employés pour leurs propriétés antispasmodiques et stimulantes des
appareils respiratoire et digestif, etc. : tels sont l'*asa fœtida*
qui provient du *Ferula Asa-fœtida* ; la *gomme ammoniaque*, sé-
crétée par le *Dorema Ammoniacum* Don. (*Discrneston gummi-
ferum* Jaub. et Spach) ; l'*opopanax*, produit par l'*Opopanax
Chironium* ; le *sagapenum*, attribué au *Ferula Persica*, et le
galbanum, qui paraît dû à un *Galbanophora*.

1 Fleurs disposées en capitules munis de paillettes et d'involucres épineux. . . . . ERYNGIUM. (3).
  Fleurs non disposées en capitules munis de paillettes et
  d'involucres épineux. 2
2 Feuilles entières, crénelées, ou palmées à lobes non prolongés jusqu'au pétiole 3
  Feuilles pinnatiséquées, plus rarement palmatiséquées ou
  pinnatifides. 5
3 Feuilles suborbiculaires peltées . . HYDROCOTYLE. (1).
  Feuilles jamais suborbiculaires peltées. 4
4 Feuilles palmatipartites ; fleurs blanches ou rosées. . .
  . . . . .SANICULA. (2).
  Feuilles entières ; fleurs jaunes. . . BUPLEURUM. (4).
5 Plante dioïque, canaux résinifères situés sous les côtes
  primaires . . . . TRINIA. (5).
  Fleurs hermaphrodites ou polygames ; canaux résinifères
  occupant les vallécules ou placés sous les côtes secondaires, rarement nuls. 6

6 Fruit hérissé d'épines ou de longues soies épineuses . . 7
Fruit glabre, plus rarement pubescent ou velu, dépourvu
d'épines ou de soies épineuses. 12

7 Fruit brusquement rétréci en bec au sommet; côtes non
distinctes dans la partie inférieure du fruit . . . .
. . . . .ANTHRISCUS. (36).
Fruit non rétréci en bec; côtes distinctes dans toute la
longueur du fruit. 8

8 Fruit à côtes presque égales, découpées en épines robustes;
feuilles simplement pinnatiséquées. . TURGENIA. (33).
Fruit à côtes primaires filiformes ne portant que quelques
pointes épineuses très courtes, les secondaires découpées
en un ou plusieurs rangs d'épines ou de soies épineuses;
feuilles bi-tri-pinnatiséquées. 9

9 Fruit entièrement couvert d'épines ou de tubercules irrégulièrement disposés; tiges couvertes de poils roides apprimés dirigés de haut en bas . . . .TORILIS. (35).
Fruit chargé d'épines ou de longues soies épineuses disposées en lignes régulières; tiges glabres ou velues à
poils non apprimés-réfléchis. 10

10 Fruit chargé de longues soies épineuses; involucre à folioles triséquées ou pinnatiséquées, rarement entières.
. . . . .DAUCUS. (31).
Fruit chargé d'épines robustes; involucre nul ou à folioles
entières 11

11 Épines des côtes secondaires disposées sur 2-3 rangs;
fleurs extérieures à pétales rayonnants plus grands que
l'ensemble des fleurs non rayonnantes de l'ombellule.
. . . . ORLAYA. (32).
Épines des côtes secondaires disposées sur un seul rang;
fleurs extérieures à pétales extérieurs beaucoup plus
petits que l'ensemble des fleurs de l'ombellule . . .
. . . . CAUCALIS. (34).

12 Fruit atténué en un bec linéaire trois à quatre fois plus
long que la partie qui renferme la graine. . . . .
. . . . SCANDIX. (38).
Fruit non atténué en bec, rarement atténué en un bec plus
court que la partie qui renferme la graine. 13

13 Fruit comprimé parallèlement à la commissure, souvent
aplati-lenticulaire, entouré d'un seul rebord aplati ou
épais 14
Fruit comprimé perpendiculairement à la commissure, ou
presque cylindrique, plus rarement globuleux ou offrant
plusieurs ailes membraneuses 18

14 Fruit à côtes dorsales à peine visibles, entouré d'un rebord très épais rugueux, couvert de poils roides. . .
. . . . .TORDYLIUM. (29).
Fruit à côtes dorsales filiformes, entouré d'un rebord aplati
lisse, glabre ou légèrement pubescent. 15

15 Fleurs blanches ou rosées, très rarement d'un blanc jaunâtre ; pétales émarginés ou bifides, rarement entiers, à
peine enroulés en dedans. 16
Fleurs d'un beau jaune ; pétales entiers, enroulés en
dedans 17

16 Fruit à canaux résinifères ne descendant pas au delà de
sa moitié supérieure ; pétales extérieurs très grands, profondément bifides. . . . . . HERACLEUM. (28).
Fruit à canaux résinifères descendant jusqu'à sa base ;
pétales extérieurs jamais très grands, émarginés ou
presque entiers. . . . . . . PEUCEDANUM. (26).

17 Feuilles simplement pinnatiséquées, à segments ovales ou
oblongs, incisés ou lobés . . . PASTINACA. (27).
Feuilles décomposées en segments linéaires très étroits. .
. . . . ANETHUM. (26 bis).

18 Fruit à 8 ailes membraneuses toutes beaucoup plus larges
que le fruit . . . . LASERPITIUM. (30).
Fruit à côtes non ailées, ou à 10 côtes ailées plus étroites
que le fruit, rarement à 4 ailes membraneuses très larges.19

19 Fruit à côtes marginales développées en 4 ailes membraneuses beaucoup plus larges que les côtes dorsales. .20
Fruit à côtes non ailées, ou à 10 côtes ailées égales
entre elles. 21

20 Carpelles à côtes dorsales filiformes ; feuilles à segments
très amples ovales-lancéolés dentés. . ANGELICA. (25).
Carpelles à côtes dorsales ailées ; feuilles à segments pinnatipartits à lobes linéaires. . . . SELINUM. (24).

21 Fruit presque cylindrique, plus rarement globuleux, à
coupe transversale orbiculaire ou presque orbiculaire. .22
Fruit comprimé perpendiculairement à la commissure,
souvent presque didyme, à coupe transversale oblongue.29

22 Fleurs d'un beau jaune ; feuilles décomposées en segments
filiformes presque capillaires. . . FOENICULUM. (21).
Fleurs blanches ou rosées, très rarement d'un blanc jaunâtre ; feuilles jamais décomposées en segments filiformes. 23

23 Fruit globuleux ou ovoïde-subglobuleux ; involucelle à folioles peu nombreuses ord. rejetées en dehors. . . .24
Fruit oblong ; involucelle régulier à plusieurs folioles. .25

24 Fruit globuleux, à 18 côtes par la présence des côtes primaires et des côtes secondaires ; calice à dents linéaires
persistantes. . . . . . . CORIANDRUM. (39 *bis*).
Fruit ovoïde-subglobuleux, à 10 côtes saillantes, dépourvu
de côtes secondaires ; calice à limbe presque nul. . .
. . . . ÆTHUSA. (17).

25 Calice à limbe 5-denté s'accroissant après la floraison ; columelle indistincte . . . . . . ŒNANTHE. (18).
Calice à limbe presque nul, ou à limbe 5-denté à dents
courtes ou allongées ne s'accroissant pas après la floraison ; columelle distincte libre 26

26 Fruit à côtes non ailées, velu ou pubérulent au moins
avant la maturité. 27
Fruit à côtes ailées presque membraneuses, glabre. . .28

27 Involucre à plusieurs folioles ; fruit velu presque tomenteux.
. . . . LIBANOTIS. (19).
Involucre nul ou presque nul ; fruit pubérulent ou glabre.
. . . . SESELI. (20).

28 Fleurs blanches ; pétales atténués en onglet ; vallécules à
un seul canal résinifère. . . . . CNIDIUM. (22).
Fleurs d'un jaune pâle ; pétales à base large ; vallécules à
3-4 canaux résinifères peu distincts. . .SILAUS. (23).

29 Involucre et involucelle nuls 30
Involucre nul ou à plusieurs folioles ; un involucelle. .32

30 Fruit dépourvu de canaux résinifères ; feuilles palmatiséquées à 3 divisions triséquées . . Ægopodium. (10).
   Fruit pourvu de canaux résinifères ; feuilles pinnatiséquées 31

31 Vallécules à plusieurs canaux résinifères ; columelle bifide ;
   fleurs blanches. . . . . Pimpinella. (15).
   Vallécules à un seul canal résinifère ; columelle indivise ;
   fleurs d'un blanc verdâtre. . . . Apium. (12 bis).

32 Calice à limbe 5-denté, à dents plus ou moins développées
   quelquefois très petites. 33
   Calice à limbe presque nul. 36

33 Calice à dents larges membraneuses ; fruit à carpelles subglobuleux . . . . Cicuta. (7).
   Calice à dents courtes ou linéaires ; fruit à carpelles oblongs
   ou linéaires. 34

34 Fruit linéaire-oblong ; feuilles coriaces-subcartilagineuses,
   palmatiséquées. . . . . Falcaria. (8).
   Fruit oblong ou ovoïde ; feuilles pinnatiséquées, jamais
   coriaces subcartilagineuses 35

35 Columelle indivise, libre ; vallécules à un seul canal résinifère. . . . . Helosciadium. (13).
   Columelle bipartite, à divisions soudées avec les carpelles ;
   vallécules à plusieurs canaux résinifères. . Sium. (14).

36 Involucre à folioles triséquées ou pinnatiséquées. Ammi. (9).
   Involucre nul ou à folioles entières. 37

37 Graine plane à la face commissurale, à coupe transversale
   suborbiculaire 38
   Graine à bords roulés ou infléchis en dedans, à coupe transversale en fer à cheval. 41

38 Canaux résinifères très larges et visibles seulement dans la
   moitié supérieure du fruit ; pétales bifides. . Sison. (6).
   Canaux résinifères s'étendant dans toute la longueur du
   fruit ; pétales émarginés ou presque entiers. 39

39 Vallécules à 2-3 canaux résinifères ; styles dressés. . .
   . . . . Conopodium. (16).
   Vallécules à un seul canal résinifère ; styles divergents. .40

40 Columelle bipartite ; fleurs d'un vert jaunâtre , plus rare-
    ment blanches . . . . .PETROSELINUM.(12).
    Columelle bifurquée seulement au sommet; fleurs blan-
    ches   .   .   .   .   CARUM.(11).

41 Fruit subglobuleux presque didyme , à 10 côtes saillantes
    ondulées   .   .   .   .   CONIUM. (39).
    Fruit oblong ou linéaire 42

42 Fruit brusquement rétréci en bec au sommet , à côtes ap-
    parentes seulement dans sa partie supérieure   .   .   .
    .   .   .   .   ANTHRISCUS. (36).
    Fruit linéaire-oblong, non rétréci en bec, à côtes appa-
    rentes dans toute sa longueur .   CHÆROPHYLLUM. (37).

SOUS-FAMILLE I. **Orthospermæ.** — *Graine plane
ou convexe à la face commissurale.*

TRIBU I. **Hydrocotyleæ.** — *Fruit* dépourvu d'épines
et d'écailles , *comprimé perpendiculairement à la commissure*, lenticulaire, à coupe horizontale linéaire, à côtes
distinctes. — *Fleurs disposées en verticilles* solitaires ou
superposés.

1. HYDROCOTYLE Tourn. — (HYDROCOTYLE).

Calice à limbe presque nul. Fruit comprimé perpendiculairement à la commissure, lenticulaire. Carpelles ovales,
à 5 côtes, la dorsale plus développée carénée, les 2 latérales filiformes saillantes , les 2 marginales non distinctes ;
vallécules à canaux résinifères non distincts. Columelle
adhérente aux carpelles. — *Fleurs* blanches ou rosées ,
sessiles, *en un ou plusieurs verticilles* entourés d'involucelles
à un petit nombre de folioles et *portés sur des pédoncules
nus* qui naissent solitaires ou fasciculés au niveau des nœuds
de la tige.

Feuilles suborbiculaires-peltées   .   .   .   .
    .   .   .   .   *H. vulgaris* L. (H. commune).

9

TRIBU II. **Saniculeæ.** — *Fruit chargé d'épines ou d'é-
cailles*, à coupe horizontale suborbiculaire, *à côtes non
distinctes*. — *Fleurs sessiles, réunies en capitules.*

2. SANICULA Tourn. — (Sanicle).

Calice à 5 dents lancéolées-linéaires presque foliacées.
Fruit subglobuleux, à *carpelles* se séparant l'un de l'autre
à la maturité et très caducs, hémisphériques, à côtes non
distinctes, *couverts de longues épines subulées courbées en
crochet* au sommet, surmontés par les dents persistantes et
accrues du calice ; canaux résinifères nombreux, peu distincts ; columelle non distincte.— *Fleurs* blanches ou rosées,
polygames, sessiles à l'aisselle de bractées herbacées oblongues-linéaires, réunies sur un réceptacle étroit *en* un petit
capitule subglobuleux entouré d'un involucelle à plusieurs
folioles semblables aux bractées ; les fleurs mâles assez
nombreuses, entourant les fleurs hermaphrodites au nombre
de 3 plus rarement de 2-1 ; *capitules disposés en* une *ombelle
irrégulière* à 3-5 rayons simples ou divisés eux-mêmes
en 3 rayons secondaires. — *Feuilles palmatipartites*, à 3-5
segments.

Feuilles glabres, luisantes, à dents terminées en une soie
roide. . . . . . *S. Europæa* L. (S. d'Europe).

3. ERYNGIUM Tourn. — (Panicaut).

Calice à 5 dents foliacées terminées en épine. Fruit
obovale-oblong. *Carpelles* oblongs semi-cylindriques, à
côtes non distinctes, *couverts d'écailles imbriquées*, surmontés par les lobes persistants du calice ; canaux résinifères non distincts. Columelle adhérente aux carpelles. —
Fleurs sessiles, solitaires *à l'aisselle de bractées* ord. *épineuses*, disposées en un capitule multiflore sur un réceptacle
cylindrique ; capitule compacte, subglobuleux ou oblong,
muni à la base d'un involucre de bractées épineuses presque foliacées.

Feuilles à segments lobés-épineux . . . .
. . . . *E. campestre* L. (P. champêtre).

TRIBU III. **Cicuteæ.** — *Fruit presque cylindrique, ou comprimé perpendiculairement à la commissure*, souvent presque didyme. Carpelles dépourvus d'épines ; à 5 côtes primaires égales ou presque égales, filiformes ou plus ou moins saillantes, rarement développées en ailes ; *côtes secondaires nulles*. — *Ombelles composées régulières*, très rarement réduites à des ombellules latérales.

Sous-tribu i. **Ammineæ.** — *Fruit* comprimé perpendiculairement à la commissure, souvent presque didyme, *à coupe horizontale oblongue.*

4. BUPLEURUM Tourn. — (Buplèvre).

Calice à limbe presque nul. Fruit comprimé perpendiculairement à la commissure, ou presque didyme. Carpelles oblongs, à côtes plus ou moins saillantes ou à peine distinctes ; vallécules striées, lisses ou granuleuses, à canaux résinifères distincts ou indistincts. Columelle bifide, plus rarement indivise. — *Feuilles très entières.* Involucre nul ou à plusieurs folioles ; involucelle à plusieurs folioles. *Fleurs jaunes.*

1 Involucelle plus court que l'ombellule ; plante vivace. .
. . . . , *B. falcatum* L. (B. en faux).
Involucelle dépassant longuement l'ombellule ; plante annuelle 2

2 Involucelle à folioles linéaires ; fruit granuleux. . . .
. . . . * *B. tenuissimum* L. (B. menu).
Involucelle à folioles ovales ou elliptiques ; fruit lisse . . 3

3 Feuilles linéaires-lancéolées, sessiles. . . .
. . . . * *B. aristatum* Bartl. (B. aristé).
Feuilles ovales-suborbiculaires, perfoliées.
. . . . * *B. rotundifolium* L. (B. à feuilles rondes).

5. TRINIA Hoffm. — (Trinie).

Calice à limbe presque nul. Fruit comprimé perpendiculairement à la commissure. Carpelles oblongs, à 5 côtes filiformes ; vallécules à canaux résinifères nuls ou presque nuls ; *canaux résinifères répondant à la face interne des côtes.* Columelle bipartite. — Involucre et involucelle nuls ou presque nuls. *Fleurs dioïques.*

Feuilles glaucescentes, à segments linéaires . . . .
. . . . * *T. vulgaris* DC. (T. commune).
(*Pimpinella dioica* L.).

6. SISON Koch. — (Sison).

Calice à limbe presque nul. *Pétales bifides.* Fruit comprimé perpendiculairement à la commissure. Carpelles ovoïdes-oblongs, à 5 côtes filiformes ; *vallécules à un seul canal résinifère brusquement élargi dans sa moitié supérieure,* presque nul dans sa moitié inférieure. Columelle bipartite. — Involucre et involucelle à folioles peu nombreuses.

Feuilles d'un vert foncé, les inférieures à segments ovales-oblongs lobés. . . . * *S. Amomum* L. (S. Amome).

7. CICUTA L. — (Cicutaire).

Calice à limbe 5-denté, *à dents larges membraneuses.* Fruit presque didyme. *Carpelles subglobuleux,* à 5 côtes aplanies ; vallécules à un seul canal résinifère. Columelle bipartite.— Involucre nul ou presque nul ; involucelle à folioles nombreuses.

Plante vivace, à odeur vireuse; segments des feuilles lancéolés étroits profondément dentés. . . . . . .
. . . . * *C. virosa* L. (C. vireuse).

8. FALCARIA Host. — (Falcaire).

Calice à limbe 5-denté. Fruit comprimé perpendiculairement à la commissure. *Carpelles linéaires,* à 5 côtes filiformes ; *vallécules à un seul canal résinifère.* Columelle profondément bifide. — *Feuilles coriaces-subcartilagineuses, palmatiséquées.* Involucre et involucelle à plusieurs folioles.

Segments des feuilles linéaires-lancéolés très longs, dentés en scie. . . . . . . * *F. Rivini* (F. de Rivin).
(*Sium Falcaria* L.).

9. AMMI Tourn. — (AMMI).

Calice à limbe presque nul. Fruit comprimé perpendiculairement à la commissure. Carpelles oblongs, à 5 côtes
filiformes ; *vallécules à un seul canal résinifère.* Columelle
bipartite. — *Involucre à plusieurs folioles triséquées ou
pinnatiséquées ;* involucelle à folioles nombreuses.

Folioles des involucelles filiformes souvent plus longues
que les rayons de l'ombellule. * *A. majus* L. (A. majeur).

10. ÆGOPODIUM L. — (ÉGOPODE).

Calice à limbe presque nul. Fruit comprimé perpendiculairement à la commissure. Carpelles linéaires-oblongs , à
5 côtes filiformes ; *vallécules dépourvues de canal résinifère.
Columelle bifurquée seulement au sommet.* — *Feuilles palmatiséquées, à 3 divisions triséquées. Involucre et involucelle
nuls.*

Segments des feuilles très amples , ovales-acuminés ou
ovales-lancéolés dentés . . . .
. . . . . . * *Æ. Podagraria* L. (É. des goutteux).

11. CARUM Koch. — (CARUM).

Calice à limbe presque nul. Fruit comprimé perpendiculairement à la commissure. Carpelles oblongs ou linéaires-
oblongs, à 5 côtes filiformes ; *vallécules à un seul canal
résinifère. Columelle bifurquée seulement au sommet.* — Involucre et involucelle à plusieurs folioles , très rarement
nuls.

Souche bulbiforme, globuleuse ; feuilles bi-tripinnatisé -
quées , à segments de premier ordre longuement pétiolulés. . * *C. Bulbocastanum* Koch (C. Noix-de-terre).
(*Bunium Bulbocastanum* L.).
Souche à fibres radicales renflées-fusiformes ; feuilles
pinnatiséquées, à segments sessiles découpés en lobes
rapprochés en faux verticilles. . . . .
. . . . . . * *C. verticillatum* Koch (C. verticillé).
(*Sison verticillatum* L.).

12. PETROSELINUM Hoffm. — (Persil).

Calice à limbe presque nul *Pétales entiers ou émarginés* par l'inflexion de leur pointe. Fruit comprimé perpendiculairement à la commissure, ou presque didyme. Carpelles oblongs, à 5 côtes filiformes ; *vallécules à un seul canal résinifère. Columelle bipartite.* — Involucre à 4-3 folioles entières ; involucelle à folioles peu nombreuses ou nombreuses. Fleurs d'un vert jaunâtre ou blanches.

Feuilles bi-tripinnatiséquées ; fleurs d'un vert jaunâtre. .
. . . . † *P. sativum* Hoffm. (P. cultivé).
(*Apium Petroselinum* L.).
Feuilles simplement pinnatiséquées ; fleurs blanches. .
. . . . * *P. segetum* Koch (P. des moissons).
· (*Sison segetum* L.). .

† APIUM Hoffm. — (Ache, Céleri).

Calice à limbe presque nul. Fruit presque didyme. *Carpelles subglobuleux,* à 5 côtes filiformes ; *vallécules à un seul canal résinifère. Columelle indivise.* — *Involucre et involucelle nuls.* Fleurs d'un blanc verdâtre.

Plante très aromatique ; feuilles luisantes, les inférieures
à segments larges bi-trilobés . . . .
. . . . † *A. graveolens* L. (A. odorante).

13. HELOSCIADIUM Koch. — (Hélosciadie).

Calice à limbe 5-denté, à dents courtes. Fruit comprimé perpendiculairement à la commissure ou presque didyme. *Carpelles oblongs,* à 5 côtes filiformes ; *vallécules à un seul canal résinifère. Columelle indivise.*— Involucre à plusieurs folioles ou nul ; *involucelle à plusieurs folioles.*

1 Ombelles à 2 plus rarement 3 rayons ; feuilles inférieures
décomposées en segments capillaires. . . . . .
. . . . . . * *H. inundatum* Koch (H. inondée).
(*Sium inundatum* Lmk).
Ombelles à 4-7 rayons ; feuilles , même les inférieures , à
segments ovales-lancéolés dentés. 2

2 Involucre nul ou presque nul ; ombelles sessiles ou briève-
ment pédonculées. *H. nodiflorum* Koch (H. nodiflore).
(*Sium nodiflorum* L.).
Involucre à plusieurs folioles ; ombelles longuement pé-
donculées. . . . . * *H. repens* Koch (H. rampante).
(*Sium repens* Jacq.).

14. SIUM L. — (BERLE). .

Calice à limbe 5-denté, à dents courtes. Fruit comprimé
perpendiculairement à la commissure ou presque didyme.
Carpelles oblongs à 5 côtes filiformes ; styles filiformes ou
renflés en une base conique ; *vallécules à plusieurs canaux
résinifères. Columelle bipartite, à divisions ord. soudées avec
les carpelles. — Involucre et involucelle à plusieurs folioles*
entières ou incisées.

Canaux résinifères recouverts par un péricarpe mince ;
styles filiformes ; involucre à folioles entières. . . .
. . . . . * *S. latifolium* L. (B. à larges feuilles).
Canaux résinifères recouverts par un péricarpe très épais ;
styles élargis en une base conique ; involucre à folioles
ord. incisées. *S. angustifolium* L. (B. à feuilles étroites).

15. PIMPINELLA L. — (BOUCAGE).

Calice à limbe presque nul. Fruit comprimé perpendiculairement à la commissure. Carpelles linéaires-oblongs, à 5
côtes filiformes très peu saillantes ; *styles filiformes , rejetés
en dehors ; vallécules à plusieurs canaux résinifères. Columelle bifide. — Involucre et involucelle nuls.*

Tiges anguleuses -sillonnées ; feuilles supérieures rarement
réduites au pétiole. * *P. magna* L. (B. à grandes feuilles).
Tiges cylindriques , finement striées ; feuilles supérieures
ord. réduites au pétiole. *P. saxifraga* (B. saxifrage).

16. CONOPODIUM Koch. — (CONOPODE).

Calice à limbe obscurément 5-denté ou presque nul. Fruit
comprimé perpendiculairement à la commissure. Carpelles
linéaires-oblongs, à 5 côtes filiformes ; *styles élargis en une*

base conique, dressés ; vallécules à 2-3 canaux résinifères.
Columelle bifide. — Involucre nul ou presque nul; involucelle
à 2-3 folioles.

Souche bulbiforme, globuleuse. . . . .
. . . . * *C. denudatum* Koch (C. dénudé).
(*Bunium denudatum* DC.).

SOUS-TRIBU II. **Seselineæ.** — *Fruit* presque cylindrique
ou subtétragone, plus rarément subglobuleux, *à coupe*
horizontale orbiculaire ou presque orbiculaire.

17. ÆTHUSA L. — (ÉTHUSE).

Calice à limbe presque nul. *Fruit ovoïde-subglobuleux.*
Carpelles hémisphériques, *à 5 côtes saillantes* épaisses
carénées presque égales, les marginales à carène étroitement ailée ; vallécules à un seul canal résinifère. Columelle
bipartite. — Involucre nul ou à une seule foliole ; *involu-*
celle unilatéral à folioles rejetées en dehors.

Involucelles réfléchis, ord. à 3 folioles plus longues que
l'ombellule. . . *Æ. Cynapium* L. (É. Petite-Ciguë).

18. OENANTHE Lmk. — (OENANTHE).

Calice à limbe 5-denté s'accroissant après la floraison.
Fruit cylindrique ou subtétragone , à styles accrus ord.
dressés. Carpelles oblongs ou oblongs-obovales, à 5 côtes
obtuses, les marginales plus développées ; vallécules à un
seul canal résinifère. *Columelle indistincte.* — Involucre
nul ou à plusieurs folioles ; involucelle à plusieurs folioles.

1 Souche à fibres toutes filiformes; feuilles toutes bi-tri-
    pinnatiséquées, à segments profondément découpés en
    lobes nombreux très petits ; ombelles brièvement pédon-
    culées, la plupart latérales . . . .
    . . . . *OE. Phellandrium* Lmk (OE. Phellandre).
                    (*Phellandrium aquaticum* L.).
Souche à fibres la plupart renflées charnues ; feuilles cau-
    linaires bipinnatiséquées, plus rarement pinnatiséquées ,
    à segments linéaires ; ombelles terminales. 2

2 Ombelles à 2-4 rayons à peine plus longs que les ombellules. . . . . *OE. fistulosa* L. (OE. fistuleuse).
  Ombelles à 5-20 rayons beaucoup plus longs que les ombellules. 3

3 Fleurs extérieures des ombellules à pétales extérieurs
  beaucoup plus grands que les intérieurs ; involucre nul ou
  à une seule foliole. . . . .
  . *OE. peucedanifolia* Poll. (OE. à feuilles de Peucédan).
  Fleurs extérieures des ombellules à pétales extérieurs environ de la même grandeur que les intérieurs ; involucre
  à plusieurs folioles caduques. . . . .
  . . . . . * *OE. Lachenalii* Gmel. (OE. de Lachenal).

19. LIBANOTIS Crantz. — (LIBANOTIDE).

Calice à limbe 5-denté, *à dents allongées-subulées marcescentes ou caduques.* Fruit velu-hérissé presque tomenteux, presque cylindrique. Carpelles oblongs, à 5 côtes peu
saillantes, presque égales ; valécules ord. à un seul canal
résinifère. *Columelle bipartite.* — Involucre et involucelle
à plusieurs folioles.

Segments inférieurs des divisions des feuilles rapprochés
du rachis. . . * *L. montana* All. (L. des montagnes).
                                       (*Athamanta Libanotis* L.).

20. SESELI L. — (SÉSÉLI).

Calice à limbe 5-denté, *à dents courtes et épaisses. Fruit
presque cylindrique. Carpelles* oblongs, *à 5 côtes* plus ou
moins saillantes *non ailées,* presque égales ; valécules
ord. à un seul canal résinifère. *Columelle bipartite.* — Involucre nul ou presque nul ; involucelle à plusieurs folioles.
Fleurs blanches.

Involucelle à folioles étroitement membraneuses aux bords,
plus courtes que l'ombellule. . . . .
. . . . *S. montanum* L. (S. des montagnes).
Involucelle à folioles largement membraneuses , dépassant
l'ombellule au moins avant l'épanouissement des fleurs.
. . . . * *S. coloratum* Ehrh. (S. coloré).
                                       (*S. annuum* L.).

9.

21. FŒNICULUM Adans. — (FENOUIL).

Calice à limbe presque nul. *Fruit presque cylindrique.*
Carpelles oblongs, *à 5 côtes* saillantes obscurément carénées,
presque égales; vallécules à un seul canal résinifère. Columelle
bipartite. — *Feuilles décomposées en segments linéaires fili-*
formes. Involucre et involucelle nuls ou presque nuls. *Fleurs*
jaunes.

> Plante très aromatique ; segments des feuilles très longs.
> . . . .*F. officinale* All. (F. officinal).
> (*Anethum Fœniculum* L.).

22. CNIDIUM Cusson. — (CNIDIE).

Calice à limbe presque nul. *Fruit presque cylindrique.*
Carpelles oblongs, *à 5 côtes ailées presque membraneuses ,*
égales entre elles ; *vallécules à un seul canal résinifère.* Columelle bipartite. — Involucre nul ou presque nul ; involucelle à plusieurs folioles. *Fleurs blanches.*

> Feuilles supérieures à gaîne allongée ; involucelle à folioles
> sétacées, glabres. * *C. apioides* Spreng. (C. Fausse-Ache).

23. SILAUS Bess. — (SILAÜS).

Calice à limbe presque nul. *Pétales à base large* tronquée.
Fruit presque cylindrique. Carpelles oblongs, *à 5 côtes ailées*
presque membraneuses , égales entre elles ; *vallécules à 3-4*
canaux résinifères peu distincts. Columelle bipartite. — Involucre nul ou à 1-2 folioles ; involucelle à plusieurs folioles.
Fleurs d'un jaune pâle.

> Segments des feuilles linéaires-lancéolés, à bords denti-
> culés-scabres, à nervures transparentes . . . . .
> . . . . *S. pratensis* Bess. (S. des prés).
> (*Peucedanum Silaus* L.).

TRIBU IV. Selineæ. — *Fruit comprimé parallèlement*
à la commissure. Carpelles dépourvus d'épines, *à 5 côtes*
primaires inégales, les 3 dorsales filiformes, quelquefois
peu distinctes, rarement ailées, beaucoup plus étroites

que les marginales ; les 2 *marginales dilatées en ailes membraneuses ou épaisses écartées ou rapprochées en un rebord qui entoure le fruit; côtes secondaires nulles.* — *Ombelles composées régulières.*

SOUS-TRIBU I. **Angeliceæ**. — *Fruit entouré de deux ailes membraneuses* en raison de l'écartement des ailes marginales des deux carpelles ; côtes dorsales ailées ou filiformes.

24. SELINUM Hoffm. (SÉLIN).

Calice à limbe presque nul. Pétales émarginés. Fruit comprimé parallèlement à la commissure. *Carpelles* ovales-oblongs, *à 5 côtes ailées*, les 3 dorsales étroitement ailées, les marginales largement ailées–membraneuses ; vallécules à un seul canal résinifère, les latérales quelquefois à deux canaux résinifères. Columelle bipartite. — Involucre nul ou à 1-2 folioles ; involucelle à plusieurs folioles.

Tige ord. sillonnée-anguleuse ; fleurs blanches. . . .
. . . . . . *S. Carvifolia* L. (S. à feuilles de Carvi).

25. ANGELICA L. — (ANGÉLIQUE).

Calice à limbe presque nul. Pétales entiers. Fruit comprimé parallèlement à la commissure. *Carpelles* oblongs, *à 5 côtes ; les 3 dorsales filiformes* saillantes ; les marginales largement ailées-membraneuses ; vallécules à un seul canal résinifère. Columelle bipartite. — Involucre nul ou à 1-2 folioles ; involucelle à plusieurs folioles.

Segments des feuilles très amples, ovales-lancéolés, inégalement dentés ; ombelles très amples à 25-30 rayons .
. . . . *A. sylvestris* L. (A. sauvage).

SOUS-TRIBU II. **Peucedaneæ**. — *Fruit* ord. lenticulaire, *entouré d'un rebord aplani ou épais* par le rapprochement des ailes marginales des deux carpelles ; côtes dorsales filiformes, quelquefois peu distinctes.

26. PEUCEDANUM Koch. — (Peucédan).

Calice à limbe 5-denté, rarement presque nul. *Pétales* émarginés ou presque entiers, *infléchis seulement à la pointe*. Fruit comprimé parallèlement à la commissure. Carpelles oblongs ou suborbiculaires, à 5 côtes, les 3 dorsales filiformes peu saillantes souvent décomposées chacune en 3 lignes capillaires, les marginales dilatées en une aile aplanie plus ou moins épaisse ; vallécules à un seul canal résinifère souvent saillant, rarement à 3 canaux résinifères. Columelle bipartite. — Involucre et involucelle à plusieurs folioles, rarement nuls ou à 1-3 folioles. *Fleurs blanches* ou rosées, rarement d'un blanc verdâtre ou jaunâtre.

1 Feuilles à divisions de premier ordre sessiles ; fleurs d'un blanc verdâtre ou jaunâtre. . . . .
. . . . * *P. Chabræi* Gaud. (P. de Chabrey).
Feuilles à divisions de premier ordre longuement pétiolulées ; fleurs blanches. 2

2 Feuilles à segments entiers, linéaires très allongés. . .
. . . . *P. Parisiense* DC. (P. de Paris).
Feuilles à segments incisés, lobés ou pinnatipartits . . 3

3 Feuilles à segments glauques en dessous, lobés-dentés, à dents cuspidées-mucronées presque épineuses. . . .
. . . . *P. Cervaria* Lapeyr. (P. des cerfs).
Feuilles à segments verts en dessous, pinnatipartits ou incisés, à lobes à peine mucronés. 4

4 Involucre et involucelle à folioles non membraneuses aux bords ; fruit suborbiculaire . . . .
. . . *P. Oreoselinum* Mœnch (P. Sélin-de-montagne).
Involucre et involucelle à folioles largement membraneuses aux bords ; fruit oblong. . . . .
. . . . * *P. palustre* Mœnch (P. des marais).

† ANETHUM Tourn. — (Aneth).

Calice à limbe presque nul. *Pétales* suborbiculaires, entiers, *enroulés en dedans*. Fruit comprimé parallèlement à la commissure. *Carpelles* oblongs, *à 5 côtes, les 3 dorsales filiformes*

carénées saillantes, les marginales dilatées en une aile aplanie ;
vallécules à un seul canal résinifère qui occupe toute leur largeur.
Columelle bipartite. — *Feuilles décomposées en segments linéaires très étroits.* Involucre et involucelle nuls. *Fleurs jaunes.*

Plante glabre, glaucescente, aromatique ; ombelle à rayons
nombreux. . . . † *A. graveolens* L. (A. odorant).

27. PASTINACA Tourn.—(PANAIS).

Calice à limbe presque nul. *Pétales entiers*, enroulés en
dedans. Fruit comprimé parallèlement à la commissure.
Carpelles oblongs-suborbiculaires, *à 5 côtes*, les 3 *dorsales
très fines* souvent décomposées chacune en 3 lignes capillaires, les marginales dilatées en une aile aplanie ; vallécules à un seul canal résinifère de la longueur ou presque
de la longueur du carpelle. Columelle bipartite. — *Feuilles
pinnatiséquées, à segments ovales ou oblongs.* Involucre et
involucelle nuls ou à 1-2 folioles. *Fleurs jaunes.*

Segments des feuilles très amples, subsessiles, cunéiformes
ou tronqués à la base, plus rarement cordés. . . .
. . . . *P. sativa* L. (P. cultivé).

28. HERACLEUM L. — (BERCE).

Calice à limbe 5-denté. *Pétales extérieurs rayonnants, profondément bifides.* Fruit comprimé parallèlement à la commissure. Carpelles oblongs-suborbiculaires, à 5 côtes, les 3
dorsales filiformes peu saillantes, les marginales dilatées
en une aile aplanie ; *vallécules à un seul canal résinifère
qui s'étend à peine au delà de la moitié supérieure du carpelle.* Columelle bipartite. — Involucre à folioles peu nombreuses caduques, plus rarement presque nul ; involucelle
à folioles nombreuses. Fleurs blanches.

Tige robuste, fortement sillonnée, velue-hérissée ; segments
des feuilles inférieures très amples, bi-trilobés, ou pinnatipartits . . *H. Sphondylium* L. (B. Branc-Ursine).

29. TORDYLIUM Tourn. — (TORDYLE).

Calice à limbe 5-denté, *à dents linéaires-subulées.* Pétal émarginés, les extérieurs rayonnants bifides. Fruit comprimé parallèlement à la commissure. *Carpelles* suborbiculaires, *à* 5 *côtes*, les 3 *dorsales* filiformes *à peine visibles, les marginales dilatées en une bordure très épaisse rugueuse-tuberculeuse;* valécules à un seul canal résinifère. Columelle bipartite. — Involucre et involucelle à plusieurs folioles. Fleurs blanches ou rosées.

Tige hispide à poils réfléchis; fruit chargé de poils roides.
. . . . * *T. maximum* L. (T. élevé).

TRIBU V. Laserpitieæ. — Fruit comprimé parallèlement à la commissure ou presque cylindrique. *Carpelles à* 9 *côtes* par la présence des *côtes primaires et* des *côtes secondaires* : les 5 *côtes primaires* filiformes, lisses ou portant quelques pointes épineuses; les 4 *côtes secondaires développées en ailes membraneuses* entières *ou* profondément *découpées en épines ou en soies épineuses.* Canaux résinifères situés sur les côtes secondaires. — *Ombelles composées régulières.*

SOUS-TRIBU I. **Thapsieæ**. — *Fruit à 8 ailes entières*, dépourvu d'épines.

30. LASERPITIUM L. — (LASER).

Calice à limbe 5-denté. Fruit comprimé parallèlement à la commissure ou presque cylindrique. *Carpelles* linéaires-oblongs; *à* 5 *côtes primaires filiformes* à peine visibles; *à* 4 *côtes secondaires développées en ailes membraneuses entières*, planes ou ondulées, beaucoup plus larges que le fruit; valécules à un seul canal résinifère situé sur la côte ailée correspondante. Columelle bipartite. — Involucre et involucelle à plusieurs folioles.

Segments des feuilles pubescents-blanchâtres en dessous, assez amples, ovales-oblongs, tronqués ou inégalement cordés à la base . . * *L. latifolium* L. var. *asperum.*
. . . . (L. à feuilles larges var. rude).
(*L. asperum* Crantz).

Sous-tribu. ii. **Daucineæ**. — *Fruit chargé d'épines ou de soies* presque épineuses par la découpure des 8 ailes.

31. DAUCUS Tourn. — (CAROTTE).

Calice à limbe 5-denté. Fruit légèrement comprimé parallèlement à la commissure. *Carpelles* oblongs ; *à 5 côtes primaires filiformes*, chargées de 1-3 rangs de soies très courtes ; *à 4 côtes secondaires* développées en ailes *découpées* presque jusqu'à la base *en longues soies presque épineuses disposées sur un seul rang ;* vallécules à un seul canal résinifère situé sous la côte ailée correspondante. Columelle indivise ou bifide. — Involucre à plusieurs folioles triséquées ou pinnatiséquées à segments linéaires ; involucelle à plusieurs folioles triséquées ou entières.

> Fleurs blanches, celle qui occupe le centre de l'ombelle ord. plus grande et d'un pourpre foncé ; fruit à soies égalant le diamètre transversal des carpelles. .   .   .
> .   .   .   . *D. Carota* L. (C. commune).

32. ORLAYA Hoffm. — (ORLAYA).

Calice à limbe 5-denté. Fruit comprimé parallèlement à la commissure. *Carpelles* ovales-oblongs ; *à 5 côtes primaires filiformes*, chargées de 1-3 rangs de soies courtes ; *à 4 côtes secondaires* développées en ailes *découpées* presque jusqu'à la base *en épines subulées disposées sur 2-3 rangs ;* vallécules à un seul canal résinifère situé sous la côte ailée correspondante. Columelle bipartite. — Involucre et involucelle à plusieurs folioles entières. Fleurs extérieures à pétales extérieurs rayonnants.

> Pétales rayonnants plus grands que l'ensemble des fleurs rayonnantes de l'ombellule .   .   .   .
> .   .   . *O. grandiflora* Hoffm. (O. à grandes fleurs).
> (*Caucalis grandiflora* L.).

SOUS-FAMILLE II. **Campylospermæ**. — *Graine creusée à la face commissurale d'un canal ou d'un sillon*

profond qui résulte de l'inflexion ou de l'enroulement de ses bords et dans lequel s'enfonce le péricarpe, très rarement concave sur toute la face commissurale.

33. TURGENIA Hoffm. — (TURGÉNIE).

Calice à limbe 5-denté, à dents sétacées. Fruit comprimé perpendiculairement à la commissure, presque didyme. *Carpelles* ovales-acuminés ; *à 5 côtes primaires et à 4 côtes secondaires presque égales*, développées en ailes *découpées presque jusqu'à la base en épines* robustes subulées *ord. disposées sur 2-3 rangs*, les 2 côtes marginales seules à épines disposées sur un seul rang ; vallécules à un seul canal résinifère situé sous la côte secondaire correspondante. Columelle bifide. — Feuilles pinnatiséquées ou pinnatipartites. Involucre à 2-3 folioles ; involucelle ord. à 5 folioles. Fleurs purpurines, plus rarement rosées ou blanches.

Ombelles à 2-4 rayons robustes, roides, anguleux. . .
. . . . . * *T. latifolia* Hoffm. (T. à larges feuilles).
(*Caucalis latifolia* L.).

34. CAUCALIS L. — (CAUCALIDE).

Calice à limbe 5-denté, à dents lancéolées. Fruit comprimé perpendiculairement à la commissure, presque didyme. *Carpelles* oblongs ; *à 5 côtes primaires filiformes*, portant quelques tubercules épineux courts ; *à 4 côtes secondaires* développées en ailes *découpées presque jusqu'à la base en épines robustes* subulées *ord. disposées sur un seul rang ;* vallécules à un seul canal résinifère situé sous la côte secondaire correspondante. Columelle indivise, ou bifide seulement au sommet. — Involucre nul ou presque nul ; involucelle à plusieurs folioles. Fleurs blanches.

Ombelles à 2-5 rayons robustes ; épines des côtes secondaires du fruit disposées sur un seul rang, lisses, courbées en crochet au sommet . . . .
. . . . . *C. daucoides* L. (C. à feuilles de Carotte).

35. TORILIS Adans. — (TORILIS).

Calice à limbe 5-denté, à dents lancéolées. Fruit comprimé perpendiculairement à la commissure. *Carpelles oblongs ; à 5 côtes primaires filiformes*, portant quelques petites pointes épineuses ; *à 4 côtes secondaires décomposées jusqu'à la base en plusieurs rangs d'épines subulées ou de tubercules qui occupent tout l'espace compris entre les côtes primaires ;* vallécules à un seul canal résinifère situé sous la côte secondaire correspondante. Columelle bifide. — Tige et rameaux couverts de poils apprimés dirigés de haut en bas. Involucre nul ou à une ou plusieurs folioles ; involucelle à plusieurs folioles.

1 Ombelles sessiles ou brièvement pédonculées, opposées aux feuilles qui les dépassent longuement. . . . .
. . . . T. *nodosa* Gærtn. (T. noueuse).
(Caucalis nodiflora Lmk).
Ombelles terminales longuement pédonculées 2
2 Involucre à plusieurs folioles linéaires ; fruit à épines arquées, non crochues au sommet . . . .
. . . . . . T. *Anthriscus* Gmel. (T. Anthrisque).
(Caucalis Anthriscus Willd.).
Involucre nul ou à 1-3 folioles très courtes presque scarieuses ; fruit à épines crochues au sommet . . . .
. . . . T. *infesta* Duby (T. infestante).
(Scandix infesta L.; Caucalis Helvetica Jacq.).

36. ANTHRISCUS Hoffm. — (ANTHRISQUE).

Calice à limbe presque nul. Fruit comprimé perpendiculairement à la commissure ou presque didyme. *Carpelles lisses ou hérissés de pointes épineuses,* oblongs-lancéolés, *rétrécis brusquement au sommet en un bec qui n'égale pas la longueur de la graine ; à 5 côtes primaires apparentes seulement dans la partie supérieure du carpelle ; côtes secondaires nulles ;* vallécules à canaux résinifères peu distincts ou presque nuls. Columelle indivise, ou bifide seulement au sommet. — Involucre nul ; involucelle à plusieurs folioles ou à 1-3 folioles.

1 Fruit chargé d'épines subulées . . . .
. . . . *A. vulgaris* Pers. (A. commun).
(*Caucalis scandicina* Roth).
Fruit lisse 2

2 Ombelles sessiles, opposées aux feuilles, à 3-5 rayons.
. . . . † *A. Cerefolium* Hoffm. (A. Cerfeuil).
(*Chærophyllum sativum* Lmk).
Ombelles pédonculées, terminales, à 8-15 rayons . . .
. . . . *A. sylvestris* Hoffm. (A. sylvestre).
(*Chærophyllum sylvestre* L.).

37. CHÆROPHYLLUM L. — (CERFEUIL).

Calice à limbe presque nul. Fruit comprimé perpendiculairement à la commissure. *Carpelles lisses, oblongs-linéaires, non rétrécis en bec; à 5 côtes primaires obtuses, prolongées jusqu'à la base du carpelle;* côtes secondaires nulles; vallécules à un seul canal résinifère. Columelle bifide. — Involucre nul ou à 1-2 folioles; involucelle à plusieurs folioles.

Tige ord. renflée au-dessous des nœuds, parsemée surtout dans sa partie inférieure de taches d'un rouge brun. .
. . . . *C. temulum* L. (C. penché).

38. SCANDIX Gærtn. — (SCANDIX).

Calice à limbe presque nul. Fruit comprimé perpendiculairement à la commissure. *Carpelles* dépourvus d'épines, oblongs, *prolongés en un bec* linéaire *beaucoup plus long que la graine;* à 5 côtes primaires obtuses, peu saillantes; à côtes secondaires nulles; vallécules colorées, à canaux résinifères non distincts. Columelle indivise ou presque indivise. — Involucre nul ou à une seule foliole; involucelle à plusieurs folioles.

Fruit légèrement scabre, à bec au moins 4 fois plus gros que la graine. *S. Pecten-Veneris* L. (S. Peigne-de-Vénus).

39. CONIUM L. — (CIGUË).

Calice à limbe presque nul. *Fruit subglobuleux,* comprimé

perpendiculairement à la commissure, *presque didyme. Carpelles* dépourvus d'épines, ovoïdes, non prolongés en bec ; à 5 *côtes primaires saillantes ondulées;* à côtes secondaires nulles ; vallécules marquées de plusieurs stries, à canaux résinifères non distincts. Columelle bifide ou bipartite. — Involucre et involucelle à 3-5 folioles.

Tige parsemée, surtout dans sa partie inférieure, de taches d'un pourpre violacé ; involucelle à folioles réfléchies. .
. . . . *C. maculatum* L. (C. tachetée).

† CORIANDRUM L. — (CORIANDRE).

Calice à limbe 4-denté, à *dents* inégales, *linéaires-aiguës, persistantes. Fruit globuleux,* à carpelles restant ord. soudés à la maturité. *Carpelles* hémisphériques ; *à 5 côtes primaires déprimées, très flexueuses;* à 4 côtes secondaires filiformes, plus saillantes, droites ; vallécules à canaux résinifères non distincts. *Graine très concave à la face interne,* n'adhérant pas au péricarpe. Columelle bifide, soudée à la base et au sommet avec les carpelles, libre à sa partie moyenne et entourée de tissu cellulaire. — Involucre nul ou à une seule foliole ; involucelle unilatéral à 3 folioles.

Feuilles à odeur nauséeuse, très pénétrante ; fleurs extérieures à pétales extérieurs très grands rayonnants. .
. . . . † *C. sativum* L. (C. cultivée).

XXXVIII. HÉDÉRACÉES (Ach. Rich.).

Fleurs hermaphrodites, régulières. — Calice à 4-5 sépales, soudés en tube, à tube soudé avec l'ovaire, à partie libre très courte 4-5-dentée, persistante ou marcescente. — Corolle à 4-5 pétales insérés sur un disque qui revêt le sommet du tube du calice, libres, caducs, à préfloraison valvaire. — *Étamines 4-5*, insérées avec les pétales au sommet du tube du calice, libres. — Styles soudés en un *style indivis;* stigmate obtus ou capité. — *Fruit soudé avec le calice,* ord. à 5 ou 2 carpelles, *bacciforme ou drupace,* couronné par le limbe du calice ou par la cicatrice ombiliquée qui résulte de sa destruction, ord. *à 5 loges ou moins par avortement, ou à un seul noyau biloculaire.* — Graines solitaires dans chaque loge dont elles remplissent la cavité, insérées au côté interne de la loge, suspendues. Embryon placé dans un *périsperme charnu.* Radicule dirigée vers le hile.

Arbrisseaux plus ou moins élevés, quelquefois sarmenteux-grimpants. Feuilles alternes ou opposées, pétiolées, simples, entières ou plus ou moins profondément palmatilobées, à lobes entiers; stipules nulles. Fleurs se développant avant ou après les feuilles, disposées en ombelles latérales ou terminales munies ou non d'un involucre, ou en corymbes rameux terminant les rameaux.

Les baies du Lierre (*Hedera Helix*) sont purgatives et émétiques, le suc de la tige est amer et résineux; les feuilles sont employées pour tenir fraîche la surface dénudée des exutoires ; ces feuilles pilées sont aromatiques, leur suc était autrefois préconisé pour la guérison des ulcères et des brûlures. Les feuilles du *Cornus mas* (Cornouiller) sont astringentes, ses fruits sont d'une saveur acidule-sucrée assez agréable. Les fruits du *Cornus sanguinea* (Bois-sanguin) sont d'une saveur amère et nauséeuse; leur graine renferme une huile grasse bonne à brûler, mais trop peu abondante pour qu'on puisse l'en extraire avec avantage.

Corolle à 5 pétales; feuilles alternes, persistantes.   .   .
.   .   .   . HEDERA. (1).
Corolle à 4 pétales; feuilles opposées, caduques   .   .   .
.   .   .   . CORNUS. (2).

1. HEDERA Tourn. — (LIERRE).

Calice à limbe très court 5-denté. *Pétales 5.* Étamines 5. *Fruit bacciforme, à 5 loges* ou moins par avortement (dans notre espèce). Graines à périsperme sillonné de fentes transversales profondes dans lesquelles pénètre le testa.—*Feuilles alternes, persistantes.*

Tiges sarmenteuses, grimpantes ou étalées sur la terre, émettant des racines adventives. *H. Helix* L. (L. grimpant).

2. CORNUS Tourn. — (CORNOUILLER).

Calice à limbe très court 4-denté. *Pétales 4.* Étamines 4.
*Fruit drupacé, à noyau osseux biloculaire, à loges mono-
spermes. — Feuilles opposées, caduques.*

Fleurs blanches, en corymbes dépourvus d'involucre ; fruit
noir. . . . . *C. sanguinea* L. (C. sanguin).
Fleurs jaunes, disposées en ombelles simples munies d'involucre ; fruit rouge. . . . *C. mas* L. (C. mâle).

XXXIX. LORANTHACÉES (Juss. et Rich.).

Fleurs incomplètes, unisexuelles, régulières. — Fleur
mâle : Calice à 4 sépales soudés en tube inférieurement, à
limbe 4-fide, à préfloraison valvaire. Corolle nulle. Étamines 4, à *anthères* sessiles, *soudées dans toute leur étendue
à la face interne des sépales, divisées en* un grand nombre de
cellules qui s'ouvrent isolément à la face libre de l'anthère. —
Fleur femelle : Calice soudé avec l'ovaire, à partie libre très
courte obscurément 4-dentée. Corolle à 4 pétales squamiformes charnus, insérés au sommet du tube du calice, à
préfloraison valvaire. Ovaire à une seule loge, à un seul
ovule accompagné de deux autres ovules très rudimentaires.
Stigmate sessile, obtus. — *Fruit soudé avec le calice, à
un seul carpelle,* globuleux, *bacciforme,* présentant vers
le sommet des cicatrices qui représentent les dents du calice,
uniloculaire, monosperme, à mésocarpe mucilagineux très
visqueux, à endocarpe membraneux étroitement appliqué
sur la graine. — *Graine* dressée, *dépourvue d'enveloppes
propres.* Périsperme épais, charnu, coloré en vert ainsi que
l'embryon. Embryon solitaire à radicule dirigée vers le
point diamétralement opposé au hile, ou 2-3 embryons
convergents par leur extrémité cotylédonaire.

Arbrisseau parasite, s'implantant sur les végétaux ligneux.
Tige plusieurs fois dichotome, exceptionnellement tri-polycho-
tome, articulée au niveau des nœuds. Feuilles opposées, excep-

tionnellement verticillées par 3-4, simples, entières, sessiles:
stipules nulles. Fleurs peu apparentes, verdâtres (les femelles à
pétales très petits jaunes), sessiles, disposées en cymes 2-5-flores
sur des axes courts épais ; les rameaux donnant naissance ord.
pendant deux années seulement aux cymes de fleurs, la cyme
étant solitaire et terminale la première année, la seconde année
les cymes étant toutes latérales et naissant sur les côtés de l'aisselle des feuilles qui se sont détachées.

L'écorce et le fruit bacciforme du Gui (*Viscum album*) contiennent une matière glutineuse d'une nature particulière, connue
sous le nom de *glu;* cette substance est associée à un suc mucilagineux. On sait quel était le respect superstitieux des Gaulois
pour le Gui lorsqu'il se trouvait parasite sur le Chêne.

1. VISCUM Tourn. — (Gui).

Feuilles épaisses un peu charnues, oblongues obtuses,
atténuées à la base ; baies blanches . . . . . .
. . . . *V. album* L. (G. blanc).

XL. GROSSULARIÉES (DC.).

Fleurs hermaphrodites, ou unisexuelles par avortement,
régulières. — Calice à 5 plus rarement 4 sépales, soudés
en tube à la base, à tube soudé avec l'ovaire et plus ou
moins prolongé au-dessus de lui, à partie libre colorée,
marcescente, 5-fide plus rarement 4-fide, à préfloraison
imbriquée. — Corolle à 5 plus rarement 4 pétales insérés
à la gorge du calice, très petits, libres, submarcescents,
distants pendant la préfloraison ou à préfloraison subvalvaire. — *Étamines 5 plus rarement 4*, insérées avec les
pétales à la gorge du calice, libres. — Styles 2, rarement
3-4, plus ou moins soudés.—*Fruit soudé avec le calice, à 2
rarement 3-4 carpelles, bacciforme pulpeux-succulent,* couronné par le limbe marcescent du calice, uniloculaire, polysperme, ou oligosperme par avortement.—*Graines insérées
sur des placentas pariétaux, à tégument extérieur mucilagi-*

neux, à tégument intérieur adhérent au périsperme. Embryon très petit, placé dans un périsperme presque corné. Radicule dirigée vers le hile.

Arbrisseaux épineux ou non épineux, à épiderme fendillé caduc. Feuilles alternes ou fasciculées, plus ou moins profondément palmatilobées à lobes crénelés-dentés, à pétiole semi-amplexicaule ; stipules nulles. Fleurs se développant en même temps que les feuilles, portées 1-3 sur des pédoncules communs rameux courts, ou disposées en grappes pluriflores souvent pendantes axillaires ou partant du centre des fascicules de feuilles.

Les feuilles et l'écorce des Groseilliers renferment un suc résineux aromatique ; les fruits mûrs sont gorgés d'un mucilage sucré uni à de l'acide malique et à de l'acide citrique. Il suffit de citer le Groseillier épineux (*Ribes Uva-crispa*) et le Groseillier rouge ou blanc (*R. rubrum*) ; leurs fruits sont des plus agréables de nos jardins ; les propriétés rafraîchissantes et tempérantes de l'eau, du sirop et de la gelée de groseille sont connues de tout le monde. Les feuilles et les fruits du Cassis (*R. nigrum*) sont doués d'une saveur résineuse et aromatique ; on s'en sert surtout pour composer, par macération, avec de l'eau-de-vie et du sucre, une liqueur douée de propriétés toniques et stomachiques.

1. RIBES L. — (GROSEILLIER).

1 Arbrisseau épineux ; pédoncules courts, 1-3-flores .   .
. . . . *R. Uva-crispa* L. (G. épineux).
Arbrisseau dépourvu d'épines ; fleurs disposées en grappes pluriflores 2

2 Fruit rouge ou blanchâtre ; calice glabre , à limbe rotacé
. . . . *R. rubrum* L. (G. rouge).
Fruit noir ; calice pubescent-glanduleux, à limbe campanulé . . . . † *R. nigrum* L. (G. noir).

XLI. SAXIFRAGÉES (Juss.).

Fleurs hermaphrodites , régulières ou à peine irrégulières, quelquefois incomplètes. — Calice à 5 plus rarement 4 sépales plus ou moins soudés à la base, plus ou

moins soudés avec l'ovaire, ou libres, persistants, plus rarement marcescents ou caducs, à préfloraison imbriquée ou
valvaire. — Corolle à 5 plus rarement 4 pétales insérés sur
le disque plus ou moins développé qui revêt le tube du
calice, libres, caducs, à préfloraison imbriquée, plus rarement nuls. — *Étamines 10, plus rarement, 8*, insérées sur
le disque avec les pétales, libres. — *Styles 2*, terminaux,
assez courts, souvent persistants. — *Fruit* plus ou moins
soudé avec le calice ou libre, *capsulaire*, 2-loculaire, plus
rarement 1-loculaire, *à loges polyspermes*, composé de deux
carpelles plus ou moins soudés entre eux et qui se séparent
plus ou moins complétement à la maturité en s'ouvrant
par leur suture interne. — Graines très petites, insérées
à l'angle interne des carpelles ou sur des placentas qui
revêtent leur face interne. Embryon droit, placé au centre
d'un *périsperme charnu*. Radicule dirigée vers le hile.

Plantes annuelles ou vivaces, herbacées. Feuilles alternes ou
opposées, simples, dentées, crénelées ou palmatilobées ; stipules
nulles. Fleurs disposées en cymes plus ou moins irrégulières ou
en corymbes terminaux.

Les *Saxifragées* ne possèdent pas de propriétés médicales bien
prononcées. Le *Saxifraga granulata* était, au moyen âge, considéré comme un des spécifiques de la gravelle, probablement en
raison de la forme granuleuse de ses bourgeons souterrains charnus ; sa saveur est légèrement âcre et acidule. On attribuait jadis
aux *Chrysosplenium* des propriétés toniques et résolutives. —
Plusieurs espèces de Saxifrages, entre autres les *Saxifraga cras-
sifolia, umbrosa* et *hirsuta*, sont cultivées comme plantes d'ornement.

Corolle à 5 pétales ; capsule à deux loges. SAXIFRAGA. (1).
Corolle nulle ; capsule à une seule loge. . . . . .
 . . . . CHRYSOSPLENIUM. (2).

1. SAXIFRAGA L. — (SAXIFRAGE).

Calice à tube plus ou moins soudé avec l'ovaire, plus
rarement libre, à limbe 5-fide ou 5-partit. Corolle à *5 pétales*. Étamines 10. Styles 2. *Capsule biloculaire*, terminée

en deux becs, s'ouvrant supérieurement par les sutures
internes des carpelles. Graines très nombreuses, très
petites, s'insérant des deux côtés de la cloison. — Fleurs
blanches.

Racine grêle pivotante ; feuilles palmatilobées à 2-3 lobes.
. . . . S. *tridactylites* L. (S. tridactyle).
Souche donnant naissance à des bulbilles nombreuses mêlées aux fibres radicales ; feuilles inférieures crénelées,
à crénelures nombreuses. S. *granulata* L. (S. granulée).

2. CHRYSOSPLENIUM L. — (DORINE).

Calice à tube soudé avec l'ovaire, à limbe 4-fide plus
rarement 5-fide. *Corolle nulle.* Étamines 8, plus rarement
10. Styles 2. *Capsule uniloculaire*, échancrée au sommet,
s'ouvrant supérieurement en deux valves presque planes
étalées échancrées. Graines nombreuses, petites, d'un noir
luisant, insérées sur des placentas qui revêtent la face des
valves. — Fleurs à calice coloré en jaune, entourées de
feuilles florales également colorées.

Feuilles opposées . . . .
. . . . * C. *oppositifolium* L. (D. à feuilles opposées).
Feuilles alternes . . . .
. . . . * C. *alternifolium* L. (D. à feuilles alternes).

Subdivision II. GAMOPÉTALES.

Enveloppes florales constituées par un calice et une
corolle. — Corolle à *pétales soudés entre eux.*

CLASSE I. GAMOPÉTALES HYPOGYNES.

Corolle et étamines indépendantes du calice. — Corolle
insérée sur le réceptacle. — Étamines insérées sur la corolle, très rarement indépendantes de la corolle. — *Ovaire*
libre, très rarement soudé avec le calice.

10

XLII. ÉRICINÉES (Juss.).

Fleurs hermaphrodites, régulières ou un peu irrégulières.
— Calice à 4-5 sépales libres ou plus ou moins soudés,
persistant, quelquefois scarieux-pétaloïde. — Corolle hypogyne, gamopétale, campanulée ou urcéolée, à 4-5 divisions, régulière ou un peu irrégulière, persistante, à préfloraison imbriquée. — *Étamines* 8-10, rarement 5, hypogynes, *non soudées avec la corolle. Anthères à lobes* souvent
séparés, *s'ouvrant chacun par un pore terminal*, souvent
munis chacun d'un appendice filiforme dorsal vers l'insertion du filet. — Styles soudés en un style filiforme ; stigmate capité ou pelté, indivis ou obscurément lobé. — Fruit
à 4-5 carpelles, capsulaire, à 4-5 loges, à loges polyspermes
plus rarement oligospermes, à déhiscence loculicide ou
septifrage, à 4-5 valves, s'ouvrant rarement en 8-10 valves
par la combinaison de la déhiscence loculicide et de la déhiscence septicide, plus rarement bacciforme indéhiscent.
— Graines très petites, insérées à l'angle interne des loges,
pendantes. Embryon droit, placé dans un périsperme
charnu. Radicule dirigée vers le hile.

Sous-arbrisseaux. Feuilles verticillées par 3-5, plus rarement
opposées, entières, sessiles, persistantes, coriaces, ord. aciculées
à bords fortement roulés en dessous ; stipules nulles. Fleurs disposées en panicules, en grappes terminales, plus rarement en
ombelles simples.

Les *Éricinées* renferment des substances amères et astringentes,
quelques-unes contiennent des substances résineuses et balsami-
ques ; plusieurs espèces ont été employées dans les affections des
voies urinaires résultant d'atonie. La Bruyère commune (*Calluna
Erica*) est douée de propriétés astringentes, elle est employée par
les tanneurs et les teinturiers. La Bruyère à balais (*Erica scoparia*), très rare dans nos environs, mais abondante dans le
centre, l'ouest et le midi de la France, sert à la fabrication de balais
grossiers. — L'Arbousier (*Arbutus Unedo*) croît dans le midi de la
France : l'écorce et les feuilles de cet arbrisseau sont astringentes ;
ses baies, à surface granuleuse, sont d'une saveur sucrée un peu

fade à la maturité ; on en prépare en Corse une boisson fermentée ;
en Provence et en Italie on en obtient de l'eau-de-vie par la
distillation. La Busserole (*Arctostaphylos Uva-Ursi*) est un sous-
arbrisseau des montagnes du centre et du nord de l'Europe ; ses
feuilles ont une saveur amère et astringente et on les emploie
en infusion comme diurétiques. L'*Erica arborea* (Bruyère en
arbre), arbuste du midi de la France, est quelquefois cultivé dans
les serres tempérées. — Les Bruyères, limitées à un petit nombre
d'espèces en Europe, sont au contraire très nombreuses au cap
de Bonne-Espérance ; elles manquent en Asie, en Amérique et
en Océanie. — A la famille des Éricinées appartiennent les
genres *Rhododendron* et *Azalea* qui fournissent à nos parterres
et à nos serres de nombreuses plantes d'ornement.

Corolle dépassant longuement le calice ; capsule à déhiscence loculicide . . . . ERICA. (1).
Corolle plus courte que le calice ; capsule à déhiscence
septifrage. . . . . CALLUNA. (2).

1. ERICA L. — (BRUYÈRE).

Calice à 4 sépales libres ou soudés à la base, herbacés
ou colorés. *Corolle dépassant longuement le calice*, campanulée, urcéolée ou subglobuleuse, 4-lobée ou 4-dentée. Étamines 8. *Capsule à 4 loges, à déhiscence loculicide.* Graines
nombreuses dans chaque loge.

1 Corolle campanulée ; étamines exsertes. . . . . .
. . . .* E. vagans* L. (B. vagabonde).
Corolle urcéolée ou subglobuleuse ; étamines incluses. . 2

2 Corolle globuleuse, profondément 4-fide ; fleurs très petites,
d'un vert jaunâtre . . * E. scoparia* L. (B. à balais).
Corolle urcéolée, ovoïde ou tubuleuse ; fleurs purpurines ou
roses, rarement blanches 3

3 Feuilles et calices glabres. .*E. cinerea* L. (B. cendrée).
Feuilles et calices longuement ciliés. 4

4 Anthères munies vers leur base de deux appendices sétiformes ; fleurs disposées en grappes courtes ou en ombelles simples. . * E. Tetralix* L. (B. à quatre angles).
Anthères dépourvues d'appendices basilaires ; fleurs disposées en grappes allongées. * E. ciliaris* L. (B. ciliée).

2. CALLUNA Salisb. — (CALLUNE).

Calice à 4 sépales libres, colorés, scarieux pétaloïdes. *Corolle beaucoup plus courte que le calice*, campanulée, profondément 4-fide. Étamines 8. *Capsule* à 4 loges, *à déhiscence septifrage. Graines peu nombreuses ou solitaires dans chaque loge.*

Feuilles étroitement imbriquées sur quatre rangs, prolongées au-dessous de l'insertion en un éperon bifide.   .
.   .   .   .   .   .   *C. vulgaris* Salisb. (C. commune).
(*Erica vulgaris* L.).

XLIII. PRIMULACÉES (Vent.).

Fleurs hermaphrodites, *régulières* (dans nos espèces), très rarement irrégulières. — Calice à 5 rarement 4-7 sépales soudés à la base ou dans une grande partie de leur longueur, persistant, à préfloraison valvaire rarement imbriquée-contournée. — Corolle hypogyne, gamopétale, rotacée hypocratériforme, campanulée ou infundibuliforme, très rarement subbilabiée, à 5 rarement 4-7 lobes entiers émarginés ou bifides très rarement laciniés, caduque ou marcescente, à préfloraison imbriquée ou imbriquée-tordue, très rarement nulle. — *Étamines* insérées au tube ou à la gorge de la corolle, *en nombre égal à celui des lobes de la corolle et opposées à ces lobes*, quelquefois en nombre double et alors le rang extérieur étant réduit à des appendices ou à des filets dépourvus d'anthère occupant la gorge de la corolle et alternant avec ses lobes. Filets libres ou soudés entre eux inférieurement, quelquefois presque nuls. — Styles soudés en un style indivis ; stigmate indivis.— *Fruit* libre, à 5 rarement 4-7 carpelles, libre, très rarement soudé inférieurement avec le tube du calice, capsulaire, ord. globuleux, *uniloculaire*, ord. polysperme, s'ouvrant au sommet ou dans toute sa longueur en valves à nombre égal à celui des divisions du calice, plus rarement en 2 valves qui se subdi-

visent ensuite, ou s'ouvrant circulairement par un opercule
(pyxide). — Graines ord. chagrinées, insérées sur un *placenta central libre* globuleux, sessiles et enfoncées dans des
fossettes du placenta ; peltées, à face dorsale aplanie , à
face ventrale convexe souvent anguleuse ; plus rarement insérées à l'une de leurs extrémités, à raphé occupant toute.
leur longueur. Embryon placé dans un périsperme charnu
ou presque corné, ord. dirigé parallèlement au hile. Radicule éloignée du hile de la moitié de la longueur de la graine,
rarement dirigée vers le hile.

Plantes vivaces herbacées, plus rarement annuelles. Feuilles
opposées , plus rarement verticillées ou alternes, quelquefois
toutes radicales, entières, crénelées ou dentées, très rarement
pinnatiséquées-pectinées, sessiles ou pétiolées ; stipules nulles.
Fleurs solitaires axillaires, en ombelles au sommet de pédoncules
radicaux , plus rarement en verticilles dans la partie supérieure de la tige ou disposées en panicules ou en grappes terminales.

Les *Primulacées* sont recherchées pour la beauté de leurs
fleurs, plus que pour leurs propriétés médicales. Il suffit de
citer les jolies variétés de la Primevère (*Primula grandiflora*) et
de l'Oreille-d'ours (*P. Auricula*) et les fleurs élégantes des
Cyclamen. — Le *Primula officinalis*, dont les fleurs exhalent
une odeur douce, servait jadis à préparer une infusion stimulante
tonique et sudorifique.—Le suc de l'*Anagallis arvensis* (Mouron-
des-champs) est âcre, amer et nauséeux ; les anciens l'employaient
contre l'épilepsie, le venin des serpents et la rage : c'est un
médicament suspect et aujourd'hui sans usage. — Les *Lysima-
chia* ont un suc amer acide et astringent. Le suc du *Samolus
Valerandi* est amer et on lui attribue des propriétés antiscorbutiques.

1 Capsule soudée avec le tube du calice. . SAMOLUS. (4).
   Capsule jamais soudée avec le tube du calice 2

2 Capsule s'ouvrant longitudinalement par plusieurs valves. 3
   Capsule s'ouvrant circulairement par un opercule. . . 5

3 Calice campanulé ou tubuleux . . . .PRIMULA. (1).
   Calice divisé presque jusqu'à la base. 4

10.

4 Capsule à valves restant adhérentes à la base et au sommet ;
    feuilles pinnatiséquées-pectinées   .   .   Hottonia. (2).
  Capsule complétement déhiscente ; feuilles entières.   .
    .   .   .   .   Lysimachia. (3).

5 Calice à 4 divisions ; corolle à tube subglobuleux   .   .
    .   .   .   .   Centunculus. (5).
  Calice à 5 divisions ; corolle à tube presque nul   .   .   .
    .   .   .   .   Anagallis. (6).

TRIBU I. — Capsule s'ouvrant longitudinalement par
  plusieurs valves.

1. PRIMULA L. — (Primevère).

Calice campanulé ou tubuleux, 5-denté ou 5-fide. Corolle
infundibuliforme, plus rarement hypocratériforme ; à tube
dilaté à partir de l'insertion des étamines ; à gorge munie
d'appendices, plus rarement nue ; à limbe 5-partit à lobes
obtus-émarginés ou bifides. Étamines 5, incluses, insérées
vers la partie moyenne ou la partie supérieure du tube de
la corolle. Capsule s'ouvrant dans sa partie supérieure en
5 valves entières ou bifides. Graines anguleuses, chagrinées. — *Feuilles toutes radicales, en touffe. Fleurs* jaunes
passant au vert par la dessiccation, ou de couleurs variées,
disposées en ombelle simple *au sommet d'un pédoncule radical
ou à pédicelles naissant isolément de la souche* par l'avortement du pédoncule.

1 Corolle à limbe concave ; calice à divisions courtes, trian-
    gulaires, presque obtuses   .   .   .   .
    .   .   .   .   *P. officinalis* Jacq. (P. officinale).
  Corolle à limbe plan ; calice à divisions acuminées.   .   . 2

2 Calice à divisions triangulaires-acuminées ; feuilles ovales
    ou oblongues   .   .   .   .   *P. elatior* Jacq. (P. élevée).
  Calice à divisions lancéolées étroites longuement acumi-
    nées ; feuilles obovales ou oblongues-obovales   .   .   .
        .   . * *P. grandiflora* Lmk (P. à grandes fleurs).
            (*P. acaulis* Jacq.; *P. variabilis* Goupil).

2. HOTTONIA L. — (HOTTONIE).

Calice 5-partit. Corolle hypocratériforme, à limbe 5-partit. Étamines 5, ord. insérées vers la partie supérieure du tube de la corolle. *Capsule s'ouvrant en 5 valves cohérentes au sommet et à la base. Graines munies d'un raphé complet,* à hile basilaire. Embryon à radicule dirigée vers le hile. - *Feuilles submergées, pinnatiséquées-pectinées.*

Fleurs d'un blanc rosé ou d'un lilas pâle, disposées en verticilles dans la partie supérieure de la tige . . . . .
. . . . * *H. palustris* L. (H. des marais).

3. LYSIMACHIA L. — (LYSIMAQUE).

Calice 5-partit. Corolle à tube très court, *presque rotacée,* à limbe 5-partit. *Étamines 5,* insérées à la gorge de la corolle, à filets libres ou soudés en anneau inférieurement, *dépassant longuement le tube.* Capsule s'ouvrant en 5 valves, ou en 2 valves qui se subdivisent plus tard, l'une en 2, l'autre en 3 valves. — *Fleurs* jaunes, *axillaires* ou *disposées en panicule terminale.*

1 Tige dressée, très pubescente; fleurs disposées en panicule multiflore terminale. . *L. vulgaris* L. (L. commune).
Tiges décombantes ou couchées, glabres; fleurs axillaires solitaires 2

2 Calice à divisions ovales-aiguës, cordées à la base . . .
. . . . *L. Nummularia* L. (L. Nummulaire).
Calice à divisions linéaires-subulées. . . . . . .
. . . . * *L. nemorum* L. (L. des forêts).

4. SAMOLUS Tourn. — (SAMOLE).

Calice campanulé, à tube soudé avec l'ovaire, à limbe 5-fide. Corolle insérée au sommet du tube du calice, à tube court, à gorge munie de 5 appendices squamiformes alternant avec les lobes, à limbe 5-partit. Étamines 5, insérées au tube ou à la gorge de la corolle. *Capsule soudée* dans sa partie inférieure *avec le tube du calice,* entourée au-dessous

de sou sommet par les divisions du calice et s'ouvrant en
5 valves dans sa partie libre.

> Feuilles obovales ou oblongues-obovales; fleurs petites,
> blanches, en grappes terminales . . . .
> . . . . S. *Valerandi* L. (S. de Valérandus).

TRIBU II. — Capsule s'ouvrant par une fente circulaire.

5. CENTUNCULUS L. — (CENTENILLE).

Calice 4-partit. Corolle à tube subglobuleux, à limbe
4-partit. Capsule s'ouvrant circulairement par un opercule.
— *Feuilles alternes*. Fleurs axillaires, à corolle plus courte
que le calice.

> Tiges très grêles; fleurs sessiles ou presque sessiles. .
> . . . . C. *minimus* L. (C. naine).

6. ANAGALLIS Tourn. — (MOURON).

Calice 5-partit. Corolle rotacée ou subinfundibuliforme ,
à tube presque nul, à limbe 5-partit. Capsule s'ouvrant circulairement par un opercule. — Feuilles opposées. Fleurs
axillaires, roses, rouges ou bleues.

> 1 Corolle subinfundibuliforme, deux fois plus longue que le
> calice ; plante vivace , à tiges couchées-radicantes à la
> base. . . . . * A. *tenella* L. (M. délicat).
> Corolle rotacée, dépassant peu le calice ; plante annuelle. 2
> 2 . . . . A. *arvensis* L. (M. des champs). .
> Fleurs rouges, roses ou blanches. . . . .
> . . . . var. *phœnicea* Lmk (var. rouge).
> (A. *phœnicea* Lmk).
> Fleurs d'un beau bleu ou à gorge rougeâtre . . . .
> . . . . var. *cœrulea* (var. bleue).
> (A. *cœrulea* Schreb.)

XLIV. PLOMBAGINÉES (Juss.).

Fleurs hermaphrodites, régulières.— Calice à 5 sépales
soudés en un calice gamosépale tubuleux, persistant, à
5 plis, à 5 dents.— Corolle hypogyne, à 5 pétales libres, ou

soudés à la base ou en une corolle gamopétale hypocratériforme à tube étroit anguleux, à limbe 5-partit, à préfloraison imbriquée-contournée ou imbriquée. — *Étamines 5,
opposées aux pétales ou aux lobes de la corolle*, hypogynes
dans les fleurs à corolle gamopétale, insérées à la base des
pétales dans les fleurs à pétales libres. — Styles 5, libres,
ou soudés en un seul ; stigmates libres. — *Fruit* libre, à 5
carpelles, membraneux, *uniloculaire*, *monosperme*, renfermé
dans le calice, indéhiscent ou à 5 valves. — Graine suspendue à l'extrémité d'un funicule qui naît du fond de la
loge, paraissant souvent dressée en raison de l'adhérence du funicule avec le testa. Embryon droit, placé dans
un périsperme farineux. Radicule dirigée vers le hile.

Plantes vivaces, acaules ou caulescentes, ord. herbacées.
Feuilles toutes radicales ou alternes, ord. entières ; stipules
nulles. Fleurs disposées sur un réceptacle muni de paillettes et
rapprochées en un glomérule entouré d'un involucre, ou disposées en épis scorpioïdes unilatéraux rapprochés en panicule.

Les *Statice* ont des propriétés astringentes et toniques tombées
aujourd'hui dans l'oubli. L'*Armeria maritima* (Gazon-d'Olympe)
est fréquemment cultivé dans les parterres ; ses feuilles étaient
employées comme résolutif.

1. ARMERIA Willd. — (ARMÉRIA).

Fleurs rapprochées *en glomérules multiflores solitaires à
l'extrémité de pédoncules radicaux nus ;* glomérules entourés d'un involucre composé de plusieurs folioles scarieuses
imbriquées, les extérieures se prolongeant au-dessous de
leur insertion en appendices soudés en une gaîne qui embrasse la partie supérieure du pédoncule ; réceptacle muni
de paillettes.

Feuilles linéaires-lancéolées ou lancéolées, à 3-7 nervures ;
pédoncules radicaux de 1-6 décim., roides ; calice à dents
membraneuses subulées roides . . . .
. . *A. plantaginea* Willd. (A. à feuilles de Plantain).
(*Statice plantaginea* All.).

XLV. PLANTAGINÉES (Juss.).

Fleurs hermaphrodites, plus rarement unisexuelles, *régulières*. — Calice à 4 plus rarement 3 sépales soudés à la base, persistant, à préfloraison imbriquée. — *Corolle* hypogyne, gamopétale, *scarieuse* persistante, *à limbe 4-fide* plus rarement 3-fide, ord. étalé, réfléchi après la floraison, à préfloraison imbriquée. — *Étamines 4, alternes avec les lobes de la corolle*, insérées sur le tube de la corolle dans les fleurs hermaphrodites, hypogynes dans les fleurs mâles. Filets repliés sur eux-mêmes dans le bouton, longuement saillants hors de la corolle après l'épanouissement de la fleur. — Styles soudés en un style indivis, dépassant longuement la corolle; stigmate filiforme, indivis, très rarement subbilobé. — Fruit libre, entouré par le calice et la corolle persistants, à 1-2 carpelles, crustacé, uniloculaire, monosperme, indéhiscent (*Littorella*); plus ordinairement capsulaire-membraneux, à 2 loges monospermes, dispermes ou polyspermes, quelquefois subdivisées chacune par une fausse cloison prolongement des placentas, à déhiscence circulaire (pyxide). — Graines solitaires dressées, ou 2 ou plusieurs peltées, insérées sur la partie moyenne de la cloison, à testa devenant mucilagineux par l'humidité. Périsperme épais, charnu. Embryon droit. Radicule dirigée parallèlement au hile, rarement vers le hile.

Plantes vivaces ou annuelles, acaules ou caulescentes, herbacées, plus rarement sous-frutescentes. Feuilles toutes radicales, ou caulinaires opposées ou alternes, entières, dentées, ou pinnatipartites; stipules nulles. Fleurs hermaphrodites disposées en épis, rarement unisexuelles solitaires ou subsolitaires.

La racine et les parties herbacées des Plantains sont légèrement amères et astringentes. L'eau distillée de Plantain (*Plantago major*) est employée comme collyre adoucissant, soit isolément, soit associée à des substances astringentes. On employait autrefois cette espèce, ainsi que le *P. lanceolata* et le *P. media*, dans le traitement des fièvres intermittentes. Le *P. Coronopus* était classé jadis parmi les remèdes préconisés contre la rage ; on attribue à son suc une action diurétique. Les semences du *P. are - naria* traitées par l'eau bouillante donnent une décoction mucilagineuse dont on a fait usage dans le traitement de la dyssenterie et des ophthalmies. Les épis mûrs du *P. major* servent souvent à garnir les cages des oiseaux.

Fleurs monoïques, les mâles solitaires à l'extrémité de pédoncules radicaux . . . . . . LITTORELLA. (1).
Fleurs hermaphrodites, disposées en épis . . . . .
. . . . PLANTAGO. (2).

1. LITTORELLA L. — (LITTORELLE).

Fleurs monoïques, les mâles solitaires à l'extrémité de pédoncules axillaires, *les femelles sessiles géminées ou ternées à la base du pédoncule de la fleur mâle*. — Fleur mâle : Calice 4-partit. Corolle infundibuliforme, à limbe 4-partit. Étamines 4 , hypogynes. — Fleur femelle : Calice à 4 sépales , rarement à 3 sépales par avortement. Corolle tubuleuse-urcéolée , à limbe très court 4-denté , rarement 3-denté, *Fruit crustacé*, uniloculaire, *monosperme*, *indéhiscent*. Graine dressée, ovoïde-oblongue.

Plante aquatique ; feuilles roides, un peu charnues, linéaires-aiguës, presque cylindriques
. . . . * *L. lacustris* L. (L. des étangs).

2. PLANTAGO L. — (PLANTAIN).

Fleurs hermaphrodites, disposées en épis cylindriques ou globuleux , naissant chacune à l'aisselle d'une bractée. Calice 4-partit. Corolle tubuleuse, à tube souvent renflé, à limbe 4-partit réfléchi après la floraison. Étamines 4. *Fruit capsulaire-membraneux, à déhiscence circulaire, à 2-4 ou à 8-12 graines*, à 2 loges quelquefois subdivisées chacune par une fausse cloison. Graines peltées, petites et anguleuses dans les capsules polyspermes, à dos convexe et à face ventrale excavée-naviculaire dans les capsules dispermes.

1 Plante caulescente, à feuilles opposées . . . . . .
. . . . P. arenaria Waldst. et Kit. (P. des sables).
Plante acaule, à feuilles disposées en rosette radicale. . 2

2 Feuilles ord. pinnatipartites; plante annuelle; tube de la
corolle velu. . . P. Coronopus L. (P. Corne-de-cerf).
Feuilles entières, superficiellement sinuées ou lâchement
dentées; plante vivace; tube de la corolle glabre. . . 3

3 Feuilles lancéolées ou linéaires-lancéolées; pédoncules radicaux fortement anguleux. P. lanceolata L. (P. lancéolé).
Feuilles ovales-oblongues ou ovales-lancéolées; pédoncules radicaux cylindriques 4

4 Épis oblongs-cylindriques, compactes, assez courts; capsule 2-sperme. . . . . . P. media L. (P. moyen).
Épis linéaires-cylindriques, ord. très allongés; capsule 8-
12-sperme . . . P. major L. (P. à larges feuilles).

XLVI. ILICINÉES (Brongn.).

Fleurs hermaphrodites ou unisexuelles par avortement,
régulières. — Calice gamosépale, à 4 plus rarement 5-6
divisions, persistant, à préfloraison imbriquée. — Corolle
hypogyne, gamopétale, rotacée, 4-partite, plus rarement
5-6-partite, caduque, à préfloraison imbriquée. — *Étamines
en nombre égal à celui des lobes de la corolle et alternant avec
eux*, insérées à la base de la corolle. — Stigmate sessile,
lobé, à lobes en nombre égal à celui des loges. — Fruit
libre, ord. à 4 carpelles, charnu-bacciforme, ord. à 4 loges
osseuses, distinctes, monospermes, indéhiscentes (noyaux,
nucules). — Graines insérées à l'angle interne des loges,
suspendues. Périsperme épais, charnu. Embryon très petit,
droit. Radicule dirigée vers le hile.

Arbrisseau à feuilles persistant pendant l'hiver. *Feuilles* alternes, *dentées-épineuses*; stipules nulles. Fleurs en fascicules
axillaires.

Le Houx (*Ilex Aquifolium*) renferme dans ses feuilles et son
écorce une matière mucilagineuse amère et astringente; l'écorce

pilée appliquée à l'extérieur est résolutive ; on a administré
l'extrait, avec des résultats divers, pour combattre les fièvres intermittentes. La décoction des feuilles dans la bière provoque des
sueurs abondantes favorables dans les affections rhumatismales
et goutteuses. Les baies sont purgatives. L'écorce sert à fabriquer une glu analogue à celle que l'on obtient du Gui.

1. ILEX L. — (Houx).

Fleurs blanches ; fruits d'un rouge vif . . . .
. . . . *I. Aquifolium* L. (H. commun).

XLVII. OLÉINÉES (Link et Hoffms.).

Fleurs hermaphrodites ou unisexuelles, complètes *régulières, ou dépourvues de calice et de corolle*. — Calice gamosépale , à 4 divisions , persistant ou caduc , à préfloraison
valvaire , quelquefois nul. — *Corolle* gamopétale, hypogyne, infundibuliforme, *à 4 lobes* ou à 4 divisions profondes,
caduque, à préfloraison valvaire, quelquefois nulle. — *Étamines 2*, insérées dans les fleurs complètes sur le tube de
la corolle, et alternant avec ses lobes. — Styles soudés en
un style indivis quelquefois très court ; stigmate bifide. —
Fruit libre, à deux carpelles, très variable, drupacé bacciforme, capsulaire bivalve à déhiscence loculicide, ou indéhiscent prolongé supérieurement en une aile presque foliacée , *biloculaire, ou uniloculaire par avortement, à loges
dispermes, ou monospermes par avortement*. — Graines insérées au sommet de la cloison , suspendues, souvent comprimées. Embryon droit, placé dans un *périsperme épais*
charnu ou presque corné. Radicule dirigée vers le hile.

Arbrisseaux ou arbres, à rameaux ord. opposés. Feuilles opposées, entières ou pinnatifides, quelquefois imparipinnées ; stipules nulles. Fleurs disposées en panicules.

Les feuilles du Troëne (*Ligustrum vulgare*) sont légèrement
astringentes, leur saveur est amère et acerbe ; les baies fournissent une couleur d'un noir bleuâtre. L'écorce du Frêne (*Fraxi-*

11

nus excelsior) est d'une saveur amère, on l'a employée autrefois
comme fébrifuge ; les feuilles sont douées de propriétés faiblement purgatives. La manne, qui constitue l'un des laxatifs les plus
usités, est le suc concrété qui s'écoule par des incisions pratiquées sur les branches et le tronc du *Fraxinus Ornus* et de plusieurs autres espèces de Frênes dans le midi de l'Europe. — Le
Lilas (*Syringa vulgaris*), dont les panicules fleuries décorent les
jardins au printemps, n'est pas sans utilité dans la médecine domestique ; la décoction des feuilles ou l'extrait des capsules vertes
a été employé avec succès pour couper les fièvres intermittentes.
Les fleurs du Jasmin (*Jasminum officinale*) servent à la préparation d'une huile volatile employée par les parfumeurs. — C'est à
cette famille qu'appartient l'Olivier (*Olea Europœa*), à fruits
comestibles et oléifères, originaire de l'Algérie et de l'Orient, et
dont la culture est si importante en Provence.

1 Fleurs dépourvues de calice et de corolle ; feuilles imparipinnées . . . . FRAXINUS. (2).
   Fleurs pourvues d'un calice et d'une corolle ; feuilles simples. 2

2 Baie globuleuse. . . . . LIGUSTRUM. (1).
   Capsule coriace presque ligneuse, ovale-oblongue comprimée, bivalve . . . . † SYRINGA. (2 *bis*).

1. LIGUSTRUM Tourn. — (TROËNE).

Fleurs hermaphrodites. Calice petit, urcéolé, 4-denté,
caduc. Corolle subinfundibuliforme, à tube dépassant longuement le calice, à limbe 4-partit. Stigmate bifide, à
lobes dressés. *Baie globuleuse*, à 2 loges dispermes ou
monospermes par avortement. — Arbrisseau à feuilles
entières.

Fleurs blanches. . . . *L. vulgare* L. (T. commun).

2. FRAXINUS Tourn. — (FRÊNE).

Fleurs polygames, dépourvues de calice et de corolle ;
munies de bractées. Stigmate bifide, à lobes étalés. *Fruit*
(samare) *membraneux*, *coriace*, oblong, renflé inférieurement, *comprimé presque foliacé dans sa partie supérieure*,
uniloculaire et monosperme par avortement, plus rarement

biloculaire, indéhiscent. — Arbre ord. très élevé à *feuilles imparipinnées.*

Fleurs verdâtres peu apparentes, en panicules racémiformes naissant avant les feuilles . . . .
. . . . *F. excelsior* L. (F. élevé).

† SYRINGA L. — (LILAS).

Fleurs hermaphrodites. Calice petit, urcéolé, 4-denté, persistant. Corolle infundibuliforme, à tube dépassant très longuement
le calice, à limbe 4-partit à lobes étalés concaves. Stigmate bifide.
Capsule coriace presque ligneuse, ovale-oblongue acuminée,
comprimée perpendiculairement à la cloison, biloculaire, *bivalve*
à déhiscence loculicide, à loges dispermes ou monospermes
par avortement. — Arbrisseau ou arbre peu élevé, à feuilles entières. Fleurs disposées en panicules terminales.

Fleurs lilas ou blanches.   † *S. vulgaris* L. (L. commun).

XLVIII. APOCYNÉES (Juss.).

Fleurs hermaphrodites, *régulières.*—Calice gamosépale,
5-partit ou 5-fide, persistant. — *Corolle* hypogyne, gamopétale, à 5 lobes, caduque, à *préfloraison imbriquée-contournée.* — Étamines 5, insérées sur le tube de la corolle et
alternant avec ses lobes. Filets libres, ord. très courts,
dépourvus d'appendices. *Anthères libres*; ord. surmontées
d'un appendice membraneux prolongement du connectif,
conniventes au-dessus du stigmate. *Pollen pulvérulent.* —
Styles soudés en un style indivis; stigmate indivis ou subbilobé. — *Fruit libre, composé de 2 carpelles* ord. distincts,
capsulaires, *polyspermes, déhiscents par la suture ventrale*
(follicules), quelquefois réduit à un seul carpelle par avortement. — Graines insérées à l'angle interne des carpelles,
suspendues, ord. imbriquées, comprimées, nues, ou munies
d'une aigrette soyeuse dirigée vers le sommet du carpelle.
Embryon droit, placé dans un périsperme charnu. Radicule
dirigée vers le hile ou éloignée du hile.

Plantes vivaces ord. sous-frutescentes ou arbrisseaux, contenant souvent un suc laiteux. Feuilles opposées ou verticillées, entières ; stipules nulles ou glanduliformes. Fleurs solitaires terminales ou axillaires, ou en corymbes.

Les feuilles de Pervenche (*Vinca minor* et *V. major*) sont astringentes et légèrement aromatiques ; on leur attribuait autrefois des propriétés nombreuses et actives ; leur infusion n'est plus guère employée que dans la médecine populaire pour supprimer la sécrétion du lait après l'accouchement. — Le Laurier-Rose (*Nerium Oleander*), spontané dans la région méditerranéenne et cultivé pour la beauté de ses fleurs, renferme un suc doué de propriétés vénéneuses narcotico-âcres. — A une famille voisine, les *Loganiacées*, propre aux régions tropicales, appartiennent les genres *Strychnos* et *Ignatia*, dont les espèces présentent une grande uniformité dans leur action vénéneuse sur l'économie animale et dans leur composition chimique. Nous nous bornerons à citer le *Strychnos Nux-vomica*, dont les graines, riches en *strychnine*, sont connues sous le nom de *noix vomique*, et l'*Ignatia amara*, dont les graines toxiques, à un degré moins prononcé, sont désignées sous le nom de *fèves de Saint-Ignace ;* l'*upas tieuté*, l'un des plus violents poisons du règne végétal et dont les Javanais se servent pour empoisonner leurs flèches, est extrait du *Strychnos Tieute ;* le *curare*, poison non moins violent, employé aux mêmes usages par les sauvages de l'Amérique du Sud, est tiré des *Strychnos Guianensis* et *toxifera.*

1. VINCA L. — (Pervenche).

Graines peltées, dépourvues d'aigrette. — Feuilles opposées, entières, persistant pendant l'hiver. Fleurs bleues, plus rarement violettes ou blanches, axillaires, solitaires.

Feuilles glabres ; calice à divisions beaucoup plus courtes que le tube de la corolle.   .   *V. minor* L. (P. mineure).

Feuilles ciliées ; calice à divisions égalant environ la longueur du tube de la corolle. ✝ *V. major* L. (P. majeure).

XLIX. ASCLÉPIADÉES (R. Br.).

Fleurs hermaphrodites, *régulières.* — Calice gamosépale, 5-partit ou 5-fide, persistant ou caduc, à préfloraison im-

briquée. — Corolle gamopétale, hypogyne, 5-partite ou
5-fide, caduque, à préfloraison imbriquée-contournée ou
valvaire. — Étamines 5, insérées à la base de la corolle et
alternant avec ses lobes. Filets ord. soudés en un tube qui
entoure l'ovaire et munis chacun au sommet d'un appendice charnu ou membraneux souvent en forme de cornet et
recouvrant l'anthère correspondante. Anthères ord. soudées
en un tube qui entoure le style et le stigmate, ord. surmontées d'un prolongement membraneux du connectif, à
lobes quelquefois subdivisés en deux loges. *Pollen à grains*
quelquefois réunis par 4, plus ordinairement *réunis en
masses* solitaires dans chaque loge de l'anthère, les masses
polliniques étant *fixées par paires au stigmate par des
appendices filiformes glanduleux.* — Stigmates soudés en une
masse épaisse à 5 angles qui alternent avec les anthères et
auxquels sont fixés deux par deux les prolongements sus-
penseurs des masses polliniques. — *Fruit composé de deux
carpelles distincts, capsulaires, polyspermes, déhiscents* par
la suture ventrale (follicules), souvent réduit à un seul
carpelle par avortement; placenta devenant libre lors de
la déhiscence. — Graines insérées à l'angle interne des
carpelles, très nombreuses, suspendues, imbriquées, ord.
comprimées-lenticulaires entourées d'un rebord mince et
présentant au niveau du micropyle une aigrette soyeuse
dirigée vers le sommet du carpelle. Embryon droit, placé
dans un périsperme charnu peu épais. Radicule dirigée
vers le hile.

Plantes vivaces à souche traçante, ord. herbacées, quelquefois
volubiles, contenant ord. un suc laiteux. Feuilles opposées, quelquefois rapprochées en verticilles, rarement alternes, entières;
stipules nulles. Fleurs disposées en corymbes ou en ombelles
simples. Pédoncules interpétiolaires.

Les *Asclépiadées* doivent leurs propriétés à un suc laiteux âcre
et amer, et à diverses substances extractives; ce suc, doué de
propriétés émétiques énergiques, est vénéneux à haute dose. Le
Vincetoxicum officinale (Dompte-venin) devait sa réputation

d'antidote universel aux propriétés fortement sudorifiques de sa racine, qui agit aussi comme émétique ; on a renoncé depuis longtemps à l'usage de cette plante dangereuse. — Quelques Asclépiadées exotiques ont été employées comme succédanées de l'*ipécacuanha*, d'autres comme purgatives, stimulantes ou anthelminthiques.

Corolle à lobes étalés ; fleurs en corymbes. . . . .
. . . . VINCETOXICUM. (1).
Corolle à lobes réfléchis ; fleurs en ombelles simples . .
. . . . ASCLEPIAS. (1 *bis*).

1. VINCETOXICUM Mœnch. — (DOMPTE-VENIN).

Calice 5-partit. Corolle rotacée, profondément 5-lobée. *Appendices des filets des étamines disposés en une couronne charnue à lobes arrondis ou obscurément apiculés.* Anthères terminées par un appendice membraneux. *Masses polliniques* renflées, atténuées supérieurement, *fixées au-dessous de leur sommet.* Stigmate très brièvement apiculé. Follicules renflés, lisses. Graines munies d'une aigrette. — *Fleurs en corymbes.*

Tiges non volubiles ; fleurs blanchâtres. . . . . .
. . . . *V. officinale* Mœnch (D. officinal).
(*Asclepias Vincetoxicum* L.).

† ASCLEPIAS L. — (ASCLÉPIADE).

Calice 5-partit, à lobes d'abord étalés puis réfractés. Corolle 5-partite, à lobes réfléchis. *Appendices des filets des étamines en forme de cornet, émettant du fond de leur cavité un prolongement en forme de corne qui se courbe sur le stigmate.* Anthères terminées par un appendice membraneux. *Masses polliniques* comprimées, atténuées supérieurement, *fixées à leur sommet.* Stigmate déprimé. Follicules renflés, chargés de tubercules ou d'épines non vulnérantes, plus rarement lisses. Graines munies d'une aigrette. — *Fleurs en ombelles simples.*

Souche longuement traçante ; feuilles oblongues ou ovales-oblongues, très amples . . . . .
. . . . . . †*A. Cornuti* Dcne. (A. de Cornuti).
(*A. Syriaca* L.).

L. GENTIANÉES (Juss.).

Fleurs hermaphrodites, *régulières* ou un peu irrégulières. — Calice régulier ou irrégulier, à 5 plus rarement 4-12 sépales libres ou plus ou moins soudés, persistant, à préfloraison valvaire ou imbriquée-contournée.— *Corolle* hypogyne, gamopétale, à limbe 5-fide plus rarement 4-12-fide, à gorge ou à divisions quelquefois barbues ou munies d'écailles pétaloïdes multifides, *marcescente-persistante*, souvent contournée au-dessus de la capsule, rarement caduque, à préfloraison imbriquée-contournée plus rarement valvaire-indupliquée. — *Étamines 5, plus rarement 4-12*, insérées sur le tube ou la gorge de la corolle, *alternes avec les divisions de la corolle*. Anthères quelquefois contournées en spirale après l'émission du pollen. — Styles 2, soudés en un *style indivis* quelquefois très court ; stigmates linéaires, plus rarement capités, quelquefois soudés en un seul. — *Fruit* libre, *composé de 2 carpelles, capsulaire*, *uniloculaire ou plus ou moins complétement biloculaire*, polysperme, s'ouvrant *en deux valves*, à déhiscence septicide, plus rarement à déhiscence loculicide, très rarement subindéhiscent. — *Graines* insérées sur des placentas pariétaux ou occupant l'angle interne des loges, *ord. très nombreuses*, très petites, horizontales. *Périsperme épais*, charnu. Embryon très petit, cylindrique. Radicule dirigée vers le hile.

Plantes herbacées, glabres, vivaces ou annuelles, contenant un suc amer. Feuilles opposées, plus rarement verticillées, ou alternes, simples entières, plus rarement trifoliolées, pétiolées ou sessiles, souvent connées ou soudées à la base en une gaîne qui embrasse la tige ; stipules nulles. Fleurs en cymes, en grappes, en corymbes, en panicules ou en fascicules, quelquefois solitaires latérales ou terminales.

Les *Gentianées* présentent toutes, mais à divers degrés, les mêmes propriétés toniques et fébrifuges, dues à une substance amère et colorante jaune (gentianine), douée d'une amertume franche et intense. Ce principe actif existe dans toutes les parties de la plante, mais surtout dans la racine. La Petite-Centaurée (*Erythræa Centaurium*) est fréquemment employée en décoction comme succédanée ou adjuvant du quinquina pour combattre les fièvres intermittentes. L'*Erythræa pulchella* et le *Chlora perfoliata* possèdent des propriétés analogues. Le suc exprimé du Trèfle-d'eau (*Menyanthes trifoliata*) ou la décoction de la plante sèche sont en usage dans le traitement des maladies de la peau et des affections scrofuleuses ou scorbutiques. Le *Limnanthemum Nymphoides* (Faux-Nénuphar) joint une saveur chaude à l'amertume du *Menyanthes*. — C'est dans diverses espèces du genre *Gentiana* appartenant aux régions montagneuses, que le principe amer et tonique est le plus développé. Le *G. lutea* (Grande-Gentiane) est l'espèce officinale par excellence ; sa racine est administrée, sous forme de poudre, de teinture alcoolique, d'infusion ou de décoction, comme tonique et fébrifuge ; les *G. purpurea, punctata, Pannonica* et *Burseri* peuvent lui être substitués. La racine de ces diverses espèces, indépendamment du principe amer, renferme un mucilage sucré ; aussi, après l'avoir fait macérer dans l'eau, en prépare-t-on par la distillation une eau-de-vie d'une amertume très prononcée. Les Gentianes des environs de Paris, chez lesquelles le principe amer est moins abondant, ne sont pas employées en médecine.

1 Capsule à valves portant les placentas à leur partie moyenne ; feuilles trifoliolées. . . MENYANTHES. (1).
Capsule à valves portant les placentas à leurs bords ; feuilles simples 2

2 Graines très comprimées presque membraneuses, entourées d'un rebord cilié ; plante aquatique, à feuilles nageantes, suborbiculaires-cordées . . . .LIMNANTHEMUM. (2).
Graines très petites, non entourées d'un rebord cilié ; plante terrestre, à feuilles jamais suborbiculaires-cordées. 3

3 Étamines 6–8 . . . . CHLORA. (3).
Étamines 4–5 4

4 Anthères contournées en spirale après l'émission du pollen. . . . . ERYTHRÆA. (7).
Anthères non contournées en spirale après l'émission du pollen 5

5 Corolle 5-partite, à divisions munies à la base de deux fossettes nectarifères.   .   .   .   .   .   .   .SWERTIA. (4).
   Corolle 4-10-fide, à lobes dépourvus de fossettes nectarifères à leur base.   6

6 Stigmate bifide; plante plus ou moins robuste, à fleurs assez
   grandes.   .   .   .   .   GENTIANA. (5).
   Stigmate indivis, capité; plante grêle, à tiges presque
   filiformes   .   .   .   .   .CICENDIA. (6).

TRIBU I. **Menyantheæ.** — Corolle à préfloraison
valvaire-indupliquée. Feuilles alternes.

1. MENYANTHES L. — (MÉNYANTHE).

Calice 5-partit. Corolle caduque, infundibuliforme, à 5
divisions étalées, chargées à leur face interne de lanières
filiformes cylindriques de consistance pétaloïde, à bords
roulés en dedans. Étamines 5. Style filiforme; stigmate
bilobé. *Capsule* uniloculaire, *à valves portant les placentas
à leur partie moyenne.* Graines crustacées, non bordées.—
Feuilles trifoliolées.

Fleurs d'un blanc rosé, disposées en grappe simple   .   .
.   .   .   .   M. *trifoliata* L. (M. trifolié).

2. LIMNANTHEMUM Gmel. — (LIMNANTHÈME).

Calice 5-partit. Corolle membraneuse mince très fugace,
presque rotacée, à tube court, à gorge barbue, à 5 divisions à bords un peu infléchis en dedans. Étamines 5. Style
filiforme; stigmate bilobé. Capsule uniloculaire, polysperme,
subindéhiscente, à placentas pariétaux. *Graines très comprimées presque membraneuses, ciliées.* Périsperme ne remplissant pas la cavité de la graine. — *Feuilles nageantes,
suborbiculaires-cordées.*

Fleurs jaunes en fascicules axillaires.   .   .   .   .   .
.   .   .   .   .   L. *Nymphoides* Link (L. Faux-Nénuphar).
(Villarsia Nymphoides Vent.).

11.

TRIBU II. **Eugentianeæ**. — Corolle à préfloraison imbriquée-contournée. Feuilles opposées.

3. CHLORA L. — (CHLORE).

Calice divisé jusqu'à la base en 6-8 divisions linéaires, ou 6-8-fide. Corolle presque hypocratériforme, 6-8-fide, à tube renflé-subglobuleux, marcescente se détachant à la maturité de la capsule. *Étamines 6-8.* Style filiforme ; stigmate bifide. Capsule uniloculaire, à valves portant les placentas à leurs bords. — Fleurs jaunes, en cyme terminale.

Feuilles connées, glauques . . . .
. . . . *C. perfoliata* L. (C. perfoliée).

4. SWERTIA L. — (SWERTIE).

Calice 5-partit. *Corolle* marcescente, rotacée, *5-partite, à divisions munies à la base de deux fossettes nectarifères* frangées-ciliées au bord. Étamines 5. Style nul ; stigmate indivis réniforme. Capsule uniloculaire, à valves portant les placentas à leurs bords.

Fleurs bleues, en cymes disposées en une panicule terminale racémiforme . . . * *S. perennis* L. (S. vivace).

5. GENTIANA L. — (GENTIANE).

Calice ord. tubuleux ou campanulé, 4-10-fide ou 4-10-partit. *Corolle* marcescente, infundibuliforme, campanulée ou rotacée, à gorge nue ou munie d'écailles multifides, *à limbe 4-5-fide* à lobes égaux, *ou 6-10-fide* à lobes alternativement très inégaux. *Étamines 4-5*, à anthères non contournées en spirale après l'émission du pollen. *Style très court ou presque nul ; stigmate bifide* à lobes enroulés en dehors ou contigus. Capsule uniloculaire à valves portant les placentas à leurs bords. Graines très petites, ord. comprimées. — Fleurs bleues, lilas ou blanches (dans nos espèces).

1 Corolle à gorge munie de 5 écailles décomposées en longs
    cils; plante annuelle. . . . .
    . . . . * G. *Germanica* Willd. (G. d'Allemagne).
  Corolle à gorge nue; plante vivace . . . . , 2
2 Corolle à 5 lobes; tige dressée . . . . . . , . .
    . , . . . G. *Pneumonanthe* L. (G. Pneumonanthe).
  Corolle à 4 lobes; tiges ascendantes ou étalées-redressées.
    . . . . * G. *Cruciata* L. (G. Croisette).

6. CICENDIA Adans. — (CICENDIE).

Calice 4-fide ou 4-partit. *Corolle* infundibuliforme, à tube
membraneux renflé, à limbe *4-fide* se contournant au-
dessus de la capsule. Étamines 4. *Style filiforme; stigmate
indivis, capité.* Capsule uniloculaire, ou incomplétement biloculaire, à valves portant les placentas à leurs bords. Graines
très petites. — Plantes grêles, à tiges presque filiformes.

  Calice 4-fide, à lobes triangulaires courts appliqués sur la
    capsule. . . . * C. *filiformis* Delarbre (C. filiforme).
                                    (Gentiana *filiformis* L.).
  Calice 4-partit, à divisions linéaires non appliquées sur la
    capsule. . . . . * C. *pusilla* Griseb. (C. naine).
                                    (Gentiana *pusilla* Lmk).

7. ERYTHRÆA Rich. — (ÉRYTHRÉE).

Calice tubuleux, à 5 angles saillants, à 5 divisions
linéaires. Corolle infundibuliforme, à limbe 5-partit se contournant au-dessus de la capsule. Étamines 5; *anthères
se contournant en spirale après l'émission du pollen.* Style
filiforme; stigmate bifide, à lobes rapprochés. Capsule
linéaire, subuniloculaire, ou incomplétement biloculaire, à
valves portant les placentas à leurs bords. — Fleurs roses,
rarement blanches.

  Fleurs très brièvement pédicellées, rapprochées en co-
    rymbes multiflores compactes . . . .
    . . . . E. *Centaurium* Pers. (É. Petite-Centaurée).
                                    (Gentiana *Centaurium* L.).
  Fleurs ord. assez longuement pédicellées, disposées en une
    cyme dichotome lâche. E. *pulchella* Fries (É. élégante).

LI. CONVOLVULACÉES (Juss.).

Fleurs hermaphrodites, *régulières*. — Calice à *5 sépales* plus ou moins inégaux, *libres*, persistants, à préfloraison imbriquée. — Corolle hypogyne, gamopétale, campanulée-infundibuliforme ou hypocratériforme, à limbe indivis à 5 plis, plus rarement à 5 lobes, à préfloraison plissée imbriquée-contournée, s'enroulant en dedans après la floraison, caduque. — *Étamines 5*, insérées vers la base de la corolle, alternes avec ses lobes ou ses plis. — Styles 2, rapprochés, ou soudés en un style filiforme ; stigmates 2-4, libres ou soudés. — *Fruit à 2, rarement 4 carpelles*, capsulaire-membraneux, *uniloculaire*, ou à *2 rarement 4 loges complètes ou incomplètes, dispermes ou monospermes*, indéhiscent, ou déhiscent à valves se détachant des cloisons qui persistent sur le réceptacle (déhiscence septifrage). — Graines dressées, ord. trigones assez grosses. Périsperme mince, mucilagineux. Embryon plié ou courbé. *Cotylédons foliacés, chiffonnés*. Radicule dirigée vers le hile.

Plantes annuelles ou vivaces ord. herbacées, contenant un suc âcre ord. lactescent. Tiges ord. volubiles. Feuilles alternes, pétiolées simples, souvent hastées ou cordiformes ; stipules nulles. Fleurs ord. grandes, solitaires ou réunies 2-4 à l'extrémité de pédoncules axillaires.

Les propriétés médicales des *Convolvulacées* résident dans un principe résineux âcre, qui constitue un purgatif des plus énergiques. Ce principe se rencontre surtout dans la souche épaisse et charnue d'un grand nombre d'espèces des genres *Convolvulus*, *Calystegia* et *Ipomœa ;* il n'existe qu'en faible proportion chez le *Convolvulus arvensis* et le *Calystegia sepium*, aujourd'hui inusités en médecine. Il est au contraire très abondant chez diverses espèces exotiques, telles que le *Convolvulus officinalis* Pellet. (*Exogonium Purga* Benth.), dont la souche constitue le *jalap ;* le *C. Scammonia*, qui fournit la gomme-résine employée sous le nom de *scammonée d'Alep*, et l'*Ipomœa Turpethum*, dont la souche est connue sous le nom de *racine de Turbith*. — Le principe résineux purgatif est associé dans la souche des *Convol-*

vulacées à un mucilage, à une gomme, à du sucre et surtout à de la fécule, c'est-à-dire à des substances essentiellement alimentaires : aussi le *C. Balatas* (Patate), dont la souche volumineuse charnue est dépourvue de principe résineux, est-il cultivé pour la nourriture de l'homme ; la culture de cette plante réclame sous notre climat des soins particuliers et n'acquiert une importance réelle que dans les provinces méridionales. — Le *Convolvulus tricolor* (Belle-de-jour), originaire de la région méditerranéenne méridionale, est une de nos plantes d'ornement. L'*Ipomœa purpurea* (Volubilis) est fréquemment cultivé pour couvrir les palissades et les tonnelles.

Bractées très petites, éloignées de la fleur. . . . .
. . . . .CONVOLVULUS. (1).
Bractées foliacées, recouvrant le calice. CALYSTEGIA. (2).

1. CONVOLVULUS L.—(LISERON).

Calice à 5 sépales. Corolle infundibuliforme-campanulée, à 5 plis. Style filiforme; stigmates 2. Capsule indéhiscente, biloculaire ou incomplétement biloculaire, à loges dispermes ou monospermes par avortement. — *Pédoncules munis de 2 bractées étroites, éloignées de la fleur.*

Feuilles hastées ; corolle blanche ou rosée, présentant en dehors 5 bandes longitudinales plus foncées ; . . . .
. . . . *C. arvensis* L. (L. des champs).

2. CALYSTEGIA R. Br. — (CALYSTÉGIE).

Calice à 5 sépales, *recouvert par 2 plus rarement 4 bractées foliacées.* Corolle infundibuliforme-campanulée, à 5 plis. Style filiforme; stigmates 2. Capsule indéhiscente, uniloculaire ou incomplétement biloculaire, 3-4-sperme.

Feuilles sagittées ; bractées foliacées ovales-cordées ; corolle très grande d'un beau blanc. . . . .
. . . . *C. sepium* R. Br. (C. des haies).
(*Convolvulus sepium* L.).

LII. CUSCUTACÉES (Presl.).

Fleurs hermaphrodites, *régulières.* — *Calice gamosépale,* à 4-5 divisions, persistant, à préfloraison imbriquée. — Corolle hypogyne, gamopétale, ord. épaisse un peu charnue, campanulée ou urcéolée, à limbe 4-5-fide, à préfloraison presque valvaire, marcescente. — *Étamines 4-5,* insérées sur le tube de la corolle et alternes avec ses lobes. — Écailles pétaloïdes, insérées sur le tube de la corolle au-dessous des étamines auxquelles elles sont opposées. — Styles 2, libres, plus rarement soudés; stigmates 2, linéaires ou capités. — *Fruit* libre, à 2 carpelles, capsulaire-membraneux, *à 2 loges dispermes, ou monospermes par avortement, à déhiscence circulaire* (pyxide) *ou s'ouvrant irrégulièrement au sommet.* — Graines dressées, ord. anguleuses. *Embryon* filiforme, *dépourvu de cotylédons, enroulé en spirale autour d'un périsperme charnu-succulent.* Radicule dirigée vers le hile.

Plantes annuelles, *parasites, dépourvues de feuilles.* Tiges filiformes ou capillaires, volubiles, se fixant par des suçoirs sur les tiges des plantes autour desquelles elles s'enroulent, se ramifiant au niveau des glomérules de fleurs, plus rarement simples. Fleurs sessiles, plus rarement pédicellées, disposées en glomérules ou en corymbes espacés le long de la tige et naissant à l'aisselle d'une bractée.

Le *Cuscuta Epithymum,* doué d'une certaine âcreté, était autrefois employé comme purgatif.

> Fleurs sessiles ou subsessiles, disposées en glomérules globuleux; stigmates linéaires ou linéaires-oblongs; capsule à déhiscence circulaire. . . . . . CUSCUTA. (1).
> Fleurs pédicellées, disposées en corymbes; stigmates capités subglobuleux; capsule s'ouvrant irrégulièrement au sommet . . . . .GRAMMICA. (2).

1. CUSCUTA Tourn. — (CUSCUTE).

Calice 4-5-fide. Corolle campanulée ou urcéolée, 4-5-fide. Styles 2, libres; *stigmates linéaires ou linéaires-oblongs.*

Capsule à déhiscence circulaire. — Fleurs sessiles ou sub-sessiles, disposées en glomérules globuleux.

1 Corolle campanulée, à tube fermé par des écailles conniventes ; styles beaucoup plus longs que l'ovaire ; stigmates
   linéaires, rouges.   *C. Epithymum* Murr. (C. du Thym).
                       (*C. minor* DC.; *C. Trifolii* Babingt.).
   Corolle urcéolée-campanulée ou urcéolée, à écailles appliquées sur le tube; styles plus courts que l'ovaire ; stigmates linéaires-oblongs, jaunâtres. 2

2 Calice prolongé au-dessous de l'ovaire en un tube très
   épais charnu presque cylindrique ; corolle urcéolée-campanulée. . . . ＊ *C. major* C. Bauh. (C. majeure).
                       (*C. Europæa* L. ex parte).
   Calice non prolongé au-dessous de l'ovaire en un tube
   épais; corolle urcéolée-subglobuleuse. . . . . .
   . . . . ? ＊ *C. densiflora* Soy.-Will. (C. densiflore).
                       (*C. Epilinum* Weihe).

2. GRAMMICA Loureiro. — (GRAMMIQUE).

Calice 4-5-fide. Corolle campanulée ou urcéolée, 4-5-fide.
Styles 2, libres; *stigmates capités-subglobuleux. Capsule
s'ouvrant irrégulièrement au sommet. — Fleurs pédicellées*,
disposées en corymbes.

Corymbes ord. rameux ; corolle campanulée . . . .
   . . . ＊ *G. racemosa* Engelm. ined. (G. en grappe).
   (*Cuscuta racemosa* Mart.; *C. suaveolens* Seringe; *C. Hassiaca*
   Pfeiff.; *Engelmannia suaveolens* Pfeiff.; *Cuscuta corymbosa*
   Choisy non Ruiz et Pav.).

LIII. BORRAGINÉES (Juss.).

Fleurs hermaphrodites, presque régulières, rarement
irrégulières, à préfloraison valvaire ou imbriquée. — Calice
à 5 sépales soudés à la base ou dans une grande partie de
leur longueur, persistant. — *Corolle* caduque , hypogyne,
gamopétale, *presque régulière*, rarement irrégulière, tubu-

leuse, infundibuliforme, hypocratériforme, campanulée ou rotacée, rarement subbilabiée ; à limbe 5-denté, 5-fide ou 5-partit, à préfloraison ord. imbriquée ; à gorge glabre ou velue, lisse ou plissée, nue ou munie d'écailles opposées aux lobes de la corolle et fermant souvent le tube. — *Étamines 5*, insérées au tube ou à la gorge de la corolle, alternes avec ses divisions, incluses, plus rarement exsertes. — Styles naissant à la base ou au côté interne des carpelles, soudés en un *style indivis* quelquefois bifide au sommet ; stigmate indivis ou lobé. — *Fruit libre, composé de 2 carpelles dispermes divisés chacun longitudinalement* par l'introflexion de leur partie dorsale *en 2 loges* (nucules) *et simulant ainsi 4 carpelles ; nucules sèches*, ord. *osseuses*, libres, plus rarement adhérentes entre elles, *monospermes, indéhiscentes*, s'insérant par leur extrémité inférieure sur le réceptacle ord. très développé charnu, ou s'insérant par leur côté interne sur une colonne centrale constituée par le style qui s'épaissit ord. à sa base en se continuant avec le réceptacle. — Graine suspendue, quelquefois oblique ou horizontale par suite de l'inégalité de développement des deux côtés de la nucule. Périsperme nul, ou mince un peu charnu. Embryon ord. droit. Radicule dirigée vers le hile.

Plantes annuelles ou vivaces, herbacées, plus rarement ligneuses, à suc aqueux souvent mucilagineux, ord. chargées de poils roides portés sur des soulèvements de l'épiderme. *Feuilles alternes*, rarement rapprochées par 2-4, ord. entières; stipules nulles. *Fleurs* ord. *disposées sur 2 rangs en grappes dressées, unilatérales, enroulées en crosse avant l'épanouissement* (grappes scorpioïdes).

Les *Borraginées* doivent en général leurs propriétés médicales à un suc mucilagineux légèrement amer et astringent. Les tiges et les racines d'un certain nombre d'espèces renferment une matière résineuse colorante rouge. L'infusion des feuilles de la Bourrache (*Borrago officinalis*) est employée comme pectorale, diurétique, et surtout comme sudorifique dans les fièvres éruptives. On prépare avec le *Symphytum officinale* (Grande-Consoude) une infu-

sion, une décoction et un sirop assez fréquemment employés dans
le traitement des bronchites chroniques, de la dyssenterie, etc.
L'*Anchusa Italica* (Buglosse), les *Pulmonaria*, l'*Echium vulgare* (Vipérine), servaient autrefois à préparer des infusions pectorales. — On attribue au *Cynoglossum officinale* (Cynoglosse),
dont la saveur est amère et nauséeuse, des propriétés narcotiques ; néanmoins l'action des pilules dites de Cynoglosse paraît
presque entièrement due à l'opium qu'elles contiennent. — L'Hé-
liotrope (*Heliotropium Peruvianum*) est cultivé dans les parterres pour l'odeur suave de ses fleurs ; l'*Omphalodes verna*
(Petite-Bourrache) et l'*O. linifolia* forment souvent des bordures
dans les jardins.

1 Corolle à gorge glabre ou velue, dépourvue d'écailles. . 2
 Corolle à gorge munie d'écailles qui ferment ord. le tube. 5

2 Corolle à limbe subbilabié, longuement dépassée par les
 étamines . . . . ECHIUM. (7).
 Corolle à limbe presque régulier ; étamines incluses . . 3

3 Calice 5-fide, tubuleux-campanulé . . PULMONARIA. (6).
 Calice partagé presque jusqu'à la base en 5 divisions. . 4

4 Nucules libres entre elles ; corolle ne présentant pas de
 dents entre les lobes. . . . . LITHOSPERMUM. (5).
 Nucules soudées entre elles par leur angle interne ; corolle
 présentant une dent entre chaque lobe. . . .
 . . . . HELIOTROPIUM. (11).

5 Filets des étamines donnant naissance en arrière à un appendice linéaire charnu ; corolle à lobes aigus. . .
 . . . . † BORRAGO. (1').
 Filets des étamines dépourvus d'appendice ; corolle à lobes
 obtus ou émarginés 6

6 Calice fructifère irrégulier, comprimé en 2 valves planes
 anguleuses-sinuées appliquées l'une sur l'autre . .
 . . . . ASPERUGO. (10).
 Calice fructifère régulier 7

7 Nucules chargées d'épines crochues, ou lisses entourées
 d'une bordure membraneuse infléchie 8
 Nucules lisses ou rugueuses, dépourvues d'épines crochues
 et de bordure membraneuse 10

8 Nucules triquètres , soudées à la colonne centrale dans toute la longueur de leur angle interne, à face dorsale entourée d'épines. . . . . ECHINOSPERMUM. (8).
Nucules déprimées, soudées à la colonne centrale seulement dans la partie supérieure de leur face interne, chargées de tubercules épineux sur toute leur surface ou à face dorsale entourée d'une bordure membraneuse infléchie.   9

9 Nucules chargées de tubercules épineux sur toute leur surface. . . . . CYNOGLOSSUM. (9).
Nucules lisses, à face dorsale entourée d'une bordure membraneuse infléchie . . . . . † OMPHALODES. (9 bis).

10 Gorge de la corolle à écailles lancéolées-subulées. . . . . SYMPHYTUM. (3).
Gorge de la corolle à écailles courtes obtuses ou émarginées 11

11 Corolle à tube courbé . . . . LYCOPSIS. (2).
Corolle à tube droit 12

12 Nucules présentant à leur extrémité inférieure un rebord très saillant. . . . . ANCHUSA. (1).
Nucules à surface basilaire presque plane 13

13 Corolle à gorge fermée par les écailles . .MYOSOTIS.(4).
Corolle à gorge ouverte. . . . . LITHOSPERMUM. (5).

TRIBU I. — **Anchuseæ**. — Nucules libres entre elles, insérées par leur extrémité inférieure qui présente une surface plane ou un rebord plus ou moins saillant.

† BORRAGO Tourn. — (BOURRACHE).

Calice 5-partit. *Corolle* rotacée, à *limbe 5-partit*, à *divisions ovales-acuminées* étalées, *à gorge munie de 5 écailles* courtes épaisses émarginées. Étamines longuement saillantes au-dessus du tube de la corolle, conniventes rapprochées en cône ; *filets* très courts, charnus, *donnant naissance* en dehors *à un* long *appendice linéaire* charnu dressé ; anthères linéaires-lancéolées. Nucules tuberculeuses à rebord basilaire très saillant.

Fleurs bleues ou roses, plus rarement blanches, à anthères noires. . . . . . † *B. officinalis* L. (B. officinale).

1. ANCHUSA L. — (BUGLOSSE).

Calice 5-fide ou 5-partit. *Corolle* hypocratériforme ou infundibuliforme, à tube droit, à limbe 5-partit, *à divisions obtuses* un peu inégales, *à gorge munie de 5 écailles obtuses laciniées* plus rarement entières. Étamines incluses ou saillantes au-dessus du tube de la corolle. *Nucules* rugueuses ou tuberculeuses, *à rebord basilaire saillant.*

Feuilles inférieures lancéolées ou oblongues, insensiblement atténuées en pétiole ; calice à divisions linéaires très allongées   .   .   .   . * *A. Italica* Retz (B. d'Italie).
Feuilles radicales ovales-acuminées, très amples, pétiolées ; calice à divisions ovales-lancéolées   .   .   .   .   .   .
.   .   .   . † *A. sempervirens* L. (B. toujours verte).

2. LYCOPSIS L. — (LYCOPSIDE).

Calice 5-partit. *Corolle* infundibuliforme, *à tube coudé*, à limbe 5-partit à divisions un peu inégales, *à gorge munie de 5 écailles* poilues. Étamines insérées à la base du tube de la corolle au niveau de sa courbure ; filets très courts. *Nucules* rugueuses, *à rebord basilaire* épais *très saillant ; graine presque horizontale.*

Feuilles hérissées, sinuées-ondulées ; calice à divisions lancéolées s'accroissant beaucoup après la floraison ; fleurs bleues, rarement blanches ou roses.   .   .   .   .
.   .   .   .   .   . *L. arvensis* L. (L. des champs).

3. SYMPHYTUM Tourn. — (CONSOUDE).

Calice profondément 5-fide. *Corolle tubuleuse, à limbe campanulé-urcéolé* 5-lobé, *à gorge munie de 5 écailles lancéolées-subulées connicentes en cône.* Étamines incluses. *Nucules* rugueuses, *à rebord basilaire saillant*, épais, plissé.

Feuilles caulinaires décurrentes ; corolle blanchâtre, jaunâtre ou violacée.   .   .   *S. officinale* L. (C. officinale).

4. MYOSOTIS L. — (MYOSOTIS).

Calice 5-fide ou 5-partit. *Corolle* hypocratériforme ou

presque rotacée, à tube court ou dépassant le calice, à
limbe 5-fide présentant 5 plis alternant avec les lobes, *à
lobes arrondis* au sommet ou émarginés, *à gorge fermée par
5 écailles* convexes *obtuses* presque glabres. Étamines incluses. *Nucules* lisses luisantes, un peu comprimées, à bord
tranchant, convexes sur le dos, un peu carénées à la face
interne, *à surface basilaire étroite presque plane.*

1 Calice à poils courts tous apprimés et droits. 2
  Calice hérissé dans sa moitié inférieure de poils crochus
    étalés ou réfléchis 3

2 . . . .*M. palustris* With. (M. des marais).
    Souche longuement rampante; tiges couchées-radicantes
  à la base, robustes, anguleuses ; feuilles rapprochées ;
  fleurs rapprochées, en grappes assez courtes; corolle assez
  grande ; style atteignant presque l'extrémité des dents du
  calice ; pédicelles fructifères ord. assez courts ; calices
  fructifères étroits à la base, 5-dentés, à dents triangulaires. . . . . . . var. *vulgaris* (*var.* commune).
    Souche courte, verticale, tronquée ; tiges ord. dressées,
  anguleuses seulement dans leur partie inférieure ; feuilles
  assez rapprochées ; fleurs rapprochées, en grappes allongées ;
  style court, ou atteignant presque l'extrémité des dents du
  calice ; pédicelles fructifères ord. assez courts; calices fructifères étroits à la base, 5-dentés, à dents triangulaires
  ou triangulaires-lancéolées . . . .
    . . . . var. *strigulosa* (*var.* striguleuse).
                           (*M. strigulosa* Rchb.).
    Souche courte, verticale ou oblique ; tiges dressées,
  assez grêles, cylindriques ; feuilles molles, espacées ; fleurs
  espacées, en grappes allongées; style court; pédicelles
  fructifères ord. très longs ; calices fructifères à base large,
  5-fides, à divisions oblongues-lancéolées . . . . . .
    . . . . . var. *lingulata* (*var.* à feuilles linguiformes).
         (*M. lingulata* Lehm.; *M. cæspitosa* K. F. Schultz).

3 Calice fructifère ouvert . . . .
    . . . . *M. hispida* Schlecht. (M. hérissé).
  Calice fructifère fermé par le rapprochement de ses lobes. 4

4 Pédicelles fructifères étalés, les inférieurs environ deux
  fois plus longs que le calice. . . . .
  . . . . . M. *intermedia* Link (M. intermédiaire).
  Pédicelles fructifères dressés ou presque dressés, plus
  courts que le calice. 5

5 Corolle bleue, à tube ne dépassant pas les lobes du calice.
  . . . . M. *stricta* Link (M. roide).
  Corolle d'abord jaune, puis rougeâtre et enfin bleue, à
  tube dépassant longuement les lobes du calice. . . .
  . . . . . . M. *versicolor* Rchb. (M. versicolore).

5. LITHOSPERMUM Tourn. — (GRÉMIL).

Calice 5-partit, à divisions linéaires. Corolle infundibuliforme, *à limbe* presque *régulier* 5-fide, *à gorge ouverte*
munie d'écailles très petites ou indistinctes soudées avec
la corolle et constituant alors 5 lignes pubescentes. Étamines incluses. *Nucules* lisses ou rugueuses, *à surface
basilaire presque plane.*

1 Plante annuelle; nucules rudes-tuberculeuses, d'un gris ou
  brun mat. . . . . . L. *arvense* L. (G. des champs).
  Plante vivace; nucules lisses, luisantes, d'un beau blanc. 2

2 Tiges dressées ; feuilles à nervures moyenne et latérales
  très saillantes à la face inférieure ; corolle petite, blanchâtre. . . . . . . L. *officinale* L. (G. officinal).
  Tiges stériles couchées, les florifères dressées; feuilles à
  nervure moyenne seule saillante ; corolle grande, d'un
  beau bleu. . . *L. purpureo-cœruleum* L. (G. violet).

6. PULMONARIA Tourn. — (PULMONAIRE).

Calice tubuleux-campanulé, 5-fide, à 5 angles. *Corolle*
infundibuliforme, à limbe 5-fide, à lobes suborbiculaires,
à gorge dépourvue d'appendices et présentant 5 faisceaux de
poils. Étamines incluses. Nucules lisses, à surface basilaire
étroite entourée d'un rebord saillant.

Fleurs assez grandes, en grappes courtes . . . . .
  . . . . . P. *angustifolia* L. (P. à feuilles étroites).

7. ECHIUM L. — (VIPÉRINE).

Calice 5-partit. *Corolle* infundibuliforme-campanulée, *à limbe subbilabié* 5-lobé à lobes inégaux, *à gorge nue.* Étamines à filets très longs, inégaux, réfléchis-ascendants, ord. longuement saillants hors de la corolle. Nucules rugueuses, à surface basilaire légèrement concave.

Plante hérissée de poils roides; fleurs en grappes disposées en une panicule feuillée. *E. vulgare* L. (V. commune).

TRIBU II. Cynoglosseæ. — Nucules étroitement rapprochées au moins au sommet, insérées sur la colonne centrale par une surface latérale plane ou presque plane ou par leur angle interne.

8. ECHINOSPERMUM Swartz. — (ÉCHINOSPERME).

Calice 5-partit. Corolle hypocratériforme, à limbe 5-fide, à lobes obtus, à gorge fermée par 5 écailles convexes. Étamines incluses, à anthères presque sessiles. *Nucules triquètres, soudées à la colonne centrale dans toute la longueur de leur angle interne, à face dorsale entourée d'épines.*

Tige dressée, roide, à rameaux étalés, souvent divariqués; pédicelles fructifères dressés, plus courts que le calice.
. . . . *E. Lappula* Lehm. (É. Bardanette).
(*Myosotis Lappula* L.).

9. CYNOGLOSSUM L. — (CYNOGLOSSE).

Calice 5-fide ou 5-partit. Corolle hypocratériforme ou presque rotacée, à limbe 5-fide, à lobes obtus, à gorge fermée par 5 écailles convexes. Étamines incluses. *Nucules déprimées, chargées de tubercules épineux* sur toute leur surface, *soudées à la colonne centrale seulement dans la partie supérieure de leur face interne,* à bord épaissi.

Feuilles pubescentes-tomenteuses, grisâtres sur les deux faces; nucules à épines de la face supérieure espacées.
. . . . *C. officinale* L. (C. officinale).
Feuilles vertes, luisantes presque glabres en dessus; nucules à épines rapprochées sur les deux faces et sur le bord . . . * *C. montanum* Lmk (C. de montagne).

[6]

† OMPHALODES Tourn.— (OMPHALODE).

Calice 5-partit. Corolle rotacée, à limbe 5-fide, à lobes obtus, à gorge fermée par 5 écailles convexes. Étamines incluses. *Nucules déprimées, lisses, soudées à la colonne centrale seulement dans la partie supérieure de leur face interne, entourées supérieurement d'une bordure membraneuse très saillante infléchie.*

Feuilles radicales ovales, un peu cordées à la base . . . . † *O. verna* Mœnch (O. printanière).
(*Cynoglossum Omphalodes* L.).

10. ASPERUGO Tourn. — (RÂPETTE).

Calice 5-fide, à lobes triangulaires, présentant dans chaque sinus deux dents plus courtes que les lobes, le *fructifère très développé*, presque foliacé, *réticulé-veiné, comprimé en deux valves planes sinuées-anguleuses appliquées l'une sur l'autre.* Corolle hypocratériforme, à limbe 5-fide, à lobes obtus, à gorge fermée par 5 écailles convexes. Étamines incluses. Nucules comprimées latéralement, chagrinées, rapprochées par paires, soudées à la colonne centrale vers la partie supérieure de leur bord interne.

Fleurs réunies 2-4 au niveau de chaque paire de feuilles.
. . . . * *A. procumbens* L. (R. couchée).

11. HELIOTROPIUM L. — (HÉLIOTROPE).

Calice 5-partit. *Corolle* hypocratériforme, à limbe 5-fide, à lobes obtus, à sinus présentant chacun un pli longitudinal qui se termine entre les lobes en une dent courte et se prolonge jusqu'à l'insertion des étamines, *à gorge nue* quelquefois barbue. Étamines incluses. *Nucules ovoïdes-triquètres, chagrinées, soudées à la colonne centrale par leur angle interne, d'abord soudées entre elles et ne se séparant qu'à la maturité.*

Plante herbacée; fleurs blanches ou d'un blanc lilas . . . . *H. Europæum* L. (H. d'Europe).

LIV. SOLANÉES (Juss.).

Fleurs hermaphrodites, *régulières ou presque régulières.*
— Calice gamosépale à 5 divisions rarement plus , persistant ou à tube se coupant circulairement au-dessus de
sa base , s'accroissant souvent après la floraison , à préfloraison valvaire ou imbriquée. — *Corolle* hypogyne, gamopétale, rotacée, campanulée, infundibuliforme ou hypocratériforme, à limbe *à 5 lobes* rarement plus, caduque,
à préfloraison plissée, valvaire ou imbriquée-contournée.
— *Étamines* insérées sur le tube de la corolle, *en nombre*
égal à celui des lobes de la corolle et alternes avec ces lobes.
Filets égaux ou presque égaux. — Styles soudés en un
style indivis; stigmate indivis ou obscurément bilobé.—
Fruit composé de 2 carpelles, très rarement plus, capsulaire ou bacciforme, *polysperme ;* capsule *à 2 loges quelque-*
fois subdivisées chacune en deux loges secondaires , à déhiscence septifrage ou septicide s'ouvrant en deux valves, ou
s'ouvrant en 4 valves par la combinaison des déhiscences
septifrage et loculicide, plus rarement à déhiscence circulaire (pyxide); baie pulpeuse, plus rarement sèche, à 2 loges, rarement à plusieurs loges par le développement de
carpelles supplémentaires ; placentas épais, soudés à la
cloison dans toute sa largeur ou seulement à sa partie
moyenne, constituant une seule masse dans chaque loge ou
partagés en deux masses alors que la loge est subdivisée en
deux loges secondaires. — Graines ord. réniformes comprimées latéralement. *Périsperme* charnu, *épais. Embryon*
courbé, annulaire ou en spirale, placé dans le périsperme
dont la couche extérieure est souvent très mince. Radicule
rapprochée du hile.

Plantes annuelles ou vivaces , à tiges ord. anguleuses, herbacées, plus rarement ligneuses. *Feuilles alternes*, ou les supérieures géminées, entières, sinuées, dentées, pinnatifides ou
pinnatiséquées ; stipules nulles. Inflorescence très variable ; pé-

doncules ord. extra-axillaires par leur soudure avec la tige dans une assez grande étendue.

La plupart des plantes de la famille des *Solanées*, à aspect sombre, à odeur plus ou moins vireuse, sont douées de propriétés vénéneuses narcotiques qui résident dans un principe alcaloïde dont la composition varie selon les diverses espèces, et qui, suivant les plantes qui le contiennent, porte les noms d'*atropine*, *daturine*, *nicotine*, *solanine*, etc. ; au principe alcaloïde sont généralement associées des substances d'une âcreté plus ou moins prononcée. Les fruits d'un grand nombre d'espèces sont vénéneux ; quelquefois ils sont simplement âcres, plus rarement ils sont comestibles, les principes narcotiques ou âcres n'y existant pas ou étant dominés par un suc mucilagineux souvent acidule. L'infusion des tiges sarmenteuses de la Douce-amère (*Solanum Dulcamara*) et celle de la Morelle (*S. nigrum*) sont employées comme calmantes dans les affections nerveuses, les maladies chroniques de la peau et les scrofules, etc. Les baies du Coqueret ou Alkékenge (*Physalis Alkekengi*) ont une saveur amère et acidule et jouissent de propriétés diurétiques. La Belladone (*Atropa Belladona*) est un poison narcotico-âcre des plus actifs ; cependant, à dose médicamenteuse, c'est un des calmants que la thérapeutique emploie avec le plus d'avantage. Les parties de la plante les plus usitées sont les feuilles et la racine, que l'on administre à l'intérieur, sous forme de poudre, d'extrait et de teinture alcoolique, ou à l'extérieur sous forme de lotions et de fomentations. La Belladone est un des médicaments les plus efficaces contre les douleurs dont le siége est vers la surface du corps ; on la prescrit dans certaines paralysies, et surtout dans les affections nerveuses et le tic douloureux de la face ; elle est très usitée contre la toux convulsive, et en particulier contre la coqueluche ; la propriété que possède la Belladone de déterminer la dilatation de la pupille est mise à profit dans plusieurs affections des yeux, et facilite quelques opérations qui se pratiquent sur le globe de l'œil ; enfin, on a recours utilement aux applications de Belladone pour combattre la contraction spasmodique de certains orifices naturels. La Pomme-épineuse (*Datura Stramonium*) présente, à un degré encore plus prononcé, les propriétés narcotiques de la Belladone, et elle a été employée dans les mêmes circonstances. Il en est de même de la Jusquiame (*Hyoscyamus niger*), mais son action est moins énergique. La

Mandragore (*Mandragora officinarum*) a des propriétés encore plus délétères que la Belladone ; cette plante est propre à la région méditerranéenne la plus méridionale. — La Pomme-de-terre (*Solanum tuberosum*), dont les tubercules farineux sont maintenant une des bases de l'alimentation en Europe, est originaire des montagnes du Pérou et du Chili. La Tomate ou Pomme-d'amour (*Lycopersicum esculentum*) croît spontanément dans l'Amérique méridionale. Les *Solanum Melongena* (Aubergine) et *ovigerum*, importés de l'Asie, sont cultivés surtout dans les provinces méridionales pour leurs fruits comestibles. Le Piment (*Capsicum annuum*), dont les fruits sont connus sous le nom de Poivre-long et constituent un stimulant énergique des voies digestives, utile surtout dans les pays chauds, est également cultivé quelquefois dans nos jardins potagers. Le Tabac (*Nicotiana Tabacum*), dont l'usage est devenu si général, est cultivé en grand, surtout dans le nord, l'est et le midi de la France. Le *Lycium Barbarum*, qui sert à former des haies et qui est actuellement si répandu dans nos environs, paraît être originaire de la région méditerranéenne. — Le *Solanum Pseudocapsicum* (Cerisier-d'amour) est cultivé dans les orangeries. Les *Petunia nyctaginiflora* et *violacea* sont fréquemment cultivés pour la beauté de leurs fleurs à nuances variées.

1 Fruit indéhiscent, succulent (baie) 2
  Fruit sec, déhiscent (capsule). 5

2 Calice fructifère vésiculeux très ample , enveloppant complétement la baie . . . . . . PHYSALIS. (2).
  Calice fructifère n'enveloppant jamais complétement la baie. 3

3 Corolle infundibuliforme à tube étroit; arbrisseau épineux.
  . . . . LYCIUM. (4).
  Corolle rotacée ou campanulée; plante herbacée . . . 4

4 Anthères conniventes, s'ouvrant par 2 pores terminaux .
  . . . . SOLÁNUM. (1).
  Anthères non conniventes, s'ouvrant par 2 fentes longitudinales. . . . . ÁTROPA (3).

5 Capsule s'ouvrant circulairement par un opercule; fleurs en grappes scorpioïdes feuillées . . HYOSCYAMUS. (6).
  Capsule s'ouvrant en valves longitudinales; fleurs solitaires ou en panicules. 6

6 Calice persistant, appliqué sur la capsule; capsule membraneuse mince . . . . . . † Nicotiana. (4 bis).
  Calice à tube se coupant circulairement au-dessus de sa base après la floraison; capsule épaisse coriace, hérissée d'épines . . . . Datura. (3).

TRIBU I. Eusolaneæ. — Fruit succulent (baie), indéhiscent.

1. SOLANUM Tourn. — (Morelle).

Calice 5-lobé ou 5-partit, rarement à 4, 6 ou 10 lobes, ne s'accroissant pas ou s'accroissant peu après la floraison. Corolle rotacée, rarement campanulée-rotacée, à limbe plissé 5-fide rarement 4-6-10-fide. Étamines 5, rarement 4-6 ; filets très courts; *anthères* saillantes au-dessus du tube, *conniventes, s'ouvrant par 2 pores terminaux.* Baie biloculaire, rarement tri-quadriloculaire. Embryon en spirale.

1 Feuilles pinnatiséquées, à segments assez nombreux; calice à divisions linéaires-lancéolées . . . .
  . . . . † S. *tuberosum* L. (M. tubéreuse).
  Feuilles entières, sinuées ou divisées en 3 segments ; calice à lobes courts triangulaires. 2
2 Tiges ligneuses; fleurs en corymbes rameux multiflores longuement pédonculés . . . .
  . . . . . . S. *Dulcamara* L. (M. Douce-amère).
  Tiges herbacées ; fleurs réunies en fausses ombelles simples 3-6-flores au sommet de pédoncules souvent plus courts que les pédicelles. 3
3 . . . . S. *nigrum* L. (M. noire).
  Tiges glabrescentes ou pubescentes; baies noires . .
  . . . . var. *vulgare.*
  Baies verdâtres ou jaunâtres. . . . .
  . . . s.-v. *ochroleucum* (s.-v à fruits jaunâtres).
  (S. *ochroleucum* Bast.).
  Baies rouges. * s.-v. *miniatum* (s.-v. à fruits rouges).
  (S. *miniatum* Bernh.).
  Tiges et feuilles velues presque tomenteuses ; baies d'un jaune rougeâtre ou rouges. * var. *villosum* (var. velue).
  (S. *villosum* Lmk).

2. PHYSALIS L. — (COQUERET).

Calice campanulé, 5-lobé, s'accroissant après la floraison, *devenant vésiculeux très ample et enveloppant complétement la baie.* Corolle campanulée-rotacée, à limbe plissé
5-lobé. Étamines 5, à filets assez longs; anthères s'ouvrant
longitudinalement, conniventes avant l'émission du pollen.
Baie biloculaire, renfermée dans le calice. Embryon en spirale.

Plante vivace à rhizome traçant; calice fructifère veiné-
réticulé, d'un rouge vif. *P. Alkekengi* L. (C. Alkékenge).

3. ATROPA L. — (ATROPE).

Calice 5-partit, s'accroissant un peu après la floraison,
étalé en étoile à la maturité de la baie. Corolle campanulée
un peu rétrécie à la base, plissée, *à 5 lobes courts.* Étamines
5, presque incluses, à filets assez longs, poilus à la base,
anthères s'ouvrant longitudinalement, non conniventes. Baie
biloculaire.

Tige robuste, dichotome ou trichotome; fleurs assez grandes, d'un pourpre obscur veiné de brun, penchées, solitaires ou géminées; baies d'un noir luisant . . . .
. . . . * *A. Belladona* L. (A. Belladone).

4. LYCIUM L. — (LYCIET).

Calice court urcéolé, à 5 dents presque égales, ou bilabié par la soudure des dents entre elles, ne s'accroissant
pas après la floraison, appliqué sur la baie. *Corolle infundibuliforme, à tube étroit,* à limbe très ouvert ord. 5-fide.
Étamines 5, saillantes hors de la corolle, à filets assez longs
poilus à la base; anthères s'ouvrant longitudinalement,
non conniventes. Baie biloculaire. — *Arbrisseau épineux.*

Fleurs violettes; baie oblongue . . . .
. . . . . . L. *Barbarum* L. (L. de Barbarie).
Calice bilabié, à lèvres entières ou bi-tridentées . . .
. . . . var. *vulgare* (var. commune).
Calice à 5 dents égales ou presque égales. . . . .
. . . . var. *Sinense* (var. de Chine).
(*L. Sinense* Lmk).

TRIBU II. **Nicotianeæ.** — Fruit sec, capsulaire, déhiscent.

† NICOTIANA Tourn. — (TABAC).

Calice campanulé ou urcéolé, 5-fide, à lobes inégaux, *persistant*. Corolle infundibuliforme ou tubuleuse-hypocratériforme, à 5 lobes présentant un pli longitudinal. Étamines 5, incluses, à filets longs un peu réfléchis-arqués. *Capsule* étroitement embrassée par le calice, membraneuse, mince, biloculaire, à déhiscence septifrage ou septicide, *s'ouvrant en 2 valves longitudinales* qui se fendent ensuite à leur sommet selon leur nervure moyenne ; placentas rapprochés en un placenta central qui occupe presque toute la cavité des loges. Graines très petites.

Feuilles pétiolées ; corolle d'un jaune verdâtre, à divisions obtuses. . . . . . † *N. rustica* L. (T. rustique).
Feuilles sessiles ; corolle rougeâtre, à divisions acuminées.
. . . . † *N. Tabacum* L. (T. cultivé).

5. DATURA L. — (DATURA).

Calice tubuleux, à 5 plis longitudinaux, 5-fide, *à partie inférieure persistante soudée avec la base de l'ovaire, à tube se détachant circulairement au-dessus de la partie adhérente*. Corolle infundibuliforme, à 5 plis longitudinaux, à 5 lobes courts brusquement acuminés quelquefois séparés par des dents courtes. Étamines 5, incluses ou presque incluses. *Capsule* épaisse-coriace, *chargée d'épines*, à *2 loges subdivisées chacune* inférieurement *en deux loges secondaires* par une fausse cloison, *s'ouvrant en 4 valves*.

Fleurs grandes, blanches ou rosées. . . . . . .
. . . . *D. Stramonium* L. (D. Stramoine).

6. HYOSCYAMUS Tourn. — (JUSQUIAME).

Calice campanulé à partie inférieure renflée, à limbe 5-fide, *s'accroissant après la floraison*. Corolle infundibuliforme, à tube court, un peu plissée longitudinalement, à limbe oblique à 5 lobes inégaux obtus. Étamines 5, un peu saillantes hors du tube, à filets un peu réfléchis-arqués.

12.

Capsule renfermée dans le tube du calice , membraneuse , biloculaire , *s'ouvrant circulairement* au sommet *par un opercule.*

¿ Fleurs jaunâtres veinées de lignes brunes ou noirâtres   .
. . . . *H. niger* L. (J. noire).

LV. VERBASCÉES (Bartl.).

Fleurs hermaphrodites, *un peu irrégulières.* — Calice gamosépale, 5-partit, persistant, à préfloraison imbriquée. — Corolle hypogyne, gamopétale, presque rotacée, à limbe 5-partit, à divisions inégales, caduque, à préfloraison imbriquée. — *Étamines 5*, insérées sur le tube de la corolle et alternes avec ses divisions. *Filets inégaux. Anthères unilobées*, soudées dans toute leur longueur ou dans presque toute leur longueur avec le filet, ou insérées par leur partie moyenne et alors réniformes. — Styles soudés en un style indivis ; stigmate indivis ou bilobé. — *Fruit* libre , *à 2 carpelles* , capsulaire , *biloculaire , à loges polyspermes* , à déhiscence septifrage, s'ouvrant en deux valves qui se fendent ensuite selon leur nervure moyenne ; placentas soudés a la partie moyenne de la cloison. — Graines très petites , oblongues , tuberculeuses. *Embryon droit*, placé dans un *périsperme* charnu *épais.* Radicule dirigée vers le hile.

Plantes bisannuelles , rarement vivaces , ord. tomenteuses ou laineuses. *Feuilles alternes*, crénelées ou sinuées, plus rarement pinnatifides ou pinnatipartites, à limbe souvent décurrent sur la tige ; stipules nulles. Fleurs fasciculées, plus rarement solitaires, disposées en panicules spiciformes ou en panicules rameuses.

Les fleurs des *Verbascum Thapsus, thapsiforme* et *phlomoides*, vulgairement désignés sous le nom de Bouillon-blanc, servent à préparer une infusion théiforme, adoucissante , d'une saveur légèrement aromatique , fréquemment employée contre les catarrhes pulmonaires peu intenses. Les feuilles de Bouillon-blanc deviennent émollientes par la coction dans l'eau et peuvent servir à préparer des cataplasmes adoucissants.

1. VERBASCUM Tourn. — (MOLÈNE).

1 Feuilles décurrentes dans toute ou presque dans toute la
longueur de l'entre-nœud 2
Feuilles non décurrentes, ou les supérieures décurrentes au
plus dans la moitié de la longueur de l'entre-nœud . . 3

2 Corolle assez petite, concave; anthères des étamines lon-
gues environ 4 fois plus courtes que le filet, très brièvc-
ment décurrentes sur le filet. . . . .
. . . . V. *Thapsus* L. (M. Bouillon-blanc).
(*V. Schraderi* Mey. sec. Koch; Fl. Par. éd. 1).
Corolle grande, presque plane; anthères des étamines
longues environ 1-2 fois plus courtes que le filet, lon-
guement décurrentes sur le filet. . . . .
. . V. *thapsiforme* Schrad. (M. Faux-Bouillon-blanc).
(*V. Thapsus* Mey.; Koch *Syn. fl. Germ.* ed. 1 ; Fl. Par. éd. 1).

3 Feuilles décurrentes au moins les supérieures 4
Feuilles supérieures sessiles ou amplexicaules non décurrentes 5

4 Corolle grande, presque plane; filets des étamines longues
glabres; anthères des étamines longues environ 1-2 fois
plus courtes que le filet, longuement décurrentes sur le
filet. . . * V. *phlomoides* L. (M. Fausse-Phlomide).
Corolle concave; étamines toutes à filet chargé d'une laine
blanchâtre; anthères dès étamines longues 4-5 fois plus
courtes que le filet, non décurrentes ou à peine décurrentes
sur le filet. * V. *montanum* Schrad. (M. de montagne).
(*V. thapso-floccosum* Godr. et Gren.).

5 Feuilles inférieures longuement pétiolées, cordées. . .
. . . . * V. *nigrum* L. (M. noire).
Feuilles inférieures sessiles atténuées à la base, ou rétré-
cies insensiblement en un pétiole ailé. 6

6 Plante jamais tomenteuse-laineuse, pubescente-glanduleuse au sommet; fleurs solitaires, géminées ou ternées
à l'aisselle des bractées; filets des étamines à poils violets 7
Plante plus ou moins tomenteuse-laineuse, jamais pubescente-glanduleuse au sommet; fleurs fasciculées, disposées en une panicule ord. rameuse; filets des étamines à
poils blanchâtres très rarement violets 8

7 . . . . *V. Blattaria* L. (M. Blattaire).
Pédicelles la plupart 2-3 fois aussi longs que le calice
fructifère . . . . . var. *vulgare* (var. commune).
Pédicelles la plupart ne dépassant pas la longueur du ca-
lice fructifère . . . . * var. *virgatum* (var. effilée).
(*V. virgatum* With.; *V. blattarioides* Lmk).

8 Feuilles tomenteuses sur les deux faces, les supérieures
amplexicaules, ovales-suborbiculaires brusquement acuminées; duvet de la tige et des feuilles se détachant en
flocons laineux. . . . .
. . . . *V. pulverulentum* Vill. (M. pulvérulente).
(*V. floccosum* Waldst. et Kit.; Fl. Par. éd. 1).
Feuilles presque glabres en dessus, les supérieures non
amplexicaules, ovales-lancéolées; duvet de la tige et des
feuilles ne se détachant jamais en flocons laineux. . . 9

9 . . . . *V. Lychnitis* L. (M. Lychnite).
Filets de toutes les étamines chargés d'une laine blan-
châtre. . . . . . var. *vulgare* (var. commune).
Filets, au moins ceux des étamines longues, à poils vio-
lets . . . . * var. *mixtum* (var. hydride).
(*V. mixtum* Ram.).

LVI. SCROFULARINÉES (R. Br.).

Fleurs hermaphrodites, *irrégulières*, rarement presque
régulières, à préfloraison imbriquée. — Calice gamosépale,
ord. irrégulier, persistant, à 5 divisions ou à 4 divisions
par l'absence de la supérieure. — Corolle gamopétale, hypogyne, caduque, à 5 divisions ou 4 divisions par la soudure des 2 divisions supérieures, à tube court ou allongé
quelquefois prolongé en bosse ou en éperon à la base, à
limbe très irrégulier rarement presque régulier, rotacé, ou
divisé en 2 lèvres écartées ou rapprochées en gueule, la
supérieure composée de 2 divisions, l'inférieure de 3 divisions et offrant quelquefois un renflement qui ferme la
gorge. — *Étamines* insérées sur le tube de la corolle, *en
nombre moindre que celui des divisions de la corolle, au*

nombre de 4 par l'avortement de l'étamine supérieure qui est quelquefois représentée par un appendice ou un filet stérile, ord. *inégales par paires* (étamines didymes) les inférieures plus longues, *plus rarement réduites au nombre de 2*. Filets droits ou arqués. Anthères bilobées, à lobes parallèles ou divergents s'ouvrant chacun par une fente longitudinale, souvent confluents en un seul lors de la déhiscence. — Styles soudés en un style indivis; stigmate indivis ou bilobé. — *Fruit* libre, à 2 carpelles, *capsulaire*, *biloculaire*, rarement uniloculaire ou subuniloculaire, *à loges ord. polyspermes* rarement 1-2-spermes, à 2 valves entières ou 2-3-fides, à déhiscence loculicide plus rarement septicide ou septifrage, s'ouvrant rarement au sommet par 2 ou 3 trous; placentas épais adhérents à la partie moyenne de la cloison, formant une masse centrale qui reste adhérente aux valves ou qui devient libre à la déhiscence. — Graines horizontales, ascendantes ou pendantes, à raphé parcourant toute leur longueur ou seulement une partie de leur longueur. *Embryon droit*, placé dans un *périsperme charnu ou corné*. Radicule dirigée vers le hile, plus rarement éloignée du hile.

Plantes annuelles ou vivaces, herbacées, rarement sous-frutescentes, noircissant souvent par la dessiccation. Feuilles opposées, verticillées par 3-4, alternes ou éparses, entières, crénelées, dentées, incisées ou lobées, rarement pinnatipartites; stipules nulles. Fleurs solitaires axillaires, en grappes, en épis ou en panicules.

Les plantes de la famille des *Scrofularinées* sont en général douées d'une saveur amère, âcre et astringente. L'espèce qui joue le rôle le plus important en médecine est la Digitale (*Digitalis purpurea*), qui doit ses propriétés à un principe alcaloïde particulier, la *digitaline*. A haute dose, la Digitale agit comme poison narcotico-âcre; à dose médicamenteuse, elle ralentit ordinairement les battements du cœur et en affaiblit l'impulsion : aussi est-elle souvent employée avec avantage dans les affections des organes circulatoires et respiratoires. C'est un des diurétiques les plus actifs, et on l'administre utilement dans les cas d'hydro-

pisie qui ne sont pas le résultat d'affections organiques graves.
Les Véroniques sont amères et astringentes : l'infusion du *Veronica officinalis* (Véronique) est stimulante et sudorifique ; les
V. Chamædrys et *spicata*, actuellement inusités, sont doués de
propriétés analogues ; le suc exprimé des feuilles fraîches des
V. Beccabunga (Beccabonga) et *Anagallis* est prescrit comme
antiscorbutique au même titre que celui du Cresson et d'autres
Crucifères. Les Scrofulaires (*Scrofularia aquatica* et *nodosa*),
qui ont une vieille réputation populaire pour la résolution
des tumeurs scrofuleuses, ne font plus partie de la matière
médicale moderne ; il en est de même de plusieurs espèces des
genres *Antirrhinum* et *Linaria*. L'Euphraise (*Euphrasia officinalis*), dont on préparait autrefois des collyres, est aujourd'hui
également délaissée. Les graines du *Melampyrum arvense*
(Queue-de-renard), qui se rencontre fréquemment dans les moissons, passent pour donner des qualités malfaisantes à la farine.
Le *Gratiola officinalis* (Gratiole) est doué d'une âcreté assez prononcée ; la médecine populaire l'emploie comme purgatif drastique, mais c'est une plante suspecte dont l'usage ne doit pas être
recommandé. — Les *Veronica spuria* et *longifolia*, le *Digitalis
purpurea* et l'*Antirrhinum majus* (Muflier, Gueule-de-loup) sont
des plantes d'ornement qui se rencontrent dans tous les jardins. Le
Paulownia imperialis, arbre originaire du Japon, demande à
être cultivé dans des endroits abrités du vent, car il ne s'accom-
mode qu'imparfaitement de notre climat.

1 Corolle presque régulière à limbe 5-fide ; plante acaule.
   . . . . LIMOSELLA. (2).
   Corolle irrégulière ou à 4 divisions ; plante caulescente . 2

2 Corolle rotacée ; étamines 2 . . . . . VERONICA. (1).
   Corolle subcampanulée, bilabiée ou en gueule ; étamines 4, dont 2 quelquefois stériles par avortement . . 3

3 Étamines 2 fertiles ; calice muni de 2 bractées à la base .
   . . . . .GRATIOLA. (4).
   Étamines 4 fertiles ; calice ne présentant pas 2 bractées à
   la base. 4

4 Corolle en gueule, à tube présentant une bosse ou un éperon à la base 5
   Corolle subcampanulée ou bilabiée, à tube ne présentant
   ni bosse ni éperon à la base. 6

5 Corolle à tube bossu à la base. . . ANTIRRHINUM. (6).
Corolle à tube prolongé à la base en un éperon linéaire-
cylindrique . . . . LINARIA. (7).

6 Calice à 5 lobes, ou bilabié la lèvre supérieure étant bidentée ou entière. 7
Calice à 4 lobes ou à 4 dents par l'absence du lobe ou de
la dent supérieure. 9

7 Corolle bilabiée, à lèvre supérieure en casque comprimée
latéralement . . . . PEDICULARIS. (8).
Corolle non bilabiée, ou bilabiée à lèvre supérieure n'étant
jamais en casque et comprimée latéralement. . . . 8

8 Corolle campanulée ou tubuleuse-ventrue ; feuilles alternes.
. . . . DIGITALIS. (5).
Corolle à tube renflé-subglobuleux, à limbe bilabié ; feuilles
opposées . . . . SCROFULARIA. (3).

9 Calice très ample, presque vésiculeux ; graines comprimées, presque planes, entourées d'une bordure mince .
. . . . RHINANTHUS. (9).
Calice tubuleux, non renflé-vésiculeux ; graines ovoïdes
ou oblongues 10

10 Capsule acuminée, à loges ne contenant qu'une ou deux
graines. . . . . MELAMPYRUM. (10).
Capsule obtuse ou émarginée, à loges polyspermes . . 11

11 Corolle à lèvre supérieure bilobée au sommet, à lobes de
la lèvre inférieure émarginés ou bilobés. EUPHRASIA. (11).
Corolle à lèvre supérieure entière ou émarginée au sommet,
à lobes de la lèvre inférieure entiers . ODONTITES. (12).

1. VERONICA Tourn.— (VÉRONIQUE).

Calice 4-partit, rarement 5-partit, à divisions souvent
inégales, ord. comprimé. *Corolle rotacée*, à tube très
court, *à limbe 4-partit*, à divisions entières, la supérieure
plus grande. *Étamines 2*, exsertes, divergentes. Capsule
ord. obcordée ou émarginée, biloculaire, ord. comprimée
perpendiculairement à la cloison, à loges contenant un petit
nombre ou un grand nombre de graines, à déhiscence loculicide à 2 valves, ou à 4 valves par la combinaison des

déhiscences loculicide et septifrage. Graines planes en dedans convexes en dehors, ou cupuliformes, plus rarement très comprimées presque planes.

1 Fleurs en grappes terminant des pédoncules axillaires dépourvus de feuilles 2
   Fleurs solitaires à l'aisselle des feuilles, ou rapprochées
   en grappes qui terminent la tige et les rameaux. . . 9

2 Calice débordé par la capsule dans tous les sens. . . . 3
   Calice jamais débordé latéralement par la capsule. . . 4

3 Feuilles ovales ou ovales-suborbiculaires, longuement pé-
   tiolées. . . . * V. montana L. (V. de montagne).
   Feuilles lancéolées-linéaires aiguës, sessiles. . . . .
   . . . . V. scutellata L. (V. à écussons).

4 Capsule à peine émarginée, à loges contenant un très grand
   nombre de graines; feuilles glabres. 5
   Capsule échancrée au sommet, à loges contenant 5 ou
   plusieurs graines; feuilles pubescentes ou velues. . . 6

5 Tiges subtétragones; feuilles sessiles, ovales-aiguës ou
   lancéolées. . . . . V. Anagallis L. (V. Mouron).
   Tiges cylindriques; feuilles pétiolées, ovales ou oblongues
   obtuses. . . . V. Beccabunga L. (V. Beccabonga).

6 Calice à 5 divisions, la supérieure beaucoup plus courte. . 7
   Calice à 4 divisions. 8

7 . . . . V. Teucrium L. (V. Germandrée).
   Tiges ascendantes ou presque dressées; feuilles ovales ou
   oblongues, plus rarement oblongues ou lancéolées. . .
   . . . . . . var. latifolia (var. à larges feuilles).
                                    (V. latifolia L.).
   Tiges couchées, plus rarement ascendantes; feuilles
   linéaires-oblongues ou linéaires . . . .
   . . . . * var. prostrata (var. couchée).
                                    (V. prostrata L.).

8 Tiges munies de 2 lignes de poils opposées; calice à di-
   visions dépassant la capsule. . . . .
   . . . . . V. Chamædrys L. (V. Petit-Chêne).
   Tiges velues dans toute leur circonférence; calice à divi-
   sions beaucoup plus courtes que la capsule . . . .
   . . . . V. officinalis L. (V. officinale).

9 Feuilles florales de même forme et de même grandeur que
les feuilles inférieures ; pédicelles fructifères courbés-
réfléchis au sommet 10
Feuilles florales supérieures réduites à l'état de bractées ;
pédicelles fructifères jamais courbés-réfléchis au sommet.13

10 Calice à divisions cordées à la base, à bords rejetés en dehors ; capsule subglobuleuse 4-lobée, à loges dispermes.
. . . . V. hederæfolia L. (V. à feuilles de Lierre).
Calice à divisions non cordées à la base ; capsule bilobée ,
à loges 4-12-spermes 11

11 Capsule à lobes comprimés, divergents. . . . . .
. . . . * V. Persica Poir. (V. de Perse).
(V. Buxbaumii Tenore ; Fl. Par. éd. 1).
Capsule à lobes plus ou moins renflés, non divergents. .12

12 . . . . V. agrestis L. (V. rustique).
Calice à divisions presque obtuses ; corolle d'un bleu
tendre quelquefois presque blanche ; capsule pubescente ,
à lobes peu renflés. . . .var. vulgaris (var. commune).
Calice à divisions ord. presque aiguës ; corolle d'un beau
bleu ; capsule ord. très pubescente, à lobes ord. très renflés.
. . . . var. didyma (var. didyme).
(V. didyma Tenore).

13 Corolle à divisions inférieures oblongues-lancéolées aiguës ;
fleurs en grappes spiciformes compactes très multiflores.
. . . . V. spicata L. (V. en épi).
Corolle à divisions arrondies ; fleurs en grappes plus ou
moins lâches 14

14 Feuilles caulinaires moyennes divisées en 3-7 segments.15
Feuilles entières dentées ou crénelées 16

15 Capsule deux fois aussi large que longue, à lobes compri-
més ; graines jaunâtres, presque planes à la face interne.
. . . . V. verna L. (V. printanière).
Capsule suborbiculaire, à lobes renflés à la base ; graines
noires, concaves-cupuliformes . . . . . .
. . . . . . V. triphyllos L. (V. à trois feuilles).

16 Calices fructifères très brièvement pédicellés ou subsessiles.17
Pédicelles fructifères égalant environ ou dépassant assez
longuement la bractée 18

13

17 Plante très pubescente; bractées atteignant ou dépassant
peu le sommet de la capsule. . . . .
. . . .*V. arvensis* L. (V. des champs).
Plante très glabre; bractées dépassant très longuemént la
capsule. . . . ┼ *V. peregrina* L. (V. étrangère).

18 Capsule plus longue que large; bractées la plupart pro-
fondément crénelées.. . *V. præcox* All. (V. précoce).
(*V. ocimifolia* Thuill.).
Capsule plus large que longue; bractées la plupart entières.19

19 Plante annuelle, pubescente-glanduleuse; pédicelles fruc-
tifères dépassant ord. assez longuement la bractée . .
. . . . . *V. acinifolia* L. (V. à feuilles d'Acinos).
Plante vivace, presque glabre; pédicelles fructifères égalant
environ la longueur de la bractée . . . .
. . . . *V. serpyllifolia* L. (V. à feuilles de Serpolet).

2. LIMOSELLA L. — (Limoselle).

Calice 5-fide. *Corolle campanulée-rotacée*, à tube égalant
le calice, *à limbe 5-fide à divisions* planes *presque égales*.
Étamines 4, très rarement 2 par avortement, à peine exsertes. Capsule polysperme, uniloculaire, ou subbiloculaire
inférieurement, à 2 valves, à placenta central presque
libre. — *Feuilles toutes radicales*, entières, longuement
pétiolées.

Plante aquatique; pédicelles plus courts que les feuilles.
. . . . : *L. aquatica* L. (L. aquatique).

3. SCROFULARIA Tourn. — (Scrofulaire).

Calice 5-fide ou 5-partit. *Corolle à tube renflé-subglobuleux, à limbe bilabié;* la lèvre supérieure ord. plus longue,
bilobée ; la lèvre inférieure trilobée, à lobes courts, obtus,
plans, les latéraux dressés, le moyen plus grand étalé ou
réfléchi. *Étamines* cachées dans la partie supérieure de la
corolle, *4 fertiles*, ou 5 la cinquième occupant la base de
la lèvre supérieure et réduite à un appendice squamiforme.
Capsule polysperme, biloculaire, à déhiscence septicide,
à 2 valves entières ou bifides ; placentas devenant presque
libres après la déhiscence. — *Feuilles opposées*.

1 Fleurs en cymes axillaires rapprochées en une panicule
  feuillée ; tiges velues presque laineuses . . . . .
  . . . . * S. vernalis L. (S. printanière).
  Fleurs en panicule terminale non feuillée. 2

2 Feuilles pinnatiséquées à plusieurs segments. . . .
  . . . . † S. canina L. (S. canine).
  Feuilles entières ou crénelées, quelquefois auriculées à la
  base 3

3 Calice à lobes presque entièrement herbacés ; feuilles
  aiguës. . . . . S. nodosa L. (S. noueuse).
  Calice à lobes largement membraneux-blanchâtres aux
  bords ; feuilles obtuses. S. aquatica L. (S. aquatique).

4. GRATIOLA L. — (GRATIOLE).

Calice 5-partit, muni à la base de 2 bractées. Corolle
tubuleuse-subbilabiée, à lèvre supérieure émarginée ou
bifide, à lèvre inférieure 3-lobée à lobes égaux. Étamines 4,
dont 2 stériles. Capsule polysperme, biloculaire, à déhiscence septicide, à 2 valves devenant bifides ; placentas
devenant presque libres après la déhiscence. — Feuilles
opposées.

Feuilles sessiles, lancéolées ; fleurs assez longuement pédicellées. . . . . . * G. officinalis L. (G. officinale).

5. DIGITALIS Tourn. — (DIGITALE).

Calice 5-partit. Corolle campanulée ou tubuleuse-ventrue,
à limbe court oblique subbilabié ; la lèvre supérieure entière ou échancrée ; la lèvre inférieure 3-lobée, à lobe
moyen ord. plus grand barbu en dedans. Étamines 4
fertiles, incluses. Capsule polysperme, biloculaire, à déhiscence septicide ; placentas très épais. — Feuilles alternes.

Corolle d'un rosé purpurin, rarement blanche ; calice à
divisions ovales ou oblongues. . . . .
. . . . : :D. purpurea L. (D. pourprée).
Corolle d'un jaune pâle ; calice à divisions lancéolées-
linéaires . . . . * D. lutea L. (D. jaune).

6. ANTIRRHINUM Juss. — (MUFLIER).

Calice 5-partit. *Corolle à tube* large, un peu comprimé, *bossu* en dehors *à la base ;* à limbe *en gueule ;* la lèvre supérieure bifide, à lobes réfléchis en dehors ; *la lèvre inférieure* 3-lobée, *présentant un palais saillant* bilobé poilu *qui ferme la gorge.* Étamines 4, incluses. Capsule polysperme, à base oblique, à 2 loges plus ou moins inégales, présentant 3 tubercules au sommet, et s'ouvrant par 3 trous qui correspondent à ces tubercules et résultent chacun de l'écartement de trois petites valves, la loge supérieure s'ouvrant par un seul trou, la loge inférieure par deux trous.

Calice à divisions linéaires-étroites, plus longues que la
   corolle . . . . . . *A. Orontium* L. (M. rubicond).
Calice à divisions ovales ou ovales-suborbiculaires, très
   longuement dépassées par la corolle . . . . . .
   . . . . † *A. majus* L. (M. majeur).

7. LINARIA Juss. — (LINAIRE).

Calice 5-partit. *Corolle à tube* renflé *prolongé à la base en un éperon linéaire-cylindrique, à limbe en gueule ;* la lèvre supérieure bifide, à lobes réfléchis en dehors ; *la lèvre inférieure* 3-lobée, à lobe moyen ord. plus petit, *présentant* ord. *un palais saillant* bilobé plus ou moins poilu *qui ferme la gorge.* Étamines 4, incluses. Capsule polysperme, ovoïde ou subglobuleuse, à base non oblique ou à peine oblique, à 2 loges presque égales s'ouvrant chacune par 3-5 valves persistantes plus ou moins profondes, s'ouvrant plus rarement chacune par un trou qui résulte de l'écartement de petites valves ou de la chute d'un large opercule oblique ; placenta persistant.

1 Feuilles pétiolées, oblongues-suborbiculaires, ovales-hastées ou réniformes-lobées 2
   Feuilles sessiles, la plupart linéaires ou lancéolées-linéaires 4

2 Feuilles réniformes-lobées, à pétiole plus long que le
limbe, plante glabre. . . . .
. . . . *L. Cymbalaria* Mill. (L. Cymbalaire).
(*Antirrhinum Cymbalaria* L.).
Feuilles oblongues-suborbiculaires ou ovales-haştées, en-
tières ou sinuées ; plante poilue. 3

3 Feuilles la plupart ovales-hastées ; pédicelles glabres . .
. . . . *L. Elatine* Desf. (L. Élatine).
(*Antirrhinum Elatine* L.).
Feuilles oblongues ou suborbiculaires, non hastées ; pédi-
celles très poilus. . . *L. spuria* Mill. (L. bâtarde).
(*Antirrhinum spurium* L.).

4 Fleurs longuement pédicellées, disposées en grappes
feuillées ; corolle à gorge incomplétement fermée par le
palais 5
Fleurs brièvement pédicellées, disposées en grappes non
feuillées ; corolle à gorge complétement fermée par le
palais 6

5 . . . . *L. minor* Desf. (L. mineure).
(*Antirrhinum minus* L.).
Plante pubescente-glanduleuse . . . .
. . . . var. *vulgaris* (var. commune).
Plante entièrement glabre .. . .
. . . . * var. *prætermissa* (var. omise).
(*L. prætermissa* Delastre).

6 Plante vivace ; grappes florifères spiciformes . . . 7
Plante annuelle ; grappes florifères courtes ou capitées . 8

7 Feuilles inférieures verticillées par 3-4 ; graines ovoïdes-
trigones à angles aigus . . *L. striata* DC. (L. striée).
(*L. repens* Desf.).
Feuilles toutes éparses, très rapprochées ; graines presque
planes . . . . . *L. vulgaris* Mœnch (L. commune).
(*Antirrhinum Linaria* L.).

8 Graines bordées de cils roides ; feuilles des rejets stériles
oblongues assez larges . . . .
. . . . . . * *L. Pelliceriana* Mill. (L. de Pellicier).
(*Antirrhinum Pellicerianum* L.).
Graines non ciliées ; feuilles toutes linéaires étroites . . 9

9 Fleurs assez grandes, jaunes ; tiges couchées-diffuses. .
. . . . *L. supina* Desf. (L. couchée).
(*Antirrhinum supinum* L.).

Fleurs très petites, bleuâtres ; tiges dressées . . . .
. . . . * *L. arvensis* DC. (L. des champs).
(*Antirrhinum arvense* L.).

8. PEDICULARIS Tourn. — (PÉDICULAIRE).

Calice renflé-ventru, inégalement 5-denté ou bilabié, la lèvre supérieure bidentée ou entière, l'inférieure 3-dentée. *Corolle bilabiée ; la lèvre supérieure en casque, comprimée latéralement,* souvent émarginée obtuse ou prolongée en bec ; l'inférieure plane, 3-lobée. *Étamines 4,* cachées sous le casque. Capsule polysperme, comprimée perpendiculairement à la cloison, à partie supérieure ord. aplanie arquée, à 2 valves, à déhiscence loculicide. *Graines ovoïdes-trigones,* tuberculeuses. — *Feuilles pinnatipartites ou bipinnatipartites.*

Tiges nombreuses, les latérales étalées-diffuses ; casque dépourvu de dent vers le milieu de sa longueur . . .
. . . . *P. sylvatica* L. (P. des bois).

Tige solitaire, simple ou rameuse dès la base, dressée ; casque présentant de chaque côté une dent vers le milieu de sa longueur. . . *P. palustris* L. (P. des marais).

9. RHINANTHUS L. — (RHINANTHE).

Calice renflé-ventru, un peu *comprimé latéralement,* 4-denté par l'absence de la dent supérieure. *Corolle bilabiée ; la lèvre supérieure en casque, comprimée latéralement,* obtuse ; l'inférieure plane, 3-lobée. Étamines 4, cachées sous le casque ; anthères velues. *Capsule polysperme,* suborbiculaire, comprimée perpendiculairement à la cloison, presque plane, à 2 valves, à déhiscence loculicide. *Graines comprimées presque planes, entourées d'une bordure mince* blanchâtre.

Feuilles florales ord. très pubescentes, à peine scabres ;
calice ord. velu ; corolle à tube dépassant assez longuement le calice. . . . *R. major* Ehrh. (R. majeur).
(*R. hirsutus* Lmk ; Fl. Par. éd. 1).

Feuilles florales ord. glabres, très scabres ; calice ord.
glabre ; corolle à tube ne dépassant pas ou dépassant à
peine le calice. . . . *R. minor* Ehrh. (R. mineur).
(*R. glaber* Lmk ; Fl. Par. éd. 1).

10. MELAMPYRUM Tourn. — (MÉLAMPYRE).

Calice tubuleux, 4-fide par l'absence du lobe supérieur.
Corolle bilabiée ou presque en gueule ; *lèvre supérieure en
casque, comprimée latéralement*, émarginée, à bords rejetés
en dehors ; lèvre inférieure plane, 3-dentée ou 3-fide, présentant 2 bosses ; gorge triangulaire. Étamines 4, cachées
sous le casque. *Capsule à loges 1-2-spermes*, ovale acuminée, comprimée parallèlement à la cloison, à 2 valves,
à déhiscence loculicide. *Graines ovoïdes-oblongues subtrigones.*

  1 Épis quadrangulaires très compactes ; feuilles florales re-
     courbées, pliées en dessus. *M. cristatum* L. (M. à crêtes).
     Épis presque cylindriques ou grappes unilatérales feuillées,
     feuilles florales planes non recourbées. 2

  2 Calice à divisions égalant la longueur du tube de la corolle
     et dépassant longuement la capsule ; feuilles florales d'un
     beau rouge. . . . *M. arvense* L. (M. des champs).
     Calice à divisions deux fois moins longues que le tube de la
     corolle et plus courtes que la capsule ; feuilles florales
     vertes. . . . . . *M. pratense* L. (M. des prés).

11. EUPHRASIA L. — (EUPHRAISE).

Calice tubuleux ou campanulé, ord. 4-fide par l'absence
du lobe supérieur. *Corolle bilabiée ;* la *lèvre supérieure en
casque, bilobée au sommet* à lobes ord. rejetés en dehors ;
la *lèvre inférieure* plane, trifide, *à lobes ord. émarginés ou
bilobés*, ne présentant pas de bosses. Étamines 4, logées
sous le casque, incluses ou exsertes ; *anthères à lobes mucronés, le lobe inférieur des deux étamines courtes ord. pro-

longé en une pointe beaucoup *plus longue* que celle du lobe supérieur. *Capsule polysperme*, ovoïde ou oblongue, comprimée perpendiculairement à la cloison, obtuse ou émarginée, à déhiscence loculicide, à 2 valves entières ou bifides. *Graines* très petites, *ovoïdes-fusiformes*, striées longitudinalement. — Fleurs blanches ou d'un blanc bleuâtre, striées de violet, à lèvre inférieure tachée de jaune.

. . . . *E. officinalis* L. (E. officinale). Plante très pubescente, un peu glanduleuse ; tige ord. très rameuse dès la base ; feuilles à dents courtes obtuses ou aiguës ; capsule oblongue-obovale. . . . . . .

. . . . var. *vulgaris* (*var.* commune).
(E. officinalis var. *pratensis* Fl. Par. éd. 1).
Plante légèrement pubescente , non glanduleuse ; tige ord. simple inférieurement ; feuilles à dents profondes aiguës ou cuspidées ; capsule oblongue. . . . . . .

. . . . var. *nemorosa* (*var.* des forêts).
(E. nemorosa Pers.; Rchb.).

12. ODONTITES Hall. — (ODONTITÈS).

Calice tubuleux ou campanulé , 4-fide par l'absence du lobe supérieur. *Corolle bilabiée ;* la *lèvre supérieure en casque, entière ou émarginée au sommet,* à bords non rejetés en dehors ; la *lèvre inférieure* plane, trifide , *à lobes entiers,* ne présentant pas de bosses. Étamines 4, ord. logées sous le casque, incluses ou exsertes ; *anthères à lobes* tous *également mucronés. Capsule polysperme,* ovoïde ou oblongue, comprimée perpendiculairement à la cloison, obtuse ou émarginée, à déhiscence loculicide, à 2 valves entières ou bifides. *Graines* très petites, *ovoïdes-fusiformes,* striées longitudinalement. — Fleurs jaunes ou rouges.

1 Corolle d'un beau jaune, à lobes ciliés-barbus ; style rejeté vers la lèvre inférieure de la corolle . . . . . .

. . . . * *O. lutea* Rchb. (O. jaune).
(Euphrasia lutea L.; Fl. Par. éd. 1; *E. linifolia* L.).
Corolle rougeâtre ou d'un jaune rougeâtre , pubescente à lobes non barbus ; style placé sous la lèvre supérieure de la corolle 2

2 Corolle à lèvres conniventes; style inclus avant l'épanouis-
    sement.   .   * *O. Jaubertiana* D. Dietr. (O. de Jaubert).
               (*Euphrasia Jaubertiana* Boreau; Fl. Par. éd. 1).
  Corolle à lèvres écartées ; style longuement saillant hors
    de la corolle avant l'épanouissement complet   .   ·   . 3

3   . . . . *O. rubra* Pers. (O. rouge).
             (*Euphrasia Odontites* L.; Fl. Par. éd. 1).
  Rameaux ascendants ou dressés; feuilles lancéolées ou
lancéolées-linéaires fortement dentées, les florales ord.
plus longues que les fleurs. var. *verna* (*var.* printanière).
          (*Euphrasia verna* Bell.; O. *verna* Rchb.).
  Rameaux ord. étalés; feuilles linéaires, superficiellement
dentées, les florales ne dépassant pas les fleurs.   .   .   .
   . . . . var. *serotina* (*var.* tardive).
    (*Euphrasia serotina* Lmk; O. *serotina* Rchb.).

—————

LVII. LENTIBULARIÉES (C. Rich.).

Fleurs hermaphrodites, *irrégulières*. — Calice persistant,
subbilabié 5-fide à divisions presque égales, ou bilabié à
lèvres indivises. — *Corolle* hypogyne, caduque, gamopétale,
ord. très irrégulière bilabiée ou en gueule, à lèvre supérieure bilobée ou entière, *à lèvre inférieure* plus grande
3-lobée ou entière *prolongée en éperon* et souvent renflée
au niveau de la gorge en un palais plus ou moins saillant.
— *Étamines 2*, insérées à la base de la corolle entre
l'ovaire et l'éperon. Filets aplanis ou dilatés, presque
droits ou arqués-connivents. Anthères unilobées. — Style
court, indivis, bilabié au sommet, à lèvres stigmatifères à
leur face interne. — *Fruit* libre, capsulaire, *polysperme*,
uniloculaire, bivalve ou indéhiscent, ou s'ouvrant circulairement au-dessus de la base. — Graines nombreuses,
petites, insérées sur un placenta central libre globuleux.
Périsperme nul. Embryon à cotylédons très courts ou indistincts. Radicule dirigée vers le hile.

  Plantes vivaces, herbacées, aquatiques ou croissant dans les
marais. Feuilles toutes radicales, aériennes, disposées en rosette,

entières, charnues ; ou submergées, disposées le long des rameaux, multiséquées à segments filiformes ou capillaires souvent terminés par des renflements vésiculeux ; stipules nulles. Fleurs solitaires à l'extrémité de pédoncules radicaux, ou disposées en grappes pluriflores dans la partie supérieure de rameaux dépourvus de feuilles.

Les plantes de la famille des *Lentibulariées* sont douées de propriétés légèrement âcres et astringentes. L'Utriculaire (*Utricularia vulgaris*) était appliquée en topique sur les brûlures. Les feuilles fraîches des *Pinguicula* (Grassette) passaient pour vulnéraires.

Calice 5-fide ; feuilles entières, aériennes, disposées en rosette radicale. . . . . PINGUICULA. (1).
Calice bilabié, à lèvres entières ou presque entières ; feuilles submergées, multiséquées à segments filiformes ou capillaires, toutes ou quelques-unes d'entre elles munies de vésicules remplies d'air . . UTRICULARIA. (2).

1. PINGUICULA Tourn. — (GRASSETTE).

Calice petit, *5-fide* subbilabié, les 3 divisions supérieures dirigées horizontalement, les 2 inférieures dirigées en bas. *Corolle* bilabiée, à gorge largement ouverte, à palais peu barbu, à tube court prolongé inférieurement en un éperon dirigé en arrière ; à lèvre supérieure ord. plus courte que l'inférieure, échancrée ou bilobée ; *à lèvre inférieure 3-lobée*, à lobe moyen un peu plus grand. Étamines 2, à filets aplanis ascendants. *Capsule bivalve*. Graines presque cylindriques. — *Feuilles toutes radicales disposées en rosette, entières. Pédoncules radicaux uniflores.*

Corolle d'un violet-rougeâtre, à lobes de la lèvre inférieure oblongs ; éperon subulé, égalant environ la moitié de la longueur de la corolle ; capsule ovoïde-aiguë . . . .
. . . . *P. vulgaris* L. (G. commune).

2. UTRICULARIA L. — (UTRICULAIRE).

Calice à *2 lèvres entières* ou presque entières. *Corolle en gueule*, à gorge ord. fermée par un palais saillant bilobé, à tube presque nul, prolongée à la base en un éperon qui

se dirige en avant; à lèvre supérieure plus courte que
l'inférieure, entière ou émarginée; *à lèvre inférieure entière.*
Étamines 2, embrassant l'ovaire; à filets dilatés, arqués
rapprochés à la base et au sommet. Capsule indéhiscente
ou s'ouvrant circulairement au-dessus de sa base. Graines
suborbiculaires, convexes en dessous.—*Feuilles submergées,
multiséquées, ord. munies de vésicules remplies d'air. Fleurs
en grappes terminales.*

1 Feuilles de deux formes, les unes munies, les autres dépourvues de vésicules; les feuilles dépourvues de vésicules
palmatiséquées, à 2-3-segments courts divisés en lobes
nombreux linéaires-filiformes denticulés-épineux; les
feuilles munies de vésicules toutes portées sur des rameaux
spéciaux et réduites à 1-3 segments terminés chacun par
une vésicule; vésicules assez grosses . . . .
. . . . . * *U. intermedia* Hayne (U. intermédiaire).
Feuilles toutes de même forme et munies de vésicules. 2

2 Feuilles palmatiséquées; corolle petite, à palais déprimé;
éperon réduit à une bosse conique, beaucoup plus court
que la corolle. . . . . .* *U. minor* L. (U. mineure).
Feuilles pinnatiséquées; corolle assez grande, à palais très
saillant; éperon égalant environ la moitié de la longueur
de la corolle 3

3 Lèvre supérieure de la corolle de la longueur du palais ou
le dépassant peu; lèvre inférieure à bords réfléchis; anthères un peu cohérentes. *U. vulgaris* L. (U. commune).
Lèvre supérieure de la corolle une fois plus longue que le
palais; lèvre inférieure presque plane, à bords étalés
horizontalement; anthères libres . . . .
. . . .* *U. neglecta* Lehm. (U. négligée).

LVIII. OROBANCHÉES (Juss.).

Fleurs hermaphrodites, *irrégulières.* — Calice persistant,
à 4-5 sépales soudés en un calice gamosépale 4-5-fide, ou
à 4 sépales soudés par paires en 2 pièces latérales bifides

ou entières.—Corolle hypogyne, marcescente se détachant
à la maturité de la capsule, gamopétale, à préfloraison imbriquée, à tube tubuleux ou tubuleux-campanulé plus ou
moins arqué, à limbe bilabié, à lèvre supérieure indivise
émarginée ou bifide souvent en forme de casque, à lèvre
inférieure 3-fide, à gorge présentant ord. à la naissance
de la lèvre inférieure 2 plis gibbeux obliques glabres ou
velus.—*Étamines* en nombre moindre que celui des pièces
de la corolle, *4*, insérées sur le tube de la corolle, *inégales
par paires.*—Styles soudés en un style indivis, ord. arqué
au sommet ; stigmate bilobé, à lobes capités.—*Fruit* libre,
à 2 carpelles, *capsulaire, polysperme, uniloculaire,* bivalve,
à valves latérales, se séparant au sommet ou dans toute
leur longueur, plus ord. restant adhérentes au sommet et
à la base. — Graines très nombreuses, très petites, insérées
sur 4 placentas pariétaux distincts ou confluents deux à
deux. Périsperme épais, charnu. Embryon très petit. Radicule dirigée vers le hile.

Plantes vivaces, plus rarement annuelles, *jamais vertes,*
devenant ord. brunâtres ou noirâtres par la dessiccation, odorantes, *parasites* par leurs fibres radicales sur les racines des
autres plantes. Tige épaisse, succulente, simple, plus rarement
rameuse. *Feuilles réduites à des écailles* blanchâtres ou colorées.
Fleurs solitaires à l'aisselle de bractées, disposées en épis terminaux, plus rarement en grappes.

Les plantes de la famille des *Orobanchées* renferment des
substances résineuses amères, âcres et astringentes. L'*Orobanche
Epithymum* était employé jadis comme vulnéraire, on lui attribuait aussi des propriétés toniques.

Fleurs munies de 2 bractéoles latérales. . PHELIPÆA. (1).
Fleurs dépourvues de bractéoles latérales. OROBANCHE. (2).

1. PHELIPÆA Desf. — (PHÉLIPÉE).

Fleurs munies de 2 bractéoles latérales. Calice à 4-lobes,
campanulé-tubuleux presque régulier ou à tube échancré
presque jusqu'à la base entre les 2 lobes supérieurs, très
rarement à 5 lobes. Corolle bilabiée , la lèvre supérieure

bifide ou échancrée, l'inférieure étalée 3-fide. Capsule s'ouvrant en 2 valves seulement au sommet.

1 Corolle tubuleuse, à lobes aigus. . . . .
. . . . * *P. cærulea* C. A. Mey. (P. bleue).
(*Orobanche cærulea* Vill.).
Corolle à tube plus ou moins dilaté dans sa partie supérieure, à lobes obtus. 2

2 Tige ord. rameuse; fleurs assez petites; calice à lobes triangulaires-acuminés; stigmate blanc ou un peu bleuâtre.
. . . . . * *P. ramosa* C. A. Mey. (P. rameuse).
(*Orobanche ramosa* L.).
Tige simple; fleurs grandes; calice à lobes lancéolés-subulés; stigmate d'un jaune pâle . . . .
. . . . . * *P. arenaria* Walp. (P. des sables).
(*Orobanche arenaria* Borkh.).

2. OROBANCHE L. — (OROBANCHE).

Fleurs dépourvues de bractéoles latérales. Calice composé de 2 pièces latérales distinctes ou à peine soudées à la base, bifides à lobes plus ou moins inégaux, plus rarement entières. Corolle bilabiée, la lèvre supérieure bifide ou échancrée rarement entière, l'inférieure étalée 3-fide. Capsule s'ouvrant en 2 valves qui restent adhérentes au sommet et à la base.

1 Étamines insérées à la base ou vers la base de la corolle. 2
Étamines insérées au-dessus du tiers ou vers le milieu de la longueur du tube de la corolle 5

2 Stigmate jaune. 3
Stigmate d'un rouge pourpre. 4

3 Corolle à lobes obscurément dentés; étamines à filet glabre au moins inférieurement. *O. Rapum* Thuill. (O. Rave).
Corolle à lobes denticulés en cils; étamines à filet velu surtout inférieurement. * *O. cruenta* Bert. (O. sanglante).

4 Corolle à tube campanulé; étamines à filet ne présentant que quelques poils épars.*O. Epithymum* DC.(O. du Thym).
Corolle à tube très ample dans sa partie supérieure; étamines à filet très velu. . *O. Galii* Duby (O. du Gaillet).

5 Étamines insérées au-dessus du tiers inférieur de la corolle;
stigmate d'un beau jaune. *O. Hederæ Duby (O. du Lierre).
Étamines insérées vers le milieu de la longueur du tube
de la corolle; stigmate purpurin ou violet 6

6 Corolle à tube brusquement coudé; bractées dépassant longuement les fleurs. O. amethystea Thuill. (O. améthyste).
(O. Eryngii Duby; Fl. Par. éd. 1).
Corolle insensiblement arquée; bractées plus courtes que les
fleurs ou les dépassant un peu 7

7 Corolle à lèvre supérieure émarginée; étamines à filet
glabre ne présentant que quelques poils épars . . . .
. . . .* O. minor Sutt. (O. mineure).
Corolle à lèvre supérieure entière; étamines à filet très
velu. . . * O. Picridis F. Schultz (O. de la Picride).

LIX. LABIÉES (Juss.).

Fleurs hermaphrodites, *irrégulières*, plus rarement presque régulières, à préfloraison imbriquée. — Calice gamosépale, persistant : régulier ou presque régulier, à 5 divisions, rarement à 4 divisions par l'absence de la supérieure,
très rarement à 12-20 divisions; ou bilabié, la lèvre supérieure étant composée de 3 divisions, et l'inférieure de
2 divisions, ces divisions restant libres ou étant soudées
entre elles. — Corolle gamopétale, hypogyne, caduque,
très rarement marcescente, composée de 5 pièces : bilabiée
à lèvre supérieure composée de 2 pièces, entière, émarginée ou bifide, à lèvre inférieure composée de 3 pièces,
3-lobée, à lobe moyen ord. plus grand que les latéraux
entier ou échancré, à lobes latéraux quelquefois très petits
ou rudimentaires; quelquefois d'apparence unilabiée en
raison de la brièveté ou de la bifidité de la lèvre supérieure;
rarement campanulée ou infundibuliforme, à 4 lobes presque égaux, le supérieur entier ou émarginé. — *Étamines*
insérées sur le tube de la corolle, *en nombre moindre que*

celui *des pièces de la corolle, au nombre de 4* par l'absence de l'étamine supérieure , presque égales , ou *inégales par paires* les inférieures étant les plus longues ou les plus courtes; *plus rarement réduites au nombre de 2,* par l'avortement des 2 supérieures. — *Styles naissant à la base des carpelles, soudés en un style indivis* ord. bifide supérieurement à lobes stigmatifères au sommet ou un peu au-dessous du sommet. — *Fruit* libre, *composé de 2 carpelles dispermes divisés chacun longitudinalement par l'introflexion de leur partie dorsale en deux* fausses *loges* (nucules), *et simulant ainsi 4 carpelles* libres entre eux; nucules monospermes, indéhiscentes, sèches membraneuses ou crustacées (dans nos espèces), plus rarement charnues. — Graine dressée. *Périsperme nul,* ou très mince charnu. Embryon droit, très rarement plié. Radicule dirigée vers le hile.

Plantes annuelles ou vivaces, herbacées, plus rarement sousfrutescentes, ord. parsemées de petites glandes globuleuses sousépidermiques renfermant une huile essentielle. *Tiges tétragones,* à rameaux opposés. *Feuilles opposées,* entières, dentées ou incisées, plus rarement pinnatifides; stipules nulles. Fleurs en glomérules naissant à l'aisselle des feuilles ou des bractées, pauciflores ou pluriflores, sessiles, plus rarement pédonculés, opposés et constituant ord. par leur rapprochement de faux verticilles espacés ou rapprochés en épis terminaux; fleurs plus rarement axillaires solitaires ou géminées.

La plupart des espèces de la famille si naturelle des *Labiées* sont douées de propriétés stimulantes diffusibles, dues à l'huile essentielle aromatique, d'une odeur pénétrante généralement agréable, contenue dans leurs glandes sous-épidermiques. Un plus petit nombre possèdent surtout comme principe actif une substance gommo-résineuse, amère et astringente, qui fait dominer chez elles les propriétés toniques. Parmi les premières, nous nous bornerons à citer pour leurs propriétés aromatiques prononcées la Sauge officinale (*Salvia officinalis*) et plusieurs autres espèces appartenant au même genre, le Romarin (*Rosmarinus officinalis*), le Serpolet (*Thymus Serpyllum*), la Menthe poivrée (*Mentha piperita*) et diverses autres espèces du genre

Mentha, et la Mélisse (*Melissa officinalis*), dont on administre à l'intérieur l'infusion théiforme, l'eau distillée ou l'essence. Parmi les Labiées qui agissent à la fois comme amères et aromatiques l'espèce la plus usitée est le Lierre-terrestre (*Glechoma hederacea*) dont l'infusion convient dans les affections catarrhales chroniques des voies respiratoires ; l'Hysope (*Hyssopus officinalis*) est administrée dans les mêmes circonstances pour faciliter l'expectoration. Les Labiées chez lesquelles le principe amer domine presque exclusivement sont, pour la plupart, aujourd'hui inusitées ; nous citerons seulement l'*Ajuga reptans* (Bugle), l'*A. Chamæpitys*, le *Leonurus Cardiaca*, le *Marrubium vulgare* et le *Scutellaria galericulata;* une seule espèce, le *Teucrium Chamædrys*, est encore employée quelquefois. La Bétoine (*Betonica officinalis*), qui jouit encore d'une réputation populaire contre les contusions, est actuellement rejetée de la pratique médicale. — On cultive dans les jardins comme plantes aromatiques les Lavandes (*Lavandula vera* et *Spica*), le Basilic (*Ocimum Basilicum*), la Mélisse (*Melissa officinalis*), la Marjolaine (*Origanum Majorana*), la Sarriette (*Satureia hortensis*), le Thym (*Thymus vulgaris*) et la Sauge (*Salvia officinalis*) ; ces trois dernières espèces sont fréquemment employées comme condiments. — Plusieurs Sauges exotiques, les *Salvia splendens, fulgens, coccinea, patens*, etc., ainsi que la Monarde (*Monarda didyma*) font l'ornement de nos jardins.

1 Corolle d'apparence unilabiée : la lèvre supérieure étant très courte et peu distincte, ou étant bipartite à lobes rejetés vers la lèvre inférieure 2
Corolle distinctement bilabiée, plus rarement campanulée ou infundibuliforme à lobes presque égaux. 3

2 Corolle à lèvre supérieure très courte bilobée, à lèvre inférieure 3-lobée . . . . Ajuga. (22).
Corolle à lèvre supérieure bipartite à lobes rejetés vers la lèvre inférieure qui paraît à 5 lobes par le rapprochement de ses lobes latéraux et des lobes de la lèvre supérieure. . . . . Teucrium. (23).

3 Corolle campanulée ou infundibuliforme, à lobes presque égaux 4
Corolle distinctement bilabiée. 5

4 Étamines 4 ; nucules ne présentant pas de bordure . . .
. . . . MENTHA. (1).
Étamines 2 ; nucules entourées d'une bordure épaisse. .
. . . . LYCOPUS. (2).

5 Étamines 2 fertiles ; anthères à lobes séparés par un
connectif filiforme, le lobe inférieur nul ou rudimentaire.
. . . . SALVIA. (3).
Étamines 4 fertiles ; anthères à lobes à peine écartés par
le connectif 6

6 Étamines rejetées vers la lèvre inférieure de la corolle ;
calice à dent supérieure prolongée en un appendice en
forme d'opercule. . . . . . † LAVANDULA. (1').
Étamines non rejetées vers la lèvre inférieure de la
corolle ; calice à dent supérieure non prolongée en forme
d'opercule 7

7 Étamines distantes, droites divergentes, ou plus ou moins
arquées conniventes 8
Étamines rapprochées et parallèles sous la lèvre supérieure
de la corolle, quelquefois rejetées en dehors après l'émission du pollen. 14

8 Étamines droites, divergentes. 9
Étamines plus ou moins arquées, conniventes 11

9 Calice bilabié . . . . THYMUS. (5).
Calice à 5 dents presque égales ou obscurément bilabié.10

10 Fleurs ord. roses, munies de larges bractées ord. colorées
dépassant les calices, en épillets oblongs subtétragones
rapprochés en corymbes terminaux . ORIGANUM. (4).
Fleurs ord. d'un beau bleu, en glomérules axillaires pluriflores rejetés d'un même côté de la tige et rapprochés en
épis terminaux feuillés . . . . . HYSSOPUS. (6).

11 Fleurs en glomérules entourés à leur base d'un involucre
formé par un grand nombre de longues bractées sétacées.
. . . . CLINOPODIUM (8).
Fleurs en glomérules dépourvus d'involucre 12

12 Calice à 5 dents presque égales . . † SATUREIA. (8 ter).
Calice bilabié 13

13 Anthères à lobes séparés par un connectif ovoïde ou presque triangulaire ; fleurs ord. roses ou bleuâtres . . . .
. . . . CALAMINTHA. (7).
Anthères à connectif étroit ; fleurs blanches. . . . .
. . . . † MELISSA. (8 *bis*).

14 Calice bilabié déprimé et fermé à la maturité par le rapprochement des deux lèvres 15
Calice tubuleux ou campanulé, plus rarement bilabié, jamais fermé par le rapprochement des deux lèvres . .16

15 Calice à lèvre supérieure plane, tronquée, brièvement 3-dentée ; filets des étamines présentant une dent au sommet. . . . . .BRUNELLA. (20).
Calice à lèvre supérieure entière, présentant une bosse saillante ; filets des étamines ne présentant pas de dent.
. . . . SCUTELLARIA. (21).

16 Étamines inférieures (intérieures) plus courtes que les supérieures (latérales) 17
Étamines inférieures plus longues que les supérieures . .18

17 Anthères rapprochées par paires en forme de croix ; corolle à lèvre inférieure étalée . . . . . GLECHOMA. (10).
Anthères non rapprochées en forme de croix ; lobe moyen de la lèvre inférieure concave en avant. . NEPETA. (9).

18 Étamines incluses dans le tube de la corolle ; calice à 10-20 dents recourbées en crochet au sommet . . .
. . . . .MARRUBIUM. (17).
Étamines saillantes hors du tube de la corolle ; calice à 5 dents. 19

19 Anthères à lobes superposés s'ouvrant chacun en deux valves inégales ; corolle à gorge présentant de chaque côté un pli qui se termine en une saillie conique . . .
. . . . GALEOPSIS. (14).
Anthères à lobes jamais superposés ; corolle à gorge ne présentant pas de plis latéraux terminés en saillie conique.20

20 Étamines inférieures se rejetant latéralement en dehors de la corolle après la fécondation 21
Étamines inférieures ne se rejetant pas en dehors de la corolle après la fécondation 22

21 Corolle à lèvre inférieure étalée ; nucules obovales ou
oblongues-ovales glabres. . . . . STACHYS. (15).
Corolle à lèvre inférieure s'enroulant longitudinalement
peu de temps après l'épanouissement ; nucules trigones
tronquées, à sommet pubescent . . . LEONURUS. (19).

22 Corolle d'un beau jaune, à lobes de la lèvre inférieure tous
aigus . . . . GALEOBDOLON. (13).
Corolle rose ou purpurine, rarement blanche, à lobe moyen
de la lèvre inférieure obtus, émarginé ou bifide . . .23

23 Lobes latéraux de la lèvre inférieure de la corolle occupant les parties latérales de la gorge, tronqués ou presque
nuls, présentant 1-2 dents aiguës ; nucules trigones,
tronquées . . . . LAMIUM. (12).
Lèvre inférieure de la corolle 3-lobée à lobes obtus ; nucules arrondies au sommet 24

24 Calice membraneux, irrégulièrement veiné, subbilabié, à
lèvre supérieure irrégulièrement bi-trilobée ou presque
entière ; anthères rapprochées par paires en forme de
croix . . . . MELITTIS. (11).
Calice à 5 dents presque égales ; anthères non rapprochées
en forme de croix. 25

25 Calice à 5 angles, à 5 dents larges obtuses, brusquement
mucronées, pliées longitudinalement ; fleurs en glomérules un peu pédonculés. . . . . BALLOTA. (18).
Calice à 5 dents triangulaires-aiguës ou lancéolées ; fleurs
en glomérules sessiles . . . . . BETONICA. (16).

TRIBU I. **Ocimoideæ**.— Corolle bilabiée. *Étamines 4,
déclinées.*

† LAVANDULA Tourn. — (LAVANDE).

Calice ovoïde-tubuleux, à 13-15 côtes, à 5 dents, les 4 inférieures très courtes, la supérieure plus large, souvent prolongée
en un appendice dilaté ; le fructifère fermé par les dents conniventes ou par l'appendice de la dent supérieure. Corolle à tube
saillant hors du calice, bilabiée, à lèvre supérieure bilobée, l'inférieure 3-lobée à lobes presque égaux. Étamines 4, cachées dans

le tube, déclinées, les inférieures plus longues. — Plantes sous-frutescentes.

> Feuilles oblongues-linéaires ou linéaires ; rameaux flori-fères nus dans leur partie supérieure ; bractées ovales-suborbiculaires acuminées ; fleurs ord. bleues. . . .
> . . . . † *L. vera* DC. (L. vraie).

TRIBU II. **Menthoideæ.** — *Corolle* campanulée ou infundibuliforme, *à lobes presque égaux. Étamines* 4, rarement 2, *distantes et divergentes.*

1. MENTHA L. — (MENTHE).

Calice campanulé ou tubuleux, à 5 dents égales ou presque égales, à gorge nue plus rarement fermée par un anneau de poils. Corolle à tube inclus, infundibuliforme-campanulée, à 4 lobes le supérieur plus large émarginé plus rarement presque entier. *Étamines 4*, presque égales, distantes et divergentes ; anthères à lobes parallèles, s'ouvrant chacun par une fente longitudinale.—Fleurs petites, roses ou blanches, en glomérules ord. multiflores.

1 Calice fructifère à gorge fermée par un anneau de poils connivents en cône . . *M. Pulegium* L. (M. Pouliot).
Calice fructifère à gorge nue. 2

2 Glomérules tous espacés à l'aisselle des feuilles, ou les supérieurs rapprochés en un épi feuillé surmonté d'un bouquet de feuilles 3
Glomérules naissant ord. à l'aisselle de bractées lancéolées ou linéaires beaucoup plus petites que les feuilles, rapprochés en une tête ou en un épi jamais surmonté d'un bouquet de feuilles 5

3 Calice fructifère campanulé-urcéolé, à dents triangulaires presque aussi larges que longues ; feuilles supérieures ord. presque de la même grandeur que les inférieures.
. . . . *M. arvensis* L. (M. des champs).
Calice fructifère tubuleux-campanulé, à dents lancéolées-acuminées ; feuilles diminuant insensiblement de grandeur dans la partie supérieure de la plante 4

4 . . . . *M. sativa* L. (M. cultivée).
   Plante velue hérissée, peu odorante ; pédicelles hérissés.
   . . . . var. *hirsuta* (*var.* velue).
   Plante glabre, à odeur très pénétrante ; pédicelles glabres.
   . . . . † var. *rubra* (*var.* rouge).
   (*M. rubra* Sm.; *M. sativa* var. *glabra* Fl. Par. éd. 1).

5 Feuilles pétiolées 6
   Feuilles sessiles. 7

6 Glomérules peu nombreux, tous ou les supérieurs rappro-
   chés en une tête globuleuse. . . . .
   . . . .† *M. aquatica* L. (M. aquatique).
   Glomérules nombreux, rapprochés en un épi cylindrique-
   oblong, ou les inférieurs espacés . . . . . .
   . . . . † *M. piperita* L. (M. poivrée).
   (*M. pyramidalis* Ten.; Fl. Par. éd. 1).

7 Feuilles laineuses, ovales-suborbiculaires ou ovales très obtuses, crénelées, fortement ridées à nervures très saillantes à la face inférieure ; bractées ovales ou lancéolées .
   . . . . . . *M. rotundifolia* L. (M. à feuilles rondes).
   Feuilles tomenteuses-soyeuses ou glabres, lancéolées ou
   oblongues-aiguës, dentées ; bractées linéaires-subulées. 8

8 . . . . † *M. sylvestris* L. (M. sauvage).
   Plante tomenteuse-soyeuse ; feuilles presque blanches au
   moins à la face inférieure . . . .
   . . . . var. *vulgaris* (*var.* commune).
   Plante glabre ou presque glabre ; feuilles vertes des deux
   côtés, à odeur aromatique très pénétrante . . . .
   . . . . .var. *viridis* (*var.* verte).
   (*M. viridis* L.; *M. sylvestris* var. *glabra* Fl. Par. éd. 1).

2. LYCOPUS L. — (LYCOPE).

Calice tubuleux-campanulé, à 5 dents presque égales, à
gorge nue. Corolle dépassant à peine le calice, infundibuliforme-campanulée, à 4 lobes presque égaux le supérieur
plus large émarginé. *Étamines* réduites au nombre de *2*
par l'avortement des *2* supérieures, distantes et divergentes. *Nucules entourées d'une bordure épaisse.* — Fleurs
petites, blanches, en glomérules multiflores.

Feuilles ovales-oblongues, largement dentées, souvent pinnatifides à la base. . . *L. Europœus* (L. d'Europe).

TRIBU III. **Salvieæ**. — *Corolle bilabiée. Étamines 2
fertiles ;* anthères à lobes séparés par un *connectif filiforme*, à lobe inférieur rudimentaire ou nul.

3. SALVIA L. — (SAUGE).

Calice tubuleux ou campanulé, bilabié, à lèvre supérieure entière ou 3-dentée, l'inférieure bifide, à gorge nue.
Corolle à tube inclus ou exsert, bilabiée ; à lèvre supérieure
ord. en forme de casque, entière ou émarginée ; l'inférieure
3-lobée, à lobe moyen ord. plus large émarginé. *Étamines*
supérieures nulles ou rudimentaires, les *2* inférieures *fertiles;* filets ord. très courts, articulés avec *un connectif*
transversal, la partie du connectif supérieure à l'articulation *filiforme* ord. très longue portant le lobe fertile de
l'anthère, la partie du connectif inférieure à l'articulation
très courte à lobe nul plus rarement rudimentaire.

1 Bractées membraneuses, très amples ; calice à dents de la
   lèvre supérieure et de la lèvre inférieure triangulaires,
   terminées en pointe épineuse. † *S. Sclarea* L. (S. Sclarée).
   Bractées herbacées, assez petites ; calice à lèvre inférieure
   brièvement 3-dentée ou presque entière 2

2 Tube de la corolle présentant intérieurement un anneau de
   poils ; étamines à connectif court . . . . . .
   . . . . † *S. verticillata* L. (S. verticillée).
   Tube de la corolle dépourvu d'anneau de poils ; étamines
   à connectif long brusquement dilaté 3

3 Corolle beaucoup plus longue que le calice ; style dépassant
   très longuement la lèvre supérieure de la corolle ; feuilles
   crénelées . . . . . *S. pratensis* L. (S. des prés).
   Corolle dépassant à peine le calice ; style ne dépassant pas
   la lèvre supérieure de la corolle ; feuilles lobées-crénelées
   ou presque pinnatifides. . . . . . .
   . . . . * *S. Verbenaca* L. (S. Verveine).

TRIBU IV. **Thymoideæ**. — *Corolle bilabiée. Éta-mines 4 fertiles, distantes*, droites divergentes, ou plus ou moins arquées conniventes, *presque égales* ou les inférieures (intérieures) un peu plus longues que les supérieures (latérales).

SOUS-TRIBU I. **Euthymoideæ**. — *Étamines droites, diver-gentes.*

4. ORIGANUM L. — (ORIGAN).

Calice tubuleux-campanulé, à 10 ou à 13 nervures, *à 5 dents presque égales* ou les supérieures plus longues, le fructifère à gorge souvent fermée par un anneau de poils. Corolle à tube égalant ou dépassant le calice, bilabiée ; à lèvre supérieure droite, presque plane, émarginée ; à lèvre infé-rieure étalée, à 3 lobes presque égaux. Étamines 4, exsertes, distantes et divergentes, les inférieures un peu plus longues ; anthères à lobes divergents ou divariqués, sé-parés par un connectif large presque triangulaire.—*Fleurs* assez petites, roses, plus rarement blanches, *munies de bractées plus longues que les calices, en épillets oblongs sub-tétragones rapprochés en corymbes terminaux.*

Plante herbacée ; bractées ovales, ord. colorées en rouge pourpre et dépourvues de glandes ; calice à dents presque égales. . . . . . *O. vulgare* L. (O. commun).

5. THYMUS L. — (THYM).

Calice tubuleux-campanulé, à 10 ou à 13 nervures, *bilabié*, à lèvre supérieure 3-dentée, à lèvre inférieure bi-fide, le fructifère à gorge fermée par un anneau de poils. Corolle à tube inclus ou dépassant à peine le calice, bila-biée ; à lèvre supérieure droite, presque plane, entière ou émarginée ; à lèvre inférieure étalée, à 3 lobes égaux ou le moyen plus grand. Étamines 4, exsertes, plus rarement incluses, distantes et divergentes, presque égales ou les inférieures plus longues ; anthères à lobes parallèles ou

divergents, séparés par un connectif large presque triangulaire. — *Fleurs* assez petites, roses, plus rarement
blanches, *en glomérules rapprochés en tête ou en épis terminaux.*

1 Plante ligneuse, en touffe dressée ; feuilles sessiles, à bords
   enroulés en dessous, donnant naissance à leur aisselle à
   des fascicules de feuilles plus petites . . . .
   . . . . † *T. vulgaris* L. (T. commun).
   Tiges couchées, herbacées sous-frutescentes à la base ;
   feuilles pétiolées ou atténuées en pétiole, planes. . . 2

2 . . . . *T. Serpyllum* L. (T. Serpolet).
   Tiges appliquées sur la terre, très radicantes, présentant
   sur toute leur périphérie de petits poils réfléchis ; feuilles
   petites, atténuées à la base, à nervures très saillantes ;
   glomérules des fleurs rapprochés en têtes globuleuses ou
   ovoïdes ord. compactes.   var. *genuinus* (var. ordinaire).
   (*T. Serpyllum* Gren. et Godr.; *T. Serpyllum* var. *nervosus*
   Fl. Par. éd. 1).
   Tiges couchées-ascendantes, présentant deux ou quatre
   rangées de poils ; feuilles ord. brusquement contractées,en
   pétiole, nervures peu saillantes ; glomérules des fleurs ord.
   disposés en épis interrompus à la base . . . .
   . . . . .var. *Chamœdrys* (var. Petit-Chêne).
   (*T. Chamœdrys* Fries ; Gren. et Godr.).

6. HYSSOPUS L. — (HYSOPE).

Calice tubuleux, à 15 nervures, obscurément bilabié, à
5 *dents presque égales*, à gorge nue. Corolle à tube égalant
environ le calice, bilabiée ; à lèvre supérieure droite, presque plane, émarginée ; à lèvre inférieure étalée, à 3 lobes,
le moyen plus grand échancré ou bifide à lobes divergents.
Étamines 4, longuement saillantes hors de la corolle, distantes et divergentes, les inférieures plus longues ; *anthères
à connectif très étroit*, à lobes divergents s'étalant horizontalement et confluents en un seul après l'émission du
pollen. —Fleurs ord. d'un beau bleu, en *glomérules rejetés
d'un même côté de la tige* et rapprochés en *épis terminaux*
feuillés.

Souche ligneuse ; tiges herbacées, à rameaux effilés ;
feuilles lancéolées-linéaires ou oblongues-lancéolées . .
. . . . * *H. officinalis* L. (H. officinale).

SOUS-TRIBU II. **Melisseæ**. — *Étamines plus ou moins
arquées, conniventes.*

7. CALAMINTHA Mœnch. — (CALAMENT).

Calice tubuleux ou campanulé, à 10-13 nervures, *bilabié*, à lèvre supérieure 3-dentée, à lèvre inférieure bifide,
le fructifère à gorge ord. fermée par un anneau de poils.
Corolle à tube dépassant ord. le calice, bilabiée ; à lèvre
supérieure droite, presque plane, entière ou émarginée ;
à lèvre inférieure étalée, à 3 lobes presque égaux, ou inégaux le moyen plus grand souvent émarginé. Étamines 4,
distantes, plus ou moins conniventes sous la lèvre supérieure de là corolle, les inférieures plus longues ; *anthères
à lobes* divergents ou divariqués *séparés par un connectif
ord. épais presque triangulaire.*— Fleurs roses ou d'un rose-
bleuâtre, plus rarement blanches, en *glomérules* bi-pluri-
flores *munis d'un petit nombre de bractées.*

1 Plante annuelle ; fleurs à pédicelles axillaires . . . .
. . . . C. *Acinos* Gaud. (C. Acinos).
(*Thymus Acinos* L.).

Plante vivace ; fleurs à pédicelles portés sur un pédoncule
commun axillaire 2

2 Calice campanulé ou campanulé-urcéolé, à dents très-briè-
vement ciliées, peu inégales ou les inférieures environ
une fois plus longues que les supérieures, à anneau de
poils de la gorge faisant saillie entre les dents . . .
. . . . * C. *Nepeta* Clairv. (C. Népéta).
(*Melissa Nepeta* L.).

Calice tubuleux ou tubuleux-campanulé, à dents ciliées à
cils roides étalés, les inférieures environ deux fois plus
longues que les supérieures, à anneau de poils de la
gorge ne faisant pas saillie entre les dents 3

14

3 . . .   .   .   *C. officinalis* Mœnch (C. officinal).
(*Melissa Calamintha* L.).

Feuilles plus ou moins aiguës, à dents aiguës ; calice tubuleux ; corolle environ deux fois plus longue que le calice,
à lobe moyen de la lèvre inférieure suborbiculaire. . .

. . . . var. *sylvatica* (var. des bois).
(*C. sylvatica* Bromfield ; Benth.; *C. officinalis* Gren. et Godr.;
Fl. Par. éd. 1).

Feuilles plus ou moins obtuses , à dents presque obtuses;
calice tubuleux-campanulé ; corolle une fois plus longue
que le calice ou en dépassant peu les dents inférieures, à
lobe moyen de la lèvre inférieure émarginé. . . . .

. . . * var. *menthœfolia* (*var.* à feuilles de Menthe).
(*C. menthœfolia* Host, Boreau, Gren. et Godr.; *C. ascendens*
Jord.; *C. officinalis* Benth.).

8. CLINOPODIUM. Tourn. — (CLINOPODE).

Calice tubuleux arqué, à 13 nervures , *bilabié* , à lèvre
supérieure 3-fide, à lèvre inférieure bifide, le fructifère à
gorge présentant quelques poils. Corolle à tube dépassant
plus ou moins le calice, bilabiée; à lèvre supérieure droite,
presque plane, émarginée à bords rejetés en dehors ; à lèvre
inférieure étalée, à 3 lobes, le moyen plus grand souvent
émarginé. Étamines 4, distantes, plus ou moins conniventes sous la lèvre supérieure de la corolle, les inférieures
plus longues; *anthères à lobes* divergents ou divariqués,
séparés par un connectif épais presque triangulaire.—Fleurs
d'un rose purpurin, rarement blanches, en *glomérules munis
d'un grand nombre de bractées sétacées rapprochées en involucre.*

Faux verticilles multiflores, globuleux, espacés . . .
. . . . *C. vulgare* L. (C. commun).

† MELISSA L. — (MÉLISSE).

Calice tubuleux-campanulé, à 13 nervures, *bilabié*, à lèvre
supérieure tridentée, à lèvre inférieure bifide , le fructifère à
gorge présentant quelques poils. Corolle à tube dépassant plus ou
moins le calice, bilabiée ; à lèvre supérieure droite, presque plane
ou un peu concave, émarginée ; à lèvre inférieure étalée, à 3 lo-

bes, le moyen plus grand, souvent émarginé. Étamines 4, distantes, plus ou moins conniventes sous la lèvre supérieure de la
corolle, les inférieures plus longues; *anthères à connectif étroit*,
à lobes divergents puis divariqués. — Fleurs blanches, en glomérules pauciflores ou pluriflores.

Plante herbacée, à odeur de citron très pénétrante. . .
. . . . † *M. officinalis* (M. officinale).

† SATUREIA L. — (SARRIETTE).

Calice tubuleux-campanulé, à 10 nervures, *à 5 dents presque
égales* ou très obscurément bilabié, le fructifère à gorge nue ou
ne présentant que quelques poils. Corolle à tube égalant environ
le calice, bilabiée; à lèvre supérieure droite, plane, entière ou
émarginée; à lèvre inférieure étalée, à 3 lobes presque égaux, le
moyen souvent émarginé. Étamines 4, distantes, plus ou moins
conniventes sous la lèvre supérieure de la corolle, les inférieures
plus longues exsertes; *anthères à lobes divergents, séparés par
un connectif presque triangulaire.* — Fleurs assez petites, blanches, roses ou rougeâtres, disposées 2-3 à l'extrémité de pédoncules axillaires.

Plante sous-frutescente, à odeur aromatique pénétrante;
feuilles roides, lancéolées-linéaires mucronées ou les inférieures obtuses; fleurs en grappes feuillées. . . .
. . . . † *S. montana* L. (S. de montagne).

TRIBU V. **Lamioideæ**. — *Corolle bilabiée. Étamines
4 fertiles, rapprochées et parallèles sous la lèvre supérieure de la corolle,* quelquefois rejetées en dehors
après l'émission du pollen.

SOUS-TRIBU I. **Nepeteæ**. — Calice tubuleux. *Étamines inférieures* (intérieures) *plus courtes* que les supérieures
(latérales).

9. NEPETA L. — (NÉPÉTA).

Calice tubuleux, à 13-15 nervures, ord. un peu courbé,
à 5 dents égales ou presque égales, à gorge nue. *Corolle*
à tube très étroit ord. exsert, à gorge brusquement dilatée.

bilabiée ; à lèvre supérieure droite, un peu concave, émarginée ou bifide ; *à lèvre inférieure* étalée, *à 3 lobes, les la-*
téraux très courts, le *lobe moyen* très grand, étalé, *concave*
en avant, crénelé. Étamines 4, parallèles sous la lèvre supérieure, les 2 inférieures plus courtes ; *anthères non rap-*
prochées en forme de croix, à connectif petit, à lobes divergents
s'étalant horizontalement et confluents après l'émission du
pollen.

> Plante herbacée, à odeur forte désagréable, pubescente-
> blanchâtre presque tomenteuse ; feuilles cordées à la
> base, fortement dentées ; corolle blanche ou blanchâtre ;
> nucules lisses et glabres.　. *N. cataria* L. (N. chataire).

10. GLECHOMA L. — (GLÉCHOME).

Calice tubuleux, à 13-15 nervures, à 5 dents un peu
inégales les 3 supérieures plus longues, à gorge nue. Corolle à tube dépassant ord. le calice, à gorge très dilatée,
bilabiée ; à lèvre supérieure droite, presque plane ou à
bords rejetés en dehors, émarginée ou bifide ; à lèvre inférieure étalée, à 3 lobes, le moyen beaucoup plus grand,
plan, souvent émarginé. Étamines 4, rapprochées sous la
lèvre supérieure de la corolle, les 2 inférieures plus courtes ;
anthères à lobes divergents, *rapprochées par paires en*
forme de croix. — *Tiges couchées-radicantes.*

> Feuilles réniformes-suborbiculaires ; fleurs assez grandes ;
> bleuâtres ou roses, plus rarement blanches, en glomé-
> rules 1-4 flores. *G. hederacea* L. (G. Lierre-terrestre).

Sous-TRIBU II. **Stachydeæ.** — Calice tubuleux ou campanulé, plus rarement bilabié. *Étamines inférieures* (intérieures) *plus longues* que les supérieures (latérales).

11. MELITTIS L. — (MÉLITTE).

Calice campanulé *très ample*, *membraneux,* irrégulièrement veiné, *subbilabié ; à lèvre supérieure* un peu plus longue
que l'inférieure, large, *irrégulièrement bi-trilobée ou in-*
divise ; à lèvre inférieure bilobée. Corolle à tube très ample

dépassant longuement le calice, bilabiée ; à lèvre supérieure droite, un peu concave, obovale-suborbiculaire, entière ou à peine émarginée ; à lèvre inférieure étalée, à 3 lobes, le moyen plus grand, entier ou émarginé, souvent crénelé. Étamines 4, rapprochées et parallèles sous la lèvre supérieure de la corolle, les 2 inférieures plus longues ; *anthères à lobes divergents, rapprochées par paires en forme de croix.* Nucules ovoïdes-subglobuleuses, lisses ou finement réticulées-pubescentes. — *Fleurs solitaires, géminées ou ternées à l'aisselle des feuilles.*

Plante herbacée, à odeur forte ; feuilles ovales-aiguës ;
fleurs très grandes, blanches panachées de rouge . . .
. . . . *M. Melissophyllum* L. (M. à feuilles de Mélisse).

12. LAMIUM L. — (LAMIER).

Calice tubuleux-campanulé, à 5-10 nervures, à 5 dents presque égales ou les supérieures plus longues. *Corolle* droite ou ascendante, bilabiée ; à tube dépassant longuement le calice, rarement inclus, présentant souvent au-dessus de sa base un anneau de poils ; à lèvre supérieure obovale ou oblongue, entière ou émarginée, rétrécie à la base, très concave ou en casque ; *à lèvre inférieure 3-lobée à lobes très inégaux, les lobes latéraux occupant les parties latérales de la gorge,* tronqués ou presque nuls, présentant ord. 1-2-dents aiguës, *le lobe moyen* plus grand · obcordé rétréci à la base. *Étamines* 4, rapprochées et parallèles sous la lèvre supérieure de la corolle, *non rejetées en dehors après l'émission du pollen*, les 2 inférieures plus longues ; anthères barbues, rarement glabres, rapprochées par paires, à lobes divergents à la base rapprochés au sommet confluents après l'émission du pollen. *Nucules trigones à angles aigus, tronquées au sommet,* lisses ou finement rugueuses. — Fleurs assez grandes, rouges, purpurines ou blanches, en glomérules pauciflores.

1 Corolle à tube droit ; plante annuelle 2
Corolle à tube ascendant ; plante vivace. 4

14.

2 Feuilles suborbiculaires-réniformes, les supérieures sessiles-
amplexicaules. *L. amplexicaule* L. (L. amplexicaule).
Feuilles ovales-triangulaires ou ovales-obtuses , les supérieures jamais amplexicaules. 3

3 Corolle à tube ne présentant pas d'anneau de poils ; feuilles.
profondément incisées. *L. hybridum* Vill. (L. hybride).
(*L. incisum* Willd.; Fl. Par. éd. 1).
Corolle à tube présentant intérieurement un anneau de
poils vers sa base ; feuilles inégalement crénelées ou den-.
tées. . . . . . *L. purpureum* L. (L. pourpre).

4 Corolle blanche ; tube de la corolle à anneau de poils oblique. . . . . *L. album* L. (L. blanc).
Corolle purpurine ; tube de là corolle à anneau de poils
horizontal. . . . . *L. maculatum* L. (L. taché).

13. GALEOBDOLON Huds. — (GALÉOBDOLON).

Calice tubuleux-campanulé, à 5-10 nervures, à 5 dents
un peu inégales, les supérieures plus longues. *Corolle* ascendante, bilabiée ; à tube ord. inclus, présentant un anneau de poils au-dessus de sa base ; à lèvre supérieure
oblongue-obovale , entière , rétrécie à la base, courbée en
casque ; *à lèvre inférieure* étalée, *3-lobée*, à lobes lancéolés,
les 2 latéraux plus petits. *Étamines 4*, rapprochées et parallèles sous la lèvre supérieure de la corolle, *non rejetées*
en dehors après l'émission du pollen, les 2 inférieures plus
longues ; anthères glabres, rapprochées par paires, à lobes
divergents à la base, rapprochés au sommet, confluents après
l'émission du pollen et à fente continue. *Nucules trigones*
à angles aigus, tronquées au sommet, lisses.—*Fleurs* assez
grandes, *jaunes,* en glomérules pauciflores.

Plante herbacée ; feuilles pétiolées, ovales-aiguës ou les supérieures lancéolées. . . . *G. luteum* Huds. (G. jaune).

14. GALEOPSIS L. — (GALÉOPSIS).

Calice tubuleux-campanulé, à 5-10 nervures, à 5 dents
spinescentes presque égales ou les supérieures plus longues.
Corolle bilabiée ; à tube droit, inclus ou dépassant plus ou

moins le calice ; à lèvre supérieure ovale, entière ou émarginée, courbée en casque ; à lèvre inférieure étalée, 3-lobée,
à lobe moyen plus grand entier ou bifide, à lobes latéraux
ovales ; *à gorge* dilatée, *présentant de chaque côté un pli
qui se termine en une saillie conique*. Étamines 4, rapprochées
et parallèles sous la lèvre supérieure de la corolle, non
rejetées en dehors après l'émission du pollen, les 2 inférieures plus longues ; *anthères* rapprochées par paires, *à
lobes* parallèles superposés par la torsion du filet, *s'ouvrant
chacun transversalement en 2 valves inégales*, l'inférieure
plus courte ciliée. Nucules obovales comprimées, trigones
à la base, obscurément rugueuses ou presque lisses. —
Fleurs purpurines, roses ou blanches, plus rarement d'un
jaune pâle.

1 Tige renflée-succulente sous les nœuds, hérissée de poils
presque piquants. . . *G. Tetrahit* L. (G. Tétrahit).
Tige non renflée sous les nœuds, pubescente 2

2 Corolle d'un rose purpurin ; feuilles ord. oblongues-lancéo-
lées ou linéaires, pubescentes . . . .
. . . . *G.Ladanum* L. (G. Ladanum).
Corolle d'un jaune pâle, plus rarement purpurine ; feuilles
ovales-aiguës ou ovales-lancéolées, pubescentes-tomen-
teuses au moins en dessous. . . . .
. . . . * *G. dubia* Leers (G. douteuse).
(*G. ochroleuca* Lmk; Fl. Par. éd. 1).

15. STACHYS L. — (ÉPIAIRE).

Calice tubuleux-campanulé, à 5-10 nervures, à 5 dents
spinescentes presque égales ou les supérieures un peu plus
longues. Corolle bilabiée ; à tube inclus ou exsert, présentant intérieurement au-dessus de sa base un anneau de
poils ; à lèvre supérieure ord. droite, concave, entière ou
à peine émarginée ; à lèvre inférieure étalée, 3-lobée,
à lobes obtus, le moyen plus grand, entier ou émarginé.
Étamines 4, d'abord rapprochées et parallèles sous la
lèvre supérieure de la corolle, les 2 *inférieures* plus longues
se rejetant latéralement en dehors de la corolle après l'émis-

sion du pollen; anthères à lobes s'étalant horizontalement
et confluents en un seul après l'émission du pollen. *Nu-*
cules obovales ou oblongues-obovales, glabres. — Fleurs
purpurines, roses ou d'un blanc jaunâtre.

1 Fleurs d'un blanc jaunâtre 2
  Fleurs purpurines ou roses 3

2 Plante annuelle ; feuilles glabres ; tube de la corolle dépassant le calice et muni intérieurement d'un anneau de
   poils horizontal. . . . *S. annua* L. (É. annuelle).
  Plante vivace ; feuilles pubescentes ou velues ; tube de la
   corolle ne dépassant pas le calice et muni intérieurement
   d'un anneau de poils oblique. . *S. recta* L. (É. droite).

3 Bractéoles égalant la longueur des calices ou au moins la
   moitié de leur longueur ; calice muni à la gorge d'un anneau de poils 4
  Bractéoles très petites ou presque nulles ; calice à gorge ne
   présentant pas d'anneau de poils 5

4 Calice couvert ainsi que les bractéoles de longs poils soyeux,
   à dents ovales-aiguës. . . . .
   . . . . *S. Germanica* L. (É. d'Allemagne).
  Calice velu-glanduleux, à dents ovales obtuses-mucronées.
   . . . . * *S. alpina* L. (É. des Alpes).

5 Plante annuelle ; feuilles obtuses, les florales supérieures
   terminées en une pointe épineuse . . . .
   . . . . *S. arvensis* L. (É. des champs).
  Plante vivace ; feuilles aiguës ou acuminées, les florales
   jamais terminées en une pointe épineuse 6

6 Tige glanduleuse dans sa partie supérieure ; feuilles ovales-
   acuminées, longuement pétiolées . . . .
   . . . . : *S. sylvatica* L. (É. des bois).
  Tige non glanduleuse dans sa partie supérieure ; feuilles
   oblongues-lancéolées ou ovales-lancéolées, subsessiles ou
   pétiolées 7

7 Feuilles lancéolées ou oblongues-lancéolées, subsessiles
   ou très brièvement pétiolées. . . . .
   . . . . *S. palustris* L. (É. des marais).
  Feuilles oblongues-lancéolées ou ovales-lancéolées, assez
   longuement pétiolées. * *S. ambigua* Sm. (É. ambiguë).

16. BETONICA Tourn. — (Bétoine).

Calice tubuleux-campanulé, à 5-10 nervures, *à 5 dents* presque égales *terminées en pointe épineuse*. Corolle bilabiée ; à tube courbé dépassant le calice, ne présentant pas ord. d'anneau de poils ; à lèvre supérieure entière ou émarginée, d'abord presque droite un peu concave, puis redressée ; à lèvre inférieure étalée, 3-lobée, à lobes obtus, le moyen plus grand, ord. émarginé. *Étamines* 4, rapprochées et parallèles sous la lèvre supérieure, *non rejetées en dehors après l'émission du pollen*, les 2 inférieures plus longues ; anthères rapprochées par paires, à lobes parallèles ou divergents confluents après l'émission du pollen. *Nucules oblongues-obovales*, souvent un peu comprimées.

Tiges ne portant qu'une ou deux paires de feuilles ; fleurs purpurines, en épi terminal oblong ord. interrompu à la base . . . . . . B. *officinalis* L. (B. officinale).

17. MARRUBIUM L. — (Marrube).

Calice tubuleux-cylindrique, à 5-20 nervures, présentant un anneau de poils à la gorge, à *10-20 dents*, égales ou inégales, droites ou *recourbées en crochet au sommet*, plus rarement à 5 dents. Corolle bilabiée ; à tube ord. inclus, ord. muni d'un anneau de poils au niveau de l'insertion des étamines ; à lèvre supérieure dressée, droite, presque plane, bifide, plus rarement entière ; à lèvre inférieure étalée, 3-lobée à lobes obtus, le moyen plus grand souvent émarginé, les latéraux quelquefois nuls par avortement. *Étamines* 4, parallèles, *incluses dans le tube de la corolle*, les 2 inférieures un peu plus longues ; anthères à lobes confluents en un seul après l'émission du pollen. Nucules cunéiformes-obovales subtrigones. — Fleurs petites, blanches, en glomérules multiflores très compactes.

Feuilles ovales-suborbiculaires, inégalement crénelées, un peu cordées à la base. M. *vulgare* L. (M. commun).
Feuilles cunéiformes, insensiblement atténuées à la base, incisées-palmées dans leur partie supérieure . . . . .
. * M. *Vaillantii* Coss. et G. de Sᵗ-P. (M. de Vaillant).

18. BALLOTA Tourn. — (BALLOTE).

Calice campanulé-infundibuliforme, à 5 angles, à 10 nervures, *à 5 dents* presque égales *larges pliées longitudinalement. Corolle* bilabiée, à tube inclus ou dépassant à peine le calice, muni intérieurement d'un anneau de poils au-dessus de sa base; à lèvre supérieure droite, un peu concave, entière ou émarginée; *à lèvre inférieure* un peu étalée, 3-lobée *à lobes obtus*, le moyen plus grand émarginé. Étamines 4, rapprochées et parallèles sous la lèvre supérieure de la corolle, saillantes hors du tube, les 2 inférieures plus longues; anthères à lobes très divergents, à peine confluents après l'émission du pollen. Nucules oblongues, glabres. — *Fleurs en glomérules* un peu *pédonculés.*

> Plante herbacée, à odeur désagréable; feuilles ovales ou
> ovales-suborbiculaires; calice à dents ovales-obtuses,
> brusquement mucronées; corolle assez grande, purpu-
> rine, plus rarement blanche.   . *B. nigra* L. (B. noire).
> (*B. fœtida* Lmk).

19. LEONURUS L. — (AGRIPAUME).

Calice campanulé, à 5 angles, à 5 nervures, à 5 dents un peu inégales terminées en pointe épineuse, les 2 inférieures un peu plus longues étalées. *Corolle* bilabiée; à tube courbé, inclus ou dépassant peu le calice, muni intérieurement d'un anneau de poils au-dessus de sa base; à lèvre supérieure droite, oblongue, presque plane ou un peu en casque, presque entière; *à lèvre inférieure* étalée, 3-lobée *à lobes* obtus, les latéraux oblongs, le moyen un peu plus grand entier ou émarginé, *s'enroulant longitudinalement* peu de temps après l'épanouissement. *Étamines* 4, rapprochées et parallèles sous la lèvre supérieure de la corolle, saillantes hors du tube, *les 2 inférieures* plus longues *se rejetant latéralement en dehors de la corolle après la fécondation. Nucules* oblongues *trigones à angles aigus, tronquées*, à sommet pubescent.

Tige robuste, dressée; feuilles inférieures profondément palmatilobées; corolle rose ponctuée de pourpre, à lèvre supérieure velue-laineuse en dehors . . . .
. . . .*L. Cardiaca* L. (A. Cardiaque).

Sous-tribu III. **Scutellarieæ**. — *Calice* bilabié, *déprimé et fermé à la maturité par le rapprochement des 2 lèvres.* Étamines inférieures (intérieures) plus longues que les supérieures (latérales).

20. BRUNELLA Tourn. — (BRUNELLE).

Calice tubuleux-campanulé, bilabié, à 10 nervures, réticulé-veiné, *à lèvre supérieure* plane large tronquée *brièvement 3-dentée, à lèvre inférieure bifide* à lobes lancéolés, le fructifère comprimé et fermé par le rapprochement des deux lèvres. Corolle bilabiée; à tube presque inclus ou dépassant le calice, présentant au-dessus de sa base un anneau de poils; à lèvre supérieure dressée-arquée, en casque, entière; à lèvre inférieure 3-lobée, les lobes latéraux oblongs réfléchis, le lobe moyen arrondi, concave, crénelé ou denticulé. Étamines 4, rapprochées et parallèles sous la lèvre supérieure de la corolle, les 2 inférieures plus longues; *filets bifides au sommet, surtout ceux des étamines supérieures,* à branches de la bifurcation souvent dentiformes, la branche inférieure portant l'anthère. Embryon droit. — Fleurs bleues, roses ou blanches, en glomérules munis de bractées amples souvent colorées, disposées en épis terminaux compactes.

1 Épi ne présentant pas de feuilles à sa base; lèvre supérieure du calice à dents latérales ovales-lancéolées acuminées dépassant la dent moyenne; filet des étamines longues ne présentant au sommet qu'un appendice obtus très court ✻ *B. grandiflora* Jacq. (B. à grandes fleurs).

Épi présentant ord. une paire de feuilles à sa base; lèvre supérieure du calice à dents très courtes, la dent moyenne égalant environ les latérales ou les dépassant peu; filet des étamines longues présentant au sommet un appendice dentiforme. 2

2 . . . . *B. vulgaris* L. (B. commune).
Feuilles entières, sinuées ou dentées, quelquefois pinnatifides ou pinnatipartites ; corolle d'un bleu violet, plus rarement rose ; appendice des filets des étamines droit ou
presque droit. . . . . . var. *genuina* (*var.* ordinaire).
Feuilles pinnatifides ou pinnatipartites, plus rarement indivises ; corolle d'un blanc jaunâtre ; appendice des filets
des étamines ord. arqué . . var. *alba* (*var.* blanche).
(*B. alba* Pall.).

21. SCUTELLARIA L. — (SCUTELLAIRE).

Calice campanulé, bilabié, à nervures peu saillantes, *à
lèvres entières presque égales ; lèvre supérieure présentant
une bosse saillante,* fermant le calice après la chute de la
corolle en s'appliquant sur la lèvre inférieure, puis enfin
caduque ; lèvre inférieure persistante. Corolle bilabiée ; à
tube dépassant longuement le calice, droit ou courbé-ascendant ; à lèvre supérieure presque droite, en casque, entière
ou émarginée ; à lèvre inférieure étalée, convexe, 3-lobée
à lobe moyen émarginé, à lobes latéraux libres ou soudés
avec ce lobe moyen ou avec la lèvre supérieure. Étamines
4, rapprochées et parallèles sous la lèvre supérieure de la
corolle, les 2 inférieures plus longues ; anthères rapprochées par paires,, ciliées, celles des étamines inférieures
réduites à un seul lobe, celles des étamines supérieures
bilobées. Embryon plié. — Fleurs bleues, roses ou pur-
purines-violacées.

1 Fleurs naissant à l'aisselle des feuilles 2
Fleurs en épis terminaux munis de bractées courtes . .
 . . . . . . † *S. Columnæ* All. (S. de Columna).

2 Calice glabre ou presque glabre ; feuilles crénelées ou
dentées. . . . . *S. galericulata* L. (S. Toque).
Calice hérissé ; feuilles entières ou présentant 1-2 dents à
la base . . . . . *S. minor* L. (S. mineure).

TRIBU VI. Ajugoideæ. — *Corolle d'apparence uni-
labiée :* la lèvre supérieure étant très courte et peu dis-

tincte, ou étant bipartite à lobes rejetés latéralement vers
la lèvre inférieure dont ils semblent faire partie. Étamines 4, rapprochées et parallèles, faisant longuement
saillie hors de la corolle, les inférieures (intérieures) plus
longues que les supérieures (latérales).

22. AJUGA L. — (BUGLE).

Calice ovoïde-campanulé, à 5 dents presque égales. *Co-*
rolle marcescente, d'apparence unilabiée ; à tube ord. longuement exsert, ord. muni intérieurement d'un anneau
de poils ; *à lèvre supérieure très courte*, plane, *émarginée ;*
à lèvre inférieure beaucoup plus grande, étalée, 3-lobée, à
lobes latéraux oblongs, le moyen plus grand émarginé ou
bifide. Étamines 4, rapprochées et parallèles sous la lèvre
supérieure de la corolle qu'elles dépassent ord. longuement,
les 2 inférieures plus longues. Nucules réticulées-rugueuses. — Fleurs bleues accidentellement roses ou blanches,
plus rarement jaunes.

1 Fleurs jaunes ; feuilles la plupart tripartites, à divisions linéaires . . . . *A. Chamæpitys* Schreb. (B. Petit-Pin).
(*Teucrium Chamæpitys* L.).
Fleurs bleues, plus rarement roses ou blanches ; feuilles
entières, sinuées ou crénelées 2

2 Plante émettant des rejets stériles couchés, souvent radicants ; tige pubescente ou velue sur deux faces opposées.
. . . . *A. reptans* L. (B. rampante).
Plante n'émettant pas de rejets stériles ; tiges velues sur
les 4 faces . . . . *A. Genevensis* L. (B. de Genève).

23. TEUCRIUM L. — (GERMANDRÉE).

Calice tubuleux ou campanulé, quelquefois renflé vers la
base, à 5 dents presque égales, ou la supérieure plus grande
quelquefois presque foliacée. *Corolle* caduque, d'apparence
unilabiée ; à tube court inclus ou presque inclus, ne présentant pas d'anneau de poils ; *à lèvre supérieure bipartite,*
à lobes rejetés latéralement vers la lèvre inférieure ; à lèvre
inférieure étalée,3 -lobée, *à lobes latéraux* oblongs ou lan-

15

céolés *de même forme que ceux de la lèvre supérieure* dont ils sont rapprochés, à lobe moyen beaucoup plus grand, concave, entier ou émarginé. Étamines 4, rapprochées, parallèles et faisant saillie hors de la corolle par la fente de la lèvre supérieure, les 2 inférieures plus longues. Nucules plus ou moins réticulées-rugueuses, plus rarement presque lisses.

1 Fleurs munies de bractées courtes, disposées en grappes terminales spiciformes effilées ; calice paraissant bilabié par le développement de la dent supérieure . . . .
. . . . T. *Scorodonia* L. (G. Scorodoine).
Fleurs axillaires solitaires ou géminées, ou rapprochées en têtes terminales ; calice à dents presque égales . . . 2

2 Plante annuelle ; feuilles pinnatipartites. . . . . .
. . . . T. *Botrys* L. (G. Botryde).
Plante vivace ; feuilles entières ou plus ou moins profondément dentées ou crénelées 3

3 Feuilles très entières ; fleurs d'un blanc jaunâtre, en têtes terminales. . . * T. *montanum* L. (G. de montagne).
Feuilles dentées ou crénelées ; fleurs roses ou purpurines, très rarement blanches, solitaires ou géminées à l'aisselle des feuilles 4

4 Plante herbacée ; feuilles sessiles. . . . . . .
. . . . . . T. *Scordium* L. (G. Scordium).
Plante sous-frutescente ; feuilles un peu pétiolées. . .
. . . . . . T. *Chamædrys* L. (G. Petit-Chêne).

LX. VERBÉNACÉES (Juss.).

Fleurs hermaphrodites, plus ou moins *irrégulières*, à préfloraison imbriquée. — Calice gamosépale, à 4-5 divisions égales ou inégales, persistant. — Corolle hypogyne, gamopétale, caduque, tubuleuse, à limbe ord. un peu bilabié à 4-5 lobes. — *Étamines* insérées sur le tube de la corolle, *en nombre moindre que celui des lobes de la corolle*, au nombre de 4 par l'absence de l'étamine supérieure, inégales par

paires, toutes fertiles ou les 2 supérieures dépourvues d'anthère. — Styles soudés en un *style terminal indivis*, entier,
ou un peu bifide au sommet à lobes stigmatifères.— *Fruit*
composé de carpelles soudés en un fruit sec ou plus ou
moins drupacé *4-loculaire à loges monospermes* (nucules),
les nucules se détachant isolément à la maturité ou restant
adhérentes entre elles. — Graine dressée. *Périsperme nul.*
Embryon droit. Radicule dirigée vers le hile.

Plantes herbacées ou arbrisseaux. *Tiges tétragones*, à rameaux
opposés ou verticillés. *Feuilles opposées*, plus rarement verticillées
ou alternes, incisées ou pinnatifides, plus rarement composées-
digitées ou imparipinnées; stipules nulles. Fleurs disposées en
épis terminaux quelquefois rapprochés en panicules.

Les *Verbénacées* ont des qualités amères et astringentes, et
quelquefois plus ou moins excitantes chez les espèces douées d'un
principe aromatique. La Verveine (*Verbena officinalis*), plante
assez insignifiante au point de vue de ses propriétés médicales,
était en grand renom dans l'antiquité, et on lui attribuait des
vertus miraculeuses, soit dans la thérapeutique, soit dans l'art
mystérieux des enchantements et de la sorcellerie.

1: VERBENA Tourn. — (VERVEINE).

Calice tubuleux, 4-5-denté, à 4-5 angles, se fendant à
la maturité selon les lignes de soudure des sépales. Corolle
à tube cylindrique, droit ou arqué, à limbe oblique-sub-
bilabié à 5 lobes plus ou moins inégaux émarginés. Fruit
capsulaire, à 4 loges monospermes qui se séparent à la maturité.

Tiges roides; feuilles profondément incisées ou pinnatifides; fleurs petites, d'un lilas-bleuâtre, disposées en épis
grêles, lâches, effilés. *V. officinalis* L. (V. officinale).

LXI. GLOBULARIÉES (DC.).

Fleurs hermaphrodites, *irrégulières*. — Calice gamosépale, tubuleux, à 5 divisions égales ou plus ou moins inégales,

persistant.—Corolle hypogyne, gamopétale, à tube cylindrique, à limbe bilabié; la lèvre supérieure bipartite, plus rarement bifide ou indivise, quelquefois presque nulle; la lèvre inférieure ord. plus grande que la supérieure, tripartite, trifide ou tridentée. — *Étamines réduites au nombre de 4* par l'absence de l'étamine supérieure, insérées au sommet du tube de la corolle, longuement exsertes. — Style terminal, filiforme; stigmate entier ou bilobé.—*Fruit* libre, sec, *uniloculaire, monosperme, indéhiscent* (akène), mucroné par la base persistante du style, renfermé dans le calice. — Graine suspendue. Embryon droit, placé dans un *périsperme charnu*. Radicule dirigée vers le hile.

Plantes vivaces, herbacées ou frutescentes, noircissant plus ou moins par la dessiccation. Feuilles marcescentes, entières, souvent obcordées, alternes, les inférieures souvent rapprochées en rosette; stipules nulles. *Fleurs sessiles sur un réceptacle commun chargé de paillettes*, et disposées en un capitule compacte subglobuleux entouré à sa base d'un involucre de plusieurs folioles plus courtes que les fleurs. Capitules solitaires, ord. terminaux, plus rarement axillaires.

Les feuilles du *Globularia vulgaris* (Globulaire) sont amères, légèrement âcres et purgatives. Les propriétés purgatives et toniques sont plus prononcées chez le *G. Alypum* (G. Turbith), plante de la région méditerranéenne, que plusieurs auteurs considèrent comme le meilleur succédané indigène du séné.

1. GLOBULARIA L. — (GLOBULAIRE).

Fleurs disposées en capitules subglobuleux; réceptacle chargé de paillettes. Lèvre supérieure de la corolle bipartite plus courte que l'inférieure, quelquefois nulle ou presque nulle. Stigmate bilobé.

> Plante herbacée, à tiges feuillées; feuilles coriaces, les inférieures disposées en rosette; capitules terminaux; corolle bleue ou accidentellement blanche, à lèvre supérieure bipartite . . * *G. vulgaris* L. (G. commune).

CLASSE II. GAMOPÉTALES PÉRIGYNES.

Corolle insérée sur le calice. — Étamines insérées sur le calice avec la corolle ou insérées sur la corolle. — *Ovaire soudé avec le calice.*

LXII. VACCINIÉES (DC.).

Fleurs hermaphrodites, régulières.—Calice à 4-5 sépales soudés en tube, à tube soudé avec l'ovaire, à partie libre 4-5-dentée à dents persistantes ou caduques. — Corolle caduque, insérée au sommet du tube du calice, gamopétale, campanulée, urcéolée ou rotacée, à 4-5 divisions, à préfloraison imbriquée. — *Étamines 8-10, insérées avec la corolle au sommet du tube du calice; anthères à lobes* indéhiscents *prolongés chacun* supérieurement *en un tube ouvert au sommet*, quelquefois munis chacun d'un appendice sétiforme dorsal. — Styles soudés en un style filiforme; stigmate indivis, capité. — *Fruit* soudé avec le calice, à 4-5 carpelles, *bacciforme*, couronné par les dents du calice ou par la cicatrice qui résulte de leur destruction, *à 4-5 loges polyspermes*. — Graines insérées à l'angle interne des loges, ord. pendantes., très petites. Embryon droit, placé dans un *périsperme charnu*. Radicule dirigée vers le hile.

Sous-arbrisseaux. Feuilles caduques ou persistantes, coriaces, alternes ou éparses, entières ou légèrement dentées, brièvement pétiolées ; stipules nulles. Fleurs axillaires solitaires, en grappes terminales, ou terminant des pédoncules disposés 1-3 au sommet des tiges.

Toutes les parties herbacées des *Vaccinium* sont amères et astringentes ; on emploie quelquefois les feuilles du *V. Vitis-Idœa* comme médicament astringent. Les baies du *V. Myrtillus* (Airelle) sont aqueuses et d'une saveur acidule agréable ; on se sert quelquefois de ces baies pour colorer les vins faibles en couleur. Le fruit de l'*Oxycoccos palustris* est acidule.

Corolle urcéolée ou campanulée, à 4-5 lobes peu profonds ;
tiges ascendantes ou dressées . . . VACCINIUM. (1).
Corolle rotacée, partagée presque jusqu'à la base en 4 divisions lancéolées réfléchies sur le calice ; tiges filiformes,
couchées-radicantes . . . . . . OXYCOCCOS. (2).

1. VACCINIUM L. — (AIRELLE).

Calice 4-5-denté, à dents membraneuses courtes , plus
rarement entier. *Corolle urcéolée ou campanulée, à 4-5
lobes peu profonds*, ord. rejetés en dehors. Étamines 8-10.
Fruit bacciforme-succulent, plus ou moins largement ombiliqué au sommet, à 4-5 loges. — Sous-arbrisseaux à tiges
ascendantes ou dressées.

Pédoncules axillaires uniflores ; feuilles dépourvues de
points glanduleux . . * *V. Myrtillus* L. (A. Myrtille).
Fleurs disposées en grappes terminales ; feuilles ponctuées
en dessous de glandes noires . . . .
. . . . * *V. Vitis-Idœa* L. (A. du Mont-Ida).

2. OXYCOCCOS Tourn. — (CANNEBERGE).

Calice à 4 dents membraneuses courtes. *Corolle rotacée,
partagée presque jusqu'à la base en 4 divisions lancéolées*,
réfléchies sur le calice. Étamines 8. Fruit bacciforme,
succulent, étroitement ombiliqué au sommet, à 4 loges.

Tiges filiformes, couchées-radicantes . . . . .
. . . . * *O. palustris* Pers. (C. des marais).
(*Vaccinium Oxycoccos* L.).

LXIII. CAMPANULACÉES (Juss.).

Fleurs hermaphrodites, *régulières*. — Calice ord. à 5
sépales soudés en tube, à tube soudé avec l'ovaire, à partie
libre ord. 5-partite persistante. — Corolle insérée au sommet du tube du calice, marcescente, à préfloraison valvaire ; à 5 pétales soudés en une corolle gamopétale tubuleuse, infundibuliforme, campanulée ou rotacée à 5 divi-

sions ; plus rarement à pétales libres presque jusqu'à la base, rapprochés d'abord en tube, puis irrégulièrement étalés.—*Étamines* ord. 5, *insérées avec la corolle au sommet du tube du calice;* anthères libres, plus rarement soudées par leurs bases. — Styles soudés en un style filiforme couvert de poils collecteurs ; stigmates 2-3, rarement 5, linéaires, enroulés en dehors lors de la floraison ; plus rarement 2 stigmates dressés, soudés presque jusqu'au sommet. — *Fruit* soudé avec le calice, à 2-3 plus rarement 5 carpelles, *capsulaire,* couronné par les divisions persistantes du calice et ord. par la corolle marcescente, *à 2-3 plus rarement 5 loges polyspermes, s'ouvrant au sommet* dans sa partie libre par une déhiscence loculicide, *ou plus ord. chaque loge s'ouvrant* dans sa partie adhérente *par un trou dorsal* situé vers le sommet ou la base du tube du calice. — Graines insérées à l'angle interne des loges, horizontales, très petites. Embryon droit, placé dans un *périsperme charnu.* Radicule dirigée vers le hile.

Plantes bisannuelles ou vivaces, rarement annuelles, herbacées, à suc ord. lactescent. Feuilles alternes ou éparses, entières, crénelées ou dentées, les inférieures ord. pétiolées, les supérieures ord. sessiles ; stipules nulles. Fleurs disposées en panicules, en grappes, en ombelles simples, en épis, en capitules ou en glomérules.

Les *Campanulacées* renferment un suc laiteux presque dépourvu de l'âcreté qui est si prononcée dans la famille des Lobéliacées. Les rosettes radicales et les racines pivotantes charnues du *Campanula Rapunculus* (Raiponce) et du *Phyteuma spicatum* sont comestibles. — Le *Campanula Cervicaria* et le *C. Trachelium* sont doués de propriétés astringentes et étaient employés autrefois dans le traitement des maux de gorge. — Plusieurs espèces du genre *Campanula,* et en particulier les *C. Medium* et *persicæfolia,* ornent nos parterres.

1 Corolle tubuleuse, campanulée ou rotacée, à 5 lobes . . 2
   Corolle partagée presque jusqu'à la base en 5 divisions linéaires d'abord rapprochées en tube et plus tard étalées. 4

2 Capsule s'ouvrant au sommet, en dedans des lobes du calice,
en valves qui portent les cloisons à leur partie moyenne ;
corolle tubuleuse-campanulée . . WAHLENBERGIA. (5).
Capsule s'ouvrant, au-dessous des lobes du calice, par des
trous situés latéralement ; corolle campanulée ou rotacée. 3

3 Corolle campanulée ; calice à tube court. CAMPANULA. (1).
Corolle rotacée ; calice à tube linéaire-oblong . . . .
. . . . SPECULARIA. (2).

4 Stigmates filiformes, enroulés en dehors ; fleurs sessiles,
en capitule ou en épi. . . . . . PHYTEUMA. (3).
Stigmates courts, dressés, souvent soudés presque jusqu'au
sommet ; fleurs pédicellées, disposées en ombelle globuleuse ressemblant à un capitule. . . . JASIONE. (4).

1. CAMPANULA L. — (CAMPANULE).

Calice à 5 divisions. *Corolle campanulée*, 5-lobée ou
5-fide. Étamines 5, libres, à filets dilatés en membrane à
la base. Style terminé par 3 plus rarement 5 stigmates filiformes. *Capsule turbinée*, à 3 plus rarement 5 *loges s'ouvrant*
chacune dans leur partie adhérente *par un trou dorsal* ord.
arrondi situé vers le sommet ou la base du tube du calice.

1 Fleurs sessiles, rapprochées en glomérules au moins les terminales 2
Fleurs pédonculées, jamais réunies en glomérules. . . 3

2 Calice à divisions courtes ovales-obtuses ; feuilles radicales
insensiblement atténuées en un pétiole bordé jusqu'à sa
base par le limbe. . * C. *Cervicaria* L. (C. Cervicaire).
Calice à divisions linéaires-aiguës ; feuilles radicales cordées ou tronquées, longuement pétiolées . . . . .
. . . . C. *glomerata* L. (C. agglomérée).

3 Calice et corolle plus ou moins velus 4
Calice et corolle glabres 5

4 Calice à divisions réfractées après la floraison ; fleurs soli-
taires au sommet des pédoncules . . . . . .
. . . . * C. *rapunculoides* L. (C. Fausse-Raiponce).
Calice à divisions dressées après la floraison ; fleurs dispo-
sées 1-3 au sommet des pédoncules . . . . .
. . . . C. *Trachelium* L. (C. Gantelée).

5 Calice à divisions lancéolées ; fleurs disposées en grappe
   simple. . *C. persicœfolia* L. (C. à feuilles de Pêcher).
Calice à divisions linéaires-subulées ; fleurs disposées en
   panicule, rarement en grappe par avortement. . . . 6

6 Feuilles radicales oblongues-obovales, atténuées en pétiole ;
   pédicelles fructifères dressés. . . . .
   . . . . *C. Rapunculus* L. (C. Raiponce).
Feuilles des fascicules stériles orbiculaires-réniformes ou
   ovales-cordées, longuement pétiolées ; pédicelles fructifères arqués-réfléchis. . . . .
   . . . . . *C. rotundifolia* L. (C. à feuilles rondes).

2. SPECULARIA Heist. — (SPÉCULAIRE).

Calice étranglé au-dessus de la capsule, à 5 divisions
rétrécies à la base. *Corolle rotacée*, 5-lobée. Étamines 5,
libres, à filets dilatés en membrane à la base. Style terminé par 3 stigmates filiformes. *Capsule linéaire-oblongue*,
prismatique, *à 3 loges s'ouvrant* chacune dans leur partie
adhérente *par un trou dorsal* situé vers le sommet du tube
du calice.

Corolle ouverte, égalant la longueur des divisions du calice.
   . . . . S. *Speculum* Alph. DC. (S. Miroir).
                         (*Campanula Speculum* L.).
Corolle ord. fermée, cachée par les divisions du calice qui
   la dépassent longuement. S. *hybrida* Alph. DC. (S. hybride).
                         (*Campanula hybrida* L.).

3. PHYTEUMA L. — (RAIPONCE).

Calice à 5 divisions. *Corolle partagée presque jusqu'à la*
base en 5 divisions linéaires élargies inférieurement, *d'abord*
cohérentes par leur sommet dressées et *rapprochées en* un
tube arqué, plus tard libres et irrégulièrement étalées.
Étamines 5, à filets élargis à la base, à *anthères libres*.
Style terminé par 2-3 stigmates filiformes, roulés en dehors. *Capsule courte*, à 2-3 *loges s'ouvrant* chacune dans
leur partie adhérente *par un trou dorsal*. — *Fleurs sessiles*,
en épi compacte ou en capitule multiflore.

15.

Feuilles radicales et inférieures cordées ; épi oblong ou
  cylindrique. . . . . P. *spicatum* L. (R. en épi).
Feuilles radicales et inférieures atténuées, plus rarement
  tronquées à la base ; capitule globuleux . . . . .
  . . . . * P. *orbiculare* L. (R. orbiculaire).

4. JASIONE L. — (JASIONE).

Calice à 5 divisions. *Corolle partagée presque jusqu'à la
base en 5 divisions linéaires, d'abord* dressées *rapprochées*
cohérentes *en tube,* plus tard libres et irrégulièrement
étalées. Étamines 5, à filets filiformes; *anthères soudées à la
base.* Style terminé par 2 stigmates dressés courts souvent
soudés presque jusqu'au sommet. *Capsule subglobuleuse,* à
5 angles, à 2 loges, *s'ouvrant au sommet* dans sa partie
libre par des valves très courtes *en une large ouverture*
située en dedans des lobes du calice. — Fleurs pédicellées,
en ombelles globuleuses entourées d'un involucre.

Plante annuelle ou bisannuelle, à racine pivotante ; folioles
  de l'involucre ovales-aiguës. . . . .
  . . . . J. *montana* L. (J. de montagne).

5. WAHLENBERGIA Schrad. — (WAHLENBERGIE).

Calice à 5 divisions. *Corolle tubuleuse-campanulée,* 5-lobée.
Étamines 5, à filets un peu dilatés inférieurement ; anthères
libres. Style terminé par 3 stigmates filiformes. *Capsule*
turbinée, à 3 loges, *s'ouvrant au sommet* dans sa partie
libre, en dedans des lobes du calice, *en 3 valves* qui portent
les cloisons à leur partie moyenne.

Plante très grêle, à tiges filiformes; feuilles minces, sub-
  orbiculaires-cordées, lobées-anguleuses . . . . .
  . . * W. *hederacea* Rchb. (W. à feuilles de Lierre).
  (*Campanula hederacea* L.).

LXIV. LOBÉLIACÉES (Juss.).

Fleurs hermaphrodites, *irrégulières.*—Calice à 5 sépales

soudés en tube, à tube soudé avec l'ovaire, à partie libre
5-partite. — *Corolle* marcescente, insérée au sommet du
tube du calice, gamopétale, tubuleuse, à tube fendu supérieurement suivant sa longueur, *à limbe 5-fide bilabié ou
unilabié*, à préfloraison valvaire. — *Étamines 5 ; filets non
soudés avec la corolle et s'insérant avec elle au sommet du
tube du calice ;* anthères soudées en un tube traversé par
le style. — Styles soudés en un style filiforme ; stigmates
2, plus rarement 3, libres au sommet ou soudés, entourés
d'un anneau de poils collecteurs, exserts après la fécondation. — *Fruit* soudé avec le calice, à 2-3 carpelles,
ord. *capsulaire*, couronné par les divisions persistantes du
calice et ord. par la corolle marcescente, *à 2-3 loges polyspermes*, s'ouvrant (chez les espèces indigènes) au sommet
dans sa partie libre par une déhiscence loculicide. —
Graines ascendantes ou horizontales, très petites. Embryon
droit, placé dans un *périsperme charnu*. Radicule dirigée
vers le hile.

Plantes vivaces, herbacées. Feuilles éparses, entières, crénelées ou dentées ; les inférieures ord. rétrécies en pétiole, les supérieures sessiles ; stipules nulles. Fleurs axillaires, ord. disposées
en grappes spiciformes terminales.

Les *Lobéliacées* ont des propriétés actives ; leur suc lactescent,
âcre et narcotique, produit la rubéfaction de la peau, et, introduit dans l'estomac, agit à la manière des poisons âcres. Le
Lobelia urens est une plante très vénéneuse ; plusieurs espèces
exotiques du genre *Lobelia*, et en particulier le *L. syphilitica*,
sont employées, dans l'Amérique du Nord, comme sudorifiques.

1. LOBELIA L. — (LOBÉLIE).

Calice à 5 divisions. Corolle tubuleuse, à tube fendu
supérieurement, à limbe 5-fide bilabié, la lèvre supérieure
bifide, l'inférieure 3-fide. Étamines faisant saillie par la
fente de la corolle. Capsule 2-3-loculaire.

Fleurs bleues, disposées en une longue grappe terminale.
. . . .* *L. urens* L. (L. brûlante).

LXV. CUCURBITACÉES (Juss.).

Fleurs dioïques ou monoïques, plus rarement polygames, régulières. — Calice à 5 sépales soudés avec le tube de la corolle dans une étendue variable, libres supérieurement dans une assez grande longueur ou seulement au sommet, à partie libre marcescente ou caduque. — Corolle à 5 pétales soudés en une corolle gamopétale, à tube soudé avec l'ovaire dans les fleurs femelles ou hermaphrodites, à limbe marcescent-caduc campanulé ou rotacé 5-fide ou 5-partit, à préfloraison plissée-valvaire. — *Étamines 5*, insérées à la base du tube de la corolle, *ord. triadelphes* (quatre d'entre elles soudées deux à deux, la cinquième restant libre), plus rarement monadelphes, très rarement libres; filets courts, épais, se continuant avec un connectif ord. épaissi et le plus souvent flexueux; *anthères unilobées, à lobe* linéaire ord. très allongé, *flexueux ou replié* plusieurs fois *sur lui-même*, soudé dans toute sa longueur avec le connectif, s'ouvrant longitudinalement. — *Ovaire* soudé avec le tube de la corolle et par son intermédiaire avec le calice, *à 3-5 carpelles, à 3-5 loges multiovulées ou pauciovulées; les loges subdivisées chacune en deux loges secondaires par une fausse cloison* résultant de l'introflexion des côtés adossés du carpelle. *Ovules insérés sur les parois des loges.* Style distinct ou presque nul; stigmates 3-5, bilobés, épais. — *Fruit* ord. volumineux, *charnu ou succulent*, plus rarement petit bacciforme, offrant au sommet la cicatrice qui résulte de la destruction du limbe du calice et de la corolle, *à 3-5 loges*, souvent d'apparence uniloculaire par la destruction des cloisons ou leur empâtement dans un tissu cellulaire abondant, à loges polyspermes plus rarement 2-spermes. — Graines horizontales, logées dans la pulpe du péricarpe ou du placenta, entourées d'une enveloppe aqueuse qui devient membraneuse par la dessiccation. *Périsperme nul.* Embryon droit. Radicule dirigée vers le hile.

Plantes annuelles ou vivaces, herbacées, ord. très succulentes, velues-hérissées, ord. scabres par le soulèvement de l'épiderme à la base des poils. Tiges sarmenteuses, étalées sur le sol ou grimpantes-accrochantes par des vrilles, quelquefois presque volubiles. Feuilles alternes, pétiolées, simples, palmatipartites ou plus ou moins profondément palmatilobées ; stipules nulles. *Vrilles opposées aux feuilles ou latérales*, simples ou rameuses. Fleurs axillaires, solitaires, en fascicules, ou en corymbes.

Les plantes de la famille des *Cucurbitacées* présentent dans leur mode d'action sur l'économie animale des différences très prononcées, bien qu'elles constituent une famille très naturelle. La racine des espèces vivaces, telle que celle du *Bryonia dioica* (Bryone, Couleuvrée, Navet-du-diable) et celle de l'*Ecbalium Elaterium* (Élatérium), plante de la région méditerranéenne, ont une saveur âcre, désagréable, qui avertit de leurs qualités actives ; les propriétés purgatives énergiques, et même toxiques à forte dose, de ces racines sont dues à la présence d'un principe résineux. Chez les espèces annuelles, au contraire, la racine ne contient ordinairement pas de principe actif. La racine charnue farineuse de la Bryone renferme un suc laiteux qui, appliqué sur la peau, en produit la rubéfaction et même l'inflammation ; sèche et réduite en poudre, elle était autrefois prescrite dans les maladies qui réclament l'emploi de purgatifs violents ; mais l'usage de ce médicament est maintenant à peu près abandonné, à cause des accidents quelquefois mortels déterminés par son administration. — Les fruits de la Bryone et de l'Élatérium contiennent, comme la racine, un principe résineux ; mais c'est surtout le fruit du *Cucumis Colocynthis* (Coloquinte), plante répandue dans le Sahara algérien, qui renferme en grande quantité le principe actif ; aussi la pulpe de son fruit est-elle un purgatif des plus énergiques, et l'on ne doit y avoir recours qu'avec une extrême circonspection. Les fruits du Melon (*Cucumis Melo*), de la Pastèque (*C. Citrullus*), du Potiron (*Cucurbita maxima*) et de la Citrouille (*C. Pepo*), dont les propriétés alimentaires sont connues de tout le monde, ne contiennent pas de principe résineux, et leur pulpe douce, aqueuse et sucrée ne doit son action légèrement laxative qu'à la présence du mucilage qu'elle renferme. Dans le fruit du Concombre (*Cucumis sativus*) la pulpe très aqueuse a un goût fade peu prononcé, tandis que l'écorce en est amère. La Calebasse (*Lagenaria vulgaris*) est fréquemment cul-

tivée dans les jardins pour les gourdes qu'on prépare avec ses
fruits. M. Lindley cite des cas d'empoisonnement par des liquides
que l'on avait laissés séjourner dans des gourdes mal préparées.
— Les graines de toutes les *Cucurbitacées* contiennent une huile
douce, fixe, unie à du mucilage, et peuvent servir à préparer des
émulsions calmantes.

1 Plante vivace, dioïque ; fleurs petites, d'un blanc verdâtre ;
   fruit petit, bacciforme, à 6 graines ou moins. . . .
   . . . . BRYONIA. (1).
   Plante annuelle, monoïque ; fleurs grandes, jaunes ; fruit
   ord. volumineux, à écorce plus ou moins épaisse, à
   graines très nombreuses. 2
2 Anthères mucronées par le connectif, à lobe linéaire recourbé en S ; graines à bord mince. † CUCUMIS. (1 *bis*).
   Anthères mutiques, à lobe plusieurs fois replié ; graines
   entourées d'un rebord épaissi. . † CUCURBITA. (1 *ter*).

1. BRYONIA L. — (BRYONE).

Fleurs dioïques (dans notre espèce). Calice de la fleur
femelle à tube subglobuleux rétréci au-dessus de l'ovaire
en un col étroit. Ovaire à loges ord. biovulées. *Fruit* petit,
bacciforme, globuleux, *à 6 graines ou moins* par avortement. Graines obovales-subglobuleuses, légèrement comprimées, étroitement bordées.

   Plante vivace, à racine très épaisse charnue-farineuse ;
   fleurs petites, d'un blanc verdâtre ; fruits rouges à la maturité. . . . . . *B. dioica* Jacq. (B. dioïque).

† CUCUMIS L. — (CONCOMBRE).

Fleurs monoïques ou polygames. *Anthères mucronées* par le
connectif, *à lobe* linéaire *recourbé en S.* Ovaire à loges multiovulées. *Fruit* succulent, à écorce plus ou moins épaisse, *à
graines très nombreuses. Graines* obovales, comprimées, *à bord
mince.*

   Feuilles à lobes presque aigus, le terminal plus grand que
   les latéraux ; fruit oblong-allongé, obtusément triquètre,
   à pulpe d'une saveur fade. † *C. sativus* L. (C. cultivé).
   Feuilles à lobes obtus arrondis, presque égaux ; fruit globuleux, plus rarement oblong, à pulpe d'une saveur sucrée et parfumée. . . . † *C. Melo* L. (C. Melon).

† CUCURBITA L. — (COURGE).

Fleurs monoïques. Anthères mutiques, *à lobe plusieurs fois replié.* Ovaire à loges multiovulées. *Fruit* charnu, à écorce épaisse, *à graines très nombreuses. Graines* obovales, comprimées, *entourées d'un rebord épaissi.*

Feuilles à lobes arrondis, séparés par des sinus peu profonds ; pédoncules florifères cylindriques, les fructifères épais-subéreux, jamais sillonnés ; fruit à carpelles faisant souvent saillie au-dessus de la large cicatrice laissée par le limbe détruit du calice, à pulpe à peine filandreuse, à placentas s'affaissant peu à la maturité. . . . . .
. . . . † *C. maxima* Duch., Naudin (C. Potiron).

Feuilles à lobes souvent lobulés, séparés par des sinus ord. profonds ; pédoncules florifères obtusément pentagones, les fructifères indurés ord. presque ligneux, anguleux-sillonnés ; fruit à carpelles ne faisant jamais saillie au-dessus de la gorge du calice, à pulpe filandreuse, à placentas s'affaissant à la maturité . . . .
. . . . . † *C. Pepo* DC., Naudin (C. Citrouille).

LXVI. CAPRIFOLIACÉES (A. Rich.).

Fleurs hermaphrodites, très rarement stériles par avortement, presque régulières ou irrégulières. — Calice à 5 rarement 4 sépales soudés en tube, à tube soudé avec l'ovaire, à partie libre très courte persistante ou marcescente. — Corolle insérée au sommet du tube du calice, gamopétale, 5-fide, rarement 4-fide, tubuleuse, bilabiée, campanulée ou rotacée, caduque, à préfloraison imbriquée. — *Étamines 5, rarement 4,* insérées sur le tube de la corolle, libres. Filets quelquefois bipartits. Anthères bilobées, ou bipartites.—Stigmates 3-5 sessiles, ou 3-5 styles libres entre eux ou soudés en un style indivis à stigmate 3-lobé. — *Fruit soudé avec le calice,* à *3-5 carpelles, bacciforme ou drupacé,* couronné par le limbe persistant du calice ou par la cicatrice qui résulte de sa destruction, *à 3-5 loges monospermes ou oligospermes,* ou uniloculaire par la destruction des cloisons. — Graines suspendues, ord. comprimées, à raphé dorsal ou ventral. Embryon souvent très petit, placé dans un *périsperme charnu ou corné.* Radicule dirigée vers le hile.

Arbrisseaux plus ou moins élevés, quelquefois sarmenteux-volubiles, plus rarement plantes herbacées. *Feuilles opposées,* entières, dentées, plus ou moins profondément lobées ou pinnatiséquées, pétiolées, plus rarement sessiles quelquefois connées, munies ou non de stipules. Fleurs disposées en corymbes rameux, en têtes ou en faux verticilles, plus rarement géminées au sommet de pédoncules axillaires.

La plupart des *Caprifoliacées* sont des arbrisseaux d'un aspect agréable; plusieurs d'entre eux: *Lonicera Caprifolium* (Chèvrefeuille), *Sambucus nigra* (Sureau), *S. racemosa* (Sureau à grappes), *Viburnum Opulus* var. *sterilis* (Boule-de-neige), etc., font l'ornement de nos jardins. — L'infusion de fleurs de Sureau constitue une boisson sudorifique surtout en usage dans le traitement des maladies éruptives; on emploie également cette infusion, en lotions et en fomentations, comme résolutive. — Les baies du Chèvrefeuille sont légèrement diurétiques; celles du *L. Xylosteum* sont purgatives, et celles du *Viburnum Lantana* ont une saveur sucrée, légèrement nauséeuse. Les baies du Sureau et du Sureau à grappes ont une saveur acide et nauséeuse; on en prépare, dit-on, des conserves légèrement laxatives. Les baies du *Viburnum Opulus* (Obier, Boule-de-neige sauvage) peuvent être employées au même usage. — L'*Adoxa Moschatellina* a une odeur légèrement musquée; cette plante, autrefois officinale, est aujourd'hui sans usage.

1 Corolle tubuleuse-infundibuliforme, à limbe bilabié; style
   filiforme. . . . . LONICERA. (4).
   Corolle rotacée, presque régulière; 3-5 stigmates sessiles,
   ou 4-5 styles libres entre eux 2

2 Styles 4-5; étamines à filet bipartit; plante grêle, herbacée. . . . . ADOXA. (1).
   Stigmates 3-5 sessiles; étamines à filet indivis; plante
   robuste, ord. ligneuse. 3

3 Fruit à 3-5 graines ; feuilles pinnatiséquées. Sambucus. (2).
Fruit à une seule graine ; feuilles indivises ou lobées. .
. . . . Viburnum. (3).

TRIBU I. **Sambucineæ.** — *Corolle rotacée.* Ovaire à
loges uniovulées. Stigmates 3-5 sessiles, ou 4-5 styles
libres entre eux.

1. ADOXA L. — (Adoxe).

Calice à partie libre 2-3-lobée, accrescente. *Corolle
rotacée*, à limbe plan 4-5-partit. *Étamines 4-5, à filets
bipartits* portant sur chaque division l'un des lobes de l'anthère. *Styles 4-5* libres entre eux. Fruit bacciforme-succulent, à 4-5 loges monospermes ou moins par avortement, présentant au-dessous du sommet 3 plus rarement
2 appendices triangulaires (lobes accrus du calice).

Plante herbacée, grêle ; feuilles radicales bi-triséquées, les
caulinaires 2 opposées tripartites ou triséquées ; fleurs
d'un vert jaunâtre, en tête terminale . . . . .
. . . . . .*A. Moschatellina* L. (A. Muscatelline).

2. SAMBUCUS L. — (Sureau).

Calice à partie libre 5-lobée, à lobes très petits. *Corolle
rotacée*, à limbe étalé, 5-fide. Étamines 5. *Stigmates 3-5,
sessiles. Fruit* bacciforme, coloré, succulent, *à 3-5 graines*,
à 3-5 loges, ou uniloculaire par la destruction des cloisons.
— Arbrisseaux ou arbres, ou plantes herbacées assez élevées.

1 Plante herbacée ; feuilles munies de stipules foliacées. .
. . . . S. *Ebulus* L. (S. Hièble).
Arbrisseaux ou arbres ; feuilles dépourvues de stipules ou
à stipules très petites 2

2 Fleurs blanches, en corymbe plan ; fruits noirs. . . .
. . . . S. *nigra* L. (S. noir).
Fleurs d'un blanc verdâtre, en panicule ovoïde ; fruits d'un
rouge écarlate . . † S. *racemosa* L. (S. à grappes).

3. VIBURNUM L. — (VIORNE).

Calice à partie libre 5-lobée, à lobes très petits. *Corolle rotacée ou campanulée-rotacée*, à limbe 5-partit. Étamines 5. *Stigmates 3, sessiles. Fruit* bacciforme, coloré, uniloculaire et *monosperme* par avortement. — Arbrisseaux.

Feuilles indivises-dentées, tomenteuses en dessous. . .
. . . . V. *Lantana* L. (V. Lantane).
Feuilles profondément lobées-incisées, glabrescentes . .
. . . . V. *Opulus* L. (V. Obier).

TRIBU II. **Caprifoliæe.** — *Corolle tubuleuse-infundibuliforme ou campanulée*, à limbe bilabié ou 5-fide. Ovaire à loges pluriovulées. Style indivis, à stigmate trilobé.

4. LONICERA L. — (CHÈVREFEUILLE).

Calice à partie libre 5-lobée, à lobes très petits. *Corolle tubuleuse-infundibuliforme ou irrégulièrement campanulée, à limbe divisé en deux lèvres*, la supérieure 4-lobée, l'inférieure entière. Étamines 5. *Style filiforme*, à stigmate obscurément 3-lobé. *Fruit* bacciforme, coloré, succulent, à 3 loges 2-4-spermes, ou uniloculaire par la destruction des cloisons. — Arbrisseaux dressés ou sarmenteux-volubiles.

1 Arbrisseau dressé; fleurs réunies par deux à l'extrémité de pédoncules axillaires. *L. Xylosteum* L. (C. des buissons).
Fleurs disposées en têtes multiflores terminales ou en faux verticilles 2
2 Feuilles, même les florales, libres jusqu'à la base. . .
. . . . . . *L. Periclymenum* L. (C. des bois).
Feuilles florales soudées en un plateau perfolié. . . .
. . . . . † *L. Caprifolium* L. (C. des jardins).

LXVII. RUBIACÉES (Juss.).

Fleurs hermaphrodites, rarement unisexuelles par avortement, régulières. — Calice ord. à 4-6 sépales soudés en tube, à tube soudé avec l'ovaire, à partie libre courte ou presque nulle. — Corolle gamopétale, insérée au sommet du tube du calice, 4-5-fide, plus rarement 3-fide par soudure ou par avortement, rotacée, infundibuliforme ou presque campanulée, caduque, à préfloraison valvaire. — *Étamines 4-5*, insérées sur le tube de la corolle, libres. — Styles 2, soudés presque jusqu'au sommet ou presque entièrement libres, stigmates terminaux. — *Fruit soudé avec le calice*, sec, plus rarement charnu, n'offrant aucun vestige du limbe du calice, plus rarement couronné par le limbe accru du calice, didyme *composé de deux carpelles* subglobuleux *monospermes indéhiscents qui se séparent* ord. *à la maturité*, plus rarement réduit à un seul carpelle par avortement. — Graine ord. dressée. Embryon droit ou courbé, placé dans un *périsperme corné*. Radicule dirigée vers le hile ou rapprochée du hile.

Plantes annuelles ou vivaces, herbacées; tiges annuelles, très rarement persistantes, ord. tétragones à angles souvent denticulés-accrochants, souvent fragiles au niveau des articulations. *Feuilles* sessiles, *verticillées* par 4-12, quelquefois ternées ou opposées au sommet des tiges, indivises, à bords ord. denticulés-scabres souvent roulés en dessous; stipules nulles. Fleurs ord. en cymes trichotomes ou dichotomes latérales ou terminales, disposées en panicules ou en corymbes feuillés, plus rarement rapprochées en glomérules terminaux entourés d'involucres.

La famille des *Rubiacées* n'est représentée dans notre Flore que par la sous-famille des Étoilées (*Stellatæ*); elle comprend en outre plusieurs sous-familles exotiques auxquelles appartiennent des végétaux du plus haut intérêt médical ou économique; nous devons nous borner ici à citer le *Coffea Arabica* (Caféier) et le *Cephaelis Ipecacuanha* (Ipécacuanha) de la sous-famille des *Cofféacées*, et les diverses espèces de *Cinchona* (Quinquinas) de la sous-famille des *Cinchonées*. — Nos espèces indigènes sont d'un

intérêt commercial et usuel très secondaire, si l'on en excepte la
Garance (*Rubia tinctorum*) cultivée pour la matière colorante
rouge contenue dans sa racine.—Les *Galium verum* (Caille-lait),
Mollugo, *Aparine* (Grateron) et *Cruciata* étaient employés
autrefois comme médicaments astringents; l'*Asperula odorata*
(Aspérule), plante amère et astringente, était en usage dans le
traitement de l'hydropisie; l'*Asperula cynanchica* (Herbe-à-l'esquinancie), plante douée de faibles propriétés astringentes, est
tombée dans l'oubli comme les précédentes.

1 Calice à 6 dents profondes; fruit couronné par les dents du
  calice . . . . SHERARDIA.(1).
  Calice à 4 dents très courtes ou nulles; fruit ne présentant aucun vestige des dents du calice 2

2 Corolle infundibuliforme, ou campanulée à tube plus ou
  moins allongé. . . . . ASPERULA. (2).
  Corolle rotacée 3

3 Corolle à 4 divisions; fruit sec . . . . GALIUM. (3).
  Corolle à 4-5 divisions; fruit bacciforme. . RUBIA. (4).

1. SHERARDIA L. — (SHÉRARDIE).

Calice à 6 dents profondes s'accroissant après la floraison. Corolle infundibuliforme, à tube allongé-cylindrique,
à limbe 4-fide. Étamines 4. Fruit sec, composé de deux
carpelles surmontés chacun de trois *des dents du calice*.

Fleurs d'un rose lilas, en glomérules entourés d'un involucre composé de feuilles soudées à la base . . .
 . . . . S. *arvensis* L. (S. des champs).

2. ASPERULA L. — (ASPÉRULE).

Calice à 4 dents très courtes disparaissant par l'accroissement de l'ovaire. *Corolle infundibuliforme ou campanulée,
à tube plus ou moins allongé*, à limbe 4-fide plus rarement
3-fide. *Fruit sec,* composé de deux carpelles.

1 Fleurs bleues, en glomérules entourés d'un involucre de
 feuilles bordées de longues soies; plante annuelle . .
 . . . . * A. *arvensis* L. (A. des champs).
 Fleurs blanches ou d'un blanc rosé, en cymes dépourvues d'involucre; plante vivace. 2

2 Fruit hérissé de poils roides crochus; feuilles oblongues-
  lancéolées ou oblongues. * *A. odorata* L. (A. odorante).
  Fruit lisse ou tuberculeux, glabre; feuilles linéaires . . 3

3 Souche cespiteuse, à racine pivotante, donnant naissance à
  un grand nombre de tiges étalées-diffuses; fruit tuberculeux . . . *A. cynanchica* L. (A. à l'esquinancie).
  Souche traçante, donnant naissance à des tiges dressées;
  fruit lisse . . . * *A. tinctoria* L. (A. des teinturiers).

3. GALIUM L. — (GAILLET).

Calice à 4 dents très courtes ou presque nulles disparaissant par l'accroissement de l'ovaire. *Corolle rotacée-
plane, à limbe 4-fide. Fruit sec*, composé de deux carpelles.

1 Fleurs jaunes. 2
  Fleurs blanches ou blanchâtres. 3

2 Feuilles verticillées par 4, ovales-oblongues, dépassant les
  fleurs . . . . . *G. Cruciata* Scop. (G. Croisette).
  Feuilles verticillées par 6-12, linéaires-étroites, longuement dépassées par les rameaux florifères. . . .
  . . . . *G. verum* L. (G. Caille-lait).

3 Feuilles obtuses, non mucronées. 4
  Feuilles aiguës ou obtuses, mucronées 5

4 . . . . *G. palustre* L. (G. des marais).
  Tiges assez grêles; feuilles linéaires-oblongues ou oblongues-obovales; panicule à rameaux souvent étalés-réfléchis après la floraison; pédicelles fructifères divariqués;
  fruit presque lisse ou finement chagriné. . . . .
  . . . . Var. *palustre* (*var.* des marais).
  Plante plus robuste dans toutes ses parties que la var.
  palustre; feuilles linéaires-oblongues ou oblongues-obovales; panicule à rameaux jamais étalés-réfléchis après la
  floraison; pédicelles fructifères divariqués; fruit plus gros,
  évidemment chagriné. * Var. *elongatum* (*var.* allongée).
                   (*G. elongatum* Presl; *G. maximum* Moris).
  Tiges grêles; feuilles linéaires étroites, ord. presque aiguës; panicule à rameaux dressés ou étalés; pédicelles
  fructifères rapprochés; fruit finement chagriné. . .
  . . . .* Var. *debile* (*var.* grêle).
     (*G. debile* Desv.; *G. constrictum* Chaub.; *G. palustre* var. *læve*
                                          Fl. Par. éd. 1).

5 Tiges lisses, glabres ou pubescentes. 6
  Tiges denticulées-scabres 8

6 Corolle à divisions cuspidées. G. *Mollugo* L. (G. Mollugine).
  Corolle à divisions aiguës non cuspidées 7

7 Feuilles verticillées par 6-8, à bords ord. roulés en des-
  sous; fruit très finement tuberculeux . . . . . .
  . . . . G. *sylvestre* Poll. (G. sylvestre).
  Feuilles verticillées par 4-6, ord. planes; fruit chargé de
  tubercules. . . . * G. *saxatile* L. (G. des rochers).
  (G. *Hercynicum* Weigg.; Fl. Par. éd. 1).

8 Pédoncules fructifères plus courts que les feuilles, portant
  1-3 fruits, à pédicelles recourbés en crochet . . . .
  . . . . G. *tricorne* With. (G. à trois cornes).
  Pédoncules pluriflores ou multiflores, les fructifères plus
  longs que les feuilles, à pédicelles jamais recourbés en
  crochet. 9

9 Fleurs disposées en cymes pauciflores latérales; pédoncules fructifères dépassant peu les feuilles; fruit ord. hispide. 10
  Fleurs disposées en panicules lâches latérales et terminales, à rameaux fructifères dépassant plus ou moins longuement les feuilles; fruit tuberculeux, glabre 11

10 . . . . G. *Aparine* L. (G. Grateron).
   Fruit glabre . . . . . * var. *spurium* (var. bâtarde).
   (G. *spurium* L.).

11 Corolle plus large que le fruit mûr; feuilles à bords denticulés-scabres, à denticules dirigés vers la base de la
   feuille . . . . G. *uliginosum* L. (G. fangeux).
   Corolle très petite, plus étroite que le fruit mûr; feuilles
   à bords denticulés-scabres, à denticules dirigés vers le
   sommet de la feuille 12

12 . . . . G. *Anglicum* Huds. (G. d'Angleterre).
   Tige dressée; rameaux florifères, pédoncules et pédicelles
   capillaires . . * var. *divaricatum* (var. divariquée).
   (G. *divaricatum* Lmk; G. *Anglicum* var. *erectum* Fl. Par. éd. 1).

4. RUBIA Tourn. — (GARANCE).

Calice à partie libre presque nulle disparaissant par

l'accroissement de l'ovaire. *Corolle rotacée-plane, à limbe 5-fide* plus rarement 4-fide. *Fruit charnu bacciforme*, composé de deux carpelles.

> Feuilles coriaces, persistantes; réseau des nervures paraissant à peine à la face inférieure des feuilles . . . .
> . . . . * R. peregrina L. (G. voyageuse).
> Feuilles membraneuses, annuelles; réseau des nervures saillant à la face inférieure des feuilles. . . . . .
> . . . . . .† R. tinctorum L. (G. des teinturiers).

LXVIII. VALÉRIANÉES (DC.).

Fleurs hermaphrodites, rarement unisexuelles par avortement, presque régulières ou irrégulières. — Calice gamosépale, à tube soudé avec l'ovaire, à limbe roulé en dedans avant et pendant la floraison et divisé en lanières (nervures des sépales) qui s'accroissent et se déroulent en aigrette après la floraison, ou à limbe dressé régulier ou irrégulier à 3-10 dents s'accroissant ord. après la floraison, plus rarement à une seule dent ou presque nul. — Corolle gamopétale, insérée sur un disque au sommet du tube du calice, tubuleuse-infundibuliforme; à tube régulier, gibbeux ou prolongé en éperon à la base; à limbe ord. à 5 lobes presque égaux obtus, à préfloraison imbriquée. — *Étamines 3-1*, insérées sur le tube de la corolle dans sa moitié inférieure; *anthères libres*. — Style filiforme; stigmate indivis ou 3-fide. — *Fruit soudé avec le tube du calice, sec, monosperme, indéhiscent*, à 3 loges dont 2 stériles plus ou moins développées quelquefois filiformes, parfois uniloculaire par l'oblitération des loges stériles, ord. surmonté par le limbe du calice ou par l'aigrette plumeuse qui le représente. — *Graine suspendue. Périsperme nul* ou presque nul. Radicule dirigée vers le hile.

Plantes annuelles, ou vivaces *herbacées* à rhizomes souvent charnus. Tiges à rameaux ord. opposés, ou dichotomes. *Feuilles* radicales fasciculées, les caulinaires *opposées*, simples, entières, sinuées, pinnatifides, pinnatipartites ou pinnatiséquées, sessiles ou rétrécies en pétiole ; stipules nulles. *Fleurs* disposées *en cymes* corymbiformes terminales et axillaires, ou solitaires dans les bifurcations de la tige et rapprochées en glomérules ou en cymes à l'extrémité des rameaux.

Les racines vivaces de la plupart des espèces du genre *Valeriana* exhalent une odeur désagréable et très pénétrante, due à une huile essentielle dans laquelle résident les propriétés les plus actives de ces plantes ; cette huile essentielle est associée à un acide particulier (acide valérianique) et à une résine. Le *Valeriana officinalis* (Valériane) est l'espèce où les principes actifs sont le plus développés ; sa racine est un des médicaments indigènes les plus usités ; son action stimulante énergique est en même temps tonique et un peu narcotique ; on l'administre comme antispasmodique, dans les affections nerveuses ou hystériques, le plus souvent sous forme de poudre ; elle est aussi employée comme fébrifuge et anthelminthique. — Les plantes annuelles de la famille des *Valérianées* et les espèces vivaces qui ne présentent pas ou n'offrent qu'à un faible degré l'odeur caractéristique des *Valeriana* sont dépourvues de propriétés médicales marquées ; plusieurs espèces du genre *Valerianella* (*V. olitoria, carinata, Auricula*, etc. — Mâche, Doucette), sont cultivées comme plantes alimentaires ; on mange en salade leurs jeunes rosettes de feuilles radicales.

1 Étamine 1 ; corolle prolongée en éperon à la base. . .
. . . . † CENTRANTHUS. (1').
Étamines 3, très rarement 2 ; corolle non prolongée en éperon à la base 2

2 Fruit couronné par une aigrette plumeuse ; plante vivace.
. . . . VALERIANA. (1).
Fruit dépourvu d'aigrette plumeuse ; plante annuelle . .
. . . . VALERIANELLA. (2).

† CENTRANTHUS DC. — (CENTRANTHE).

Calice à limbe roulé en dedans pendant la floraison, se déroulant en aigrette à la maturité. *Corolle* tubuleuse-infundibuliforme, à 5 lobes, *à tube prolongé en éperon à la base. Éta-*

mine *1*. Fruit uniloculaire, couronné par une aigrette à soies plumeuses.

Plante vivace, glabre-glauque; feuilles indivises, ovales ou lancéolées; fleurs rouges, accidentellement blanches.
. . . . † *C. ruber* DC. (C. rouge).

1. VALERIANA L. — (VALÉRIANE).

Calice à limbe roulé en dedans pendant la floraison, *se déroulant en aigrette à la maturité. Corolle* tubuleuse-infundibuliforme, à 5 lobes, *à tube légèrement bossu à la base. Étamines 3*. Fruit uniloculaire, couronné par une aigrette à soies plumeuses. — Fleurs blanches ou rosées.

Feuilles radicales pinnatiséquées; fleurs hermaphrodites.
. . . .*V. officinalis* L. (V. officinale).
Feuilles radicales entières; plante dioïque . . . . .
. . . . *V. dioica* L. (V. dioïque).

2. VALERIANELLA Tourn. — (VALÉRIANELLE).

Calice à limbe irrégulier, plus rarement presque régulier, quelquefois presque nul, *non enroulé pendant la floraison. Corolle* infundibuliforme, à tube presque régulier non prolongé en éperon. Étamines 3, très rarement 2. *Fruit* couronné par le limbe du calice qui s'accroît après la floraison ou reste presque nul, *à 3 loges dont* une fertile monosperme et *deux stériles* égales à la loge fertile ou beaucoup plus étroites souvent presque filiformes. — Fleurs blanches ou d'un blanc bleuâtre ou rosé.

1 Limbe du calice presque régulier et développé en une coupe membraneuse à six dents terminées en arêtes crochues . . . . * *V. coronata* Dufr. (V. couronnée).
Limbe du calice peu distinct, ou tronqué obliquement, jamais prolongé en arêtes crochues. 2

2 Limbe du calice à peine distinct ou presque nul . . . 3
Limbe du calice tronqué obliquement, constituant au moins une dent membraneuse très distincte 4

16

3 Fruit plus large que long, comprimé-lenticulaire . . .
. . . . *V. olitoria* Mœnch (V. potagère).
Fruit oblong subtétragone, profondément creusé en nacelle
sur l'une de ses faces. *V. carinata* Lois. (V. carénée).

4 Fruit ovoïde-subglobuleux, à 3 lobes séparés par des sillons inégaux ; loges stériles plus grandes chacune que la
loge fertile . . . *V. Auricula* DC. (V. Oreillette).
Fruit ovoïde-conique ou ovoïde, presque plan sur l'une de
ses faces qui présente une fossette circonscrite par les
loges stériles réduites à 2 côtes filiformes 5

5 Limbe du calice beaucoup plus étroit que le fruit ; pédoncules non canaliculés en dessus. . . . .
. . . . *V. Morisonii* DC. (V. de Morison).
(*V. dentata* Koch et Ziz ; Soy.-Willm. ; Fl. Par. éd. 1).
Limbe du calice un peu évasé et égalant la largeur du
fruit ; pédoncules canaliculés en dessus, s'épaississant de
la base au sommet. *V. eriocarpa* Desv. (V. à fruit velu).

LXIX. DIPSACÉES (DC.).

Fleurs hermaphrodites, plus ou moins irrégulières,
munies chacune d'un involucelle gamophylle (calice extérieur), *sessiles sur un réceptacle commun entouré d'un
involucre* composé de plusieurs folioles. — Réceptacle hérissé
ou glabre, nu ou chargé de bractées (paillettes) à l'aisselle
desquelles naissent les fleurs. — Involucelle caliciforme
gamophylle, renfermant la partie fructifère du tube du calice,
marqué de côtes ou d'angles saillants, ord. dédoublé dans
sa moitié supérieure, à dédoublement intérieur embrassant
la partie supérieure du tube du calice ; terminé par un
limbe scarieux entier ou lobé, ou à limbe presque nul. —
Calice gamosépale, à tube membraneux adhérant à l'ovaire
et rétréci au-dessus de lui en un col étroit qui entoure le
style, brusquement élargi au sommet en un limbe persistant
et accrescent, cupuliforme, entier, lobé ou divisé en arêtes.
— Corolle insérée au sommet du tube du calice, gamo-

pétale, tubuleuse-infundibuliforme, caduque, à préfloraison imbriquée, subbilabiée, à lèvre supérieure tantôt bilobée, tantôt à lobes confluents en un seul, à lèvre inférieure tri-lobée. — *Étamines 4* (la cinquième correspondant au sinus des lobes de la lèvre supérieure avortant constamment), insérées au sommet du tube de la corolle; *anthères libres*. — Style filiforme; stigmate entier ou bilobé.—*Fruit* étroi-tement enveloppé par le calice auquel il adhère plus ou moins, *sec*, surmonté par la partie libre du calice, *unilo-culaire, monosperme, indéhiscent, renfermé dans l'involucelle persistant.* — *Graine suspendue*, à testa soudé avec le péri-carpe. Embryon droit, placé dans un *périsperme charnu* peu épais. Radicule dirigée vers le hile.

Plantes bisannuelles ou vivaces, herbacées, à tiges quelque-fois munies d'aiguillons. *Feuilles opposées*, entières, dentées, pinnatifides ou pinnatiséquées, atténuées en pétiole, plus rare-ment subsessiles ou largement connées à la base; pétioles ord. soudés en gaîne dans leur partie inférieure; stipules nulles. Glo-mérules multiflores en forme de capitules, solitaires à l'extré-mité des rameaux et de la tige, disposés en cymes ou en co-rymbes lâches. Fleurs s'épanouissant ord. par anneaux du milieu de la hauteur du glomérule vers son sommet et vers sa base.

Les plantes de la famille des *Dipsacées* n'offrent que peu d'in-térêt au point de vue médical; en effet leurs propriétés se bornent à une faible action tonique due à une saveur légèrement amère et astringente. Le *Knautia arvensis* et les *Scabiosa Columbaria* (Colombaire) et *Succisa* (Mors-du-diable), qui étaient autrefois employés dans le traitement des maladies chro-niques de la peau, sont presque inusités aujourd'hui. — Le *Dip-sacus fullonum* (Chardon-à-foulon) est cultivé en grand, surtout dans le Nord, pour l'usage que l'on fait de ses capitules dans les fabriques de drap; ils servent à peigner les étoffes et à en tirer les poils au moyen des pointes recourbées dont ils sont hérissés.

1 Réceptacle hérissé, dépourvu de paillettes; involucelle
  fructifère comprimé . . . . KNAUTIA. (2).
  Réceptacle hérissé ou glabre, muni de paillettes; involucelle fructifère cylindrique ou tétragone 2

2 Calice à limbe divisé au sommet en 5 arêtes ; tiges dépourvues d'aiguillons . . . . .SCABIOSA.(1).
Calice à limbe bordé de cils nombreux ; tiges munies d'aiguillons. . . . . DIPSACUS.(3).

1. SCABIOSA L. — (SCABIEUSE).

Involucre général composé de plusieurs folioles herbacées. *Réceptacle* hérissé de soies ou presque glabre, *chargé
de paillettes* scarieuses ou plus ou moins herbacées. *Involucelle* sessile, *cylindrique*, marqué de 8 côtes au moins
dans sa moitié supérieure, ord. terminé par un limbe scarieux campanulé ou rotacé, plus rarement à limbe subherbacé 4-lobé. *Calice* à limbe *terminé par 5 arêtes* étalées,
ou moins par avortement.

1 Fleurs de la circonférence à corolle presque régulière à
4 divisions ; feuilles, même les caulinaires, entières,
rarement dentées. . . . *S. Succisa* L. (S. Succise).
Fleurs de la circonférence rayonnantes, à corolle à 5 divisions très inégales ; feuilles caulinaires pinnatiséquées . 2

2 Fleurs d'un blanc jaunâtre ; involucelle fructifère divisé
dans sa partie supérieure en 8 colonnes glabres . . .
. . . . ✳ *S. Ucranica* L. (S. de l'Ukraine).
Fleurs bleues, rarement blanches ; involucelle fructifère
plus ou moins pubescent, marqué dans toute sa longueur
de 8 côtes saillantes 3

3 Feuilles radicales et celles des fascicules stériles crénelées
ou lyrées-incisées, les caulinaires pinnatiséquées à segments ord. pinnatifides ou incisés . . . . . .
. . . . *S. Columbaria* L. (S. Colombaire).
Feuilles des fascicules stériles la plupart très entières, les
caulinaires pinnatiséquées à segments entiers . . . .
. . . . . . ✳ *S. suaveolens* Desf. (S. odorante).

2. KNAUTIA Coult. — (KNAUTIE).

Involucre général composé de plusieurs folioles herbacées. *Réceptacle* hérissé de soies, *dépourvu de paillettes*.
Involucelle brièvement stipité, *subtétragone-comprimé*,

terminé par 4 dents courtes, les dents opposées aux faces presque nulles. *Calice* à limbe *terminé par 6-8 arêtes ou plus*, dressées, inégales.

    Plante vivace, plus ou moins velue; feuilles caulinaires pinnatiséquées ou pinnatipartites, plus rarement indivises .
    . . . . . . *K. arvensis* Coult. (K. des champs).
               (*Scabiosa arvensis* L.).

3. DIPSACUS L. — (CARDÈRE).

Involucre général composé de plusieurs folioles herbacées ord. épineuses. *Réceptacle chargé de paillettes* brusquement terminées par une longue pointe épineuse. *Involucelle* sessile, *tétragone*, à 8 côtes, terminé par 4 dents très courtes ou presque nulles. *Calice à limbe tétragone*, tronqué ou 4-lobé, *cilié*. — Tige chargée d'aiguillons.

1 Feuilles non connées, divisées en 3 segments, les latéraux en forme d'oreillettes; folioles de l'involucre très courtes, hérissées de longs poils sétiformes . . . . . .
    . . . . * *D. pilosus* L. (C. poilue).
Feuilles connées, au moins les caulinaires inférieures, dentées ou incisées; folioles de l'involucre dépassant ou atteignant presque la longueur du capitule, glabres ord. munies d'aiguillons. 2

2 Paillettes du réceptacle droites . . . .
    . . . . *D. sylvestris* Mill. (C. sauvage).
Paillettes du réceptacle courbées en dehors au sommet .
    . . . .† *D. fullonum* Willd. (C. à foulon).

LXX. COMPOSÉES (Vaill., Adans.).

Fleurs (fleurons) hermaphrodites, unisexuelles ou neutres par avortement, régulières ou irrégulières, *sessiles sur un réceptacle commun entouré d'un involucre* et rapprochées en capitule (anthode, calathide). — Involucre composé de plusieurs folioles (écailles) libres ou rarement soudées entre elles. — Réceptacle nu ou muni de bractées ou paillettes

                  16.

à l'aisselle desquelles naissent les fleurons. Paillettes ord.
membraneuses ou scarieuses, persistantes, très rarement
caduques, entières ou incisées, souvent divisées presque
jusqu'à la base en soies plus ou moins longues. — Calice
jamais coloré en vert, gamosépale, à tube soudé avec
l'ovaire, prolongé ou non en col au-dessus de l'ovaire ;
à limbe nul, ou réduit à des arêtes, ou à un rebord circulaire épais ou membraneux entier denté incisé, ou divisé
en soies paléiformes, ou plus ordinairement en soies capillaires (aigrette) libres ou soudées inférieurement, persistantes ou caduques. — Corolle insérée au sommet du tube
du calice, gamopétale : tubuleuse à limbe régulier ou irrégulier, ord. 5-4-denté ou 5-4-fide, à préfloraison valvaire ;
ou fendue au côté interne de manière à constituer un limbe
plan unilatéral 5-denté (ligule). — Étamines 5-4, insérées
sur le tube de la corolle, nulles ou rudimentaires dans les
fleurons femelles ou neutres ; filets libres, rarement soudés
entre eux ; *anthères* dressées, *soudées* par leurs bords *en
un tube qui engaine le style*, linéaires, ord. prolongées en
appendice au sommet, à lobes souvent prolongés chacun
à la base en un appendice plus ou moins long en forme de
queue. — *Ovule* solitaire, *dressé*. Style filiforme, quelquefois renflé en nœud dans sa partie supérieure, bifide supérieurement, à branches (vulg. stigmates) libres ou soudées
entre elles, présentant ord. en dehors ou au sommet dans
les fleurons hermaphrodites des poils courts et roides (poils
collecteurs) ; stigmates (lignes stigmatiques, glandules
stigmatiques) constituant deux lignes distinctes ou con-
fluentes, qui occupent les bords de la face interne de
chacune des branches du style. — *Fruit* (akène) soudé
avec le calice, *sec, uniloculaire, monosperme, indéhiscent,* à
insertion basilaire ou latérale, terminé en bec par le prolongement du tube du calice ou dépourvu de bec, surmonté
d'une aigrette à soies capillaires persistante ou caduque, ou
surmonté d'arêtes ou d'écailles, d'une couronne ou d'un
rebord, ou complétement nu. — Graine dressée, à testa

ord. soudé avec le péricarpe. *Périsperme nul.* Embryon droit. Radicule dirigée vers le hile.

Plantes annuelles ou vivaces, herbacées ou sous-frutescentes, à suc quelquefois laiteux. Feuilles alternes, rarement opposées ou verticillées, pétiolées, ou sessiles souvent décurrentes, de forme très variable, entières, dentées, lobées, pinnatifides, pinnatipartites ou pinnatiséquées, à divisions entières ou incisées, quelquefois épineuses par le prolongement des nervures; stipules nulles. Capitules multiflores ou pauciflores, très rarement uniflores, disposés en une cyme irrégulière, ou en glomérules subglobuleux, les capitules terminaux s'épanouissant les premiers (inflorescence générale définie ou centrifuge), ou solitaires au sommet de la tige, plus rarement disposés en panicule (inflorescence générale indéfinie). — Les fleurons d'un même capitule sont tous d'une même sorte quant au sexe, hermaphrodites, mâles ou femelles (capitule homogame); ou de deux sortes, les extérieurs neutres ou femelles, les intérieurs hermaphrodites ou mâles (capitule hétérogame) (1). Les fleurons tantôt sont tous tubuleux (capitule discoïde ou flosculeux), et alors quelquefois les extérieurs sont plus grands (capitule couronné); tantôt sont tous ligulés (capitule ligulé ou semi-flosculeux); tantôt sont de deux sortes, ceux de la circonférence ligulés (rayons), ceux du centre tubuleux (disque) (capitule radié). Les fleurons sont tous de la même couleur (capitule homochrome ou concolore), ou de deux couleurs, ceux du centre ord. jaunes (capitule hétérochrome ou discolore).

La famille des *Composées*, l'une des plus naturelles du règne végétal, ne comprend pas moins du neuvième des plantes phanérogames en Europe; les espèces européennes sont généralement herbacées. — La plupart des *Composées* sont douées de propriétés toniques et stimulantes; elles doivent ces qualités à un principe amer uni à des substances résineuses et à une huile volatile; néanmoins les tribus des *Cinarocéphales*, des

(1) Lorsque les capitules renferment chacun des fleurons mâles et des fleurons femelles, on les dit monoïques; lorsqu'ils ne contiennent que des fleurons d'un seul sexe, si les capitules mâles et les capitules femelles sont portés sur un même individu, on les nomme hétérocéphales (dans ce cas c'est plutôt la plante qui devrait être dite hétérocéphale); enfin s'ils sont séparés par sexe sur des individus différents, ils sont appelés dioïques.

Corymbifères et des *Chicoracées* présentent des différences assez prononcées dans leur mode d'action sur l'économie animale, selon la prédominance de l'un ou de l'autre des principes actifs.

Chez les *Cinarocéphales* domine le principe amer ; aussi ces plantes sont-elles douées surtout de propriétés toniques. Le *Centaurea Calcitrapa* (Chausse-trape, Chardon-étoilé) est employé comme tonique et fébrifuge. Le *C. Cyanus* (Bluet), dont les sommités florifères étaient préconisées autrefois pour le traitement d'un grand nombre de maladies, est actuellement à peu près inusité ; la médecine populaire le fait encore entrer dans la préparation de quelques collyres, d'où l'un de ses noms vulgaires (Casse-lunettes). Le *Lappa vulgaris* (Bardane) a une saveur amère un peu âcre, il est administré comme sudorifique surtout dans les maladies chroniques de la peau. Le *Carlina vulgaris* (Carline), dont la racine était considérée comme purgative, n'est plus employé aujourd'hui en médecine. Le *Carlina gummifera*, plante de la région méditerranéenne, dont les autres parties sont vendues comme alimentaires sur les marchés de l'Algérie, paraît présenter des propriétés toxiques dans sa racine. Le *Serratula tinctoria* fournit une couleur jaune, mais il est beaucoup moins usité en teinture que le *Carthamus tinctorius* (Carthame, Safran-bâtard), que l'on cultive fréquemment dans la région méditerranéenne. — Tout le monde connaît les usages alimentaires du *Cinara Scolymus* (Artichaut) et du *C. Cardunculus* (Cardon).

Les *Corymbifères*, chez lesquelles domine ordinairement l'huile essentielle, jouissent généralement de propriétés plus prononcées que les *Cinarocéphales;* à cette tribu sont empruntés un grand nombre de médicaments stimulants. Les capitules de l'*Ormenis nobilis* (Camomille romaine) servent à préparer une infusion théiforme aromatique, très usitée comme excitante et sudorifique ; cette infusion est prescrite avec avantage dans les diarrhées atoniques et pour combattre le développement des gaz dans les voies digestives ; le *Matricaria Chamomilla* (Camomille ordinaire), le *Pyrethrum Parthenium* (Matricaire) et les *Anthemis arvensis* et *Cotula* peuvent être substitués à la Camomille romaine, mais leur infusion est moins agréable au goût. L'*Artemisia vulgaris* (Armoise) est employé comme sudorifique et emménagogue ; plusieurs autres espèces du genre *Artemisia* cultivées dans les jardins, telles que les *A. Absinthium* (Absinthe), *Pontica* et *Abrotanum*, renferment en grandes propor-

tions une huile essentielle volatile et possèdent à un haut degré
des propriétés stimulantes et toniques ; leurs sommités fructifères et celles de plusieurs espèces exotiques sont très usitées
comme vermifuges. Avec l'Absinthe distillée et l'alcool on prépare
une liqueur qui, prise dans l'eau en très petite quantité, peut
quelquefois être utile pour exciter les fonctions digestives et
apaiser la soif dans les pays chauds ; mais l'usage immodéré de
cette liqueur entraîne des accidents encore plus graves que
l'abus des autres liqueurs alcooliques. L'*Artemisia Dracunculus*
(Estragon) est cultivé comme condiment dans les jardins potagers. Le *Tanacetum vulgare* (Tanaisie) doit son odeur très pénétrante et sa saveur amère, âcre et chaude, à la grande quantité
d'huile volatile qu'il renferme ; ses sommités florifères, autrefois
administrées dans un grand nombre de maladies, ne sont guère
admises par la médecine moderne que comme vermifuges.
L'*Achillea Millefolium* (Millefeuille, Herbe-au-charpentier), actuellement presque inusité, était jadis préconisé comme topique
pour la cicatrisation des plaies récentes. L'*Achillea Ptarmica*
(Herbe-à-éternuer) a une saveur un peu âcre et provoque la
sécrétion de la salive ; ses feuilles réduites en poudre sont employées comme sternutatoire. La racine de l'*Inula Helenium*
(Enula Campana des pharmacies) est prescrite comme emménagogue, diurétique et sudorifique, et administrée pour faciliter
l'expectoration dans les affections pulmonaires. Les *Pulicaria
dysenterica* et *vulgaris* ne sont plus employés en médecine ;
il en est de même de l'*Eupatorium cannabinum* (Eupatoire).
Les capitules florifères de l'*Antennaria dioica* (Pied-de-chat) et du
Tussilago Farfara (Pas-d'âne) sont donnés en infusion théiforme
dans les bronchites légères ; le *Petasites vulgaris* (Pétasite) peut
leur être substitué. — L'*Helianthus tuberosus* (Topinambour),
que l'on croit originaire du Brésil, est cultivé pour ses tubercules
alimentaires qui servent surtout à la nourriture des bestiaux.

La plupart des *Chicoracées* contiennent un suc laiteux, dans
lequel les substances résineuses amères sont quelquefois associées
à un principe narcotique qui y existe en quantité variable et
souvent très faible. Les *Lactuca sativa* (Laitue cultivée) et *Scariola* var. *virosa* (L. vireuse) sont les plantes de cette tribu
chez lesquelles ce principe narcotique est le plus développé,
surtout au moment de la floraison ; le suc (lactucarium), que
l'on en obtient par des incisions superficielles, et leur extrait

(thridace), sont des médicaments dont l'action, mais à dose plus forte, a quelque analogie avec celle de l'opium ; le lactucarium et la thridace, dont on a peut-être exagéré l'efficacité dans ces derniers temps, entrent dans un grand nombre de préparations calmantes. Les jeunes rosettes d'un grand nombre de *Chicora-eées*, telles que celles du *Taraxacum Dens-Leonis* (Pissenlit) du *Tragopogon pratense* (Salsifis-des-prés, Barbe-de-bouc), et des *Sonchus* (Laiteron), sont comestibles. — En les étiolant par des procédés particuliers de culture, les *Lactuca sativa* (Laitue, Romaine), *Cichorium Intybus* (Chicorée sauvage, Barbe-de-Capucin), *C. Endivia* (Escarole, Chicorée frisée), deviennent des plantes alimentaires. La racine du *Tragopogon porrifolius* (Salsifis), et celle du *Scorzonera Hispanica* (Scorsonère) sont alimentaires. Le suc des feuilles de la Chicorée sauvage et leur décoction sont fréquemment employés comme stimulant des organes digestifs et donnés comme dépuratif dans les affections chroniques de la peau ; la racine de la Chicorée sauvage peut être substituée aux feuilles, mais ce sont ses usages économiques qui sont le plus connus. Après avoir été torréfiée, elle est fréquemment usitée comme succédané du café, auquel on ne l'associe que trop souvent ; mais son infusion ne rappelle guère celle du café que par la couleur et l'amertume, et elle n'en a ni l'arome caractéristique ni les qualités stimulantes diffusibles.

Un grand nombre de plantes de la famille des *Composées* font l'ornement de nos jardins ; nous avons à citer, entre autres, la Reine-Marguerite (*Aster Chinensis*), le Chrysanthème (*Pyrethrum Sinense*), le Dahlia (*Dahlia variabilis*), l'Œillet et la Rose-d'Inde (*Tagetes patula* et *T. erecta*), le *Coreopsis tinctoria*, plusieurs *Zinnia*, *Aster*, *Solidago*, *Senecio*, *Barkhausia*, le Soleil (*Helianthus annuus*), etc.

1 Capitules à fleurons tubuleux régulièrement 4-5-dentés, au moins ceux du centre (TUBULIFLORES) . . { Capitules à fleurons tous tubuleux. 2 / Capitules à fleurons de deux sortes : ceux du centre tubuleux, ceux de la circonférence ligulés à limbe étalé en dehors, plus rarement dressé ou enroulé . . .31

Capitules à fleurons tous ligulés (LIGULIFLORES) . . .49

2 Capitules à un seul fleuron, disposés en une tête globuleuse sur un réceptacle commun. † ECHINOPS. (10 *bis*).
Capitules pluriflores ou multiflores 3

11 Involucre à folioles extérieures jamais foliacées, entourées
   d'une bordure denticulée-ciliée, ou terminées par un appendice scarieux, plus rarement par une épine pinnati-
   partite ou palmatipartite . . . . . . CENTAUREA. (9).
   Involucre à folioles extérieures foliacées, pinnatilobées à
   lobes épineux. . . . . . . KENTROPHYLLUM. (10).

12 Involucre à folioles extérieures foliacées, ou terminées par
   un appendice lobé à lobes épineux 13
   Involucre à folioles non foliacées, ord. atténuées en épine,
   jamais terminées par un appendice lobé-épineux . . .14

13 Involucre à folioles extérieures foliacées ; akènes à insertion latérale . . . . CARDUNCELLUS. (6).
   Involucre à folioles extérieures terminées par un appendice étalé divisé en lobes épineux ; akènes à insertion
   basilaire . . . . SILYBUM. (5).

14 Aigrette à soies légèrement scabres . . . CARDUUS. (4).
   Aigrette à soies plumeuses. 15

15 Akènes à insertion basilaire ; fleurons purpurins, jaunâtres
   ou blancs . . . . CIRSIUM. (3).
   Akènes à insertion latérale ; fleurons à limbe et à style
   bleus . . . . † CINARA. (2 bis).

16 Involucre à folioles terminées en épine ; aigrette à soies
   soudées en anneau à la base . . . ONOPORDUM. (1).
   Involucre à folioles non terminées en épine ; aigrette nulle
   ou à soies libres. 17

17 Capitules portés sur des tiges chargées d'écailles et paraissant avant les feuilles ; feuilles toutes radicales, réniformes ou suborbiculaires-cordées 18
   Capitules portés sur des tiges feuillées 19

18 Capitules solitaires à l'extrémité des tiges. TUSSILAGO. (38).
   Capitules disposés en une grappe ou en une panicule spiciforme terminale. . . . . PETASITES. (39).

19 Feuilles opposées, divisées en 3-5 segments lancéolés ;
   fleurons rougeâtres . . . . . EUPATORIUM. (37).
   Feuilles alternes ou éparses ; fleurons jaunes ou jaunâtres,
   très rarement blanchâtres ou roses. 20

20 Akènes dépourvus d'aigrette 21
Akènes surmontés d'une aigrette 24

21 Akènes disposés sur un seul rang, renfermés dans les
folioles de l'involucre; plante tomenteuse-blanchâtre, à
feuilles entières . . . . MICROPUS. (22).
Akènes disposés sur plusieurs rangs, libres; plante presque
glabre ou pubescente, plus rarement pubescente-soyeuse,
à feuilles pinnatipartites ou pinnatiséquées. 22

22 Fleurons extérieurs semblables aux intérieurs . . . .
. . . . .PYRETHRUM. (16).
Fleurons extérieurs beaucoup plus étroits que les inté-
rieurs, presque filiformes. 23

23 Akènes anguleux, terminés par un large disque; capitules
disposés en corymbes terminaux très compactes . . .
. . . . .TANACETUM. (20).
Akènes cylindriques, dépourvus d'angles et de côtes, terminés par un disque très étroit; capitules disposés en
grappes ou en épis rapprochés en une panicule terminale.
. . . . ARTEMISIA. (19).

24 Involucre à folioles égales disposées sur un seul rang. .
. . . . .SENECIO. (36).
Involucre à folioles disposées sur plusieurs rangs . . .25

25 Anthères dépourvues d'appendices basilaires; fleurons tous
hermaphrodites, profondément 5-fides; plante glabre. .
. . . . LINOSYRIS. (33).
Anthères pourvues d'appendices basilaires; fleurons 4-5-
dentés, quelquefois un peu fendus, ceux de la circonférence femelles; plante pubescente ou tomenteuse. . .26

26 Fleurons de la circonférence femelles disposés sur un seul
rang, fendus en dedans; plante pubescente-glanduleuse
ou pubescente, jamais blanchâtre. . . . INULA. (29).
Fleurons de la circonférence femelles disposés sur 2 ou
plusieurs rangs, à tube presque capillaire, jamais fendu
en dedans; plante pubescente-blanchâtre ou tomenteuse.27

27 Plante dioïque; aigrette des fleurons mâles à soies très
épaissies dans leur partie supérieure; fleurons roses ou
blanchâtres . . . . ANTENNARIA. (27).
Plante jamais dioïque; aigrette à soies capillaires; fleurons jaunes ou d'un blanc jaunâtre. 28

17

36 Akènes dépourvus d'aigrette de soies capillaires. . . .37
Akènes pourvus d'une aigrette de soies capillaires . . 41

37 Fleurons de couleurs différentes : les tubuleux jaunes, les
ligulés blancs ou rosés 38
Fleurons tubuleux et fleurons ligulés jaunes 40

38 Akènes obovales-comprimés, entourés d'une bordure saillante obtuse ; plante subacaule . . . .BELLIS. (18).
Akènes subtétragones ou presque cylindriques ; plante caulescente. 39

39 Feuilles 2-3 fois pinnatiséquées, à segments linéaires ;
akènes présentant 3-5 côtes sur leur moitié interne, dépourvus de côtes en dehors. . . .MATRICARIA. (15).
Feuilles indivises crénelées ou incisées, ou pinnatiséquées
à segments jamais linéaires ; akènes présentant des côtes
dans toute leur circonférence . . . PYRETHRUM. (16).

40 Akènes ne présentant pas de pointes épineuses, ceux de
la circonférence ailés, ceux du centre subcylindriques à
10 côtes . . . . CHRYSANTHEMUM. (17).
Akènes courbés en faux ou en anneau, les extérieurs à dos
chargé de pointes épineuses. . . .CALENDULA. (21).

41 Akènes comprimés ; fleurons de la circonférence bleus,
d'un rose violet ou d'un blanc jaunâtre. 42
Akènes cylindriques ou tétragones ; fleurons tous jaunes .43

42 Fleurons ligulés à limbe linéaire très étroit, disposés sur
plusieurs rangs ; aigrette à soies disposées sur un seul
rang . . . . ERIGERON. (31).
Fleurons ligulés à limbe oblong-linéaire, disposés sur un
seul rang ; aigrette à soies disposées sur plusieurs rangs.
. . . . ASTER. (32).

43 Fleurons femelles étroitement ligulés, disposés sur plusieurs rangs ; capitule solitaire à l'extrémité d'une tige
chargée d'écailles colorées, paraissant avant les feuilles.
. . . . TUSSILAGO. (38).
Fleurons femelles disposés sur un seul rang ; capitules
portés sur des tiges feuillées. 44

62 Capitules à 5 fleurons disposés sur un seul rang ; involucre
    ord. à 5 folioles presque égales . . PHŒNOPUS. (53).
    Capitule pluriflore ou multiflore, à fleurons disposés sur
    plusieurs rangs ; involucre à folioles plus ou moins nom-
    breuses. 63

63 Akènes couronnés par 5 dents squamiformes entre lesquelles
    s'élève le bec. . . . . . . CHONDRILLA. (52).
    Akènes ne présentant pas de dents squamiformes au som-
    met. 64

64 Akènes comprimés, brusquement terminés en un bec pres-
    que capillaire ; aigrette à soies disposées sur un seul rang.
    . . . . LACTUCA. (54).
    Akènes presque cylindriques, atténués, au moins ceux du
    centre, en un bec plus ou moins allongé ; aigrette à
    soies disposées sur plusieurs rangs. BARKHAUSIA. (56).

65 Aigrette d'un blanc sale ou roussâtre à la maturité, à soies
    très fragiles disposées sur un seul rang. HIERACIUM. (58).
    Aigrette d'un beau blanc, à soies fines non fragiles dis-
    posées sur plusieurs rangs. 66

66 Akènes comprimés, tronqués ; aigrette à soies très fines,
    soudées par fascicules à la base. . . .SONCHUS. (55).
    Akènes presque cylindriques, un peu atténués dans leur
    partie supérieure ; aigrette à soies libres. CREPIS. (57).

SOUS-FAMILLE I. **TUBULIFLORES**. — Capitules
à *fleurons tubuleux* régulièrement 4-5-dentés, *au moins
ceux du centre.*

TRIBU I. **Cinarocephaleæ**. — *Fleurons tous tubuleux*, hermaphrodites, plus rarement ceux de la circonférence stériles, quelquefois tous unisexuels par avortement. — *Style renflé en nœud* au-dessous des branches,
ord. muni de poils au niveau du renflement. — Réceptacle
souvent épais–charnu, muni de paillettes divisées en
soies plus ou moins longues, très rarement dépourvu de
paillettes et alors profondément alvéolé.

Plantes souvent épineuses. Feuilles alternes. Fleurons ord. profondément 5-fides, purpurins, roses, violets, bleus, plus rarement blancs, quelquefois jaunes, tous égaux, ou ceux de la circonférence stériles tubuleux-infundibuliformes plus grands et rayonnants.

Sous-tribu I. — *Aigrette caduque se détachant d'une seule pièce*, composée de longues *soies* lisses, scabres ou plumeuses, *soudées en anneau à la base.*

1. ONOPORDON L. — (Onoporde).

Involucre à folioles imbriquées, atténuées en épine. *Réceptacle dépourvu de soies, profondément alvéolé*, à parois des alvéoles membraneuses sinuées-dentées. Fleurons égaux. Akènes à insertion presque basilaire, subtétragones-comprimés, sillonnés transversalement, surmontés d'une aigrette caduque, à soies scabres, disposées sur plusieurs rangs, soudées en anneau à la base.

> Tige robuste, largement ailée-épineuse; involucre à folioles lancéolées-subulées terminées en épine robuste, les extérieures étalées-réfléchies; fleurons purpurins .
> . . . . . *O. Acanthium* L. (O. à feuilles d'Acanthe).

2. CARLINA Tourn. — (Carline).

Involucre à folioles imbriquées, les extérieures foliacées-épineuses, les *intérieures scarieuses-colorées rayonnantes* beaucoup *plus longues que les fleurons.* Réceptacle hérissé de soies. Fleurons égaux. Akènes à insertion presque basilaire, un peu comprimés, couverts de poils bifurqués apprimés, surmontés d'une *aigrette* caduque, *à soies* longues, plumeuses, disposées sur un seul rang, *se soudant inférieurement par 3-5* avant de se réunir en anneau à la base.

> Tige non ailée ord. rameuse; feuilles sinuées-épineuses; fleurons jaunâtres. . . *C. vulgaris* L. (C. commune).

† CINARA Vaill. — (ARTICHAUT).

Involucre à folioles imbriquées, *atténuées en épine*, ou ob-
tuses émarginées-mucronées. Réceptacle hérissé de soies. Fleurons égaux, à gorge fusiforme-urcéolée, à divisions inégales
dressées-conniventes. *Anthères terminées supérieurement en un
appendice très obtus.* Akènes à insertion large presque latérale,
un peu comprimés, lisses, surmontés d'une *aigrette* caduque un
peu latérale, *à soies* longues, *plumeuses*, disposées sur plusieurs
rangs, soudées en anneau à la base. — Capitules très volumineux,
à fleurons bleus.

Feuilles supérieures pinnatifides ou indivises; involucre à
folioles ord. échancrées au sommet. . . . .
 . . . . † *C. Scolymus* L. (A. commun).
Feuilles, même les supérieures, pinnatipartites; involucre
à folioles atténuées en épine. . . . .
 . . . . † *C. Cardunculus* L. (A. Cardon).

3. CIRSIUM Tourn. — (CIRSE).

Involucre à folioles imbriquées, ord. *atténuées supérieurement*, à pointe ord. épineuse. Réceptacle hérissé de soies.
Fleurons égaux. *Anthères* à lobes dépourvus d'appendices
basilaires, *terminées en un appendice linéaire-subulé.* Akènes
à insertion basilaire, un peu comprimés, lisses, surmontés
d'une *aigrette* caduque, *à soies* longues *plumeuses*, disposées
sur plusieurs rangs, soudées en anneau à la base.

1 Tige ailée-épineuse dans toute la longueur des entre-
    nœuds par la décurrence des feuilles 2
  Tige non ailée, quelquefois presque nulle; feuilles non dé-
    currentes ou à peine décurrentes 3

2 Capitules assez petits; involucre à folioles dressées, ovales-
    lancéolées, à peine épineuses au sommet. . . . .
    . . . .*C. palustre* Scop. (C. des marais).
  Capitules gros; involucre à folioles étalées, lancéolées-
    subulées, terminées par une forte épine . . . . .
    . . . . *C. lanceolatum* Scop. (C. lancéolé).

3 Feuilles à face supérieure couverte d'épines très petites,
couchées ; involucre à folioles élargies en spatule au-
dessous de l'épine terminale. . . . .
. . . . * *C. eriophorum* Scop. (C. laineux).
Feuilles à face supérieure glabre ou velue ; involucre à
folioles non élargies en spatule au sommet, à peine épineuses. 4
4 Capitules à fleurons purpurins ou roses, très rarement
blancs 5
Capitules à fleurons jaunes ou jaunâtres. 8
5 Tige très rameuse supérieurement ; capitules unisexuels
par avortement, ord. groupés au sommet des rameaux .
. . . . *C. arvense* Lmk (C. des champs).
Tige simple ou divisée en 2-3 pédoncules monocéphales
nus très longs, quelquefois presque nulle ; capitules hermaphrodites, ord. solitaires au sommet de la tige et des
rameaux 6
6 Tige presque nulle ou très courte, feuillée dans toute sa
longueur . . . . . . *C. acaule* All. (C. acaule).
Tige de 3-8 décim., nue dans sa moitié supérieure. . . 7
7 Feuilles radicales sinuées un peu pinnatifides à lobes triangulaires ou obscurément bi-trifides ; fibres radicales assez
épaisses souvent un peu renflées . . . .
. . . . . . *C. Anglicum* Lmk (C. d'Angleterre).
Feuilles radicales profondément pinnatifides ou pinnatipartites à lobes bi-quadrifides à divisions lancéolées ;
fibres radicales la plupart épaisses-napiformes . . .
. . . . *C. bulbosum* DC. (C. bulbeux).
8 Capitules entourés de bractées larges ovales décolorées .
. . . . *C. oleraceum* All. (C. maraîcher).
Capitules munis à la base de bractées étroites herbacées . 9
9 Feuilles caulinaires auriculées ord. décurrentes au moins
les inférieures ; capitules rapprochés ou groupés au sommet des rameaux. * *C. hybridum* Koch (C. hybride).
(*C. palustri-oleraceum* Nægeli).
Feuilles caulinaires sessiles ou subsessiles, non décur-
rentes ; capitules ord. solitaires. . . . .
. . . . *C. rigens* Wallr. (C. roide).
(*C. oleraceo-acaule* Hampe).

17.

4. CARDUUS L. — (Chardon).

Involucre à folioles imbriquées, *atténuées en épine*. Réceptacle hérissé de soies. Fleurons égaux. Anthères à lobes dépourvus d'appendice basilaire, terminées en un appendice linéaire-subulé. Akènes à insertion presque basilaire, un peu comprimés, lisses, surmontés d'une *aigrette* caduque, *à soies* longues *plus ou moins scabres*, disposées sur plusieurs rangs, soudées en anneau à la base.

1 Capitules allongés-cylindriques, sessiles au sommet des
 rameaux 2
 Capitules subglobuleux ou ovoïdes, plus ou moins pédonculés 3

2 Tige largement ailée-épineuse; capitules ord. nombreux
 agglomérés au sommet des rameaux . . . . . .
 . . *C. tenuiflorus* Sm. (Chardon à petits capitules).
 Tige étroitement ailée-épineuse, à ailes très interrompues,
 à rameaux allongés et nus supérieurement; capitules solitaires ou rapprochés par 2-3 au sommet des rameaux .
 . . † *C. pycnocephalus* L. (C. à capitules compactes).

3 Involucre à folioles toutes dressées; pédoncules pubescents, chargés de décurrences épineuses, rarement nus
 au sommet. . . . . . . *C. crispus* L. (C. crépu).
 Involucre à folioles extérieures réfractées à leur partie
 moyenne, rarement dressées; pédoncules tomenteux, ord.
 presque nus 4

4 . . . . *C. nutans* L. (C. penché).
 Involucre à folioles extérieures ord. réfractées à leur partie
 moyenne, terminées par une épine très forte . . . .
 . . . . var. *vulgaris* (*var.* commune).
 Tige souvent simple; involucre à folioles extérieures souvent dressées, terminées par une épine assez faible . .
 . . . . var. *simplex* (*var.* simple).
 Tige rameuse; involucre à folioles extérieures dressées
 ou à peine étalées, terminées par une épine assez faible .
 . . . . ๖ var. *acanthoides* (*var.* à feuilles d'Acanthe).
 (*C. acanthoides* L.)

5. SILYBUM Vaill. — (SILYBE).

Involucre à folioles imbriquées, celles *des rangs extérieurs terminées par un appendice lobé à lobes épineux.* Réceptacle hérissé de soies. Fleurons égaux. *Étamines à filets pubescents-papilleux* soudés en tube. Akènes à insertion large basilaire, un peu comprimés, lisses, surmontés d'une aigrette caduque, à soies longues, fortement scabres, disposées sur plusieurs rangs, soudées en anneau à la base.

Tige non ailée ; feuilles ord. très amples, sinuées ou sinuées-pinnatifides, marbrées de blanc . . . .
. . . . ∗ *S. Marianum* Gœrtn. (S. de Marie).

6. CARDUNCELLUS DC. — (CARDONCELLE).

Involucre à folioles imbriquées, les *extérieures foliacées* quelquefois pinnatifides, les intérieures oblongues apprimées terminées par un appendice scarieux lacéré. Réceptacle hérissé de soies. Étamines à filets pubescents-papilleux, cohérents par l'intermédiaire des poils. Akènes à insertion basilaire, un peu comprimés, lisses, surmontés d'une aigrette caduque, à soies longues fortement scabres, disposées sur plusieurs rangs, soudées en anneau à la base.

Plante vivace, ord. acaule ; feuilles ord. pinnatifides ou pinnatipartites ; capitule solitaire terminal, à folioles de l'involucre non épineuses ; fleurons bleus. . . . . .
. . . . ∗ *C. mitissimus* DC. (C. mou).

SOUS-TRIBU II. — *Aigrette persistante, ou à soies se détachant isolément, rarement nulle ; soies* lisses ou scabres, jamais plumeuses, très rarement paléiformes, *libres, très rarement soudées en une couronne laciniée.*

7. LAPPA Tourn. — (BARDANE).

Involucre à folioles imbriquées, celles *des rangs extérieurs* linéaires-subulées *à pointe recourbée en crochet,* les intérieures lancéolées droites ou à peine recourbées. Réceptacle hérissé de soies. Fleurons égaux. Anthères à lobes prolongés inférieurement en appendices subulés. *Akènes à insertion presque basilaire*, comprimés, ridés transversalement, surmontés d'une aigrette à soies courtes, scabres, disposées sur plusieurs rangs, libres jusqu'à la base, caduques isolément.

> Tige non ailée, très rameuse ; feuilles ord. très amples, entières ou sinuées, non épineuses, les radicales cordées à la base . . . . *L. communis* Spach (B. commune). Involucre glabre, à folioles, au moins les intérieures, colorées en violet purpurin. var. *minor* (*var.* à petits capitules).
> (*L. minor* DC.).
> Involucre glabre, à folioles vertes même les intérieures.
> . . . . . . * var. *major* (*var.* à gros capitules).
> (*L. major* DC.).
> Involucre chargé d'une pubescence aranécuse . . . .
> . . . . var. *tomentosa* (*var.* à capitules tomenteux).
> (*L. tomentosa* Lmk).

8. SERRATULA L. — (Sarrette).

Involucre à folioles imbriquées, les *extérieures aiguës* non épineuses, les intérieures plus ou moins membraneuses-scarieuses au sommet. Réceptacle hérissé de soies. *Fleurons égaux. Akènes à insertion latérale*, un peu comprimés, presque lisses, surmontés d'une *aigrette à soies* scabres, disposées sur plusieurs rangs, libres jusqu'à la base, caduques isolément, inégales, les *extérieures plus courtes.*

> Feuilles pinnatipartites ou indivises, finement dentées ; capitules unisexuels-dioïques par avortement . . . .
> . . . . *S. tinctoria* L. (S. des teinturiers).

9. CENTAUREA L. — (Centaurée).

Involucre à folioles imbriquées, *entourées d'une bordure denticulée-ciliée, ou terminées par un appendice scarieux* lacinié ou denticulé-cilié, *plus rarement par une épine.* Réceptacle hérissé de soies. *Fleurons de la circonférence stériles, infundibuliformes, rayonnants*, plus grands que ceux du centre, très rarement hermaphrodites, semblables à ceux du centre. *Akènes à insertion* obliquement *latérale*, comprimés, glabres ou pubescents, dépourvus d'aigrette, plus ord. surmontés d'une *aigrette courte*, persistante, *composée de soies inégales* scabres ord. disposées sur plusieurs rangs, les soies *les plus intérieures plus courtes* connivantes.

1 Folioles de l'involucre épineuses 2
 Folioles de l'involucre non épineuses, entourées d'une bordure ciliée ou terminées par un appendice scarieux lacinié ou cilié 3
2 Fleurons purpurins, accidentellement blancs ; feuilles caulinaires non décurrentes . . . .
 . . . . . . C. *Calcitrapa* L. (C. Chausse-trape).
 Fleurons jaunes ; feuilles caulinaires décurrentes dans toute la longueur des entre-nœuds. . . . . . .
 . . . . . † C. *solstitialis* L. (C. du solstice).
3 Feuilles caulinaires linéaires-allongées ; fleurons ord. bleus . . . . C. *Cyanus* L. (C. Bluet).
 Feuilles caulinaires lancéolées, indivises, pinnatifides ou pinnatiséquées ; fleurons jamais bleus. 4
4 Feuilles toutes pinnatipartites ; folioles de l'involucre entourées dans leur partie supérieure d'une bordure ciliée.
 . . . . C. *Scabiosa* L. (C. Scabieuse).
 Feuilles inférieures indivises ou sinuées, plus rarement pinnatifides ; folioles de l'involucre brusquement terminées par un appendice scarieux lacéré ou cilié 5
5 . . . . C. *Jacea* L. emend. (C. Jacée).
 Folioles de l'involucre à appendice suborbiculaire ou ovale, irrégulièrement incisé ou presque entier ; fleurons de la circonférence stériles, plus grands et rayonnants .
 . . . . var. *Jacea* (var. Jacée).
 Folioles les plus extérieures de l'involucre à appendice pectiné-cilié, les moyennes et les intérieures à appendice suborbiculaire ou ovale irrégulièrement incisé ; fleurons de la circonférence stériles plus grands et rayonnants, rarement hermaphrodites et ne dépassant pas ceux du centre.
 . . . . . . var. *intermedia* (var. intermédiaire).
 (*C. decipiens* Thuill.; *C. nigrescens* Gren. et Godr.).
 Folioles de l'involucre la plupart à appendice ovale ou lancéolé, pectiné-cilié ; cils ord. une fois plus longs que la largeur de l'appendice ; fleurons tous égaux hermaphrodites, rarement ceux de la circonférence stériles et rayonnants . . . . var. *nigra* (var. noire).
 (*C. nigra* L.).

10. KENTROPHYLLUM Neck. — (CENTROPHYLLE).

Involucre à folioles imbriquées, les *extérieures foliacées, pinnatilobées, à lobes épineux*, les intérieures lancéolées atténuées en une pointe épineuse. Réceptacle hérissé de soies. Fleurons tous égaux hermaphrodites, ou ceux de la circonférence plus grands neutres. *Akènes à insertion latérale*, obovales-subtétragones, un peu ridés, *à sommet présentant un rebord irrégulièrement denté;* ceux de la circonférence dépourvus d'aigrette, ou à aigrette réduite à quelques soies; ceux du centre surmontés d'une aigrette courte, persistante, composée de soies paléiformes ciliées, libres, disposées sur plusieurs rangs, les soies les plus intérieures très courtes conniventes.

Tige rameuse, non ailée; feuilles pinnatifides ou pinnatipartites à lobes épineux; capitules assez gros, à fleurons jaunes . . . . . . * *K. lanatum* DC. (C. laineux).
(*Carthamus lanatus* L.).

† ECHINOPS L. — (ÉCHINOPS).

Capitules uniflores, disposés sur un réceptacle commun *en une tête globuleuse.* Involucre oblong-anguleux, à folioles imbriquées, les intérieures linéaires aiguës, les extérieures plus courtes sétiformes. Akènes subcylindriques, velus, surmontés d'une aigrette très courte formée de poils fimbriés plus ou moins longuement soudés en couronne.

Plante vivace, à tige non ailée; feuilles pinnatifides ou sinuées à lobes épineux; capitules en têtes volumineuses; involucre à folioles d'un blanc bleuâtre pubescentes-glanduleuses; poils de l'aigrette soudés presque jusqu'au sommet . . † *E. sphærocephalus* L. (É. à tête ronde).

TRIBU II. Corymbiferæ. — *Fleurons du centre tubuleux*, hermaphrodites, *ceux de la circonférence ligulés*, femelles, quelquefois stériles, disposés sur un ou plusieurs rangs; *ou fleurons tous tubuleux*, hermaphrodites, rarement unisexuels. *Style non renflé en nœud.*

Plantes très rarement épineuses. Feuilles alternes, très rarement opposées. Fleurons de la circonférence ligulés, rayonnants, plus rarement dressés ou enroulés en dehors, blancs, bleus, violets, purpurins ou rosés, ou de la même couleur que ceux du centre qui sont ordinairement jaunes ; plus rarement tous tubuleux et alors ord. jaunes.

SOUS-TRIBU I. — *Réceptacle muni de paillettes dans toute son étendue. Akènes dépourvus d'aigrette* de soies capillaires, *quelquefois surmontés par 2-5 arêtes épineuses ou paléiformes.* Anthères dépourvues d'appendices basilaires.

11. BIDENS L. — (BIDENT).

Involucre à folioles disposées sur 2-3 rangs ; les extérieures foliacées, inégales, étalées, ord. plus longues que le capitule ; les intérieures membraneuses égales, dressées. Réceptacle un peu convexe, muni de paillettes. Fleurons tous tubuleux, hermaphrodites, plus rarement ceux de la circonférence ligulés neutres. *Akènes* oblongs, comprimés, présentant sur chaque face une côte plus ou moins saillante, à bords scabres-épineux, *surmontés par 2-5 arêtes subulées épineuses, ciliées-scabres* à cils dirigés de haut en bas. — Feuilles ord. opposées. *Fleurons tous jaunes.*

Akènes à 2-3 arêtes ; feuilles ord. tripartites ou triséquées.
. . . . B. *tripartita* L. (B. tripartit).
Akènes à 4-5 arêtes ; feuilles jamais tripartites ou triséquées . . . . . . * B. *cernua* L. (B. penché).

† HELIANTHUS L. — (HÉLIANTHE).

Involucre à folioles imbriquées, les extérieures foliacées. Réceptacle plan, à paillettes semi-embrassantes. Fleurons de la circonférence ligulés, femelles ; ceux du centre tubuleux, hermaphrodites. *Akènes* subtétragones, un peu comprimés, *surmontés par 2-4 écailles caduques.* — *Fleurons ligulés et fleurons tubuleux jaunes.*

Plante annuelle, à tige solitaire; capitules très volumineux, penchés; folioles de l'involucre ovales-acuminées.
. . . . † *H. annuus* L. (H. annuel).
Plante vivace, à tiges nombreuses, à souche portant des
tubercules volumineux; capitules de grandeur moyenne,
dressés; folioles de l'involucre lancéolées-linéaires . .
. . . . . . † *H. tuberosus* L. (H. tubéreux).

12. ACHILLEA L. — (ACHILLÉE).

Involucre à folioles imbriquées. Réceptacle presque plan,
muni de paillettes. *Fleurons* de la circonférence *ligulés, à
limbe suborbiculaire*, femelles, fertiles; fleurons du centre
tubuleux, hermaphrodites. *Akènes* comprimés, oblongs-
obovales, entourés d'une bordure filiforme, *dépourvus de
côtes sur les deux faces*, dépourvus de rebord au sommet.
— *Fleurons ligulés et fleurons tubuleux de même couleur*,
blancs ou roses.

Feuilles bipinnatiséquées, à segments linéaires. . . .
. . . . . . *A. Millefolium* L. (A. Millefeuille).
Feuilles indivises finement dentées . . . . . .
. . . . . . *A. Ptarmica* L. (A. sternutatoire).

13. ORMENIS J. Gay. — (ORMÉNIDE).

Involucre à folioles imbriquées sur deux ou plusieurs
rangs. Réceptacle cylindrique ou oblong-conique, muni de
paillettes qui se soudent quelquefois à leurs bords pour
renfermer les akènes. Fleurons de la circonférence ligulés,
à limbe oblong, femelles, fertiles ou stériles; *fleurons du
centre* tubuleux, hermaphrodites, *à tube prolongé au-dessous du sommet de l'akène en une couronne complète ou en
une coiffe unilatérale*. Akènes presque cylindriques, dépourvus de rebord au sommet, couverts supérieurement par le
prolongement du tube de la corolle avant sa chute, quelquefois complétement renfermés dans les paillettes qui se
détachent avec eux du réceptacle. — Feuilles une ou deux
fois pinnatiséquées à segments linéaires. *Fleurons ligulés
blancs; fleurons tubuleux jaunes.*

Fleurons ligulés blancs, fertiles ; souche vivace, traçante.
. . . . O. nobilis J. Gay (O. noble).
(Anthemis nobilis L.).
Fleurons ligulés blancs marqués de jaune à la base, stériles ;
racine annuelle, pivotante. ＊ O. mixta DC. (O. mixte).
(Anthemis mixta L.).

14. ANTHEMIS L. — (ANTHÉMIDE).

Involucre à folioles imbriquées. Réceptacle oblong,
conique ou très convexe, muni de paillettes. *Fleurons* de
la circonférence *ligulés, à limbe oblong*, femelles fertiles,
plus rarement neutres ; *fleurons du centre* tubuleux, hermaphrodites, *à tube non prolongé sur l'akène.* Akènes
presque cylindriques, rarement tétragones, présentant des
côtes dans toute leur circonférence, pourvus ou non de
rebord au sommet. — Feuilles bipinnatiséquées à segments linéaires. *Fleurons ligulés blancs ; fleurons tubuleux*
jaunes.

Paillettes oblongues-linéaires, brusquement cuspidées. .
. . . . A. arvensis L. (A. des champs).
Paillettes linéaires étroites, subulées dès la base . . .
. . . . A. Cotula L. (A. Cotule).

SOUS-TRIBU II. — *Réceptacle dépourvu de paillettes. Akènes*
dépourvus d'aigrette de soies capillaires. Anthères dépourvues, plus rarement pourvues d'appendices basilaires.

§ 1. — *Anthères dépourvues d'appendices basilaires.*

15. MATRICARIA L. — (MATRICAIRE).

Involucre à folioles imbriquées. Réceptacle conique à la
maturité, dépourvu de paillettes. *Fleurons de la circonfé-*
rence ligulés, à limbe oblong, femelles ; fleurons du centre
tubuleux, hermaphrodites. *Akènes tous de même forme,*
subcylindriques, jamais munis d'ailes latérales, *présentant*
3-5 côtes sur leur moitié interne, dépourvus de côtes en

dehors, surmontés d'un rebord ou d'une couronne membraneuse ord. très courte. — Feuilles bi-tripinnatiséquées,
à segments linéaires. *Fleurons ligulés blancs; fleurons tubuleux jaunes.*

Capitules très odorants; réceptacle creux, ovoïde-conique
  aigu; akènes à disque épigyne très oblique, ne présentant pas de points glanduleux au-dessous du sommet. .
  . . . . . .   M. *Chamomilla* L. (M. Camomille).
                    (*Pyrethrum Chamomilla* Fl. Par. éd. 1),
Capitules presque inodores; réceptacle plein, conique-hé-
  misphérique; akènes à disque épigyne terminal, présentant en dehors, au-dessous du sommet, deux points glanduleux. . . . . . .   M. *inodora* L. (M. inodore).
                    (*Pyrethrum inodorum* Sm.; Fl. Par. éd. 1).

16. PYRETHRUM Gœrtn. — (PYRÈTHRE).

Involucre à folioles imbriquées. Réceptacle hémisphérique, ou plus ou moins convexe, dépourvu de paillettes.
Fleurons de la circonférence ligulés à limbe oblong, femelles
fleurons du centre tubuleux, hermaphrodites. *Akènes tous*
de même forme, subtétragones ou subcylindriques, jamais
munis d'ailes latérales, *présentant des côtes dans toute leur*
circonférence, surmontés d'un rebord ou d'une couronne
membraneuse, ou complétement dépourvus de rebord. —
Feuilles pinnatiséquées à segments oblongs pinnatifides ou
pinnatipartits, ou indivises crénelées ou incisées. *Fleurons*
ligulés blancs; fleurons tubuleux jaunes.

1 Feuilles, au moins les inférieures, obovales ou oblongues,
  crénelées, dentées ou incisées; involucre un peu convexe .*P. Leucanthemum* Fl. Par. éd. 1 (P. Leucanthème).
                    (*Chrysanthemum Leucanthemum* L.).
  Feuilles pinnatiséquées, à segments incisés ou pinnatipartits; involucre convexe-hémisphérique. 2
2 Feuilles à 3-7 paires de segments obtus, toutes pétiolées.
  . . . . . .   † P. *Parthenium* Sm. (P. Matricaire).
                    (*Matricaria Parthenium* L.).
  Feuilles à 8-15 paires de segments aigus, les supérieures
  sessiles   . † P. *corymbosum* Willd. (P. en corymbe).
                    (*Chrysanthemum corymbosum* L.).

17. CHRYSANTHEMUM DC. — (Chrysanthème).

Involucre à folioles imbriquées. Réceptacle un peu convexe, dépourvu de paillettes. *Fleurons de la circonférence ligulés*, femelles ; fleurons du centre tubuleux, hermaphrodites. *Akènes de deux formes : ceux de la circonférence pourvus de deux ailes latérales, ou triquètres-ailés ;* ceux du centre subcylindriques, à 10 côtes égales, ou pourvus en dedans d'une aile étroite, dépourvus de rebord au sommet. — *Fleurons ligulés et fleurons tubuleux jaunes.*

Plante annuelle ; feuilles lâchement et profondément dentées ord. trifides au sommet, plus rarement pinnatipartites . . . . . , *C. segetum* L. (C. des moissons).

18. BELLIS L. — (Pâquerette).

Involucre à folioles égales, disposées sur 2 rangs. Réceptacle conique allongé, dépourvu de paillettes. *Fleurons de la circonférence ligulés*, femelles, fertiles ; fleurons du centre tubuleux, hermaphrodites. *Akènes obovales-comprimés, entourés d'une bordure saillante obtuse,* dépourvus de couronne membraneuse. — Plante subacaule. *Fleurons ligulés blancs ou rosés ;* fleurons tubuleux jaunes.

Plante vivace, subacaule, à pédoncules dépassant longuement les feuilles . . . . *B. perennis* L. (P. vivace).

19. ARTEMISIA L. — (Armoise).

Involucre ovoïde ou subglobuleux, à folioles imbriquées. Réceptacle convexe ou presque plan, dépourvu de paillettes, glabre, plus rarement hérissé. *Fleurons tous tubuleux :* ceux de la circonférence presque filiformes, ord. femelles ; ceux du centre hermaphrodites, quelquefois stériles. *Akènes cylindriques obovales, dépourvus d'angles et de côtes, terminés par un disque très étroit* non entouré d'un rebord membraneux. — *Feuilles pinnatipartites ou pinnatiséquées. Fleurons jaunes.*

1 Involucre glabre-luisant ; feuilles divisées en segments linéaires très étroits. *A. campestris* L. (A. champêtre).
Involucre tomenteux; feuilles à segments jamais linéaires
très étroits.   2
2 Feuilles adultes glabres en dessus ; réceptacle glabre . .
. . . . *A. vulgaris* L. (A. commune).
Feuilles adultes soyeuses sur les deux faces ; réceptacle
hérissé de poils   . . † *A. Absinthium* L. (A. Absinthe).

20. TANACETUM L. — (TANAISIE).

Involucre hémisphérique, à folioles imbriquées. Réceptacle convexe, dépourvu de paillettes, glabre. *Fleurons
tous tubuleux :* ceux de la circonférence presque filiformes,
ord. femelles; ceux du centre hermaphrodites, souvent
stériles. *Akènes anguleux,* obconiques, *terminés par un
disque qui égale presque la largeur de leur sommet,* ord.
surmontés d'un rebord membraneux, court.

Plante vivace, très odorante; feuilles pinnatiséquées à rachis ord. ailé-lobé ; capitules disposés en corymbes très
rameux, compactes . . *T. vulgare* L. (T. commune).

§ 2. — *Anthères pourvues d'appendices basilaires.*

21. CALENDULA L. — (SOUCI).

Involucre à folioles égales, disposées sur deux rangs.
Réceptacle presque plan, dépourvu de paillettes. *Fleurons
de la circonférence ligulés,* femelles, fertiles ; fleurons du
centre tubuleux, hermaphrodites, la plupart stériles. *Style
des fleurs hermaphrodites un peu renflé en nœud supérieurement. Akènes très irréguliers, falciformes* linéaires, *ou courbés en anneau et concaves en nacelle* par la dilatation membraneuse de leurs bords, les extérieurs au moins à dos
chargé de pointes épineuses. — Fleurons jaunes.

Capitules assez petits ; akènes extérieurs linéaires-falci-
formes se terminant en un long appendice droit . . .
. . . . *C. arvensis* L. (S. des champs).
Capitules amples ; akènes, même les extérieurs, ord. brièvement apiculés, courbés en anneau et concaves en nacelle . . . .† *C. officinalis* L. (S. officinal).

22. MICROPUS L. — (MICROPE).

Involucre tomenteux, à folioles disposées sur 2 rangs, les folioles du rang intérieur enveloppant les fleurons fertiles. Réceptacle filiforme, court, à sommet aplani, dépourvu de paillettes. *Fleurons tous tubuleux :* ceux du rang le plus extérieur au nombre de 5-7, femelles, fertiles, à tube capillaire, enveloppés par les folioles intérieures de l'involucre; les fleurons placés au centre du réceptacle au nombre de 5-7, stériles, mâles. *Akènes* comprimés, dépourvus de côtes, *renfermés dans les folioles de l'involucre* et caducs avec elles, ne présentant pas de rebord au sommet. — Fleurons peu apparents, d'un blanc jaunâtre.

Plante annuelle, tomenteuse-blanchâtre ; feuilles entières ; folioles de l'involucre renfermant les akènes ne présentant pas de pointes épineuses. ⁎ *M. erectus* L. (M. dressé).

Sous-tribu III. — *Réceptacle dépourvu de paillettes, ou muni de paillettes seulement à la circonférence. Akènes tous ou la plupart surmontés d'une aigrette de soies capillaires.* Anthères pourvues ou dépourvues d'appendices basilaires.

§ 1. — *Anthères pourvues d'appendices basilaires.*

23. FILAGO Tourn. ex parte. — (COTONNIÈRE).

Involucre plus ou moins tomenteux, à folioles conniventes, disposées sur trois ou plusieurs rangs, celles des rangs intérieurs passant à l'état de paillettes. *Réceptacle* presque filiforme à peine renflé supérieurement, ou peu saillant à sommet aplani, *muni de paillettes à sa circonférence*, nu au centre. *Fleurons tous tubuleux : les extérieurs femelles, disposés sur deux ou plusieurs rangs, à tube capillaire, placés à l'aisselle des folioles de l'involucre;* les fleurons du centre peu nombreux, hermaphrodites, fertiles, ou stériles par avortement. *Akènes tous libres,* presque cylin-

driques, dépourvus de côtes, parsemés de papilles transparentes, surmontés d'une aigrette à soies disposées sur
plusieurs rangs, les extérieurs dépourvus d'aigrette ou à
soies disposées sur un seul rang. — *Plantes tomenteuses-
blanchâtres.* Fleurons peu apparents, d'un blanc jaunâtre.

1 Capitules sessiles, disposés par 8-25 en glomérules compactes subglobuleux ; folioles de l'involucre cuspidées . 2
  Capitules subsessiles ou brièvement pédonculés, disposés
   par 3-7 en fascicules, plus rarement subsolitaires ; folioles de l'involucre non cuspidées 3

2 Glomérules munis d'un involucre de 3-4 feuilles qui dépasse les capitules ; capitules à 5 angles aigus très saillants séparés par des sinus profonds . . . . . .
   . . . . *F. spathulata* Presl (C. spatulée).
                 (*F. Jussiœi* Fl. Par. éd. 1).
  Glomérules dépourvus d'involucre foliacé, ou munis d'un
   involucre de 1-2 feuilles très courtes ; capitules à 5 angles à peine marqués. *F. Germanica* L. (C. d'Allemagne).

3 Capitules à 5 angles saillants obtus ; involucre couvert
   d'un tomentum soyeux, à partie supérieure glabre, scarieuse, jaunâtre. *F. montana* L. (C. des lieux montueux).
  Capitules à 8 côtes peu prononcées ; involucre mollement
   laineux-tomenteux presque jusqu'au sommet . . . .
   . . . . *F. arvensis* L. (C. des champs).

24. LOGFIA Cass. emend. — (LOGFIE).

Involucre tomenteux-soyeux, à folioles conniventes, disposées sur 3 rangs, celles du rang intérieur passant à l'état
de paillettes. *Réceptacle* court, à sommet aplani, *muni de
paillettes à sa circonférence*, nu au centre. *Fleurons tous
tubuleux : les extérieurs femelles disposés sur 2 rangs*, à
tube capillaire embrassant étroitement le style, *les fleurons
du rang le plus extérieur enveloppés par les folioles* moyennes
de l'involucre, les fleurons du second rang placés à l'aisselle
des folioles intérieures ; les fleurons placés au centre du
réceptacle peu nombreux, hermaphrodites, ou mâles par
avortement. *Akènes* presque cylindriques, dépourvus de

côtes; ceux *du rang le plus extérieur renfermés dans les folioles de l'involucre* et ne se détachant qu'avec elles, dépourvus de papilles, à aigrette nulle; les akènes libres parsemés de papilles transparentes, surmontés d'une aigrette caduque à soies scabres, disposées sur plusieurs rangs. — Plante tomenteuse-blanchâtre. *Fleurons* peu apparents, *d'un blanc jaunâtre*.

Feuilles linéaires-subulées; capitules en glomérules lon-
guement dépassés par les feuilles; folioles de l'involucre non cuspidées. . . . .
. . . . *L. Gallica* Coss. et G. de S*t*.-P. (L. de France).
(*Filago Gallica* L.; *L. subulata* Cass.).

25. GNAPHALIUM L.—(GNAPHALE).

Involucre à folioles imbriquées, *scarieuses*-colorées glabres. Réceptacle convexe ou presque plan, dépourvu de pail-lettes. *Fleurons tous tubuleux : les extérieurs femelles, dis-posés sur plusieurs rangs, à tube capillaire* embrassant étroitement le style, *jamais entremêlés aux folioles de l'invo-lucre;* les fleurons du centre hermaphrodites fertiles. Akènes presque cylindriques, dépourvus de côtes, ord. parsemés de papilles transparentes, tous surmontés d'une *aigrette à soies* capillaires, *libres entre elles*, se détachant isolément à la maturité. — *Plantes tomenteuses-blanchâtres.* Capitules rapprochés en glomérules, disposés en corymbes. *Fleurons jaunes.*

Feuilles atténuées à la base; capitules disposés en glomé-
rules entourés et entremêlés de feuilles qui les dépassent.
. . . . *G. uliginosum* L. (G. des lieux humides).
Feuilles caulinaires semi-amplexicaules; capitules disposés en glomérules non feuillés. . . . .
. . . . *G. luteo-album* L. (G. jaunâtre).

26. GAMOCHÆTA Wedd. — (GAMOCHÈTE).

Involucre à folioles imbriquées, *scarieuses*-colorées glabres. Réceptacle presque plan, dépourvu de paillettes. *Fleurons tous tubuleux : les extérieurs femelles, disposés sur plusieurs rangs, à tube capillaire, jamais entremêlés aux folioles de l'involucre;* les fleurons du centre hermaphrodites fertiles. Akènes presque cylindriques, dépourvus de côtes, ord. parsemés de papilles transparentes, tous surmontés d'une *aigrette à soies capillaires, soudées en anneau à la base* et ne se détachant pas isolément à la maturité. — *Plante tomenteuse-blanchâtre. Capitules* rapprochés en fascicules *disposés en une panicule spiciforme* effilée et feuillée. Fleurons jaunes.

Plante vivace, à tige roide. . . . .
. . . . *G. sylvatica* Wedd. (G. des bois).
(*Gnaphalium sylvaticum* L.; Fl. Par. éd. 1).

27. ANTENNARIA R. Br. — (ANTENNAIRE).

Plante dioïque. Involucre à folioles imbriquées, tomenteuses à la base, *scarieuses* colorées. Réceptacle presque plan, dépourvu de paillettes. *Fleurons du capitule mâle tous tubuleux, à aigrette à soies très épaissies dans leur partie supérieure. Fleurons du capitule femelle* tous tubuleux *à tube capillaire.* Akènes presque cylindriques, dépourvus de côtes, surmontés d'une *aigrette à soies* capillaires, *soudées en anneau à la base* et ne se détachant pas isolément à la maturité. — *Plante tomenteuse-blanchâtre. Fleurons blanchâtres ou roses.*

Plante vivace; capitules disposés en corymbe terminal; involucre des capitules mâles ord. blanc, celui des capitules femelles ord. d'un beau rose . . . . . .
. . . . * *A. dioica* Gærtn. (A. dioïque).·
(*Gnaphalium dioicum* L.).

28. PULICARIA Gærtn. — (PULICAIRE).

Involucre à folioles imbriquées. Réceptacle presque plan, dépourvu de paillettes. *Fleurons de la circonférence* femelles, *ligulés,* disposés sur un seul rang, à limbe dépassant longuement ou dépassant peu les fleurons du centre; fleurons du centre hermaphrodites , tubuleux. Akènes presque cylindriques un peu comprimés, pubérulents, striés, surmontés d'une aigrette; *aigrette à* soies disposées sur deux rangs, les *soies extérieures* très courtes *soudées en une couronne dentée ou laciniée*, les intérieures un peu scabres capillaires au nombre de 5-20. — Fleurons jaunes.

Plante annuelle; fleurons de la circonférence à limbe dressé, dépassant à peine les fleurons du centre . .   .
. . . . *P. vulgaris* Gærtn. (P. commune).
(*Inula Pulicaria* L.).
Plante vivace; fleurons de la circonférence rayonnants, dépassant longuement les fleurons du centre . . . .
. . . . . *P. dysenterica* Gærtn. (P. dysentérique).
(*Inula dysenterica* L.).

29. INULA L. — (INULE).

Involucre à folioles imbriquées. Réceptacle presque plan, dépourvu de paillettes. *Fleurons de la circonférence* femelles, quelquefois stériles par avortement, *ligulés, disposés sur un seul rang*, à limbe dépassant longuement les fleurons du centre, ou tubuleux à peine ligulés ne dépassant pas les fleurons du centre; fleurons du centre tubuleux, hermaphrodites. *Akènes* presque cylindriques ou subtétragones, à 4-40 côtes, surmontés d'une *aigrette à soies capillaires* un peu scabres, *dépourvus de couronne extérieure.* — Fleurons jaunes.

1 Fleurons de la circonférence tubuleux à peine fendus, ne dépassant pas les fleurons du centre 2
Fleurons de la circonférence ligulés, à limbe dépassant très longuement les fleurons du centre. 3
2 Capitules disposés en un corymbe terminal; tige presque simple, pubescente presque tomenteuse. . . . . .
. . . . *I. Conyza* DC. (I. Conyze).
(*Conyza squarrosa* L.).
Capitules disposés en une vaste panicule pyramidale; tige rameuse et florifère presque dès la base, très visqueuse couverte de poils glanduleux. . . . .
. . . . . . * *I. graveolens* Desf. (I. odorante).
(*Erigeron graveolens* L.).

18

3 Involucre à folioles extérieures largement ovales, tomenteuses; plante atteignant 1-2 mètres . . . . . .
. . . . . . * *I. Helenium* L. (I. Aunée).
Involucre à folioles extérieures lancéolées ou linéaires,
glabres ou velues; plante de 2-8 décim. 4

4 Feuilles molles, velues-soyeuses surtout en dessous; involucre à folioles linéaires, velues-soyeuses . . . .
. . . . . . * *I. Britannica* L. (I. Britannique).
Feuilles coriaces, glabres ou hérissées; involucre à folioles lancéolées-linéaires ou lancéolées, ciliées-scabres
ou hispides 5

5 Involucre à folioles longuement hispides; feuilles sessiles à
base arrondie . . . . . * *I. hirta* L. (I. hérissée).
Involucre à folioles brièvement ciliées-scabres; feuilles
semi-amplexicaules. *I. salicina* L. (I. à feuilles de Saule).

§ 2. — *Anthères dépourvues d'appendices basilaires.*

30. SOLIDAGO L. — (SOLIDAGE).

Involucre à folioles imbriquées. Réceptacle presque plan,
dépourvu de paillettes. *Fleurons de la circonférence* femelles,
ligulés, 5-10, *disposés sur un seul rang;* fleurons du centre
hermaphrodites, tubuleux. Akènes cylindriques, striés,
surmontés d'une *aigrette à soies* capillaires, à peine scabres,
disposées sur un seul rang. — *Fleurons jaunes.*

Plante vivace, à tige roide dressée; capitules disposés en
grappes rapprochées en une panicule terminale oblongue
compacte . . . S. *Virga-aurea* L. (S. Verge-d'or).

31. ERIGERON L. — (VERGERETTE).

Involucre à folioles linéaires, *imbriquées* sur plusieurs
rangs. Réceptacle presque plan, dépourvu de paillettes,
un peu alvéolé. *Fleurons de la circonférence* femelles, *disposés sur plusieurs rangs, ligulés* à limbe linéaire très étroit,
ou les plus intérieurs filiformes; fleurons du centre hermaphrodites, tubuleux. *Akènes* oblongs, *comprimés*, surmontés d'une *aigrette à soies* capillaires un peu scabres,

disposées sur un seul rang. — *Fleurons de la circonférence d'un rose violet ou d'un blanc jaunâtre*, ceux du centre jaunâtres.

Plante vivace ; capitules solitaires, plus rarement 2-3 à l'extrémité des rameaux ; fleurons de la circonférence d'un rose violet . . . . *E. acris* L. (V. âcre).

Plante annuelle ; capitules en grappes latérales ord. rameuses ; fleurons de la circonférence d'un blanc jaunâtre . . . . . . *E. Canadensis* L. (V. du Canada).

32. ASTER L. — (Aster).

Involucre à folioles lâchement *imbriquées* sur plusieurs rangs. Réceptacle presque plan, dépourvu de paillettes, alvéolé, à bords des alvéoles dentés. *Fleurons de la circonférence* femelles, *ligulés, disposés sur un seul rang;* ceux du centre hermaphrodites, tubuleux. *Akènes* oblongs ou obovales *comprimés*, surmontés d'une *aigrette à soies capillaires* scabres, *disposées sur plusieurs rangs*. — *Fleurons de la circonférence bleus*, ceux du centre jaunes.

Plante vivace ; feuilles oblongues ou oblongues-lancéolées, pubescentes-rudes ; capitules ord. en corymbe ; involucre à folioles roides oblongues-obtuses . . . .
. . . . * *A. Amellus* L. (A. Amelle).

33. LINOSYRIS DC. — (Linosyris).

Involucre à folioles imbriquées peu nombreuses. Réceptacle un peu convexe, dépourvu de paillettes, profondément alvéolé, à bords des alvéoles charnus dentés. *Fleurons tous hermaphrodites, tubuleux, profondément 5-fides. Akènes* oblongs-*comprimés*, pubescents-soyeux, surmontés d'une *aigrette à soies* capillaires scabres, *disposées sur 2 rangs.* — *Fleurons tous jaunes.*

Plante vivace, à tiges grêles, roides ; feuilles rapprochées, linéaires-étroites ; capitules ord. rapprochés en corymbe terminal. . . . . * *L. vulgaris* DC. (L. commune).
(*Chrysocoma Linosyris* L.).

34. DORONICUM L. — (Doronic).

Involucre à folioles linéaires-acuminées, *presque égales, disposées sur 2 rangs.* Réceptacle un peu convexe, dépourvu de paillettes. *Fleurons de la circonférence* femelles, *ligulés, disposés sur un seul rang,* dépourvus d'aigrette ; les fleurons du centre hermaphrodites, tubuleux. Akènes oblongs-cylindriques, sillonnés, ord. pubescents, ceux des fleurons tubuleux surmontés d'une *aigrette à soies capillaires* assez courtes, ord. étalées, *disposées sur plusieurs rangs, l'aigrette des fleurons de la circonférence nulle ou réduite à 1-3 soies.* — Fleurons tous jaunes.

Feuilles radicales non cordées . . . .
    . . * *D. plantagineum* L. -(D. à feuilles de Plantain).
Feuilles radicales profondément cordées. . . . . . .
    . . . . † *D. Pardalianches* L. (D. Pardalianche).

35. CINERARIA L. — (Cinéraire).

Involucre à folioles égales *disposées sur un seul rang, dépourvu à sa base d'écailles accessoires.* Réceptacle un peu convexe, dépourvu de paillettes. *Fleurons de la circonférence* femelles, *ligulés, disposés sur un seul rang,* munis d'aigrette ; les fleurons du centre hermaphrodites, tubuleux. Akènes presque cylindriques, striés, surmontés d'une *aigrette à soies* capillaires très fines, *disposées sur plusieurs rangs.* — *Fleurons tous jaunes.*

Feuilles caulinaires non embrassantes, les radicales superficiellement crénelées. . . . .
    . . * *C. spathulæfolia* Gmel. (C. à feuilles spatulées).
            (*C. campestris* Fl. Par. éd. 1 non Retz).
Feuilles caulinaires à base large amplexicaule, les radicales et les inférieures plus ou moins profondément pinnatifides ou sinuées-dentées. . . . .
    . . . . * *C. palustris* L. (C. des marais).

36. SENECIO L. — (Seneçon).

Involucre à folioles disposées sur un seul rang, souvent

noirâtres au sommet, *muni à sa base d'écailles accessoires courtes*. Réceptacle un peu convexe ou presque plan, dépourvu de paillettes. *Fleurons de la circonférence* femelles, *ligulés, disposés sur un seul rang*, quelquefois nuls ; les fleurons du centre hermaphrodites, tubuleux. Akènes presque cylindriques, sillonnés, surmontés d'une *aigrette à soies* capillaires très fines, *disposées sur plusieurs rangs*. — Fleurons tous jaunes.

1 Capitules à fleurons ligulés nuls ou courts enroulés en dehors 2
   Capitules à fleurons ligulés étalés-rayonnants 4

2 Fleurons ligulés nuls . . S. *vulgaris* L. (S. commun).
   Fleurons ligulés enroulés en dehors 3

3 Feuilles pubescentes-glanduleuses ; akènes glabres. . .
   . . . . S. *viscosus* L. (S. visqueux).
   Feuilles non glanduleuses ; akènes pubescents . . . .
   . . . . S. *sylvaticus* L. (S. des bois).

4 Feuilles indivises dentées 5
   Feuilles pinnatifides, pinnatipartites ou pinnatiséquées. . 6

5 Feuilles sessiles ; involucre presque hémisphérique, muni
   de 6-12 écailles accessoires ; fleurons ligulés au nombre
   de 10-15 . . . . * S. *paludosus* L. (S. des marais).
   Feuilles atténuées aux deux extrémités, pétiolées ; involucre cylindracé, muni de 3-5 écailles accessoires ; fleurons ligulés au nombre de 3-6, très rarement de 8 .
   * S. *nemorensis* L. var. *Fuchsii* (S. des forêts *var.* de
                              Fuchs).
      (S. *Fuchsii* Gmel.; S. *Saracenicus* Duby, Godr. non L.).

6 Feuilles bi-tripinnatiséquées, à segments linéaires-filiformes.
   . . * S. *adonidifolius* Loisel. (S. à feuille d'Adonide).
   Feuilles pinnatifides, pinnatipartites ou lyrées, à lobes ja-
   mais linéaires-filiformes 7

7 Souche traçante ; akènes tous pubescents-scabres ; écailles
   accessoires de l'involucre égalant environ la moitié de sa
   longueur. S. *erucœfolius* L. (S. à feuille de Roquette).
   Souche courte tronquée ; akènes glabres, au moins ceux de
   la circonférence ; écailles accessoires de l'involucre très
   courtes. 8

8 Feuilles caulinaires pinnatipartites, à lobes tous oblongs ou
  linéaires incisés-dentés ; involucre à folioles oblongues-
  lancéolées.   .   .   .   .   . *S. Jacobœa* L. (S. Jacobée).
  Feuilles la plupart lyrées-pinnatipartites, à lobe terminal
  très ample, à lobes latéraux presque entiers ou sinués-
  dentés ; involucre à folioles acuminées. 9

9 .   .   .   . * *S. aquaticus* Huds. (S. aquatique).
  Tige solitaire, simple dans sa partie inférieure ; feuilles
  inférieures non disposées en rosette, réduites au lobe terminal, ou à lobes latéraux très petits, les caulinaires supérieures à lobes latéraux oblongs ou linéaires presque entiers ou sinués .   .   . * var. *vulgaris* (*var.* commune).
  Tiges solitaires ou plus ou moins nombreuses, souvent
  rameuses dès la base à rameaux divergents ; feuilles la
  plupart lyrées-pinnatipartites à lobes latéraux oblongs-
  obovales sinués ou dentés, les radicales disposées en rosette.   .   .   .   .   . * var. *erraticus* (*var.* erratique).
                              (*S. erraticus* Bert.).

37. EUPATORIUM Tourn. — (EUPATOIRE).

Involucre à folioles imbriquées. Réceptacle presque plan,
dépourvu de paillettes. *Fleurons peu nombreux, tous tubuleux*
5-fides, hermaphrodites. Akènes presque cylindriques, à
4-5 côtes, surmontés d'une *aigrette à soies* capillaires
scabres, *disposées sur un seul rang.* — *Feuilles opposées.*
Fleurons tous rougeâtres.

   Plante vivace ; feuilles palmatiséquées à 3-5 segments lancéolés ; capitules cylindriques-oblongs, à 5-6 fleurons.   .
   .   .   .   .   .   . *E. cannabinum* L. (E. chanvrine).

38. TUSSILAGO L. — (TUSSILAGE).

Involucre à folioles disposées sur 1-2 rangs, muni à sa
base d'écailles plus petites. Réceptacle presque plan, dépourvu de paillettes. *Fleurons* très nombreux : ceux de la
circonférence étroitement ligulés, femelles, *disposés sur plusieurs rangs;* ceux du centre en petit nombre, tubuleux,
mâles. Akènes oblongs-cylindriques, un peu striés, surmontés d'une aigrette à soies capillaires très longues et

très fines. — *Tiges chargées d'écailles, paraissant avant les feuilles.* Fleurons jaunes.

> Plante vivace; tiges ne portant qu'un capitule terminal; feuilles toutes radicales, suborbiculaires-cordées, sinuées-anguleuses . . . . *T. Farfara* L. (T. Pas-d'âne).

39. PETASITES Tourn. — (PÉTASITE).

Involucre à folioles disposées sur 1-2 rangs, souvent muni à sa base d'écailles plus petites. Réceptacle presque plan, dépourvu de paillettes. *Fleurons* nombreux, *tubuleux,* les femelles presque filiformes; *tous femelles à l'exception de quelques fleurons mâles* placés au centre du capitule, ou tous mâles à l'exception de quelques fleurons femelles placés à la circonférence du capitule. Akènes cylindriques, un peu striés, surmontés d'une aigrette à soies scabres. — *Plante* incomplétement *dioïque. Tiges chargées d'écailles membraneuses-herbacées. Feuilles toutes radicales.*

> Plante vivace; tiges portant un assez grand nombre de capitules disposés en grappe ou en panicule spiciforme; feuilles réniformes ou suborbiculaires-cordées, sinuées-denticulées, devenant très amples après la floraison; fleurons rougeâtres. . * *P. vulgaris* Desf. (P. commun).
> (*Tussilago Petasites* L.).

SOUS-FAMILLE II. **LIGULIFLORES.** (Cichoraceæ). — Capitules à *fleurons tous ligulés* hermaphrodites.

TRIBU I. — *Akènes dépourvus d'aigrette de soies capillaires,* tronqués ou surmontés d'un rebord ou d'une aigrette très courte à soies membraneuses-paléiformes.

40. LAPSANA L. — (LAMPSANE).

Involucre à 8-10 folioles égales disposées sur un seul rang, muni d'écailles courtes à sa base, dressé à la maturité. Réceptacle nu. *Akènes* un peu comprimés, striés, *dépourvus d'aigrette et de rebord terminal.* — Capitules disposés en une panicule lâche terminale.

> Plante annuelle, rameuse ; feuilles inférieures lyrées, les supérieures dentées . . *L. communis* L. (L. commune).

41. ARNOSERIS Gœrtn. — (ARNOSÉRIS).

Involucre à folioles nombreuses, égales, disposées sur un seul rang, muni à sa base d'écailles courtes, connivent, subglobuleux à la maturité. Réceptacle nu. *Akènes* subpentagones, sillonnés-anguleux, *terminés par un rebord court pentagone en forme de couronne.* — Capitules 1-3, solitaires au sommet des tiges et des rameaux.

> Plante annuelle, à tiges non feuillées, à pédoncules fistuleux-renflés . . . * *A. minima* Gœrtn. (A. minime).
> (*Lapsana minima* All.).

42. CICHORIUM L. — (CHICORÉE).

Involucre à folioles nombreuses, inégales, disposées sur deux rangs : les extérieures courtes, dressées ; les intérieures soudées à la base, étalées-réfléchies à la maturité. Réceptacle dépourvu de paillettes, glabre ou velu. *Akènes* comprimés-tétragones, *surmontés d'une aigrette très courte, composée de soies membraneuses-paléiformes, obtuses,* nombreuses, disposées sur deux rangs. — *Fleurons bleus,* accidentellement blancs.

> Tige rameuse à rameaux étalés ; feuilles inférieures roncinées, les supérieures lancéolées ; capitules disposés en fascicules axillaires . . . *C. Intybus* L. (C. sauvage).

TRIBU II. — Akènes, au moins ceux du centre, surmontés d'une *aigrette à soies capillaires,* toutes *plumeuses,* ou les soies extérieures seules dépourvues de barbes.

43. HYPOCHŒRIS L. — (PORCELLE).

Involucre à folioles nombreuses, inégales, imbriquées sur plusieurs rangs. *Réceptacle muni de paillettes membra-*

neuses, linéaires-acuminées, *caduques*. Akènes striés, plus
ou moins scabres, tous longuement atténués en un bec
presque capillaire, ou ceux de la circonférence dépourvus
de bec, très rarement tous dépourvus de bec ; aigrette
persistante, à soies toutes semblables plumeuses à barbes
non entrecroisées, ou à soies extérieures non plumeuses
seulement denticulées.

1 Tige velue-hérissée, portant une ou deux feuilles ; aigrette
  à soies, toutes plumeuses, disposées sur un seul rang. . .
  . . . . * *H. maculata* L. (P. tachetée).

  Tige glabre ou presque glabre, ne portant que quelques
  bractées courtes ou squamiformes ; aigrette à soies disposées sur 2 rangs, celles du rang extérieur non plumeuses. 2

2 Plante annuelle ; involucre égalant environ les fleurons ;
  feuilles glabres ou ne présentant que quelques poils sur
  les bords. . . . . . * *H. glabra* L. (P. glabre).

  Plante bisannuelle ou vivace ; involucre plus court que les
  fleurons ; feuilles ord. très hispides. . . . . . .
  . . . . *H. radicata* L. (P. enracinée).

44. THRINCIA Roth — (THRINCIE).

Involucre à folioles nombreuses, inégales, imbriquées
sur plusieurs rangs. Réceptacle nu. *Akènes* légèrement
arqués, striés-scabres, plus ou moins atténués vers le sommet : les *extérieurs* persistants, *surmontés d'une* aigrette
dont les soies sont soudées en une *couronne membraneuse
dentée*, très courte ; *les intérieurs terminés par une aigrette
à soies plumeuses.*

. . . .*T. hirta* Roth (T. hérissée).
  Souche courte tronquée, à fibres radicales naissant la
plupart vers le collet . . . var. *hirta* (var. hérissée).
  Souche terminée en racine pivotante simple ou rameuse,
donnant naissance aux fibres radicales dans toute sa longueur . . . . var. *arenaria* DC. (var. des sables).
    (*T. hirta* var. *hispida* Fl. Par. éd. 1 non *T. hispida* Roth).

45. LEONTODON L. — (LIONDENT).

Involucre à folioles nombreuses, inégales, imbriquées sur plusieurs rangs. Réceptacle nu. Akènes striés, légèrement scabres, atténués vers le sommet; *aigrette persistante, à soies* toutes semblables *plumeuses à barbes non entrecroisées*, ou à soies extérieures non plumeuses seulement denticulées.

1 Tige rameuse polycéphale ; aigrette à soies toutes plumeuses, disposées sur un seul rang. . . . . . .
. . . . *L. autumnalis* L. (L. d'automne).
Pédoncules radicaux monocéphales ; aigrette à soies disposées sur deux rangs, les soies extérieures seulement denticulées. 2

2 . . . . *L. hispidus* L. (L. hispide).
Feuilles et pédoncules plus ou moins hérissés de poils grisâtres . . . . . var. *hispidus* (*var.* hispide).
Feuilles et pédoncules glabres ou ne présentant que quelques poils épars . . . ✳ var. *hastilis* (*var.* lancéolée).
(*L. hastilis* L.; *L. hispidus* var. *glaber* Fl. Par. éd. 1).

46. PICRIS Juss. — (PICRIDE).

Involucre à folioles nombreuses, inégales, imbriquées sur plusieurs rangs. Réceptacle nu. Akènes ridés transversalement, légèrement atténués supérieurement ; *aigrette caduque à soies soudées en anneau à la base*, toutes plumeuses, ou les extérieures seulement denticulées.

Plante rameuse, velue-hispide ; feuilles sinuées-pinnatifides ou presque entières. . . . .
. . . . . *P. hieracioides* L. (P. Fausse-Épervière).

47. HELMINTHIA Juss. — (HELMINTHIE).

Involucre à folioles nombreuses, disposées sur deux rangs : les *extérieures* au nombre de 3-5, *foliacées, ovales-cordées*, *acuminées*, terminées en épine ; les intérieures plus petites, conniventes, lancéolées, longuement aristées. Réceptacle nu. Akènes ridés transversalement, surmontés, au moins les intérieurs, d'un bec filiforme très fragile qui égale environ leur longueur ; aigrette à soies toutes plumeuses.

Feuilles parsemées de poils spinescents, les supérieures largement cordées-amplexicaules ; folioles intérieures de l'involucre terminées en une arête velue-pectinée ; akènes tous surmontés d'un bec filiforme très grêle . . . .
. . . . . * *H. echioides* Gærtn. (**H.** Fausse-Vipérine).

48. TRAGOPOGON L. — (SALSIFIS).

Involucre à 8-12 folioles égales disposées sur un seul rang , plus ou moins longuement soudées à la base, réfléchies à la maturité. Réceptacle nu. Akènes marqués de côtes longitudinales scabres ou dentées-épineuses, longuement atténués en un bec grêle ; *aigrette à soies* plumeuses, *à barbes entrecroisées.*

Pédoncules à peine renflés au-dessous du capitule. . .
. . . . *T. pratensis* L. (S. des prés).
Pédoncules fortement renflés en massue. . . . . .
. . . . * *T. major* Jacq. (S. majeur).

49. SCORZONERA L. — (SCORSONÈRE).

Involucre à folioles nombreuses, inégales, imbriquées sur plusieurs rangs. Réceptacle nu. *Akènes* marqués de côtes longitudinales lisses ou tuberculeuses-épineuses, *légèrement atténués supérieurement, dépourvus de bec ; aigrette a rayons* plumeux, *à barbes entrecroisées.*

Souche surmontée des nervures persistantes des feuilles détruites . . .* *S. Austriaca* Willd. (S. d'Autriche).
Souche nue supérieurement ou surmontée d'écailles entières . . . . *S. humilis* L. (S. humble).

50. PODOSPERMUM DC. — (PODOSPERME).

Involucre à folioles nombreuses, inégales, imbriquées sur plusieurs rangs, réfléchies à la maturité. Réceptacle dépourvu de paillettes. *Akènes* marqués de côtes longitudinales, lisses, dépourvus de bec et ne s'atténuant pas au sommet, *prolongés à la base en un pied renflé* creux *qui égale presque leur longueur*, surmontés d'une *aigrette à soies plumeuses, à barbes entrecroisées.*

> Feuilles la plupart radicales, ord. pinnatipartites à lobes
> linéaires, plus rarement linéaires indivises . . . .
> . . . . *P. laciniatum* DC. (P. lacinié).

TRIBU III. — Akènes tous surmontés d'une *aigrette à soies capillaires non plumeuses* lisses ou plus ou moins scabres.

51. TARAXACUM Juss. — (PISSENLIT).

Involucre à folioles nombreuses, inégales, imbriquées sur plusieurs rangs, les extérieures souvent étalées ou réfléchies, toutes réfléchies à la maturité. Réceptacle nu. *Akènes* marqués de côtes longitudinales striées transversalement ou tuberculeuses-écailleuses au sommet, *atténués brusquement en un bec filiforme;* aigrette à soies disposées sur plusieurs rangs.

> Plante vivace, acaule . . . .
> . . . . . . *T. Dens-leonis* Desf. (P. Dent-de-lion).
> Plante de 2-4 décim.; feuilles roncinées à lobes ord.
> amples presque entiers; folioles extérieures de l'invo-
> lucre ord. réfléchis; akènes verdâtres, jaunâtres ou bru-
> nâtres . . . . . . .var. *officinale* (var. officinale).
> (*T. officinale* Wigg.; Koch).
> Plante de 1-2 décim.; feuilles profondément roncinées à
> lobes étroits souvent incisés ou pinnatifides-incisés;
> folioles de l'involucre souvent glaucescentes, les exté-
> rieures ord. étalées non réfléchies; akènes ord. d'un
> rouge-brique . . . . .var. *lævigatum* (var. lisse).
> (*T. lævigatum* Willd.).
> Plante de 1-2 décim.; feuilles ord. presque entières ou
> seulement sinuées-dentées; folioles extérieures de l'in-
> volucre dressées, rarement étalées; akènes ord. jau-
> nâtres ou brunâtres. * var. *palustre* (var. des marais).
> (*T. palustre* DC.).

52. CHONDRILLA L. — (CHONDRILLE).

Involucre à 7-10 folioles presque égales, disposées sur un ou deux rangs, muni d'écailles à la base. Réceptacle nu. *Akènes* marqués de côtes longitudinales tuberculeuses-épineuses supérieurement, *couronnés par 5 dents squami-formes* entre lesquelles s'élève le bec ; *bec très allongé fili-forme ;* aigrette à soies disposées sur plusieurs rangs.

> Tige roide, très rameuse à rameaux presque nus ; feuilles radicales roncinées, les supérieures entières linéaires-lancéolées ou linéaires ; capitules ne renfermant que 7-12 fleurons. . . . . .*C. juncea* L. (C. effilée).

53. PHÆNOPUS DC. — (PHÉNOPE).

Involucre ord. à 5 folioles presque égales, disposées sur un seul rang, muni à la base d'écailles courtes. Réceptacle nu. *Akènes* marqués de côtes longitudinales, *brusquement atténués en un bec filiforme ;* aigrette à soies disposées sur plusieurs rangs.

> Plante glabre ; feuilles lyrées-pinnatipartites, à lobes angu-leux dentés, les caulinaires auriculées-embrassantes. .
> . . . . *P. muralis* (P. des murs).
> *(Prenanthes muralis* L.; *Phœnixopus muralis* Koch
> Syn. ed. 1).

54. LACTUCA L. — (LAITUE).

Involucre oblong-cylindrique, à folioles nombreuses, dis-posées sur plusieurs rangs, inégales, les extérieures très petites. Réceptacle nu. *Akènes* comprimés , marqués de côtes longitudinales, *brusquement atténués en un bec allongé-capillaire ; aigrette à soies* capillaires lisses ou légèrement scabres, *disposées sur un seul rang.*

> 1 Fleurons violacés . . . * *L. perennis* L. (L. vivace).
> Fleurons jaunes. 2
> 2 Feuilles caulinaires linéaires-acuminées, très entières. .
> . . . .*L. saligna* L. (L. à feuilles de Saule).
> Feuilles caulinaires oblongues ou ovales-oblongues, ron-cinées ou sinuées, plus rarement entières. 3

3 Feuilles dépourvues d'aiguillons sur la nervure moyenne ;
capitules disposés en une panicule ord. compacte, dressée.
. . . . † *L. sativa* L. (L. cultivée).
Feuilles dépourvues d'aiguillons sur la nervure moyenne ;
capitules disposés en une panicule plus ou moins lâche
ord. étalée. 4

4 . . . . *L. Scariola* L. (L. Scariole).
Feuilles ord. déviées à leur insertion et présentant ainsi
l'un de leurs bords rapproché de la tige, ord. roncinées-
pinnatifides ou pinnatipartites ; akènes grisâtres, à stries
ord. hérissées au sommet . . . .
. . . . var. *Scariola* (var. Scariole).
Feuilles étalées horizontalement, ord. entières ou sinuées ;
akènes d'un brun noir, à stries glabres ou presque glabres.
. . . . * var. *virosa* (var. vireuse).
(*L. virosa* L.).

55. SONCHUS L. — (LAITERON).

Involucre à folioles nombreuses, inégales, disposées sur
plusieurs rangs. Réceptacle nu. *Akènes comprimés*, marqués de côtes longitudinales, *tronqués, dépourvus de bec ;
aigrette à soies très fines*, lisses ou légèrement scabres,
disposées sur plusieurs rangs et soudées par fascicules à
la base.

1 Involucre très glabre ou présentant seulement quelques
poils glanduleux 2
Involucre couvert de poils glanduleux 3

2 Akènes à côtes striées transversalement. . . . .
. . . . *S. oleraceus* L. (L. maraîcher).
Akènes à côtes lisses . . . . *S. asper* Vill. (L. âpre).

3 Feuilles amplexicaules à oreillettes courtes obtuses ; les
caulinaires moyennes roncinées . . . .
. . . . *S. arvensis* L. (L. des champs).
Feuilles sagittées à oreillettes lancéolées-aiguës ; les caulinaires moyennes entières ou présentant 1-3 lobes au-
dessus de leur base . * *S. palustris* L. (L. des marais).

56. BARKHAUSIA Mœnch — (BARKHAUSIE).

Involucre à folioles nombreuses, disposées sur deux ou plusieurs rangs, les intérieures égales dressées, les extérieures inégales courtes lâchement imbriquées. Réceptacle dépourvu de paillettes, velu ou glabre. *Akènes* presque cylindriques, marqués de stries longitudinales rugueuses ou denticulées-hispides, *atténués insensiblement, au moins ceux du centre, en un bec plus ou moins allongé ; aigrette à soies* fines, lisses ou légèrement scabres, *disposées sur plusieurs rangs.*

1 Involucre hérissé de poils jaunâtres roides sétiformes . . .
. . . . † *B. setosa* DC. (B. hérissée).
Involucre pubescent ou subtomenteux, ne présentant jamais de poils sétiformes jaunâtres. 2

2 Akènes de la circonférence à peine atténués en bec ; capitules penchés avant l'épanouissement . . . .
. . . . *B. fœtida* DC. (B. fétide).
Akènes de la circonférence et du centre terminés en un bec allongé ; capitules jamais penchés. . . . . .
. . . *B. taraxacifolia* DC. (B. à feuilles de Pissenlit).

57. CREPIS L. — (CRÉPIDE).

Involucre à folioles nombreuses, disposées sur deux ou plusieurs rangs, les intérieures égales dressées, les extérieures inégales, courtes, apprimées ou lâchement imbriquées. Réceptacle dépourvu de paillettes, glabre ou velu. *Akènes presque cylindriques*, marqués de stries longitudinales lisses ou denticulées-hispides, *dépourvus de bec, légèrement atténués supérieurement ; aigrette à soies* fines, *blanches*, lisses ou légèrement scabres, *disposées sur plusieurs rangs.*

1 Involucre très glabre, à folioles extérieures ovales-aiguës très courtes ; tige et feuilles visqueuses . . . . .
. . . . *C. pulchra* L. (C. élégante).
Involucre velu ou pubescent, au moins à la base, à folioles extérieures lancéolées, linéaires ou subulées ; tige et feuilles jamais visqueuses 2

2 Feuilles caulinaires à bords roulés en dessous; akènes
   denticulés-scabres supérieurement . . . .

. . . . * *C. tectorum* L. (C. des toits).
   Feuilles caulinaires planes; akènes à stries lisses . . . 3

3 Tige scabre sur les angles dans sa partie supérieure; involucre à folioles pubescentes à la face interne, les extérieures étalées . . . *C. biennis* L. (C. bisannuelle).
   Tige lisse supérieurement; involucre à folioles glabres à
   la face interne, les extérieures apprimées 4

4 . . . . *C. virens* L. (C. verdoyante).
   Tige simple ou presque simple inférieurement, dressée;
   feuilles caulinaires roncinées-pinnatipartites ou pinnatifides, plus rarement entières; pédoncules assez courts. .

. . . . var. *virens* (*var*. verdoyante).
   Tige rameuse diffuse dès la base, à rameaux grêles ord.
   nombreux, ord. rapprochés en touffe; feuilles caulinaires
   souvent entières ou sinuées-dentées; pédoncules ord.
   très allongés presque filiformes; capitules ord. beaucoup
   plus petits . . . . . . var. *diffusa* (*var*. diffuse).
                                    (C. *diffusa* DC.).

58. HIERACIUM Tourn. — (ÉPERVIÈRE).

Involucre à folioles nombreuses, disposées sur deux ou
plusieurs rangs, plus ou moins étroitement imbriquées.
Réceptacle dépourvu de paillettes, glabre ou velu. *Akènes
presque cylindriques*, marqués de stries longitudinales,
tronqués, terminés par un rebord annulaire *peu saillant* qui
entoure la base de l'aigrette; *aigrette à soies très fragiles
d'un blanc sale ou roussâtre à la maturité*, scabres, *disposées sur un seul rang*.

1 Pédoncules radicaux ou tiges scapiformes; plante ord.
   stolonifère. . . . .
   Tige feuillée; plante non stolonifère. 2
                                                       5

2 Pédoncules radicaux ne portant qu'un capitule terminal;
   feuilles tomenteuses à la face inférieure 3
   Tiges scapiformes nues ou munies à la base de 1-3 feuilles,
   portant 2-60 capitules; feuilles glauques poilues, jamais
   tomenteuses à la face inférieure. 4

3 . . . . *H. Pilosella* L. (É. Piloselle).

Stolons plus ou moins allongés; involucre pubescent-subtomenteux, chargé de poils roides noirs . . . . .
. . . . var. *Pilosella* (var. Piloselle).

Stolons plus ou moins allongés ; feuilles blanches en dessous ; involucre couvert de poils soyeux assez courts . .
. . . . var. *incanum* (var. blanchâtre).

Plante plus robuste à stolons courts ; feuilles très blanches en dessous ; involucre plus grand, couvert de longs poils soyeux . * var. *Peleterianum* (var. de Lepeletier).
(*H. Peleterianum* Mérat).

4 Tige portant 2-5 capitules, rarement monocéphale par avortement. . . . * *H. Auricula* L. (É. Oreillette).

Tige portant 20-60 capitules. . . . .
. . . . * *H. prœaltum* Vill. (É. élevée).

5 Feuilles radicales très développées persistant lors de la floraison 6

Feuilles radicales ord. détruites lors de la floraison . . 7

6 . . . . *H. murorum* L. (É. des murs).
(*H. vulgatum* Fl. Par. éd. 1).

Feuilles radicales ovales, ovales-lancéolées, plus rarement suborbiculaires, tronquées ou presque cordées à la base; tige ne portant ord. qu'une seule feuille sessile ou très brièvement pétiolée. var. *murorum* (var. des murs).

Feuilles radicales ovales-lancéolées ou oblongues; rétrécies en pétiole, ord. très velues-hispides ; tige portant 1-3 feuilles presque sessiles . . . .
. . . . . var. *intermedium* (var. intermédiaire).

Feuilles radicales ovales-lancéolées ou oblongues, rétrécies en pétiole ; tige portant ord. 5-6 feuilles brièvement pétiolées ou presque sessiles . . . .
. . . . var. *sylvaticum* (var. des bois).
(*H. sylvaticum* Lmk).

7 Folioles extérieures de l'involucre recourbées en dehors au sommet ; feuilles oblongues-lancéolées ou linéaires.
. . . .*H. umbellatum* L. (É. en ombelle).

Folioles de l'involucre toutes dressées ; feuilles ovales-lancéolées ou oblongues-lancéolées. 8

8 Feuilles supérieures subsessiles, atténuées à la base . .
. . . .*H. lœvigatum* Willd. (É. lisse).
Feuilles supérieures sessiles, à base plus ou moins cordée-
amplexicaule . . . *H. Sabaudum* L. (É. de Savoie).

—————

LXXI. AMBROSIACÉES (Link).

Fleurs (fleurons) *unisexuelles*, quelquefois dépourvues de
corolle, les mâles *sessiles sur un réceptacle commun et
entourées d'un involucre*, les femelles renfermées 1-2 dans
un involucre gamophylle. — Capitule mâle : Involucre
multiflore, à folioles disposées sur un seul rang. Calice
indistinct. Corolle gamopétale, tubuleuse ou tubuleuse-
claviforme, brièvement 5-lobée. Étamines 5 ; *anthères libres*.
Ovaire rudimentaire ; style indivis. — Capitule femelle :
Involucre à folioles imbriquées, *soudées en une enveloppe
capsulaire 1-2-flore*, *1-2-loculaire*, *hérissée d'épines*, terminée par 2 becs creusés en tube pour donner passage à
chacun des styles, plus rarement par un seul bec. Calice
gamosépale, membraneux, soudé avec l'ovaire au-dessus
duquel il est ord. prolongé en un bec qui embrasse la base
du style. Corolle insérée au sommet du calice, tubuleuse-
filiforme, ou nulle. Étamines nulles. Style filiforme, bifide,
à branches linéaires, divergentes, stigmatifères à la face
interne. — *Fruit* (akène) soudé avec le calice, sec, *uniloculaire, monosperme, indéhiscent*, renfermé dans l'involucre
devenu ligneux. — *Graine dressée. Périsperme nul*. Embryon droit. Radicule dirigée vers le hile.

Plantes annuelles, quelquefois munies d'épines. Feuilles ord.
alternes, pétiolées, lobées; stipules nulles. Capitules rapprochés
en épis, les capitules supérieurs mâles globuleux caducs après
la floraison, les inférieurs femelles.

La famille des *Ambrosiacées* est très voisine de celle des
Composées. Cette famille ne renferme dans notre flore qu'une
seule espèce indigène, le *Xanthium Strumarium* (Lampourde),
qui était compté jadis au nombre des médicaments antiscrofuleux.

1. XANTHIUM Tourn. — (LAMPOURDE).

Capitules ne contenant des fleurons que d'un même sexe. — Capitule femelle : Involucre ovoïde, à folioles imbriquées et soudées en une enveloppe capsulaire biflore, hérissée d'épines, terminée par 2 becs, ligneuse à la maturité et à 2 loges contenant chacune un akène.

Tige dépourvue d'épines . . . . * X. *Strumarium* L. (L. Glouteron).

Tige pourvue de longues épines tripartites . . . . † X. *spinosum* L. (L. épineuse).

Subdivision III. APÉTALES.

Enveloppes florales réduites au calice ou nulles. Ovules contenus dans un ovaire fermé, recevant l'influence du pollen par l'intermédiaire d'un stigmate.

Classe I. APÉTALES NON AMENTACÉES.

Fleurs pourvues d'un calice, très rarement dépourvues de calice, hermaphrodites, ou unisexuelles les mâles n'étant jamais disposées en chatons. — Plantes herbacées, plus rarement arbres ou arbrisseaux.

LXXII. AMARANTACÉES (Juss.).

Fleurs monoïques, polygames-monoïques ou dioïques, plus rarement hermaphrodites, naissant chacune à l'aisselle d'une feuille ou d'une bractée et ord. accompagnées de deux bractées latérales scarieuses. — *Calice* persistant, non soudé avec l'ovaire, *à 5 plus rarement 3 sépales* libres, ou un peu soudés à la base, *plus ou moins scarieux*, égaux ou presque égaux, à préfloraison imbriquée. — *Étamines hypogynes*, 5, plus rarement 3, libres entre elles, ou à filets soudés plus ou moins longuement, quelquefois des

appendices (staminodes) alternant avec les étamines. —
Styles 2-3, libres ou soudés à la base, ord. stigmatifères
à la face interne. — *Fruit* non soudé avec le calice, *à
péricarpe* mince *membraneux* non adhérent à la graine,
uniloculaire, monosperme, très rarement polysperme, *indéhiscent* (utricule), *ou s'ouvrant circulairement par un opercule* (pyxide). — Graines insérées au fond de la loge ou
portées par un funicule allongé qui part du fond de la
loge, lenticulaires-réniformes, à testa crustacé noir ou brun
luisant. Périsperme farineux central. *Embryon annulaire*
ou semi-annulaire *entourant le périsperme. Radicule rapprochée du hile.*

Plantes herbacées, annuelles, plus rarement vivaces. Feuilles
alternes, très rarement opposées, entières ou superficiellement
sinuées, pétiolées, plus rarement sessiles ; stipules nulles. Fleurs
petites, nombreuses, verdâtres ou colorées, en glomérules ou
rapprochées en panicules spiciformes.

Les plantes de la famille des *Amarantacées* ne sont douées
d'aucune propriété active ; les feuilles des *Amarantus Blitum* et
Euxolus viridis, qui contiennent une assez grande quantité de
mucilage, sont quelquefois employées comme émollientes et peuvent être mangées comme légumes. — On cultive pour la beauté
de leurs fleurs persistantes le *Celosia cristata* (Amarante Crête-
de-coq, A. Passe-velours), le *Gomphrena globosa* (A. immor-
telle), et les *Amarantus caudatus* et *sanguineus.*

1 Fleurs naissant à l'aisselle des feuilles ; étamines à filets
    soudés à la base ; feuilles linéaires-subulées, sessiles. .
    . . . . POLYCNEMUM. (3).
    Fleurs naissant à l'aisselle de bractées ; étamines à filets
    libres ; feuilles ovales ou rhomboïdales, pétiolées. . . 2
2 Fruit à péricarpe se coupant circulairement vers le milieu
    de sa hauteur. . . . . AMARANTUS. (1).
    Fruit à péricarpe indéhiscent se déchirant irrégulièrement.
    . . . . EUXOLUS. (2).

1. AMARANTUS L. — (AMARANTE).

Fleurs monoïques ou polygames-monoïques, *naissant*

chacune à l'aisselle d'une bractée et accompagnées de deux bractées latérales scarieuses. Sépales 5, plus rarement 3. *Étamines* 5, plus rarement 3 ou moins par avortement, *libres.* Styles 2-3, un peu soudés à la base. *Fruit* nronosperme, *à péricarpe se coupant circulairement* vers le milieu de sa hauteur.

Bractées roides, piquantes, deux fois aussi longues que le
  calice ; étamines 5.   . *A. retroflexus* L. (A. réfléchie).
Bractées environ de la longueur du calice ; étamines 3.
  . . . . *A. Blitum* L. (A. Blite).
  (Moq.-Tand. non Fl. Par. éd. 1 ; *A. sylvestris* Desf. ; Fl. Par. éd. 1).

2. EUXOLUS Rafin. — (Euxole).

Fleurs monoïques ou polygames-monoïques, *naissant chacune à l'aisselle d'une bractée* et accompagnées de deux bractées latérales scarieuses. *Étamines* 3, rarement 2, *libres.* Styles 3, un peu soudés à la base. *Fruit* monosperme, *à péricarpe indéhiscent.*

Plante annuelle; tige glabre . . . .
  . . . . . . *E. viridis* Moq.-Tand. (E. vert).
  (*Amarantus viridis* L. ; *Amarantus Blitum* auct. plurim. non L. ;
        Albersia Blitum Kunth ; Fl. Par. éd. 1).
. Plante vivace, à souche rameuse; tige pubescente dans sa
  partie supérieure.   .   † *E. deflexus* Rafin. (E. couché).
  (Moq.-Tand. ; *Amarantus deflexus* L. ; *A. prostratus* Balb. ;
        Albersia prostrata Kunth ; Fl. Par. éd. 1).

3. POLYCNEMUM L. — (Polycnème).

Fleurs hermaphrodites, naissant chacune à l'aisselle d'une feuille et accompagnées de deux bractées latérales scarieuses. Sépales 5. *Étamines* 5, ou moins par avortement ord. 3, *à filets soudés à la base.* Styles 2, courts, un peu soudés à la base. Fruit monosperme, à péricarpe indéhiscent.

Feuilles sessiles, linéaires-subulées, coriaces, presque piquantes. . . . . . *P. arvense* L. (P. des champs).

LXXIII. SALSOLACÉES (Moq.-Tand.).

Fleurs hermaphrodites, quelquefois polygames, monoïques ou dioïques. — Calice à 5 plus rarement 4-2
sépales libres ou soudés à la base, ord. presque égaux, *her-*
bacés, souvent charnus ou indurés après la floraison, présentant quelquefois un prolongement dorsal en forme
d'aile ou d'épine; calice quelquefois nul dans certaines
fleurs femelles munies de deux bractées opposées appliquées l'une contre l'autre et s'accroissant en forme de
valves. — *Étamines* 5, ou moins par avortement, hypogynes
ou insérées sur le calice par l'intermédiaire d'un disque,
opposées aux sépales, libres entre elles, ou très rarement
à filets soudés à la base; quelquefois de très petits appendices (staminodes?) alternant avec les étamines. —
Styles 2, plus rarement 3-4, ord. plus ou moins longuement soudés entre eux. — *Fruit* libre, plus rarement
soudé avec le calice, *uniloculaire, monosperme, indéhiscent,*
renfermé dans le calice souvent charnu ou presque
ligneux; péricarpe mince membraneux (utricule) plus rarement coriace. — *Graine portée par un funicule qui naît du*
fond de la loge, horizontale ou verticale, ord. lenticulaire
ou réniforme. *Périsperme farineux,* ord. *épais central,* plus
rarement peu épais ou nul. *Embryon annulaire* ou semi-
annulaire entourant le périsperme, *quelquefois en spirale* et
alors la graine dépourvue de périsperme. *Radicule rappro-*
chée du hile.

Plantes annuelles ou vivaces, herbacées ou sous-frutescentes;
à tiges feuillées, rarement articulées dépourvues de feuilles.
Feuilles alternes, rarement opposées, entières, sinuées, dentées,
incisées ou pinnatifides, quelquefois cylindriques ou semi-cylindriques succulentes, pétiolées ou sessiles, souvent glauques-
argentées ou couvertes d'une poussière farineuse blanche plus
rarement rosée; *stipules nulles.* Fleurs petites, nombreuses, verdâtres ou rougeâtres, sessiles ou pédicellées, axillaires ou non
axillaires, en glomérules, plus rarement solitaires; glomérules

axillaires espacés, ou disposés en cymes, en épis, en grappes ou en panicules.

La plupart des *Salsolacées* n'offrent pas de propriétés médicales bien prononcées ; leurs feuilles, en raison de la quantité de mucilage qu'elles renferment souvent, sont émollientes et peuvent être administrées sous forme de tisane ou de cataplasme. — Tout le monde connaît les usages alimentaires du *Beta vulgaris* var. *Ciela* (Poirée), et des *Spinacia glabra* et *oleracea* (Épinards); l'*Atriplex hortensis* (Arroche, Chou-d'amour) n'est plus que rarement cultivé comme légume ; les feuilles des *Chenopodium album* et *opulifolium*, celles du *Blitum Bonus-Henricus*, etc., peuvent être employées, de même que celles de l'Arroche, comme aliment léger et rafraîchissant. La racine du *Beta vulgaris* var. *rapacea* (Betterave) est mangée cuite en salade et sert à la nourriture du bétail ; mais c'est surtout pour la fabrication du sucre et de l'alcool que la culture de la Betterave, pratiquée en grand, particulièrement dans les départements du Nord, a une grande importance économique. — Un certain nombre de *Salsolacées*, telles que les *Chenopodium Botrys*, *ambrosioides* et *Vulvaria*, *Camphorosma Monspeliaca*, etc., exhalent une odeur plus ou moins forte, aromatique ou désagréable, et doivent aux principes volatils qu'elles renferment des propriétés stimulantes et antispasmodiques, qui les ont fait administrer autrefois en tisanes contre les affections catarrhales, nerveuses ou hystériques. — Les graines, actuellement inusitées, des *Atriplex hortensis* et *patula* passent pour être purgatives et même vomitives. — La plupart des *Salsolacées* maritimes fournissent du carbonate de potasse par l'incinération.

A une famille voisine, les *Phytolaccées*, appartient le *Phytolacca decandra* (Raisin-d'Amérique), actuellement naturalisé en France, dont la racine, les feuilles et les fruits sont doués de propriétés purgatives énergiques.

1 Fleurs monoïques ou dioïques; fleurs femelles toutes ou la plupart dépourvues de calice et munies de bractées opposées appliquées l'une contre l'autre et s'accroissant en forme de valves . . . . ATRIPLEX. (3).

Fleurs hermaphrodites, rarement dioïques ou polygames ; calice à 3-5 rarement 2 sépales libres ou soudés inférieurement, plus rarement soudés en une enveloppe capsulaire qui renferme le fruit. 2

2 Fleurs dioïques ; calice à sépales soudés en une enveloppe capsulaire, souvent épineuse, renfermant le fruit. . . . . † SPINACIA. (3 *ter*).

Fleurs hermaphrodites, très rarement polygames ; calice fructifère herbacé, charnu-succulent ou induré, à sépales jamais soudés en une enveloppe capsulaire 3

3 Calice fructifère à tube ligneux-drupacé ; péricarpe induré, soudé inférieurement avec le calice ; graine à testa membraneux . . . . † BETA. (3 *bis*).

Calice fructifère herbacé ou charnu-succulent, jamais soudé avec le péricarpe ; graine à testa crustacé. 4

4 Graines toutes ou la plupart horizontales-déprimées ; calice fructifère herbacé. . . . . . CHENOPODIUM. (1).

Graines toutes ou la plupart verticales comprimées ; calice fructifère herbacé ou charnu-succulent . . BLITUM. (2).

1. CHENOPODIUM Tourn. — (ANSÉRINE).

Fleurs ord. hermaphrodites. Sépales 5, rarement 3-4, soudés à la base, *herbacés*, souvent carénés à la maturité par le développement de la nervure dorsale. Étamines 5, rarement moins. Styles 2, rarement 3, libres ou quelquefois soudés à la base. Fruit déprimé, à péricarpe membraneux très mince, appliqué sur la graine. *Graine horizontale*, déprimée-lenticulaire, *à testa crustacé*. Embryon annulaire.

1 Calice fructifère à sépales presque étalés, laissant voir toute la face supérieure du fruit . . . . *C. polyspermum* L. (A. polysperme).

Calice fructifère à sépales connivents appliqués étroitement sur le fruit. 2

2 Feuilles ovales-rhomboïdales, entières ; plante très fétide dans toutes ses parties . *C. Vulvaria* L. (A. Vulvaire).

Feuilles rarement entières ; plante jamais fétide . . . 3

3 Feuilles plus ou moins cordées à la base, présentant de chaque côté 3-4 dents larges aiguës ou acuminées, terminées par une longue pointe acuminée entière. . . . . *C. hybridum* L. (A. hybride).

Feuilles atténuées à la base plus rarement tronquées, sinuées ou dentées, plus rarement entières, aiguës ou obtuses. 4

4 Feuilles toutes oblongues, obtuses, lâchement dentées ou
sinuées-anguleuses, d'un blanc glauque en dessous. .
. . . . *C. glaucum* L. (A. glauque).
Feuilles triangulaires, rhomboïdales, ovales ou lancéolées,
dentées, sinuées ou entières, vertes sur les deux faces ou
pulvérulentes-blanchâtres en dessous 5

5 Graines non luisantes, à bord tranchant; glomérules en
grappes disposées en un corymbe lâche au sommet de
chaque rameau . . . *C. murale* L. (A. des murs).
Graines luisantes, à bord non tranchant; glomérules en
grappes rapprochées en une panicule terminale spiciforme,
plus rarement disposées en cyme irrégulière 6

6 Calice fructifère à sépales non carénés; glomérules en
grappes serrées contre la tige; feuilles triangulaires aiguës
ou acuminées . . * C. urbicum L. var. *intermedium*
(A. des villages var. intermédiaire).
(C. intermedium Mert. et Koch).
Calice fructifère à sépales carénés; glomérules en grappes
dressées ou étalées, non serrées contre la tige; feuilles
rhomboïdales ou ovales-rhomboïdales, les inférieures ord.
obtuses. 7

7 Feuilles, même les supérieures, rhomboïdales ou ovales-
rhomboïdales subtrilobées, à lobe moyen ord. tronqué
obtus . * C. opulifolium Schrad. (A. à feuilles d'Obier).
(C. viride Moq.-Tand. olim; Fl. Par. éd. 1 non L.).
Feuilles supérieures oblongues ou lancéolées entières, ord.
aiguës 8

8 . . . . C. album L. (A. blanche).
Feuilles ovales-rhomboïdales sinuées-dentées, pulvérulentes, blanchâtres en dessous; glomérules en grappes assez
compactes . . . . . var. *album* (var. blanche).
Feuilles ovales-rhomboïdales sinuées-dentées, à peine
pulvérulentes, vertes sur les deux faces; glomérules en
grappes un peu lâches. var. *viridescens* (var. verdâtre).
Feuilles ovales ou lancéolées toutes entières, ord. à peine
pulvérulentes et vertes sur les deux faces; glomérules en
grappes lâches. . . . . var. *viride* (var. verte).
(C. viride L. non Fl. Par. éd. 1; C. album var. *lanceolatum*
Fl. Par. éd. 1).

2. BLITUM Tourn. — (BLITE).

Fleurs hermaphrodites, plus rarement polygames par avortement. *Sépales* 5-3, libres ou soudés à la base, *herbacés*, souvent carénés à la maturité par le développement de la nervure dorsale, *ou devenant charnus-succulents*. Étamines 5 ou moins, quelquefois 1. Styles 2. Fruit comprimé, à péricarpe membraneux mince. *Graine verticale*, lenticulaire-comprimée, *à testa crustacé*. Embryon annulaire.

1 Plante vivace ; feuilles un peu pulvérulentes ; glomérules
   en grappes non feuillées . . . .
   . . . . *B. Bonus-Henricus* Rchb. (B. Bon-Henri).
                 (*Chenopodium Bonus-Henricus* L.).
   Plante annuelle ; feuilles luisantes ; glomérules en grappes
   la plupart feuillées ou en têtes axillaires. 2

2 Calice charnu-succulent à la maturité ; graines à bord canaliculé . . . . . . † *B. virgatum* L. (B. effilée).
   Calice herbacé ou à peine charnu à la maturité; graines à
   bord obtus non canaliculé . . . .

3 . . . . *B. rubrum* Rchb. (B. rouge).
   (*Chenopodium rubrum* L.; *B. polymorphum* C. A. Mey.;
                      Fl. Par. éd. 1).
   Tige de 4-8 décim., robuste, dressée ; feuilles la plupart
   triangulaires ou rhomboïdales, profondément sinuées ou
   dentées ; glomérules en grappes spiciformes. . . . .
   . . . . var. *rubrum* (var. rouge).
   Tige de 1-3 décim., ord. rameuse dès la base, couchée
   ou ascendante ; feuilles la plupart triangulaires ou rhomboïdales, sinuées ou dentées ; glomérules en grappes spiciformes ou en têtes ; calice fructifère un peu charnu. .
   . . . . var. *crassifolium* (var. à feuilles épaisses).
   Tige de 1-3 décim., ord. rameuse dès la base, dressée,
   ascendante ou couchée ; feuilles toutes ou la plupart oblon-
   gues-spatulées, entières assez petites ; glomérules tous ou
   la plupart en têtes axillaires . . . .
   . . . * var. *spathulatum* (var. à feuilles spatulées).

3. ATRIPLEX Tourn. — (ARROCHE).

Fleurs monoïques ou dioïques. — Fleurs mâles : Sépales
5-3 soudés à la base, Étamines 5-3. — *Fleurs femelles*
tantôt [toutes de même forme et dépourvues de calice et
alors munies de deux bractées opposées appliquées l'une
contre l'autre et s'accroissant en forme de valves ; tantôt
de deux formes, les unes *dépourvues de calice et munies de
deux bractées en forme de valves*, les autres à calice semblable à celui des fleurs mâles. Fruit à péricarpe membraneux mince, comprimé à graine verticale dans les fleurs
dépourvues de calice, déprimé à graine horizontale dans
les fleurs munies d'un calice. Graine à testa crustacé.
Embryon annulaire.

1. Fleurs femelles les unes à graine horizontale, les autres à
graine verticale ; valves fructifères membraneuses-réti-
culées, non soudées. † *A. hortensis* L. (A. des jardins).
Fleurs femelles toutes à graine verticale ; valves fructifères
herbacées, soudées inférieurement 2

2 . . . . *A. patula* L. emend. (A. étalée).
(*A. polymorpha* Coss. et G. de St.-P., Wedd. Cat. rais.).
Feuilles la plupart larges triangulaires ou rhomboïdales,
dentées ou entières, à base ord. tronquée et hastée . .
. . . . var. *hastata* (var. hastée).
(*A. hastata* L.; *A. latifolia* Whlnbg ; *A. patula* var. *latifolia*
Fl. Par. éd. 1 excl. syn. A. patula L.).
Feuilles la plupart oblongues-lancéolées, lancéolées-
linéaires ou linéaires, ord. entières, atténuées à la base ;
les inférieures seules souvent rhomboïdales-allongées, hastées à la base et présentant deux ou plusieurs dents . .
. . . . var. *patula* (var. étalée).
(*A. patula* L.; *A. angustifolia* Sm.; *A. polymorpha* var. *mixta*
et var. *angustifolia* Fl. Par. éd. 1 excl. syn. A. littoralis L.).

† BETA Tourn. — (BETTE).

Fleurs hermaphrodites. Sépales 5, soudés en un *calice* 5-fide,
urcéolé, *adhérent à la base de l'ovaire*, à tube s'épaississant et
devenant anguleux, les divisions restant membraneuses ou deve-

nant un peu charnues. Étamines 5, insérées sur l'anneau charnu
par l'intermédiaire duquel le calice est soudé avec la base de
l'ovaire. Styles 2, plus rarement 4-5. *Fruit* subglobuleux-dé-
primé, *renfermé dans le tube du calice qui est devenu ligneux-
drupacé ; à péricarpe induré*, soudé inférieurement avec le tube
du calice. *Graine* horizontale, déprimée, *à testa membraneux.*
Embryon annulaire.

    Tige dressée, robuste; feuilles radicales très amples, ovales-
      obtuses ; fleurs solitaires ou en glomérules 2-3-flores,
      disposées en longs épis effilés ; styles ord. 2 . . . .
    . . . . † *B. vulgaris* L. (B. commune).
    Racine cylindrique, dure ; feuilles à nervure moyenne
    charnue très épaisse, ord. blanche . . . .
    . . . . † var. *Cicla (var.* Poirée).
                        (*B. Cicla* auct.).
    Racine fusiforme ou napiforme, très grosse, charnue,
    rouge ou jaunâtre. . . † var. *rapacea (var.* Betterave).

        † SPINACIA Tourn. — (ÉPINARD).

Fleurs dioïques, très rarement hermaphrodites. — Fleur mâle :
Calice à 4-5 sépales presque libres. Étamines 4-5, insérées sur
le réceptacle. — Fleur femelle : Calice ord: à 2-4 *sépales soudés
en un tube ventru qui renferme l'ovaire. Styles 4*, capillaires,
soudés inférieurement. *Fruit* comprimé, *renfermé dans le calice*
induré ligneux, à sépales soudés *en forme de capsule indéhiscente,* tantôt subglobuleuse-comprimée dépourvue d'épines, tantôt
presque triangulaire et présentant 2-4 épines étalées. Graine
verticale, comprimée, à testa membraneux. Embryon annulaire.

    Feuilles ovales-oblongues ou à peine hastées, obtuses au
      sommet ; calices fructifères subglobuleux-comprimés,
      dépourvus d'épines ou ne présentant que des tubercules
      peu saillants . . . . . † *S. glabra* Mill. (É. glabre).
      (*S. oleracea* var. β. L.; *S. inermis* Mœnch ; Fl. Par. éd. 1).
    Feuilles triangulaires, hastées ou présentant de chaque côté
      une à deux dents, aiguës au sommet ; calices fructifères
      subtrigones, présentant 2-4 épines robustes divergentes.
    . . . . † *S. oleracea* L. (É. potager).
      (*S. oleracea* L. var. α; *S. oleracea* Mill.; *S. spinosa* Mœnch;
                     Fl. Par. éd. 1).

LXXIV. POLYGONÉES (Juss.).

Fleurs hermaphrodites, plus rarement unisexuelles par avortement. — Calice à sépales herbacés ou colorés, libres ou soudés dans une étendue variable, 5 plus rarement 4 imbriqués sur un seul rang, ou 6 plus rarement 4 disposés sur deux rangs et à préfloraison ord. valvaire dans chaque rang, presque égaux, ou les intérieurs plus grands s'accroissant en forme de valves. — *Étamines* insérées sur un disque glanduleux développé ou non en glandes placées entre les étamines; *en nombre égal à celui des sépales et aiors* disposées sur un seul rang et *alternant avec eux; ou en nombre plus grand* et disposées sur deux rangs, les extérieures alternant avec les sépales, et *les intérieures* (3 rarement 2) *étant opposées aux sépales intérieurs* et correspondant aux faces de l'ovaire; filets libres ou soudés à la base. — Styles en nombre égal à celui des angles de l'ovaire, 2-3, rarement 4, libres ou soudés dans leur partie inférieure, quelquefois très courts; stigmates capités, ou multifides à divisions disposées en pinceau. — Fruit (akène, caryopse) libre, plus rarement soudé à la base avec le calice, très rarement cohérent avec lui, uniloculaire, monosperme, indéhiscent, à péricarpe crustacé, comprimé-lenticulaire ou trigone, rarement tétragone, ord. recouvert par le calice persistant ou marcescent ou par les 3 sépales intérieurs développés en forme de valves. — Graine dressée, de même forme que le fruit. Périsperme farineux ou corné, épais. Embryon droit ou plus ou moins arqué, placé latéralement par rapport au périsperme, ou dans son épaisseur. Radicule dirigée vers le point diamétralement opposé au hile.

Plantes annuelles ou vivaces, herbacées, très rarement sous-frutescentes. Tiges souvent renflées au niveau des articulations. Feuilles alternes, entières ou entières-sinuées, crénelées, quelquefois ondulées, souvent hastées ou sagittées, à bords enroulés en dessous pendant la préfoliaison; *stipules soudées* d'une part

avec le pétiole et d'autre part soudées entre elles du côté opposé
dans toute leur longueur ou seulement dans leur partie inférieure,
de manière à constituer autour de la tige une gaine (ochrea) ord.
membraneuse complète ou fendue, souvent terminée par des cils.
Fleurs petites, verdâtres ou colorées, subsessiles ou pédicellées,
naissant à l'aisselle de bractées membraneuses, plus rarement à
l'aisselle des feuilles, disposées en fascicules, en faux verticilles,
en épis ou en grappes.

Les plantes de la famille des *Polygonées* renferment souvent
dans leurs racines, indépendamment des acides tannique et gallique, un principe résineux purgatif ; aussi présentent-elles des propriétés astringentes et toniques, en même temps qu'elles ont quelquefois une action purgative plus ou moins prononcée. La rhubarbe,
qui offre au plus haut degré l'association des vertus toniques et
purgatives, est fournie par la racine de plusieurs espèces du
genre *Rheum*, encore peu connues, originaires de l'Altaï, du
Tibet et de la Chine. — Dans les feuilles, et particulièrement
dans celles d'un grand nombre de *Rumex*, existe, en assez grandes
proportions, du bioxalate de potasse (souvent associé à l'oxalate
de chaux), auquel elles doivent leur saveur acidule et agréable et
leurs propriétés astringentes et tempérantes ; le *Polygonum Hydropiper* présente seul une saveur âcre et brûlante, due à un
principe volatil, et fait exception dans la famille. — Les fruits de
toutes les *Polygonées* contiennent de la fécule, du gluten, de la
gomme et du sucre, et peuvent être employés comme aliment,
pour peu que leur volume le permette ; ceux du *Polygonum aviculare* seul seraient doués de propriétés émétiques et purgatives.
— Le genre *Rumex* nous fournit l'Oseille commune (*R. Acetosa*),
qui est en même temps une plante alimentaire et un médicament
tempérant ; on l'a administrée autrefois comme antiseptique et
antiscorbutique ; aujourd'hui ses feuilles ne sont guère employées
en médecine que pour la préparation de bouillons rafraîchissants
administrés dans les fièvres bilieuses ou les inflammations légères
des organes digestifs et souvent donnés pour faciliter l'action des
purgatifs. Parmi nos espèces indigènes, les *R. scutatus* et *Acetosella* peuvent lui être substitués. Les *Rumex Patientia* (Patience),
crispus, *sanguineus* et *obtusifolius* étaient comptés au nombre
des médicaments dépuratifs et antiscorbutiques ; leur racine est
à la fois tonique et purgative. Le *R. Hydrolapathum*, jadis célèbre
sous le nom d'Herba Britannica, est aujourd'hui tombé dans l'ou-

bli ; il est doué des mêmes propriétés. Les fruits du Sarrasin, Blé-noir (*Fagopyrum esculentum* et *Tataricum*) remplacent le Blé dans quelques pays pauvres, sur quelques points de la Bretagne par exemple, et servent ailleurs à la nourriture de la volaille ; en enfouissant la plante par un labour, avant sa maturité, elle peut servir d'engrais et utilement amender le sol. La racine du *Poly-gonum Bistorta* (Bistorte) doit au tannin et à l'acide gallique qu'elle renferme d'énergiques propriétés astringentes et a con-servé son ancienne réputation. Les feuilles du *P. Hydropiper* (Poivre-d'eau) peuvent, étant pilées fraîches, servir à préparer des cataplasmes irritants. Les *P. Persicaria* et *aviculare* sont légèrement astringents. Le *P. amphibium* était autrefois employé comme diurétique, sa racine est quelquefois administrée comme succédané de la salsepareille. — Le *P. Orientale* est cultivé dans les jardins comme plante d'ornement.

1 Stigmates multifides, à divisions disposées en pinceau ; sé-pales intérieurs plus grands que les extérieurs, s'accrois-sant en forme de valves . . . . RUMEX. (1).

Stigmates capités, quelquefois très petits ; sépales presque égaux 2

2 Fruit dépassant peu ou ne dépassant pas le calice ; cotylé-dons étroits, jamais plissés-contournés. POLYGONUM. (2).

Fruit dépassant longuement le calice ; cotylédons larges, foliacés, plissés-contournés . . . FAGOPYRUM. (2 *bis*).

1. RUMEX L. — (RUMEX).

Fleurs hermaphrodites, polygames ou dioïques. Calice à *6 sépales* de consistance herbacée, disposés sur deux rangs ; *3 extérieurs* un peu soudés à la base ; *3 intérieurs* plus grands, connivents, *s'accroissant* après la floraison souvent *en forme de valves* membraneuses réticulées. Étamines 6, disposées sur un seul rang, alternes avec les sépales. Styles 3, filiformes, réfractés ; *stigmates* multifides, à divisions dispo-sées *en pinceau*. Fruit trigone, caché par les sépales inté-rieurs accrus en forme de valves et appliqués sur lui. Embryon plus ou moins arqué, placé latéralement par rap-port au périsperme.

1 Fleurs dioïques, plus rarement polygames ; styles soudés
avec les angles de l'ovaire ; feuilles hastées ou sagittées,
à saveur acide.   2

Fleurs hermaphrodites, plus rarement polygames ; styles
libres ; feuilles atténuées, arrondies, tronquées ou cordées
à la base, jamais hastées ni sagittées, à saveur herbacée
ou peu acide   4

2 Fleurs polygames ; feuilles toutes pétiolées, glauques sur
les deux faces, ovales-triangulaires ou ovales-suborbiculaires, environ aussi larges que longues . . . . .
. . . . * *R. scutatus* L. (R. à écusson).

Fleurs dioïques ; feuilles pétiolées, ou les supérieures ses-
siles-amplexicaules, vertes sur les deux faces ou glaucescentes seulement en dessous, beaucoup plus longues
que larges.   3

3 Feuilles à oreillettes parallèles ou un peu convergentes ;
calice fructifère à valves débordant très largement le fruit
dans tous les sens, à sépales extérieurs réfractés sur le
pédicelle . . . . . . *R. Acetosa* L. (R. Oseille).

Feuilles à oreillettes divergentes ou étalées horizontalement ; calice fructifère à valves ne dépassant pas le fruit
avec lequel elles sont étroitement cohérentes, à sépales
extérieurs appliqués sur les valves . . . .
. . . . *R. Acetosella* L. (R. Petite-Oseille).

4 Calice fructifère à valves entières ou denticulées à la base. 5
Calice fructifère à valves présentant de chaque côté deux
ou plusieurs dents subulées sétacées, plus rarement triangulaires-acuminées 11

5 Valves suborbiculaires, plus rarement ovales-suborbiculaires   6
Valves oblongues-lancéolées, ovales-triangulaires ou oblongues-triangulaires.   7

6 Feuilles ondulées-crépues . . . *R. crispus* L. (R. crépu).
Feuilles planes, ord. très amples. . . . .
. . . . † *R. Patientia* L. (R. Patience).

7 Valves ovales-triangulaires ou oblongues-triangulaires ;
 feuilles radicales et inférieures très amples, longues de
 4-8 décimètres. 8
 Valves lancéolées-oblongues ; feuilles n'atteignant jamais
 4 décimètres 9
8 Feuilles toutes atténuées aux deux extrémités . . . .
  . . . R. *Hydrolapathum* Huds. (R. Patience-d'eau).
 Feuilles radicales arrondies tronquées ou cordées à la base.
 . . . . ✱ R. *maximus* Schreb. (R. élevé).
9 Valves munies chacune d'un granule ovoïde ; faux verticilles
 accompagnés tous ou la plupart d'une feuille bractéale .
 . . . . . R. *conglomeratus* Murr. (R. aggloméré).
 Les deux valves intérieures dépourvues de granule ou à
 granule rudimentaire ; faux verticilles tous ou la plupart
 dépourvus de feuilles bractéales. 10
10 . . . . R. *sanguineus* L. (R. sanguin).
 Tige et nervures des feuilles d'un rouge de sang. . .
 . . . . . . † var. *sanguineus* (var. sanguine).
 Tige et nervures des feuilles vertes. . . . . . .
 . . . . . var. *nemorosus* (var. des forêts).
   (R. *nemorosus* Schrad.; Fl. Par. éd. 1).
11 Feuilles lancéolées étroites, atténuées à la base ; valves ne
 présentant que deux dents de chaque côté . . .12
 Feuilles ovales, oblongues ou suborbiculaires, quelquefois
 en forme de violon, arrondies ou cordées à la base ; valves
 présentant plus de deux dents de chaque côté. . . .13
12 Dents des valves égalant ou dépassant en longueur le diamètre longitudinal de la valve ; faux verticilles rapprochés ou confluents à la maturité. . . . . . .
 . . . . R. *maritimus* L. (R. maritime).
 Dents des valves plus courtes que le diamètre longitudinal
 de la valve ; faux verticilles un peu espacés à la maturité.
 . . . . . . ✱ R. *palustris* Sm. (R. des marais).
    (R. *limosus* Thuill.).
13 Tige ord. arquée, à rameaux divergents ou divariqués; faux
 verticilles espacés, tous ou la plupart accompagnés d'une
 feuille bractéale très petite. R. *pulcher* L. (R. élégant).
 Tige droite, à rameaux ord. dressés ; faux verticilles ord.
 rapprochés, tous ou la plupart dépourvus de feuilles bractéales . . . R. *obtusifolius* L. (R. à feuilles obtuses).
   (R. *Friesii* Gren. et Godr.).

2. POLYGONUM L. — (RENOUÉE).

Fleurs hermaphrodites. *Calice* de consistance ord. pétaloïde, *à 5* très rarement 4-3 *sépales* imbriqués sur un seul rang, soudés à la base, presque égaux, à peine accrescents, persistants-marcescents, ord. connivents et appliqués sur le fruit. *Étamines ord. en nombre plus grand que celui des sépales*, ord. 8, disposées sur deux rangs, les extérieures alternant avec les sépales, les intérieures (3-2) étant opposées aux sépales intérieurs. Styles 2-3, souvent courts ; *stigmates capités.* Fruit trigone ou comprimé-lenticulaire, ne dépassant pas ou dépassant peu le calice. Embryon plus ou moins arqué, placé latéralement par rapport au périsperme ; *cotylédons ord. linéaires.*

1 Feuilles cordées-sagittées ; tiges presque filiformes ord. volubiles 2
  Feuilles jamais cordées-sagittées ; tiges non volubiles . 3

2 Calice fructifère à sépales extérieurs carénés à carène non membraneuse ; tiges anguleuses-striées . . . . .
  . . . . *P. Convolvulus* L. (R. Liseron).
  Calice fructifère à sépales extérieurs carénés à carène ailée-membraneuse ; tiges cylindriques . . . .
  . . . . . . *P. dumetorum* L. (R. des buissons).

3 Fleurs solitaires axillaires ou fasciculées par 2-4 à l'aisselle des feuilles, les supérieures seules quelquefois dépourvues de feuilles ; stigmates 3, subsessiles 4
  Fleurs en grappes ou en épis pluriflores ou multiflores ; styles 2-3, soudés inférieurement 5

4 Rameaux feuillés jusqu'au sommet ; fruits non luisants, à faces finement striées. *P. aviculare* L. (R. des oiseaux).
  Rameaux dépourvus de feuilles dans leur partie supérieure ; fruits un peu luisants, à faces presque lisses . . . .
  . . . . * *P. Bellardi* All. (R. de Bellardi).

5 Plante vivace à souche traçante, ou épaisse contournée sur elle-même ; étamines longuement saillantes hors du calice 6
  Plante annuelle, à racine pivotante ; étamines incluses. . 7

6 Feuilles à limbe décurrent sur le pétiole ; fruits trigones,
  à angles tranchants.   .   * *P. Bistorta* L. (R. Bistorte).
  Feuilles à limbe non décurrent sur le pétiole ; fruits
  ovoïdes-comprimés.   . *P. amphibium* L. (R. amphibie).

8 Gaînes finement et brièvement ciliées, quelquefois dépourvues de cils ; fruits suborbiculaires-comprimés, concaves
  sur les deux faces. . . . .
  . . . *P. lapathifolium* L. (R. à feuilles de Patience).
  Gaînes longuement ciliées ; fruits les uns suborbiculaires-
  comprimés à faces convexes ou presque planes, les autres
  trigones . . . . *P. Persicaria* L. (R. Persicaire).

9 Calice chargé de points glanduleux ; plante à saveur âcre
  poivrée. . . . *P. Hydropiper* L. (R. Poivre-d'eau).
  Calice ne présentant pas de points glanduleux ; plante à
  saveur non poivrée 10

10 . . . . *P. mite* Schrank (R. douce).
        (*P. dubium* Stein.; Gren. et Godr.; *P. laxiflorum* Weihe').
  Fleurs en épis arqués-pendants ; tige de 4-9 décimètres.
  . . . . var. *mite* (var. douce).
  Fleurs très petites, en épis ord. dressés ; tige de 1-4 décim.; feuilles ord. très étroites . . . .
  . . . . * var. *minus* (var. mineure).
          (*P. minus* Huds.; *P. pusillum* Lmk).

† FAGOPYRUM Tourn. — (SARRASIN).

Fleurs hermaphrodites. *Calice* de consistance pétaloïde, à
5 *sépales* imbriqués sur un seul rang, soudés à la base, presque
égaux, marcescents, étalés même à la maturité. *Étamines en
nombre plus grand que celui des sépales*, 8, disposées sur deux
rangs, les extérieures alternant avec les sépales, les intérieures (3) étant opposées aux sépales intérieurs. Styles 3, ord. assez
longs ; *stigmates capités*. Fruit trigone, dépassant longuement
le calice. Embryon placé dans le périsperme ; *cotylédons larges
foliacés, plissés-contournés*.

Fleurs blanches ou rosées, en grappes courtes ; fruit à an-
gles entiers.   † *F. esculentum* Mœnch (S. comestible).
(*Polygonum Fagopyrum* L.; *F. vulgare* Nees jun.; Fl. Par. éd. 1).
Fleurs plus petites, d'un blanc verdâtre, en grappes allon-
gées interrompues ; fruit à angles sinués-dentés. .   .
.   .   .   .   .   † *F. Tataricum* Gærtn. (S. de Tartarie).
(*Polygonum Tataricum* L.).

---

† MORÉES (Endl.).

Fleurs unisexuelles, ord. monoïques, disposées en épis ou
renfermées dans un réceptacle commun charnu creux. — Fleur
mâle : Calice à 3-4 sépales presque égaux, soudés à la base ou
dans une étendue variable, à préfloraison imbriquée. Étamines
3-4, opposées aux sépales, insérées au fond du calice ; filets infléchis dans le bouton. — Fleur femelle : Calice à 4-5 sépales
soudés à la base ou dans une étendue variable. Ovaire non soudé
avec le calice, uniovulé, uniloculaire, ou biloculaire à loges
inégales la plus petite stérile. Styles 2 filiformes libres presque
jusqu'à la base et stigmatifères à la face interne, ou 1 style bifide
au sommet. — *Fruit* (akène, utricule, drupe) petit, entouré par
le calice membraneux, ou renfermé dans le calice charnu-succulent, *uniloculaire*, *monosperme*, *indéhiscent*, à péricarpe membraneux ou charnu. — *Graine* remplissant la cavité du péricarpe,
suspendue, à testa ord. crustacé. *Périsperme charnu. Embryon
plié*, placé dans le périsperme. Radicule rapprochée du hile.

Arbres ou arbrisseaux. Feuilles alternes, indivises ou lobées,
souvent dentées ou sinuées ; *stipules libres, caduques.* Fleurs
petites, verdâtres ou blanchâtres, en épis unisexuels caducs, ou
renfermées dans un réceptacle creux presque fermé ord. pyriforme caduc.

La séve est aqueuse dans le genre *Morus* ; elle est au contraire
laiteuse dans le genre *Ficus*, douce ou à peine âcre chez le *Ficus
Carica* (Figuier commun), elle est très âcre et vénéneuse chez
un assez grand nombre d'espèces exotiques ; chez d'autres espèces
elle est épaisse et en se coagulant forme du caoutchouc. — Les
fruits du *Morus nigra* (Mûrier noir) sont acidules et rafraîchissants ;
on en prépare un sirop fréquemment employé dans les affections

inflammatoires de la bouche et du pharynx. Le *Morus alba* (Mûrier blanc) est cultivé pour ses feuilles qui servent à la nourriture des vers-à-soie ; la racine de cet arbre est, dit-on, un puissant anthelminthique ; le Mûrier blanc et le Mûrier noir sont probablement tous deux originaires de la Chine. — Le *Ficus Carica*, originaire de l'Orient, cultivé en grand dans les provinces méridionales, demande à être abrité sous le climat de Paris ; les figues sont des fruits d'une saveur très agréable ; mais, pour qu'elles soient saines, il faut que leur maturité soit parfaite, car alors seulement disparaît le suc laiteux existant dans le réceptacle. Les figues sèches sont beaucoup plus sucrées ; on en prépare, en les associant ord. aux autres fruits béchiques, des tisanes rafraîchissantes d'un goût agréable. — Le *Broussonnetia papyrifera* (Mûrier-à-papier) est fréquemment planté dans les parcs comme arbre d'ornement ; avec son écorce on prépare le papier de Chine qui sert à l'impression des gravures en taille-douce.

Fleurs en épis unisexuels ; styles 2, distincts presque jusqu'à la base . . . . † MORUS.
Fleurs mâles et fleurs femelles renfermées dans un réceptacle creux pyriforme charnu ; style filiforme, bifide au sommet . . . . † FICUS.

† MORUS Tourn. — (MÛRIER).

Fleurs monoïques, *en épis unisexuels.* — Fleur mâle : Calice à 4 sépales soudés à la base, ovales, concaves, étalés lors de la floraison. Étamines 4. — Fleur femelle : Calice à 4 sépales libres, les extérieurs plus grands, devenant charnu-succulent à la maturité. Ovaire biloculaire, à loges inégales. Styles 2, filiformes allongés, stigmatifères à leur face interne. Fruit monosperme uniloculaire par avortement, à péricarpe membraneux ou un peu charnu, renfermé dans le calice. — *Épis femelles à calices charnus-succulents* et soudés entre eux à la maturité.

Épis femelles environ de la longueur du pédoncule, les fructifères blancs ou d'un blanc rosé. † *M. alba* L. (M. blanc).
Épis femelles beaucoup plus longs que le pédoncule, les fructifères d'un pourpre noirâtre. † *M. nigra* L. (M. noir).

† FICUS Tourn. — (FIGUIER).

Fleurs monoïques, *renfermées* en grand nombre *dans un ré-*

ceptacle ord. pyriforme, *creux, charnu, presque complétement
fermé* et ombiliqué au sommet, les supérieures mâles, les autres
femelles. — Fleur mâle : Calice à 3 sépales lancéolés membraneux, soudés dans leur partie inférieure. Étamines 3 ; filets capillaires. — Fleur femelle : Calice à 5 sépales soudés en un tube
décurrent sur le pédicelle. Ovaire obliquement stipité, uniloc-
laire ; style un peu latéral, filiforme, bifide au sommet. Fruits
très petits, monospermes, à péricarpe membraneux, entourés des
calices membraneux et renfermés dans le réceptacle accru et
devenu pulpeux-succulent.

> Arbre plus ou moins élevé, à suc laiteux ; feuilles très
> amples, palmatilobées à 3-7 lobes ; réceptacle fructifère
> assez gros, à pulpe sucrée. ✝ *F. Carica* L. (F. commun).

LXXV. CANNABINÉES (Endl.).

Fleurs dioïques. — Fleur mâle : Calice à 5 sépales
presque égaux, libres, à préfloraison imbriquée. *Étamines* 5,
opposées aux sépales, *insérées au fond du calice ;* filets filiformes très courts. — Fleur femelle : Calice persistant
plus ou moins accrescent, réduit à un seul sépale qui entoure ou embrasse l'ovaire. Style très court ou nul ; stigmates 2, filiformes allongés. — *Fruit* (akène) non soudé
avec le calice qui le renferme ou l'embrasse, petit, sec,
uniloculaire, monosperme ; à péricarpe crustacé, glandu-
leux-résineux *indéhiscent,* ou lisse s'ouvrant en 2 valves
par la pression. — *Graine suspendue,* à testa mince membraneux. *Périsperme nul. Embryon plié ou enroulé en spirale. Radicule rapprochée du hile.*

Plantes herbacées, annuelles à tige dressée, ou vivaces à
tiges volubiles. Feuilles opposées ou les supérieures alternes,
palmatilobées ou palmatiséquées à lobes dentés, plus rarement
indivises-dentées ; *stipules* persistantes ou caduques, libres ou
soudées deux à deux. Fleurs petites, verdâtres ; les mâles en
grappes et en panicules ; les femelles en glomérules feuillés pauciflores, ou en épis compactes ovoïdes en forme de côné par lé

développement des bractées et des sépales qui deviennent membraneux-foliacés.

Le Chanvre (*Cannabis sativa*) est cultivé de temps immémorial pour les fibres textiles de son écorce (filasse) avec lesquelles on fabrique les cordages ; il n'y a pas plus de trois siècles que le fil de Chanvre est employé pour tisser la toile, qui antérieurement était exclusivement faite avec le Lin. Toutes les parties du Chanvre exhalent une odeur pénétrante et vireuse, et lorsqu'on reste exposé pendant quelque temps aux émanations d'une chènevière un peu étendue on peut en éprouver une véritable ivresse. Les propriétés enivrantes de la plante sont d'autant plus développées qu'elle est cultivée dans un sol plus sec et dans un pays plus chaud ; les Orientaux préparent avec ses feuilles le hachich, substance dont l'ingestion dans l'estomac provoque généralement une sorte d'ivresse voluptueuse ; quelques Arabes en fument les feuilles et les sommités, mais cette habitude, que réprouvent les musulmans fervents, finit par déterminer des accidents analogues à ceux qu'éprouvent les fumeurs d'opium. Le fruit du Chanvre (chènevis) sert à la nourriture des oiseaux de volière et de basse-cour ; il renferme une huile grasse surtout employée en peinture et pour la préparation du savon. — Les sépales des épis fructifères du Houblon (cônes de Houblon) sécrètent une substance résineuse qui se compose d'une huile volatile âcre, d'une résine aromatique et d'une substance extractive amère (lupuline) ; c'est cette substance qui communique à la bière ses propriétés stimulantes. L'infusion des cônes de Houblon, la poudre, l'extrait et la teinture de Houblon sont des médicaments toniques, légèrement narcotiques, employés dans le traitement des affections scrofuleuses et des maladies chroniques de la peau.

Embryon plié ; plante annuelle, à tige dressée .   .   .
.   .   .   .   † CANNABIS. (1′).
Embryon enroulé en spirale ; plante vivace, à tiges volubiles.   .   .   .   .   HUMULUS. (1).

† CANNABIS Tourn. — (CHANVRE).

Fleurs dioïques. — Fleurs mâles : Calice à 5 sépales presque égaux. Étamines 5 ; anthères pendantes. — *Fleurs femelles accompagnées chacune d'une petite bractée* : Calice réduit à un seul sépale enroulé autour de l'ovaire et renflé à la base. Akène subglobuleux un peu comprimé, à péricarpe se partageant en deux valves par la pression. *Embryon plié.*

> Plante annuelle ; tige dressée, atteignant ord. 1-2 mètres ; feuilles palmatiséquées, à 5-7 segments lancéolés-acuminés ou linéaires-lancéolés ; fleurs femelles en glomérules feuillés pauciflores.   ♂ *C. sativa* L. (C. cultivé).

1. HUMULUS L. — (Houblon).

Fleurs dioïques. — Fleurs mâles : Calice à 5 sépales presque égaux. Étamines 5 ; anthères dressées. — *Fleurs femelles disposées par paires à l'aisselle de bractées membraneuses-foliacées* accrescentes : Calice réduit à un seul sépale squamiforme embrassant l'ovaire s'accroissant beaucoup et devenant membraneux-foliacé à la maturité. Akène ovoïde un peu comprimé. *Embryon à cotylédons linéaires enroulés en spirale.* — Fleurs femelles en *épis* compactes ovoïdes ou subglobuleux, les *fructifères en forme de cône* à la maturité par le développement des sépales et des bractées.

> Plante vivace ; tiges volubiles, atteignant ord. plusieurs mètres ; feuilles cordées, palmatilobées à 3-5 lobes ovales-acuminés, plus rarement indivises-dentées ; fleurs femelles en épis compactes pédonculés, en forme de cône à la maturité .   .   . *H. Lupulus* L. (H. grimpant).

LXXVI. ULMACÉES (Mirb.).

Fleurs hermaphrodites. — Calice marcescent, gamosépale, campanulé ou turbiné, à limbe dressé, à 5 plus rarement 4-8 lobes égaux, à préfloraison imbriquée. — Étamines 5, plus rarement 4-8, insérées à la base du calice et opposées à ses lobes. — *Ovaire* comprimé, *biloculaire, à loges uniovulées,* l'une des loges stérile par avortement. Styles 2, larges, divergents, stigmatifères à leur face interne dans toute leur longueur. — *Fruit* (samare) non soudé avec le calice, sec, *comprimé, largement membraneux dans toute sa circonférence*, uniloculaire et monosperme par avortement, *indéhiscent*. — *Graine suspendue*, à testa membraneux, à raphé saillant. *Périsperme nul. Embryon droit.* Radicule courte, dirigée vers le hile.

Arbres. Feuilles alternes ; *stipules* libres, caduques. Fleur assez petites, en fascicules latéraux sessiles, paraissant avant les feuilles.

Le bois d'Orme (*Ulmus campestris*) est dur et rougeâtre ; il est employé surtout dans les ouvrages de charronnage ; on en fait généralement les moyeux des roues. L'écorce renferme un principe astringent et a été autrefois préconisée contre l'hydropisie et les affections de la peau, mais elle n'est plus que rarement usitée aujourd'hui.

1. ULMUS L. — (ORME).

Calice membraneux, campanulé ou turbiné, à 5 plus rarement 4-8 lobes. Étamines 5, plus rarement 4-8. Fruit sec, comprimé, largement membraneux en forme d'aile dans toute sa circonférence, uniloculaire et monosperme par avortement.

Fruits subsessiles, glabres . . . .
. . . . *U. campestris* L. (O. champêtre).
Fruits longuement pédicellés, velus-ciliés aux bords . .
. . . . . † *U. effusa* Willd. (O. à fleurs éparses).

LXXVII. URTICÉES (Juss.).

Fleurs monoïques ou dioïques, rarement polygames. — Fleur hermaphrodite et fleur mâle : Calice à 4 sépales presque égaux, concaves, libres ou soudés inférieurement, s'accroissant ou non après la floraison, à préfloraison imbriquée. *Étamines* 4, *opposées aux sépales*, insérées au centre de la fleur ou hypogynes ; filets repliés en dedans avant

20.

l'épanouissement, puis s'étalant avec élasticité. Ovaire développé dans la fleur hermaphrodite, nul ou rudimentaire dans la fleur mâle. — Fleur femelle : Calice persistant, à 4 sépales libres ord. très inégaux les 2 extérieurs très petits, ou composé de sépales soudés inférieurement. Style assez long ou court ; stigmate ord. en pinceau. — *Fruit* (akène) non soudé avec le calice, petit, renfermé dans le calice, sec, *uniloculaire, monosperme, indéhiscent*, à péricarpe crustacé ou membraneux. — *Graine dressée*, à testa membraneux ord. soudé avec le péricarpe. *Périsperme charnu*, mince ou épais. *Embryon droit*, placé dans le périsperme. Radicule dirigée vers le point diamétralement opposé au hile.

Plantes annuelles ou vivaces, *herbacées*, à suc aqueux. Feuilles opposées ou alternes, dentées ou entières ; *stipules* petites, *non soudées avec le pétiole*, libres entre elles ou soudées en 2 stipules interpétiolaires. Fleurs petites, verdâtres, en glomérules axillaires, ou en grappes simples ou rameuses.

Les poils urticants des espèces du genre *Urtica* (Ortie), dont la piqûre cause à la peau une sensation de brûlure, doivent cette propriété à un liquide âcre sécrété par les glandes dont ils sont une dépendance. On a recours quelquefois à la flagellation avec des Orties fraîches pour produire une révulsion énergique dans les cas de paralysie ; mais l'urtication, beaucoup plus douloureuse que les sinapismes, n'a pas une action plus efficace. Le suc des Orties a une saveur aigrelette et est un peu astringent ; aussi prescrivait-on autrefois ces plantes en infusion contre la diarrhée et d'autres affections ; elles sont aujourd'hui complétement inusitées. Dans quelques pays du nord, d'après Linné, on mange comme légume les jeunes pousses de l'*Urtica dioica* (Grande Ortie) ; en France, après les avoir hachées, on les mêle avec du son pour en nourrir les jeunes volailles ; les tiges adultes de cette espèce peuvent fournir une filasse grossière. Quelques espèces exotiques appartenant au genre *Urtica* ou à des genres voisins servent à la fabrication de tissus très fins et très résistants. — La Pariétaire (*Parietaria officinalis*), dont le suc renferme en assez grandes proportions de l'azotate de potasse, possède des propriétés diurétiques assez prononcées.

Calice de la fleur femelle à 4 sépales presque libres, inégaux, les extérieurs très petits ; feuilles dentées ; plante
hérissée de poils roides piquants. . . . URTICA. (1).
Calice de la fleur femelle tubuleux-renflé, 4-partit; feuilles
entières ou entières-sinuées ; plante pubescente à poils
non piquants. . . . . PARIETARIA. (2).

1. URTICA Tourn. — (ORTIE).

Fleurs monoïques ou dioïques. — Fleur mâle : Calice à
4 sépales presque égaux, soudés inférieurement, étalés
lors de la floraison. Étamines 4. — *Fleur femelle : Calice à
4 sépales soudés à la base ou presque libres entre eux, les
extérieurs plus petits*, les intérieurs dressés renfermant
l'akène et s'accroissant quelquefois après la floraison. —
*Plantes hérissées de poils roides renfermant un liquide
caustique très irritant.*

1 Fleurs femelles en têtes globuleuses pédonculées; calices
  fructifères à sépales intérieurs très développés en forme
  de capuchon. . . . *U. pilulifera* L. (O. à pilules).
  Fleurs en grappes simples ou rameuses; calices fructifères à sépales non développés en forme de capuchon . 2

2 Plante vivace ; fleurs mâles et fleurs femelles portées sur
  des individus différents ; grappes longues et pendantes.
  . . . . *U. dioica* L. (O. dioïque).
  Plante annuelle ; fleurs mâles et fleurs femelles réunies
  dans une même grappe ; grappes courtes. . . . . .
  . . . . *U. urens* L. (O. brûlante).

2. PARIETARIA Tourn. — (PARIÉTAIRE).

Fleurs polygames, les unes hermaphrodites, les autres
femelles, *accompagnées* chacune *de 4-3 bractées* herbacées
libres ou plus ou moins soudées *en forme d'involucre.* —
*Fleur hermaphrodite : Calice à 4 sépales presque égaux
soudés dans leur partie inférieure, s'accroissant après la
floraison et ord. allongé-cylindrique.* Étamines 4. Ovaire
comme dans les fleurs femelles. — *Fleur femelle : Calice
tubuleux-renflé, 4-partit, persistant, à divisions connivantes*

non accrescentes. Ovaire à style court ou allongé. — Feuilles entières ou entières-sinuées.

Plante pubescente ; tiges nombreuses, plus rarement solitaires ; fleurs en cymes contractées en glomérules ; l'ensemble des bractées d'un groupe de trois fleurs se soudant
en un involucre irrégulier plus court que les fleurs hermaphrodites . . . *P. officinalis* L. (P. officinale).
Tiges étalées ou ascendantes-diffuses, ord. rameuses;
feuilles ovales ou ovales-oblongues, rétrécies inférieurement . . . . var. *diffusa* (*var*. diffuse).
                              (*P. diffusa* Mert. et Koch).
Tiges dressées, ord. simples ; feuilles oblongues ou lancéolées, longuement rétrécies dans leur partie inférieure.
. . . . var. *erecta* (*var*. dressée).
(*P. erecta* Mert. et Koch ; *P. officinalis* var. *longifolia* Fl. Par. éd. 1).

LXXVIII. SANGUISORBÉES (Juss.).

Fleurs hermaphrodites, polygames ou monoïques. —
Calice à 4 rarement 5 sépales soudés en tube dans leur
partie inférieure, à tube non soudé avec l'ovaire, à préfloraison valvaire; sépales quelquefois munis de stipules
soudées deux à deux et adhérant inférieurement au tube
du calice de manière à former des divisions alternant avec
eux. — *Étamines* 4, ou moins par avortement, ou en
nombre indéfini, *insérées sur* un disque annulaire qui rétré-
cit *la gorge du calice* ; anthères bilobées, plus rarement
unilobées s'ouvrant par une fente transversale. — Styles
en nombre égal à celui des carpelles, terminaux, plus
rarement basilaires, à stigmate capité ou en pinceau.
— *Fruit* non soudé avec le calice, *constitué par 1-2 plus
rarement 3-4 carpelles distincts monospermes indéhiscents
renfermés dans le tube* induré *du calice.* — Graine suspendue, plus rarement dressée. Périsperme nul. Embryon
droit. Radicule dirigée vers le hile, plus rarement vers le
point diamétralement opposé au hile.

Plantes herbacées, vivaces, plus rarement annuelles. Feuilles alternes ou éparses, simples palmatilobées, ou imparipinnées à folioles pétiolulées ; *stipules soudées au pétiole* dans une étendue variable, ord. foliacées. Fleurs très petites, disposées en cymes corymbiformes terminales, en fascicules latéraux, ou en épis ovoïdes ou oblongs très compactes terminaux.

Le *Sanguisorba officinalis* et le *Poterium Sanguisorba* (Pimprenelle) sont doués de propriétés astringentes ; les feuilles de la Pimprenelle ont une saveur aromatique assez agréable, aussi cultive-t-on cette plante comme condiment dans les jardins potagers. L'*Alchemilla vulgaris* (Alchemille), dont le suc est amer et astringent, était autrefois employé comme tonique. On attribuait des propriétés diurétiques à l'*Alchemilla arvensis*, dont le suc est amer et un peu âcre.

1 Calice à 8-10 divisions ; fleurs pédicellées, disposées en cymes corymbiformes, ou en fascicules opposés aux feuilles . . . . ALCHEMILLA. (1).

Calice à 4 divisions ; fleurs sessiles, disposées en épis compactes 2

2 Étamines 4 ; fleurs hermaphrodites. SANGUISORBA. (2).

Étamines 20-30 ; fleurs monoïques ou polygames dans un même épi . . . . POTERIUM. (3).

1. ALCHEMILLA Tourn. — (ALCHEMILLE).

Fleurs hermaphrodites. Calice à 8 rarement 10 divisions disposées sur deux rangs, celles du rang extérieur beaucoup plus petites (extrémités libres des divisions d'un calicule soudé avec le tube du calice). Étamines 4-1, alternes avec les divisions principales du calice (sépales) ; anthères unilobées, s'ouvrant par une fente transversale. Style partant de la base du carpelle ; stigmate capité. Akènes 1 rarement 2, renfermés dans le tube cylindrique du calice. Graine dressée. Embryon à radicule dirigée vers le point diamétralement opposé au hile. — Feuilles palmatilobées ou palmatipartites. *Fleurs disposées en cymes corymbiformes, ou en fascicules opposés aux feuilles.*

Fleurs disposées en fascicules sessiles opposés aux feuilles
et étroitement embrassés par les stipules. . . . . .
. . . . A. *arvensis* Scop. (A. des champs).
                              (*Aphanes arvensis* L.).
Fleurs disposées en cymes corymbiformes terminales et
latérales. . . . . . * A. *vulgaris* L. (A. commune).

2. SANGUISORBA L. — (SANGUISORBE).

Fleurs hermaphrodites. *Calice à 4 divisions. Étamines* 4,
opposées aux divisions du calice ; anthères bilobées, s'ouvrant par deux fentes longitudinales. Ovule réfléchi. Style 1,
terminal ; stigmate dilaté, hérissé de papilles ou brièvement
pectiné. Akène 1, renfermé dans le tube du calice tétragone induré-subéreux. Graine suspendue. Embryon à radicule dirigée vers le hile. — *Feuilles imparipinnées. Fleurs
en épis terminaux.*

Fleurs à limbe du calice d'un pourpre foncé ; étamines
égalant environ les divisions du calice. . . . . .
. . . . * S. *officinalis* L. (S. officinale).

3. POTERIUM L. — (PIMPRENELLE).

Fleurs monoïques ou polygames. Calice à 4 divisions. *Étamines 20-30 ;* anthères bilobées, s'ouvrant par deux fentes
longitudinales. Ovule réfléchi. Styles 2, rarement 3, terminaux ; stigmates en pinceau. Akènes 2, rarement 3, renfermés dans le tube du calice tétragone induré-subéreux.
Graine suspendue. Embryon à radicule dirigée vers le hile.
— *Feuilles imparipinnées. Fleurs en épis terminaux.*

Fleurs à limbe du calice verdâtre mêlé de pourpre ; étamines dépassant très longuement le calice. . . . .
. . . . P. *Sanguisorba* L. (P. Sanguisorbe).
Calice fructifère à faces faiblement réticulées . . . .
. . . . . var. *dictyocarpum* (var. à fruit réticulé).
                              (P. *dictyocarpum* Spach).
Calice fructifère ord. plus gros, à faces fortement réticu-
lées-alvéolées. var. *muricatum* (var. à fruit muriqué).
                              (P. *muricatum* Spach).

LXXIX. THYMÉLÉACÉES (Juss.).

Fleurs hermaphrodites, plus rarement unisexuelles par
avortement. — Calice herbacé, ou coloré souvent pétaloïde, libre, caduc ou persistant-marcescent, gamosépale,
tubuleux ou infundibuliforme, à limbe 4-5-fide, à lobes
presque égaux, à préfloraison imbriquée. — Étamines
en nombre double de celui des divisions du calice (8-10);
sur deux rangs, celles du rang inférieur insérées sur le
tube alternant avec les divisions, celles du rang supérieur
insérées à la gorge leur étant opposées; ou en nombre
égal à celui des divisions du calice (par l'avortement du
rang inférieur), quelquefois en nombre moindre par avortement. — Style filiforme, court, souvent un peu latéral;
stigmate capité. — *Fruit non soudé avec le calice, sec
indéhiscent, ou drupacé, uniloculaire, monosperme*, à endocarpe crustacé, nu ou enveloppé par le calice. — Graine
suspendue, remplissant la cavité de la loge. *Périsperme nul
ou presque nul. Embryon droit.* Radicule dirigée vers le hile.

Sous-arbrisseaux ou plantes herbacées. Feuilles alternes ou
éparses, plus rarement opposées, sessiles ou atténuées en
pétiole, entières; *stipules nulles.* Fleurs verdâtres ou colorées,
axillaires, latérales ou terminales, solitaires, en fascicules, en
grappes, en glomérules ou en épis.

Les espèces du genre *Daphne* renferment un principe âcre, de
nature résinoïde, volatil, soluble dans les huiles, les graisses et
l'éther. L'écorce de la plupart de ces plantes, appliquée à l'extérieur, fraîche ou après avoir été macérée dans l'eau ou le vinaigre, produit, selon la durée de l'application, la rubéfaction,
la vésication et même l'ulcération de la peau. Les deux espèces
les plus usitées pour leur action vésicante sont le *Daphne Gni-
dium* (Garou, Sain-bois), plante répandue dans le midi de la
France, et le *D. Mezereum* (Bois-gentil); on n'a guère recours
à l'écorce de ces deux arbustes pour produire la vésication que
dans les cas où l'on aurait à craindre l'irritation de la vessie que
les cantharides déterminent habituellement; on en fait, au contraire, un usage fréquent pour la préparation de pommades

épispastiques servant à entretenir la suppuration des exutoires. Prises à l'intérieur, à très faible dose, l'écorce, les feuilles et les baies des *Daphne* sont émétiques et purgatives, mais on ne doit les prescrire qu'avec une extrême réserve, car à dose plus forte elles agissent comme poison irritant et peuvent déterminer la mort.

Fruit sec, renfermé dans le calice. . . .THYMELÆA. (1).
Fruit charnu-pulpeux; calice marcescent, puis caduc. . .
. . . . DAPHNE. (2).

1. THYMELÆA Tourn. — (THYMÉLÉE).

Fleurs hermaphrodites, plus rarement unisexuelles par avortement. Calice herbacé ou coloré, ord. persistant, in-fundibuliforme à tube urcéolé, ou infundibuliforme tubu-leux, à limbe 4-fide. Étamines 8, insérées sur deux rangs. Style terminal ou latéral. *Fruit sec, renfermé dans le calice.*

Plante annuelle; feuilles petites, lancéolées-linéaires; fleurs verdâtres, axillaires, solitaires ou fasciculées par 2-5; style terminal. . * *T. Passerina* (T. Passerine). (*Stellera Passerina* L.; *Passerina arvensis* Lmk; *P. Stellera* Fl. Par. éd. 1).

2. DAPHNE L. — (DAPHNÉ).

Fleurs hermaphrodites. *Calice* coloré pétaloïde, plus rarement vert ou d'un jaune verdâtre, marcescent puis caduc, infundibuliforme, à limbe 4-fide. Étamines 8, insé-rées sur deux rangs. Style terminal. *Fruit drupacé.* — Sous-arbrisseaux.

Fleurs d'un jaune verdâtre, glabres, en petites grappes axillaires; fruit noir. . * *D. Laureola* L. (D. Lauréole).

Fleurs roses ou d'un pourpre rougeâtre, plus rarement blanches, pubescentes, naissant avant les feuilles et dis-posées par fascicules 2-3-flores; fruit rouge. . . . . . . * *D. Mezereum* L. (D. Bois-gentil).

LXXX. HIPPURIDÉES (Link).

Fleurs hermaphrodites. — Calice gamosépale, tubuleux à tube soudé avec l'ovaire, à partie libre formant un rebord peu distinct. — *Étamine 1, insérée au sommet du tube du calice* du côté extérieur. — Style subulé, stigmatifère à la face interne. — *Fruit soudé avec le tube du calice,* couronné par le rebord du calice, *uniloculaire, monosperme, indéhiscent,* un peu charnu, à noyau osseux. — Graine suspendue, remplissant la cavité de la loge. Périsperme réduit à une couche très mince. Embryon droit, cylindrique, à cotylédons très courts. Radicule dirigée vers le hile.

Plante vivace, herbacée, *aquatique. Feuilles verticillées,* sessiles, linéaires, entières. Fleurs très petites, axillaires solitaires.

1. HIPPURIS L. — (PESSE).

Mêmes caractères que ceux de la famille.

Rhizome horizontal, spongieux ; feuilles verticillées par 8-13 ; fleurs petites, vertes. . . . .
. . . . * *H. vulgaris* L. (P. commune).

LXXXI. SANTALACÉES (R. Br.).

Fleurs hermaphrodites, plus rarement polygames-dioïques. — Calice persistant, gamosépale, tubuleux, à tube soudé avec l'ovaire, à limbe 4-5-fide, plus rarement 3-fide, à préfloraison valvaire. — Étamines 4-5, plus rarement 3, insérées à la base des lobes du calice auxquels elles sont opposées ou insérées sur un disque épais. — *Ovaire soudé avec le tube du calice, uniloculaire, 2-4-ovulé.* Ovules suspendus à l'extrémité d'un placenta filiforme libre qui part du fond de la loge, un seul se développant. Style filiforme. — *Fruit* sec ou drupacé, *uniloculaire, monosperme par avortement, indéhiscent,* surmonté du limbe du calice. — Graine suspendue, remplissant la cavité de

24

la loge, à testa membraneux soudé avec le péricarpe.
Périsperme charnu, épais. *Embryon droit*, placé dans le
périsperme. Radicule dirigée vers le hile.

Plantes vivaces, herbacées ou sous-frutescentes. *Feuilles alternes*, sessiles, lancéolées ou linéaires, entières, épaisses ou coriaces,
planes ou trigones ; *stipules nulles*. Fleurs petites, verdâtres, en
épis, en grappes ou en panicules, plus rarement subsolitaires
axillaires.

1. THÉSIUM L. — (Trésion).

Fleurs hermaphrodites. Calice 5-lobé plus rarement
4-lobé, à lobes présentant un faisceau de poils au niveau
de l'insertion de chaque étamine. Étamines 5, plus rarement 4. Fruit sec, à surface herbacée, monosperme par
avortement, surmonté du limbe du calice qui s'est plus ou
moins enroulé en dedans.

Plante vivace ; feuilles linéaires ; fleurs en cymes pédonculées, disposées en grappe ou en panicule terminale ;
fruit à nervures secondaires à peine moins saillantes que
les nervures primaires, surmonté du limbe du calice
enroulé en forme de tubercule . . . .
. . . . . . *T. humifusum* DC. emend. (T. couché).
(*T. divaricatum* Alph. DC.).

Tiges étalées ou ascendantes-diffuses ; cymes ord. uniflores, en grappe ou en panicule peu rameuse étroitement pyramidale ; fruit subsessile ou à pédicelle ord.
3-4 fois plus court que lui . . . .
. . . . var. *humifusum* (var. couchée).
(*T. humifusum* Rchb.; *T. divaricatum* var. *Gallicum*
et var. *gracile* Alph. DC.).

.Tiges dressées ou ascendantes, assez roides ; cymes uni-
biflores, en panicule pyramidale ; fruit à pédicelle égalant
environ la moitié de sa longueur. . . . .
. . . . * var. *divaricatum* (var. divariquée).
(*T. divaricatum* Jan ; Koch).

LXXXII. ARISTOLOCHIÉES (Juss.).

Fleurs hermaphrodites. — *Calice* gamosépale, à tube soudé avec l'ovaire ; régulier, *à limbe 3-fide* persistant, à préfloraison valvaire ; *ou irrégulier*, à tube longuement prolongé au-dessus de l'ovaire, *à limbe* évasé obliquement *en languette*, ord. se coupant circulairement au-dessus de l'ovaire après la floraison. — *Étamines* ord. *12-6*, *insérées sur le disque qui revêt le sommet de l'ovaire ;* filets courts ou nuls ; anthères extrorses, quelquefois surmontées par un prolongement du connectif, libres, ou soudées au style par leur dos. — Style court en colonne, à 6 lobes (stigmates). — *Fruit soudé avec le tube du calice,* coriace, capsulaire, *à 6 loges polyspermes,* irrégulièrement *déhiscent,* ou à déhiscence septicide rarement septifrage s'ouvrant en 6 valves, couronné par le limbe persistant du calice ou présentant au sommet une cicatrice qui résulte de la chute de la partie supérieure du tube. — Graines insérées à l'angle interne des loges, presque horizontales, le plus souvent minces, quelquefois anguleuses, planes ou en nacelle, à raphé ord. développé sous forme de bande saillante ou ailée. Périsperme épais, constituant presque toute la masse de la graine. Embryon très petit, placé dans le périsperme vers le hile. Radicule dirigée vers le hile.

Plantes vivaces, ord. herbacées, quelquefois presque acaules. Feuilles opposées ou alternes, entières ou entières-cordées ; stipules nulles. Fleurs solitaires terminales, ou axillaires solitaires ou fasciculées.

L'*Asarum Europæum* (Asaret, Cabaret) était un médicament important avant la découverte de l'émétique et de l'ipécacuanha ; les feuilles et la racine, en poudre ou en infusion, agissent énergiquement comme émétiques ; la dessiccation faisant en grande partie disparaître les propriétés purgatives de la racine, elle doit être employée fraîche. On prépare avec les feuilles une poudre sternutatoire pour rappeler le flux nasal ; mais, en raison de son âcreté, cette poudre ne doit être administrée qu'avec précaution. — Les racines de plusieurs espèces du genre *Aristolo-*

chia, chez lesquelles les principes amers et aromatiques l'emportent sur le principe âcre, étaient autrefois employées comme médicaments stimulants, et l'on a attribué à quelques espèces exotiques des vertus spécifiques contre la morsure des serpents venimeux. L'*A. Clematitis*, dont la racine présente une âcreté assez prononcée, est sans usage dans la médecine moderne. — L'*A. Sipho* est une des plus belles plantes grimpantes qui font l'ornement des tonnelles de nos jardins.

Plante presque acaule ; calice à limbe trifide ; étamines 12, à anthères libres . . . . ASARUM. (1).

Plante à tiges dressées ; calice à tube s'épanouissant au sommet en une languette unilatérale ; étamines 6, à anthères soudées au style par leur dos. ARISTOLOCHIA. (2).

1. ASARUM Tourn. — (ASARET).

Calice campanulé-urcéolé, *à limbe trifide, à lobes égaux*, persistant. *Étamines 12 ;* filets courts, libres ; *anthères libres*, surmontées d'un prolongement subulé du connectif. Style en colonne, profondément divisé en 6 branches stigmatiques. *Capsule surmontée du limbe persistant du calice*, irrégulièrement déhiscente. — Feuilles opposées, naissant sur des tiges très courtes.

Rhizome longuement traçant, à odeur de poivre très prononcée ; feuilles réniformes, longuement pétiolées ; fleurs solitaires terminales, d'un pourpre noirâtre . . . .
. . . . * *A. Europæum* L. (A. d'Europe).

2. ARISTOLOCHIA Tourn. — (ARISTOLOCHE).

Calice tubuleux, *à tube* présentant un renflement subglobuleux au niveau des étamines, puis *s'épanouissant au sommet en une languette unilatérale*, se coupant ord. circulairement au-dessus de l'ovaire après la floraison. *Étamines 6 ;* anthères sessiles, *soudées au style par leur dos*. Style soudé en colonne avec les anthères, ord. à 6 lobes stigmatiques surmontant les anthères. *Capsule ombiliquée*, à déhiscence septicide, à 6 valves. — Feuilles alternes.

Feuilles ovales ou ovales-triangulaires, cordées à la base ;
fleurs jaunâtres, en fascicules axillaires ; calice à tube
presque droit, s'épanouissant en une languette lancéolée ;
capsule grosse, pendante. *A. Clematitis* L. (A. Clématite).

LXXXIII. EUPHORBIACÉES (Juss.).

Fleurs unisexuelles, monoïques ou dioïques, quelquefois
dépourvues d'enveloppe florale, et alors réunies dans un
involucre commun de manière à simuler une fleur hermaphrodite, une seule fleur femelle étant entourée de plusieurs fleurs mâles réduites chacune à une seule étamine.
— Calice caduc ou marcescent, non soudé avec l'ovaire,
à 3 - 5 sépales, rarement plus ou moins, libres ou soudés
inférieurement, à préfloraison valvaire ou imbriquée, ou
nul. — Corolle nulle (dans nos espèces). — Fleur mâle :
Étamines en nombre indéfini, ou défini et alors ord. opposées
aux sépales, insérées au centre de la fleur ou sous le rudiment de l'ovaire. — Fleur femelle : Ovaire libre ; *styles 3,
plus rarement 2,* libres ou soudés, *entiers ou bifides.* —
Fruit libre, capsulaire, *à 3 plus rarement 2 loges monospermes* ou dispermes, les loges (coques) *se détachant* ord.
d'un axe central persistant et s'ouvrant avec élasticité selon
la nervure moyenne, plus rarement à loges indéhiscentes
ou soudées en une capsule à déhiscence loculicide. —
Graines suspendues à l'angle interne des loges, présentant
un faux arille qui constitue un épaississement charnu ord.
au niveau du micropyle. *Périsperme charnu,* plus ou moins
épais. *Embryon droit* ou presque droit, placé dans le périsperme. Radicule dirigée vers le hile.

Plantes annuelles ou vivaces, plus rarement arbres ou arbrisseaux. Feuilles alternes, éparses ou opposées, entières ou dentées, plus rarement lobées, quelquefois persistantes ; *stipules*
ord. *nulles.* Fleurs ord. peu apparentes, solitaires, en glomérules,
en épis ou en panicules, les mâles et les femelles quelquefois

réunies dans un involucre caliciforme et simulant une fleur hermaphrodite à ovaire pédicellé.

La plupart des *Euphorbiacées* renferment un suc propre laiteux, très âcre, qui doit ses propriétés actives à un principe résinoïde volatil, tenu en dissolution, avec du caoutchouc, des sels, etc., dans du mucilage et une huile grasse. Aussi, dans cette famille, les plantes chez lesquelles le suc laiteux est le plus abondant, sont celles qui offrent au plus haut degré les propriétés âcres, caustiques, émétiques, purgatives ou drastiques, l'un de ses caractères les plus généraux. Par la dessiccation, le principe âcre perd beaucoup de son intensité : ainsi certaines de nos Euphorbes indigènes, qui, prises à l'intérieur, seraient, à l'état frais, de véritables poisons, n'agissent-elles plus, à l'état sec, que comme substances purgatives et émétiques plus ou moins énergiques ; la racine du *Jatropha Manihot* (Manioc), qui, fraîche, serait un poison dangereux, étant privée du suc propre, par l'expression et la cuisson ou la torréfaction, devient un des aliments dont l'usage est le plus général en Amérique ; la fécule qui se dépose dans les lavages de la racine de Manioc, réduite en pulpe, constitue le tapioca. Les Mercuriales et le Buis, dont le suc n'est pas laiteux, n'offrent pas, à beaucoup près, des propriétés aussi actives que les espèces du genre Euphorbe. — Les graines des *Euphorbiacées* renferment toutes une huile grasse douée de propriétés purgatives ou drastiques et quelquefois assez âcres pour agir comme poisons irritants ; mais, ainsi que l'a fait remarquer Adr. de Jussieu, l'huile fournie par le périsperme est généralement douce et agréable au goût, tandis que celle extraite de l'embryon est purgative ou drastique. — Par le froissement ou la cassure, nos Euphorbes indigènes laissent exsuder un suc laiteux plus ou moins abondant, qui, appliqué sur la peau, surtout sur les points non recouverts par un épiderme épais, en détermine l'inflammation ; aussi doit-on éviter de porter les mains au visage après avoir recueilli des plantes du genre Euphorbe, si l'on ne veut pas s'exposer à la vive irritation qui peut être le résultat de ce contact ; c'est à cette action irritante, qu'elles exercent sur la peau et surtout sur les yeux, que nos Euphorbes doivent leur nom vulgaire de Réveil-matin. Chez quelques espèces exotiques à tige charnue, gorgée de suc propre, ce suc a une telle causticité, que, par le simple contact, il peut déterminer des pustules ou des ulcérations ; le suc concrété de ces espèces est un violent purgatif, dont l'usage est aujourd'hui abandonné à cause des accidents qu'il peut provoquer. — Les graines de l'*Euphorbia Lathyris* (Épurge) fournissent une huile purgative drastique, qui n'agit pas avec moins d'énergie que celle du *Croton Tiglium*, appartenant également à la famille des Euphorbiacées, et à laquelle on peut la substituer avec avantage en raison de l'état de pureté auquel on l'obtient; dans certaines parties de la France, les graines d'Épurge sont un des purgatifs le plus usités dans la médecine populaire. — La décoction de la Mercuriale (*Mercurialis annua*) est un laxatif fréquemment employé en lavement dans les campagnes; cette plante sert de base au miel mercuriel, avec lequel on prépare des lavements laxatifs. La Mercuriale vivace (*Mercurialis perennis*) présente à peu près les mêmes propriétés, mais elle est très peu usitée, à cause de son âcreté plus grande qui l'a fait considérer comme toxique par quelques auteurs de matière médicale. — Le *Ricinus communis* (Ricin, Palma-Christi) est assez fréquemment cultivé dans les jardins; cette plante, herbacée dans notre climat, devient ligneuse dans la région méditerranéenne chaude. On extrait de ses graines l'huile de Ricin, l'un des purgatifs les plus usités. — Avec le suc du *Crozophora tinctoria*, plante commune dans la région méditerranéenne, on prépare le tournesol en drapeau; la teinture de tournesol est un des réactifs les plus employés en chimie pour constater la présence des acides libres.—La décoction des feuilles et surtout celle de la poudre du bois ou de la racine du Buis paraissent présenter des propriétés sudorifiques et purgatives, qui les font prescrire contre les rhumatismes et certaines affections de la peau. Les feuilles de Buis sont quelquefois substituées au Houblon dans la préparation de la bière; mais cette falsification présente de véritables inconvénients, le Buis contenant des principes laxatifs et étant dépourvu des propriétés stimulantes et toniques du Houblon. Le bois de Buis, le plus dense de nos bois indigènes, est très dur et susceptible d'un beau poli; aussi l'emploie-t-on pour de nombreux ouvrages de tabletterie et pour la gravure sur bois.— A la famille des *Euphorbiacées* appartiennent le Mancenillier (*Hippomane Mancinella*), l'un des végétaux dont les propriétés vénéneuses sont les plus redoutables, et l'*Hevea Guianensis*, l'un des arbres qui fournissent le caoutchouc. — Le Buis est fréquemment planté dans les jardins et les parcs; maintenu nain par des tailles fréquentes, il sert souvent de bordure aux plates-bandes et aux parterres.

1 Involucre caliciforme renfermant plusieurs fleurs mâles qui
    sont réduites chacune à une seule étamine et entourent
    une fleur femelle centrale réduite à un ovaire pédicellé ;
    plante herbacée, à suc laiteux.   .   .   EUPHORBIA. (1).
  Fleurs mâles et fleurs femelles pourvues de calice et ja-
    mais renfermées dans un involucre caliciforme ; plante
    herbacée ou ligneuse, à suc non laiteux.   2

2 Fleurs dioïques ; étamines 8-12 ; capsule à loges mono-
    spermes ; plante herbacée   .   .   .   MERCURIALIS. (2).
  Fleurs monoïques ; étamines 4 ; capsule à loges disper-
    mes ; arbre ou arbrisseau, à feuilles persistantes.   .   .
    .   .   .   .   BUXUS. (3).

1. EUPHORBIA L. — (EUPHORBE).

*Fleurs monoïques : plusieurs mâles et une seule femelle
renfermées dans un involucre. Involucre caliciforme gamophylle*, à limbe à 10 plus rarement 8 lobes, dont 5-4 membraneux (lobes proprement dits), les autres (lobes glanduleux, glandes) alternant avec les précédents, rejetés en
dehors, épais-glanduleux. — *Fleurs mâles* dépourvues de
calice, *10-20 ou plus, constituées chacune par une seule
étamine*, insérées vers la base de l'involucre ; étamines inégales, disposées en 5 plus rarement 4 faisceaux opposés
aux lobes non glanduleux, à filet articulé sur un pédicelle
dont il se sépare après la floraison ; 5 appendices squamiformes le plus souvent découpés chacun en plusieurs
lanières, alternant avec les faisceaux d'étamines. — Fleur
femelle pédicellée, solitaire au centre de l'involucre et entourée par les fleurs mâles, réduite à l'ovaire ; *styles 3,
bifides ou émarginés ;* pédicelle ord. un peu élargi au-dessous
de l'ovaire à élargissement entier ou lobé. *Capsule* ord.
penchée sur le pédicelle et saillante hors de l'involucre, *à
3 coques monospermes qui* à la maturité *se séparent d'un
axe persistant* en s'ouvrant avec élasticité selon la nervure
dorsale. Graines présentant un faux arille charnu ord. en
forme de disque pelté. — *Plantes à suc laiteux.* Involucres
caliciformes (fleurs) ord. disposés en une ombelle termi-

nale munie à la base d'un verticille de feuilles florales
(involucre général, involucre) ; les pédoncules communs
(rayons) munis, au-dessous des fleurs, de bractées opposées ou verticillées (involucelles).

1 Graines ponctuées, réticulées ou rugueuses. 2
  Graines lisses 6

2 Feuilles opposées, les paires alternant en croix . . .
  . . . . * E. Lathyris L. (E. Épurge).
  Feuilles éparses 3

3 Capsule à lobes présentant chacun sur le dos deux carènes
  minces ; feuilles pétiolées. . E. Peplus L. (E. Péplus).
  Capsule à lobes non carénés ; feuilles sessiles. . . . 4

4 Glandes non échancrées en croissant ; graines ponctuées-
  réticulées . . . E. helioscopia L. (E. Réveil-matin).
  Glandes en croissant ; graines rugueuses-ridées transversalement 5

5 Feuilles linéaires, obtuses-mucronées ou tronquées ; brac-
  tées linéaires-lancéolées à base élargie. . . . . .
  . . . . E. exigua L. (E. exiguë).
  Feuilles lancéolées atténuées à la base, acuminées ou cus-
  pidées ; bractées ovales ou triangulaires . . . . .
  . . . . * E. falcata L. (E. en faux).

6 Bractées soudées deux à deux en plateaux suborbiculaires
  perfoliés . . . . . E. sylvatica L. (E. des bois).
  Bractées libres. 7

7 Capsule lisse ou très finement chagrinée 8
  Capsule présentant des tubercules saillants hémisphériques
  ou cylindriques 11

8 Glandes entières ou à peine émarginées, jamais échancrées
  en croissant. . E. Gerardiana Jacq. (E. de Gérard).
  Glandes en croissant 9

9 Feuilles linéaires ; celles des rameaux stériles très étroites,
  presque sétacées, rapprochées en pinceau. . . . .
  . . . . . . E. Cyparissias L. (E. Petit-Cyprès).
  Feuilles oblongues, lancéolées ou linéaires-lancéolées ;
  celles des rameaux stériles jamais étroites sétacées . . 10

21.

10 . . . . *E. Esula* L. (E. Ésule).
Tiges de 3-8 décim., émettant ord. un assez grand nombre de rameaux stériles ; feuilles ord. d'un vert pâle ou
d'un vert jaunâtre. *var. *salicetorum* (var. des saussaies).
    (E. *salicetorum* Jord.; E. *lucida* auct. Gall.).
Tiges de 2-5 décim., dépourvues de rameaux stériles ou
n'en émettant qu'un petit nombre ; feuilles d'un vert
sombre. . . . . . . * var. *tristis* (var. triste).
    (E. *tristis* M.-B.; E. *intermedia* Brébiss. olim).

11 Plante annuelle ou bisannuelle, à racine pivotante ; feuilles
  sessiles, à base presque cordée. 12
  Plante vivace, à souche ord. rameuse ou traçante ; feuilles
  atténuées à la base 13

12 Capsule petite, chargée de tubercules cylindriques allongés ; graines d'un rouge brunâtre. E. *stricta* L. (E. roide).
  Capsule assez grosse, couverte de tubercules hémisphériques peu saillants ; graines d'un gris brunâtre, à reflet
  métallique. . *E. *platyphyllos* L. (E. à larges feuilles).

13 Bractées ovales-triangulaires, tronquées ou un peu cordées
  à la base ; rhizome traçant, charnu, composé de pièces
  articulées . . . . . . * E. *dulcis* L. (E. douce).
    (E. *purpurata* Thuill.).
  Bractées ovales, oblongues ou obovales, atténuées à la base.14

14 Tiges assez grêles, de 4-6 décim., étalées ou ascendantes-
  diffuses ; ombelle régulière, ord. à 4-5 rayons. . . .
  . . . . * E. *verrucosa* L. (E. verruqueuse).
  Tige robuste dressée, de 6-12 décim.; ombelle irrégu-
  lière, ord. dépassée par des rameaux stériles. . . .
  . . . . * E. *palustris* L. (E. des marais).

2. MERCURIALIS Tourn. — (MERCURIALE).

Fleurs ord. *dioïques*.—Fleur mâle : Calice à 3 sépales.
Étamines 8-12, quelquefois plus ; anthères à lobes subglobuleux.—Fleur femelle : Calice semblable à celui de la fleur
mâle. Ovaire à 2 rarement 3 styles courts, entiers. *Capsule* hispide ou tomenteuse, *à 2 rarement 3 coques* subglobuleuses *monospermes qui à la maturité se séparent d'un
axe persistant* en s'ouvrant avec élasticité selon la nervure
dorsale. Graines présentant un faux arille en forme d'épais-

sissement charnu. — Plantes à suc aqueux. Feuilles opposées. Fleurs mâles en épis.

> Plante annuelle, à racine pivotante ; fleurs femelles presque
> sessiles. . . . . *M. annua* L. (M. annuelle).
> Plante vivace, à rhizome longuement traçant ; fleurs femel-
> les longuement pédonculées. *M. perennis* L. (M. vivace).

3. BUXUS Tourn. — (Buis).

Fleurs monoïques. — Fleur mâle : Calice à 4 sépales
inégaux, accompagné à la base d'une bractée apprimée de
la même forme que les sépales. *Étamines 4* ; anthères à
connectif épais, à lobes oblongs. — Fleur femelle : Calice
semblable à celui de la fleur mâle, accompagné d'une bractée inférieure et de deux latérales. Ovaire à 3 styles courts,
épais, entiers, persistants. *Capsule* coriace, oblongue-subglobuleuse, présentant 3 bosses entre les styles, triloculaire, *à loges dispermes, à déhiscence loculicide, s'ouvrant
en 3 valves, chaque valve étant terminée par 2 cornes* dont
chacune correspond à une moitié de style. — *Arbre ou
arbrisseau. Feuilles* opposées, *persistantes.*

> Feuilles ovales-oblongues, brièvement pétiolées, entières,
> luisantes, concaves et rapprochées en têtes globuleuses
> dans leur jeunesse ; fleurs en glomérules subglobuleux
> compactes. . * B. sempervirens L. (B. toujours vert).

LXXXIV. CALLITRICHINÉES (Link).

Fleurs hermaphrodites, ou unisexuelles-polygames par
avortement. — *Calice composé de deux sépales* opposés,
latéraux par rapport à la feuille, ord. falciformes, membra-
neux-charnus. — *Étamines 1-2*, hypogynes, *alternes avec
les sépales* ; anthères réniformes, s'ouvrant par une fente
semi-circulaire. — *Styles 2*, subulés, à partie supérieure
stigmatifère. — *Fruit* non soudé avec le calice, capsulaire,
membraneux un peu charnu, *composé* (par suite de la sub-
division des deux loges originelles partagées par une fausse
cloison) *de 4 coques monospermes indéhiscentes*, carénées

ou ailées sur le dos. — Graines suspendues. Périsperme épais. Embryon à radicule dirigée parallèlement au hile.

Plantes ord. submergées ou nageantes. Feuilles opposées, entières, plus rarement émarginées, souvent rétrécies en pétiole, les supérieures souvent rapprochées en rosette ; stipules nulles. Fleurs très petites, peu visibles, axillaires, solitaires, sessiles, plus rarement pédicellées.

1. CALLITRICHE L. — (CALLITRICHE).

Mêmes caractères que ceux de la famille.

Plante croissant dans l'eau ou dans les endroits d'où l'eau s'est retirée récemment ; sépales transparents, caducs ou marcescents, longuement dépassés par les étamines et les styles ; fruits à coques carénées à carène saillante quelquefois ailée-membraneuse ; styles caducs ou marcescents. . . . . . . *C. aquatica* Huds. (C. aquatique).

Feuilles toutes obovales ou oblongues, atténuées inférieurement, les supérieures rapprochées en rosette nageante ; sépales courbés en faux et connivents au sommet ; styles d'abord dressés, puis réfléchis. . . . . var. *stagnalis* (var. des étangs). (*C. stagnalis* Scop.; Kütz.; *C. aquatica* var. *obovata* Fl. Par. éd. 1).

Feuilles inférieures linéaires ou linéaires-spatulées, les supérieures obovales rapprochées en rosette nageante ; sépales courbés en faux et connivents ; styles d'abord dressés, puis réfléchis. var. *platycarpa* (var. à large fruit). (*C. platycarpa* Kütz.).

Feuilles inférieures linéaires ou linéaires-spatulées, les supérieures obovales ou oblongues rapprochées en rosette nageante ; sépales à peine courbés, non connivents ; styles dressés, jamais réfléchis. var. *verna* (var. printanière). (*C. verna* L.; Kütz.).

Feuilles toutes lancéolées-étroites ou linéaires, plus rarement linéaires-oblongues ou linéaires-spatulées, toutes submergées, plus rarement les supérieures rapprochées en rosette lâche ; sépales atténués et recourbés en crochet dans leur partie supérieure ; styles d'abord étalés, puis réfléchis . . . var. *hamulata* (var. à crochets). (*C. hamulata* Kütz.; *C. aquatica* var. *angustifolia* Fl. Par. éd. 1, excl. syn. *C. autumnalis* L.).

LXXXV. CÉRATOPHYLLÉES (Gray).

Fleurs monoïques, dépourvues de calice. — *Involucre* de même forme dans les fleurs mâles et les fleurs femelles, *multipartit*, à 10-12 divisions disposées sur un seul rang, linéaires, incisées ou entières. — Fleur mâle : *Étamines rapprochées* au nombre de *10-25 dans l'involucre; anthères sessiles*, tricuspidées au sommet, à connectif épais charnu. — Fleur femelle : *Ovaire solitaire dans l'involucre;* style terminal, subulé, à partie supérieure stigmatifère. — *Fruit* coriace-induré, *uniloculaire, monosperme, indéhiscent*, surmonté du style accrescent et persistant. — Graine suspendue. Périsperme nul. *Embryon à 4 cotylédons inégaux par paires*, à plumule polyphylle.

Plantes submergées, vivaces, herbacées. *Feuilles verticillées* par 6-10, sessiles, *découpées di-trichotomes*, à segments sétacés ou linéaires-filiformes, roides, cassants ; stipules nulles. Fleurs mâles et femelles disposées sans ordre, solitaires, sessiles à l'aisselle des feuilles.

1. CERATOPHYLLUM L. — (CORNIFLE).

Mêmes caractères que ceux de la famille.

Fruit muni de deux épines au-dessus de la base, terminé par le style plus long que lui; feuilles à segments linéaires-filiformes, fortement denticulés. . . . . *C. demersum* L. (C. immergée).
Fruit dépourvu d'épines au-dessus de la base, terminé par le style beaucoup plus court que lui ; feuilles à segments sétacés, très légèrement denticulés. . . . . *C. submersum* L. (C. submergée).

CLASSE II. APÉTALES AMENTACÉES.

Fleurs unisexuelles diclines, les mâles dépourvues de calice, munies d'involucres ou d'écailles, *disposées en épis*

qui tombent en se désarticulant *après la floraison* (chatons);
les femelles pourvues ou non de calice, disposées ou non en
chatons. — Arbres ou arbrisseaux.

† JUGLANDÉES (DC.).

Fleurs monoïques : les mâles en chatons cylindriques; *les
femelles solitaires dans un involucre, les involucres étant solitaires ou groupés en petit nombre.* — Fleur mâle : Involucre
pédicellé, pinnatilobé, à 5-6 lobes, soudé à la face interne d'une
écaille bractéale. Étamines 14-36; filets très courts. — Fleur
femelle: *Involucre uniflore,* à tube soudé avec le calice, à partie
libre courte et irrégulièrement 4-fide ou 4-dentée. *Calice à tube
soudé* d'une part *avec l'ovaire* et d'autre part avec l'involucre,
à limbe 4-fide. *Ovaire* soudé avec le tube du calice, *uniovulé;*
styles 2, stigmatifères dans presque toute la longueur. — Involucre fructifère et calice intimement soudés, très accrus, charnus-
fibreux, renfermant complétement le fruit, se déchirant en frag-
ments irréguliers. — *Fruit* (noix) *à deux valves ligneuses* qui
ne s'écartent que lors de la germination, monosperme, subdi-
visé par de fausses cloisons au sommet et à la base en 4 loges
incomplètes et en 2 loges incomplètes dans le reste de son étendue. — *Graine dressée,* bosselée-toruleuse, 4-lobée au sommet
et à la base. Périsperme nul. Cotylédons charnus-huileux, bilobés, à lobes présentant des circonvolutions et des anfractuosités.
*Plumule à 2 feuilles multifides. Radicule dirigée vers le point
diamétralement opposé au hile.*

Arbre ord. élevé. *Feuilles* caduques, alternes, *composées-
imparipinnées;* stipules nulles. Fleurs paraissant avant les feuilles.
Chatons mâles pendants. Involucres femelles solitaires ou réunis
2-3 à l'extrémité des jeunes rameaux.

Le Noyer (*Juglans regia*), aujourd'hui généralement cultivé
en France et dans une grande partie de l'Europe, passe pour
être originaire de la Perse. Cet arbre est un des plus utiles ; en
effet, presque toutes ses parties sont employées dans l'industrie,
l'économie domestique ou la médecine. Le bois de Noyer, un
de nos bois les plus durs, est susceptible d'un beau poli, aussi
est-il recherché pour de nombreux ouvrages d'ébénisterie. Son
écorce sert dans la teinture en noir. Avec ses feuilles, qui autrefois étaient employées comme vermifuges, on prépare des lotions
et des injections stimulantes et résolutives. L'épicarpe du fruit

(brou de noix) contient du tannin en assez grande proportion.
Les usages alimentaires des noix sont connus de tout le monde ;
on en obtient par expression une huile grasse et douce qui est
employée, surtout à la campagne, pour assaisonner les aliments,
mais qui a l'inconvénient de rancir facilement. L'huile de noix
sert aussi à faire du savon et est fréquemment employée pour
l'éclairage.

† JUGLANS L. — (Noyer).

Mêmes caractères que ceux de la famille.

Feuilles aromatiques surtout par le froissement, à 7-9 folioles ovales-aiguës, superficiellement sinuées ; involucre
fructifère oblong-subglobuleux. † *J. regia* L. (N. royal).

LXXXVI. CUPULIFÈRES (A. Rich.).

Fleurs monoïques : les mâles en chatons cylindriques
plus rarement subglobuleux ; *les femelles solitaires ou
réunies par 2-5 dans un involucre,* les involucres étant
solitaires ou groupés. — Fleur mâle : Écaille donnant
insertion aux étamines, ou involucre caliciforme à 4-6 lobes.
Étamines 4-20, insérées à diverses hauteurs sur l'écaille ou
insérées au fond de l'involucre. — Fleurs femelles renfermées par 1-5 dans un involucre de forme variable. *Calice
à tube soudé avec l'ovaire,* à limbe court disparaissant souvent sur le fruit. *Ovaire à 2-3 plus rarement 4-6 loges*
uniovulées ou biovulées ; *ovules suspendus* à l'angle
interne des loges ; styles 2-3, plus rarement 4-6, stigmatifères dans toute leur surface ou stigmatifères latéralement. — *Involucre fructifère* (cupule) *très accru,* foliacé,
coriace ou ligneux, quelquefois hérissé d'épines, *renfermant
complétement plusieurs fruits et s'ouvrant en 4 valves, ou
renfermant incomplétement un seul fruit* et alors ne l'entourant quelquefois qu'à la base. — *Fruit indéhiscent,
uniloculaire* par avortement, ord. *monosperme,* à péricarpe
coriace ou ligneux, surmonté du calice ou présentant au
sommet une cicatrice qui le représente. — Graine à testa

membraneux. Périsperme nul. Embryon droit, à cotylédons épais charnus-farineux. *Radicule dirigée vers le hile*, souvent débordée par les cotylédons.

Arbres ou arbrisseaux. Feuilles caduques ou marcescentes, plus rarement persistantes, alternes ou éparses, sinuées, dentées, lobées ou incisées, à nervures secondaires parallèles simples ; stipules libres, caduques. Chatons axillaires ou terminaux, solitaires ou groupés, dressés ou pendants.

A la famille des *Cupulifères* appartiennent les arbres qui forment la masse de nos forêts et qui nous fournissent nos principaux bois de construction, de menuiserie et de chauffage. La plupart des espèces du genre *Quercus* (Chêne) ont une grande importance, surtout au point de vue économique et industriel. Leur écorce renferme en grandes proportions les acides gallique et tannique et jouit au plus haut degré de propriétés astringentes ; elle est employée utilement pour amener la cicatrisation des plaies et des ulcérations atoniques et peut être administrée dans le traitement des fièvres intermittentes comme succédanée du quinquina ; réduite en poudre grossière (tan), elle sert à la préparation des cuirs. Le bois de nos Chênes indigènes est dur et très résistant ; aussi est-ce notre bois de construction et de menuiserie le plus usuel. — Les fruits (glands) des Chênes qui croissent aux environs de Paris ont une amertume qui ne permet pas de les employer comme aliment par l'homme ; mais ceux de certaines espèces méridionales à feuilles persistantes (*Quercus Suber* et *Q. Ilex* var. *Ballota*) sont dépourvus de cette amertume (glands doux) et sont mangés dans le midi de l'Europe et en Algérie. Les glands du *Q. Ilex* (Chêne-vert) torréfiés sont connus sous le nom de café de glands, et leur infusion est un médicament tonique que l'on administre avec avantage aux enfants d'une constitution lymphatique. — Le Chêne-Liége (*Q. Suber*), qui croît dans les parties méridionales et maritimes de la France, en Espagne, en Italie, en Algérie, etc., fournit le liége, produit par l'hypertrophie de la couche sous-épidermique de son écorce. — Les noix-de-galle, usitées comme substance astringente et employées dans la fabrication de l'encre, sont des excroissances déterminées sur les feuilles de diverses espèces de Chênes propres à l'Orient, et en particulier sur celles du *Q. infectoria*, par la présence d'une larve de Cynips, insecte hyménoptère. — Le Châtaignier (*Castanea vulgaris*) est un arbre

dont le tronc peut acquérir des dimensions très considérables ;
le bois des vieux arbres est très bon pour la charpente ; coupé
jeune, il sert à faire des cercles et des échalas. La châtaigne, en
raison de la grande quantité de fécule et du gluten qu'elle renferme, est un aliment très nourrissant, et contribue dans des
proportions assez importantes à l'alimentation des habitants des
pays où le Châtaignier croît en abondance. On donne le nom
de marrons à de grosses châtaignes ; les meilleurs proviennent du
Dauphiné et de la Provence. — Le Hêtre (*Fagus sylvatica*) est
également un des plus beaux arbres de nos forêts ; son bois, moins
résistant que celui du Chêne, est surtout employé dans la menuiserie et le charronnage et comme bois de chauffage. Les fruits
(faînes) fournissent par l'expression une huile grasse, qui peut
être employée comme alimentaire et a l'avantage de pouvoir
être conservée longtemps sans rancir. — Le Noisetier (*Corylus
Avellana*) dépasse rarement les dimensions d'un arbrisseau ;
ses jeunes rameaux présentent une flexibilité qui les fait rechercher pour la vannerie. Les noisettes ont une saveur douce
et agréable ; on en extrait une huile grasse et comestible, mais
qui n'est que rarement employée. — Le Charme (*Carpinus Be-
tulus*) est un arbre forestier important pour la chaleur que dégage
son bois en brûlant, et fréquemment on l'emploie pour la fabrication du charbon.

1 Involucre renfermant 1-5 fleurs femelles, le fructifère épais-
    charnu ou ligneux, chargé d'épines, renfermant complé-
    tement les fruits, s'ouvrant en plusieurs valves . . . 2
  Involucre renfermant une seule fleur femelle, le fructifère
    ligneux ou foliacé, jamais chargé d'épines, ne renfermant
    pas complétement le fruit 3

2 Fleurs mâles en chatons globuleux, longuement pédoncu-
    lés, pendants ; fruit à trois angles tranchants. FAGUS. (1).
  Fleurs mâles en chatons filiformes interrompus, dressés ;
    fruit plan sur une face, convexe sur l'autre, ou irréguliè-
    rement anguleux à angles non tranchants. CASTANEA. (2).

3 Étamines insérées au fond d'un involucre à 6-8 divisions
    ciliées ; involucre fructifère induré ligneux, entourant
    seulement la base du fruit . . . . . .QUERCUS. (3).
  Étamines insérées à la base de l'écaille bractéale ou in-
    sérées sur une écaille bilobée soudée avec l'écaille brac-
    téale ; involucre fructifère foliacé 4

4 Fleurs femelles renfermées dans un bourgeon écailleux,
  involucre fructifère campanulé irrégulièrement laciniè-
  denté au sommet . . . . CORYLUS. (4).
Fleurs femelles en grappes; involucre fructifère unilatéral,
  trilobé à lobe moyen beaucoup plus grand que les latéraux. . . . . CARPINUS. (5).

1. FAGUS Tourn. — (HÊTRE).

*Fleurs mâles en chatons globuleux pendants. Involucre
caliciforme*, campanulé, à 5-6 lobes. *Étamines 8-12, insérées au fond de l'involucre.* — Fleurs femelles renfermées
1-3 dans un involucre. *Involucre fructifère ligneux, chargé
d'épines* non vulnérantes, *renfermant complétement 1-3 fruits,
s'ouvrant en 4 valves.* Fruit (faîne) trigone, surmonté par
les divisions piliformes du calice, uniloculaire et monosperme par avortement, plus rarement disperme à péricarpe
coriace.

Arbre ord. élevé ; feuilles ovales ou ovales-oblongues,
  lâchement dentées ou sinuées-ondulées ; chatons mâles
  longuement pédonculés ; fruit brun, luisant, à 3 angles
  tranchants. . . . . . *F. sylvatica* L. (H. des bois).

2. CASTANEA Tourn. — (CHÂTAIGNIER).

Fleurs mâles en glomérules disposés *en chatons* filiformes *interrompus*, roides, *dressés*. Involucre caliciforme
profondément 5-6-partit. Étamines 8-15, insérées au fond
de l'involucre. — Fleurs femelles renfermées 1-5 dans un
involucre, quelquefois incomplétement hermaphrodites.
*Involucre fructifère épais-coriace, chargé en dehors d'épines
subulées vulnérantes disposées par fascicules* et divergentes
en étoile, soyeux à la face interne, *renfermant complète-
ment 1-3 fruits, s'ouvrant en 4 valves.* Fruit (châtaigne)
plan sur une face, convexe sur l'autre, ou irrégulièrement
anguleux par la compression exercée par les fruits voisins,
surmonté par les divisions marcescentes du calice et les
styles, uniloculaire et monosperme par avortement, plus
rarement disperme, à péricarpe coriace.

Arbre ord. élevé ; feuilles oblongues-lancéolées, fortement
dentées ; fruit assez gros, brun luisant, à base large, terne.
. . . . *C. vulgaris* Lmk (C. commun).

(*Fagus Castanea* L.).

3. QUERCUS Tourn. — (CHÊNE).

Fleurs mâles en chatons filiformes, grêles, interrompus,
pendants. Involucre caliciforme, à 6-8 divisions inégales,
frangées. Étamines 6-10, insérées au fond de l'involucre.
— Fleurs femelles solitaires au centre d'un involucre.
Involucre fructifère (cupule) *induré - ligneux, entourant
seulement la partie inférieure du fruit*, à bractées presque
entièrement soudées et apprimées, ou libres et étalées dans
leur partie supérieure, non vulnérantes. Fruit (gland)
ovoïde ou oblong, ombiliqué au sommet et mucroné par le
limbe du calice et le style, uniloculaire et monosperme par
avortement, à péricarpe coriace.

1 Écailles de la cupule apprimées ; feuilles à lobes obtus
  mutiques 2
  Écailles de la cupule linéaires-subulées, libres, recourbées
  en dehors et contournées dans leur moitié supérieure ;
  feuilles à lobes mucronés.   † *Q. Cerris* L. (C. Cerris).

2 Pédoncules fructifères très longs ; feuilles brièvement pétiolées ou subsessiles. . . . .
  . . . . . . *Q. pedunculata* Ehrh. (C. pédonculé).
  Pédoncules fructifères plus courts que les pétioles ; feuilles
  pétiolées 3

3 . . . . . . *Q. sessiliflora* Sm. (C. à fruits sessiles).
  Arbre de haute taille ; feuilles glabres. . . . . .
  . . . . var. *sessiliflora* (var. à fruits sessiles).
  Arbre ord. peu élevé à tronc souvent tortueux ; feuilles
  pubescentes-tomenteuses au moins dans leur jeunesse. .
  . . . . var. *pubescens* (var. pubescente).

(*Q. pubescens* Willd.).

4. CORYLUS Tourn. — (COUDRIER).

Fleurs mâles en chatons cylindriques non interrompus,

pendants. *Étamines 6-8, insérées sur une écaille bilobée*
qui est *soudée* en dehors *avec l'écaille bractéale* correspondante.— *Fleurs femelles renfermées dans un bourgeon écailleux* à écailles entières, les écailles inférieures du bourgeon stériles, les supérieures fertiles donnant chacune
naissance à un ou deux involucres à leur aisselle. — *Involucre fructifère* (cupule) *foliacé*, un peu charnu à la base,
campanulé dans sa partie inférieure, *ouvert et irrégulièrement lacinié-denté* au sommet, contenant un seul fruit.
Fruit (noisette) ovoïde ou oblong, uniloculaire et monosperme par avortement, à péricarpe ligneux lisse.

> Arbrisseau plus ou moins élevé ; feuilles ovales-suborbicu-
> laires, brusquement acuminées, ord. cordées à la base,
> doublement dentées ; styles rouges ; involucre fructifère
> largement ouvert au sommet . . . .
> . . . . *C. Avellana* L. (C. Noisetier).

5. CARPINUS L. — (Charme).

Fleurs mâles en chatons cylindriques non interrompus,
pendants. *Étamines 6-20, insérées à la base de l'écaille
bractéale.* — *Fleurs femelles en grappes* munies de petites
bractées qui donnent chacune naissance, à leur aisselle, à
deux involucres pédicellés. *Involucre fructifère* (cupule
foliacée) *membraneux-foliacé, veiné-réticulé, 3-lobé, à lobe
moyen beaucoup plus grand que les latéraux, embrassant le
fruit qu'il cache en dehors.* Fruit ovoïde-comprimé, marqué
de côtes longitudinales, surmonté du limbe du calice, uniloculaire et monosperme par avortement, à péricarpe
ligneux.

> Arbre plus ou moins élevé ; feuilles ovales ou oblongues,
> aiguës ou acuminées, doublement dentées, à nervures
> secondaires parallèles saillantes ; involucre fructifère dé-
> passant très longuement le fruit . . . .
> . . . . *C. Betulus* L. (C. commun).

LXXXVII. SALICINÉES (A. Rich.).

Fleurs dioïques, les mâles et les femelles solitaires à l'aisselle de bractées squamiformes (écailles) *disposées en chatons* cylidrinques plus rarement oblongs. — *Disque* persistant, *réduit à 1 ou 2 glandes* nectarifères placées à la base des étamines ou de l'ovaire, *ou en forme de cupule* entourant l'ovaire et donnant insertion aux étamines. — Fleur mâle : Étamines 2-12 ou plus ; filets libres ou soudés dans une étendue variable ; rarement 2 étamines soudées dans toute leur longueur. — Fleur femelle : *Calice nul.* Ovaire sessile ou pédicellé, non soudé avec le disque, uniloculaire ou incomplétement biloculaire ; placentas pariétaux. Style indivis, quelquefois presque nul ; stigmates 2, émarginés, bifides ou bipartits, plus rarement entiers. — *Fruit* petit, capsulaire, ovoïde-conique ou fusiforme, *polysperme*, à déhiscence loculicide, *s'ouvrant* du sommet à la base *en 2 valves* qui s'enroulent en dehors et portent les graines à leur base. — *Graines* très petites, ascendantes, à testa membraneux, *entourées de longs poils soyeux.* Périsperme nul. Embryon droit. Radicule dirigée vers le hile.

Arbres ou arbrisseaux. Feuilles caduques, alternes ou éparses, entières ou dentées, plus rarement lobées, pétiolées ou atténuées en pétiole ; stipules libres, foliacées ou membraneuses, persistantes ou caduques, souvent nulles. Chatons paraissant en même temps que les feuilles ou avant les feuilles, naissant de bourgeons particuliers, solitaires, sessiles ou terminant des ramuscules latéraux.

Les *Salicinées* ont surtout de l'importance pour leurs usages assez nombreux dans l'économie domestique. L'écorce des espèces du genre Saule (*Salix*), principalement celle des rameaux de deux à trois ans, est astringente et amère et peut être employée à la préparation des cuirs ; elle est douée de propriétés fébrifuges assez marquées pour qu'on puisse l'employer comme succédané du quinquina ; ces propriétés sont dues à un principe particulier, la salicine, qui diffère des alcaloïdes par son faible pouvoir de neu-

tralisation des acides et par l'absence d'azote. — Le bois du Saule
blanc (S. *alba*) est blanc, léger, fragile et pourrit facilement
à l'air. Les jeunes rameaux de divers Saules (Osier), et surtout
ceux des S. *alba, viminalis, purpurea, rubra, Seringeana*, etc.,
servent, en raison de leur souplesse, à la confection des ouvrages
de vannerie et à la préparation de liens pour palisser, fixer les
cercles des tonneaux, etc.; ces divers Saules sont cultivés en
grand dans les lieux humides et aux bords des rivières, où ils forment souvent des oseraies étendues et sont maintenus à l'état de
têtards rabougris par des recépages fréquents. — Les Peupliers
(*Populus nigra* [Peuplier noir], *pyramidalis* [P. pyramidal],
alba [P. blanc], *tremula* [Tremble], etc.) sont fréquemment
plantés en avenues ou en quinconces ; la rapidité de leur croissance rend leur culture très productive. Leur bois est blanc,
mou et d'un grain peu serré, cependant, en raison de sa légèreté
et de sa ténacité assez grande, on en fait des charpentes et des
chevrons qui ne doivent pas être exposés à l'air ; il sert surtout
à la fabrication de planches légères (voliges) employées pour la
toiture des maisons et à la confection des caisses d'emballage.
Les feuilles des *P. pyramidalis* et *nigra*, après avoir été desséchées à l'air, servent utilement de fourrage d'hiver pour les
moutons. Leurs bourgeons glutineux entrent dans la composition
de l'onguent populéum en usage pour le traitement des ulcères
et des plaies atoniques.

Disque réduit à 1-2 glandes; étamines 2-3, très rarement 5;
   écailles des chatons entières. . . . . SALIX. (1).
Disque en forme de cupule; étamines 8-12 ou plus ; écailles
   des chatons ord. incisées ou laciniées . POPULUS. (2).

1. SALIX Tourn. — (SAULE).

Écailles des chatons entières. Fleurs mâles et fleurs
femelles à *disque réduit à une ou deux glandes* placées à la
base des étamines ou de l'ovaire qu'elles n'entourent jamais
complétement. — Fleur mâle : *Étamines 2-3*, plus rarement 5 ou plus, à filets libres ou soudés à la base, plus
rarement 2 soudées dans toute leur longueur. — Fleur
femelle : Ovaire sessile ou pédicellé ; style plus ou moins
allongé ou presque nul ; stigmates 2, échancrés ou bifides,
plus rarement entiers.

1 Écailles des chatons d'un jaune verdâtre dans toute leur
étendue, plus rarement rosées 2
Écailles des chatons brunes ou noires au moins dans leur
moitié supérieure. 7

2 Rameaux pendants. † *S. Babylonica* L. (S. de Babylone).
Rameaux dressés 3

3 Étamines 3 ; écailles glabres dans leur partie supérieure.
. . . . *S. triandra* L. (S. à trois étamines).
(*S. amygdalina* L.; Gren. et Godr.).
Étamines 2 ; écailles barbues même au sommet . . . 4

4 Écailles d'un jaune verdâtre, caduques avant la maturité
des capsules ; arbre ord. élevé. 5
Écailles d'un jaune verdâtre ou rosées, persistantes ; arbrisseau plus ou moins élevé 6

5 Feuilles blanchâtres-soyeuses surtout à la face inférieure ;
capsule à pédicelle égalant à peine la longueur de la
glande. . . . . *S. alba* L. (S. blanc).
Feuilles adultes glabres ; capsule à pédicelle deux ou trois
fois aussi long que la glande. *S. fragilis* L. (S. fragile).

6 Écailles d'un jaune verdâtre ou un peu rosées ; capsule
à pédicelle environ deux fois aussi long que la glande.
. . . . * *S. undulata* Ehrh. (S. ondulé).
Écailles rosées ; capsule à pédicelle environ de la longueur
de la glande . . . .
. *S. hippophaefolia* Thuill. (S. à feuilles d'Argoussier).

7 Sous-arbrisseau de 2-6 décim., à tige souterraine traçante. . . . . * *S. repens* L. (S. rampant).
Arbre ou arbrisseau élevé. 8

8 Anthères jaunes même après l'émission du pollen ; capsule
sessile ; feuilles adultes soyeuses-argentées en dessous.
. . . . *S. viminalis* L. (S. des vanniers).
Anthères pourpres, noires ou brunes après l'émission du
pollen ; capsule sessile ; feuilles adultes glabres en dessous. 9
Anthères jaunes même après l'émission du pollen ; capsule
à pédicelle deux à cinq fois plus long que la glande ; feuilles
à face inférieure ord. tomenteuse, glauque, ou d'un blanc
cendré. 10

9 Étamines soudées dans toute leur longueur et simulant
   une étamine unique à anthère quadrilobée ; style plus
   court que les stigmates ou presque nul ; feuilles élargies
   supérieurement, glauques en dessous . . . . . .
   . . . . *S. purpurea* L. (S. pourpre).
   Étamines soudées seulement dans leur moitié inférieure ;
   style ord. plus long que les stigmates ; feuilles lancéolées
   ou lancéolées-allongées, d'un vert gai. . . . . .
   . . . . * *S. rubra* Huds. (S. rouge).
   (*S. fissa* Ehrh.).

10 Feuilles oblongues-lancéolées ; capsule à pédicelle une fois
   plus long que la glande ; style assez long. . . . .
   . . . . . ‡ *S. Seringeana* Gaud. (S. de Seringe).
   (*S. lanceolata* Seringe).
   Feuilles suborbiculaires, obovales, ou oblongues-obovales ;
   capsule à pédicelle trois à cinq fois plus long que la glande ;
   style très court ou presque nul. 11

11 Feuilles oblongues-obovales ou lancéolées-obovales, obtuses, ou brièvement acuminées à pointe droite ; bourgeons pubescents-blanchâtres. S. cinerea L. (S. cendré).
   Feuilles oblongues-obovales, obovales ou suborbiculaires,
   ord. brusquement acuminées à pointe recourbée. . .12

12 Feuilles obovales ou oblongues-obovales, rugueuses ; chatons assez petits. . . S. aurita L. (S. à oreillettes).
   Feuilles ovales ou oblongues-suborbiculaires, non rugueuses ; chatons assez gros. S. caprea L. (S. Marceau).

2. POPULUS Tourn. — (PEUPLIER).

Écailles des chatons *incisées ou laciniées*, rarement entières, rétrécies à la base, velues-ciliées ou glabres. *Disque en forme de cupule.* — Fleur mâle : *Étamines 8-12 ou
plus*, à filets libres, insérées sur le disque qui est tronqué
obliquement. — Fleur femelle : Ovaire sessile ou pédicellé, entouré à la base par le disque ; style très court ou
presque nul ; stigmates 2, allongés, bipartits.

1 Écailles des chatons velues-ciliées ; jeunes pousses ord.
   pubescentes ou tomenteuses 2
   Écailles des chatons glabres ; jeunes pousses glabres. . 4

2 Feuilles glabres sur les deux faces ou un peu pubescentes
en dessous ; celles des pousses d'automne ou des jeunes
rejets velues-laineuses en dessous, jamais blanches.   .
. . . . P. tremula L. (P. Tremble).
Feuilles tomenteuses en dessous, au moins dans leur jeunesse ; celles des jeunes pousses tomenteuses-blanches. 3

3 Écailles des chatons entières ou un peu incisées au sommet ; chatons femelles beaucoup plus grêles au moment
de la floraison que les chatons mâles ; stigmates jaunes,
à lobes en croix ; feuilles présentant en dessous une pubescence d'un beau blanc. .   . P. alba L. (P. blanc).
Écailles des chatons incisées ou palmatifides ; chatons
femelles n'étant pas plus grêles au moment de la floraison
que les chatons mâles ; stigmates purpurins, à lobes
presque en éventail ; feuilles présentant en dessous une
pubescence ord. d'un blanc grisâtre .   .   .   .   .   .
. . . . P. canescens Sm. (P. blanchâtre).

4 Branches dressées, formant par leur ensemble une pyra-
mide étroite. † P. pyramidalis Rozier (P. pyramidal).
(P. fastigiata Poir.).
Branches étalées 5

5 Rameaux et rejets cylindriques ou obscurément anguleux ;
feuilles ord. plus longues que larges, glabres même dans
la jeunesse. . . . . . . P. nigra L. (P. noir).
Rameaux et rejets anguleux à angles aigus ; feuilles ord.
plus larges que longues, pubescentes au bord au moins
dans la jeunesse. † P. monilifera Ait. (P. à chapelet).
(P. Carolinensis Borkh.; P. Virginiana Desf.; Fl. Par. éd. 4).

LXXXVIII. BÉTULINÉES (A. Rich.).

Fleurs monoïques, les mâles et *les femelles* disposées 2-3
à la base des bractées squamiformes (écailles) disposées *en
chatons* cylindriques ou ovoïdes. — *Fleurs mâles : Écaille
accompagnée* en dedans *de deux autres écailles* latérales entières ou bilobées, *recouvrant 3 fleurs*. Involucre caliciforme ord. à 4 divisions, ou réduit à une bractée, plus
rarement les 3 fleurs non distinctes les unes des autres à

22

bractées sans ordre. Étamines ord. 2-4, insérées à la base
des divisions de l'involucre auxquelles elles sont opposées,
ou insérées à la base de la bractée, plus rarement disposées sans ordre ; filets courts, indivis ou fendus ; anthères
à lobes juxtaposés ou portés chacun sur une des branches
du filet. — *Chatons femelles en forme de cône, à écailles* entières ou trilobées *recouvrant 2-3 fleurs*, accompagnées ou
non en dedans de 2 écailles latérales bilobées, accrescentes, caduques ou persistantes, les 2 écailles latérales
devenant épaisses presque ligneuses et cohérentes entre
elles. Fleurs dépourvues d'involucre et de calice, réduites
à l'ovaire. *Ovaire* sessile, *à 2 loges uniovulées ;* ovules suspendus. Stigmates 2, filiformes, entiers.—*Fruit* petit, sec,
indéhiscent, uniloculaire et monosperme par avortement,
plus rarement biloculaire et disperme, comprimé, muni de
chaque côté d'une aile membraneuse transparente ou
d'une bordure coriace-spongieuse peu distincte, surmonté
des styles persistants. — Graine à testa membraneux. Périsperme nul. Embryon à radicule dirigée vers le hile.

Arbres ou arbrisseaux. Feuilles caduques, alternes ou éparses,
dentées ou lobées-dentées, plus rarement incisées ou accidentellement pinnatifides, à nervures de second ordre parallèles ;
stipules libres, caduques. Chatons commençant à paraître à
l'automne et se développant avant les feuilles (au moins les mâles),
les mâles cylindriques allongés pendants, les femelles cylindriques ou ovoïdes dressés ou pendants.

Les *Bétulinées* n'ont pas de propriétés médicales importantes
et offrent surtout de l'intérêt au point de vue de l'économie domestique et de l'industrie. Leur écorce et leurs feuilles sont
astringentes. La sève du Bouleau (*Betula alba*), aujourd'hui inusitée en médecine, a eu autrefois une très grande réputation
contre les affections des reins ; d'où le nom de Bois-néphrétique
d'Europe attribué au Bouleau ; avec les jeunes feuilles encore
glutineuses on prépare dans le nord de l'Europe une liqueur
spiritueuse employée contre les rhumatismes ; l'écorce intérieure sert, dans les parties les plus septentrionales de l'Europe,
à la confection d'espèces de galettes qui, avec le poisson fumé,

sont presque la seule nourriture des populations pauvres de ces contrées pendant leurs longs hivers. — Le bois de Bouleau, blanc et léger, est l'un des plus employés pour le chauffage des fours en raison de la rapidité de sa combustion ; il est comme celui de l'Aune très estimé pour la fabrication des sabots. — Le bois d'Aune, léger, rougeâtre, de même que celui du Bouleau, se détruit assez rapidement à l'air, mais il a, au contraire, une assez grande durée lorsqu'il est immergé dans l'eau ; aussi l'emploie-t-on avec avantage pour en faire des tuyaux, des pilotis, etc.

Chatons femelles cylindriques, pendants, solitaires, à écailles membraneuses coriaces et caduques à la maturité.
. . . . BETULA. (1).

Chatons femelles ovoïdes, dressés, disposés en grappes rameuses corymbiformes, à écailles ligneuses et persistantes . . . . ALNUS. (2).

1. BÉTULA Tourn. — (BOULEAU).

Fleurs mâles constituées chacune *par une petite bractée* ovale-oblongue *donnant insertion à 2 étamines* à sa base ; étamines *à filets* courts *bifides,* chacune des branches du filet portant un des lobes de l'anthère. — *Chatons femelles à écailles recouvrant 3 fleurs ; les fructifères à écailles membraneuses-coriaces, apprimées, caduques.* — Chatons femelles cylindriques, solitaires, pendants.

Arbre à tronc droit, à épiderme d'un blanc satiné, à jeunes rameaux pendants ; feuilles ovales-triangulaires acuminées, dentées ou doublement dentées ; fruit à ailes membraneuses transparentes. . . B. *alba* L. (B. blanc).

Jeunes rameaux et feuilles glabres, les feuilles seules des rejets quelquefois pubescentes ou velues . . . . .
. . . . var. *alba* (var. *blanche*).

Jeunes rameaux ord. pubescents ou velus ; feuilles pubescentes en dessous au moins à l'angle de séparation des nervures. . . . * var. *pubescens* (var. *pubescente*).
(*B. pubescens* Ehrh.).

2. ALNUS Tourn. — (AUNE).

Fleurs mâles constituées chacune *par un involucre cali-ciforme* presque régulier ord. *à 4 divisions* inégales *qui donnent insertion chacune* à leur base *à une étamine ; éta-mines à filets* courts *indivis*, à anthères à 2 lobes soudés à leur partie moyenne. — *Chatons femelles à écailles* assez épaisses accompagnées chacune en dedans de deux écailles latérales bilobées, *recouvrant 2 fleurs ; les fructifères à écailles persistantes, horizontales*, étroitement juxtaposées, s'écartant à la fin pour laisser échapper les fruits, les latérales très épaisses presque ligneuses cohérentes entre elles. — Arbres rarement élevés. Chatons femelles ovoïdes dressés, disposés avec les chatons mâles en panicules co-rymbiformes.

Feuilles suborbiculaires obtuses, souvent tronquées ou émarginées au sommet, pubescentes en dessous seule-ment à l'angle de séparation des nervures. . . . .
. . . . *A. glutinosa* Gærtn. (A. glutineux).
Feuilles ovales-aiguës ou brièvement acuminées, couvertes en dessous d'une pubescence blanchâtre ou roussâtre.
. . . . † *A. incana* DC. (A. blanchâtre).

LXXXIX. MYRICÉES (A. Rich.).

Fleurs ord. dioïques, solitaires à la base de bractées squamiformes persistantes (écailles), disposées en chatons cylindriques ou ovoïdes. — *Fleurs mâles: Écaille* canalicu-lée *donnant insertion aux étamines à sa base.* Étamines 4, rarement plus ou moins. — *Fleurs femelles : Écaille accom-pagnée* en dedans *à sa base de deux petites écailles*, rare-ment plus, *adhérentes à la base de l'ovaire et accrescentes.* Calice nul. *Ovaire* sessile, *uniloculaire, uniovulé; ovule dressé. Styles 2, filiformes*, entiers, à surface stigmatifère. — Fruit petit, subglobuleux-comprimé, sec, indéhiscent, uniloculaire et monosperme, soudé avec les écailles intérieures accrues et un peu charnues. — Graine à testa membraneux mince. Périsperme nul. Embryon à radicule dirigée vers le point diamétralement opposé au hile.

Sous-arbrisseau contenant un suc résineux. Feuilles caduques, alternes ou éparses, dentées ou presque entières, parsemées de points résineux. Chatons paraissant avant les feuilles, latéraux et terminaux, les mâles cylindriques dressés ou étalés, les femelles ovoïdes dressés. Écailles et fruits parsemés de points résineux.

Les diverses parties du *Myrica Gale* (Galé, Piment-royal) contiennent une substance résineuse balsamique, associée dans l'écorce au tannin ; aussi cette écorce présente-t-elle des propriétés toniques et astringentes. Les feuilles, dont la saveur est âcre et piquante, ont été employées autrefois, en décoction, contre certaines affections de la peau. Les fruits du *Myrica Gale*, mais surtout ceux de plusieurs espèces exotiques, sécrètent une cire blanche avec laquelle on peut fabriquer des bougies.

1. MYRICA L. — (MYRICA).

Mêmes caractères que ceux de la famille.

Sous-arbrisseau de 6-10 décim., très rameux ; feuilles oblongues rétrécies à la base ; écailles des chatons mâles brunâtres, entourées d'une bordure blanchâtre ; fruits chargés de points résineux jaunes brillants. . . . .
. . . . * *M. Gale* L. (M. Galé).

---

† PLATANÉES (Lestib.).

Fleurs monoïques, les *mâles et* les *femelles* sur des rameaux différents, disposées *en chatons globuleux* très compactes. — Chatons mâles : Étamines très nombreuses en nombre indéfini, très rapprochées, entremêlées d'écailles subclaviformes ; filets très courts ; anthères à lobes réunis par un connectif subclaviforme tronqué et presque pelté au sommet. — *Chatons femelles : Ovaires* en nombre indéfini, entremêlés d'écailles courtes subclaviformes, *uniloculaires, uniovulés ou biovulés,* poilus à la base ; *ovules suspendus.* Style simple, subulé-allongé, stigmatifère latéralement dans sa partie supérieure. — Fruits petits,

22.

subclaviformes, coriaces, couverts de poils inférieurement, uniloculaires, monospermes, indéhiscents. — Graine à testa mince
membraneux. Périsperme charnu, mince, ou presque nul. Embryon à radicule dirigée vers le point diamétralement opposé au
hile.

Arbres élevés, à épiderme se détachant par plaques. Feuilles
caduques, alternes, palmatinerviées, palmatilobées, pétiolées à
pétiole dilaté et creusé à la base pour recevoir le bourgeon.
Chatons paraissant avec les feuilles, espacés et sessiles sur de
longs pédoncules pendants.

Le bois du Platane (*Platanus Orientalis*) est blanc, léger,
d'un grain assez fin et estimé pour la fabrication de certains
objets de tabletterie. L'écorce est astringente et était classée
autrefois parmi les substances vulnéraires.

† PLATANUS L. — (Platane).

Mêmes caractères que ceux de la famille.

Feuilles très grandes, longuement pétiolées, fermes, palmatilobées, à 3-5 lobes profonds, lancéolés sinués ou
dentés. . . . . . † *P. Orientalis* L. (P. d'Orient).

Subdivision IV. GYMNOSPERMES.

Enveloppes florales nulles. — *Ovules non contenus dans un*
ovaire fermé, recevant directement l'influence du pollen.

Classe. — CONIFÈRES.

Fleurs monoïques, plus rarement dioïques, disposées
en chatons, plus rarement les fleurs femelles solitaires ou
disposées par 2-3. — Chatons mâles constitués par des
étamines ord. nombreuses rapprochées, insérées autour de
l'axe et n'étant pas séparées par des bractées. *Étamines*
constituées chacune *par un connectif élargi en une écaille*
qui porte l'anthère en dessous; anthère à 2-8 lobes ou plus
juxtaposés ou espacés. — Fleurs femelles constituées cha-

cune par une écaille portant à sa base interne deux ou
plusieurs ovules rarement un seul ovule, chaque écaille
étant souvent accompagnée en dehors d'une bractée membraneuse qui d'abord la dépasse et qui ensuite est ord.
dépassée par elle ou disparaît en se soudant avec elle.
Ovules suspendus ou dressés, *ouverts au sommet.* — *Cha-
ton fructifère composé d'écailles* nombreuses, ligneuses,
minces ou épaisses, *imbriquées* en spirale *autour de l'axe*,
(*cône, strobile*), ou composé d'écailles peu nombreuses,
ligneuses, libres à la maturité (*galbule*); plus rarement à
écailles charnues et soudées en une fausse baie, ou composé d'une écaille développée en cupule charnue. — Graines, 2 ou plus, rarement solitaires à la base interne des
écailles qui sont excavées pour les recevoir et s'écartent
ord. pour les laisser échapper; testa coriace ou ligneux, ouvert au point qui correspond au micropyle, souvent prolongé
en aile membraneuse, plus ou moins soudé avec l'amande.
Périsperme charnu. Embryon droit, placé dans le périsperme. Cotylédons 2 opposés, ou plusieurs cotylédons verticillés, oblongs ou linéaires. Radicule souvent cohérente
au sommet avec le périsperme, dirigée vers le point diamétralement opposé au hile.

*Arbres ou arbrisseaux, à bois constitué par des cellules ponc-
tuées allongées* et ne présentant que quelques trachées distri-
buées dans l'étui médullaire, *contenant un suc résineux* renfermé
surtout dans de grandes lacunes régulièrement disposées dans
l'écorce. *Feuilles persistant* ord. *pendant l'hiver*, ord. coriaces,
entières, étroites, *souvent aciculées*, éparses ou fasciculées, plus
rarement opposées ou verticillées; quelquefois très petites squamiformes imbriquées sur plusieurs rangs. Chatons sessiles ou
pédonculés, les femelles n'arrivant ord. à la maturité qu'en deux
ou trois années.

Les *Conifères* constituent un groupe non moins naturel par
l'uniformité de leurs usages économiques et médicinaux que par
celle de leurs caractères botaniques si tranchés; leur port spécial
et leurs feuilles généralement aciculées et persistantes les font
communément désigner sous le nom d'arbres verts.

† **ABIÉTINÉES** (Rich.).

Connectifs portant chacun en dessous *2 lobes d'anthère* qui s'ouvrent par une fente longitudinale plus rarement par une déchirure transversale. — Écailles des chatons femelles accompagnées en dehors d'une bractée, portant chacune à sa base *2 ovules suspendus.* — Cône ord. allongé, ovoïde, conique ou oblong - cylindrique, composé d'écailles ligneuses, minces ou épaisses, libres entre elles. — *Graines à testa prolongé* supérieurement *en* une *aile* membraneuse persistante ou caduque. Embryon à plusieurs cotylédons verticillés.

Arbres souvent très élevés, à branches ord. verticillées. Feuilles linéaires, roides, souvent subulées-piquantes, éparses ou fasciculées.

A la famille des *Abiétinées* appartiennent les plus grands arbres des régions montagneuse et maritime de la France, arbres dont l'importance n'est pas moins grande par les bois de construction que leur emprunte l'industrie que par leurs produits résineux dont les usages sont si variés. Cette famille n'est représentée aux environs de Paris que par un petit nombre d'espèces qui y ont été introduites; les semis et les plantations du *Pinus sylvestris* (Pin sylvestre) et du *P. maritima* (P. maritime) dans nos forêts sont même de date assez récente. — On obtient la térébenthine par des incisions pratiquées sur le tronc des *P. sylvestris* et *maritima,* du *Larix Europæa* (Mélèze), de l'*Abies excelsa* (Pesse, Épicéa), du *Picea pectinata* (Sapin); la térébenthine commune est extraite du *Pinus sylvestris,* la térébenthine de Bordeaux du *P. maritima,* la térébenthine de Venise ou de Briançon du *Larix Europæa,* la térébenthine de Strasbourg du *Picea pectinata.* Cette substance, dont la consistance et la couleur varient plus ou moins selon les espèces qui l'ont produite, a une saveur un peu âcre et une odeur balsamique; par la distillation, elle fournit l'essence ou huile de térébenthine, dont les usages industriels sont si connus. L'essence de térébenthine, dont l'action sur l'économie animale est la même, mais plus active, est employée à l'extérieur comme excitante et révulsive dans les affections nerveuses ou rhumatismales; à l'intérieur, elle est administrée comme anthelminthique; son action stimulante, qui porte surtout sur les voies pulmonaires et urinaires, la fait prescrire avec avantage dans les affections atoniques ou catarrhales chroniques de ces systèmes d'organes. L'*Abies excelsa* ne fournit pas de térébenthine liquide ; il s'écoule des incisions pratiquées sur son tronc une térébenthine épaisse qui, en se condensant à l'air, devient la poix blanche ou de Bourgogne fréquemment employée dans la préparation d'emplâtres révulsifs. Le résidu de la distillation de la térébenthine fournit la colophane, qui, réduite en poudre, sert au premier pansement des plaies à la suite des opérations chirurgicales. Le goudron ou poix noire se prépare par la combustion du tronc et des branches des Pins ou des Sapins ; les nombreux usages du goudron dans les arts et la marine sont trop connus pour que nous devions y insister ici ; il est fréquemment employé dans la médecine vétérinaire en applications extérieures contre les affections de la peau ; l'eau de goudron, résultant de la macération du goudron dans l'eau, est usitée en médecine soit à l'extérieur dans les affections de la peau, soit à l'intérieur contre les affections catarrhales chroniques, et quelquefois en injections dans les affections de la vessie. Le noir de fumée s'obtient en recueillant le charbon très divisé qui est entraîné par la fumée dans la combustion soit du goudron, soit de la térébenthine. Les bourgeons de Sapin (*Picea pectinata*) sont administrés en infusion comme sudorifique dans les maladies rhumatismales et comme léger stimulant dans les affections chroniques du poumon, des reins et de la vessie. — Les graines des diverses Abiétinées fournissent une huile fixe et douce, mais qui rancit facilement ; dans les provinces méridionales on plante fréquemment le *Pinus Pinea* (Pin Pignon) dont les graines assez grosses ont un goût de la noisette un peu résineux. — L'écorce des arbres de la famille des *Abiétinées*, en raison du tannin qu'elle renferme, sert à la préparation des cuirs dans les pays du nord de l'Europe, où les arbres verts constituent presque exclusivement les forêts. Le bois des *Pinus sylvestris*, *Abies excelsa* et *Picea pectinata* a une densité d'autant plus grande qu'il est fourni par des arbres croissant dans des montagnes plus élevées ou dans des contrées plus septentrionales. Leur bois, blanc, assez résistant malgré sa légèreté, et durable à cause des principes résineux qu'il renferme, est l'un des plus employés pour la charpente et la menuiserie. Le bois du *Pinus maritima* est de moins bonne qualité ; celui du Mélèze est rougeâtre, veiné, et,

quoique tendre et léger, résiste mieux que tout autre aux
influences atmosphériques en raison de l'abondance du principe
résineux dont il est pénétré. — A la famille des *Abiétinées*
appartient le *Cedrus Libani* (Cèdre du Liban), qui forme des
forêts en Asie Mineure et en Algérie et est fréquemment planté
dans nos parcs. A la même famille sont empruntés beaucoup
d'autres arbres d'ornement.

1 Cône à écailles terminées par un épaississement rhomboïdal
  mucroné ou ombiliqué au centre; feuilles fasciculées ord.
  par 2-3. . . . . ✝ Pinus.
  Cône à écailles minces, non épaissies au sommet; feuilles
  éparses ou disposées en grand nombre par fascicules. . 2
2 Feuilles la plupart disposées en grand nombre par fascicules. . . . . ✝ Larix.
  Feuilles toutes éparses, quelquefois distiques-pectinées 3
3 Cône à écailles persistantes, atténuées au sommet; feuilles
  éparses . . . . ✝ Abies.
  Cône à écailles caduques, larges, obtuses; feuilles distiques-pectinées. . . . . ✝ Picea.

✝ PINUS L. (Pin).

Fleurs monoïques. — *Chatons mâles* ovoïdes-oblongs, *imbriqués en épis à la base des jeunes pousses de l'année.* — Chatons
femelles ovoïdes, composés d'écailles imbriquées accrescentes,
accompagnées chacune en dehors d'une bractée membraneuse
qui ord. se soude bientôt avec l'écaille correspondante. *Cône*
ovoïde-conique ou oblong-conique, *à écailles* épaisses, concaves,
terminées par un épaississement rhomboïdal mucroné ou ombiliqué au centre, d'abord étroitement imbriquées, puis s'écartant
les unes des autres, *persistantes.* Plusieurs cotylédons linéaires
verticillés. — *Feuilles fasciculées* ord. *par 2-5*, les fascicules
étant entourés à la base d'une gaîne scarieuse.

  Feuilles ne dépassant pas un décim., plus courtes ou à
  peine aussi longues que l'épi des chatons mâles; cônes
  pédonculés, penchés. ✝ *P. sylvestris* L. (P. sylvestre).
  Feuilles longues de 1-2 décim., beaucoup plus longues
  que l'épi des chatons mâles; cônes sessiles, étalés à angle
  droit. . . . . ✝ *P. maritima* C. B. (P. maritime).
          (*P. Pinaster* Soland.; Endlich.).

† LARIX Tourn. — (MÉLÈZE).

Fleurs monoïques. — Chatons mâles ovoïdes, solitaires, entourés à la base d'écailles soudées entre elles. — Chatons femelles ovoïdes, composés d'écailles imbriquées, accrescentes, obtuses, accompagnées chacune en dehors d'une bractée membraneuse colorée apiculée qui reste libre et distincte. *Cône ovoïde, à écailles minces, obtuses, non épaissies au sommet*, concaves, persistantes, d'abord étroitement imbriquées, puis s'écartant les unes des autres. Plusieurs cotylédons linéaires, verticillés. — *Feuilles* se renouvelant chaque année, *d'abord disposées en grand nombre par fascicules*, puis éparses par l'élongation du bourgeon.

Cônes petits, ovoïdes.   † *L. Europæa* DC. (M. d'Europe).
(Pinus Larix L.).

† ABIES Tourn. — (ÉPICÉA).

Fleurs monoïques. — Chatons mâles oblongs, solitaires, entourés d'écailles à la base. Anthère à lobes s'ouvrant longitudinalement. — Chatons femelles, oblongs, composés d'écailles imbriquées, accrescentes, atténuées au sommet, accompagnées chacune en dehors d'une bractée membraneuse qui se soude bientôt avec l'écaille correspondante. *Cône* oblong-cylindrique, *à écailles minces, atténuées et non épaissies au sommet*, un peu concaves, *persistantes*, d'abord étroitement imbriquées, puis s'écartant pour laisser échapper les graines. Plusieurs cotylédons verticillés. — *Feuilles éparses.*

Feuilles subtétragones-comprimées ; cônes pendants .   .
.   .   .   .   † *A. excelsa* DC. (É. élevé).
(Pinus Abies L.; A. vulgaris Fl. Par. éd. 1).

† PICEA D. Don. — (SAPIN).

Fleurs monoïques. — Chatons mâles oblongs-cylindriques, solitaires, entourés d'écailles à la base. Anthère à lobes se déchirant transversalement. — Chatons femelles oblongs, composés d'écailles imbriquées, accrescentes, très obtuses, accompagnées chacune en dehors d'une bractée membraneuse apiculée qui s'accroît en même temps que l'écaille. *Cône oblong-cylindrique, à écailles minces, larges, obtuses et non épaissies au sommet*, presque planes, étroitement imbriquées, *se détachant avec les*

graines de l'axe qui persiste. Plusieurs cotylédons verticillés.
— *Feuilles éparses distiques.*

Feuilles planes, atténuées à la base, obtuses ou un peu
émarginées au sommet; cônes dressés. . . . . .
. . . . . . † *P. pectinata* Loud. (S. pectiné).
(*Pinus Picea* L.; *Abies pectinata* DC.; *Picea vulgaris* Fl. Par. éd. 1)

XC. CUPRESSINÉES (Rich.).

Connectifs peltés *portant chacun* en dessous *3-8 lobes
d'anthère* qui s'ouvrent chacun par une fente longitudinale.
— Écailles des chatons femelles dépourvues de bractées en
dehors, portant chacune à sa base 1-2 ou plusieurs *ovules
dressés*, quelquefois solitaires et entourant un seul ovule.
— *Cône* court, ord. *subglobuleux, ligneux ou charnu*, à
écailles libres entre elles ou soudées, *ou fruit composé d'une
écaille cupuliforme* charnue *qui entoure la graine.* — Graines
à *testa non ailé.* Embryon à 2 cotylédons rarement plus.

Arbrisseaux ou arbres plus ou moins élevés. Feuilles linéaires,
ou linéaires-subulées, souvent piquantes, éparses ou ternées,
quelquefois très petites squamiformes imbriquées sur plusieurs
rangs.

La famille des *Cupressinées* n'est représentée aux environs de
Paris que par le Genévrier commun (*Juniperus communis*), qui
ordinairement reste à l'état d'arbrisseau rameux et dont le tronc
n'atteint qu'exceptionnellement d'assez grandes dimensions. Son
bois rougeâtre, élégamment veiné, sert à la fabrication de petits objets de tabletterie. Ses fruits (baies de genièvre) ont une
saveur amère, chaude et térébinthacée; leur infusion est administrée comme tonique, stimulante, et agit comme sudorifique
et diurétique; l'extrait des baies de genièvre est un tonique
que l'on prescrit avec avantage dans les affections scorbutiques.
Dans les pays du nord de l'Europe, on obtient par la distillation
des fruits fermentés du Genévrier une eau-de-vie (eau-de-vie de
genièvre, gin), dont la saveur et l'odeur aromatiques sont très
fortes. — Le *Juniperus Oxycedrus*, très répandu dans la région
méditerranéenne, fournit l'huile de cade, usitée dans la médecine

vétérinaire. — Le *J. Sabina* (Sabine), arbrisseau des Alpes, est quelquefois cultivé dans les parcs ; ses feuilles sont douées de propriétés emménagogues tellement actives, que ce médicament ne doit être prescrit qu'avec une grande circonspection. — Le *J. Virginiana* (Cèdre-rouge), originaire de l'Amérique du Nord, est quelquefois planté dans les parcs comme arbre d'agrément ; son bois sert à la fabrication des crayons de mine de plomb. — Le *Taxus baccata* (If) est un des plus beaux arbres d'ornement de nos jardins et de nos parcs, où trop souvent on le déforme par des tailles bizarres ; son bois, d'un beau rouge veiné, est un des plus durables. Les anciens auteurs ont attribué à l'If des propriétés délétères, et ont prétendu que son ombrage même pouvait déterminer des accidents graves et quelquefois mortels ; ces propriétés sont au moins très exagérées. L'extrait de l'écorce et des feuilles agirait à la manière de la Digitale, surtout en déterminant un ralentissement dans la circulation du sang. La cupule charnue-succulente du fruit a une saveur douce, un peu résineuse. — A la famille des *Cupressinées* appartiennent le *Cupressus sempervirens* (Cyprès) et les *Thuia Orientalis* et *Occidentalis* (Thuia) fréquemment plantés dans les jardins et les cimetières. — Le *Callitris quadrivalvis*, arbre très répandu en Algérie, fournit, par exsudation, la matière résineuse connue sous le nom de sandaraque. Son bois, connu dans l'industrie sous le nom de bois de Thuia, et surtout celui des excroissances en forme de loupes, est très estimé pour sa densité, sa belle couleur et ses mouchetures, qui le font rechercher pour les travaux d'ébénisterie et de marqueterie.

Cône (fausse baie) composé de trois écailles charnues soudées, renfermant complétement 3 plus rarement 1-2 graines trigones ; feuilles verticillées. JUNIPERUS. (1).
Fruit composé d'une graine ovoïde-oblongue, renfermée dans une écaille cupuliforme charnue-succulente ; feuilles éparses. . . . . † TAXUS. (1 *bis*).

1. JUNIPERUS L. — (GÉNÉVRIER).

Fleurs dioïques, rarement monoïques. — *Chatons mâles* petits, ovoïdes, solitaires. *Étamines à connectif* pelté portant *3-6 lobes d'anthère* à sa face inférieure vers son bord. — *Chatons femelles* ovoïdes à *écailles* inférieures stériles,

23

les 3 *supérieures* concaves, accrescentes, soudées dans leur partie inférieure, et *portant chacune à sa base 1-2 ovules* dressés. *Cône* subglobuleux ou ovoïde, *bacciforme* à écailles soudées et devenues charnues. *Graines subtrigones*. Cotylédons 2-3 oblongs.

Arbrisseau souvent rameux dès la base ; feuilles verticillées par 3, linéaires-subulées piquantes, très étalées ; cônes bacciformes noirs-pruineux à la maturité . . .
. . . . *J. communis* L. (G. commun).

† TAXUS Tourn. — (Iƒ).

Fleurs dioïques, en chatons solitaires ou géminés. — *Chatons mâles* assez petits, ovoïdes-subglobuleux, entourés inférieurement d'écailles imbriquées. *Étamines à connectif* pelté lobé *portant* à sa face inférieure 5-8 *lobes d'anthère* disposés circulairement. — *Chatons femelles* petits entourés d'écailles imbriquées, *composés d'une écaille cupuliforme* très courte accrescente *entourant un seul ovule* ovoïde dressé. *Fruit* subglobuleux, drupacé, *composé de l'écaille cupuliforme* ouverte au sommet, accrue *charnue-succulente* colorée *qui renferme* lâchement *la graine. Graine ovoïde-oblongue*. Cotylédons 2, très courts. — *Feuilles éparses*.

Feuilles presque distiques, atténuées à la base ; écaille cupuliforme d'un beau rouge et très succulente à la maturité . . . . † *T. baccata* L. (I. à baies).

Division II. MONOCOTYLÉES.

Tige herbacée, très rarement ligneuse (1), non séparable en deux zones distinctes de bois et d'écorce, composée de faisceaux constitués par des fibres ligneuses et des vaisseaux et qui sont épars dans la masse du tissu cellulaire, ne formant pas par leur réunion un cylindre

(1) Toutes les plantes monocotylées de notre Flore sont herbacées, à l'exception du *Ruscus aculeatus*.

creux; cette tige ne s'accroît pas chez les végétaux
ligneux par des couches concentriques, et sa solidité
diminue de la circonférence vers le centre. — Feuilles à
nervures parallèles simples, rarement divergentes ramifiées, pourvues de stomates (excepté dans les plantes
submergées), alternes ou en spirale, rarement opposées ou
verticillées, entières, rarement divisées, jamais composées
de plusieurs folioles, quelquefois réduites à des écailles ou
nulles, souvent engaînantes à la base. — Enveloppes de
la fleur (périanthe) à parties ord. en nombre ternaire, colorées, herbacées ou scarieuses, ord. disposées sur deux
rangs, souvent remplacées par des soies ou des bractées,
ou nulles. — Embryon à un seul cotylédon.

Subdivision I.

Périanthe pétaloïde ou à divisions extérieures seules
herbacées.

Classe I.

Ovaire non soudé avec le périanthe.

XCI. ALISMACÉES (Juss.).

Fleurs hermaphrodites ou monoïques, régulières. —
Périanthe à 6 divisions ord. libres jusqu'à la base; *les
3 extérieures herbacées*, persistantes; *les 3 intérieures
pétaloïdes*, plus grandes, ord. caduques très fugaces. —
Étamines 6-12 ou en nombre indéfini, hypogynes, ou insérées à la base des divisions intérieures du périanthe. —
Styles courts, continuant la direction de la suture ventrale des carpelles, persistants. Stigmates indivis. — *Fruit*
non soudé avec le périanthe, *composé de carpelles en
nombre indéfini, plus rarement défini 6-12*, secs, *monospermes, plus rarement dispermes ou polyspermes libres*,
plus rarement soudés inférieurement par la suture ven-

trale, indéhiscents ou s'ouvrant par la suture ventrale. — Graines à testa membraneux. *Périsperme nul.* Embryon presque cylindrique, plié. Radicule rapprochée du hile.

Plantes vivaces, herbacées, aquatiques ou croissant dans les lieux marécageux, glabres, à tiges dépourvues de feuilles ou rarement feuillées. Feuilles ord. disposées en rosette ou en fascicule radical, à pétioles dilatés-engaînants inférieurement, constituant quelquefois un renflement bulbiforme à la base de la tige, à limbe entier, à nervures arquées-convergentes au sommet réunies par des nervures secondaires transversales ; le limbe avortant quelquefois et alors le pétiole s'allongeant et s'aplatissant en forme de feuille linéaire (phyllode). Fleurs pédicellées, verticillées ; verticilles terminaux ou superposés, quelquefois disposés en panicule rameuse ; les pédicelles naissant à l'aisselle de bractées membraneuses.

Les plantes de la famille des *Alismacées* ne présentent aucune propriété bien constatée ; quelques-unes d'entre elles contiennent un suc doué d'une certaine âcreté. En Russie, au commencement de ce siècle, on a eu recours, avec succès, dit-on, dans le traitement de la rage, à la poudre de la racine de l'*Alisma Plantago* (Plantain-d'eau) ; mais l'efficacité de ce médicament, qui n'a pas encore été suffisamment expérimenté en France, est plus que douteuse, et l'on ne doit pas négliger la cautérisation et les autres moyens préventifs prescrits par la science contre le développement de cette terrible maladie. — Les renflements bulbeux de la souche du *Sagittaria sagittifolia* (Sagittaire) sont constitués presque entièrement par de la fécule, et pourraient par cela même, jusqu'à un certain point, servir d'aliment ; en Chine, une espèce de *Sagittaria* est cultivée en grand pour ses qualités alimentaires.

1 Fleurs monoïques ; étamines en nombre indéfini ; feuilles
   ord. sagittées. . . . . SAGITTARIA. (3).
  Fleurs hermaphrodites ; étamines 6 ; feuilles jamais sagittées. 2
2 Carpelles ord. nombreux, libres, verticillés ou disposés
   en tête. . . . . ALISMA. (1).
  Carpelles 6-8, soudés inférieurement par la suture ventrale, divergents en étoile . . . .DAMASONIUM. (2).

1. ALISMA L. — (FLÛTEAU).

Fleurs hermaphrodites. Étamines 6 (dans nos espèces), opposées deux à deux aux divisions intérieures du périanthe. Fruit composé de *carpelles* ord. nombreux, *monospermes, libres, verticillés ou disposés en tête.*

1 Fleur n'ayant pas 6 millimètres de diamètre ; carpelles arrondis au sommet, verticillés en tête subtrigone . ,
. . . . *A. Plantago* L. (F. Plantain-d'eau).
Fleur ayant plus de 6 millimètres de diamètre ; carpelles prolongés en bec, disposés en tête globuleuse ou en cercle 2

2 Carpelles à 5 angles, disposés en tête globuleuse ; feuilles toutes radicales. . . . .
. . . . * *A. ranunculoides* L. (F. Fausse-Renoncule).
Carpelles striés, disposés en cercle ; tiges portant des feuilles. . . . . . . * *A. natans* L. (F. nageant).

2. DAMASONIUM Juss. — (DAMASONIE).

Fleurs hermaphrodites. Étamines 6, opposées deux à deux aux d visions intérieures du périanthe. Fruit composé de 6-8 *carpelles dispermes* (dans notre espèce) ou monospermes par avortement, *soudés inférieurement* par la suture ventrale, *divergents en étoile.*

Fleurs petites, disposées en une ombelle terminale, ou en un ou plusieurs verticilles superposés ; carpelles dispermes ou monospermes par avortement, lancéolés à pointe piquante . . . .
. . . . * *D. stellatum* Pers. (Damasonie étoilée).
(*Alisma Damasonium* L.; *Damasonium vulgare* Fl. Par. éd. 1).

3. SAGITTARIA L. — (SAGITTAIRE).

Fleurs monoïques. Fleur mâle à *étamines en nombre indéfini.* Fruit composé de carpelles en nombre indéfini, monospermes, libres, disposés en tête globuleuse sur un réceptacle épais.

Feuilles sagittées, linéaires ou spatulées lorsqu'elles se
développent sous l'eau ; fleurs assez grandes, les inférieures femelles ; carpelles comprimés presque membraneux. . . . *S. sagittifolia* L. (S. Flèche-d'eau).

XCII. BUTOMÉES (Rich.).

Fleurs hermaphrodites, régulières. — *Périanthe à 6 divisions ; les 3 extérieures herbacées* ou un peu colorées, persistantes ; *les 3 intérieures pétaloïdes*, plus grandes, caduques. — Étamines 9, hypogynes, 6 opposées par paires
aux divisions extérieures du périanthe, 3 opposées aux
divisions intérieures. — *Ovules insérés sur des placentas
qui tapissent la face intérieure de chaque carpelle.* Styles
courts, libres, terminés par un stigmate latéral, persistants.
— *Fruit non soudé avec le périanthe, composé de 6 carpelles
plus ou moins soudés entre eux* à la base *par la suture ventrale*, capsulaires, très polyspermes, s'ouvrant par la suture
ventrale. — Graines très petites. *Périsperme nul.* Embryon
presque cylindrique, droit.

Plante vivace, herbacée, croissant au bord des eaux ou dans
les lieux marécageux, à tiges dépourvues de feuilles. Feuilles
naissant dans toute la longueur d'un rhizome horizontal, linéaires à base canaliculée. Fleurs pédicellées, disposées en
ombelle simple terminale entourée à la base de bractées membraneuses.

Le rhizome et les fruits du *Butomus umbellatus* (Jonc-fleuri)
renferment un suc amer, un peu âcre, et sont doués de propriétés
purgatives ; mais ils ne sont pas employés en médecine. — Le
Jonc-fleuri est une de nos plantes palustres indigènes les plus
élégantes et peut servir à l'ornement des pièces d'eau.

1. BUTOMUS L. — (Butome).

Mêmes caractères que ceux de la famille.

Rhizome horizontal, charnu ; feuilles très longues, acuminées ; fleurs assez grandes, rosées. . . . . .
. . . . . . *B. umbellatus* L. (B. en ombelle).

XCIII. COLCHICACÉES (DC.).

Fleurs hermaphrodites, plus rarement polygames par avortement, régulières. — *Périanthe pétaloïde*, à 6 divisions presque semblables, disposées sur deux rangs, soudées en un tube allongé étroit, ou libres jusqu'à la base ou presque jusqu'à la base. — Étamines 6, insérées à la gorge du tube du périanthe ou à la base de ses divisions. — Ovules nombreux, insérés à l'angle interne des carpelles. *Styles* 3, *libres*, ou soudés en un seul dans leur partie inférieure. — *Fruit non soudé avec le périanthe, capsulaire, composé de 3 carpelles soudés par la suture ventrale* dans une étendue variable *et s'ouvrant* chacun *par cette même suture*. — Graines nombreuses dans chaque carpelle. *Périsperme charnu ou cartilagineux* épais. Embryon presque cylindrique, placé dans le périsperme.

Plantes vivaces, herbacées, terrestres, à souche bulbeuse, ou non renflée en bulbe et alors à fibres radicales ord. épaisses charnues. Feuilles à nervures parallèles. Fleurs paraissant naître directement du bulbe ou portées sur une tige simple ou rameuse feuillée ou presque nue.

Toutes les *Colchicacées* sont plus ou moins vénéneuses, en raison du suc âcre et irritant qu'elles renferment et dont les propriétés actives sont dues à un principe extractif particulier (colchicine ou vératrine). A faible dose, la médecine les emploie comme médicaments. Ce sont surtout les propriétés des Colchiques et des Vératres qui ont été le mieux étudiées. Toutes les parties du *Colchicum autumnale* (Colchique), bulbe, fleur, feuilles et graines, agissent comme poison sur l'homme et sur les animaux. Les bulbes et les graines sont seuls employés en médecine. La souche bulbeuse du Colchique doit être recueillie au printemps ou vers le mois d'août, époques auxquelles le jeune renflement bulbeux, n'étant pas épuisé par la végétation, présente au plus haut degré ses vertus énergiques. L'extrait, la teinture et le vin préparés avec les bulbes peuvent présenter d'assez grandes différences dans leur action sur l'économie animale ; aussi la teinture des graines, dont la composition est plus constante, doit-elle

être préférée. Le bulbe et les graines, quelle que soit la forme
sous laquelle on les administre, agissent comme purgatifs drastiques, et, à plus forte dose, comme violents émétiques et même
comme poisons narcotico-âcres. Indépendamment de l'effet purgatif, qui, du reste, ne se produit pas chez tous les individus, le
Colchique a une action diurétique assez prononcée, analogue à
celle de la Scille. La teinture, le vin, l'oxymel et l'extrait sont
administrés à l'intérieur dans les hydropisies passives ; mais c'est
surtout contre les affections goutteuses et rhumatismales qu'ils
paraissent être prescrits avec le plus d'avantage ; dans les affections arthritiques on a quelquefois employé la teinture en friction.
Les graines ont été administrées comme anthelminthiques par
quelques médecins. — La racine du *Veratrum album* (Vératre,
Hellébore-blanc), plante qui croît dans les montagnes, agit sur
l'économie de la même manière que le Colchique ; réduite en
poudre, elle est quelquefois employée comme sternutatoire.

1. COLCHICUM Tourn. — (Colchique).

Fleurs hermaphrodites. Périanthe infundibuliforme, à
tube très long grêle anguleux paraissant naître directement
du bulbe en raison de la brièveté de la tige réduite à un
axe très court. Styles 3, filiformes, très longs, épaissis et
stigmatifères dans leur partie supérieure. Carpelles complétement soudés entre eux dans leur partie inférieure, soudés
dans leur partie moyenne seulement par la suture ventrale,
libres au sommet. — Bulbe solide, entouré d'une tunique
membraneuse, constitué par le renflement de la base de la
tige de l'année et de celle de l'année précédente.

Fleurs grandes, d'un lilas tendre, se développant à l'automne ; feuilles et fruit se développant au printemps
suivant. . . . . . *C. autumnale* L. (C. d'automne).

XCIV. LILIACÉES (DC.).

Fleurs hermaphrodites, régulières. — *Périanthe pétaloïde*, à 6 divisions presque semblables, disposées sur deux
rangs, libres, ou plus ou moins longuement soudées en
tube, quelquefois munies chacune à la base d'une fossette
nectarifère. — Étamines 6, hypogynes ou insérées sur le

périanthe ; anthères introrses. — Ovules insérés à l'angle interne des loges. *Style indivis,* filiforme ou presque nul ; stigmates 3, plus ou moins soudés. — *Fruit non soudé avec le périanthe, capsulaire,* à 3 carpelles, *à 3 loges* polyspermes ou oligospermes, *à déhiscence loculicide,* à 3 valves qui se partagent quelquefois chacune en deux valves secondaires par une déhiscence septicide. — Graines à testa noir crustacé et fragile, plus rarement membraneux ou spongieux. *Périsperme charnu.* Embryon placé dans le périsperme, droit ou arqué.

Plantes terrestres, vivaces, ord. herbacées, ord. glabres, à souche bulbeuse, ou à souche non renflée en bulbe et à fibres radicales épaisses-charnues. Tige simple, plus rarement rameuse, feuillée ou dépourvue de feuilles. Feuilles éparses ou presque verticillées, quelquefois en fascicules radicaux, ord. lancéolées ou linéaires, à nervures parallèles, planes ou pliées en gouttière, quelquefois fistuleuses-cylindriques ou semi-cylindriques ; à partie pétiolaire quelquefois longuement tubuleuse-engaînante. Fleurs souvent assez grandes, en épis, en grappes, en panicules, en ombelles simples souvent globuleuses, plus rarement solitaires terminales, ord. accompagnées de bractées membraneuses, quelquefois entourées de spathes.

La souche bulbeuse des *Liliacées* renferme, unis à de l'amidon, à du sucre et à un mucilage abondant, des substances amères et un principe âcre et volatil. Les bulbes des espèces chez lesquelles les principes âcres et amers n'en existent qu'en faible proportion, sont alimentaires, surtout lorsque par la coction ils sont dépouillés de leur principe volatil. Ceux, au contraire, chez lesquels les principes âcres et volatils prédominent, sont employés en médecine pour leurs propriétés stimulantes ou irritantes. — Les bulbes de l'*Allium sativum* (gousses d'ail) ont une odeur et une saveur fortes et piquantes dues à la présence d'une huile volatile, et sont quelquefois employés comme assaisonnement ; ce n'est guère que dans le Midi qu'on les mange en nature ; ils sont quelquefois prescrits à l'extérieur comme irritant local et à l'intérieur comme stimulant ou anthelminthique. Les autres espèces d'*Allium* alimentaires, telles que l'Oignon (*A. Cepa*), le Poireau (*A. Porrum*), la Ciboule ou Cive (*A. fistulosum*), l'Échalote (*A. Ascalonicum*), la Ciboulette (*A. Schœnoprasum*), la Rocambole (*A. Sco-*

23.

rodoprasum), sont généralement cultivées et employées comme aliments ou comme condiments; elles présentent, mais à un degré moins prononcé, les propriétés stimulantes de l'Ail. Les bulbes du *Lilium candidum* (Lis blanc) et ceux des Tulipes, en raison de la quantité de mucilage qu'ils renferment, sont quelquefois appliqués cuits sous forme de cataplasmes pour hâter la maturation des abcès. Les bulbes des *Hyacinthus*, *Muscari*, *Scilla*, *Ornithogalum*, etc., étaient autrefois classés au nombre des médicaments purgatifs et diurétiques. Le *Scilla maritima* (Scille), généralement répandu dans la région méditerranéenne chaude, est doué de propriétés médicales prononcées dues à la présence d'un principe extractif particulier, la scillitine; à forte dose, ses bulbes agissent comme les substances narcotico-âcres; à dose médicinale, ils sont prescrits comme expectorants et comme diurétiques. — Le suc épaissi des feuilles de diverses espèces du genre *Aloe*, originaires du Cap ou de la région tropicale, constitue la substance connue sous le nom d'aloès; l'action purgative et stimulante de ce médicament et l'afflux sanguin qu'il détermine vers la partie inférieure de l'intestin le font souvent employer en médecine. — Depuis quelques années on extrait des racines charnues de diverses espèces du genre *Asphodelus*, qui croissent dans le midi et dans l'ouest de la France, et surtout en Algérie, un alcool que son goût particulier, un peu âcre, doit faire réserver pour les usages industriels. — Un grand nombre de *Liliacées* font l'ornement de nos parterres; nous nous bornerons à mentionner ici les Lis, les Tulipes, la Jacinthe, les Fritillaires, les Hémérocalles, etc.

1 Périanthe urcéolé à 6 dents courtes. . . MUSCARI. (7).
   Périanthe à 6 divisions libres ou soudées seulement à la base 2

2 Stigmates sessiles; capsule à loges polyspermes; tige uniflore. . . . . TULIPA. (1).
   Style filiforme plus ou moins long; capsule à loges oligospermes ou ne contenant qu'une ou deux graines . . 3

3 Fleurs en ombelle simple terminale souvent globuleuse renfermées avant l'épanouissement dans une spathe composée d'une à trois pièces . . . . . ALLIUM. (6).
   Fleurs non renfermées dans une spathe avant l'épanouissement. 4

4 Périanthe rétréci à la base en un tube étroit en forme de pédicelle articulé avec le véritable pédicelle ; souche fibreuse. . . . . PHALANGIUM. (8).
Périanthe non rétréci à la base en forme de pédicelle ; souche bulbeuse 5

5 Anthères insérées sur le filet par leur base ; fleurs jaunes. . . . . GAGEA. (3).
Anthères insérées sur le filet par leur dos ; fleurs bleues, blanches ou d'un blanc jaunâtre. 6

6 Filets des étamines aplanis ; fleurs blanches ou d'un blanc jaunâtre . . . . ORNITHOGALUM. (2).
Filets des étamines filiformes ; fleurs bleues. 7

7 Divisions du périanthe étalées ; étamines hypogynes ou insérées à la base des divisions. . . . SCILLA. (4).
Divisions conniventes en cloche ; étamines extérieures insérées vers la moitié de la hauteur des divisions du périanthe . . . . ENDYMION. (5).

1. TULIPA L. — (TULIPE).

Périanthe caduc, *campanulé*, à divisions libres jusqu'à la base, dépourvues de fossettes nectarifères. *Stigmates sessiles. Capsule à loges polyspermes.* Graines comprimées-planes, à testa non crustacé. — Souche bulbeuse. Fleurs grandes, ord. solitaires, terminales.

Fleur solitaire, d'un beau jaune ; périanthe à divisions acuminées. . . . . . * *T. sylvestris* L. (T. sauvage).

2. ORNITHOGALUM L. — (ORNITHOGALE).

Périanthe marcescent, à divisions libres jusqu'à la base, étalées. *Étamines* hypogynes, ou insérées *à la base des divisions ; filets aplanis ; anthères insérées sur le filet par leur dos.* Style filiforme. Capsule à loges oligospermes. Graines ovoïdes-subglobuleuses ou anguleuses, à testa noir. — Souche bulbeuse. *Fleurs blanches ou d'un blanc jaunâtre,* à *pédicelles naissant à l'aisselle de bractées membraneuses.*

Fleurs blanches, vertes ou rayées de vert en dehors, disposées en grappe corymbiforme. . . . .
. . . . *O. umbellatum* L. (O. en ombelle).
Fleurs d'un blanc jaunâtre, disposées en une grappe spiciforme terminale. *O. Pyrenaicum* L. (O. des Pyrénées).

3. GAGEA Salisb. — (GAGÉE).

Périanthe persistant-marcescent, à divisions libres jusqu'à la base, plus ou moins étalées. *Étamines* hypogynes ou insérées *à la base des divisions; filets filiformes* ou à peine aplanis; *anthères insérées sur le filet par leur base.* *Style filiforme.* Capsule à loges oligospermes. Graines subglobuleuses, à testa jaunâtre. — Souche bulbeuse. *Tige portant au sommet des feuilles bractéales.* Fleurs jaunes, ord. striées de vert en dehors, en corymbe ou solitaires terminales.

Tige pluriflore; divisions du périanthe lancéolées-aiguës.
. . . . . . * *G. arvensis* Schult. (G. des champs).
(*Ornithogalum arvense* Pers.; *G. villosa* Duby).
Tige ord. uniflore; divisions du périanthe oblongues, à sommet obtus. * *G. Bohemica* Schult. (G. de Bohême).

4. SCILLA L. — (SCILLE).

Périanthe à divisions libres jusqu'à la base, *étalées. Étamines hypogynes ou insérées à la base des divisions du périanthe;* filets filiformes; *anthères insérées sur le filet par leur dos.* Style filiforme. Capsule à loges oligospermes. *Graines subglobuleuses.* — Souche bulbeuse. *Fleurs bleues* ou lilas.

Feuilles linéaires très étroites, non développées lors de la floraison; pédicelles ascendants; graines dépourvues de strophiole. . . . . S. *autumnalis* L. (S. d'automne).
Feuilles lancéolées, très longues, développées en même temps que les fleurs; pédicelles dressés; graines munies d'une strophiole . * *S. bifolia* L. (S. à deux feuilles).

5. ENDYMION Dum. — (ENDYMION).

Périanthe à divisions soudées seulement à la base, *conniventes en cloche*, recourbées en dehors supérieurement. *Étamines* toutes ou les 3 extérieures *soudées avec les divisions du périanthe jusque vers la moitié de leur longueur;* filets filiformes; *anthères insérées sur le filet par leur dos. Style filiforme.* Capsule à loges oligospermes. *Graines subglobuleuses.* — Souche bulbeuse. Fleurs bleues.

Feuilles linéaires-lancéolées; fleurs assez grandes, en grappe unilatérale penchée. *E. nutans* Dum. (E. penché). (*Hyacinthus non scriptus* L.; *Scilla nutans* Sm.; *Agraphis nutans* Link).

6. ALLIUM L. — (AIL).

Périanthe à divisions libres ou soudées à la base. Étamines hypogynes ou insérées à la base des divisions du périanthe; filets un peu élargis souvent soudés entre eux à la base, ceux des étamines intérieures souvent dilatés-membraneux et prolongés de chaque côté en une dent ou un appendice filiforme; anthères insérées sur le filet par leur dos. *Ovaire profondément déprimé en tube à son centre. Style filiforme*, naissant du fond de cette cavité, et persistant sur l'axe après la déhiscence de la capsule. *Capsule* déprimée en tube à son centre, *à loges monospermes ou dispermes. Graines anguleuses-subtrigones.* — Souche composée d'un seul bulbe ou de plusieurs bulbes quelquefois portés sur un rhizome traçant. *Fleurs disposées en ombelle simple* terminale ord. globuleuse, souvent entremêlées de bulbilles, *renfermées* avant l'épanouissement *dans une spathe.*

1 Étamines toutes à filets entiers. 2
  Filets des étamines intérieures munis de deux appendices latéraux subulés ou de deux dents 5

2 Feuilles oblongues-lancéolées, longuement pétiolées; fleurs blanches . . * A. ursinum L. (A. des ours).
  Feuilles linéaires, planes ou canaliculées. 3

3 Fleurs jaunes; étamines une fois plus longues que le périanthe. . . . . . . * *A. flavum* L. (A. jaune).
Fleurs roses ou d'un blanc rosé; étamines de la longueur
du périanthe ou le dépassant peu. 4

4 Souche consistant en un bulbe solitaire; ombelle munie de
bulbilles . . *A. oleraceum* L. (A. des lieux cultivés).
Souche consistant en un rhizome traçant qui porte
plusieurs bulbes; ombelle dépourvue de bulbilles. .
. . . . * *A. fallax* Don (A. douteux).

5 Filets des étamines intérieures munis de deux dents
courtes; tige très fistuleuse, renflée-fusiforme au-dessous de sa partie moyenne. † *A. Cepa* L. (A. Oignon).
Filets des étamines intérieures munis de deux appendices
subulés; tige jamais renflée-fusiforme. 6

6 Ombelle dépourvue de bulbilles 7
Ombelle munie de bulbilles 8

7 Feuilles planes un peu carénées; fleurs d'un blanc rougeâtre. . . . . . . † *A. Porrum* L. (A. Poireau).
Feuilles semi-cylindriques, étroites; fleurs d'un beau
rouge . . *A. sphærocephalum* L. (A. à tête ronde).

8 Étamines dépassant longuement le périanthe; feuilles presque cylindriques. . . . *A. vineale* L. (A. des vignes).
Étamines plus courtes que le périanthe; feuilles planes,
à bords scabres. * *A. Scorodoprasum* L. (A. Rocambole).

7. MUSCARI Tourn. — (MUSCARI).

*Périanthe ovoïde-subglobuleux, ou cylindrique-urcéolé,
à dents courtes.* Étamines insérées sur le périanthe; filets
courts. Style filiforme, court. Capsule à loges dispermes.
Graines subglobuleuses ou un peu anguleuses. — Souche
bulbeuse. Fleurs d'un bleu plus ou moins foncé, disposées
en grappe terminale spiciforme, les supérieures souvent
stériles plus petites.

1 Grappe lâche, à fleurs fertiles étalées horizontalement, terminée par une houppe de fleurs stériles longuement pédicellées . . . . *M. comosum* Mill. (M. à toupet).
Grappe courte, ovoïde ou oblongue, à fleurs penchées;
pédicelles des fleurs supérieures très courts. . . . 2

2 Feuilles étalées, linéaires-étroites; fleurs à odeur de prune
  très prononcée, à périanthe ovoïde. . . . . . .
  . . . . *M. racemosum* Mill. (M. à grappe).
  Feuilles dressées, lancéolées-linéaires; fleurs inodores, à
  périanthe ovoïde-subglobuleux . . . .
  . . . . . ** *M. botryoides* Mill. (M. Faux-Botryde).

8. PHALANGIUM Tourn. — (PHALANGIE).

*Périanthe rétréci à la base en un tube en forme de pé-
dicelle, à divisions étalées. Style filiforme. Capsule à loges
oligospermes. Graines anguleuses, à testa crustacé. —
Souche fibreuse. Fleurs blanches.*

Tige rameuse; style droit. * *P. ramosum* Lmk (P. rameuse).
                              (*Anthericum ramosum* L.).

Tige simple; style décliné . . . .
  . . . . . * *P. Liliago* Schreb. (P. à fleurs de Lis).
                              (*Anthericum Liliago* L.).

Hémérocale .   *aloès .*
funkia .   ————   *Yucca .*

XCV. ASPARAGINÉES (A. Rich.).

Fleurs hermaphrodites ou unisexuelles par avortement.
— *Périanthe* régulier, *pétaloïde*, à 6 plus rarement 4-8 divisions quelquefois soudées en tube. —Étamines en nombre
égal à celui des divisions du périanthe, plus rarement en
nombre moindre, hypogynes ou insérées sur le périanthe.
— Ovules 2 ou plusieurs, insérés à l'angle interne des loges.
Styles 2-4 soudés en un style indivis, plus rarement libres,
très rarement un seul style. — *Fruit non. soudé avec le
périanthe, bacciforme-charnu*, à 3, plus rarement 2-4 loges
ou une seule loge, polysperme ou oligosperme, quelquefois
monosperme par avortement. — Graines à testa ord. membraneux, mince. Embryon placé dans un *périsperme charnu
ou corné* épais.

Plantes terrestres, vivaces, herbacées, plus rarement ligneuses,
à souche traçante ou cespiteuse. Feuilles éparses, opposées, verticillées, ou en fascicules radicaux, à nervures parallèles plus

rarement ramifiées, sessiles ou engaînantes à la base, plus rarement pétiolées ; quelquefois réduites à des écailles, et alors les ramuscules étant en forme de feuilles filiformes ou aplanis. Fleurs ord. assez petites, axillaires ou terminales, solitaires, fasciculées ou en grappes.

Les racines et les rhizomes des *Asparaginées* contiennent de l'amidon et du mucilage unis à une substance amère et souvent un peu âcre. — Les racines de l'Asperge (*Asparagus officinalis*) étaient classées au nombre des cinq racines apéritives majeures et étaient prescrites en infusion comme apéritives et diurétiques. On connaît les usages alimentaires des jeunes pousses ou turions de l'Asperge (asperges) ; celles des autres espèces du genre *Asparagus* sont également comestibles. Les asperges excitent la sécrétion urinaire et donnent à l'urine une odeur fétide. D'après plusieurs auteurs, l'extrait et le sirop de pointes d'asperges détermineraient un ralentissement assez notable dans la circulation et seraient prescrits avec avantage dans les affections du cœur. Les asperges doivent leurs propriétés à un principe azoté cristallisable, l'asparagine. — Le rhizome du Muguet (*Convallaria maialis*) est doué de vertus purgatives, et, réduit en poudre, était autrefois employé comme sternutatoire ; avec ses fleurs on préparait une eau distillée antispasmodique. — Le rhizome du Sceau-de-Salomon (*Polygonatum vulgare* et *P. multiflorum*) était classé parmi les médicaments diurétiques et astringents ; il est aujourd'hui très peu usité. — Le rhizome du Petit-Houx (*Ruscus aculeatus*) a des propriétés analogues à celles du rhizome de l'Asperge, et faisait partie, comme lui, du groupe des cinq racines apéritives majeures ; ses graines torréfiées ont été essayées sans succès comme succédané du café. — Les baies et le rhizome du *Paris quadrifolia* (Parisette) étaient considérés par les anciens auteurs comme très efficaces contre la peste et d'autres maladies graves ; ils passaient aussi pour être le meilleur antidote de l'arsenic et du sublimé corrosif ; mais il est aujourd'hui reconnu qu'ils sont seulement doués de propriétés purgatives et vomitives énergiques et qu'ils peuvent, à forte dose, agir comme poison âcre. — Le *Dracœna Draco*, arbre de la région tropicale, est l'un des végétaux qui fournissent le sang-dragon, substance résineuse astringente et tonique. — Les rhizomes de divers *Smilax* exotiques constituent la salsepareille, dont l'infusion, surtout préparée à froid, est douée de propriétés sudorifiques et diurétiques, qui la font prescrire comme dépuratif dans les affections chroniques de la peau ; aux rhizomes de ces *Smilax* on peut substituer celui du *S. aspera*, plante répandue dans la région méditerranéenne.

1 Fleurs dioïques ; feuilles réduites à des écailles ; ramuscules en forme de feuilles, filiformes ou aplanis. 2
Fleurs hermaphrodites ; plantes pourvues de véritables feuilles. 3

2 Étamines 6 ; ramuscules filiformes . . . ASPARAGUS. (1).
Étamines 3, à filets soudés ; ramuscules aplanis en forme de feuilles terminées en épine . . . . . RUSCUS. (6).

3 Périanthe tubuleux ou campanulé-urcéolé, à 6 dents. . 4
Périanthe à 4 ou à 8 divisions étalées et libres presque jusqu'à la base 5

4 Périanthe campanulé-urcéolé ; pédoncule radical non feuillé . . . . CONVALLARIA. (2).
Périanthe tubuleux-cylindrique ; tige feuillée. . . .
. . . . POLYGONATUM. (3).

5 Périanthe à 8 divisions; fleur terminale solitaire. PARIS. (5).
Périanthe à 4 divisions ; fleurs nombreuses en grappe terminale . . . . MAIANTHEMUM. (4).

1. ASPARAGUS L. — (ASPERGE).

Fleurs dioïques par avortement. *Périanthe campanulé à 6 divisions*, rétréci à la base en un tube en forme de pédicelle. *Étamines 6*, insérées sur les divisions du périanthe. Ovaire à 3 loges biovulées. Style indivis, à 3 stigmates réfléchis. — *Tige rameuse. Feuilles réduites à des écailles*, les écailles des rameaux donnant naissance à leur aisselle à des fascicules de *ramuscules* avortés *filiformes verts simulant des feuilles*.

Jeunes pousses épaisses-charnues, chargées d'écailles, terminées par un bourgeon comestible ; tiges très rameuses, dépourvues d'épines ; ramuscules stériles sétacés, lisses, non piquants, fasciculés à l'aisselle d'écailles prolongées inférieurement en une petite pointe herbacée ; filets des étamines de la longueur de l'anthère ; baies d'un beau rouge . . . . . . *A. officinalis* L. (A. officinale).

2. CONVALLARIA L. — (Muguet).

Fleurs hermaphrodites. Périanthe campanulé-urcéolé, à 6 dents rejetées en dehors. *Étamines 6, insérées à la base du périanthe.* Ovaire à 3 loges biovulées. Style indivis ; stigmate obtus, trigone. — Pédoncule radical. *Feuilles toutes radicales.* Fleurs blanches, disposées en une grappe terminale.

Feuilles pétiolées, ovales ou oblongues, acuminées ; fleurs exhalant une odeur suave, penchées, en grappe presque unilatérale ; baies rouges. *C. maialis* L. (M. de mai).

3. POLYGONATUM Desf. — (Polygonatum).

Fleurs hermaphrodites. Périanthe tubuleux-cylindrique, à 6 dents. *Étamines 6, insérées sur le périanthe au milieu de sa hauteur.* Ovaire à 3 loges biovulées. Style indivis ; stigmate obtus, trigone. — *Tige* simple, *feuillée.* Fleurs blanches, à sommet vert, à pédoncules axillaires.

Tige anguleuse ; étamines à filets glabres . . . . .
. . . . *P. vulgare* Desf. (P. commun).
(*Convallaria Polygonatum* L.).
Tige cylindrique ; étamines à filets poilus. . . . .
. . . . . *P. multiflorum* Desf. (P. multiflore).
(*Convallaria multiflora* L.).

4. MAIANTHEMUM Wiggers — (Maïanthème).

Fleurs hermaphrodites. *Périanthe à 4 divisions libres presque jusqu'à la base*, étalées horizontalement ou réfléchies. Étamines 4, insérées à la base des divisions du périanthe. Ovaire à 2 loges uniovulées ou biovulées, plus rarement à 3 loges. Style indivis ; stigmate obscurément bi-trilobé. — *Tige simple, feuillée.* Fleurs blanches, en grappe terminale.

Tige portant 1-3 feuilles ; feuilles alternes, pétiolées, ovales-cordées aiguës ou acuminées ; baies rouges. .
. . . . . * *M. bifolium* DC. (M. à deux feuilles).
(*Convallaria bifolia* L.).

5. PARIS L. — (PARISETTE).

Fleurs hermaphrodites. *Périanthe* marcescent-persistant, *à 8 divisions* libres jusqu'à la base, étalées, 4 extérieures lancéolées, 4 intérieures linéaires très étroites. Étamines 8, insérées à la base des divisions du périanthe, à filets soudés à la base, à anthères longuement acuminées par le prolongement du connectif. Ovaire à 4 loges pluriovulées. Styles 4, filiformes, libres, stigmatifères à la face interne. — Tige simple. *Feuilles disposées par 4-5 en un verticille situé au-dessous du pédicelle de la fleur. Fleur terminale solitaire.*

Feuilles sessiles, rétrécies à la base, ovales ou oblongues-suborbiculaires acuminées, 3-5-nerviées à nervures ramifiées ; fleur verdâtre ; baie d'un noir bleuâtre.   .   .
.   .   .   .   * *P. quadrifolia* L. (P. à quatre feuilles).

6. RUSCUS L. — (FRAGON).

Fleurs dioïques par avortement. Périanthe marcescent-persistant, à 6 divisions libres jusqu'à la base, les extérieures ovales-oblongues, les intérieures plus petites lancéolées. *Étamines 3,* insérées à la base des divisions extérieures du périanthe auxquelles elles sont opposées, et à *filets soudés en* un *tube* ovoïde portant dans les fleurs mâles les trois anthères soudées entre elles et réfléchies en dehors. Ovaire uniloculaire, 2-3-ovulé, renfermé dans le tube formé par les filets soudés des étamines. Style indivis continuant l'ovaire ; stigmate large, épais, pelté. Fruit souvent monosperme par avortement. — *Sous-arbrisseau,* à tige rameuse. Feuilles réduites à des écailles membraneuses caduques, les *écailles des rameaux donnant naissance* chacune *à leur aisselle à un ramuscule* vert *aplani en forme de feuille terminée en épine.* Fleurs petites, verdâtres, naissant 1-2 à la partie moyenne et à la face supérieure des ramuscules aplanis.

Sous-arbrisseau toujours vert ; ramuscules très coriaces, ovales acuminés en une pointe épineuse, tordus à leur insertion ; tube formé par les étamines soudées d'un violet foncé ; baies rouges.   .   *R. aculeatus* L. (F. piquant).

Igname.

CLASSE II.

Ovaire soudé avec le tube du périanthe.

XCVI. DIOSCORÉES (R. Br.).

Fleurs ord. *dioïques.* — *Périanthe régulier*, pétaloïde, à 6 divisions soudées en tube dans leur partie inférieure. — Fleur mâle : *Étamines 6*, insérées sur le périanthe. — Fleur femelle : Étamines rudimentaires. Ovaire à 3 loges biovulées. Ovules insérés à l'angle interne des loges. Style trifide, à stigmates dilatés bifides. — *Fruit soudé avec le* tube du *périanthe, bacciforme*-succulent (dans notre espèce), paraissant uniloculaire par la disparition de la cloison. — Graines 3-6. *Périsperme charnu*, épais. Embryon très petit.

Plante terrestre, vivace, à souche épaisse charnue, à tige volubile rameuse. *Feuilles* alternes, longuement pétiolées, cordées, *à nervures ramifiées.* Fleurs petites, en grappes axillaires.

La racine volumineuse du *Tamus communis* est formée presque entièrement d'amidon, auquel est uni un principe âcre et amer; elle est douée de propriétés diurétiques, purgatives et émétiques. La médecine populaire attribue des propriétés résolutives à ses feuilles appliquées à l'extérieur sur les ecchymoses, d'où l'un de ses noms vulgaires (Herbe-aux-femmes-battues); ces applications extérieures étaient également préconisées contre les affections arthritiques et les scrofules. Par plusieurs lavages successifs, la fécule contenue dans la racine peut être isolée du principe âcre auquel elle est associée. — Dans les régions équatoriales, plusieurs espèces du genre Igname (*Dioscorea*) jouent un rôle important dans l'alimentation par leurs racines riches en principes féculents ; on a récemment essayé en France la culture en grand d'une espèce d'Igname, originaire de la Chine, le *Dioscorea Batatas.*

1. TAMUS L. — (TAMIER).

Mêmes caractères que ceux de la famille.

Feuilles ovales, profondément cordées, acuminées, luisantes; fleurs d'un blanc jaunâtre ou verdâtre; baies rouges . . . . . .*T. communis* L. (T. commun).

XCVII. IRIDÉES (Juss.).

Fleurs hermaphrodites, renfermées avant la floraison dans des bractées membraneuses *en forme de spathes.* — *Périanthe* régulier ou irrégulier, à tube soudé avec l'ovaire, *à 6 divisions pétaloïdes* disposées sur deux rangs. — *Étamines 3*, insérées à la base des divisions extérieures du périanthe; *anthères extrorses.* — Ovules insérés à l'angle interne des loges. Styles soudés en un style indivis; stigmates 3, souvent dilatés ou pétaloïdes. — *Fruit soudé avec le* tube du *périanthe, capsulaire, à 3 loges polyspermes*, à déhiscence loculicide, à 3 valves. — Embryon placé dans un *périsperme* épais *charnu ou corné.*

Plantes terrestres ou aquatiques, vivaces, herbacées, à rhizome horizontal charnu, plus rarement à souche bulbeuse. Feuilles alternes à base engaînante, ou toutes radicales, ensiformes-équitantes, plus rarement linéaires, à nervures parallèles. Fleurs ord. grandes, en épi, en grappe, en corymbe ou en panicule terminale, paraissant plus rarement naître directement du bulbe.

Les souches tubériformes ou bulbeuses des *Iridées* renferment de la fécule, du mucilage et, en faible proportion, des substances âcres ou aromatiques; aussi sont-elles douées de propriétés purgatives ou stimulantes. — Le rhizome de l'*Iris Germanica* (Flambe, Flamme) est âcre et un peu caustique à l'état frais; même à l'état sec, il a des propriétés émétiques et drastiques assez prononcées; les anciens en préconisaient l'usage contre les hydropisies et les affections scrofuleuses; ils employaient dans les mêmes cas les *I. Pseudo-Acorus* et *fœtidissima.* A l'état sec, les rhizomes des *I. Germanica* et *Florentina* ont une faible odeur de violette; ils sont employés dans la parfumerie et pour la fabrication des pois à cautères. Avec les fleurs de l'*I. Germanica*, traitées par la chaux, on obtient une couleur verte assez fréquemment usitée dans les arts. — Le *Crocus sativus* (Safran), originaire de l'Orient, est cultivé en grand dans le Gâtinais; les stigmates sont les seules parties employées; ils sont vendus desséchés sous le nom de safran. Le safran contient une matière colorante particulière employée dans la teinture; il sert, surtout dans le Midi, à aromatiser et à colorer les mets. Cette substance doit aux principes

aromatiques qu'elle renferme des vertus antispasmodiques assez
actives ; à forte dose, elle exerce une action spéciale sur le système
nerveux, et, ainsi que le fait remarquer De Candolle, agit à la
manière des pétales des fleurs très odorantes. Le safran est assez
fréquemment prescrit comme emménagogue et dans les affections nerveuses. Ses principes aromatiques et colorants pénè-
trent les tissus et les liquides de l'organisme ; aussi la sueur et
l'urine de ceux qui en font un usage prolongé prennent-elles la
couleur et l'odeur caractéristiques du safran. — On fait entrer
le safran dans plusieurs préparations officinales, telles que la
thériaque et le laudanum de Sydenham.— Plusieurs espèces d'Iris,
de Glaïeul et de *Crocus* font au printemps l'ornement de nos
parterres.

Périanthe à divisions extérieures réfléchies ; stigmates pétaloïdes. . . . . Iris. (1).
Périanthe campanulé-infundibuliforme ; stigmates non pétaloïdes. . . . . † Crocus. (1 *bis*).

1. IRIS L. — (Iris).

Périanthe régulier, *à divisions extérieures réfléchies* en
dehors, les intérieures dressées ou conniventes. *Stigmates*
très grands, *pétaloïdes.* — Rhizome charnu horizontal (dans
nos espèces) ; feuilles ensiformes-équitantes.

1 Divisions extérieures du périanthe dépourvues de ligne bar-
    bue. 2
  Divisions extérieures du périanthe présentant en dedans
    une ligne barbue. 3
2 Fleurs jaunes ; plante croissant dans les lieux marécageux ;
    feuilles inodores. *I. Pseudo-Acorus* L. (I. Faux-Acore).
  Fleurs bleuâtres ; plante croissant dans les lieux secs ; feuilles
    exhalant par le froissement une odeur peu agréable . .
    : . . . . * *I. fœtidissima* L. (I. fétide).
3 Tige rameuse, pluriflore, de 5-8 décimètres . . . .
    . . . . . . † *I. Germanica* L. (I. d'Allemagne).
  Tige simple, uniflore, de 1-3 décimètres. . . . . .
    . . . . † *I. pumila* L. (I. nain).

† CROCUS Tourn. — (Safran).

Périanthe régulier, à tube cylindrique très long, à limbe

6-partit *campanulé-infundibuliforme*. *Stigmates* élargis et plus ou moins *enroulés dans leur partie supérieure*, denticulés ou incisés au sommet. — Souche bulbeuse, recouverte de plusieurs tuniques. Feuilles étroitement linéaires, toutes radicales. *Fleurs paraissant naître directement du bulbe* la tige étant réduite à un axe très court.

> Tuniques de la souche bulbeuse décomposées en fibres capillaires anastomosées; fleurs assez grandes, violacées, à gorge violette; stigmates d'un jaune rougeâtre, égalant environ la longueur du périanthe. . . . .
>
> . . . . † *C. sativus* L. (S. cultivé).

Glaïeul . ———— *Tigridie* .

XCVIII. AMARYLLIDÉES (R. Br.).

Fleurs hermaphrodites, *renfermées avant la floraison dans des bractées* membraneuses *en forme de spathes*. — *Périanthe* ord. *régulier*, à tube soudé avec l'ovaire, à 6 *divisions pétaloïdes* disposées sur deux rangs souvent soudées en tube au-dessus de l'ovaire, quelquefois muni à la gorge d'une couronne ou d'un tube pétaloïde. — *Étamines 6*, insérées sur le périanthe ou sur le disque qui recouvre l'ovaire; anthères introrses. — Ovules insérés à l'angle interne des loges. Styles soudés en un style indivis; stigmate ord. trilobé. — *Fruit soudé avec le tube du périanthe*, capsulaire, *à 3 loges polyspermes*, à déhiscence loculicide, à 3 valves. — Graines à testa membraneux ou charnu. Embryon placé dans un *périsperme charnu*, épais.

Plantes terrestres, à souche ord. bulbeuse. Feuilles toutes radicales, à base engaînante, linéaires, à nervures parallèles. Fleurs ord. grandes, terminales, solitaires ou groupées.

Les souches bulbeuses des *Amaryllidées* diffèrent peu par la nature de leurs principes chimiques et par leurs propriétés médicales de celles des Liliacées; le mucilage qu'elles renferment est uni à une substance résinoïde, amère, purgative et elles conservent leur principe actif même après la dessiccation. Les bulbes des *Narcissus Pseudo-Narcissus* (Narcisse-des-prés), *poeticus*, *Tazetta*, *odorus*, etc., et ceux du *Galanthus nivalis* (Perce-neige) offrent des propriétés purgatives ou émétiques à un degré assez prononcé ; avec les fleurs du Narcisse-des-prés on prépare une infusion, un sirop et un extrait employés comme antispasmodiques contre les affections convulsives et surtout contre la coqueluche ; l'infusion de ces fleurs dans l'huile est quelquefois employée à l'extérieur comme un topique calmant. — Nos jardins et nos serres empruntent à la famille des Amaryllidées plusieurs belles plantes d'ornement appartenant aux genres *Narcissus*, *Amaryllis*, *Crinum*, *Pancratium*, etc.

Périanthe muni à la gorge d'une couronne ou d'un tube pétaloïde campanulé. . . . . . NARCISSUS. (1).
Périanthe dépourvu de couronne ou de tube pétaloïde. . . . . GALANTHUS. (2).

1. NARCISSUS L. — (NARCISSE).

Périanthe hypocratériforme, régulier, à divisions entières, *muni à la gorge d'une couronne ou d'un tube pétaloïde campanulé.* — Fleurs blanches ou jaunes.

1 Fleurs blanches, à couronne courte bordée de rouge. . . . . * N. poeticus L. (N. des poëtes). Fleurs jaunes, à couronne en forme de tube campanulé. 2

2 Couronne environ aussi longue que les divisions du périanthe. N. Pseudo-Narcissus L. (N. Faux-Narcisse). Couronne plus courte de moitié que les divisions du périanthe. . † N. incomparabilis Mill. (N. nonpareil).

2. GALANTHUS L. — (GALANTHINE).

Périanthe régulier, *à divisions* extérieures étalées, les *intérieures dressées, de moitié plus courtes, émarginées.* — Fleurs blanches, les divisions intérieures du périanthe vertes au sommet.

Feuilles 2, glaucescentes ; capsule n'arrivant à la maturité qu'alors que la tige s'est couchée sur la terre en se flétrissant. . . . * G. nivalis L. (G. Perce-neige).

XCIX. ORCHIDÉES (Juss.).

Fleurs hermaphrodites. — *Périanthe irrégulier*, à tube soudé avec l'ovaire, à 6 divisions pétaloïdes dont 3 extérieures et 3 intérieures; les 3 extérieures souvent convergentes avec les deux divisions intérieures et supérieures (casque); *la division intérieure et inférieure ord. très différente des autres par sa forme et sa grandeur* (labelle) (1), souvent prolongée en éperon à sa base. — *Étamines 3, à filets soudés en colonne avec le style* (colonne, gynostème): *les deux latérales stériles, réduites* chacune *à un mamelon ou à un appendice charnu* (staminode), *quelquefois complétement nulles, la moyenne fertile, placée au-dessus du stigmate*, soudée avec la colonne ou en étant distincte; très rarement (Cypripedium) les étamines latérales étant régulièrement développées et la moyenne avortée. Anthère à 2 lobes; grains de pollen agglomérés en masses (masses polliniques); masses polliniques presque pulvérulentes à granules lâchement cohérents, ou très compactes ressemblant à de la cire (masses céracées), ou à granules assez gros agglutinés par une matière visqueuse-élastique et alors ord. atténuées en pédicelle (caudicule); le caudicule ou la masse pollinique présentant ord. à son extrémité un petit corps visqueux (rétinacle) libre ou soudé avec celui de la masse pollinique voisine et renfermé souvent dans un repli (bursicule) qui surmonte le stigmate. — Stigmate placé dans la partie supérieure et extérieure de la colonne, constitué par une surface déprimée glanduleuse. — *Fruit* soudé avec le tube du périanthe, *capsulaire, à une seule loge* très polysperme, *s'ouvrant* (dans les espèces indigènes)

(1) Pour la facilité de l'étude, nous avons décrit le labelle comme inférieur, bien qu'il soit réellement supérieur et ne devienne inférieur que par la torsion du pédicelle ou de l'ovaire; sa position supérieure est facile à constater chez les fleurs non épanouies. Chez certains genres (*Liparis, Malaxis*), le labelle reste supérieur.

24

par *3 valves persistantes* restant adhérentes à leur sommet
et à leur base, *portant les placentas à leur partie moyenne,
et laissant libres entre elles leurs nervures moyennes* dont
elles se sont séparées. — Graines très petites, à testa très
lâche réticulé débordant largement l'amande. *Périsperme
nul.*

Plantes terrestres, croissant quelquefois dans les lieux marécageux. Souche munie seulement de fibres radicales (souche
fibreuse) cylindriques nombreuses, plus rarement de 2-4 fibres
épaisses-napiformes; ou présentant, au-dessous des fibres cylindriques, 2-3 bulbes d'une structure spéciale (ophrydo-bulbes),
entiers ou palmés, constitués par une masse charnue à épiderme
mince et terminés par un bourgeon; plus rarement souche traçante ou composée d'un ou plusieurs bulbes résultant du renflement de la tige et entourés d'une ou plusieurs tuniques. Tiges
simples, feuillées au moins à la base, plus rarement nues. Feuilles
à nervures parallèles plus rarement anastomosées, alternes, plus
rarement toutes radicales, ord. engaînantes à la base, quelquefois
toutes réduites à des écailles jamais vertes. Fleurs naissant à
l'aisselle de bractées, disposées en épi ou en grappe terminale.

Les bulbes entiers ou palmés des *Orchidées* de la section des
Ophrydées (ophrydo-bulbes) sont constitués par de la fécule unie
à du mucilage et à un principe amer qui y existe en très faible
proportion. En Orient, on prépare le salep avec les bulbes de
plusieurs espèces d'*Orchis*; on l'obtient en traitant les bulbes par
l'eau bouillante et en les réduisant en poudre après les avoir laissé
sécher. — Les fleurs de plusieurs de nos Orchidées indigènes
exhalent une odeur de vanille très prononcée. — On sait que la
vanille du commerce est le fruit de plusieurs espèces du genre
Vanilla, Orchidées épiphytes grimpantes, propres à la région équatoriale du nouveau monde et appartenant à une tribu particulière,
les *Vanillées*. — Il n'est personne qui n'ait admiré la beauté et
les formes variées et bizarres des fleurs de nos Orchidées indigènes et surtout des espèces tropicales épiphytes qui, depuis
quelques années, sont devenues l'un des plus beaux ornements
de nos serres chaudes.

1 Labelle prolongé en éperon à la base. 2
Labelle bossu ou non à la base, non prolongé en éperon . 7

2 Feuilles réduites à des écailles colorées ; labelle rétréci
inférieurement en forme d'onglet canaliculé. . . .
. . . . LIMODORUM. (9).
Plante pourvue de feuilles ; labelle non rétréci inférieurement en forme d'onglet canaliculé. 3

3 Labelle linéaire-allongé, indivis . . PLATANTHERA. (8).
Labelle à 3 lobes plus ou moins profonds entiers ou le
moyen bilobé ou bifide 4

4 Labelle à 3 divisions linéaires enroulées en spirale avant
l'épanouissement de la fleur, la moyenne entière. . .
. . . . LOROGLOSSUM. (2).
Labelle à lobes jamais enroulés en spirale. 5

5 Masses polliniques à rétinacles non renfermés dans une
bursicule . . . . GYMNADENIA. (7).
Rétinacles libres ou soudés en un seul, renfermés dans
un repli (bursicule) qui surmonte le stigmate. . . . 6

6 Rétinacles libres, renfermés dans une bursicule biloculaire. . . . . ORCHIS. (4)
Rétinacles soudés en un seul qui est renfermé dans une
bursicule uniloculaire . . . . . ANACAMPTIS. (3).

7 Fleur à labelle dirigé en dehors et en bas ; souche fibreuse,
ou présentant au-dessous des fibres deux bulbes entiers
ou palmés à tunique non distincte. 8
Fleur à labelle dirigé en haut et en dedans ; plante à
bulbes constitués par un renflement de la tige entouré
d'une ou plusieurs tuniques. 15

8 Anthère soudée à la colonne avec laquelle elle forme un
tout continu ; masses polliniques composées de granules
assez gros agglutinés par l'intermédiaire d'une matière
visqueuse-élastique, atténuées en caudicule à la base ;
souche bulbeuse 9
Anthère soudée seulement à la base avec la colonne ;
masses polliniques composées de granules lâchement
cohérents, presque pulvérulentes, non atténuées en caudicule ; souche fibreuse, à fibres nombreuses grêles, plus
rarement 2-4 épaisses-napiformes 11

9 Labelle connivent avec les autres divisions du périanthe ;
   masses polliniques à rétinacles non renfermés dans une
   bursicule . . . . HERMINIUM. (6).
   Labelle non connivent avec les autres divisions du périanthe ; masses polliniques à rétinacles renfermés dans
   une bursicule 10

10 Ovaire contourné ; labelle glabre, à 3 divisions linéaires,
   la moyenne bifide ; masses polliniques à rétinacles soudés
   en un seul. . . . . ACERAS. (1).
   Ovaire non contourné ; labelle ord. pubescent-velouté,
   entier ou 3-lobé ; masses polliniques à rétinacles libres.
   . . . . OPHRYS. (5).

11 Labelle bifide . . . . NEOTTIA. (12).
   Labelle rétréci ou non à sa partie moyenne, à partie terminale indivise 12

12 Labelle non rétréci à sa partie moyenne. 13
   Labelle brusquement rétréci à sa partie moyenne. . .14

13 Masses polliniques réunies par un rétinacle commun ;
   souche à 2-4 fibres radicales épaisses-napiformes ; épi
   fortement contourné en spirale. . SPIRANTHES. (13).
   Masses polliniques dépourvues de rétinacle ; rhizome grêle,
   longuement traçant ; épi presque unilatéral à peine contourné en spirale. . . . . . . GOODYERA. (14).

14 Ovaire non contourné ; labelle présentant au niveau du
   rétrécissement deux bosses saillantes ; masses polliniques
   réunies par un rétinacle commun. . . EPIPACTIS. (11).
   Ovaire plus ou moins contourné ; labelle présentant vers le
   rétrécissement plusieurs saillies ; masses polliniques dépourvues de rétinacle. . . . CEPHALANTHERA. (10).

15 Labelle beaucoup plus grand et aussi long que les autres
   divisions du périanthe ; colonne allongée ; bulbe ancien
   et jeune bulbe contigus. . . . . . LIPARIS. (15).
   Labelle plus court que les divisions extérieures ; colonne
   très courte ; bulbes superposés et espacés. MALAXIS. (16).

TRIBU **I. Ophrydeæ.** — *Anthère soudée à la colonne
avec laquelle elle forme un tout continu,* persistante ;

masses polliniques composées de granules assez gros
agglutinés par l'intermédiaire d'une matière visqueuse-
élastique, *atténuées en caudicule à la base.* — Plantes à
bulbes d'une structure spéciale (ophrydo-bulbes), charnus, entiers ou palmés, recouverts d'un épiderme mince,
surmontés de fibres radicales cylindriques.

1. ACÉRAS. R. Br. — (ACÉRAS).

Labelle dépourvu d'éperon, ne présentant à la base que
deux petites bosses à peine saillantes, *allongé, à 3 divisions linéaires, la moyenne* plus large, *bifide,* infléchie pendant la préfloraison. Masses polliniques à *rétinacles soudés
en un seul qui est renfermé dans une bursicule uniloculaire.*
Ovaire contourné.

  Bulbes entiers ; fleurs d'un jaune verdâtre, bordées et
  rayées d'un rouge brunâtre, en épi allongé un peu lâche ;
  périanthe à divisions connivantes en un casque presque
  obtus ; labelle à divisions linéaires. . . . . . .
  . . . . * *A. anthropophora* R. Br. (A. homme-pendu).
                    (*Ophrys anthropophora* L.).

2. LOROGLOSSUM Rich. — (LOROGLOSSE).

Labelle prolongé à la base *en un éperon court, très long,
à 3 divisions linéaires enroulées en spirale pendant la préfloraison, la moyenne entière.* Masses polliniques à rétinacles soudés en un seul qui est renfermé dans une
bursicule uniloculaire. Ovaire contourné.

  Bulbes entiers ; fleurs exhalant une odeur de bouc très
  forte, en épi oblong-cylindrique ; périanthe à divisions
  connivantes en un casque subglobuleux ; labelle à divisions linéaires, les latérales beaucoup plus courtes et plus
  étroites que la moyenne . . . .
  . . . . . . *L. hircinum* Rich. (L. à odeur de bouc).
                    .(*Satyrium hircinum* L.).

3. ANACAMPTIS Rich. — (ANACAMPTIS).

Labelle large, 3-lobé à lobes courts, prolongé en éperon
filiforme. Masses polliniques à *rétinacles soudés en un seul*
                                                      24.

qui est renfermé dans une bursicule uniloculaire. Ovaire
contourné.

> Bulbes entiers ; fleurs d'un beau rose, en épi compacte
> court, ovoïde ou oblong. . . . .
> . . . . * *A. pyramidalis* Rich. (A. pyramidal).
> (*Orchis pyramidalis* L.).

4. ORCHIS L. — (ORCHIS).

Labelle prolongé en éperon, à 3 lobes plus ou moins profonds, le moyen entier, bilobé ou bifide. Masses polliniques
à rétinacles libres renfermés dans une bursicule biloculaire.
Ovaire contourné. — Bulbes entiers ou palmés.

1 Périanthe à divisions extérieures latérales étalées, réfléchies
     ou redressées 2
     Périanthe à divisions extérieures conniventes en casque
     avec les deux intérieures. 7

2 Fleurs en épi compacte, à éperons dirigés en bas ; bulbes
     palmés. 3
     Fleurs en épi lâche, à éperons dirigés horizontalement ;
     bulbes entiers. 5

3 Tige pleine ; divisions extérieures latérales du périanthe
     étalées ; labelle presque plan ; bractées la plupart plus
     courtes que les fleurs. *O. maculata* L. (O. tacheté).
     Tige fistuleuse ; divisions extérieures latérales du périanthe
     redressées ; labelle à lobes latéraux un peu rejetés en
     arrière ; bractées la plupart plus longues que les fleurs. 4

4 . . . . *O. latifolia* L. (O. à larges feuilles).
     Feuilles ord. plus ou moins étalées, oblongues ou oblon-
     gues-lancéolées, d'un vert foncé, le plus souvent marquées
     de taches noires. var. *latifolia* (var. à larges feuilles).
     Feuilles dressées, étroites lancéolées ou linéaires-lan-
     céolées, d'un vert clair, ord. non marquées de taches
     noires. . . . var. *incarnata* (var. couleur de chair).
     (*O. incarnata* L.; *O. divaricata* Rich.; *O. latifolia* var. *angustifolia*
                         Fl. Par. éd. 1).

5 Bractées à une seule nervure ; feuilles planes. . . .
     . . . . * *O. mascula* L. (O. mâle).
     Bractées à 3-5 nervures souvent anastomosées ; feuilles
     pliées-canaliculées 6

6 . . . . *O. laxiflora* Lmk (O. à fleurs lâches).
Épi ord. lâche ; lobe moyen du labelle plus court que les lobes latéraux, ou même presque nul de telle sorte que le labelle paraît seulement bilobé. . . . . . .
. . . . var. *laxiflora* (*var.* à fleurs lâches).
Épi ord. moins lâche ; lobe moyen du labelle ord. égalant ou dépassant les lobes latéraux. . . . .
. . . . var. *palustris* Koch (*var.* des marais).
(*O. palustris* Jacq.).

7 Labelle trilobé ou trifide, le lobe moyen entier, ou tronqué à peine émarginé. 8
Labelle tripartit, le lobe moyen profondément bifide, présentant souvent une dent à l'angle de sa bifidité. . . 9

8 Divisions conniventes en un casque acuminé ; labelle trifide, à lobe moyen oblong ; fleurs à odeur de punaise.
. . . . * *O. coriophora* L. (O. punaise).
Divisions conniventes en un casque obtus ; labelle trilobé, à lobes larges. . . . . *O. Morio* L. (O. bouffon).

9 Bractées égalant presque la moitié de la longueur de l'ovaire ; divisions extérieures du périanthe libres jusqu'à la base ; fleurs petites . * *O. ustulata* L. (O. brûlé).
Bractées beaucoup plus courtes que l'ovaire ; divisions extérieures du périanthe soudées à la base. 10

10 Casque ovoïde-subglobuleux, ord. d'un pourpre foncé ; divisions du lobe moyen du labelle ord. 6-8 fois plus larges que les lobes latéraux. 11
Casque ovoïde-lancéolé, d'un rose cendré ; divisions du lobe moyen du labelle aussi étroites que ses lobes latéraux, ou 1-3 fois plus larges qu'eux 12

11 . . . . *O. purpurea* Huds. (O. pourpre).
(Rchb. f.; *O. fusca* Jacq.; Fl. Par. éd. 1).
Casque d'un pourpre foncé ; labelle à lobes latéraux ord. rapprochés du lobe moyen, lobe moyen à divisions ord. très larges. . . . . . var. *purpurea* (*var.* pourpre).
Casque d'un pourpre moins foncé ; labelle à lobes latéraux ord. écartés du lobe moyen, lobe moyen à divisions souvent à peine plus larges que les lobes latéraux . . .
. . . . * var. *Jacquini* (*var.* de Jacquin).
(*O. Jacquini* Godr.; *O. fusca* var. *stenoloba* Fl. Par. éd. 1).

12 Divisions du lobe moyen du labelle aussi étroites que ses
   lobes latéraux, très longues, un peu courbées en avant.
   . . . . * O. *Simia* Lmk (O. singe).
   Divisions du lobe moyen du labelle 3-4 fois plus larges
   que ses lobes latéraux, courtes, divergentes. . . .
   . . . . * O. *militaris* L. (O. militaire).
   (O. *militaris* var. α L.; O. *galeata* Lmk; Fl. Par. éd. 1).

5. OPHRYS L. — (OPHRYS).

Labelle épais un peu charnu, *non prolongé en éperon*,
presque plan ou concave en arrière, ord. pubescent-
velouté et marqué de lignes et de taches glabres, entier ou
3-lobé, à lobe moyen plus grand entier émarginé ou bifide
souvent terminé par un appendice glabre épais courbé.
Masses polliniques à *rétinacles libres renfermés dans deux bur-
sicules distinctes. Ovaire non contourné.* — Bulbes entiers.

1 Labelle ne présentant pas d'appendice à son extrémité. . 2
  Labelle présentant à son extrémité un appendice glabre,
  épais, courbé en dessus ou en dessous. 3

2 Labelle trilobé, à lobe moyen bilobé; les deux divisions
  intérieures du périanthe filiformes. . . . . . .
  . . . . . . O. *muscifera* Huds. (O. mouche).
  (O. *myodes* Jacq.; Fl. Par. éd. 1).
  Labelle entier ou un peu émarginé à son extrémité; les
  deux divisions intérieures du périanthe ovales-lancéolées
  obtuses. . . . * O. *aranifera* Huds. (O. araignée).

3 Labelle à appendice courbé en dessus; anthère terminée
  par un bec court droit. O. *arachnites* Hoffm. (O. frelon).
  Labelle à appendice recourbé et caché en dessous; anthère terminée par un bec long et flexueux. . . .
  . . . . * O. *apifera* Huds. (O. abeille).

6. HERMINIUM Rich. — (HERMINIE).

*Labelle connivent avec les autres divisions du périanthe,
5-lobé à lobes linéaires entiers,* bossu à la base. Masses
polliniques à *caudicules très courts,* à *rétinacles libres,
très grands, non renfermés dans une bursicule. Ovaire contourné.* — Bulbes entiers.

Tige florifère naissant d'un bulbe solitaire et émettant à sa
base 3-5 bulbes pédicellés ; fleurs petites, d'un jaune verdâtre, exhalant une odeur de fourmi, disposées en épi
grêle allongé . . . .
. . . . * *H. Monorchis* R. Br. (H. à un seul bulbe).
                                          (*Ophrys Monorchis* L.).

7. GYMNADENIA Rich. — (GYMNADÉNIE).

Labelle large ou linéaire, *3-lobé ou 3-denté, prolongé en
éperon* court ou long. Masses polliniques à *rétinacles libres,
non renfermés dans une bursicule.* Ovaire contourné. —
Bulbes palmés.

1 Fleurs verdâtres ; labelle linéaire, tridenté au sommet ;
    éperon très court en forme de sac. . . . .
    . . . . * G. *viridis* Rich. (G. verte).
                                      (*Satyrium viride* L.).
  Fleurs roses, rarement blanches ; labelle trilobé ; éperon
    filiforme 2
2 Éperon environ deux fois plus long que l'ovaire. . . .
    . . . . . . G. *conopsea* Rich. (G. moucheron).
                                      (*Orchis conopsea* L.).
  Éperon environ de la longueur de l'ovaire ou plus court
    que lui. . . * G. *odoratissima* Rich. (G. odorante).
                                (*Orchis odoratissima* L.).

8. PLATANTHERA Rich. — (PLATANTHÈRE).

Labelle linéaire-allongé, indivis, prolongé en un éperon très
long. Masses polliniques à *rétinacles libres, non renfermés
dans une bursicule.* Ovaire contourné. — Bulbes entiers.
Fleurs d'un blanc verdâtre.

Anthère à lobes rapprochés et parallèles. . . . . .
    . . . . . P. *bifolia* Rich. (P. à deux feuilles).
                                      (*Orchis bifolia* L.).
  Anthère à lobes éloignés, divergents inférieurement . .
    . . . . . P. *montana* Rchb. f. (P. de montagne).
  (*Orchis montana* Schmidt ; *O. chlorantha* Cust.; Fl. Par. éd. 1).

TRIBU II. Neottieæ. — *Anthère soudée seulement à la
base avec la colonne,* marcescente ; *masses polliniques*

composées de granules lâchement cohérents, presque pulvérulentes, *non atténuées en caudicule*. — Plantes à *souche dépourvue de bulbes*, *munie seulement de fibres radicales* cylindriques grêles ou plus ou moins épaisses.

9. LIMODORUM Rich. — (LIMODORE).

Labelle connivent avec les autres divisions du périanthe, *rétréci en forme d'onglet* canaliculé *dans sa partie basilaire*, indivis, plié-concave, embrassant la colonne, *prolongé en éperon*. Anthère presque sessile. Ovaire non contourné. — Fibres radicales nombreuses.

> Plante dépourvue de feuilles, d'un violet plus ou moins foncé dans toutes ses parties, à tige munie d'écailles engaînantes; fleurs assez grandes, d'un lilas violet, en épi allongé. * *L. abortivum* Sw. (L. à feuilles avortées).
> (*Orchis abortiva* L.).

10. CEPHALANTHERA Rich. — (CÉPHALANTHÈRE).

Labelle brusquement rétréci à sa partie moyenne, à partie basilaire concave nectarifère, à partie terminale indivise, *présentant vers le rétrécissement plusieurs saillies*, non prolongé en éperon. Anthère à filet distinct; masses polliniques dépourvues de rétinacle. *Ovaire* subsessile, *plus ou moins contourné*. — Fibres radicales nombreuses.

1 Fleurs d'un beau rose; ovaire pubescent . . . . .
    . . . . * *C. rubra* Rich. (C. rouge).
                                    (*Serapias rubra* L.).
  Fleurs blanches; ovaire glabre 2

2 Bractées égalant ou dépassant l'ovaire; feuilles ovales ou ovales-lancéolées. . . . .
    . . . . * *C. grandiflora* Babingt. (C. à grandes fleurs).
        (*Serapias grandiflora* L. Suec.; *Serapias lancifolia* Murr.;
                        C. lancifolia Fl. Par. éd. 1).
  Bractées beaucoup plus courtes que l'ovaire; feuilles lancéolées-étroites ou linéaires-lancéolées.
    . .* *C. Xiphophyllum* Rchb. f. (C. à feuilles en épée).
        (*Serapias Xiphophyllum* L.f.; *Serapias ensifolia* Sw.;
                        C. ensifolia Rich.; Fl. Par. éd. 1).

11. EPIPACTIS Rich. — (ÉPIPACTIS).

Labelle brusquement rétréci à sa partie moyenne, à partie basilaire concave-nectarifère, à partie terminale indivise, *présentant au niveau du rétrécissement deux bosses saillantes* obtuses, non prolongé en éperon. Anthère sessile; *masses polliniques réunies par un rétinacle commun. Ovaire non contourné,* atténué à la base en un pédicelle un peu contourné. — Fibres radicales nombreuses.

1 Feuilles lancéolées ; labelle à extrémité arrondie obtuse, égalant ou dépassant les divisions extérieures latérales du périanthe. . . . *E. palustris* Cr. (É. des marais). (*Serapias palustris* Scop.).

Feuilles la plupart ovales ; labelle à extrémité un peu acuminée et courbée, plus court que les divisions extérieures latérales du périanthe 2

2 . . . . *E. latifolia* All. (É. à larges feuilles). (*Serapias latifolia* L.).

Fleurs verdâtres au moins avant l'épanouissement; bractées la plupart plus longues que les fleurs. . . . . . .

. . . . var. *latifolia* (var. à larges feuilles).

Fleurs petites, d'un pourpre foncé même avant l'épanouissement ; bractées la plupart plus courtes que les fleurs. .

. . . . * var. *atrorubens* (var. pourpre). (*Epipactis atrorubens* Hoffm.; *Serapias microphylla* Mérat non Hoffm.).

12. NEOTTIA Rich. — (NÉOTTIE).

Labelle allongé, *bifide,* plus rarement présentant indépendamment des lobes terminaux deux petits lobes latéraux, un peu concave à la base, non prolongé en éperon. Anthère sessile. Ovaire non contourné. — Fibres radicales nombreuses.

Fibres radicales entrelacées en forme de nid d'oiseau ; plante dépourvue de feuilles, décolorée, d'un blanc roussâtre. . . . *N. Nidus-avis* Rich. (N. Nid-d'oiseau). (*Ophrys Nidus-avis* L.).

Fibres radicales non entrelacées ; tige portant deux larges feuilles opposées . . . . *N. ovata* Rich. (N. ovale). (*Ophrys ovata* L.).

13. SPIRANTHES Rich. — (Spiranthe).

Périanthe à divisions formant un angle avec l'ovaire ; *labelle* rapproché des divisions extérieures latérales qui le recouvrent inférieurement, *non rétréci à sa partie moyenne, indivis*, plié-concave en dessus, non prolongé en éperon. Anthère appliquée sur un prolongement de la colonne en forme de bec bifide. *Masses polliniques réunies par un rétinacle commun.* Ovaire non contourné. — Souche à *fibres radicales 2-4 épaisses-napiformes. Fleurs* petites, blanches, *en épi fortement contourné en spirale.*

Feuilles inférieures lancéolées-linéaires, entourant la tige.
. . . . * *S. æstivalis* Rich. (S. d'été).
(*Neottia æstivalis* DC.).
Feuilles inférieures ovales ou ovales-oblongues, disposées en un fascicule latéral par rapport à la tige . . .
. . . . . * *S. autumnalis* Rich. (S. d'automne).
(*Neottia spiralis* Sw.).

14. GOODYERA R.Br. — (Goodyère).

Périanthe à divisions formant un angle avec l'ovaire ; *labelle* rapproché de la colonne, *à base très largement et profondément concave-bossue, non rétréci à sa partie moyenne, à partie non concave* courte *indivise* liguliforme. Anthère à filet un peu distinct, appliquée sur un prolongement de la colonne en forme de bec bidenté. *Masses polliniques dépourvues de rétinacle.* Ovaire non contourné. — *Rhizome* grêle, rameux, *longuement traçant. Fleurs* petites, disposées en épi presque unilatéral.

Feuilles à nervures anastomosées, les inférieures ovales brusquement atténuées inférieurement ; fleurs en épi unilatéral pubescent. * *G. repens* R. Br. (G. rampante).
(*Satyrium repens* L.; *Epipactis repens* Cr.).

TRIBU III. Malaxideæ. — *Anthère libre,* en forme d'opercule, *caduque; masses polliniques* très compactes, céracées, composées de granules très cohérents, *non at-*

ténuées en caudicule. — Plantes à *bulbes constitués par un renflement de la tige* entouré d'une ou plusieurs tuniques.

15. LIPARIS Rich. — (LIPARIS).

Fleur non déviée de sa direction primitive de telle sorte que le labelle regarde en haut. *Labelle* beaucoup plus *large* et *aussi long que les autres divisions* du périanthe, entier, non prolongé en éperon. *Colonne allongée*, légèrement infléchie, élargie en aile sur les parties latérales du stigmate. Anthère terminale, sessile. Ovaire non contourné. — Bulbes assez gros, donnant naissance inférieurement à des fibres radicales, le jeune bulbe étant juxtaposé à l'ancien.

Tige anguleuse à angles presque ailés, triquètre au sommet; fleurs d'un jaune verdâtre, disposées en épi 3-10 flore . . . . . . ＊ *L. Lœselii* Rich. (L. de Lœsel)
(*Ophrys Lœselii* L.; *Malaxis Lœselii* Sw.)

16. MALAXIS Sw. — (MALAXIS).

Fleur non déviée de sa direction primitive de telle sorte que le labelle regarde en haut. *Labelle plus court que les divisions extérieures* du périanthe, entier, non prolongé en éperon. *Colonne très courte*, droite. Anthère terminale, sessile. Ovaire non contourné. — Bulbes petits, superposés et espacés, dépourvus de fibres radicales.

Tige grêle, pentagone; fleurs très petites, nombreuses, d'un jaune verdâtre, disposées en un épi grêle ord. allongé.
. . . . ＊＊ *M. paludosa* Sw. (M. des marais),
Vanille. (*Ophrys paludosa* L.).

C. HYDROCHARIDÉES (Rich.).

Fleurs dioïques, renfermées pendant la préfloraison dans des bractées en forme de spathe. — *Périanthe* régulier à 6 *divisions*, les 3 extérieures herbacées ou presque her-

25

bacées, les 3 *intérieures pétaloïdes* à préfloraison chiffonnée plus rarement rudimentaires ou nulles. — Fleurs
mâles ord. réunies plusieurs dans une spathe commune :
Périanthe à divisions libres presque jusqu'à la base. Étamines insérées au fond du périanthe, 3-12, quelquefois
4-2 par avortement. Ovaire rudimentaire. — Fleurs
femelles solitaires dans une spathe : Périanthe à divisions
extérieures soudées en tube à la base, à tube soudé avec
l'ovaire. Étamines avortées. Ovaire à 6 loges multiovulées,
plus rarement à une seule loge. *Ovules insérés sur les
cloisons ou sur les parois de la loge* dans les ovaires uniloculaires. Style très court, plus rarement allongé ;
stigmates 3-6, plus ou moins profondément bifides. —
Fruit mûrissant sous l'eau, *soudé avec le tube du périanthe*,
surmonté par le limbe persistant du périanthe ou n'en
présentant aucun vestige, indéhiscent, charnu, polysperme, à 6 loges séparées par des cloisons membraneuses
et remplies d'une pulpe mucilagineuse, plus rarement à
une seule loge. — Graines à testa ord. chargé de filaments
souvent roulés en spirale. *Périsperme nul.* Embryon droit.

Plantes aquatiques, submergées-nageantes ou submergées,
vivaces, herbacées, à souche non bulbeuse. Feuilles toutes radicales ou portées sur des tiges et alors ord. fasciculées, pétiolées
à limbe nageant, ou réduites à leur partie pétiolaire aplanie.
Spathes sessiles ou pédonculées, composées d'une ou deux pièces
membraneuses ou herbacées. Fleurs sessiles ou pédicellées.

Les plantes de cette famille ne sont douées d'aucune propriété médicale bien prononcée. Le suc de l'*Hydrocharis
Morsus-ranæ* (Petit-Nénuphar) est mucilagineux et légèrement
astringent.

> Étamines 9-12, soudées par paires dans leur moitié infé-
> rieure ; feuilles pétiolées, à limbe nageant suborbiculaire-
> réniforme . . . . HYDROCHARIS. (1).
> Étamines nombreuses, les extérieures 23-25 stériles, les
> intérieures 12-13 fertiles ; feuilles submergées, en rosette
> radicale, linéaires-larges, dentées-épineuses . . . .
> . . . . † STRATIOTES. (1 *bis*).

1. HYDROCHARIS L. — (HYDROCHARIS).

Périanthe à 6 divisions, les extérieures herbacées, les intérieures pétaloïdes suborbiculaires beaucoup plus grandes. — Fleurs mâles brièvement pédicellées, renfermées avant la floraison au nombre de 1-3 dans une spathe composée de deux pièces membraneuses. *Étamines 9-12*, à filets soudés en anneau à la base, soudés par paires deux à deux dans leur moitié inférieure, l'intérieure de chaque paire ord. dépourvue d'anthère. Ovaire rudimentaire. — Fleurs femelles très longuement pédicellées, solitaires dans une spathe composée d'une seule pièce. Étamines réduites à des filets stériles. Ovaire à 6 loges. Style très court, épais; stigmates 6, bipartits. Fruit charnu-bacciforme, polysperme. Graines insérées dans toute l'étendue des cloisons. — Plante stolonifère, à stolons submergés. *Feuilles* naissant par fascicules espacés, *à limbe* nageant *suborbiculaire-réniforme*. Fleurs blanches.

Feuilles longuement pétiolées; divisions intérieures du
périanthe blanches à base jaune . . . .
. . . . . . *H. Morsus-ranæ* L. (Hⁱ des grenouilles).

† STRATIOTES L. — (STRATIOTE).

Périanthe à 6 divisions, les extérieures un peu herbacées, les intérieures pétaloïdes obovales-suborbiculaires beaucoup plus grandes. — Fleurs mâles renfermées avant la floraison par 3 ou plusieurs dans une spathe composée de deux pièces. *Étamines nombreuses*, les extérieures 23-25 stériles, les intérieures 12-13 fertiles. Ovaire rudimentaire. — Fleurs femelles solitaires dans une spathe composée de deux pièces. Étamines stériles nombreuses. Ovaire à 6 loges. Style court, cylindrique, soudé avec le tube du périanthe; stigmates 6, bifides. Fruit charnu-bacciforme. Graines peu nombreuses dans chaque loge, insérées dans toute l'étendue des cloisons. — *Plante submergée*, acaule, stolonifère. *Feuilles* disposées en rosette radicale, *linéaires-larges*. Fleurs blanches.

Valisnérie spirale.

Feuilles roides, dressées, canaliculées, acuminées, dentées-
épineuses aux bords; fleurs s'épanouissant hors de l'eau.

. . . . † *S. aloides* L. (S. Faux-Aloès).

Subdivision II.

Périanthe herbacé ou scarieux, remplacé par des soies ou
des bractées, ou nul.

Classe I.

Graines dépourvues de périsperme. — Plantes aquatiques.

CI. JONCAGINÉES (Rich.).

Fleurs hermaphrodites. — *Périanthe* régulier, *à 6 divisions herbacées*, les intérieures presque semblables aux
extérieures. — Étamines 6, hypogynes ou insérées à la
base des divisions du périanthe. — Stigmates sessiles ou
subsessiles, 3-6, en nombre égal à celui des carpelles. —
Fruit non soudé avec le périanthe, sec, *composé de 3-6 carpelles 1-2-spermes qui se séparent entre eux à la maturité*
et s'ouvrent par l'angle interne. — Graines insérées à
l'angle interne des carpelles, ascendantes ou dressées.
Périsperme nul. *Embryon droit.*

Plantes croissant dans les lieux marécageux, vivaces, herbacées. Tiges simples. Feuilles toutes radicales ou alternes, linéaires
ou semi-cylindriques, engaînantes à la base, à gaîne fendue.
Fleurs disposées en grappe ou en épi terminal.

1. TRIGLOCHIN L. — (Troscart).

Anthères subsessiles. Stigmates barbus. Carpelles 3-6,
monospermes, soudés avec un prolongement de l'axe dont
ils se séparent à la maturité de la base au sommet. —
Feuilles toutes radicales, linéaires semi-cylindriques.
Fleurs en grappe spiciforme terminale.

Fleurs en grappe effilée, à pédicelles s'allongeant après la floraison; fruits appliqués contre la tige, composés de 3 carpelles linéaires atténués inférieurement. . . .
. . . . *T. palustre* L. (T. des marais).

CII. POTAMÉES (Juss.).

Fleurs hermaphrodites, ou unisexuelles ord. monoïques. — *Périanthe* régulier *à 4 divisions herbacées* libres, *ou nul souvent remplacé par une spathe membraneuse.* — Étamines 1-4, insérées à la base des divisions du périanthe dans les fleurs hermaphrodites munies d'un périanthe; anthères sessiles ou à filet plus ou moins long, unilobées ou bilobées. — Styles stigmatifères supérieurement ou stigmates en nombre égal à celui des carpelles, libres entre eux. — *Fruit* non soudé avec le périanthe, *composé de 4 carpelles*, rarement plus ou moins, *libres* entre eux, sessiles ou pédicellés, *monospermes, indéhiscents,* à péricarpe drupacé ou coriace. — Graines à testa membraneux. *Périsperme nul. Embryon* macropode, *plié ou enroulé.*

Plantes herbacées, *vivant dans l'eau,* à feuilles toutes submergées ou les supérieures seules nageantes. Tiges ord. rameuses, quelquefois très comprimées, souvent radicantes. Feuilles alternes, plus rarement opposées, sessiles ou pétiolées, linéaires ou à limbe plus ou moins large, à nervures parallèles, ou à nervures arquées convergentes réunies par des nervures secondaires, ord. munies de stipules; stipules ord. soudées entre elles, quelquefois soudées avec la partie pétiolaire de la feuille de manière à former une gaîne qui embrasse la tige ou la base du rameau correspondant. Fleurs solitaires ou disposées en épis pluriflores ou multiflores.

Les plantes de la famille des *Potamées* n'ont aucune propriété importante. Le suc des *Potamogeton* est un peu astringent; leurs feuilles fraîches étaient considérées par les anciens comme résolutives. D'après quelques auteurs, la souche du *P. natans* servirait d'aliment en Sibérie.

Fleurs hermaphrodites; anthères 4, subsessiles; fleurs en
épis multiflores ou pluriflores . . POTAMOGETON. (1).
Fleurs monoïques; étamine 1, à anthère portée sur un filet
allongé; fleurs solitaires . . . ZANNICHELLIA. (2).

1. POTAMOGETON L. — (POTAMOT).

Fleurs hermaphrodites, disposées *en épis* multiflores ou
pluriflores. *Périanthe à 4 divisions* herbacées. Anthères 4,
subsessiles, insérées à la base des divisions du périanthe.
Carpelles 4, quelquefois moins par avortement, sessiles,
drupacés. — Feuilles alternes, plus rarement opposées,
toutes submergées ou les supérieures nageantes, sessiles
ou pétiolées, linéaires ou à limbe plus ou moins large.
Épis se développant hors de l'eau, plus rarement sous
l'eau.

1 Feuilles linéaires-étroites, toutes submergées 2
Feuilles ovales, oblongues ou lancéolées, plus rarement
lancéolées-linéaires, les supérieures souvent nageantes. 5

2 Feuilles embrassant la tige dans une grande longueur par
une gaîne fermée. . . P. *pectinatus* L. (P. pectiné).
Feuilles non engaînantes ou à peine engaînantes à la base. 3

3 Tige comprimée-ailée, presque foliacée . . . . . .
. . . . . * P. *acutifolius* Link (P. à feuilles aiguës).
Tige cylindrique ou un peu comprimée, jamais d'apparence
foliacée. 4

4 Carpelles à bord interne presque droit présentant au-dessus
de la base une dent gibbeuse, à dos crénelé; style surmontant le bord interne du carpelle . . . . . .
. . *P. *trichoides* Chamisso (P. à feuilles capillaires).
(P. *monogynus* J. Gay; Fl. Par. éd. 1).
Carpelles à bord interne plus ou moins convexe dépourvu
de dent gibbeuse, à dos non crénelé; style occupant le
sommet du carpelle . . . * P. *pusillus* L. (P. fluet).

5 Feuilles toutes membraneuses-transparentes submergées,
très rarement nageantes. 6
Feuilles, au moins les supérieures, coriaces nageantes .11

6 Feuilles sessiles à base large cordée-amplexicaule, d'apparence perfoliée. . . . *P. perfoliatus* L. (P. perfolié).
Feuilles sessiles ou pétiolées, non d'apparence perfoliée. 7

7 Fruits acuminés en un long bec ; feuilles fortement ondu-
lées-crispées . . . . . *P. crispus* L. (P. crépu).
Fruits obtus ou à bec court ; feuilles planes ou peu ondulées. 8

8 Feuilles toutes opposées . . . *P. densus* L. (P. serré).
(*P. serratus* L.; *P. oppositifolius* DC.; Fl. Par. éd. 1).
Feuilles toutes alternes ou les supérieures opposées . . 9

9 Pédoncules fructifères cylindriques, grêles ; feuilles ovales-
aiguës, cordées à la base, pétiolées. . . . . . .
. . * *P. plantagineus* Ducr. (P. à feuilles de Plantain).
Pédoncules fructifères robustes, ou renflés de la base au
sommet ; feuilles oblongues, lancéolées ou lancéolées-
étroites, non cordées à la base, pétiolées ou sessiles. .10

10 Feuilles assez grandes, pétiolées, mucronées ; tiges ord.
épaisses . . . . . . *P. lucens* L. (P. luisant).
Feuilles petites, sessiles, aiguës ou obtuses ; tiges ord.
presque filiformes. . * *P. gramineus* L. (P. graminée).

11 Feuilles inférieures sessiles, quelquefois atténuées à la base.12
Feuilles toutes longuement pétiolées. 13

12 Feuilles nageantes oblongues-obovales, atténuées en un
pétiole plus court que la feuille ; pédoncules fructifères
non renflés . . * *P. rufescens* Schrad. (P. roussâtre).
Feuilles nageantes ovales, plus rarement lancéolées, longuement pétiolées ; pédoncules fructifères renflés de la
base au sommet . . * *P. gramineus* L. (P. graminée).
(*P. heterophyllus* DC.; Schreb.; Fl. Par. éd. 1).

13 Feuilles submergées à limbe pourrissant après la floraison ; épi fructifère présentant des lacunes par suite de
l'avortement de quelques-uns des carpelles ; carpelles
assez gros, ne devenant pas rougeâtres par la dessiccation. . . . . *P. natans* L. (P. nageant).
Feuilles submergées à limbe persistant ord. après la floraison ;. épi fructifère grêle, très compacte ; carpelles
petits, rougeâtres après la dessiccation. . . . . .
. * *P. polygonifolius* Pourr. (P. à feuilles de Renouée).
(*P. oblongus* Viv.; Fl. Par. éd. 1).

2. ZANNICHELLIA L. — (ZANNICHELLIE).

Fleurs unisexuelles, *monoïques, solitaires, ou une fleur mâle et une fleur femelle réunies* au niveau d'une même feuille. — *Fleur mâle : Périanthe nul. Étamine 1;* filet filiforme. — Fleur femelle : Périanthe monophylle, membraneux, n'entourant que la base de l'ovaire. Carpelles 2-6, subsessiles ou pédicellés, coriaces, à dos souvent crénelé. — Feuilles alternes ou opposées, toutes submergées, sessiles, linéaires-étroites ou presque capillaires; stipules soudées en forme de spathe embrassant à la fois les fleurs et la base du rameau. Fleurs très petites se développant sous l'eau.

Feuilles linéaires très étroites, presque capillaires; étamines à filet devenant très long, à anthère à quatre loges ; carpelles ascendants ou dressés, linéaires-oblongs, terminés par le style qui égale ou dépasse la moitié de leur longueur. . . . . . . Z. *palustris* L. (Z. des marais).

CIII. NAÏADÉES (Link).

Fleurs unisexuelles, *monoïques ou dioïques*. — *Périanthe remplacé,* au moins dans les fleurs mâles, *par une spathe membraneuse-celluleuse.* — Fleur mâle : *Étamine 1,* à filet nul ou très court; *anthère à une ou à quatre loges.* — Fleur femelle : *Styles 2-3,* filiformes, stigmatifères à leur face interne. — *Fruit libre, uniloculaire, monosperme, indéhiscent,* à endocarpe coriace ou ligneux. — Périsperme nul. *Embryon* macropode, *droit.*

Plantes vivant dans l'eau, *submergées.* Tiges rameuses. Feuilles opposées ou ternées, sessiles, à base large membraneuse engaînante, à nervures non distinctes, cassantes, sinuées-dentées à dents spinescentes. Fleurs axillaires, peu apparentes.

Anthère tétragone, à 4 loges ; feuilles linéaires assez larges, à gaîne entière. . . . . NAIAS. (1).
Anthère oblongue, à une seule loge ; feuilles linéaires très étroites, à gaîne denticulée-ciliée . . .CAULINIA. (2).

1. NAIAS L. — (NAÏADE).

Fleurs dioïques, ord. solitaires à l'aisselle des feuilles. — Fleur mâle réduite à une étamine entourée d'une spathe terminée par deux pointes et se fendant longitudinalement. *Anthère tétragone*, brusquement apiculée, *à 4 loges*, s'ouvrant au sommet en 4 valves qui s'enroulent en dehors.

Feuilles linéaires assez larges, à gaîne entière. .   .   .
.   .   .   .   *N. major* Roth (N. majeure).
(*N. marina* var. α L.; *N. fluvialis* Lmk; Thuill.).

2. CAULINIA Willd. — (CAULINIE).

Fleurs monoïques, réunies plusieurs à l'aisselle des feuilles. — Fleur mâle réduite à une étamine entourée d'une spathe tubuleuse renflée au milieu ouverte et denticulée au sommet. *Anthère* atténuée inférieurement en un filet épais, *oblongue, à une seule loge*.

Feuilles linéaires très étroites, recourbées, à gaîne denticulée-ciliée. *C. minor* Coss. et G. de Sᵗ-P. (C. mineure).
(*Naias minor* All.; *C. fragilis* Willd.; *N. subulata* Thuill.).

CIV. LEMNACÉES (Duby).

Fleurs monoïques, plus rarement dioïques, réduites chacune à une étamine ou à un ovaire, deux fleurs mâles et une fleur femelle naissant dans une même spathe, très rarement les fleurs mâles et les fleurs femelles étant séparées. — Spathe monophylle, transparente-réticulée, d'abord fermée, se rompant irrégulièrement lors de la floraison. — Fleurs mâles se développant l'une après l'autre : Étamines à filets filiformes; anthères bilobées, didymes. — Style se continuant avec la partie supérieure de l'ovaire ; stigmate orbiculaire, concave-infundibuliforme. — Fruit libre, uniloculaire, indéhiscent ou se coupant transversalement ; péricarpe membraneux un peu charnu. — Graines

25.

1-7, insérées au fond de la loge. Périsperme charnu ou presque nul. Embryon macropode, droit.

Plantes très petites, *nageant* à la surface des eaux, *plus rarement submergées,* flottant librement, *constituées par des frondes* ord. déprimées-aplanies émettant par deux fentes latérales, plus rarement par une seule fente basilaire, de jeunes frondes, *simulant des feuilles qui sortiraient l'une de l'autre ;* frondes ord. lenticulaires, quelquefois spongieuses à la face inférieure, donnant naissance à la partie moyenne de leur face inférieure à une ou plusieurs fibres radicales simples, très rarement dépourvues de fibres radicales. Fleurs se développant assez rarement, naissant dans la fente que présente le bord des frondes.

Frondes présentant deux fentes frondipares latérales, munies à l'état adulte d'une ou plusieurs fibres radicales. . . . . LEMNA. (1).

Frondes ne présentant qu'une seule fente frondipare basilaire, dépourvues de fibres radicales . . WOLFIA. (2).

1. LEMNA L. — (LENTICULE).

Frondes présentant deux fentes frondipares latérales, les *adultes donnant naissance à* la partie moyenne de leur face inférieure *à une ou plusieurs fibres radicales.*

1 Frondes oblongues-lancéolées, atténuées en forme de pétiole à la base; plante submergée, nageante seulement lors de la floraison. . *L. trisulca* L. (L. à trois lobes).

Frondes suborbiculaires ou obovales, jamais atténuées en forme de pétiole ; plante nageante. 2

2 Frondes rouges à la face inférieure, donnant naissance chacune à plusieurs fibres radicales disposées en fascicule . . . . . *L. polyrrhiza* L. (L. à plusieurs racines).

Frondes jamais rouges en dessous, donnant naissance chacune à une seule fibre radicale. 3

3 Frondes planes en dessous; fruit monosperme. . . . . *L. minor* L. (L. mineure).

Frondes convexes-spongieuses en dessous; fruit à 2-6 graines. . . . . . . *L. gibba* L. (L. bossue).

2. WOLFIA Horkel — (WOLFIE).

Frondes très petites, ne présentant qu'une fente frondipare basilaire, *dépourvues de fibres radicales* dans toutes
les périodes de leur développement.

> Fronde subglobuleuse, plane en dessus, renflée-convexe
> en dessous même dans la jeunesse; à fente non appendi-
> culée :   .   .   .   .   .   ** *W. arrhiza* (W. sans racine).
> (*L. arrhiza* L.; *W. Michelii* Schleid.).

CLASSE II.

Graines pourvues d'un périsperme. — Plantes terrestres
ou aquatiques.

CV. AROÏDÉES (Juss.)

Fleurs ord. unisexuelles monoïques dépourvues de périanthe et de bractées, plus rarement hermaphrodites
munies d'un périanthe, *groupées sur un axe charnu simple*
(spadice) qui est ord. entouré d'une spathe monophylle le
plus souvent roulée en cornet; *les fleurs mâles réduites à
une étamine, les femelles à un pistil*, les fleurs des deux
sexes réunies sur le même spadice plus rarement placées
sur des spadices différents, les mâles mêlées aux femelles
ou groupées au-dessus d'elles; *les fleurs hermaphrodites*
à 4-6 plus rarement 3 étamines, ne renfermant qu'un
seul ovaire, *munies d'un périanthe à divisions herbacées*
en nombre égal à celui des étamines. — Étamines
libres ou diversement soudées : dans les fleurs unisexuelles
ord. à filet très court ou réduites à une anthère sessile,
dans les fleurs hermaphrodites opposées aux divisions du
périanthe et ord. munies d'un filet de la longueur du
périanthe ; anthères bilobées ou unilobées, à lobes s'ouvrant
longitudinalement ou seulement au sommet par une fente

courte. — Ovaires libres entre eux ou très rarement soudés, uniloculaires, plus rarement à plusieurs loges. Style
nul ou indivis ; stigmate capité ou discoïde, indivis, très
rarement lobé. — *Fruit bacciforme*, succulent, plus rarement non succulent, indéhiscent, 1-polysperme.—Graines
dressées, ascendantes, horizontales ou pendantes. *Périsperme* épais *farineux* ou charnu-farineux, très rarement
mince. Embryon cylindrique, droit, très rarement courbé.

Plantes vivaces, croissant dans les lieux secs ou les marais,
acaules ou plus rarement caulescentes, à souche traçante ou
plus ordinairement épaisse charnue-farineuse tubériforme. Feuilles
ord. toutes radicales, longuement pétiolées, à limbe ord. très
ample, le plus souvent sagitté ou cordé à nervures ramifiées,
plus rarement linéaires ou ensiformes à nervures parallèles.

La famille des *Aroïdées*, abondamment représentée dans la région tropicale, ne compte que quelques espèces en Europe. La
souche épaisse charnue de ces plantes est constituée essentiellement par de la fécule à laquelle est associé un suc laiteux contenant un principe volatil d'une âcreté brûlante. C'est à la
présence de ce principe âcre que les souches de nos Aroïdées
indigènes doivent leurs propriétés purgatives drastiques très
énergiques ; mais les accidents que peuvent déterminer ces purgatifs irritants doivent les faire proscrire de la pratique médicale.
Par des lavages ou la torréfaction, on peut dépouiller de son principe âcre la fécule contenue dans les souches des Aroïdées et la
rendre comestible ; aussi mange-t-on dans l'île de Portland la racine
de l'*Arum maculatum*, et dans la région équatoriale celle de plusieurs autres plantes de cette famille. Les feuilles fraîches pilées
peuvent remplacer les sinapismes. — Le rhizome du *Calla palustris* était jadis employé en médecine ; on lui attribuait des
propriétés sudorifiques et alexipharmaques. — Le rhizome de
l'*Acorus Calamus*, qui exhale une odeur aromatique et dont la
saveur est poivrée, serait, d'après quelques auteurs, un bon médicament pour combattre l'atonie des voies digestives.

1 Fleurs hermaphrodites, munies de périanthe ; feuilles ensi-
    formes. .   .   .   .   † ACORUS. (1 *ter*).
  Fleurs unisexuelles, dépourvues de périanthe ; feuilles sa-
    gittées ou cordées   2

2 Spathe roulée en cornet ; spadice nu dans sa partie supérieure. . . . . ARUM. (1).
Spathe presque plane ; spadice entièrement couvert de
fleurs. . . . . † CALLA. (1 *bis*).

1. ARUM L. — (GOUET).

Spathe roulée en cornet. Spadice cylindrique nu dans sa
partie supérieure plus ou moins renflée, *portant à sa base
les fleurs unisexuelles réduites à des étamines et à des ovaires
qui forment deux groupes* en forme d'anneau et *séparés.*
Anthères sessiles, placées sur plusieurs rangs au-dessus
du groupe des ovaires. Fruit charnu–succulent, mono-
oligosperme. — Plantes terrestres. *Feuilles cordées ou
sagittées*, à nervures ramifiées.

Feuilles ne se développant que peu de temps avant la floraison, ne présentant pas de veines blanches ; spadice
violet-purpurin supérieurement, à renflement environ deux
fois plus court que le reste de la partie nue . . . .
. . . . *A. maculatum* L. (G. tacheté).
Feuilles se développant dès l'automne et s'accroissant pendant l'hiver, présentant des veines blanches ; spadice jaunâtre supérieurement, à renflement égalant environ la
longueur du reste de sa partie nue . . . . . .
. . . . * *A. Italicum* Mill. (G. d'Italie).

† CALLA L. — (CALLA).

Spathe presque plane. Spadice cylindrique, *portant sur toute
sa surface les fleurs unisexuelles réduites à des étamines et à des
ovaires entremêlés.* Étamines à filets filiformes. Fruit charnu-
succulent, à plusieurs graines. — Plante aquatique. *Feuilles cordées*, à nervures ramifiées.

Rhizome horizontal, traçant ; feuilles cordées ovales api-
culées. . . . . † *C. palustris* L. (C. des marais).

† ACORUS L. — (ACORE).

Spathe continuant la direction de la tige et *semblable aux
feuilles. Spadice couvert de fleurs hermaphrodites* munies d'un
périanthe à 6 divisions membraneuses persistantes. Étamines 6,

opposées aux divisions du périanthe, à filets linéaires. Fruit capsulaire indéhiscent, à 1-3 graines. — Plante des lieux marécageux. *Feuilles linéaires-ensiformes*, à nervures parallèles.

Rhizome traçant, aromatique; spadice dévié latéralement.
. . . . † *A. Calamus* L. (A. odorant).

CVI. TYPHACÉES |(Juss.).

*Fleurs unisexuelles monoïques, les mâles et les femelles
groupées séparément en épis denses ou en têtes globuleuses*,
les fleurs mâles réduites à une étamine, les femelles à un
ovaire, la partie supérieure de l'inflorescence mâle, la
partie inférieure femelle. — *Étamines* tantôt libres, tantôt
rapprochées par 2-4 et soudées par leurs filets, *entremêlées
de soies ou d'écailles disposées sans ordre*. — *Ovaires* libres,
sessiles ou stipités, uniloculaires, ou soudés par paires et
paraissant biloculaires, *entourés de soies nombreuses ou
d'écailles membraneuses au nombre de 3-5*. Style indivis;
stigmate unilatéral, ord. allongé. — Fruit sessile ou longuement stipité, ne se soudant pas avec les écailles ou les
soies qui l'entourent, drupacé, sec, surmonté par le style
persistant, monosperme, à endocarpe coriace ou ligneux
soudé avec la graine. — Graine suspendue. Périsperme
charnu-farineux. Embryon droit, cylindrique. Radicule
dirigée vers le hile.

Plantes croissant dans les lieux marécageux ou dans l'eau,
vivaces, herbacées. Tiges simples ou rameuses. Feuilles alternes
ou toutes radicales, souvent longuement engaînantes, linéaires à
nervures parallèles, les supérieures enveloppant en manière de
spathe les épis ou les têtes de fleurs avant leur développement
complet.

Les rhizomes et les feuilles des *Typhacées* sont légèrement
astringents et passaient pour diurétiques et sudorifiques; mais
ces mêmes propriétés existent à un bien plus haut degré chez
un trop grand nombre de végétaux pour que les Typhacées
soient admises dans la matière médicale moderne. — Les feuilles

des *Typha latifolia* et *angustifolia* sont employées sèches à la fabrication de nattes et de paillassons, et sont souvent substituées à la paille pour la couverture des toits rustiques.

Fleurs en épis cylindriques ; fruits longuement pédicellés, à pédicelle capillaire muni de longues soies. TYPHA. (1).

Fleurs en têtes globuleuses ; fruits sessiles, entremêlés d'écailles. . . . . SPARGANIUM. (2).

1. TYPHA L. — (MASSETTE).

Fleurs mâles et fleurs femelles constituant deux *épis cylindriques* superposés, contigus ou espacés. Étamines rapprochées par 2-4 et plus ou moins soudées par leurs filets, entourées de soies nombreuses. *Fruit* très petit, *porté sur un pédicelle capillaire muni de soies nombreuses et longues*, à épicarpe se détachant de l'endocarpe à la maturité.

1 Épis mâles et épis femelles distants, feuilles étroites, convexes en dehors, un peu concaves en dedans ; stigmate linéaire subulé. *T. angustifolia* L. (M. à feuilles étroites).

Épis mâles et épis femelles contigus ou à peine espacés ; feuilles planes ; stigmate linguiforme ovale-lancéolé.   . 2

2 . . . . *T. latifolia* L. (M. à feuilles larges).
Épi femelle allongé. var. *latifolia* (*var*. à feuilles larges).
Épi femelle court subclaviforme ; feuilles plus étroites   .
. . . . * var. *intermedia* (*var*. intermédiaire).

2. SPARGANIUM L. — (RUBANIER).

Fleurs mâles et fleurs femelles constituant plusieurs *têtes globuleuses* superposées et espacées. Étamines libres, entremêlées d'écailles membraneuses. *Fruit entouré de 3-5 écailles* membraneuses, anguleux, *sessile*, à épicarpe spongieux.

Têtes disposées en panicule rameuse. . . . . .
. . . . *S. ramosum* Huds. (R. rameux).
Têtes disposées en grappe ou en épi simple 2

2 Plante croissant au bord des eaux; feuilles triquètres à la
   base et dressées . . . *S. simplex* Huds. (R. simple).

Plante croissant dans l'eau; feuilles planes dans toute leur
   longueur, flottantes . . * *S. minimum* Fries (R. nain).
               (*S. natans* Fl. Par. éd. 1 non L.).

CVII. JONCÉES (DC.).

Fleurs hermaphrodites, rarement unisexuelles par avortement, régulières. — *Périanthe scarieux*, persistant, ord
brunâtre, *à 6 divisions* libres, disposées sur deux rangs. –
Étamines 6, rarement 3 par avortement, hypogynes o
insérées à la base des divisions du périanthe. — Styl
indivis, ord. très court; stigmates 3, filiformes, poilus. —
Fruit libre, à 3 carpelles, *capsulaire*, à déhiscence loculicide, *à 3 valves*, triloculaire à *loges polyspermes, ou u
loculaire trisperme*. — Graines insérées au fond de
loge ou sur les cloisons, ascendantes ou dressées, à te
souvent prolongé en forme d'appendice terminal ou basilaire. Périsperme charnu épais. Embryon placé à l'extré
mité du périsperme voisine du hile. Radicule épaisse dirig
vers le hile.

Plantes annuelles, ou plus ord. vivaces, terrestres ou croiss
dans les lieux marécageux. Feuilles à partie pétiolaire engaînan
à limbe linéaire, plan, canaliculé ou cylindrique et alors prés
tant souvent de distance en distance des épaississements en forn.
de nœuds, quelquefois toutes radicales ou réduites à leur gaîne.
Fleurs petites, solitaires ou en glomérules, souvent disposées e
cymes ou en corymbes.

Les plantes de la famille des *Joncées*, inodores et insipide
ne paraissent offrir aucune propriété médicale prononcée, et leu
consistance trop sèche les rend peu propres à la nourriture de
herbivores. Les tiges grêles et souples de quelques espèces d
Juncus, et en particulier celles du *J. glaucus* (Jonc des jard
niers), s'emploient pour faire des liens et des nattes.

Capsule à 3 loges polyspermes ; feuilles plus ou moins cylindriques, glabres, quelquefois nulles. . JUNCUS. (1).
Capsule uniloculaire, contenant trois graines ; feuilles planes, ord. poilues. . . . . LUZULA. (2).

1. JUNCUS L. — (JONC).

Capsule à 3 loges polyspermes, s'ouvrant en 3 valves
qui portent chacune une cloison à leur partie moyenne. —
Feuilles cylindriques ou canaliculées, souvent noueuses,
glabres, quelquefois réduites à des gaînes membraneuses.

1 Tiges dépourvues de feuilles, munies à leur base de gaînes
membraneuses ; inflorescence paraissant latérale. . . 2
Tiges feuillées, ou feuilles toutes radicales ; inflorescence
terminale 4

2 Tiges glauques, à moelle interrompue ; gaînes d'un pourpre
noirâtre, luisantes. . . *J. glaucus* Ehrh. (J. glauque).
Tiges vertes, à moelle continue ; gaînes d'un brun mat . 3

3 . . . . *J. effusus* L. emend. (J. épars).
(*J. effusus* et *J. conglomeratus* L.; *J. communis* E. Mey.;
Fl. Par. éd. 1).
Tiges dépourvues de sillons à l'état frais ; inflorescence
étalée ; fleurs ord. verdâtres. var. *effusus* (var. éparse).
(*J. effusus* L.).
Tiges sillonnées dans leur partie supérieure ; inflorescence
agglomérée ; fleurs ord. plus ou moins brunâtres . . .
. . . . var. *conglomeratus* (var. agglomérée).
(*J. conglomeratus* L.).

4 Fleurs solitaires, plus ou moins espacées 5
Fleurs réunies par 2-12 8

5 Feuilles toutes disposées en une rosette radicale . . .
. . . . * *J. squarrosus* L. (J. rude).
Tiges portant une ou plusieurs feuilles 6

6 Divisions du périanthe acuminées, dépassant longuement
la capsule. . . . *J. bufonius* L. (J. des crapauds).
Divisions du périanthe aiguës ou obtuses, égalant environ
la capsule. 7

7 Divisions du périanthe très obtuses ; plante vivace. . .
. . . . *J. bulbosus* L. (J. bulbeux).
(*J. compressus* Jacq.).
Divisions du périanthe très aiguës ; plante annuelle . .
. . . . . . *J. Tenageia* L. f. (J. des marécages).

8 Divisions du périanthe dépassant longuement la capsule :
plante annuelle 9
Divisions du périanthe égalant environ la capsule ou plus
courtes qu'elle ; plante vivace 11

9 Périanthe à divisions linéaires insensiblement atténuées en
pointe. . . . . . . * *J. pygmœus* Thuill. (J. nain).
Périanthe à divisions acuminées 10

10 Périanthe à divisions lancéolées, acuminées-subulées ; cap-
sule oblongue. . . * *J. bufonius* L. var. *fasciculatus*.
(J. des crapauds *var.* fasciculée).
(*J. hybridus* Brot.; *J. fasciculatus* Bert.).
Périanthe à divisions ovales ou ovales-lancéolées, brusque-
ment acuminées en pointe sétacée ; capsule ovoïde-sub-
globuleuse. . . . * *J. capitatus* Weig. (J. en tête).
(*J. ericetorum* Poll.).

11 Capsule oblongue-obtuse, à angles obtus. . . . .
. . . . *J. supinus* Mœnch (J. couché).
(*J. uliginosus* Mey.; *J. subverticillatus* Wulf.).
Capsule ovoïde ou lancéolée, mucronée, aiguë ou acumi-
née, à angles aigus 12

12 Divisions du périanthe toutes obtuses ; fleurs ord. d'un vert
blanchâtre. *J. obtusiflorus* Ehrh. (J. à fleurs obtuses).
Divisions du périanthe aiguës, au moins les extérieures ;
fleurs d'un brun plus ou moins foncé 13

13 Capsule insensiblement atténuée en un long bec ; divisions
intérieures du périanthe acuminées, plus longues que les
extérieures . . . . *J. sylvaticus* Reich. (J. des bois).
(*J. acutiflorus* Ehrh.; Fl. Par. éd. 1).
Capsule brusquement et brièvement mucronée ; divisions
intérieures du périanthe obtuses, aussi longues que les
extérieures. *J. lamprocarpus* Ehrh. (J. à fruit luisant).

2. LUZULA DC. — (Luzule).

Capsule uniloculaire, trisperme, s'ouvrant en 3 valves dépourvues de cloisons. — *Feuilles planes,* ord. poilues.

1 Panicule composée de fleurs solitaires ; graines munies au
    sommet d'un appendice membraneux 2
    Panicule composée de fleurs réunies en glomérules ou en
    épis ; graines appendiculées à la base ou non appendi-
    culées 3

2 Feuilles radicales linéaires-étroites ; pédoncules fructifères
    dressés. . . . . *L. Forsteri* DC. (L. de Forster).
    Feuilles radicales linéaires-lancéolées ; pédoncules fructi-
    fères souvent réfractés. *L. vernalis* DC. (L. printanière).

3 Glomérules de 2-4 fleurs, disposés en une panicule très
    décomposée ; graines non appendiculées . . . . .
    . . . . * *L. maxima* DC. (L. élevée).
    Épis de 6-12 fleurs, disposés en une panicule simple co-
    rymbiforme ; graines appendiculées à la base. . . . 4

4 . . . . *L. campestris* DC. (L. champêtre).
    Souche émettant des rejets traçants ; épis ord. peu nom-
    breux, à pédoncules plus ou moins arqués-étalés ; étamines
    à filet 4-5 fois plus court que l'anthère. . . . .
    . . . . var. *campestris* (var. champêtre).
             (*L. campestris* Desv.; Fl. Par. éd. 1).
    Souche cespiteuse ; épis ord. plusieurs, à pédoncules dres-
    sés ou à peine étalés même les fructifères ; étamines à filet
    de la longueur de l'anthère ou plus rarement de moitié
    plus court . . . . var. *multiflora* (var. multiflore).
             (*L. multiflora* Lej.; Fl. Par. éd. 1).

Le Palmier, cocotier, Dâtier sont d'une famille voisine.

CVIII. CYPÉRACÉES (Juss.).

Fleurs hermaphrodites ou unisexuelles, *solitaires cha-*
cune à l'aisselle d'une bractée scarieuse (écaille), disposées
en épis (épis, épillets) multiflores ou pauciflores, les
écailles inférieures quelquefois stériles. — *Périanthe nul,*
ou remplacé par des écailles ou des soies qui entourent

l'ovaire, ou par une écaille bicarénée à bords ord. soudés et formant une enveloppe ouverte au sommet qui renferme l'ovaire (utricule). — Étamines 3, plus rarement 2, hypogynes ; *anthères insérées sur le filet par leur base, à lobes linéaires soudés entre eux dans toute leur longueur.* — Style indivis, terminé par 2-3 stigmates filiformes. — *Fruit* (akène) libre, sec, *uniloculaire*, monosperme, indéhiscent, trigone, subglobuleux, ou plus ou moins comprimé, souvent surmonté de la base persistante du style, quelquefois renfermé dans un utricule qui se détache avec lui. Péricarpe non soudé avec la graine. — *Périsperme farineux* ou farineux-corné, *très épais. Embryon placé en dehors du périsperme à l'extrémité voisine du hile.*

Plantes vivaces, plus rarement annuelles, terrestres, croissant souvent dans les lieux marécageux, rarement submergées-nageantes. Tige (chaume) ord. simple, pleine, souvent triquètre, non renflée en nœud au niveau de l'insertion des feuilles. *Feuilles tristiques*, linéaires à nervures parallèles, *embrassant la tige* dans une grande étendue *par une gaine à bords soudés* (gaîne non fendue), quelquefois réduites à leur partie engaînante. Épis ou épillets hermaphrodites, unisexuels, ou androgynes c'est-à-dire composés de fleurs mâles dans une partie de leur longueur et de fleurs femelles dans le reste de leur étendue, solitaires ou plus ou moins nombreux, terminaux ou naissant ord. dans la partie supérieure de la tige, espacés ou rapprochés, souvent disposés en glomérules, en épis ou en panicules.

La famille des *Cypéracées,* bien que très voisine de celle des Graminées par son port et ses caractères généraux, lui est bien inférieure par le nombre et l'importance de ses produits économiques. Les plantes de cette famille ont une consistance sèche et contiennent peu d'éléments nutritifs ; aussi ne forment-elles qu'un fourrage de très mauvaise qualité. Leurs propriétés médicinales sont très limitées ; le rhizome de quelques espèces seulement contient de la fécule, unie à une substance amère, légèrement aromatique, et est doué de qualités émollientes, faiblement sudorifiques et diurétiques. Le rhizome du *Cyperus longus* (Souchet) et celui du *Scirpus lacustris* étaient prescrits par les anciens praticiens comme stomachiques et diurétiques et vantés contre l'hydropisie ; mais ils ne sont plus usités dans la médecine moderne. Le rhizome du *Carex arenaria* (Salsepareille d'Allemagne), dont la saveur est douceâtre et un peu amère, était considéré comme le meilleur succédané indigène de la salsepareille et du gaïac, et administré dans les affections rhumatismales et les affections chroniques de la peau. On lui substituait souvent le rhizome de plusieurs autres *Carex* traçants (*C. hirta, intermedia, Schreberi,* etc.). — Dans le Midi, on cultive le *Cyperus esculentus* pour les renflements comestibles de son rhizome ; on peut en préparer une émulsion qui, par ses qualités adoucissantes, est très analogue à l'orgeat. — Les tiges desséchées du *Scirpus lacustris* servent à fabriquer des nattes et des paillassons, et remplacent souvent la paille pour la couverture des toits rustiques ; le *Cladium Mariscus* (Rouche) est quelquefois employé pour ce même usage ou comme litière pour les bestiaux. — Le papyrus, sur lequel sont écrits la plupart des manuscrits de l'antiquité, était fabriqué avec des tranches minces et fortement comprimées du *Cyperus Papyrus,* qui croît en Sicile, en Syrie, en Égypte, en Abyssinie et dans l'Inde.

1 Fleurs unisexuelles, monoïques ou dioïques; akène renfermé dans un utricule ouvert au sommet. . . CAREX. (1).
  Fleurs hermaphrodites; akène non renfermé dans un utricule. 2

2 Akènes entourés à la base de soies qui dépassent très longuement les écailles de l'épillet . . . ERIOPHORUM. (6).
  Akènes entourés de soies plus courtes que les écailles ou dépourvus de soies 3

3 Épillets à écailles imbriquées sur deux rangs. . . . 4
  Épillets à écailles irrégulièrement imbriquées sur plusieurs rangs 5

4 Écailles 20-30, presque égales, toutes fertiles ; bractées de l'involucre entièrement foliacées . . . CYPERUS. (7).
  Écailles 6-9, les 3-6 inférieures stériles plus petites ; bractées de l'involucre largement scarieuses à la base. . . . . SCHOENUS. (8).

5 Écailles inférieures égales aux supérieures ou plus grandes qu'elles. 6
  Écailles inférieures plus petites que les supérieures . . 7

6 Style à base non dilatée; tiges portant un ou plusieurs épillets. . . . . SCIRPUS. (4).
Style à base dilatée en forme de bulbe et couronnant l'akène; un seul épillet terminal . . . . .HELEOCHARIS. (3).

7 Style à base non dilatée; akène dépourvu de soies à sa base, à épicarpe crustacé fragile se séparant de l'endocarpe.
. . . . CLADIUM. (5).
Style à base dilatée en forme de bulbe et couronnant l'akène; akène entouré de soies à sa base. . . . .
. . . . RHYNCHOSPORA. (2).

TRIBU I. **Cariceæ.**—Fleurs unisexuelles, monoïques, plus rarement dioïques. *Épis à écailles imbriquées sur plusieurs rangs.* Écailles et soies hypogynes nulles. *Fleurs femelles embrassées chacune par une écaille* bica-rénée *à bords ord. soudés et formant une enveloppe* (utricule) qui renferme l'ovaire seul ou accompagné d'un pédicelle stérile sétiforme et qui est ouverte au sommet pour donner passage aux stigmates. Akène renfermé dans l'utricule accru et persistant.

1. CAREX L. — (CAREX).

Fleurs disposées en épis ou en épillets unisexuels ou à la fois mâles et femelles (androgynes). — Fleur mâle : Étamines 2-3. — Fleur femelle : *Ovaire* surmonté d'un style indivis terminé par 2-3 stigmates filiformes, *renfermé dans une enveloppe particulière* (utricule) formée par une bractée bicarénée dont les bords se soudent ensemble excepté au sommet qui reste ouvert pour donner passage aux stigmates. *Utricule s'accroissant avec l'ovaire, et se détachant avec le fruit,* souvent atténué en bec, tronqué, bidenté ou bifide au sommet. — Épis ou épillets terminaux ou axillaires, solitaires, géminés ou fasciculés, espacés ou rapprochés au sommet de la tige en épi ou en panicule ord. spiciforme, plus rarement un épi terminal solitaire.

1 Tige portant un seul épi simple 2
Tige portant plusieurs épis ou épillets espacés ou rapprochés. 4

2 Épi mâle au sommet, femelle à la base . . . . . .
. . . . *C. pulicaris* L. (C. puce).
Épi entièrement mâle ou entièrement femelle; plante dioïque. 3

3 Souche un peu traçante; tige lisse. . . . .
. . . . * *C. dioica* L. (C. dioïque).
Souche cespiteuse; tige scabre . . . .
. . . . . . * *C. Davalliana* Sm. (C. de Davall).

4 Épillets réunis en un glomérule entouré à la base de 2-3 longues bractées foliacées . . . .
. . . .** *C. cyperoides* L. (C. Souchet).
Épillets ou épis espacés, ou disposés en un épi plus ou moins interrompu muni à sa base d'une seule bractée. . 5

5 Épillets androgynes, très rarement unisexuels, souvent disposés en un épi composé ou en une panicule spiciforme; 2 stigmates . . . . . .6 (ou 21 *ad libit.*).
Épillets ou épis unisexuels, très rarement androgynes par avortement, les inférieurs femelles, le terminal ou les terminaux mâles, jamais disposés en un épi composé ou en une panicule spiciforme; 2-3 stigmates. . . .29

6 Souche horizontale très longuement traçante 7
Souche cespiteuse, ou courte oblique à peine traçante. .10

7 Utricules présentant dans leur partie supérieure une large bordure membraneuse; épillets supérieurs mâles. .
. . . . * *C. arenaria* L. (C. des sables) voir 23
Utricules ne présentant pas de bordure ou ne présentant qu'une bordure étroite; épillets supérieurs androgynes ou entièrement femelles. 8

8 Rhizome ord. assez épais, tortueux, profondément enfoncé dans le sol; épillets nombreux; les supérieurs et les inférieurs femelles, les intermédiaires mâles . . . .
. . . . *C. disticha* Huds. (C. distique).
(C. *intermedia* Good.).
Rhizome ord. grêle, droit, peu enfoncé dans le sol; épillets 5-15, ord. tous androgynes 9

9 Épillets 6-15, à écailles roussâtres ou d'un jaune roussâtre ;
utricules munis d'une bordure membraneuse étroite. .
. . . . * C. Ligerica J. Gay (C. de la Loire).
(C. Ligerina Boreau; C. pseudo-arenaria Rchb. ap. Anders.).

Épillets 5-7, à écailles rousses presque brunes ; utricules
dépourvus de bordure. . . . .
. . . . . . C. Schreberi Schrank (C. de Schréber).

10 Épillets très espacés, les trois ou quatre inférieurs munis
de longues bractées foliacées qui dépassent la tige. .
. . . . C. remota L. (C. espacé).

Épillets rapprochés ou espacés, munis ou non de bractées,
les bractées inférieures ne dépassant ord. pas la tige. .11

11 Utricules comprimés aux bords en une large bordure mem-
braneuse . . . . . C. leporina L. (C. des lièvres).
(C. ovalis Good.; Fl. Par. éd. 1).
Utricules ne présentant pas de bordure membraneuse. .12

12 Utricules divariqués en étoile ; épillets, surtout les supérieurs, espacés . . . C. stellulata Good. (C. étoilé).
Utricules non divariqués en étoile ; épillets supérieurs rapprochés. 13

13 Épillets à sommet tronqué et constitué par des écailles stériles à la maturité (épillets mâles au sommet). . . .14
Épillets régulièrement ovoïdes, fertiles dans toute leur étendue excepté à la base (épillets femelles au sommet). .20

14 Écailles membraneuses-blanchâtres aux bords, égalant
presque les utricules ; utricules bossus à la maturité, plus
ou moins brunâtres 15
Écailles ne présentant pas de bordure blanchâtre, ord. dépassées par les utricules ; utricules régulièrement convexes à la maturité, ordinairement verdâtres ou jaunâtres.17

15 Utricules régulièrement striés ; souche couronnée par les
nervures persistantes des feuilles détruites. . . . .
. . . . * C. paradoxa Willd. (C. paradoxal).
Utricules ne présentant pas de stries ou n'offrant que 2-3
plis divergents ; souche non couronnée par les nervures
des feuilles détruites. 16

16 Épi composé lâche ou en forme de panicule ; souche cespi-
teuse ; tige robuste. . *C. paniculata* L. (C. paniculé).
Épi composé court compacte ; souche oblique ; tige grêle.
. . . . * *C. teretiuscula* Good. (C. à tige arrondie).

17 Tige robuste, à faces excavées ; épillets inférieurs composés 18
Tige grêle, à faces planes ou un peu convexes ; épillets
inférieurs simples. 19

18 . . . . *C. vulpina* L. (C. des renards).
Épillets inférieurs accompagnés ou non de bractées
courtes. . . . . var. *vulpina*.
Épillets, au moins l'inférieur, accompagnés de bractées
étroites souvent très longues. . . . .
. . . . var. *nemorosa* (var. des forêts).

19 . . . . *C. muricata* L. (C. muriqué).
Épillets rapprochés en un épi oblong court ; utricules
étalés-divergents . . . var. *muricata* (var. muriquée).
Épillets inférieurs très espacés ; utricules dressés. . .
. . . . var. *divulsa* (var. écartée).
(C. *divulsa* Good.).

20 Utricules dressés à la maturité ; 5-6 épillets blanchâtres
ou verdâtres . . . * *C. canescens* L. (C. blanchâtre).
Utricules étalés à la maturité ; 8-12 épillets brunâtres. .
. . . . * *C. elongata* L. (C. allongé).

21 Épillets supérieurs unisexuels. 22
Épillets tous androgynes 24

22 Utricules dépourvus de bordure membraneuse ; épillets
intermédiaires mâles. . *C. disticha* Huds. (C. distique).
Utricules munis dans leur partie supérieure d'une large
bordure membraneuse ; épillets supérieurs mâles. . .23

23 . . . . * *C. arenaria* L. (C. des sables).
Épillets inférieurs entièrement femelles. . . . . .
. . . . var. *arenaria* (var. des sables).
Épillets inférieurs mâles à la base, oblongs-obovales à
la maturité. . . . . var. *umbrosa* (var. ombragée).

24 Épillets mâles supérieurement 14
Épillets mâles inférieurement. 25

25 Utricules denticulés-ciliés aux bords ; souche horizontale
très longuement traçante 9
Utricules non ciliés ; souche cespiteuse. 26

26 Les trois ou quatre épillets inférieurs munis de bractées
    foliacées qui dépassent la tige. *C. remota* L. (C. espacé).
    Épillets munis ou non de bractées, les bractées inférieures
    ne dépassant pas la tige. 27

27 Utricules comprimés aux bords en une large bordure mem-
    braneuse . . . . . *C. leporina* L. (C. des lièvres).
               (C. ovalis Good. ; Fl. Par. éd. 1).
    Utricules ne présentant pas de bordure membraneuse. .28

28 Utricules divariqués en étoile. . . . .
    . . . . *C. stellulata* Good. (C. étoilé).
    Utricules jamais divariqués en étoile. 20

29 Deux stigmates ; utricules et akènes ord. comprimés. .30
    Trois stigmates ; utricules et akènes ord. triquètres ou
    renflés. . . . . 32 (ou 34 *ad libit.*)

30 Bractées inférieures larges dépassant la tige ; 2-3 épis
    mâles . . . . *C. acuta* L. (C. aigu).
    Bractée inférieure égalant à peine la tige, les autres
    plus courtes ou nulles ; ord. un seul épi mâle. . . .31

31 Souche formant des touffes compactes très volumineuses ;
    tige dépassant ord. longuement les feuilles . . . .
    . . . . *C. cæspitosa* L. (C. cespiteux).
               (C. stricta Good.).
    Souche formant des touffes peu épaisses ; tige de la lon-
    gueur des feuilles ou dépassée par elles . . . . .
    . . . . * *C. Goodenowii* J. Gay (C. de Goodenough).
               (C. cæspitosa Good. non L.).

32 Utricules non terminés en bec, ou à bec entier ou bifide à
    dents non divariquées 33
    Utricules terminés par un bec quelquefois très court à dents
    divariquées. 58

33 Utricules non terminés en bec, ou à bec cylindrique tron-
    qué souvent presque nul. 37
    Utricules à bec plus ou moins allongé, aplani, bifide. .50

34 Épi mâle solitaire 35

Deux ou plusieurs épis mâles
{ Utricules terminés par un bec
à dents divariquées . . .60
Utricules non terminés en bec,
ou à bec à dents non divariquées. 67

35 Utricules glabres 36
    Utricules pubescents 39

36 Utricules terminés par un bec tronqué cylindrique, ou à
    bec nul. 46
    Utricules terminés par un { Dents du bec dressées. . 51
    bec allongé aplani bifide. { Dents du bec divariquées. 59

37 Trois ou plusieurs épis mâles (1); épis femelles penchés à
    la maturité. . . . . . *C. glauca* Scop. (C. glauque).
    Épi mâle terminal solitaire; épis femelles dressés, rare-
    ment penchés. 38

38 Utricules pubescents; bractées engaînantes ou non engaî-
    nantes. 39
    Utricules glabres; bractées toujours engaînantes . . .46

39 Épis, au moins l'inférieur, munis de bractées engaînantes.40
    Tous les épis à bractées sessiles ou embrassantes, non en-
    gaînantes 43

40 Épis femelles ovoïdes, à utricules nombreux imbriqués;
    bractées foliacées, ou terminées par une pointe foliacée.41
    Épis femelles lâches, composés de 2-6 utricules; bractées
    entièrement scarieuses 42

41 . . . . *C. præcox* Jacq. (C. précoce).
    Souche émettant des rhizomes obliques traçants; feuilles
    roides, plus courtes que la tige. . . . .
    . . . . var. *præcox* (var. précoce).
    Souche émettant des rhizomes obliques traçants; tiges
    grêles, allongées; feuilles égalant ou dépassant la tige. .
    . . . . var. *umbrosa* (var. ombragée).
    (*C. umbrosa* Host non Hoppe).
    Souche cespiteuse couronnée par les nervures persis-
    tantes des feuilles détruites, n'émettant pas de rhizomes
    traçants; tiges grêles, allongées; feuilles égalant ou dépas-
    sant la tige. . . * var. *polyrrhiza* (var. cespiteuse).
    (*C. polyrrhiza* Wallr.; *C. umbrosa* Hoppe;
    C. longifolia Host).

___

(1) Quelquefois l'épi mâle terminal se développe seul, et alors on pourrait
confondre le *C. glauca* avec les espèces à épi mâle solitaire, si l'on ne
remarquait pas que la tige porte supérieurement des écailles stériles qui
représentent les épis mâles latéraux.

42 Tige longuement dépassée par les feuilles; épis femelles
très courts, composés de 2-3 utricules. . . . .
. . . . * *C. humilis* Leyss. (C. humble).
Tige plus longue que les feuilles; épis femelles allongés-
linéaires, composés de 5-8 utricules . . . . . .
. . . . * *C. digitata* L. (C. digité).

43 Écailles membraneuses-blanchâtres aux bords et finement
ciliées. . . * *C. ericetorum* Poll. (C. des bruyères).
Écailles ni bordées de blanc, ni ciliées. 44

44 Utricules tomenteux; souche à rhizomes plus ou moins
longuement traçants. *C. tomentosa* L. (C. tomenteux).
Utricules pubescents, non tomenteux; souche cespiteuse.45

45 Bractée inférieure entièrement foliacée; écailles aiguës.
. . . . *C. pilulifera* L. (C. à pilules).
Bractée inférieure entièrement scarieuse ou largement scarieuse à la base; écailles obtuses ou échancrées-mucro-
nées. . . . . * *C. montana* L. (C. de montagne).

46 Épis femelles longs, penchés ou pendants 47
Épis femelles, dressés. 48

47 Tiges ord. robustes, de 7-15 décimètres; épis femelles,
cylindriques, compactes; utricules oblongs . . .
. . . . * *C. maxima* Scop. (C. élevé).
Tiges grêles, de 4-9 décimètres; épis femelles linéaires,
grêles, laxiflores; utricules oblongs-lancéolés. . . .
. . . . * *C. strigosa* Huds. (C. maigre).

48 Souche cespiteuse; gaînes des feuilles inférieures velues;
utricules verts à la maturité. *C. pallescens* L. (C. pâle).
Souche à rhizomes traçants; gaînes des feuilles glabres;
utricules jamais verts à la maturité. 49

49 Bractées supérieures entièrement scarieuses ou nulles; épis
femelles ovoïdes; utricules luisants. . . . . .
. . . . * *C. obesa* All. (C. rongé).
(C. nitida Host; Fl. Par. éd. 1).
Tous les épis femelles munis de bractées foliacées; épis
femelles cylindriques; utricules ternes. . . . .
. . . . *C. panicea* L. (C. Panic).

50 Deux épis mâles; tige longuement dépassée par les feuilles.
. . . . .** *C. hordeistichos* Vill. (C. à épi d'Orge).
Épi mâle solitaire; tige plus longue que les feuilles. .51

51 Épis femelles composés de 2-3 utricules renflés. . . .
. . . . . * C. depauperata Good. (C. appauvri).
Épis femelles composés d'utricules nombreux, aplanis au
moins sur l'une de leurs faces. 52

52 Utricules à bec bordé de cils roides transparents . . .
. . . * C. Mairii Coss. et G. de St-P. (C. de Maire).
Utricules à bec lisse ou scabre jamais bordé de cils roides.53

53 Bractées étalées ou réfractées; utricules étalés ou réfléchis.54
Bractées dressées; utricules dressés, rarement quelques-
uns étalés 55

54 . . . . C. flava L. (C. jaune).
Tige de 2-5 décimètres; utricules à bec allongé recourbé
ou réfracté. . . . . var. flava (var. jaune).
Tige de 2-5 décimètres; utricules à bec plus ou moins
allongé droit . . . var. intermedia (var. intermédiaire).
Tige atteignant seulement quelques centimètres; utricules
très petits, à bec court droit. var. Œderi (var. d'Œder).
(C. Œderi Ehrh.).

55 Tous les épis femelles lâches, penchés presque pendants à
la maturité; utricules à bec linéaire égalant presque le
reste de leur longueur. C. sylvatica Huds. (C. des bois).
Épis femelles compactes, dressés au moins les supérieurs.56

56 Épis femelles verdâtres, l'inférieur étalé; feuilles linéaires-
élargies . . . . . * C. lævigata Sm. (C. lisse).
(C. biligularis DC.; Fl. Par. éd. 1).
Épis femelles brunâtres, dressés; feuilles linéaires . .57

57 Écailles obtuses mucronées; épis femelles très distants.
. . . . C. distans L. (C. distant).
Écailles aiguës sans mucron; épis femelles médiocrement
distants. . . . . . . C. fulva Good. (C. fauve).
(C. Hornschuchiana Hoppe; C. speirostachya Sm.).

58 Épi mâle solitaire; utricules étalés ou réfléchis à la maturité 59
Deux ou plusieurs épis mâles; utricules dressés . . .60

59 Bractées étalées ou réfractées; épis femelles dressés;
écailles ovales. . . . C. flava L. (C. jaune) voir 54
Bractées dressées; épis femelles très longuement pédonculés, pendants; écailles linéaires-subulées . . . .
. . . . . C. Pseudo-Cyperus L. (C. Faux-Souchet).

60 Utricules velus-hérissés 61
   Utricules glabres 63

61 Bractées non engaînantes ou peu engaînantes; gaînes des
   feuilles toujours glabres. ✶ *C. filiformis* L. (C. filiforme).
  · Bractées longuement engaînantes; gaînes des feuilles ord.
   velues. 62

62 . . . . *C. hirta* L. (C. hérissé).
   Feuilles pubescentes surtout sur les gaînes . . . .
   . . . . var. *hirta* (var. hérissée).
   Feuilles et gaînes glabres. . . . .
   . . . . . var. *hirtæformis* (var. glabrescente).
                 (*C. hirtæformis* Pers.).

63 Écailles des épis mâles de couleur jaune pâle; utricules
   vésiculeux, jaunâtres. 64
   Écailles des épis mâles d'un brun noirâtre; utricules blanchâtres ou brunâtres. 65

64 Tige lisse dans la plus grande partie de sa longueur, à
   angles obtus; feuilles canaliculées, d'un vert glauque .
   . . . . . ✶ *C. ampullacea* Good. (C. en ampoule).
   Tige à angles aigus scabres; feuilles planes, d'un vert
   jaunâtre . . . . *C. vesicaria* L. (C. vésiculeux).

65 Utricules à faces convexes; écailles des épis mâles toutes
   aristées. . . . . *C. riparia* Curt. (C. des rives).
   Utricules comprimés; écailles inférieures des épis mâles
   obtuses 66

66 . . . . *C. paludosa* Good. (C. des marais).
   Écailles ne dépassant pas ou dépassant à peine les utricules . . . . . var. *paludosa* (var. des marais).
   Écailles longuement cuspidées dépassant les utricules.
   . . . . var. *Kochiana* (var. de Koch).
             (*C. Kochiana* DC.).

67 Tige plus courte que les feuilles; utricule à bec allongé
   aplani. . . ✶✶ *C. hordeistichos* Vill. (C. à épi d'Orge).
   Tige plus longue que les feuilles; utricule à bec tronqué
   presque nul . . . . *C. glauca* Scop. (C. glauque).

TRIBU II. **Scirpeæ**. — *Fleurs hermaphrodites. Épis
à écailles imbriquées sur plusieurs rangs*, ord. inégales.

les inférieures souvent stériles. Soies hypogynes 6,
rarement plus, quelquefois en nombre moindre ou nulles,
quelquefois 3 petites écailles alternant avec le même
nombre de soies, ou un disque entourant la base de
l'akène.

2. RHYNCHOSPORA Vahl — (RHYNCHOSPORE).

Épillets à écailles inférieures stériles *plus petites que les
supérieures*, les 2-3 écailles supérieures seules fertiles.
Akène entouré à la base de 6-13 soies plus courtes que les
écailles de l'épillet, *couronné par la base du style renflée et
persistante.* — Tiges feuillées. *Épillets plus ou moins
nombreux*, glomérulés.

Souche cespiteuse ; épillets blanchâtres, en glomérules à
peine dépassés par les bractées. * R. *alba* Vahl (R. blanc).
(*Schœnus albus* L.).
Souche traçante ; épillets brunâtres, en glomérules longue-
ment dépassés par les bractées. . . . .
. . . . . . * R. *fusca* Rœm. et Schult. (R. brun).
(*Schœnus fuscus* L.).

3. HELEOCHARIS R. Br. — (HÉLÉOCHARIS).

*Épillets à écailles inférieures plus grandes que les supé-
rieures*, les 1-2 inférieures stériles. *Akène* entouré à la base
de soies plus courtes que les écailles de l'épillet ord. au
nombre de 6, rarement dépourvu de soies, *couronné par la
base du style renflée et persistante.* — Tiges dépourvues
de feuilles, munies à leur base d'écailles engaînantes.
Épillets solitaires terminaux.

1 Stigmates 2 ; akène comprimé. 2
  Stigmates 3 ; akène triquètre. 4

2 Épillet ovoïde-renflé, à écailles obtuses ; plante annuelle.
  . . . . * H. *ovata* R. Br. (H. ovoïde).
  (*Scirpus ovatus* Roth).
  Épillet oblong, à écailles aiguës ; plante vivace, à souche
  horizontale. 3

3 Épillet présentant à sa base deux écailles vertes stériles
qui n'embrassent chacune que la moitié de sa circonfé-
rence . . . . *H. palustris* R. Br. (H. des marais).
(*Scirpus palustris* L.).
Épillet présentant à sa base une seule écaille stérile sca-
rieuse qui embrasse presque toute sa circonférence. .
. . . . . . *H. uniglumis* Rchb. (H. à une écaille).
(*Scirpus uniglumis* Link).

4 Tige cylindrique, non capillaire; akène lisse . . . .
. . . . . . * *H. multicaulis* Dietr. (H. multicaule).
(*Scirpus multicaulis* Sm.).
Tige tétragone, capillaire; akène marqué de côtes longi-
tudinales. *H. acicularis* Rœm. et Schult. (H. épingle).
(*Scirpus acicularis* L.).

4. SCIRPUS L. — (SCIRPE).

Épillets à écailles inférieures plus grandes que les supé-
rieures, les 1-2 inférieures stériles. *Akène* entouré à la base
de 6 soies plus courtes que les écailles de l'épillet, ou
dépourvu de soies, *mucroné par la base persistante non*
dilatée du style ou non mucroné. — Tiges simples, très
rarement rameuses, feuillées ou dépourvues de feuilles.
Épillets solitaires terminaux, ou plus ou moins nombreux.

1 Tige rameuse, couchée ou nageante. . . . . . .
. . . . * *S. fluitans* L. (S. flottant).
Tige simple. 2
2 Un seul épillet terminal simple 3
Tige portant plusieurs épillets terminaux ou d'apparence
latérale. 4
3 Gaînes des tiges prolongées en une pointe foliacée. . .
. . . . * *S. cœspitosus* L. (S. cespiteux).
Gaînes des tiges tronquées, ne présentant pas de pointe
foliacée. . . . * *S. Bœothryon* Ehrh. (Petit-Jonc).
4 Épillets disposés en un épi terminal composé, comprimé,
distique . . . * *S. compressus* Pers. (S. comprimé).
(*Schœnus compressus* L.).
Épillets disposés en panicule, ou ramassés en glomérules. 5
5 Inflorescence pseudo-latérale; tige cylindrique. . . . 6
Inflorescence terminale; tige triquètre. 9

6 Écailles des épillets échancrées au sommet ; rhizome horizontal, très longuement traçant. 7
   Écailles des épillets entières au sommet ; plante à souche
   cespiteuse, ou plante annuelle 8

7 . . . . *S. lacustris* L. (S. des lacs).
   Épillets à écailles lisses. . var. *lacustris* (*var.* des lacs).
   Épillets à écailles scabres, souvent agglomérés ; tige
   glauque. . . . . . . var. *glaucus* (*var.* glauque).
             (*S. glaucus* Sm.; *S. Tabernœmontani* Gmel.).

8 Akène marqué de côtes longitudinales ; tige filiforme. .
   . . . . *S. setaceus* L. (S. sétacé).
   Akène ridé transversalement ; tige non filiforme . . .
   . . . . ✳ *S. supinus* L. (S. couché).

9 Panicule ord. compacte, à rameaux simples ou la plupart
   simples ; épillets brunâtres, à écailles échancrées-bifides
   au sommet. . . . *S. maritimus* L. (S. maritime).
   Panicule à rameaux très ramifiés ; épillets verdâtres, à
   écailles entières . . . *S. sylvaticus* L. (S. des bois).

5. CLADIUM P. Browne — (CLADIUM).

*Épillets 1-2-flores, à écailles inférieures stériles plus
petites que les supérieures. Akène dépourvu de soies, à
épicarpe crustacé fragile luisant se séparant de l'endocarpe,
à endocarpe épais ligneux, à base du style non renflée.* —
Tiges feuillées. Épillets nombreux, disposés en panicule.

Tiges subcylindriques, roides, élevées ; épillets d'un brun
   ferrugineux . . ✳ *C. Mariscus* R.Br. (C. Marisque).

6. ERIOPHORUM L. — (LINAIGRETTE).

Épillets à écailles presque égales. *Akène entouré à la base
de soies* ord. nombreuses *dépassant très longuement les
écailles de l'épillet,* obtus ou mucroné par la base du style
non renflée. — Tiges feuillées. Épillets plus ou moins
nombreux, rarement solitaires terminaux, ressemblant à
des houppes soyeuses à la maturité.

1 Épillet terminal solitaire. ✳ *E. vaginatum* L. (L. engaînée).
   Épillets plus ou moins nombreux. 2

2 Pédoncules tomenteux.   .   * *E. gracile* Koch (L. grêle).
Pédoncules scabres ou lisses, jamais tomenteux   .   .   .   3

3 Pédoncules scabres.   .   .   .   .
.   .   .   .   . *E. latifolium* Hoppe (L. à larges feuilles).
Pédoncules lisses   .   .   .   .
.   .   . *E. angustifolium* Roth (L. à feuilles étroites).

TRIBU III. **Cypereæ**.—*Fleurs hermaphrodites. Épillets
comprimés, à écailles imbriquées sur deux rangs* opposés,
égales, ou inégales les inférieures plus petites stériles,
souvent décurrentes sur les bords du rachis. Soies hypogynes nulles, ou 4-5 courtes ou rudimentaires.

7. CYPERUS L. — (Souchet).

Épillets à écailles nombreuses, pliées-carénées, *toutes* fertiles *presque égales* entre elles, ou les 1-2 inférieures plus
petites stériles. Akène dépourvu de soies. — Épillets en
fascicules disposés en ombelles ou en glomérules terminaux
munis à leur base de bractées foliacées.

1 Plante vivace, à souche traçante ; tige de 5-10 décimètres.
.   .   .   . * *C. longus* L. (S. long).
Plante annuelle, à racine fibreuse ; tiges de 1-2 décimètres.   2

2 Deux stigmates ; épillets jaunâtres.   .   .   .   .   .   .
.   .   .   . * *C. flavescens* L. (S. jaunâtre).
Trois stigmates ; épillets brunâtres. *C. fuscus* L. (S. brun).

8. SCHOENUS L. — (Choin).

*Épillets à 6-9 écailles, les 3-6 supérieures seules fertiles,
les inférieures* stériles *plus petites*. Akène muni à la base
de 4-5 soies courtes ou rudimentaires, ou dépourvu de
soies. — Épillets disposés en un fascicule terminal muni
à sa base de deux bractées largement scarieuses et embrassantes dans leur partie inférieure.

Souche cespiteuse ; tiges feuillées seulement à la base ;
feuilles à gaînes brunes luisantes ; bractées et épillets d'un
brun noirâtre .   .   .   . *S. nigricans* L. (C. noirâtre).

CIX. GRAMINÉES (Juss.).

Fleurs hermaphrodites, quelquefois unisexuelles, *à périanthe imparfait, plus rarement nul, disposées en épillets
uni-multiflores* distiques munis de bractées, *naissant* chacune *à l'aisselle d'une bractée* (glumelle inférieure); *l'axe
terminé par la fleur muni d'une petite bractée* (glumelle supérieure); *les bractées inférieures stériles* (glumes) *2,* plus
rarement solitaires ou nulles par avortement; chaque fleur
se détachant de l'axe commun de l'épillet avec la glumelle
inférieure et la glumelle supérieure qui la recouvrent (de là
la fleur et les glumelles sont désignées d'une manière collective sous le nom de fleur). — Glumes (1) égales ou inégales, très rarement nulles, l'inférieure quelquefois avortée,
mutiques, plus rarement aristées. — Glumelle inférieure
imparinerviée, aristée sur le dos ou au sommet, ou mutique.
Glumelle supérieure le plus souvent binerviée, dépourvue
de nervure moyenne et mutique, présentant très rarement
une nervure moyenne, ord. émarginée ou bifide, très rarement nulle par avortement. — Périanthe imparfait, très
rarement nul, composé de 2-3 petites écailles membraneu-
ses-charnues (squamules).— Étamines 3 plus rarement par
avortement 2 ou 1 (dans nos espèces), très rarement 4 ou 6;
filets filiformes; *anthères insérées sur le filet par leur dos,*
bilobées, *à lobes* linéaires *libres et un peu divergents à chaque
extrémité.* — Styles 2 libres ou soudés à la base très rarement soudés en un style indivis, très rarement 3, stigmatifères dans une étendue variable (stigmates); stigmates à
poils simples ou rameux. — *Fruit* (caryopse) libre ou soudé
avec les glumelles, *sec, uniloculaire, monosperme, indé-*

(1) La plupart des auteurs ont donné le nom de *glume* à l'ensemble des
deux glumes : la glume supérieure et la glume inférieure étaient alors appe-
lées valve supérieure et valve inférieure de la glume. Il en était de même
des deux glumelles (*paillettes*) dont l'ensemble était désigné sous le nom
de *bale.* Les squamules ont été décrites sous les noms de *lodicules, paléoles*
et *glumellules.*

hiscent, à péricarpe ord. mince et soudé avec la graine, présentant ord. au niveau du hile une tache (macule hilaire) ponctiforme ou linéaire. — *Périsperme farineux*, très épais. *Embryon appliqué à la base de la face extérieure du périsperme.*

Plantes terrestres ou croissant quelquefois dans les lieux marécageux, très rarement aquatiques, annuelles ou vivaces. Tige (chaume) herbacée (dans nos espèces), simple, plus rarement rameuse, cylindrique, plus rarement comprimée, fistuleuse, très rarement pleine, ord. renflée en nœud au niveau de l'insertion des feuilles. *Feuilles* alternes *distiques*, *linéaires*, à nervures parallèles, *embrassant la tige* dans une grande étendue *par une gaine à bords libres* (gaîne fendue), très rarement à gaîne fendue seulement au sommet ou entière ; gaîne soudée intérieurement avec une membrane qui la dépasse ordinairement (ligule). Épillets hermaphrodites ou polygames, rarement unisexuels, contenant souvent des fleurs stériles ou rudimentaires, disposés au sommet de la tige ou des rameaux, en panicule, en grappe ou en épi.

La famille des *Graminées*, largement représentée sur tous les points du globe, est une des plus nombreuses en espèces et une des plus naturelles par l'analogie des caractères et des usages économiques importants des plantes qui la composent. Un petit nombre d'espèces seulement sont cultivées pour leurs fruits alimentaires ; elles ont été adoptées par la grande culture surtout en raison du volume ou de l'abondance de leurs fruits ; car, chez toutes les Graminées, le fruit, constitué presque exclusivement par de la fécule associée à du gluten, offre, bien qu'à des degrés divers, les mêmes propriétés alimentaires. Parmi ces espèces, celles dont le grain, par les proportions de gluten qu'il renferme, fournit la farine la plus propre à faire du pain, sont plus spécialement désignées sous le nom de *céréales*. Les céréales les plus importantes et les plus généralement répandues sont, comme tout le monde le sait, le Blé, l'Orge, le Seigle et l'Avoine ; leur patrie, dans l'état actuel de la science, n'est pas déterminée avec certitude ; elles paraissent cependant originaires de l'Orient. Les diverses espèces de Blé ou Froment (*Triticum sativum*, *turgidum*, etc.) et leurs nombreuses variétés fournissent les grains les plus riches en gluten, et servent, comme on le sait, à préparer le pain de meilleure qualité. Dans les contrées méridionales, le grain devient plus dur et renferme encore plus de gluten ; ces propriétés sont surtout très prononcées dans les blés d'Algérie, et, en particulier, chez le Blé dur (*T. durum*), dont la farine est préférée pour la confection des pâtes alimentaires. Le son, formé par la pellicule extérieure du grain isolée des principes féculents par la mouture, sert à la nourriture des bestiaux, et sa décoction, légèrement émolliente, est fréquemment employée en bains et en lotions ; mais ses propriétés nutritives et émollientes sont presque exclusivement dues aux particules amylacées qui y restent adhérentes ; aussi lorsque, par un blutage très perfectionné, on l'a presque entièrement isolé de la farine et réduit ainsi aux parties ligneuses et siliceuses de la pellicule, il perd en majeure partie ses propriétés nutritives et adoucissantes. — Le *Triticum monococcum* (Locular, Petit-Épeautre) et le *T. Spelta* (Épeautre) sont beaucoup plus rarement cultivés que le Froment et servent moins à faire du pain qu'à fabriquer du gruau ou de la bière. — Le Seigle (*Secale cereale*) est très généralement cultivé dans les terres légères, soit seul, soit associé au Froment, et alors il prend le nom de méteil ; sa culture est encore plus importante dans les pays du Nord et dans les montagnes où le blé ne pourrait plus arriver à maturité. Le pain préparé avec la farine de seigle est dense, gras, brun, sucré et a des propriétés légèrement laxatives, qui le font prescrire pour l'alimentation des personnes replètes dont les fonctions digestives ont besoin d'être un peu excitées. L'usage du pain de méteil est beaucoup plus général en France que celui du pain de seigle. La paille du Seigle n'est pas un moins bon fourrage que celle du Blé ; mais, en raison de sa ténacité et de sa finesse, elle sert plus spécialement à faire des liens, des paillassons, etc., et à confectionner des chapeaux de paille. — Les diverses espèces d'Orge (*Hordeum vulgare, distichon, hexastichon*) s'accommodent des mêmes conditions climatériques que le Seigle. Le pain que fournit la farine d'orge est d'une couleur brune, lourd, indigeste et moins nourrissant que le pain de seigle. Le grain fermenté de l'Orge sert, comme on le sait, à la fabrication de la bière, et forme, en Algérie, la base de la nourriture du cheval. Dès la plus haute antiquité, les propriétés adoucissantes et rafraîchissantes de sa décoction ont été mises à profit par la médecine. Les grains de l'Orge, dépouillés des glumelles qui y adhèrent, sont connus sous le nom d'orge mondé, et prennent le nom d'orge perlé lorsqu'ils ont été rendus plus ou moins globuleux par

27

le frottement.—Deux espèces d'Avoine (*Avena sativa* et *Orientalis*)
sont surtout cultivées en grand. L'avoine ne sert pas seulement
à la nourriture des chevaux et des bêtes de somme, mais fait la
base de l'alimentation de l'homme dans quelques pays peu propres
à la culture des autres céréales. Les grains d'avoine mondés et
grossièrement concassés constituent le gruau d'avoine : cuit dans
le lait ou dans le bouillon, le gruau d'avoine est un aliment nourrissant, d'une digestion facile et très propre à l'alimentation des
enfants et des convalescents ; par la décoction on en prépare des
tisanes adoucissantes très usitées dans les rhumes et les affections
de poitrine.—Le Maïs (*Zea Mays*), originaire de l'Amérique méridionale, tient une large place dans les cultures de nos provinces
de l'Est et du Midi, et est un des végétaux les plus importants
pour la nourriture de l'homme dans les pays méridionaux. La
faible quantité de gluten qu'il renferme ne permet pas la pani-
fication de sa farine ; mais elle sert à préparer de la bouillie et
des espèces de gâteaux. — Le Riz (*Oryza sativa*), originaire de
l'Inde, est cultivé dans les terrains irrigués des contrées méridionales, et surtout de la région intertropicale, où il remplace la
plupart des céréales ; il tient dans l'alimentation humaine une
place presque aussi importante que le Blé lui-même. La décoction de riz, si généralement administrée contre la diarrhée, agit
seulement par ses qualités adoucissantes.

Dans les contrées méridionales, et surtout dans une grande
partie de la région intertropicale, où les céréales ne sont souvent
cultivées qu'en quantité insuffisante, on y supplée par d'autres
Graminées, soit cultivées, soit sauvages, telles que les *Penicillaria
spicata*, *Setaria Italica*, *Poa Abyssinica*, *Arthratherum pungens*,
et plusieurs espèces de *Panicum*, de *Sorghum*, d'*Eleusine*, etc.

Les principes féculents du grain des Graminées, par un commencement de germination, se convertissent en glucose, et fournissent de l'alcool par la fermentation et la distillation ; aussi
peut-on substituer le grain des autres céréales tant à l'orge, pour
la préparation de la bière, qu'au blé, pour l'extraction de l'alcool.

L'Ivraie (*Lolium temulentum*) fait seule exception aux qualités
générales de la famille ; ses fruits ont des propriétés enivrantes
et même toxiques, connues dès l'antiquité, mais l'influence nuisible qu'ils peuvent exercer sur l'économie a été au moins très
exagérée.

La tige de presque toutes les Graminées contient, surtout avant

leur floraison, un mucilage sucré. Ce principe sucré se trouve
en quantité notable chez le Maïs, mais il existe surtout en énorme
proportion dans la Canne-à-sucre (*Saccharum officinarum*), originaire de l'Inde et maintenant généralement cultivée dans la région
tropicale du monde entier. Personne n'ignore que le sucre de
canne est retiré des tiges de cette plante. — Le Sorgho sucré
(*Sorghum saccharatum*) est depuis quelques années cultivé en
grand en France, surtout pour la richesse du principe mucilagineux sucré que renferment ses tiges. Par la fermentation on
peut en obtenir une boisson vineuse, et par la distillation en
extraire de l'alcool ; il constitue, en outre, un fourrage des plus
utiles dans les années de sécheresse.

Les racines des *Triticum repens* et *Cynodon Dactylon*, connues sous le nom de chiendent, fournissent par décoction une
tisane légèrement mucilagineuse, un peu sucrée, vulgairement
employée comme rafraîchissante et diurétique. — Le rhizome de
l'*Arundo Donax* (Canne-de-Provence) et celui du *Phragmites
communis* (Roseau) passaient pour être diurétiques et sudorifiques.
La décoction de Canne-de-Provence a encore une réputation populaire comme antilaiteux, mais elle n'agit guère que comme la
tisane de chiendent.

Les usages économiques des tiges des Graminées (chaume,
paille, foin) sont trop connus pour que nous devions les mentionner ici. La silice, qui pénètre en proportion variable les parois
des tiges, contribue à la rigidité et à l'incorruptibilité des pailles
employées dans l'industrie. — L'*Arundo Donax*, généralement
répandu dans la région méditerranéenne, est la seule Graminée
à tige ligneuse que l'on rencontre en Europe, et rappelle, jusqu'à
un certain point, par son port, les *Bambusa* gigantesques de la
région tropicale.

L'*Ammochloa arenaria*, qui est naturalisé dans les sables
mobiles à Malesherbes et qui est commun sur le littoral, est une
des plantes les plus utiles à multiplier dans les dunes pour leur
donner de la stabilité. — Avec les feuilles et les tiges tenaces
et flexibles de plusieurs Graminées de la région méditerranéenne
chaude et de l'Algérie, telles que le *Lygeum Spartum*, l'*Ampe-
lodesmos tenax* et surtout le *Stipa tenacissima* (Alfa), on fabrique
des nattes, des cordages et de nombreux ouvrages de sparterie.
On a récemment utilisé leurs fibres pour la fabrication d'un papier
de bonne qualité.

Les principes odorants n'existent qu'exceptionnellement chez les Graminées ; un petit nombre seulement, telles que la Flouve (*Anthoxanthum odoratum*), le Vétiver (*Andropogon muricatus*) et les *Andropogon Schœnanthus* et *laniger*, renferment un principe aromatique assez prononcé.

Plusieurs Champignons d'un ordre inférieur, appartenant au groupe des Ustilaginées, déterminent dans les parties florales de l'Avoine, de l'Orge, du Blé et d'autres Graminées, qu'elles finissent souvent par convertir en une matière pulvérulente noirâtre, des altérations connues sous le nom de charbon, nielle, carie. Le grain du Seigle et d'autres Graminées, et plus rarement celui du Blé, peuvent être attaqués par un Champignon du groupe des Hypoxylées(*Sclerotium Clavus* DC.; *Sphacelia segetum* Léveill.; *Claviceps purpurea* Tul.), qui en détermine la déformation et une élongation remarquable connue sous le nom d'ergot. L'ergot des Graminées, et en particulier celui du seigle, a des propriétés toxiques dues, non aux modifications apportées à la composition du grain, mais à la présence même du champignon parasite. Le pain dans la préparation duquel les grains ergotés entrent en proportion notable, cause souvent des accidents graves, particulièrement la gangrène des extrémités, et, dans quelques cas, a déterminé la mort. Le seigle ergoté est un médicament efficace pour raviver les contractions utérines, faciliter la parturition lorsqu'elle est rendue difficile par l'atonie, et combattre les hémorrhagies qui en sont la conséquence.

Dans tous les pays les Graminées forment la base des prairies naturelles, et, ainsi que De Candolle l'a fait remarquer, la facilité avec laquelle nos animaux herbivores domestiques se sont acclimatés dans toutes les parties du monde est due en grande partie à l'identité des propriétés des plantes de cette famille. Nos oiseaux granivores domestiques doivent également leur diffusion dans le monde entier à l'alimentation presque identique que leur fournissent les grains des diverses espèces de Graminées.

1 Épillets disposés en épis unisexuels monoïques ; les épis femelles axillaires, étroitement renfermés dans des bractées engaînantes ; styles très longs, pendants, dépassant longuement les bractées engaînantes . . . † ZEA (1').

Épillets tous hermaphrodites, rarement les uns hermaphrodites les autres mâles, jamais disposés en épis unisexuels. 2

2 Épillets ne contenant qu'une seule fleur fertile, accompagnée ou non d'une ou de deux fleurs mâles ou d'une ou
plusieurs fleurs stériles plus ou moins rudimentaires. . 3
Épillets contenant deux ou plusieurs fleurs fertiles, avec ou
sans rudiments de fleurs stériles, rarement accompagnées
de fleurs mâles 26

3 Épillets disposés en épis linéaires rapprochés au sommet
de la tige ou des rameaux en panicule simple digitée. . 4
Épillets jamais disposés en panicule digitée 6

4 Épillets géminés, l'un sessile hermaphrodite, l'autre pédicellé mâle ou neutre; épis très velus. ANDROPOGON. (9).
Épillets tous hermaphrodites; épis glabres au moins sur
l'axe. 5

5 Épillets comprimés par le dos; plante annuelle à racine
fibreuse. . . . . DIGITARIA. (6).
Épillets comprimés latéralement; plante vivace, à souche
longuement traçante. . . . . . . CYNODON. (19).

6 Stigmate 1, filiforme très long; glumes nulles. NARDUS. (1).
Stigmates 2; glumes 2, égales ou plus ou moins inégales,
très rarement solitaires ou nulles 7

7 Stigmates sessiles ou terminant des styles courts, sortant
vers la partie inférieure des glumelles ou vers leur partie
moyenne 8
Stigmates terminant des styles allongés, sortant au sommet
ou vers le sommet des glumelles 18

8 Glumes nulles . . . . LEERSIA. (2).
Glumes 2. 9

9 Épillets sessiles, disposés en épi, groupés par trois sur les
dents de l'axe qui présente une dépression au niveau de
chaque groupe. . . . . HORDEUM. (46).
Épillets pédonculés, disposés en panicule quelquefois spiciforme, plus rarement en grappe. 10

10 Fleur hermaphrodite accompagnée d'une fleur mâle. .11
Fleur hermaphrodite accompagnée ou non de rudiments de
fleurs stériles, jamais accompagnée d'une fleur mâle. .12

11 Fleur mâle placée au-dessous de la fleur hermaphrodite.
. . . . ÁRRHENATHERUM. (26).
Fleur mâle placée au-dessus de la fleur hermaphrodite.
. . . . HOLCUS. (25).

12 Glumelles s'enroulant autour du caryopse, l'inférieure articulée avec une arête filiforme très longue tordue inférieurement. . . . . STIPA. (18).
Glumelles non enroulées autour du caryopse, l'inférieure
mutique ou présentant une arête non tordue très grêle.13

13 Épillets un peu comprimés par le dos ; caryopse étroitement renfermé entre les glumelles indurées. MILIUM. (17).
Épillets plus ou moins comprimés latéralement ; glumelles
non indurées à la maturité. 14

14 Fleur entourée à la base de très longs poils. . . . .
. . . . CALAMAGROSTIS. (16).
Fleur ne présentant pas de poils à la base, ou entourée
de poils beaucoup plus courts que les glumelles. . .15

15 Glumes convexes ; glumelles mutiques ; épillets disposés en
grappe ou en panicule racémiforme . . MELICA. (34).
Glumes carénées ; glumelle inférieure aristée ou mutique ;
épillets disposés en panicule rameuse diffuse ou spiciforme. 16

16 Épillets disposés en panicule spiciforme cylindrique compacte ; feuilles roides piquantes. † AMMOPHILA. (16 bis).
Épillets disposés en panicule diffuse ou contractée ; feuilles
jamais piquantes 17

17 Épillets dépourvus de rudiment pédicelliforme d'une seconde fleur ; glumes presque égales, ord. plus longues
que la fleur ; glumelle inférieure aristée sur le dos ou
mutique. . . . . AGROSTIS. (14).
Épillets présentant le rudiment pédicelliforme d'une seconde fleur ; glumes inégales, l'inférieure plus petite, plus
courte que la fleur ; glumelle inférieure aristée au-dessous
du sommet. . . . . APERA. (15).

18 Épillets comprimés par le dos ; glume inférieure ord. très
petite ou nulle. 19
Épillets comprimés latéralement ; glume inférieure jamais
très petite ou nulle 21

19 Épillets entourés d'un involucre de soies roides. . . .
. . . . Setaria. (7).
Épillets non entourés de soies à leur base 20

20 Glume inférieure nulle, la supérieure très petite; épillet
présentant une première fleur réduite à une glumelle
coriace cartilagineuse à côtes chargées d'épines. . .
. . . . Tragus. (8).
Glume inférieure très petite, la supérieure égalant la fleur
hermaphrodite ou la dépassant; épillet présentant une
première fleur réduite aux glumelles et dont la glumelle
inférieure aristée ou mucronée ne porte pas d'épines sur
les nervures. . . . . Oplismenus. (5).

21 Fleur accompagnée d'une ou deux fleurs inférieures stériles réduites chacune à une glumelle aristée ou à une
écaille ciliée 22
Fleur non accompagnée de fleurs stériles rudimentaires.23

22 Fleurs stériles réduites chacune à une glumelle aristée plus
longue que la fleur fertile; étamines 2. . . . . .
. . . . Anthoxanthum. (3).
Fleurs stériles réduites chacune à une écaille très petite;
étamines 3. . . . . Baldingera. (4).

23 Glumes soudées dans leur partie inférieure : glumelle supé-
rieure nulle; styles souvent soudés à la base. . . .
. . . . Alopecurus. (11).
Glumes libres; glumelles 2; styles non soudés. . . .24

24 Glumes à peine carénées; stigmates filiformes, un peu
poilus; épillets presque unilatéraux, disposés en épi filiforme . . . . Mibora. (13).
Glumes carénées; stigmates plumeux; épillets en panicule
spiciforme ou en épi cylindrique 25

25 Glumes acuminées ou tronquées-acuminées. Phleum. (12).
Glumes mutiques, non acuminées. . . Crypsis. (10).

26 Épillets sessiles, disposés en épi simple, correspondant
chacun à une dépression de l'axe de l'épi. 27
Épillets pédonculés, plus rarement subsessiles, disposés en
panicule rameuse diffuse, plus rarement en panicule spiciforme, en grappe ou en épi 31

27 Épillets regardant l'axe de l'épi par le dos des fleurs ; épillets latéraux ne présentant qu'une seule glume. . .
. . . . Lolium. (45).
Épillets regardant l'axe de l'épi par l'une des faces latérales des fleurs ; glumes 2 28

28 Glumelle inférieure donnant naissance sur son dos à une
arête tordue dans sa partie inférieure et genouillée. .
. . . . Gaudinia. (28).
Glumelle inférieure aristée au sommet à arête droite, ou
mutique. 29

29 Épillets contenant deux fleurs fertiles avec le rudiment
pédicelliforme d'une troisième fleur ; glumelle inférieure
à carène fortement ciliée. . . . † Secale. (46 bis).
Épillets 3-multiflores ; glumelle inférieure glabre ou pubescente, convexe, ou carénée à carène non ciliée. .30

30 Épi continu avec la tige ; glumes convexes ou carénées,
entières ou 1-2-dentées au sommet, mutiques ou aristées ;
glumelle inférieure mutique ou aristée. Triticum. (47).
Épi articulé avec la tige, s'en détachant d'une seule pièce ;
glumes non carénées, à sommet tronqué 1-5-denté à
dents prolongées en arête ; glumelle inférieure 3-dentée
au sommet à dents aristées. . . . Ægilops. (48).

31 Glumes plus courtes que l'épillet. 32
Glumes très grandes, embrassant ord. presque complète-
ment l'épillet 44

32 Épillets à fleur inférieure mâle, les fleurs hermaphrodites
entourées chacune à la base de longs poils soyeux . .
. . . . Phragmites. (32).
Épillets à fleurs inférieures hermaphrodites, glabres ou
pubescentes, jamais entourées à la base de longs poils
soyeux. 33

33 Épillets fertiles entremêlés d'épillets stériles qui ressem-
blent à des bractées pectinées . . . Cynosurus. (33).
Épillets fertiles non entremêlés d'épillets stériles. . .34

34 Glumelle inférieure suborbiculaire, cordée à la base. .
. . . . Briza. (38).
Glumelle inférieure jamais suborbiculaire et cordée à la
base. 35

35 Épillets biflores, présentant une troisième fleur stérile cla-
    viforme qui renferme une à deux autres fleurs stériles
    réduites à 1-2 glumelles. . . . . . . MELICA. (34).
   Épillets bi-multiflores, avec ou sans fleurs stériles, les
    fleurs stériles jamais claviformes et renfermant d'autres
    fleurs réduites à des glumelles. 36
36 Épillets courbés-concaves, en fascicules compactes unila-
    téraux disposés en une panicule unilatérale. . . .
    . . . . DACTYLIS. (41).
   Épillets jamais courbés-concaves et disposés par fascicules
    compactes en une panicule unilatérale. 37
37 Stigmates naissant au-dessous du sommet de l'ovaire ;
    ovaire velu au sommet . . . . . . BROMUS. (42).
   Stigmates terminaux ou presque terminaux ; ovaire glabre,
    rarement velu ou pubescent au sommet 38
38 Glumelle inférieure caduque, mutique, la supérieure per-
    sistant sur le rachis de l'épillet après la chute des fleurs.
    . . . . ERAGROSTIS. (39).
   Glumelle inférieure mutique ou aristée, se détachant en
    même temps que la supérieure. 39
39 Caryopse libre, non caniculé à la face interne ; glumelle
    inférieure jamais aristée. 40
   Caryopse ord. adhérent à la glumelle supérieure, canali-
    culé ou concave à la face interne ; glumelle inférieure
    aristée ou mutique 43
40 Glumelle inférieure aiguë, semi-cylindrique, atténuée en
    cône ; gaîne de la feuille inférieure recouvrant les nœuds
    et les gaînes des autres feuilles. . . MOLINIA. (35).
   Glumelle inférieure aiguë ou obtuse, carénée ou semi-
    cylindrique non atténuée en cône ; gaîne de la feuille
    inférieure ne recouvrant pas les nœuds et les gaînes des
    autres feuilles. 41
41 Glumelle inférieure ord. aiguë, comprimée-carénée, à ner-
    vures ord. munies inférieurement de poils laineux plus
    ou moins longs qui semblent réunir les fleurs ; plante des
    lieux secs, plus rarement des lieux marécageux. POA. (40).
   Glumelle inférieure obtuse ou tronquée, trigone-carénée
    ou semi-cylindrique, ne présentant pas de poils laineux
    sur les nervures ; plante aquatique ou croissant dans les
    lieux marécageux. 42

27.

42 Épillets biflores, très rarement triflores; glumelle inférieure
    trigone carénée ; stigmates subsessiles. CATABROSA. (36).
    Épillets pluri-multiflores; glumelle inférieure concave
    semi-cylindrique ; styles assez longs. . GLYCERIA. (37).

43 Épillets très brièvement pédicellés, disposés en épi plus ou
    moins lâche distique ; glumelle supérieure à carène ciliée
    de poils roides. . . . . . BRACHYPODIUM. (44).
    Épillets plus ou moins longuement pédicellés, plus rare-
    ment subsessiles, disposés en panicule rameuse, en grappe,
    en épi unilatéral, rarement en épi distique ; glumelle su-
    périeure à carènes finement ciliées. . FESTUCA. (43).

44 Stigmates filiformes, sortant au sommet des glumelles ;
    épillets disposés en un épi compacte subglobuleux ou
    oblong. . . . . SESLERIA. (20).
    Stigmates plumeux, sortant vers la base des glumelles ;
    épillets disposés en panicule étalée ou spiciforme, quel-
    quefois en panicule racémiforme ou en grappe. . . .45

45 Glumelle inférieure munie sur son dos d'une arête articulée
    et barbue à sa partie moyenne et renflée en massue au
    sommet. . . . . CORYNEPHORUS. (21).
    Glumelle inférieure mutique, ou aristée à arête ni articulée
    ni renflée en massue. 46

46 Glumelle inférieure donnant naissance sur son dos ou vers
    sa base à une arête souvent tordue dans sa partie inférieure
    et souvent genouillée, très rarement glumelle mutique ;
    épillets disposés en panicule rameuse 47
    Glumelle inférieure mutique, ou donnant naissance au
    milieu d'une échancrure à une arête courte ou réduite à
    un mucron ; épillets disposés en panicule spiciforme ou
    en grappe, rarement en panicule diffuse 50

47 Glumelle inférieure tronquée, irrégulièrement 3-5-dentée
    au sommet. . . . . DESCHAMPSIA. (23).
    Glumelle inférieure bifide, bicuspidée ou aristée au som-
    met. 48

48 Ovaire velu au moins au sommet ; caryopse marqué d'une
    macule hilaire linéaire ; épillets assez gros, souvent pen-
    dants . . . . AVENA. (29).
    Ovaire glabre ; caryopse à macule hilaire ponctiforme ou
    indistincte ; épillets assez petits ou très petits. . . .49

49 Épillets 2-6-flores; glumelle inférieure bicuspidée ou biaristée au sommet; caryopse ne présentant pas de sillon
à la face interne, à macule hilaire indistincte . . .
. . . . TRISETUM. (30).
Épillets biflores; glumelle inférieure bifide au sommet;
caryopse présentant un sillon à la face interne; à macule
hilaire ponctiforme. . . . . . . AIRA. (22).

50 Glumelle inférieure entière ou obscurément trilobée, mutique; épillets 2-flores. 51
Glumelle inférieure échancrée ou bifide, mutique ou donnant naissance au milieu de l'échancrure à une arête
courte ou réduite à un mucron; épillets 2-6-flores. .52

51 Glumes comprimées-naviculaires; épillets ne contenant
pas de fleurs stériles; épillets petits, disposés en une panicule rameuse diffuse. . . . . AIROPSIS. (24).
Glumes convexes; épillets contenant, outre les deux fleurs
fertiles, une fleur supérieure stérile claviforme; épillets
assez gros, disposés en grappe ou en panicule racémiforme . . . . MELICA. (34).

52 Épillets à fleurs toutes fertiles; glumes carénées; épillets
disposés en panicule spiciforme. . . KOELERIA. (31).
Épillets à fleur supérieure stérile; glumes convexes; épillets en grappe ou en panicule racémiforme. . . .
. . . . DANTHONIA. (27).

TRIBU I. **PHALARIDEÆ.**—*Épillets hermaphrodites,
polygames ou monoïques,* disposés *en panicule* rameuse
ou spiciforme, *en grappe ou en épi,* rarement géminés ou
ternés, ord. comprimés latéralement, *à une seule fleur
fertile ord. accompagnée de 1-2 fleurs inférieures rudimentaires. Glumes* de longueur variable, *quelquefois
nulles. Glumelle inférieure de la fleur fertile regardant
la glume inférieure,* très rarement la supérieure. Squamules 2 ou nulles, très rarement 3. Étamines 3, rarement 1-2 ou 6. Stigmates dressés ou divergents, sortant au sommet ou sur les côtés de la fleur. Caryopse
ord. comprimé latéralement, marqué d'une macule
hilaire linéaire ou ponctiforme.

Sous-tribu i. **Olyreæ.** — *Épillets monoïques*, les mâles et les femelles dissemblables ; *les mâles disposés en panicules ou en épis terminaux; les femelles* disposés *en épis axillaires*, ou subsolitaires, étroitement *renfermés dans des gaines* de feuilles à limbe rudimentaire ou presque nul.

† ZEA L. — (MAÏS).

Épillets mâles biflores. Glumes concaves, mutiques. Glumelles membraneuses, mutiques. Squamules 2, charnues, tronquées. Étamines 3. — Épillets femelles composés d'une seule fleur femelle accompagnée de 1-2 fleurs inférieures neutres réduites à des glumelles. Glumes 2, charnues-membraneuses, très larges, obtuses, concaves. Glumelles de la fleur femelle et des fleurs neutres presque de la même forme, oblongues transversalement, charnues-membraneuses, concaves, enveloppant étroitement l'ovaire. Squamules nulles. Style indivis, terminal, très long, filiforme, comprimé ; stigmates 2, subulés, pubescents. Caryopse subglobuleux-réniforme, coloré, luisant, entouré à la base par les glumes et les glumelles persistantes. — Épillets mâles géminés, l'un pédicellé, l'autre subsessile, disposés en grappes spiciformes formant une panicule au-dessous de la grappe terminale, plus rarement la grappe terminale solitaire ; *épillets femelles* étroitement rapprochés et disposés *en épis axillaires* solitaires *étroitement enveloppés par des gaines de feuilles*, à demi plongés dans l'axe charnu de l'épi, disposés en plusieurs séries longitudinales, à styles pendants et dépassant très longuement les bractées engaînantes.

Tiges de 8-15 décimètres, robustes ; feuilles larges, lancéolées-linéaires . . . † *Z. Mays* L. (M. cultivé).

Sous-tribu ii. **Nardeæ.** — *Épillets hermaphrodites, à une seule fleur fertile*, disposés en épi simple unilatéral, logés dans des excavations du rachis de l'épi. *Glumes nulles.* Glumelles roides. Squamules nulles. Étamines 3. Style court, indivis ; *stigmate filiforme*, très long, *sortant au sommet de la fleur.*

1. NARDUS L. — (NARD).

Glumes nulles. Glumelle inférieure lancéolée, trigone-carénée, acuminée-subulée. Squamules nulles. *Style court, indivis; stigmate filiforme* très long, pubescent, sortant au sommet de la fleur. Caryopse linéaire, presque cylindrique. — *Épillets sessiles*, disposés *en épi* simple *unilatéral*, insérés sur les dents membraneuses que présente le rachis de l'épi au-dessous des excavations.

> Rhizome horizontal court, donnant naissance dans toute sa longueur à un grand nombre de fascicules de feuilles rapprochés en touffe compacte; feuilles glaucescentes enroulées-subulées; épi grêle, à épillets ord. bleuâtres.
> . . . . * N. stricta L. (N. roide).

SOUS-TRIBU III. **Oryzeæ.** — *Épillets hermaphrodites* (dans notre espèce), plus rarement polygames ou monoïques, disposés en panicule, plus rarement en grappe, *à une seule fleur fertile. Glumes* petites ou *nulles.* Glumelles coriaces roides. Squamules 2 (dans notre espèce). Étamines 1-3, ou 6. *Stigmates divergents, sortant sur les côtés de la fleur.* Caryopse marqué d'une macule hilaire linéaire.

2. LEERSIA Sw. — (LÉERSIE).

Épillets comprimés latéralement. *Glumes nulles. Glumelles 2*, membraneuses-coriaces, comprimées-carénées, *mutiques.* Caryopse obliquement obovale ou oblong, étroitement renfermé entre les glumelles soudées. — Épillets disposés en panicule.

> Épillets brièvement pédicellés, disposés presque unilatéralement et imbriqués; glumelles à carène fortement ciliée; étamines 3 . . . * L. oryzoides Sw. (L. Faux-Riz).

SOUS-TRIBU IV. **Euphalarideæ.** — *Épillets* hermaphrodites ou polygames, disposés en une panicule spiciforme, plus rarement étalée, *à fleur hermaphrodite* *accompagnée de 1-2 fleurs inférieures rudimentaires. Glumes ord. plus longues que la fleur.* Glumelles ord. plus ou moins coriaces après la floraison. Squamules 2 ou nulles. Étamines 3 ou 2. *Stigmates* ord. longs, presque dressés, *sortant au sommet de la fleur.* Caryopse marqué d'une macule hilaire linéaire ou ponctiforme.

3. ANTHOXANTHUM L. — (FLOUVE).

Glumes inégales, l'inférieure de moitié plus courte. *Fleur hermaphrodite accompagnée* à sa base *de 2 glumelles* (fleurs rudimentaires) *aristées* plus longues que la fleur. *Étamines 2.* — Épillets disposés en panicule spiciforme.

Souche cespiteuse ; panicule spiciforme oblongue-cylindrique atténuée au sommet, peu compacte ; glumelles représentant les fleurs stériles chargées en dehors de poils roussâtres . . . . *A. odoratum* L. (F. odorante).

4. BALDINGERA Fl. Wett. — (BALDINGÈRE).

Glumes presque égales, naviculaires-carénées, à carène non ailée. *Fleur hermaphrodite accompagnée* à sa base *de 2 glumelles squamiformes* (fleurs rudimentaires) *mutiques* beaucoup plus courtes que la fleur. — Épillets disposés en panicule rameuse.

Tige de 8-12 décimètres, assez robuste ; feuilles larges, scabres sur les bords. . . . .
. . . . . . *B. arundinacea* Dum. (B. Roseau). (*Phalaris arundinacea* L.; Fl. Par. éd. 1).

TRIBU II. **PANICEÆ.** — *Épillets hermaphrodites ou polygames, disposés en panicule* spiciforme ou rameuse quelquefois digitée, *plus rarement en grappe* spiciforme, plus ou moins comprimés par le dos, *à une seule fleur fertile accompagnée d'une fleur inférieure* imparfaite mâle ou neutre *réduite à une ou deux glumelles.* Glumes de longueur variable, l'inférieure souvent

avortée, très rarement toutes deux avortées. *Glumelle
inférieure de la fleur hermaphrodite regardant la glume
supérieure.* Squamules 2, rarement nulles. Étamines 3.
Stigmates ord. longs, sortant au sommet ou vers le
sommet, rarement vers le milieu de la fleur. *Caryopse
plus ou moins comprimé* par le dos ou presque cylindrique, marqué d'une macule hilaire ponctiforme.

Sous-tribu v. **Eupaniceæ.** — *Épillets hermaphrodites.
Glume inférieure plus petite que la supérieure,* souvent
très petite ou avortée. *Glumelles ord. cartilagineuses.*

5. OPLISMENUS P. B. emend. — (OPLISMÈNE).

Épillets dépourvus d'involucre de soies. *Glume supérieure mucronée-aristée. Glumelles de la fleur mâle ou neutre
2, l'inférieure mucronée ou aristée.* — Épillets disposés
en épis *formant une panicule* ou en épi composé.

Tiges comprimées ; feuilles linéaires larges ; épis nombreux, composés d'épillets fasciculés ; glumes ciliées surtout sur les nervures. .   .   .   .
.   .   .   .   . *O. Crus-galli* Kunth (O. Pied-de-coq).
(*Panicum Crus-galli* L.; Fl. Par. éd. 1).

6. DIGITARIA Scop. — (DIGITAIRE).

Épillets dépourvus d'involucre de soies. Glume inférieure
très petite et quelquefois nulle, la *supérieure mutique.
Glumelle de la fleur neutre unique* mutique.— Épillets disposés en une *panicule* simple *digitée.*

Feuilles plus ou moins poilues ainsi que les gaînes ; épillets
oblongs-lancéolés ; glume supérieure de moitié plus
courte que la fleur hermaphrodite. .   .   .   .   .   .
.   .   .   .   .   . *D. sanguinalis* Scop. (D. sanguine).
(*Panicum sanguinale* L.).
Feuilles glabres ainsi que les gaînes ; épillets ovales-
oblongs ; glume supérieure égalant environ la fleur
hermaphrodite. .   . *D. filiformis* Kœl. (D. filiforme).
(*Panicum filiforme* Gaud.).

7. SETARIA P. B. — (Sétaire).

Épillets entourés d'un involucre unilatéral composé *de*
2 ou plusieurs *soies* scabres. Glumes mutiques, très inégales. Glumelles de la fleur neutre ou mâle mutiques, la
supérieure plus petite souvent presque nulle. Glumelles
de la fleur hermaphrodite presque égales, mutiques. —
Épillets disposés en une panicule spiciforme souvent interrompue.

1 Denticules des soies des involucres dirigés de haut en bas.
. . . . S. *verticillata* P. B. (S. verticillée).
(*Panicum verticillatum* L.).
Denticules des soies des involucres dirigés de bas en haut. 2

2 Glume supérieure égalant environ la fleur hermaphrodite ;
glumelles de la fleur hermaphrodite très finement ponc-
tuées-rugueuses ou presque lisses. . . . . .
. . . . S. *viridis* P.B. (S. verte).
(*Panicum viride* L.).
Glume supérieure de moitié plus courte que la fleur herma-
phrodite ; glumelles de la fleur hermaphrodite élégamment
ponctuées-rugueuses transversalement. . . . . .
. . . . ❊ S. *glauca* P.B. (S. glauque).
(*Panicum glaucum* L.).

8. TRAGUS Hall. — (Bardanette).

Épillets dépourvus d'involucre de soies. Glume inférieure
nulle, la supérieure petite, membraneuse, plane. *Glumelle*
inférieure *de la fleur neutre coriace-cartilagineuse à* 5-7
nervures chargées d'épines. Glumelles de la fleur hermaphrodite aiguës, mutiques. — Épillets disposés en une grappe
spiciforme.

Tiges ord. couchées ou couchées-ascendantes, souvent
radicantes inférieurement ; feuilles courtes, bordées de
cils roides ; les épillets qui terminent les ramules de la
grappe plus petits souvent stériles . . . . . .
. . . . ❊ T. *racemosus* Hall. (B. en grappe).
(*Cenchrus racemosus* L.).

Sous-tribu VI. **Andropogoneæ.** — *Épillets* ord. géminés ou ternés : *polygames*, le moyen fertile, les latéraux mâles ou neutres ; très rarement tous fertiles. *Glumes presque égales* entre elles, dépassant souvent la fleur fertile, *plus rarement inégales l'inférieure* étant *la plus grande. Glumelles membraneuses*, rarement cartilagineuses.

9. ANDROPOGON L. — (Barbon).

Épillets géminés sur les dents de l'axe, l'un sessile fertile, l'autre pédicellé *mâle ou neutre*. Glumes mutiques, membraneuses. Glumelle inférieure de la fleur hermaphrodite longuement aristée, à arête plus ou moins tordue inférieurement, la supérieure très petite ou manquant complétement. — Épillets disposés en une *panicule digitée*.

Épis 3-10, linéaires grêles, rapprochés au sommet de la tige en panicule digitée ; arêtes des épillets hermaphrodites beaucoup plus longues que l'épillet. . . . .
. . . . . . * *A. Ischœmum* L. (B. Pied-de-poule).

TRIBU III. POACEÆ. — *Épillets hermaphrodites*, rarement polygames, disposés *en panicule* rameuse ou spiciforme plus rarement digitée, *en grappe ou en épi*, cylindriques ou plus ou moins comprimés par le dos ou les côtés, *uniflores*, pluriflores *ou multiflores, à fleurs imparfaites nulles ou les supérieures* une ou plusieurs *imparfaites*. Glumes 2, de longueur variable, l'inférieure très rarement rudimentaire. *Glumelle inférieure de la fleur hermaphrodite inférieure ou de la fleur unique regardant la glume inférieure*. Squamules 2, rarement 3 ou nulles. Stigmates sortant à la base plus rarement au sommet de la fleur. Caryopse marqué d'une macule ponctiforme ou linéaire.

Sous-tribu VII. **Alopecureæ.** — *Épillets* comprimés latéralement, disposés *en panicule spiciforme, plus rare-*

ment en épi, à une seule fleur hermaphrodite avec ou sans rudiment pédicelliforme *d'une seconde fleur.* Glumes presque égales ou plus ou moins inégales, égalant ord. la fleur ou la dépassant. *Glumelles membraneuses.* Squamules 2 ou nulles. Étamines 3 ou 2. *Stigmates allongés, sortant au sommet de la fleur* et de l'épillet. Caryopse libre, comprimé latéralement ou presque cylindrique, marqué d'une macule hilaire ponctiforme.

10. CRYPSIS Ait. — (CRYPSIE).

Glumes ord. plus courtes que la fleur, *mutiques, non acuminées. Glumelles mutiques.* Squamules nulles. *Embryon allongé.* — Épillets disposés en une panicule spiciforme ord. entourée de feuilles rapprochées en forme de spathe.

Panicule spiciforme très compacte, oblongue-cylindrique ; fleur sessile entre les glumes ; étamines 3. . . . . .
. . . * C. *alopecuroides* Schrad. (C. Faux-Vulpin).

11. ALOPECURUS L. — (VULPIN).

Glumes égalant ord. la fleur, mutiques, plus rarement mucronées-aristées, ord. *soudées entre elles inférieurement. Glumelle inférieure* ord. *aristée, la supérieure* ord. *nulle.* Squamules nulles. Styles souvent soudés en un seul à la base. Embryon petit. — Épillets disposés en panicule spiciforme.

1 Glumes soudées seulement à la base ; tiges couchées genouillées dans leur partie inférieure et souvent radicantes 2
  Glumes soudées dans leur moitié inférieure ; tiges dressées ou ascendantes 3
2 . . . . A. *geniculatus* L. (V. genouillé).
  Arête s'insérant vers le quart inférieur de la glumelle et dépassant longuement l'épillet . . . .
. . . . var. *geniculatus* (var. genouillée).
  Arête s'insérant vers le milieu de la hauteur de la glumelle et dépassant à peine ou ne dépassant pas l'épillet.
. . . . var. *fulvus* (var. fauve).
(A. *fulvus* Sm.).

3 Plante vivace; épi velu; rameaux de l'épi portant 4-6
épillets. . . . . . *A. pratensis* L. (V. des prés).

Plante annuelle; épi glabre ou presque glabre; rameaux
de l'épi ne portant qu'un ou deux épillets. 4

4 Épi cylindrique, allongé, atténué aux deux extrémités;
feuilles à gaînes cylindriques . . . .
. . . . *A. agrestis* L. (V. des champs).

Épi ovoïde ou ovoïde-oblong; feuille supérieure à gaîne
renflée-vésiculeuse. † *A. utriculatus* Pers. (V. utriculé).

12. PHLEUM L. — (PHLÉOLE).

*Glumes dépassant la fleur, acuminées ou tronquées-acu-
minées à pointe souvent prolongée en arête. Glumelles 2,*
l'inférieure ord. mutique, la supérieure bicarénée. Squamules 2, très rarement nulles. Styles libres. Embryon
petit. — Épillets disposés en panicule spiciforme ou en
épi cylindrique.

1 Épi à épillets subsessiles sur l'axe; glumes tronquées
transversalement et brusquement acuminées en arête;
fleur non accompagnée du rudiment pédicelliforme d'une
seconde fleur. . . . *P. pratense* L. (P. des prés).

Panicule spiciforme à rameaux portant plusieurs épillets;
glumes mucronées; fleur accompagnée du rudiment
pédicelliforme d'une seconde fleur. 2

2 Plante vivace, à souche émettant ord. un grand nombre
de fascicules stériles de feuilles; glumes obliquement
tronquées . . . *P. Bœhmeri* Wibel (P. de Bœhmer).
(*Phalaris phleoides* L.).

Plante annuelle, n'émettant pas de fascicules stériles de
feuilles; glumes cunéiformes, ou lancéolées insensiblement atténuées en pointe. 3

3 Glumes non tuberculeuses, lancéolées, insensiblement acuminées. . . . * *P. arenarium* L. (P. des sables).

Glumes tuberculeuses, cunéiformes, brusquement acuminées. . . . . * *P. asperum* Vill. (P. rude).

13. MIBORA Adans. — (Miboré).

Glumes plus longues que la fleur, *à sommet tronqué-arrondi mutique. Glumelles* 2, *fimbriées au sommet, mutiques.* — Épillets disposés en *épi filiforme.*

Plante annuelle, de 4-10 centimètres, croissant en touffe ; feuilles courtes, obtuses ; épi ord. d'un rouge violet. .
.   .   .   .   *M. minima* Desv. (M. naine).
(*Agrostis minima* L.).

Sous-tribu VIII. **Agrostideæ.** — *Épillets* plus ou moins comprimés latéralement, *disposés en panicule rameuse* étalée ou contractée *ou* en panicule *spiciforme, à une seule fleur hermaphrodite quelquefois accompagnée du rudiment pédicelliforme d'une seconde fleur.* Glumes presque égales ou inégales, plus longues que la fleur, rarement plus courtes. *Glumelles* de la même consistance que les glumes, *membraneuses-herbacées*, ne changeant pas de consistance après la floraison ; *l'inférieure mutique ou aristée à arête ord.* dorsale. Squamules 2, très rarement nulles. Étamines 3, plus rarement 2-4. *Stigmates sortant latéralement* à la base de l'épillet. Caryopse libre, marqué d'une macule hilaire ponctiforme plus rarement linéaire.

14. AGROSTIS L. — (Agrostide).

Épillets uniflores, sans rudiment de seconde fleur. *Glumes* mutiques, *presque égales, dépassant* ord. *plus ou moins la fleur. Glumelles* 2, *ou 1* par l'avortement de la supérieure, *l'inférieure* tronquée au sommet, *aristée sur le dos, plus rarement mutique.* — Épillets disposés en panicule rameuse étalée ou contractée.

1 Feuilles radicales enroulées-sétacées ; glumelle supérieure nulle ou très petite, l'inférieure aristée, rarement mutique.
.   .   .   .   *A. canina* L. (A. canine).
Feuilles toutes planes ; glumelles 2, l'inférieure mutique, rarement aristée   2

2 . . . . *A. alba* L. (A. blanche).
Ligule ord. courte tronquée; panicule à rameaux plus
ou moins étalés même après la floraison, à rameaux et à
pédicelles presque lisses plus rarement scabres. . .
. . . . var. *vulgaris* (var. commune).
(*A. vulgaris* With.; Fl. Par. éd. 1).
Ligule assez longue oblongue; panicule contractée après
la floraison, à rameaux et à pédicelles scabres. . . .
. . . . .var. *coarctata* (var. contractée).
(*A. alba* Schrad.; *A. stolonifera* L. Fl. Suec. an et Sp.?; Fl. Par. éd. 1).

15. APERA Adans. — (APÈRE).

*Épillets uniflores, présentant le rudiment pédicelliforme
d'une seconde fleur. Glumes* mutiques, *inégales, l'inférieure*
plus petite et *plus courte que la fleur. Glumelles 2,* entourées à leur base de poils très courts, *l'inférieure aristée
au-dessous du sommet.* — Épillets disposés en panicule
rameuse.

Panicule ample, étalée ; anthères linéaires-oblongues. .
. . . . *A. Spica-venti* P.B. (A. Jouet-du-vent).
(*Agrostis Spica-venti* L.; Fl. Par. éd. 1).
Panicule étroite, contractée ; anthères ovoïdes. . . .
. . . . . . * *A. interrupta* P.B. (A. interrompue).
(*Agrostis interrupta* L.; Fl. Par. éd. 1).

16. CALAMAGROSTIS Adans. — (CALAMAGROSTIDE).

Épillets uniflores avec ou sans rudiment pédicelliforme
d'une seconde fleur. *Glumes* mutiques, *presque égales,
dépassant longuement la fleur. Fleur entourée de longs poils*
égalant ou dépassant souvent sa longueur. *Glumelles 2,
l'inférieure aristée* au sommet ou sur le dos. — Épillets
disposés en *panicule rameuse.*

Arête naissant sur le dos de la glumelle inférieure ; tige
feuillée même dans sa partie supérieure.
. . . . *C. Epigeios* Roth (C. des lieux secs).
Arête naissant dans l'échancrure de la glumelle inférieure;
tige nue dans sa partie supérieure. . . . . . .
. . . . . . * *C. lanceolata* Roth (C. lancéolée).

† AMMOPHILA Host — (Ammophile).

Épillets uniflores avec le rudiment pédicelliforme poilu d'une seconde fleur. Glumes mutiques, presque égales, égalant ou dépassant la fleur. Fleur entourée de poils assez longs n'égalant pas sa longueur. *Glumelles 2, l'inférieure* presque mutique, *bidentée au sommet et brièvement mucronée* dans le sinus de l'échancrure. — Épillets disposés en une *panicule spiciforme allongée.*

> Feuilles très longues, enroulées-jonciformes, roides, presque piquantes; glumelles trois fois plus longues que les poils entourant leur base. . . . .
> . . . . † *A. arenaria* Link (A. des sables).
> (*Arundo arenaria* L.).

Sous-tribu IX. **Stipeæ.** — *Épillets* cylindriques ou comprimés latéralement ou par le dos, disposés *en panicule* étalée ou contractée, *à une seule fleur hermaphrodite.* Glumes presque égales ou inégales, de la longueur de la fleur ou la dépassant. *Glumelles* ord. d'une autre consistance que les glumes, *devenant coriaces ou presque cartilagineuses à la maturité; l'inférieure* souvent enroulée, *aristée au sommet* à arête simple ou bifide, très rarement mutique. Squamules 3, plus rarement 2. Étamines 3. *Stigmates sortant latéralement* à la base de l'épillet. Caryopse libre, marqué jusqu'à sa partie moyenne ou son sommet d'une macule hilaire linéaire.

17. MILIUM L. — (Millet).

Épillets convexes sur les deux faces. Glumes égales, concaves. *Glumelle inférieure très concave, mutique.* Squamules 2. — Épillets disposés en panicule rameuse étalée.

> Souche traçante; feuilles lancéolées-linéaires; panicule lâche . . . . *M. effusum* L. (M. étalé).

18. STIPA L. — (Stipe).

Épillets plus ou moins comprimés latéralement. *Glumes*

presque égales, plus rarement inégales, *canaliculées. Glumelle inférieure enroulée* et enveloppant étroitement la
supérieure, *à sommet aristé* entier plus rarement bifide,
à arête simple *très longue* tordue inférieurement *articulée à
la base.* — Épillets disposés en panicule rameuse.

Arête de la glumelle inférieure atteignant souvent près de
deux décimètres, genouillée vers son tiers inférieur,
tordue et glabre au-dessous de l'inflexion, plumeuse à
poils blancs soyeux dans le reste de sa longueur. . .
. . . . * *S. pennata* L. (S. pennée).

Sous-tribu x. **Chlorideæ.** — *Épillets* comprimés latéralement, *disposés en épis unilatéraux formant une panicule* souvent *digitée,* sessiles à la face externe d'un
rachis continu, tantôt à plusieurs fleurs dont les 1-3
inférieures hermaphrodites et les supérieures imparfaites, tantôt à une seule fleur hermaphrodite accompagnée ou non du rudiment pédicelliforme d'une seconde
fleur. Glumes presque égales ou inégales, ord. plus
courtes que les fleurs. Glumelles membraneuses, l'inférieure mutique ou mucronée-aristée. Squamules 2,
rarement nulles. Étamines 3. *Stigmates* ord. allongés,
dressés, *sortant vers le sommet ou au-dessus du milieu
de la fleur.* Caryopse libre, ord. comprimé latéralement,
marqué d'une macule hilaire ponctiforme.

19. CYNODON Rich. — (CHIENDENT).

Épillets uniflores, présentant ord. le rudiment pédicelliforme d'une seconde fleur. Glumes mutiques, lancéolées,
carénées. Glumelles membraneuses, inégales, l'inférieure
comprimée-carénée, mutique ou mucronulée. — Épillets
disposés sur deux rangs en épis linéaires-filiformes rapprochés en panicule simple digitée.

Souche rameuse, à rhizomes longuement traçants ; feuilles
roides, celles des rameaux stériles ord. courtes étalées-
distiques . . . . *C. Dactylon* Pers. (C. Dactyle).
(*Panicum Dactylon* L.).

Sous-tribu XI. **Pappophoreæ.** — *Épillets* plus ou
moins comprimés latéralement, disposés *en épi* cylindrique ou subglobuleux *ou en panicule, 2-multiflores les
1-5 fleurs inférieures* étant *hermaphrodites* et la supérieure ou les supérieures ord. rudimentaires. Glumes
presque égales ou inégales, dépassant les fleurs ou plus
courtes qu'elles. *Glumelles* membraneuses ou un peu
coriaces ; *l'inférieure à 5-13 nervures,* les nervures *se
prolongeant toutes ou la plupart en dents ou en arêtes,*
plus rarement indivise au sommet. Squamules 2, plus
rarement nulles. Étamines 3, plus rarement 2. *Stigmates* ord. allongés, dressés, *sortant au sommet de la
fleur.* Caryopse libre, presque cylindrique ou comprimé
par le dos, marqué d'une macule hilaire ponctiforme ou
courte oblongue.

20. SESLERIA Ard. — (Seslérie).

Épillets à 2-3 plus rarement 4-6 fleurs hermaphrodites.
Glumes mucronées ou mutiques, presque égales. Glumelle
inférieure oblongue, concave, plurinerviée, ord. 3-5-dentée
au sommet à dents laciniées mucronées ou aristées. Squamules 3-5-dentées à dents inégales. — Épillets disposés
en épi compacte ovoïde ou oblong, rarement cylindrique.

Feuilles linéaires, planes, obtuses brusquement mucronées ;
épis ovoïdes-oblongs, comprimés, bleuâtres, luisants.
. . . . * S. cærulea Ard. (S. bleue).

Sous-tribu XII. **Aveneæ.** — *Épillets* à fleurs hermaphrodites, plus rarement à fleur inférieure ou supérieure
mâle, pédicellés plus rarement presque sessiles, disposés *en panicule rameuse* étalée *ou spiciforme, plus
rarement en grappe ou en épi, 2-multiflores,* la fleur
supérieure étant souvent rudimentaire. *Glumes* 2,
grandes, presque égales ou inégales, *embrassant ord.
presque complétement les fleurs. Glumelles* membraneuses
ou un peu coriaces, *l'inférieure ord. aristée, à arête*

ord. *dorsale genouillée et tordue* au-dessous de la courbure. Squamules 2. Étamines 3, très rarement 2. *Stigmates* ord. sessiles ou subsessiles, divergents, *sortant sur les côtés de la fleur*. Caryopse libre ou soudé aux glumelles, marqué d'une macule hilaire linéaire ou ponctiforme.

21. CORYNEPHORUS P.B. — (CORYNÉPHORE).

Épillets biflores, plus rarement triflores, à fleurs hermaphrodites. *Glumelle inférieure* entière, *aristée* au-dessus de sa base, *à arête* droite articulée et *entourée d'un anneau barbu* vers le milieu de sa longueur, *renflée en massue au sommet*. — Épillets disposés en panicule rameuse.

Plante vivace, à souche émettant un grand nombre de tiges et de fascicules stériles de feuilles disposés en touffe ; feuilles enroulées–sétacées, glaucescentes ; panicule étroite. . . . *C. canescens* P. B. (C. blanchâtre).
(*Aira canescens* L.).

22. AIRA L. — (CANCHE).

Épillets biflores, à fleurs hermaphrodites. *Glumelle inférieure bifide au sommet*, aristée sur le dos, plus rarement mutique, à arête plus ou moins tordue inférieurement. *Ovaire glabre. Caryopse présentant un sillon à la face interne*, à macule hilaire ponctiforme, adhérent à la glumelle supérieure. — Plantes annuelles. Épillets disposés en panicule rameuse.

Panicule diffuse à rameaux subtrichotomes étalés après la floraison . . . *A. caryophyllea* L. (C. caryophyllée).
(*Avena caryophyllea* Wigg.; Fl. Par. éd. 1).
Panicule contractée, oblongue, compacte, à rameaux courts dressés. . . . *A. præcox* L. (C. précoce).
(*Avena præcox* P.B.; Fl. Par. éd. 1).

23. DESCHAMPSIA P.B. — (DESCHAMPSIE).

Épillets bi-triflores, à fleurs hermaphrodites. *Glumelle inférieure tronquée et irrégulièrement 3-5-dentée au sommet*,

28

aristée sur le dos, à arête droite ou plus ou moins tordue inférieurement. *Ovaire glabre. Caryopse ne présentant pas de sillon à la face interne*, à macule hilaire indistincte. — Plantes vivaces. Épillets disposés en panicule rameuse.

1 Feuilles larges ; arête presque droite, incluse, environ de la longueur de la glumelle . . . .
. . . . *D. cæspitosa* P. B. (D. gazonnante).
(*Aira cæspitosa* L.; Fl. Par. éd. 1).
Feuilles très étroites presque capillaires ; arête genouillée plus longue de moitié que la glumelle. 2

2 Ligule courte tronquée ; fleur supérieure subsessile ou à pédicelle quatre fois plus court qu'elle. . . . . .
. . . . . . *D. flexuosa* Griseb. (D. flexueuse).
(*Aira flexuosa* L.; Fl. Par. éd. 1).
Ligule allongée ; fleur supérieure à pédicelle égalant la moitié de sa longueur. . . . .
. . . * *D. discolor* Rœm. et Schult. (D. discolore).
(*Aira discolor* Thuill.; *A. uliginosa* Weihe; Fl. Par. éd. 1;
Deschampsia Thuillieri Godr. et Gren.).

24. AIROPSIS Desv. — (AIROPSIE).

Épillets biflores, à fleurs hermaphrodites. *Glumelle inférieure très large, mutique, obscurément subtrilobée. Ovaire glabre. Caryopse obovale* ou suborbiculaire, convexe en dehors, plan en dedans, à macule hilaire ponctiforme, libre entre les glumelles.—Épillets disposés en panicule rameuse.

Plante vivace, croissant dans les lieux marécageux, à tiges ord. couchées-radicantes inférieurement ; épillets très petits disposés en panicule diffuse. . . . . . .
. . . . . . * *A. agrostidea* DC. (A. agrostidée).
(*Antinoria agrostidea* Parlat.).

25. HOLCUS L. — (HOUQUE).

Épillets biflores, à fleur inférieure hermaphrodite mutique, la supérieure mâle aristée, très rarement toutes deux hermaphrodites aristées, le pédicelle de la fleur inférieure le plus souvent muni à sa base d'un appendice court filiforme. *Glumelle inférieure de la fleur mâle* aristée au-dessous du sommet, *à arête genouillée ou flexueuse. Ovaire glabre.* Caryopse marqué d'une macule hilaire linéaire courte ou presque ponctiforme. — Épillets disposés en panicule rameuse.

> Souche cespiteuse; arête se recourbant en crochet, ne dépassant pas les glumes ou les dépassant à peine. .
> . . . . *H. lanatus* L. (H. laineuse).
> Souche longuement traçante ; arête genouillée infléchie, dépassant longuement les glumes. . . . . . .
> . . . . *.H. mollis* L. (H. molle).

26. ARRHENATHERUM P.B. — (ARRHÉNATHÈRE).

Épillets biflores avec le rudiment pédicelliforme d'une troisième fleur, *la fleur inférieure mâle, la supérieure hermaphrodite. Glumelle inférieure bidentée ou bifide* au sommet, *aristée* près de la base dans la fleur mâle, *à arête tordue inférieurement. Ovaire poilu.* Caryopse ne présentant pas de sillon à la face interne, marqué d'une macule hilaire linéaire dans la moitié de sa longueur. —Épillets disposés en panicule rameuse.

> Feuilles planes, assez larges; épillets luisants, ord. d'un vert blanchâtre ; arête deux fois plus longue que la glume supérieure. . . *A. elatius* Mert. et Koch (A. élevé).
> (Avena elatior L.).
> Entre-nœuds inférieurs de la tige non renflés. . . . .
> . . . . var, *elatius* (var. élevée).
> Entre-nœuds inférieurs de la tige courts et renflés-charnus en forme de bulbes. . var. *bulbosum* (var. bulbeuse).
> (Avena bulbosa Willd.; A. precatoria Thuill.).

27. DANTHONIA DC. — (DANTHONIE).

Épillets 2-6-flores, à fleurs hermaphrodites, la supérieure rudimentaire. *Glumelle inférieure bidentée au sommet et munie entre les dents d'une arête* très courte *aplanie* en forme de mucron ou de dent, ou bifide et donnant naissance entre les lobes à une arête droite ou tordue aplanie à la .base. *Ovaire glabre.* — Épillets disposés en panicule racémiforme ou rameuse.

Épillets peu nombreux, assez gros, ovoïdes-oblongs, disposés en panicule racémiforme ; glumelle inférieure émarginée-bidentée au sommet et munie entre les dents d'une arête aplanie très courte en forme de dent ou de mucron.
. . . . D. decumbens DC. (D. décombante).
(Festuca decumbens L.; Triodia decumbens P.B.).

28. GAUDINIA P. B. — (GAUDINIE).

Épillets 4-7-flores, à fleurs hermaphrodites, la supérieure souvent rudimentaire. *Glumelle inférieure* entière au sommet ou bidentée, aristée sur le dos, *à arête genouillée, tordue inférieurement. Ovaire poilu* supérieurement. *Caryopse* presque plan à la face interne, *marqué d'une macule hilaire ponctiforme. — Épillets* sessiles, disposés *en épi.*

Épi allongé, à axe se brisant facilement au niveau des articulations ; glume inférieure de moitié plus courte que la supérieure ; arêtes dépassant très longuement les fleurs . . . . . * G. fragilis P. B. (G. fragile).
(Avena fragilis L.).

29. AVENA L. — (AVOINE).

Épillets 2-3-flores ou pluriflores, à fleurs hermaphrodites, la supérieure ord. rudimentaire. *Glumelle inférieure* ord. *bidentée, bicuspidée ou biaristée* au sommet, *aristée* sur le dos, *à arête ord. genouillée tordue inférieurement* quelquefois mutique par avortement. *Ovaire poilu* supérieurement. *Caryopse creusé d'un sillon à la face interne et marqué d'une macule hilaire linéaire qui occupe presque toute sa longueur.* — Épillets disposés en *panicule rameuse.*

1 Plante annuelle ; épillets assez grands ou très grands, pendants au moins après la floraison ; glumes à 7-11 nervures 2
Plantes vivaces, à souche émettant des fascicules stériles de feuilles ; épillets non pendants ; glumes à 1-7 nervures 5

2 Fleurs toutes articulées avec le rachis de l'épillet et très
   caduques à la maturité ; glumelle chargée dans sa moitié
   inférieure de longs poils soyeux. *A. fatua* L. (A. folle).

   Fleurs non articulées avec le rachis de l'épillet et ne se
   détachant que par sa rupture ; glumelle inférieure glabre
   ou ne présentant que quelques poils courts épars. . . 3

3 Fleur inférieure stipitée ; glumelle inférieure bifide au
   sommet à lobes prolongés en arêtes allongées. . . .
   . . . . † *A. strigosa* Schreb. (A. rude).

   Fleur inférieure presque sessile ; glumelle inférieure
   2-3-dentée au sommet ou brièvement bifide. . . . 4

4 Panicule à rameaux étalés dans tous les sens ; arête tordue
   inférieurement. . . . † *A. sativa* L. (A. cultivée).

   Panicule étroite, presque unilatérale ; arête légèrement
   flexueuse non tordue inférieurement . . . . . .
   . . . . † *A. Orientalis* Schreb. (A. Orientale).

5 Rameaux de la panicule géminés ou solitaires; épillets
   4-8-flores; rachis muni au-dessous des fleurs de poils
   courts . . . . . . *A. pratensis* L. (A. des prés).

   Rameaux de la panicule disposés par 3-5, au moins les
   inférieurs ; épillets 2-3-flores ; rachis chargé au-dessous
   des fleurs supérieures de poils qui égalent presque la
   moitié de la longueur des glumelles. . . . . .
   . . . . . . *A. pubescens* L. (A. pubescente).

30. TRISETUM Pers. — (TRISÈTE).

Épillets 2-6-flores, à fleurs hermaphrodites, la supérieure ord. rudimentaire. *Glumelle inférieure bicuspidée ou
biaristée au sommet, aristée sur le dos à arête droite ou genouillée ord. tordue inférieurement. Ovaire glabre. Caryopse
ne présentant pas de sillon à la face interne, à macule
hilaire indistincte*, libre entre les glumelles. — Épillets
disposés en panicule rameuse.

Panicule allongée, un peu diffuse ; rachis de l'épillet
poilu, à poils beaucoup plus courts que les fleurs. . .
. . . . *T. flavescens* P.B. (T. jaunâtre).
(*Avena flavescens* L.; Fl. Par. éd. 1).

28.

31. KŒLERIA Pers. — (KŒLÉRIE).

Épillets 2-7-flores, à fleurs hermaphrodites, la supérieure ord. rudimentaire. *Glumelle inférieure ord.* bidentée
*au sommet, tantôt mutique, tantôt aristée au sommet ou
vers le sommet, à arête droite non tordue continuant ord. la
direction de la glumelle. Ovaire glabre. Caryopse ne présentant pas de sillon* à la face interne, *à macule hilaire
indistincte*. — Épillets disposés en panicule contractée
spiciforme, plus rarement un peu lâche.

1 Souche recouverte par les gaînes desséchées et indivises
   des feuilles des années précédentes. . . . .
   . . . . *K. cristata* Pers. (K. à crête).
                                    (*Aira cristata* L.).
   Souche recouverte par les gaînes des feuilles des années
   précédentes décomposées en filaments flexueux et intri-
   qués 2

2 . . . . . . * *K. Valesiaca* Gaud. (K. du Valais).
   Tiges glabres ou presque glabres ; glumes et glumelles
   inférieures glabres ou presque glabres . . . . . .
   . . . . var. *Valesiaca* (var. du Valais).
   Tiges pubescentes presque tomenteuses dans leur partie
   supérieure ; glumes et glumelles inférieures velues . .
   . . . . var. *setacea* (var. sétacée).
                                    (*K. setacea* DC.).

SOUS-TRIBU XIII. **Festuceæ**. — *Epillets* à fleurs hermaphrodites, très rarement à fleur inférieure mâle, pédicellés,
plus rarement presque sessiles, disposés *en panicule*
rameuse étalée ou spiciforme, *plus rarement en grappe
ou en épi*, 2-multiflores, la fleur supérieure étant souvent rudimentaire. *Glumes* 2, *souvent plus courtes que
la fleur contiguë. Glumelles* 2, membraneuses ou un peu
coriaces ; *l'inférieure aristée au sommet ou au-dessous
du sommet à arête non tordue, ou mutique.* Squamules 2.
Étamines 3, rarement 2 ou 1. *Stigmates* ord. sessiles
ou subsessiles, divergents, *sortant sur les côtés* et ord.

vers la base *de la fleur*. Caryopse libre ou adhérent aux glumelles, marqué d'une macule hilaire linéaire ou ponctiforme.

32. PHRAGMITES Trin. — (PHRAGMITE).

Épillets 3-7-flores, à fleur inférieure mâle, les autres hermaphrodites, à rachis glabre au-dessous de la fleur inférieure, *muni* dans le reste de sa longueur *de longs poils qui entourent les fleurs. Glumelle inférieure rétrécie-subulée supérieurement. Styles allongés.* Stigmates sortant sur les côtés et vers le milieu de la fleur. — Épillets disposés en panicule rameuse diffuse.

Rhizome longuement traçant; tiges florifères de 1-2 mètres, dressées, robustes; feuilles lancéolées-linéaires larges; épillets violacés, plus rarement d'un jaune fauve. . .
. . . . *P. communis* Trin. (P. commun).
(*Arundo Phragmites* L.).

33. CYNOSURUS L. — (CYNOSURE).

Épillets 2-5-flores à fleurs hermaphrodites, *entremêlés d'épillets stériles bractéiformes* composés de glumes et de fleurs distiques-pectinées réduites à la glumelle inférieure linéaire-lancéolée. Glumelle inférieure aiguë, à sommet 2-denté mucroné ou aristé, plus rarement mutique. Styles courts. — Épillets disposés en *panicule spiciforme unilatérale*.

Panicule étroite, allongée; glumelles des épillets stériles mucronées. . . . . *C. cristatus* L. (C. à crêtes).
Panicule ovoïde ou subcapitée; glumelles des épillets stériles très longuement aristées . . . .
. . . . † *C. echinatus* L. (C. hérissé).

34. MELICA L. — (MÉLIQUE).

Épillets 3-5-flores, les 1-2 fleurs inférieures hermaphrodites, les supérieures stériles rudimentaires, la fleur stérile inférieure claviforme renfermant les autres fleurs stériles réduites à 1 ou 2 glumelles. *Glumelle inférieure mutique.*

Styles courts ou assez longs. Caryopse libre, ne présentant pas de sillon à la face interne, marqué d'une macule hilaire linéaire. — Épillets disposés en *panicule rameuse ou en grappe.*

1 Glumelle inférieure de la fleur inférieure munie vers les bords de longs poils blancs soyeux . . * *M. ciliata* L.
          var. *Nebrodensis* (M. ciliée *var.* des Madoniés).
                (*M. Nebrodensis* Parlat.; Godr. et Gren.).
  Glumelle inférieure glabre. 2

2 Épillets ne contenant qu'une seule fleur fertile, disposés en panicule racémiforme à rameaux inférieurs ord. rameux. . . . . . *M. uniflora* Retz (M. uniflore).
  Épillets contenant deux fleurs fertiles, disposés en grappe.
  . . . . * *M. nutans* L. (M. penchée).

35. MOLINIA Mœnch — (MOLINIE).

Épillets 2-5-flores, à fleurs hermaphrodites. *Glumelle inférieure concave semi-cylindrique* atténuée en cône *aiguë* souvent mucronée. Styles assez longs. Caryopse libre, ne présentant pas de sillon à la face interne, marqué d'une macule hilaire linéaire-allongée. — Épillets disposés en panicule rameuse.

Souche cespiteuse, à fibres radicales robustes; tiges de 4-9 décim. roides, dressées, ne portant que 2-4 feuilles insérées sur des nœuds assez rapprochés pour que la gaîne de la feuille inférieure les recouvre; épillets petits, souvent violacés. . . *M. cœrulea* Mœnch (M. bleue).
                    (*Aira cœrulea* L.).

36. CATABROSA P.B. — (CATABROSE).

Épillets biflores à fleurs hermaphrodites, plus rarement uniflores par avortement, très rarement triflores. *Glumes courtes, la supérieure* plus grande largement *obovale à sommet arrondi lâchement crénelé* ou denticulé. *Glumelle inférieure trigone-carénée, à sommet tronqué-arrondi.* Squamules 2, libres entre elles. Stigmates subsessiles. Caryopse

libre, ne présentant pas de sillon à la face interne, marqué
d'une macule hilaire ponctiforme. — *Plante aquatique.*
Épillets disposés en panicule rameuse.

> Tiges couchées-radicantes dans leur partie inférieure,
> souvent nageantes ; feuilles planes, obtuses ; épillets petits
> verdâtres ou d'un violet rougeâtre. . . . . .
> . . . . *C. aquatica* P.B. (C. aquatique).
> (*Aïra aquatica* L.; *Poa airoides* Kœl.).

37. GLYCERIA R. Br. — (GLYCÉRIE).

Épillets pluri-multiflores à fleurs hermaphrodites, la supérieure ord. rudimentaire. Glumes obtuses, plus courtes
que les fleurs. *Glumelles se détachant en même temps, l'inférieure concave semi-cylindrique* non carénée *mutique* obtuse
au sommet. Squamules 2, soudées entre elles ou libres.
Styles assez longs. Caryopse libre, ne présentant pas de
sillon à la face interne, marqué dans presque toute sa longueur d'une macule hilaire linéaire. — *Plantes aquatiques.*
Épillets disposés en *panicule rameuse* étalée ou racémiforme.

> 1 Tiges couchées-radicantes et souvent nageantes dans leur
>   partie inférieure ; panicule allongée, presque unilatérale ;
>   épillets assez gros, oblongs-linéaires, 5-13-flores. . . 2
>   Tiges dressées ; panicule à rameaux étalés dans tous les
>   sens ; épillets ovales-oblongs ou ovales, 5-9-flores. . 3
> 2 . . . . *G. fluitans* R.Br. (G. flottante).
>   (*Festuca fluitans* L.).
>   Panicule racémiforme, à rameaux inférieurs ord. gémi-
>   nés ; fleurs lancéolées-oblongues ; glumelle inférieure
>   presque aiguë, entière ou obscurément crénelée . . .
>   . . . .*var. fluitans* (var. flottante).
>   Panicule ord. ample, à rameaux inférieurs ord. disposés
>   par 4-5 ; fleurs ovales-oblongues ; glumelle inférieure
>   presque obtuse, entière ou obscurément crénelée, plus
>   rarement presque lacérée ; anthères plus courtes. . .
>   . . . . var. *plicata* Griseb. (var. plissée).
>   (*G. plicata* Fries; Koch).

3 Tiges robustes, épaisses, atteignant souvent 2 mètres;
feuilles linéaires-larges, brusquement acuminées, fermes;
épillets ovales-oblongs, 5-9-flores. . . . . . .
. . . . *G. aquatica* Whlbg (G. aquatique).
(*Poa aquatica* L.; *G. spectabilis* Mert. et Koch).
Tiges grêles, de 5-8 décim.; feuilles linéaires, aiguës, mol-
les; épillets petits, ovales, 4-5-flores . . . . . .
. . . . † *G. nervata* Trin. (G. nerviée).
(*Poa nervata* Willd.; *G. Michauxii* Kunth).

38. BRIZA L. — (BRIZE).

Épillets pluriflores ou multiflores. Glumes presque égales,
plus courtes que les fleurs. *Glumelle inférieure comprimée-
concave, suborbiculaire, cordée à la base, arrondie au sommet.* Styles courts. Caryopse soudé à la glumelle supérieure
ou libre, à macule hilaire allongée ou ponctiforme. —
Épillets disposés en panicule ord. rameuse.

Ligule courte tronquée; panicule lâche, diffuse, à rameaux
capillaires; épillets assez petits, ovoïdes ord. subcordi-
formes, très mobiles; caryopse libre. . . . . . .
. . . . *B. media* L. (B. intermédiaire).

39. ERAGROSTIS P. B. — (ÉRAGROSTIDE).

Épillets 3-multiflores. Glumes presque égales, beaucoup
plus courtes que les fleurs, caduques. *Glumelles mutiques;
l'inférieure* ord. trinerviée, *carénée,* à nervures saillantes,
glabres ou glabrescentes, *caduque, se détachant avec le
caryopse; la supérieure persistant plus longtemps sur le
rachis. Styles assez longs. Caryopse* libre, à péricarpe dur
presque transparent, *ne présentant pas de sillon à la face
interne,* marqué d'une *macule hilaire ponctiforme.*— Épillets
disposés en *panicule rameuse* diffuse, plus rarement spiciforme ou racémiforme.

1 Rameaux de la panicule, au moins les inférieurs, ver-
ticillés par 4-5; glumelle inférieure presque aiguë. .
. . . . * *E. pilosa* P. B. (É. poilue).
(*Poa pilosa* L.).
Rameaux de la panicule, solitaires ou géminés; glumelle
inférieure à sommet obtus ou presque émarginé. . . 2

2 . . . . * *E. vulgaris* Coss. et G. de St-P. (É. commune).
(*Poa Eragrostis* Bert.).
Épillets assez larges, oblongs-linéaires ; glumelle infé-
rieure souvent un peu émarginée et mucronulée au sommet.
. . . . .var. *megastachya* (*var.* à grands épillets).
(*Briza Eragrostis* L.; *Poa megastachya* Kœl.).
Épillets étroits, lancéolés-linéaires ou linéaires-allongés ;
glumelle inférieure très rarement émarginée au sommet.
. . . . . . var. *microstachya* (*var.* à petits épillets).
(*Poa Eragrostis* L.; *E. poœoides* P.B.).

40. POA L. ex parte — (PATURIN).

Épillets 2-multiflores. Glumes presque égales, plus courtes que les fleurs. *Glumelle inférieure carénée*, ord. aiguë,
mutique, *ne se détachant qu'avec la supérieure,* à 5 nervures
ord. munies inférieurement de poils laineux plus ou moins
longs qui semblent réunir les fleurs. *Styles courts. Caryopse*
libre, *ne présentant pas de sillon à la face interne, marqué
d'une macule hilaire ponctiforme.* — Épillets disposés en
panicule rameuse.

1 Souche émettant des rhizomes longuement traçants . . 2
Souche n'émettant pas de rhizomes traçants, ou racine
annuelle 4

2 Tige comprimée à deux angles tranchants ; épillets ovoïdes-
oblongs, 5-9-flores, à nervures des glumelles inférieures
plus ou moins pubescentes. . . . .
. . . . P. *compressa* L. (P. comprimé).
Tige cylindrique ou presque cylindrique ; épillets ovoïdes,
3-5-flores, à nervures des glumelles inférieures munies
inférieurement de longs poils laineux. 3

3 . . . . P. *pratensis* L. (P. des prés).
Feuilles planes, les radicales presque aussi larges que les
caulinaires. . . . . : var. *pratensis* (*var.* des prés).
Feuilles radicales pliées longitudinalement, ou enroulées
quelquefois presque filiformes, souvent glaucescentes. .
. . . . var. *angustifolia* (*var.* à feuilles étroites).
(*P. angustifolia* L.).

4 Tiges renflées en bulbe à la base ; épillets souvent vivipares . . . . P. *bulbosa* L. (P. bulbeux).
   Tiges non renflées en bulbe à la base; épillets très rarement vivipares. 5

5 Plante annuelle; tiges de 5-30 centim. ; rameaux de la
   . panicule solitaires ou géminés. P. *annua* L. (P. annuel).
   Plante vivace ; tiges de 4-10 décim.; rameaux de la panicule, au moins les inférieurs, disposés par 3-6. . . . 6

6 Ligule oblongue aiguë ; gaînes des feuilles scabres, rarement lisses; panicule à rameaux étalés. . . . .
   . . . . P. *trivialis* L. (P. commun).
   Ligule très courte presque nulle ; gaînes des feuilles lisses;
   panicule à rameaux dressés après la floraison. . . . 7

7 . . . . P. *nemoralis* L. (P. des forêts).
   Plante grêle, verte ; panicule lâche ord. penchée; épillets ord. biflores. . . . var. *nemoralis* (var. des forêts).
   Plante moins grêle, à tiges roides; panicule dressée ou
   presque dressée ; épillets 2-5-flores.
   . . . . var. *firmula* (var. roide).

41. DACTYLIS L. — (DACTYLE).

Épillets 2-4 flores, plus rarement pluriflores. Glumes
aiguës ou acuminées-mucronées, ord. inéquilatérales, plus
courtes que les fleurs. *Glumelle inférieure concave carénée
supérieurement, mucronée-aristée au sommet. Styles courts.
Caryopse* libre, *à face interne déprimée-concave*, marqué
d'une *macule hilaire ponctiforme*. — Épillets disposés en
panicule unilatérale.

   Souche cespiteuse; tiges de 4-10 décim.; gaînes com-
      primées à deux angles presque aigus; épillets arqués-
      concaves, rapprochés en fascicules compactes . . .
      . . . . D. *glomerata* L. (D. aggloméré).

42. BROMUS L. — (BROME).

Épillets 3-multiflores. Glumes inégales, plus courtes que
les fleurs. *Glumelle inférieure* concave ou carénée, ord. bidentée ou bifide au sommet, *aristée au-dessous du sommet*

ou vers le sommet, plus rarement mutique par avortement. *Ovaire velu supérieurement. Stigmates* sessiles ou subsessiles, *naissant au-dessous du sommet de l'ovaire. Caryopse adhérent à la glumelle supérieure*, à face interne plane ou pliée-canaliculée, marqué d'une macule hilaire linéaire allongée. — Épillets disposés en panicule rameuse ou presque simple.

1 Épillets élargis au sommet après la floraison par la divergence des fleurs ; les arêtes des fleurs latérales très longues dépassant les arêtes des fleurs supérieures ou arrivant environ à la même hauteur. 2

Épillets rétrécis au sommet, même après la floraison ; arêtes des fleurs latérales n'arrivant pas au même niveau que celles des fleurs supérieures, quelquefois nulles par avortement. 3

2 Panicule lâche, étalée après la floraison, à rameaux très scabres ; épillets glabres . . *B. sterilis* L. (B. stérile).

Panicule à rameaux pubescents, à peine scabres, penchés du même côté ; épillets très pubescents, rarement glabres. . . . . *B. tectorum* L. (B. des toits).

3 Plante vivace ; glumelle supérieure à peine ciliée-pubescente 4

Plante annuelle ou bisannuelle ; glumelle supérieure ciliée. 5

4 Panicule roide à rameaux dressés ; feuilles étroites, ord. pliées-carénées. . . . *B. erectus* Huds. (B. dressé).

Panicule à rameaux très allongés penchés ; feuilles larges, planes . . . . *B. asper* Murr. (B. rude).

5 Épillets étroits, lancéolés ; panicule à rameaux très allongés. . . . . *B. arvensis* L. (B. des champs).

Épillets ovoïdes ou oblongs ; panicule à rameaux courts ou les inférieurs à peine 3-4 fois plus longs que l'épillet. . 6

6 Glumelle supérieure égalant l'inférieure ; gaînes des feuilles glabres. . . . . . *B. secalinus* L. (B. Seigle).

Glumelle supérieure plus courte que l'inférieure ; gaînes des feuilles inférieures poilues 7

29

7 Épillets mollement pubescents ; glumelles fortement nerviées à la maturité. . . . . . *B. mollis* L. (B. mou).
   Épillets glabres ou presque glabres ; glumelles luisantes,
   à nervures à peine saillantes. . . . *B. racemosus* L.
      var. *commutatus*. (B. en grappe *var.* confondue).
                 (*B. commutatus* Schrad.).

43. FESTUCA L. — (FÉTUQUE).

Épillets 2-multiflores. Glumes presque égales, ou inégales l'inférieure quelquefois très petite ou indistincte,
plus courtes que les fleurs. *Glumelle inférieure* concave ou
carénée, aiguë ou-acuminée au sommet, plus rarement
presque obtuse, *prolongée en arête, plus rarement mucronée
ou mutique ;* la supérieure à carènes finement ciliées.
Ovaire glabre, plus rarement poilu au sommet. *Stigmates
subsessiles ou sessiles, terminaux. Caryopse adhérent à la
glumelle supérieure, à face interne concave ou canaliculée-
concave,* marqué d'une *macule hilaire linéaire* très rarement presque ponctiforme. — Épillets pédicellés ou subsessiles, disposés en panicule rameuse, en grappe ou en épi.

1 Épillets subsessiles ou sessiles, disposés en épi ou en
   grappe spiciforme rarement rameuse à la base. . . . 2
   Épillets pédicellés à pédicelles plus ou moins longs, disposés en panicule étroite ou étalée, rarement en grappe. 5
2 Épillets plus larges au sommet après la floraison par la
   divergence des fleurs, disposés en grappe simple unilatérale ; fleurs lancéolées-acuminées. 3
   Épillets plus étroits au sommet, même après la floraison,
   alternes, disposés en grappe simple, plus rarement
   rameuse à la base ; fleurs ovales ou oblongues-lancéolées,
   presque obtuses 4
3 . . . . . .*F. unilateralis* Schrad. (F. unilatérale).
         (*F. tenuiflora* Schrad.; Fl. Par. éd. 1).
   Fleurs aristées, à arête environ de la longueur de la
   glumelle inférieure ou plus longue. . . . . . .
   . . . . var. *aristata* (var. aristée).
      (*F. maritima* L. non DC.; *Triticum Nardus* DC.).
   Fleurs mutiques. . . . ✳ var. *mutica* (var. mutique).
            (*Triticum unilaterale* L.).

4 . . . .* *F. Poa* Kunth (F. Paturin).
(*Triticum Poa* DC.; *Triticum Halleri* Viv.).

Fleurs mutiques ou presque mutiques. . . . . .
. . . . var. *Poa* (*var*. Paturin).

Fleurs aristées, à arête égalant ord. environ la glumelle.
. . . . var. *aristata* (*var*. aristée).
(*Triticum tenuiculum* Lois.).

5 Plante annuelle ; panicule en grappe unilatérale . . . 6

Plante vivace, à souche émettant des fascicules stériles
de feuilles ; panicule souvent étalée 9

6 Épillets à pédicelles épais subtriquètres, en panicule roide
plus rarement en grappe ; fleurs obtuses. . . . .
. . . . *F. rigida* Kunth (F. roide).
(*Poa rigida* L.).

Épillets à pédicelles renflés de la base au sommet, en
panicule étroite ; fleurs acuminées, longuement aristées . 7

7 Glume inférieure dix fois plus courte que la supérieure ou
nulle, la supérieure insensiblement atténuée en arête.
. . . . *F. bromoides* L. (F. Faux-Brome).
(*F. uniglumis* Soland.; Koch).

Glume inférieure linéaire égalant la moitié ou le tiers de
la supérieure, la supérieure aiguë mutique 8

8 . . . . *F. Myuros* L. (F. Queue-de-rat).
(*F. sciuroides* et *Pseudo-Myuros* Fl. Par. éd. 1).

Panicule allongée, ord. arquée et plus ou moins penchée
au sommet, rapprochée de la gaîne de la feuille supérieure
et souvent embrassée par elle à la base ; glume inférieure
égalant le tiers ou plus rarement la moitié de la glume
supérieure . . . . var. *Myuros* (*var*. Queue-de-rat).
(*F. Myuros* L.; Koch; *F. Pseudo-Myuros* Soy.-Willm.; Fl. Par. éd. 1).

Panicule ord. courte, dressée, plus ou moins éloignée de
la gaîne de la feuille supérieure ; glume inférieure égalant
la moitié ou plus rarement seulement le tiers de la glume
supérieure . . var. *sciuroides* (*var*. Queue-d'écureuil).
(*F. sciuroides* Roth ; Fl. Par. éd. 1).

9 Feuilles pliées-carénées ou enroulées-sétacées, au moins les
radicales 10

Feuilles planes. 13

10 Feuilles radicales enroulées-sétacées, les caulinaires planes.
    . . . . . .   *F. heterophylla* Lmk (F. hétérophylle).
    Feuilles enroulées ou pliées-carénées, même les cauli-
    naires 11

11 Souche longuement traçante . . *F. rubra* L. (F. rouge).
    Souche cespiteuse 12

12 . . . . *F. ovina* L. emend. (F. ovine).
    Feuilles ord. assez longues, enroulées-cylindriques, grê-
    les quelquefois capillaires, scabres ou un peu scabres . .
    . . . . var. *ovina* (var. ovine).
            (F. ovina L.; Fl. Par. éd. 1. — s.-v. fleurs mutiques :
                            F. capillata Lmk).
    Feuilles souvent courtes, carénées presque enroulées, un
    peu épaisses plus rarement grêles, presque lisses ou lisses;
    épillets ord. plus grands . . . .
    . . . . . .   var. *duriuscula* Koch (var. duriuscule).
                    (F. duriuscula L.; Fl. Par. éd. 1).

13 Feuilles lancéolées-linéaires souvent très larges; fleurs
    aristées, à arêtes un peu flexueuses plus longues que les
    glumelles . . . .   * *F. gigantea* Vill. (F. géante).
                        (*Bromus giganteus* L.).
    Feuilles linéaires; fleurs non aristées, mutiques ou mu-
    cronées. 14

14 Panicule à rameaux géminés portant chacun 4-15 épillets;
    épillets 4-5-flores. *F. arundinacea* Schreb. (F. Roseau).
    Panicule à rameaux géminés, le plus court ne portant ord.
    qu'un seul épillet; épillets 5-10-flores. . . . . .
    . . . . *F. pratensis* Huds. (F. des prés).
                (F. elatior L. Fl. Suec. non Sp.).

44. BRACHYPODIUM P. B. — (BRACHYPODE).

Épillets multiflores. Glumes plurinerviées, inégales, plus
courtes que les fleurs. *Glumelle inférieure* concave, aiguë,
*prolongée en arête ou en mucron, la supérieure à carènes
ciliées de poils roides.* Ovaire poilu au sommet. *Stigmates
subsessiles ou sessiles, terminaux. Caryopse* ord. *adhérent
à la glumelle supérieure,* à face interne concave ou cana-
liculée-concave, marqué d'une *macule hilaire linéaire-*

allongée. — *Épillets très brièvement pédicellés, distiques,* disposés *en épi* plus ou moins lâche dont le rachis est alternativement un peu creusé-concave au niveau des épillets.

Souche cespiteuse ; gaînes des feuilles velues ; fleurs supérieures à arête plus longue que la glumelle inférieure. . . . . . *B. sylvaticum* Rœm. et Schult. (B. des bois).
(*Festuca sylvatica* Huds.; Fl. Par. éd. 1 non Vill.).

Souche traçante ; gaînes des feuilles glabres, plus rarement pubescentes ; fleurs à arête plus courte que la glumelle inférieure. . . . . *B. pinnatum* P. B. (B. penné).
(*Festuca pinnata* Mœnch; Fl. Par. éd. 1).

Sous-tribu XIV. **Triticeæ.** — *Épillets* hermaphrodites, plus rarement polygames, disposés *en épi, sessiles sur les dents du rachis,* plus rarement brièvement pédicellés, à rachis ord. alternativement flexueux aplani ou excavé au niveau des épillets, *1-2-multiflores,* à fleur supérieure souvent rudimentaire. Glumes 2, plus rarement 1, de longueur variable. *Glumelles* herbacées ou un peu coriaces, plus rarement membraneuses, *l'inférieure aristée tantôt au sommet tantôt au-dessous du sommet à arête non tordue, ou mutique,* plus rarement 2-3-dentée à dents aristées. Squamules 2. Étamines 3, rarement 1. *Stigmates* sessiles ou subsessiles, divergents, *sortant sur les côtés et ord. vers la base de la fleur.* Caryopse libre ou adhérent aux glumelles, marqué d'une macule hilaire linéaire.

45. LOLIUM L. — (Ivraie).

Épillets solitaires sur les dents du rachis, multiflores, opposés au rachis de l'épi. *Glumes* au nombre de deux et *presque égales dans l'épillet terminal; la supérieure* (extérieure par rapport au rachis de l'épi) *opposée au rachis ainsi que les glumelles dans les épillets latéraux,* herbacée, plurinerviée, mutique, *l'inférieure* (intérieure) *manquant complétement.* Glumelle inférieure concave, mutique ou aristée au-dessous du sommet.

1 Plante annuelle ; fleurs ovales-oblongues, renflées à la maturité 2
   Plante vivace ou annuelle ; fleurs oblongues-lancéolées. . 3

2 . . . . *L. temulentum* L. (I. enivrante).
   Glume égalant ord. environ les fleurs ; fleurs aristées.
   . . . . var. *temulentum* (*var.* enivrante).
   Glume dépassant ord. les fleurs ; fleurs mutiques, ou les supérieures seules aristées à arête courte fine flexueuse.
   . . . . var. *speciosum* (*var.* élégante).
   (*L. speciosum* Siev. — s.-v. à tiges et à gaînes scabres :
                                    L. robustum Rchb.).

3 . . . . *L. perenne* L. (I. vivace).
   Plante vivace, cespiteuse, à souche émettant ord. des fascicules stériles de feuilles plus ou moins nombreux ; tiges de 1-5-décim. ; feuilles pliées-canaliculées avant leur complet développement ; épillets 3-10-flores ; glume ord. plus courte que les fleurs ; fleurs mutiques très rarement quelques-unes aristées. . . . var. *perenne* (*var.* vivace).
   Plante bisannuelle ou vivace, émettant le plus souvent des fascicules stériles de feuilles ; tiges ord. élevées, atteignant souvent plus d'un mètre ; feuilles roulées par les bords avant leur complet développement ; épillets 5-15-flores ; glume ord. un peu plus courte que les fleurs ou les égalant environ ; fleurs supérieures aristées ou plus rarement mutiques. . . . * var. *Italicum* (*var.* d'Italie).
   (*L. Italicum* A. Br.; *L. Boucheanum* Kunth; *L. multiflorum*
                              Fl. Par. éd. 1 non Lmk).
   Plante annuelle, dépourvue de fascicules stériles de feuilles ; tiges de 5-10 décim. ; épillets 10-25-flores ; glume ord. environ de moitié plus courte que les fleurs ; fleurs toutes ou les supérieures aristées, plus rarement mutiques.
   . . . . * var. *multiflorum* (*var.* multiflore).
   (*L. multiflorum* Lmk ; Koch).

46. HORDEUM L. — (ORGE).

Épillets ternés, plus rarement géminés *sur les dents du rachis de l'épi,* uniflores avec le rudiment pédicelliforme d'une seconde fleur, plus rarement biflores, les latéraux étant mâles ou neutres souvent pédicellés. Glumes 2, latérales, placées au-dessous de la fleur dans un même plan, lancéolées-linéaires ou linéaires-subulées, aristées. Glumelles opposées au rachis, l'inférieure concave, prolongée en arête.

1 Épillets tous hermaphrodites 2
Épillets latéraux de chaque groupe mâles ou neutres. . 4

2 Arête 2-3 fois plus longue que la fleur ; plante vivace. .
. . . . * *H. Europæum* All. (O. d'Europe).
(*Elymus Europæus* L.).
Arête 10-20 fois plus longue que la fleur ; plante annuelle ou bisannuelle. 3

3 Épillets fructifères disposés sur six rangs dont deux rangs opposés moins saillants. † *H. vulgare* L. (O. commune).
Épillets fructifères disposés sur six rangs tous également saillants . . † *H. hexastichon* L. (O. à six rangs).

4 Épillets latéraux de chaque groupe mutiques . . . .
. . . . . † *H. distichon* L. (O. à deux rangs).
Épillets tous aristés. 5

5 Épillet moyen de chaque groupe à glumes linéaires-lancéolées ciliées. . . . . *H. murinum* L. (O. des rats).
Épillets tous à glumes sétacées scabres non ciliées . .
. . . . *H. secalinum* Schreb. (O. Seigle).
(*H. pratense* Huds.).

† SECALE L. — (SEIGLE).

Épillets solitaires sur les dents du rachis de l'épi, biflores avec le rudiment pédicelliforme d'une troisième fleur. Glumes 2, parallèles au rachis ainsi que les glumelles, latérales, *étroitement lancéolées,* acuminées. Glumelle inférieure carénée, prolongée en arête.

Feuilles linéaires ord. assez larges ; épi un peu glauque, comprimé, à axe non fragile ; glumelle inférieure à carène fortement ciliée, prolongée en arête très longue . . .
. . . . † *S. cereale* L. (S. cultivé).

47. TRITICUM L. — (Froment).

*Épillets solitaires sur les dents du rachis de l'épi,
3-multiflores. Glumes 2*, parallèles au rachis ainsi que les
glumelles, latérales, 3-9-nerviées, *concaves ou carénées,
entières ou 1-2-dentées au sommet*, mutiques ou aristées.
Glumelle inférieure concave ou carénée, souvent ventrue,
mutique ou aristée.

1 Plante vivace ; glumes lancéolées ou oblongues, non ventrues ; caryopse à face interne presque plane ou concave. 2

   Plante annuelle ; glumes ovales ou oblongues, convexes-
   ventrues, obtuses ou tronquées souvent dentées ; caryopse
   présentant à la face interne un sillon étroit.   .   . 3

2 Souche traçante ; arêtes nulles ou plus courtes que les
   fleurs ; feuilles scabres seulement en dessus .   .   .   .
   .   .   .   . *T. repens* L. (F. rampant).
   Souche cespiteuse ; arêtes plus longues que les fleurs ;
   feuilles scabres sur les deux faces.   .   .   .   .   .   .
   .   .   .   . *T. caninum* Schreb. (F. canin).

3 Épi comprimé, à axe fragile, à épillets distiques ; caryopse
   adhérent aux glumelles .   .   .   .
   .   .   .   .   .   . † *T. monococcum* L. (F. Locular).
   Épi tétragone à axe non fragile, à épillets imbriqués sur
   plusieurs rangs ; caryopse non adhérent aux glumelles. 4

   Tiges fistuleuses supérieurement ; glumes tronquées-mu-
   cronées ou mucronées presque aristées, à dos convexe
   arrondi, à carène à peine arquée et souvent à peine distincte dans sa partie inférieure ; fleurs mutiques, mucronées ou aristées à arêtes persistantes ; caryopse oblong
   ou ovale.   .   .   .   .   . † *T. sativum* Lmk (F. cultivé).
   (*T. æstivum* et *hybernum* L.).

   Tiges ord. pleines ou à peine fistuleuses supérieurement ;
   glumes obliquement tronquées, mucronées à mucron assez
   large aigu, ventrues, à dos caréné, à carène très arquée
   dans sa partie inférieure saillante et souvent presque en
   forme d'aile dans toute sa longueur ; fleurs longuement aristées, à arêtes souvent caduques à la maturité ; caryopse
   ovale, épais, ord. presque gibbeux à la face externe.   .
   .   .   .   . † *T. turgidum* L. (F. renflé).

48. ÆGILOPS L. — (ÉGILOPS).

Épillets solitaires sur les dents du rachis de l'épi, 3-pluri-
flores, l'épillet terminal ou les 2-3 épillets supérieurs plus
grêles que les autres. *Glumes* 2, parallèles au rachis ainsi
que les glumelles, latérales, équilatérales dans l'épillet terminal, inéquilatérales dans les épillets latéraux, 5-13-ner-
viées, concaves assez souvent ventrues, *non carénées, à
sommet tronqué 1-5-denté à dents ord. prolongées en arêtes*
plus rarement entier. *Glumelle inférieure* concave non carénée, *1-3-dentée au sommet* à dents aristées plùs rarement
mutiques.

> Épi linéaire-allongé, se détachant d'une seule pièce du
> sommet de la tige ; glumes toutes 2-3-dentées à dents
> aristées; glumelles inférieures des épillets latéraux 3-den-
> tées à dents mutiques ou brièvement aristées, celle de
> l'épillet terminal à arêtes robustes égalant environ les
> arêtes des glumes.   . ** *Æ. triuncialis* L. (É. allongé).

EMBRANCHEMENT II.

PLANTES CRYPTOGAMES OU ACOTYLÉDONÉES.

Plantes à organes reproducteurs n'étant pas constitués
par des étamines et des ovules. — Organes mâles (anthéridies) de structure variée, souvents nuls ou d'existence
problématique.—Embryons homogènes (spores) non composés de parties distinctes, dépourvus de tuniques. — Plantes
constituées par du tissu cellulaire, ou par du tissu cellulaire
et des vaisseaux, à axe et à organes appendiculaires distincts, plus ord. à axe et à organes appendiculaires non
distincts, s'accroissant par l'extrémité seule ou plus ord. à
croissance périphérique.

29.

DIVISION I. ACROGÈNES.

Plantes à axe et à organes appendiculaires distincts,
très rarement indistincts, croissant par leur extrémité seule,
constituées par du tissu cellulaire uni ou non à des vaisseaux.— Spores renfermées dans des réceptacles particuliers (sporanges).

CLASSE. — FILICINÉES.

Plantes présentant une tige ou un rhizome et des feuilles,
plus rarement dépourvues de feuilles. — Sporanges dépourvus de coiffe tubuleuse, portés sur les feuilles, sur
les tiges ou sur les rhizomes. — Anthéridies de structure
variée, souvent d'existence problématique au moins chez
la plante adulte.

CX. FOUGÈRES (Juss.).

Plantes vivaces, à rhizome court ou traçant. — *Feuilles*
éparses sur le rhizome ou naissant au sommet du rhizome,
enroulées en crosse dans leur jeunesse, très rarement non
enroulées.— *Sporanges* s'ouvrant régulièrement ou irrégulièrement, présentant ou non un anneau articulé, ne renfermant pas d'élatères, *naissant ord. sur les* nervures à la
face inférieure des *feuilles* ou près de leurs bords, rapprochés
en groupes (sores) nus ou recouverts par un prolongement
de l'épiderme de forme variée (indusium), *quelquefois* disposés *en épi ou en panicule en s'insérant sur* toute la surface
de *la partie supérieure de feuilles modifiées* et contractées.
Spores très nombreuses dans chaque sporange.—Anthéridies
d'existence problématique chez la plante adulte.

La souche rampante de nos *Fougères* indigènes est une véritable tige souterraine, tout à fait analogue à la tige dressée des
Fougères en arbre des régions tropicales. — Les propriétés médicales des Fougères résident principalement dans leur souche,
dont la saveur est généralement amère et un peu âcre, et c'est

à ce principe amer que les espèces employées en médecine doivent leurs propriétés toniques et stimulantes, emménagogues et anthelminthiques. Le rhizome du *Polypodium vulgare* (Polypode) a une saveur douce et sucrée, analogue à celle de la racine de Réglisse et n'a pas de qualités actives. Le rhizome du *Nephrodium Filix-mas* (Fougère-mâle), auquel on substitue quelquefois ceux du *Pteris aquilina* (Grande-Fougère), de l'*Asplenium Filix-fœmina* (Fougère-femelle), des *Nephrodium Oreopteris*, *Thelypteris* et *spinulosum* dont l'action est moins prononcée, est fréquemment employé comme vermifuge; on en retire un extrait résineux doué de vertus anthelminthiques très énergiques que l'on prescrit surtout contre le ténia. Les parties souterraines du *Scolopendrium officinale* (Scolopendre) et des *Asplenium Trichomanes* (Trichomanès), *Adiantum-nigrum* (Doradille-noire), et *Ruta-muraria* (Rue-de-muraille) sont légèrement astringentes et toniques. L'extrait préparé avec le rhizome de l'*Osmunda regalis* (Fougère-royale) était autrefois prescrit contre les scrofules et le rachitisme. — Les feuilles de la plupart des Fougères sont mucilagineuses, légèrement astringentes et ont en même temps un arome faible, mais agréable; aussi leur infusion est-elle classée par quelques auteurs parmi les médicaments stimulants, et par d'autres parmi les simples émollients. L'infusion et le sirop préparé avec les feuilles de l'*Adiantum Capillus-Veneris* (Capillaire-de-Montpellier), plante très répandue dans le Midi, sont fréquemment administrés, surtout dans les affections catarrhales simples des voies aériennes. Au Capillaire-de-Montpellier on substitue souvent dans les pharmacies, sous le nom de Capillaire, les feuilles de la plupart de nos *Asplenium* indigènes, celles du *Ceterach officinarum*, du *Scolopendrium officinale* et du *Polypodium vulgare*. — Les feuilles du *Pteris aquilina* sont quelquefois substituées au Houblon dans la préparation de la bière, mais les qualités stimulantes du *Pteris aquilina* sont loin d'être aussi énergiques que celles du Houblon. — Les habitants des campagnes font souvent coucher les enfants rachitiques sur des feuilles sèches de *Pteris aquilina* ou de *Nephrodium Filix-mas*, mais il est inutile d'ajouter que de la dureté même de la couchette résultent les seuls avantages de cette pratique.

1 Sporanges disposés en panicule ou en épi terminal. . . 2
   Sporanges disposés à la face inférieure des feuilles par groupes espacés ou contigus. 4

2 Sporanges soudés entre eux, disposés en épi linéaire ;
   feuille stérile entière. . . . . OPHIOGLOSSUM. (12).
   Sporanges libres entre eux, disposés en panicule ; feuilles
   pinnatiséquées ou bipinnatiséquées. 3

. 3 Feuilles nombreuses, bipinnatiséquées, les fertiles à partie
   supérieure réduite au rachis qui donne insertion aux sporanges. . . . . OSMUNDA. (10).
   Feuilles 2, soudées entre elles dans la partie inférieure de
   leur rachis, l'une stérile foliacée pinnatiséquée, l'autre
   fertile réduite au rachis qui donne insertion aux sporanges. . . . . BOTRYCHIUM. (11).

4 Groupes des sporanges dépourvus d'indusium, ne bordant
   jamais la feuille 5
   Groupes des sporanges recouverts par un indusium qui
   · disparaît souvent à la maturité, ou bordant les segments
   de la feuille 6

5 Groupes des sporanges linéaires ou oblongs ; feuilles chargées à la face inférieure d'écailles brunâtres. . . .
   . . . . CÉTÉRACH. (1).
   Groupes des sporanges arrondis ; feuilles dépourvues d'é-
   cailles à leur face inférieure. . . . POLYPODIUM. (2).

6 Sporanges disposés en lignes qui bordent chacun des segments de la feuille ; indusium continu avec le bord de la
   feuille. . . . . PTÉRIS. (3).
   Sporanges disposés en groupes linéaires, oblongs ou arrondis, ne bordant pas la feuille ; indusium jamais continu avec le bord de la feuille 7

7 Feuilles indivises, cordées à la base. . . . . . .
   . . . . SCOLOPENDRIUM. (5).
   Feuilles pinnatiséquées ou pinnatipartites. 8

8 Groupes des sporanges linéaires ou oblongs, recouverts
   par un indusium latéral continu dans toute sa longueur
   avec la nervure secondaire 9
   Groupes des sporanges arrondis, recouverts par un indusium pelté ou inséré par une base étroite. 10

9 Sporanges disposés sur chaque segment de la feuille en deux
    groupes parallèles à la nervure moyenne du segment;
    feuilles pinnatipartites, les fertiles à segments contractés
    plus étroits que ceux des feuilles stériles. BLECHNUM. (4).
    Sporanges disposés sur chaque lobe de la feuille en plu-
    sieurs groupes; feuilles bi-tripinnatiséquées, plus rare-
    ment une seule fois pinnatiséquées. . ASPLENIUM. (6).
10 Indusium ovale ou lancéolé. . . . CYSTOPTERIS. (7).
    Indusium suborbiculaire ou suborbiculaire-réniforme, pelté.11
11 Indusium suborbiculaire-réniforme . . NEPHRODIUM. (8).
    Indusium suborbiculaire . . . . . ASPIDIUM. (9).

TRIBU I. **Polypodieæ**.—*Feuilles enroulées en crosse
dans la jeunesse. Sporanges naissant à la face inférieure
des feuilles non modifiées* ou à peine modifiées, ord. pédicellés, entourés d'un anneau articulé vertical, se déchirant irrégulièrement ord. en travers, disposés en groupes
munis ou non d'indusium.

1. CETERACH C. Bauh. — (CÉTÉRACH).

Sporanges naissant à la face inférieure des feuilles, *en
groupes* unilatéraux *linéaires ou oblongs entremélés* d'un
grand nombre *d'écailles scarieuses* brunâtres qui naissent
dans toute l'étendue de la face inférieure des feuilles.
Indusium nul.

    Feuilles de 5-15 centim., disposées en touffe, épaisses-
    coriaces, pinnatipartites, à lobes alternes confluents à la
    base, courts, obtus . . . .
    . . . . . . * *C. officinarum* C. Bauh. (C. officinal).
                 (*Asplenium Ceterach* L.).

2. POLYPODIUM L. — (POLYPODE).

Sporanges naissant à la face inférieure des feuilles, *en
groupes arrondis. Indusium nul.* — Feuilles pinnatipartites
ou bi-tripinnatiséquées.

1 Feuilles pinnatipartites, à lobes oblongs-lancéolés entiers
    ou finement dentés . . *P. vulgare* L. (P. commun).
    Feuilles bi-tripinnatiséquées 2

2 . . . . *P. Dryopteris* L. (P. Dryoptéride).
Rhizome grêle ord. presque filiforme ; feuilles minces,
assez molles, glabres. ✴ var. *Dryopteris (var.* Dryoptéride).
Rhizome ord. assez épais ; feuilles roides, à rachis et à
face inférieure parsemée de poils glanduleux courts . .
. . . . ✴ var. *calcareum (var.* des terrains calcaires).
(*P. calcareum* Sm.; *P. Robertianum* Hoffm.; Koch).

3. PTERIS L. — (Ptéride).

Sporanges naissant vers le bord de la face inférieure *des
feuilles, en groupes* linéaires *continus* formant une ligne qui
borde chacun des segments. Indusium continu avec le bord
de la feuille.

Rhizome traçant; feuilles ord. très grandes, de 6-15 décim.,
coriaces, ovales-triangulaires, bi-tripinnatiséquées, à lobules entiers à bords réfléchis en dessous. . . . .
. . . . . . *P. aquilina* L. (P. Aigle-impériale).

4. BLECHNUM L. — (Blechnum).

Sporanges naissant à la face inférieure des feuilles, *formant deux groupes* unilatéraux *linéaires allongés parallèles
à la nervure moyenne des segments* et rapprochés. Indusium
membraneux, libre du côté de la nervure. — *Feuilles pinnatipartites,* les unes stériles, les autres fertiles à segments
contractés plus étroits.

Souche cespiteuse ; feuilles nombreuses, en touffe, de 3-8
décim., oblongues-lancéolées étroites atténuées aux deux
extrémités, à segments coriaces oblongs ou lancéolés entiers un peu confluents à la base ; les feuilles fertiles à
segments espacés, linéaires étroits. . . . . . .
. . . . ✴ *B. Spicant* Roth (B. Spicant).
(*Osmunda Spicant* L.; *B. boreale* Sw.).

5. SCOLOPENDRIUM Sm. — (Scolopendre).

Sporanges naissant à la face inférieure des feuilles, *en
groupes* unilatéraux *linéaires allongés* parallèles *obliques* par
rapport à la nervure moyenne de la feuille ; les groupes

qui naissent sur les bifurcations voisines de deux nervures
voisines se rapprochant en une masse linéaire. Indusium
membraneux, se continuant avec la nervure secondaire,
libre de l'autre côté ; les deux indusium des groupes qui
constituent la masse linéaire simulant par leur rapprochement un indusium à deux valves. — *Feuilles indivises*,
cordées à la base.

Souche cespiteuse ; feuilles disposées en touffe, de 3-6
décim., oblongues-lancéolées, aiguës, inégalement cordées à la base. . . * *S. officinale* Sm. (S. officinale).
                   (*Asplenium Scolopendrium* L.).

6. ASPLENIUM L. — (DORADILLE).

Sporanges naissant à la face inférieure des feuilles, *en
groupes* unilatéraux *linéaires ou oblongs* ord. solitaires sur
les nervures secondaires ; les groupes devenant quelquefois arrondis lorsqu'ils ne sont plus couverts par l'indusium, souvent confluents à la maturité. *Indusium* membraneux, latéral, *linéaire ou oblong*, droit, plus rarement arqué,
se continuant avec la nervure secondaire, libre du côté de
la nervure moyenne du lobe. — *Feuilles pinnatiséquées ou
bi-tripinnatiséquées.*

1 Feuilles divisées seulement au sommet en 2-3 segments
  atténués en pétiole linéaires-allongés entiers ou incisés.
  . . . . * *A. septentrionale* Sw. (D. septentrionale).
                   (*Acrostichum septentrionale* L.).
  Feuilles pinnatiséquées ou bi-tripinnatiséquées à segments
  plus ou moins nombreux. 2

2 Feuilles simplement pinnatiséquées, à segments ovales-
  rhomboïdaux crénelés, presque égaux, naissant ord. presque dès la partie inférieure du rachis . . . . . .
  . . . . *A. Trichomanes* L. (D. Polytric).
  Feuilles bi-tripinnatiséquées, plus rarement une seule fois
  pinnatiséquées à segments jamais ovales-rhomboïdaux
  crénelés 3

3 Feuilles à segments inférieurs plus petits que les moyens ;
   indusium oblong ou réniforme ; groupes des sporanges
   arrondis lorsqu'ils ne sont plus entièrement couverts
   par l'indusium et qu'ils ne sont pas encore devenus confluents entre eux. 4
   Feuilles à segments inférieurs plus grands que les moyens ;
   indusium linéaire ; groupes des sporanges linéaires ou
   oblongs lorsqu'ils ne sont plus entièrement couverts
   par l'indusium et qu'ils ne sont pas encore devenus confluents entre eux. 5

4 Feuilles de 5-10 décim., à lobes oblongs ou lancéolés
   presque pinnatifides . . . .
        . . . . A. *Filix-fœmina* Bernh. (D. Fougère-femelle).
   (*Polypodium Filix-fœmina* L.; *Athyrium Filix-fœmina* Roth ;
                    Cystopteris Filix-fœmina Fl. Par. éd. 1).
   Feuilles de 1-2 décim., à lobes obovales-cunéiformes doublement dentés. * A. *lanceolatum* Sm. (D. lancéolée).

5 Feuilles bi-tripinnatiséquées, à segments lancéolés-aigus
   dans leur circonscription, composés ord. d'un grand
   nombre de lobes . . . .
        . . . . A. *Adiantum-nigrum* L. (D. Capillaire-noir).
   Feuilles bi-tripinnatiséquées, plus rarement une seule fois
   pinnatiséquées, à segments obovales ou cunéiformes dans
   leur circonscription, composés d'un petit nombre de
   lobes ou réduits à un seul lobe. 6

6 Segments à lobes cunéiformes-allongés incisés-dentés, les
   supérieurs confluents entre eux ; indusium entier. .
        . . . . ** A. *Breynii* Retz (D. de Breyn).
              (A. *Germanicum* Weiss ; Fl. Par. éd. 1).
   Segments à lobes ord. obovales ou cunéiformes entiers
   ou dentés très rarement incisés-dentés, les supérieurs
   non confluents pétiolulés ; indusium fimbrié-cilié. . 7

7 . . . . A. *Ruta-muraria* L. (D. Rue-de-muraille).
   Feuilles ord. bipinnatiséquées, à lobes obovales ou cunéiformes entiers ou crénelés. . . . .
        . . . . var. *Ruta-muraria* (var. Rue-de-muraille).
   Feuilles souvent une seule fois pinnatiséquées, ord. d'un
   vert pâle, à segments ou à lobes cunéiformes-allongés, incisés-dentés au sommet * var. *angustatum* (var. étroite).

7. CYSTOPTERIS Bernh. — (CYSTOPTÉRIDE).

Sporanges naissant à la face inférieure des feuilles, *en groupes arrondis* solitaires sur les nervures secondaires, les groupes ne devenant pas confluents à la maturité. *Indusium* membraneux, *lancéolé ou ovale* ord. denticulé ou un peu lacinié, dépassant le groupe des sporanges, *s'insérant* sur la nervure secondaire *par une base étroite au-dessous du groupe des sporanges*, libre dans le reste de son étendue et à extrémité dirigée vers le bord du lobe, se déformant et disparaissant à la maturité des sporanges. — Feuilles bi-tripinnatiséquées.

> Souche assez épaisse ; feuilles de 1-4 décim., minces, d'un vert gai, à segments lancéolés ou ovales-lancéolés, à lobes oblongs ou ovales-oblongs obtus incisés-dentés ou crénelés. . . . . . * *C. fragilis* Bernh. (C. fragile).
> (*Polypodium fragile* L.; *Aspidium fragile* Sw.; *Cyathea fragilis* Sm.).

8. NEPHRODIUM Rich. — (NÉPHRODIE).

Sporanges naissant à la face inférieure des feuilles, *en groupes arrondis* solitaires sur les nervures secondaires. *Indusium* membraneux, *suborbiculaire-réniforme, pelté* s'insérant par un pédicelle étroit sur la nervure secondaire au centre du groupe de sporanges, libre dans toute sa circonférence. — Feuilles bi-tripinnatipartites ou bi-tripinnatiséquées.

> 1 Souche grêle, traçante ; feuilles à rachis dépourvu d'écailles. 2
> Souche épaisse, ord. cespiteuse ; feuilles à rachis muni d'écailles 3
>
> 2 . . . . . . *N. Thelypteris* Stremp. (N. Thélyptéride).
> (*Polypodium Thelypteris* L.; *Polystichum Thelypteris* Roth).
> Lobes des feuilles à bords un peu infléchis en dessous, non parsemés à la face inférieure de petits points résineux.
> . . . . * var. *Thelypteris* (var. Thélyptéride).
> Lobes des feuilles à bords à peine infléchis en dessous, parsemés à la face inférieure de petits points résineux jaunes brillants. . ** var. *punctatum* (var. ponctuée).

3 Feuilles à segments pinnatiséqués au moins les inférieurs ;
dents des lobes ou des lobules mucronées-aristées . .
. . . . *N. spinulosum* Stremp. (N. spinuleuse).
(*Aspidium spinulosum* Sw.; *Polystichum dilatatum* DC.;
Polypodium cristatum Hoffm. non L.; *N. cristatum*
Fl. Par. éd. 1 non Mich.).

Feuilles à segments pinnatipartits ou pinnatifides ; lobes
ou lobules presque entiers, ou dentés à dents mutiques
ou mucronées non aristées 4

4 Feuilles à segments composés de 5-15 paires de lobes ;
dents des lobes mucronées . . . .
. . . . . . *N. cristatum* Stremp. (N. à crêtes).
(*Polypodium cristatum* L. excl. syn.; *Aspidium cristatum* Sw.;
Polystichum Callipteris DC.; *N. Callipteris* Fl. Par. éd. 1).

Feuilles à segments composés de 12-25 paires de lobes ;
lobes entiers ou dentés à dents mutiques. 5

5 Lobes des feuilles crénelés inférieurement, dentés au sommet à dents aiguës, ne présentant pas en dessous de
points résineux ; groupes des sporanges non contigus
aux bords du lobe. . . . .
. . . . . .*N. Filix-mas* Stremp. (N. Fougère-mâle).
(*Polypodium Filix-mas* L.; *Aspidium Filix-mas* Sw.;
Polystichum Filix-mas Roth).

Lobes des feuilles entiers ou superficiellement sinués-
crénelés, chargés en dessous de points résineux jaunes
brillants ; groupes des sporanges contigus aux bords du
lobe. . . . * *N. Oreopteris* Kunth (N. Oréoptéride).
(*Polypodium Oreopteris* Huds.; *Aspidium Oreopteris* Sw.;
Polystichum Oreopteris DC.).

9. ASPIDIUM R. Br. — (ASPIDIE).

Sporanges naissant à la face inférieure des feuilles, *en
groupes arrondis* solitaires sur les nervures secondaires.
Indusium membraneux, *suborbiculaire, pelté* s'insérant par
un pédicelle étroit sur la nervure secondaire au centre du
groupe des sporanges, libre dans toute sa circonférence.
— Feuilles ord. bipinnatiséquées.

Feuilles persistant ord. pendant l'hiver, de 4-8 décim., à
segments inférieurs beaucoup plus petits que les moyens,
à lobes dentés indivis, ou subbilobés à lobe latéral en forme
d'oreillette ; dents des lobes roides mucronées-aristées,
la terminale cuspidée beaucoup plus longue que les latérales. . . . . . *A. aculeatum* Sw. (A. à cils roides).
(*Polypodium aculeatum* L.; *Polystichum aculeatum* Roth ;
Nephrodium aculeatum Fl. Par. éd. 1).

Feuilles roides, ord. d'un beau vert ; lobes inférieurs de
chaque segment plus grands et seuls prolongés en une
oreillette latérale.   * var. *aculeatum* (var. à cils roides).

Feuilles moins roides, ord. plus amples et d'un vert pâle ;
lobes de chaque segment presque égaux assez petits,
tous ou la plupart prolongés en une oreillette latérale . .
. . . . * var. *angulare* (var. anguleuse).
(A. *angulare* Kit.; A. *Braunii* Spenn.; A. *aculeatum*
var. *Swartzianum* et *Braunii* Koch).

TRIBU II. **Osmundeæ.** — *Feuilles enroulées en crosse
dans la jeunesse. Sporanges* pédicellés, ord. *disposés en
panicule* à la partie supérieure des feuilles dont les divisions se sont déformées et contractées ou sont réduites
au rachis, à anneau articulé indistinct, s'ouvrant longitudinalement en deux valves. Indusium nul.

10. OSMUNDA L. — (OSMONDE).

Sporanges subglobuleux, veinés-réticulés, *disposés en
panicule à la partie supérieure des feuilles fertiles.*—Feuilles
bipinnatiséquées.

Feuilles disposées en touffe, les unes fertiles, les autres
stériles, de 6-12 décim., ord. très amples; les fertiles à
segments inférieurs peu nombreux à lobes un peu pétiolulés indivis tronqués et souvent auriculés à la base, à
segments fructifères dépourvus de parenchyme et couverts
de sporanges. . . . . * *O. regalis* L. (O. royale).

TRIBU III. **Ophioglosseæ.**— *Feuilles* ord. au nombre
de deux, *soudées entre elles dans la partie inférieure* de

leur rachis, *l'une extérieure stérile* foliacée *non enroulée en crosse dans la jeunesse, l'autre fertile* réduite au rachis. *Sporanges* sessiles, *disposés en épi ou en panicule* à la partie supérieure de la feuille fertile, dépourvus d'anneau articulé, s'ouvrant longitudinalement en deux valves. Indusium nul.

11. BOTRYCHIUM Sw. — (BOTRYCHE).

Sporanges libres entre eux, disposés *en panicule.* — Feuille stérile pinnatiséquée.

Plante de 5-15 centim.; feuille stérile oblongue, à segments épais semilunaires-réniformes ou rhomboïdaux-cunéiformes entiers ou incisés. . . . .
. . . . * *B. Lunaria* Sw. (B. Lunaire).
(*Osmunda Lunaria* L.).

12. OPHIOGLOSSUM L. — (OPHIOGLOSSE).

Sporanges soudés entre eux, disposés *en épi* linéaire distique unilatéral. — Feuille stérile entière.

Feuille stérile large ovale ou oblongue, très rarement oblongue-lancéolée étroite; spores très finement tuberculeuses. . . . . . *O. vulgatum* L. (O. commune).
Plante ord. de 1-3 décim.; rhizome n'émettant qu'une seule fronde du même nœud; feuille stérile large ovale ou oblongue . . . * var. *vulgatum* (var. commune).
Plante ne dépassant pas ord. 4-8 centim.; rhizome émettant ord. d'un même nœud 2-3 frondes; feuille stérile étroite oblongue-lancéolée. . . . .
. . . . . . ** var. *ambiguum* (var. douteuse).

CXI. MARSILÉACÉES (R.Br.).

Plantes vivaces, aquatiques, à rhizome filiforme rampant. — *Feuilles* alternes, *enroulées en crosse dans leur jeunesse, linéaires-subulées* réduites au rachis, *ou à 4 segments* obovales *verticillés* au sommet du rachis. — *Involucres capsu-*

laires globuleux ou ovoïdes-subglobuleux, poilus, *naissant sur le rhizome à la base des feuilles*, à 4 loges, ou à 2 loges subdivisées par un grand nombre de cloisons transversales, s'ouvrant plus ou moins complétement en 2-4 valves, *renfermant des sporanges de deux sortes*, les uns fertiles, les autres stériles (anthéridies?) insérés dans chaque loge suivant une ligne pariétale. — *Sporanges fertiles contenant une seule spore* assez grosse. Sporanges stériles beaucoup plus nombreux que les sporanges fertiles, vésiculeux, se rompant irrégulièrement, renfermant un grand nombre de granules très petits qui nagent dans un liquide gélatineux.

1. PILULARIA Vaill. — (PILULAIRE).

Involucres capsulaires globuleux, subsessiles, à 4 loges. Sporanges fertiles s'insérant dans la partie inférieure de la loge, les stériles dans la partie supérieure. — *Feuilles linéaires-subulées*, réduites au rachis.

Rhizome de longueur très variable, rameux, émettant des racines au niveau de l'insertion des feuilles ; involucres capsulaires de la grosseur d'un petit pois, couverts d'un feutrage brunâtre.   . * *P. globulifera* L. (P. à globules).

CXII. ÉQUISÉTACÉES (Rich.).

Plantes vivaces, terrestres ou aquatiques, à rhizome traçant souvent rameux. — *Tiges articulées, simples, munies ou non au niveau des articulations de rameaux verticillés, chaque articulation donnant naissance à une gaine* membraneuse *dentée* (feuilles soudées?) intérieure par rapport au verticille de rameaux lorsqu'ils existent; chaque rameau articulé et muni de gaînes comme la tige, simple plus rarement rameux au niveau des articulations. — *Sporanges* tous de même sorte, membraneux, s'ouvrant par une fente longitudinale, *disposés en cercle par 4-9 à la face inférieure d'écailles* pédicellées *peltées*, anguleuses à la circonférence ; les écailles étant *verticillées en forme de cône* ou d'épi *au sommet de la tige ou des rameaux. Spores très nombreuses, munies de 2 appendices* hygrométriques *filiformes* renflés au sommet, *disposés en croix.*

Les diverses espèces d'*Equisetum* (Prêle), connues sous le nom vulgaire de Queue-de-cheval, sont douées de propriétés légèrement astringentes et stimulantes, et étaient autrefois employées comme diurétiques et emménagogues, mais on a cessé depuis longtemps d'en faire usage. Tous les *Equisetum* contiennent en grande proportion de la silice dans leurs tiges ; l'abondance de cette matière dure dans le tissu de l'*E. hyemale* rend ses tiges propres à polir les bois durs et même les métaux.

1. EQUISETUM L. — (PRÊLE).

Mêmes caractères que ceux de la famille.

1 Tiges très rudes, persistant pendant l'hiver ; épi acuminé-mucroné. . . . . * *E. hyemale* L. (P. d'hiver).

Tiges lisses ou à peine rudes, mourant ord. après la fructification ou pendant l'hiver ; épi obtus. 2

2 Gaînes à 20-30 dents très longuement acuminées-subulées ; tiges stériles d'un beau blanc. . . . . *E. Telmateia* Ehrh. (P. des marécages).

Gaînes à 3-20 dents triangulaires ou lancéolées quelquefois acuminées ; tiges toutes fertiles vertes, ou de deux sortes les stériles vertes. 3

3 Tiges les unes stériles, les autres fertiles ; les tiges fertiles jamais vertes lors de la fructification. 4

Tiges toutes fertiles vertes. 5

4 Tiges fertiles se détruisant après la fructification ; les tiges stériles à rameaux dressés simples ou à peine rameux. . . . . *E. arvense* L. (P. des champs).

Tiges fertiles persistant après la fructification et devenant semblables aux tiges stériles ; les tiges stériles à rameaux ord. arqués pendants très rameux . . . . ** *E. sylvaticum* L. (P. des bois).

5 Tiges profondément sillonnées; gaînes de la tige évasées, lâches, à 6 plus rarement 8-12 dents largement membraneuses-blanchâtres au bord . . . .
. . . . *E. palustre* L (P. des marais).

Tiges à sillons peu profonds; gaînes de la tige cylindriques, étroitement apprimées, à 12-20 dents non membraneuses ou à peine membraneuses au bord. . . .
. . . . *E. limosum* L. (P. des bourbiers).

CXIII. LYCOPODIACÉES (Rich.).

Plantes vivaces, terrestres, à tige rameuse souvent dichotome, feuillée, couchée-radicante au moins dans sa partie inférieure. — *Feuilles* ord. insérées en spirale autour de la tige, persistantes, *petites, indivises,* sessiles ou décurrentes, *subulées ou lancéolées, uninerviées,* ord. *très nombreuses rapprochées imbriquées,* les inférieures émettant à leur aisselle des fibres radicales filiformes. — *Sporanges sessiles* ou subsessiles, naissant *à l'aisselle des feuilles* dans toute la longueur des tiges ou seulement dans leur partie supérieure ou à l'aisselle de feuilles bractéales et alors rapprochés en épis terminaux , membraneux-crustacés, jaunâtres, ne renfermant pas d'élatères; tous de même sorte, *s'ouvrant en 2-3 valves,* subglobuleux ou réniformes, remplis de granules très petits (spores); quelquefois de deux sortes : les uns semblables aux précédents; les autres moins nombreux s'ouvrant par 3-4 valves, contenant ord. 4 corps subglobuleux beaucoup plus gros que les spores.

La décoction du *Lycopodium clavatum* (Lycopode), et celle du *L. Selago,* qui croît dans les contrées montagneuses, étaient autrefois administrées comme purgatives et émétiques, mais elles ne sont plus employées en médecine. Les spores des Lycopodes, et particulièrement celles du *L. clavatum,* constituent une poudre jaune connue sous le nom de poudre de Lycopode. Cette substance pulvérulente, tout à fait inerte, est employée pour saupoudrer la peau des enfants nouveau-nés, afin d'empêcher la formation des gerçures ou d'en faciliter la cicatrisation ; dans les officines elle sert à rouler les pilules. En raison de la facilité avec laquelle elle s'enflamme au contact des corps en ignition et de l'instantanéité de sa combustion, on l'emploie dans les théâtres pour produire sans danger des flammes ou simuler des éclairs.

1. LYCOPODIUM L. — (LYCOPODE).

Sporanges tous de même forme, s'ouvrant en deux valves par une fente transversale.

Tige de 2-10 décim. ou plus ; feuilles se terminant par une longue soie ; sporanges naissant à l'aisselle de feuilles bractéales qui diffèrent des caulinaires, disposés en épis réunis ordinairement 2-3 à l'extrémité de pédoncules munis de bractées espacées. . . . .
. . . . * L. clavatum L. (L. en massue).

Tige de 5-20 centim. ; feuilles non terminées par une soie ; sporanges naissant à l'aisselle de feuilles presque semblables aux caulinaires, disposés en épi solitaire sur le rameau fructifère feuillé ainsi que la tige . . . . .
. . . . * L. inundatum L. (L. inondé).

CXIV. CHARACÉES (Rich.).

Plantes aquatiques, *submergées*, se fixant dans le sol par des radicelles simples très fines. — *Tiges* cylindriques, *dépourvues de feuilles*, hérissées ou non de papilles, présentant ou non au-dessous des verticilles de ramuscules des papilles involucrales, transparentes ou opaques, ord. rameuses, articulées, *à articles composés* chacun *d'une cellule cylindrique tubuleuse* (tube) *solitaire ou entourée d'un rang de cellules semblables plus étroites* disposées en spirale ; *ramuscules* (feuilles de quelques auteurs) *disposés par verticilles* au niveau des articulations, *simples et* alors *portant le long de leur face interne les organes de la fructification* au niveau d'involucres ord. composés de 4-8 ramuscules secondaires rapprochés en verticille incomplet (bractées), *ou une ou plusieurs fois 2-7-furqués et portant alors les organes de la fructification à leur sommet ou au niveau de leurs angles de division.* — *Organes de la fructification de deux sortes* (sporanges et anthéridies) portés sur le même individu (plante monoïque) et alors ord. rapprochés, ou portés sur deux individus différents (plante dioïque). — Sporanges oblongs, ovoïdes ou ovoïdes-subglobuleux, couronnés par 5 dents ou 5 tubercules plus ou moins saillants ou peu distincts, présentant deux tuniques, la tunique extérieure continue mince, l'intérieure épaisse composée de lanières enroulées en spirale. — *Anthéridies* globuleuses, *d'un beau rouge*, paraissant avant les sporanges, présentant deux tuniques, l'extérieure membraneuse mince, l'intérieure opaque coriace colorée en rouge composée de 8 pièces triangulaires dentées qui s'engrènent entre elles par leurs dents.

Les plantes de cette famille n'ont pas de propriétés connues. — Les tiges d'un grand nombre d'espèces de *Chara* et celles de quelques *Nitella* s'incrustent de carbonate de chaux ; plusieurs *Chara* exhalent une odeur fétide, alliacée et marécageuse.

Tiges à articles ord. composés d'un tube central entouré d'un rang de tubes plus étroits disposés en spirale, présentant au-dessous des verticilles de ramuscules des papilles involucrales plus ou moins développées ; anthéridies placées au-dessous des sporanges dans les plantes monoïques. . . . . CHARA. (1).

Tiges plus ou moins diaphanes, à articles composés d'un seul tube, ne présentant pas de papilles involucrales au-dessous des verticilles de ramuscules ; anthéridies placées au-dessus des sporanges dans les plantes monoïques. . . . . NITELLA. (2).

1. CHARA L. emend. — (CHARAGNE).

Tiges opaques très fragiles surtout après la dessiccation, striées ou sillonnées, *à articles composés d'un tube* central

30

entouré d'un rang de tubes plus étroits disposés en spirale (rarement diaphanes ou transparentes et alors flexibles même après la dessiccation, non striées, à articles composés d'un seul tube), *présentant au-dessous des verticilles de ramuscules des papilles involucrales plus ou moins développées.* Ramuscules fructifères simples, portant les organes de la fructification au niveau d'involucres ord. composés de 4-8 ramuscules secondaires (bractées) rapprochés en verticille incomplet. Sporanges ord. solitaires au centre des involucres de bractées, oblongs, à stries nombreuses, couronnés par 5 dents saillantes persistantes formées chacune d'une seule cellule. *Anthéridies* ord. solitaires, *placées* dans les plantes monoïques immédiatement *au-dessous du sporange* et de l'involucre de bractées.

1 Plante dioïque . . .   ** *C. aspera* Willd. (C. rude).
Plante monoïque 2
2 Tiges grêles, finement striées, ord. vertes, ne présentant pas de papilles ; bractées ord. plus courtes que les sporanges. . . . . . *C. fragilis* Desv. (C. fragile).
Tiges assez grêles ou robustes, à stries plus ou moins prononcées ou sillonnées-tordues, grisâtres, plus rarement d'un gris verdâtre, présentant ou non des papilles ; bractées dépassant ord. plus ou moins longuement les sporanges. 3

3 Tiges assez grêles, striées, dépourvues de papilles, ou à papilles ord. peu nombreuses assez épaisses ord. courtes; bractées obtuses 4
Tiges robustes sillonnées-tordues, présentant surtout dans leur partie supérieure des papilles longues grêles rapprochées par fascicules ; bractées aiguës 5

4 . . . . *C. fœtida* A. Br.! (C. fétide).
(*C. vulgaris* Sm.; *C. funicularis* Thuill.).
Tiges présentant ou non des papilles, à côtes primaires (tubes extérieurs correspondant aux ramuscules et portant les papilles) déprimées ; ramuscules réduits au tube central dans leur partie supérieure ; bractées au moins les deux intérieures ord. 2-4 fois plus longues que les sporanges. . . . . var. *fœtida* (var. fétide).

Tiges munies de papilles plus ou moins nombreuses, à côtes primaires saillantes ; ramuscules à articles tous munis d'une rangée de tubes extérieurs entourant le tube central ; bractées un peu plus longues que les sporanges.
. . . . * var. *papillaris* (var. papilleuse).
(*C. contraria* A. Br.!)

5 . . . . . . *C. hispida* L. part. (C. hispide).

Tiges présentant seulement un petit nombre de fascicules de papilles ou n'en présentant un assez grand nombre que dans leur partie supérieure ; côtes primaires (tubes extérieurs correspondant aux ramuscules et portant les papilles) déprimées. . . var. *hispida* (var. hispide).
Tiges hérissées de nombreux fascicules de papilles ; côtes primaires saillantes . . . .
. . . . . * var. *pseudocrinita* A. Br. (var. chevelue).
(Fl. Par. éd. 1; *C. polyacantha* A. Br.!).

2. NITELLA Agardh — (NITELLE).

Tiges plus ou moins diaphanes souvent transparentes, flexibles après la dessiccation, non striées, *à articles composés d'un seul tube, ne présentant pas de papilles involucrales au-dessous des verticilles de ramuscules.* Ramuscules fructifères une ou plusieurs fois 2-7-furqués portant les organes de la fructification au niveau de leurs angles de division, plus rarement simples et portant les organes de la fructification au niveau de leurs articulations munies ou non de ramuscules secondaires (bractées) rapprochés en involucre. Sporanges solitaires ou plusieurs groupés, placés immédiatement au-dessous des angles de ramification ou des involucres très rarement au centre des involucres, ovoïdes ou ovoïdes-subglobuleux, à stries peu nombreuses, couronnés par 5 dents caduques obtuses souvent peu distinctes formées chacune de deux cellules superposées (A. Br.). *Anthéridies* ord. solitaires et occupant les angles de ramification des rameaux ou le centre des involucres, *placées au-dessus des sporanges* dans les plantes monoïques.

1 Ramuscules simples donnant ord. naissance au niveau de
   leurs articulations à des involucres composés de 2-6 bractées simples ou présentant à leur articulation inférieure des
   bractées secondaires; sporanges et anthéridies naissant
   au niveau des involucres. 2

Ramuscules une ou plusieurs fois 2-7-furqués, plus rarement simples ne donnant pas naissance au niveau de
   leurs articulations à des involucres de bractées; sporanges
   et anthéridies naissant au niveau des angles de division
   des ramuscules ou au niveau des articulations et dépourvus d'involucre, quelquefois terminaux et alors les anthéridies entourées de ramuscules courts en forme de
   bractées. 4

2 Ramuscules à 2-3 articles, les articulations inférieures
   donnant naissance à 1-2 bractées composées d'un seul
   article; articulations inférieures de la tige renflées en une
   masse crustacée blanchâtre en forme d'étoile irrégulière à 4-8 lobes; plante dioïque fructifiant très rarement,
   à sporanges solitaires au niveau des bractées. . . .
   . . *N. stelligera Coss. et G. de S'-P. (N. étoilée).
                    (Kütz.; *Chara stelligera* Bauer; A. Br.!).

Ramuscules composés de plusieurs articles, les articulations inférieures donnant naissance à 3-6 bractées allongées composées elles-mêmes de plusieurs articles et
   présentant souvent à leur articulation inférieure des
   bractées secondaires; articulations inférieures de la tige
   jamais renflées en une masse crustacée blanchâtre en
   forme d'étoile; plante monoïque, à sporanges groupés
   plusieurs ensemble autour de chaque anthéridie au niveau des involucres de bractées. 3

3 Ramuscules stériles allongés, munis de ramuscules secon-
   daires (bractées), les fructifères apiculés . . . . .
   . . . . . . *N. intricata Agardh (N. intriquée).
   (A. Br.!; *Chara intricata* Roth; *C. fasciculata* Amici; *C. poly-
        sperma* A. Br.! olim; *N. glomerata* Fl. Par. éd. 1 part.).

Ramuscules stériles ord. dépourvus de ramuscules secondaires, les fructifères obtus. . . . .
   * *N. glomerata* Coss. et G. de S'-P. (N. agglomérée).
                    (Kütz.; A. Br.!; *Chara glomerata* Desv.).

4 Ramuscules assez épais, simples, très obtus terminés par
1-3 pointes très petites aciculées; sporanges réunis par
2-3. . . *N. translucens Agardh (N. transparente).
(A. Br.!; *Chara translucens* Pers.; *C. flexilis* Thuill.).

Ramuscules une ou plusieurs fois 2-7-furqués, plus rarement simples aigus; sporanges solitaires ou réunis
par 2-3. 3

5 Ramuscules non mucronés, simples ou bi-trifurqués . . 6
Ramuscules 2-7-furqués à divisions elles-mèmes toutes
ou la plupart une à trois fois divisées, les divisions terminales mucronées 8

6 Plante monoïque; sporanges solitaires au-dessous de cha-
cune des anthéridies au niveau des angles de division
des ramuscules. **N. Brongniartiana Coss. et G. de St-P.
(N. de Brongniart).
(*Nitella flexilis* Agardh et auct. plurim.; A. Br.!; *Chara flexilis*
A. Br.! olim non L.; *C. Brongniartiana* Weddell;
C. commutata Rupr.).

Plante dioïque; sporanges réunis par 2-3 au niveau des
angles de division des ramuscules ou de leurs articulations 7

7 Plante ord. d'un beau vert; ramuscules des verticilles de
premier ordre allongés, souvent simples surtout chez
les individus femelles; individus mâles à anthéridies entourées de mucilage, la plupart disposées en glomérules
compactes et portées par des ramuscules très courts;
sporanges entourés de mucilage, à stries peu distinctes.
*N. syncarpa Coss. et G. de St-P. (N. à fruits agrégés).
(*Chara syncarpa* Thuill.; *Nitella syncarpa* var. *leiopyrena*
A. Br. olim; *N. syncarpa* var. α Fl. Par. éd. 1).

Plante assez robuste, ord. d'un vert jaunâtre ou brunâtre;
ramuscules des verticilles de premier ordre courts, ord.
bi-trifurqués; individus mâles à anthéridies non entourées de mucilage, ord. non disposées en glomérules
compactes; sporanges non entourés de mucilage, à stries
épaisses saillantes. . * N. opaca Agardh (N. opaque).
(A. Br.!; *N. syncarpa* var. *opaca, pachygyra* et *pseudoflexilis*
A. Br. olim; *N. syncarpa* var. *Smithii* Fl. Par. éd. 1).

30.

8 Tiges capillaires; ramuscules des verticilles très condensés et enduits de mucilage, simulant des grains de chapelet, à divisions terminales plus longues que les divisions inférieures . . . .

. . . *N. tenuissima Coss. et G. de St-P. (N. menue).
(Kütz.; A. Br.; *Chara tenuissima* Desv.).

Tiges non capillaires; ramuscules des verticilles allongés,
jamais condensés en forme de grains de chapelet, à divisions terminales plus courtes que leurs divisions inférieures. 9

9 Ramuscules à divisions capillaires, étalées divergentes. .
. . . . *N. gracilis Agardh (N. grêle).
(A. Br.!; *Chara gracilis* Sm.).

Ramuscules à divisions non capillaires, dressées. . .
. . *N. mucronata Coss. et G. de St-P. (N. mucronée).
(Kütz.; A. Br.!; *Chara mucronata* A. Br. olim).

TABLE DES FAMILLES

ET DES NOMS LATINS DES GENRES.

Dans cette table les noms des familles sont imprimés en petites capitales,
les noms des genres en romain et leurs synonymes en italique.

31

TABLE

DES

NOMS FRANÇAIS DES GENRES

ET DES NOMS VULGAIRES DES ESPÈCES

SUIVIS DE LEURS SYNONYMES LATINS.

———

Les noms français des genres sont imprimés en lettres italiques.
Les noms vulgaires des espèces sont imprimés en romain.

———

31.

534 TABLE DES NOMS VULGAIRES.

32

TABLE DES NOMS LATINS ET FRANÇAIS

DES ESPÈCES MÉDICINALES OU USUELLES

MENTIONNÉES DANS L'EXPOSÉ DES PROPRIÉTÉS DES PLANTES.

32.